本书实用干货案例内容预览

二维图形的编辑

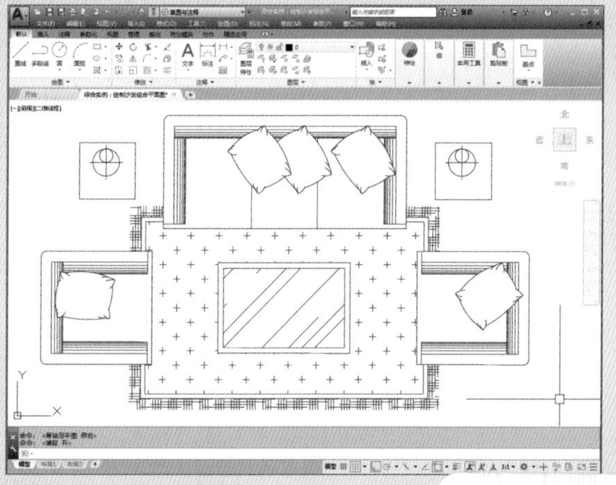

▶绘制沙发组合平面图

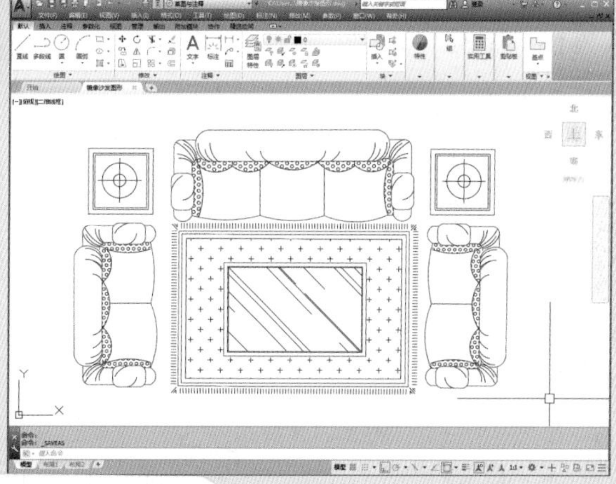

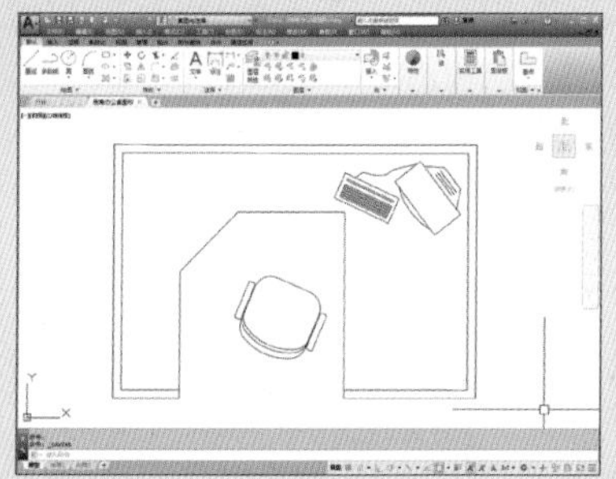

▶倒角办公桌图形

▶复制床头柜图形

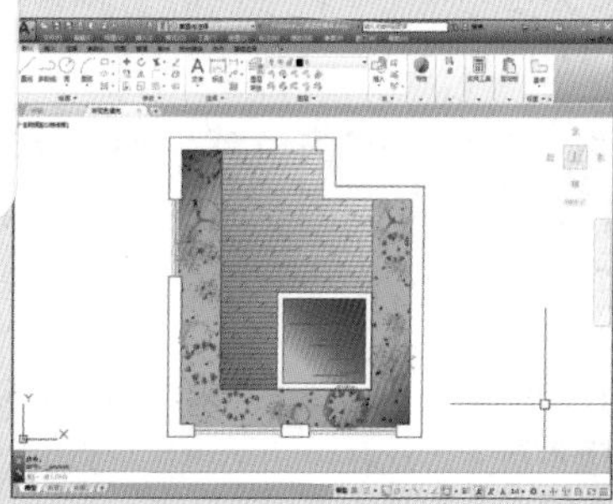

▶渐变色填充

二维图形的绘制

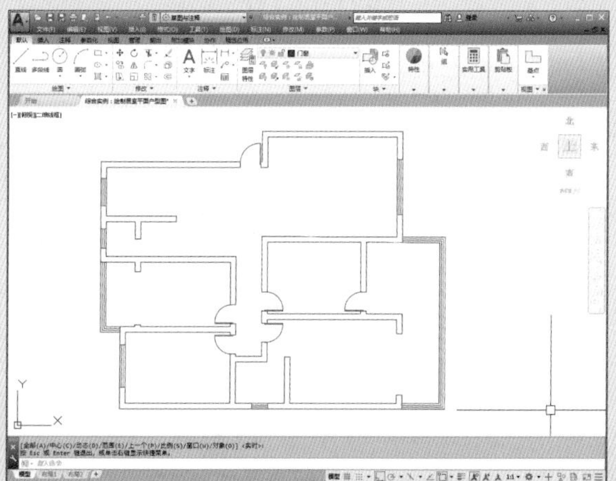

▶绘制居室平面户型图

绘图辅助功能的使用

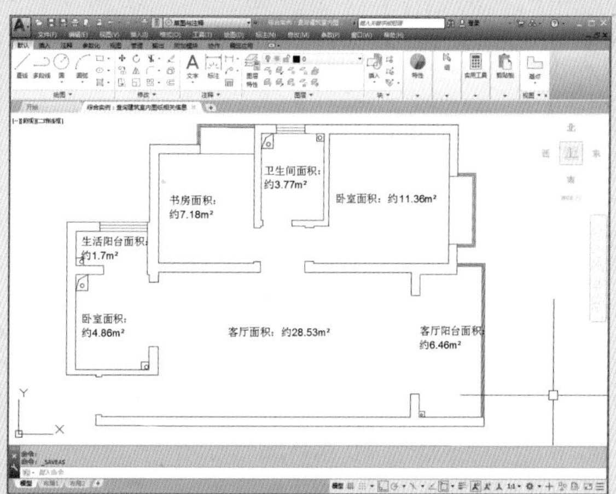

▶查询建筑室内图纸相关信息

机械零件图的绘制

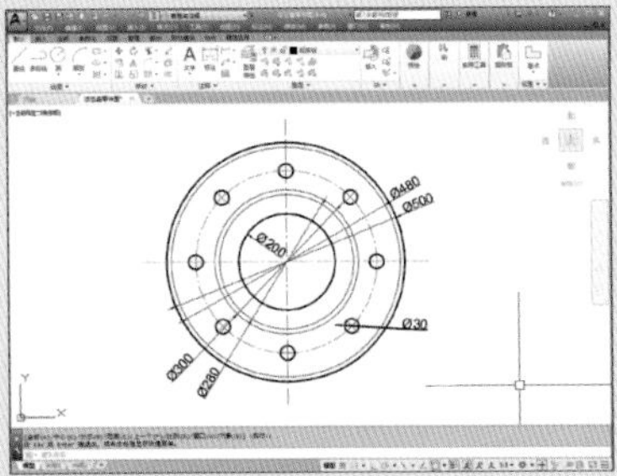
▶绘制法兰盘俯视图

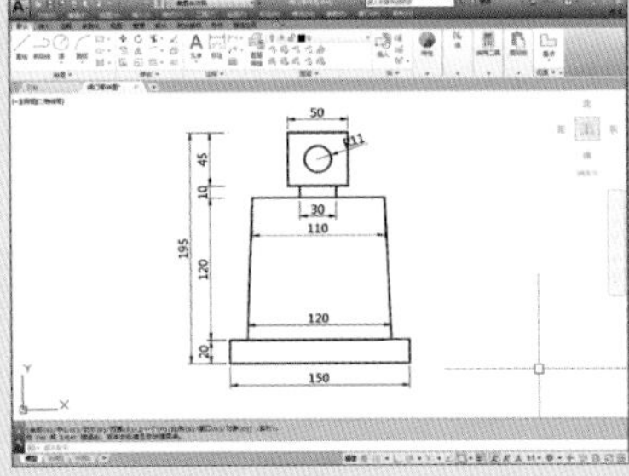
▶绘制法兰盘立面图

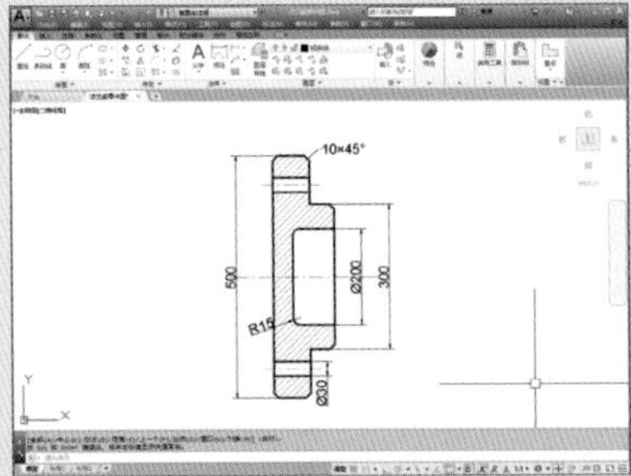
▶绘制法兰盘剖面图

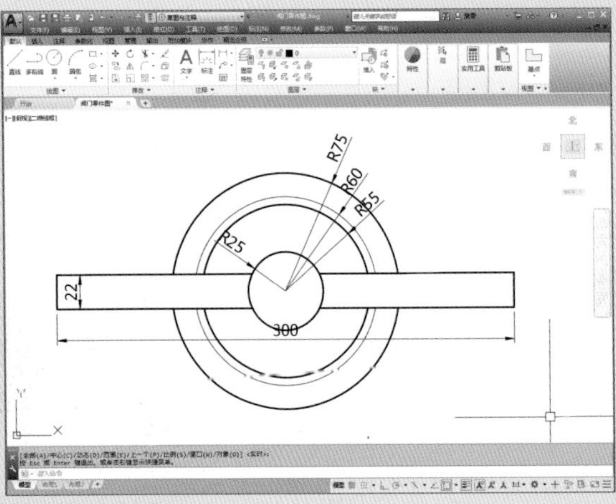
▶绘制阀门俯视图

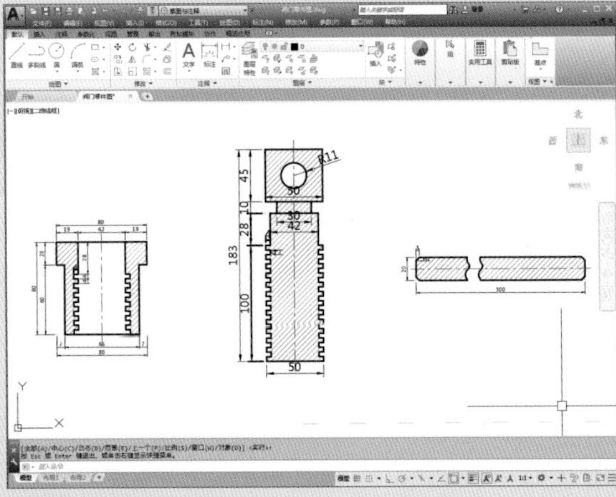
▶绘制阀门配件剖面图

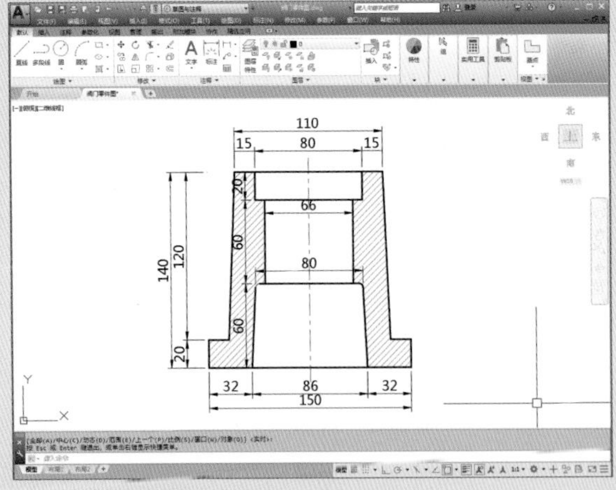
▶绘制阀门剖面图

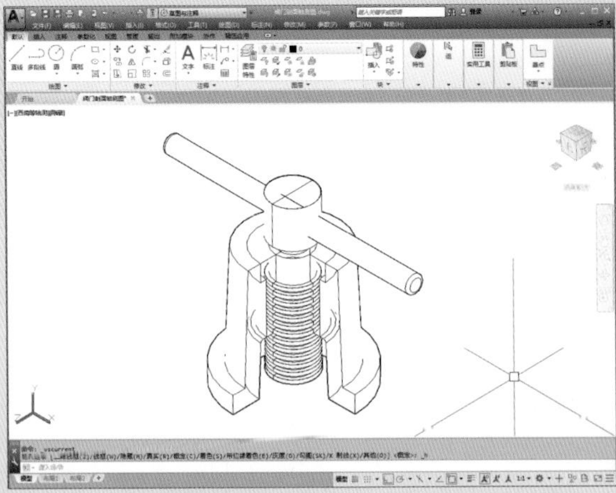
▶绘制阀门剖面轴测图

三维绘图环境的设置

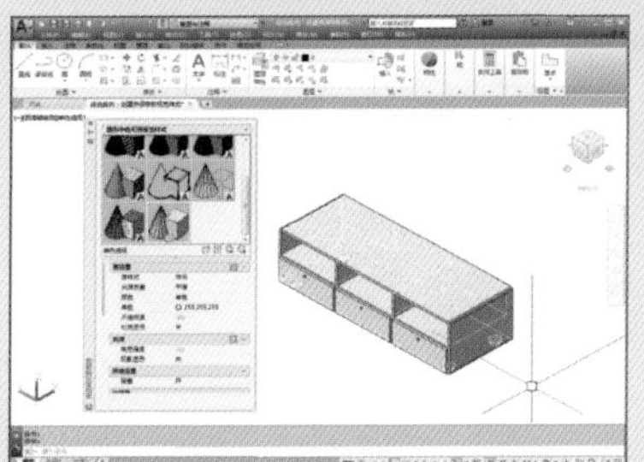

▶创建并保存新视觉样式

三维模型的编辑

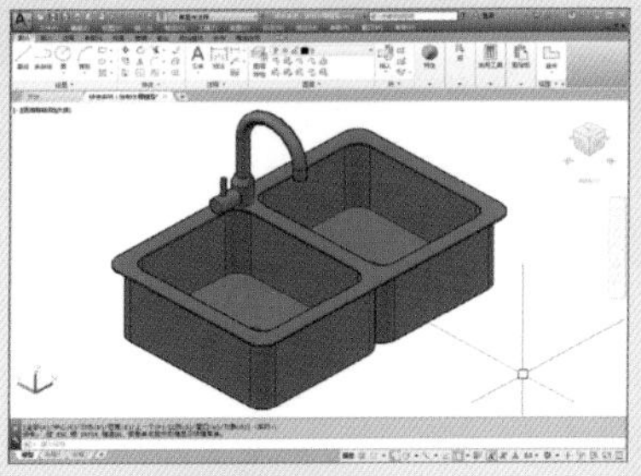

▶绘制水槽模型

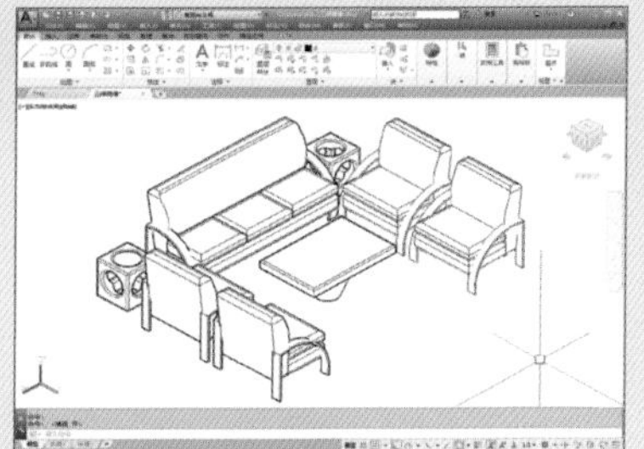

▶三维镜像沙发模型

三维模型的渲染

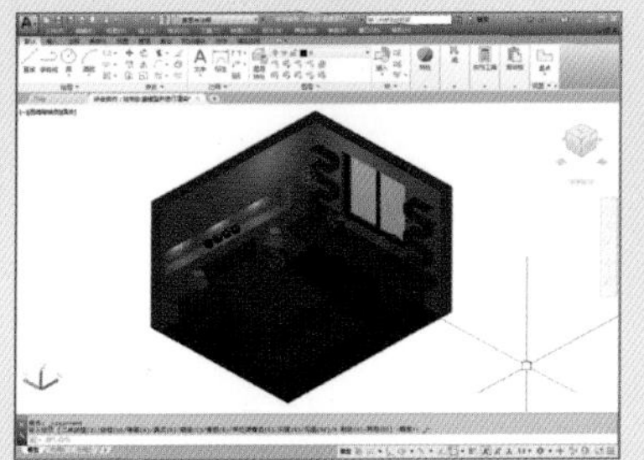

▶绘制卧室模型

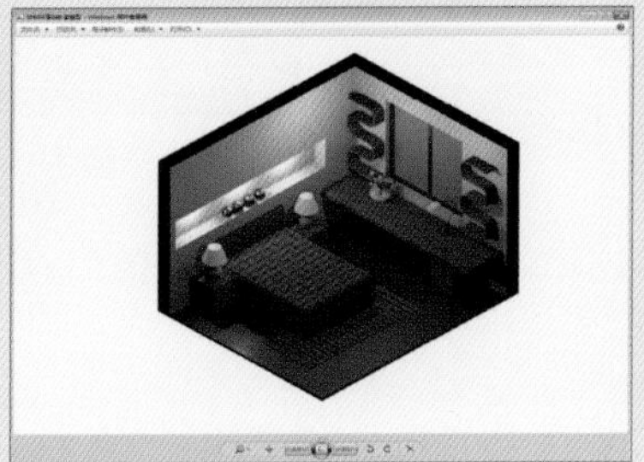

▶渲染卧室模型

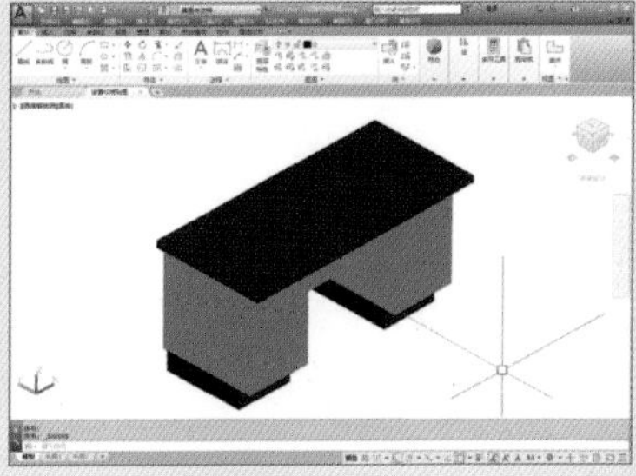

▶设置材质贴图

图形标注尺寸的应用

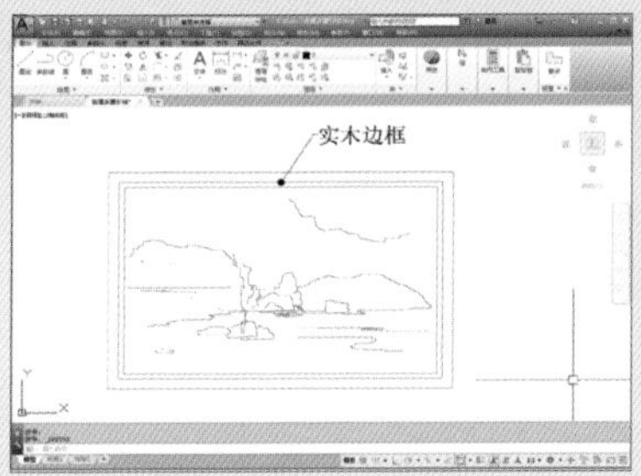

▶创建多重引线

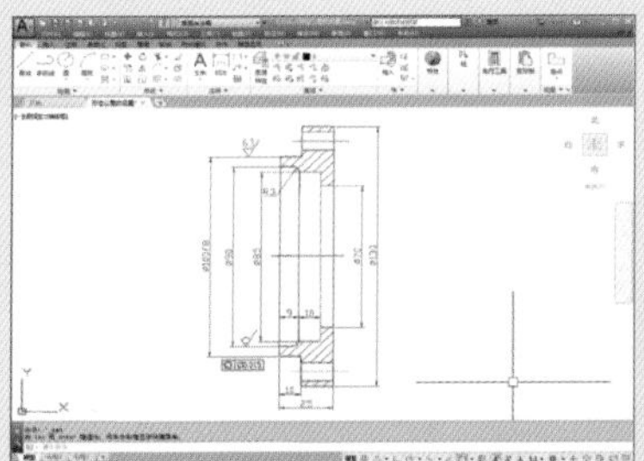

▶形位公差的设置

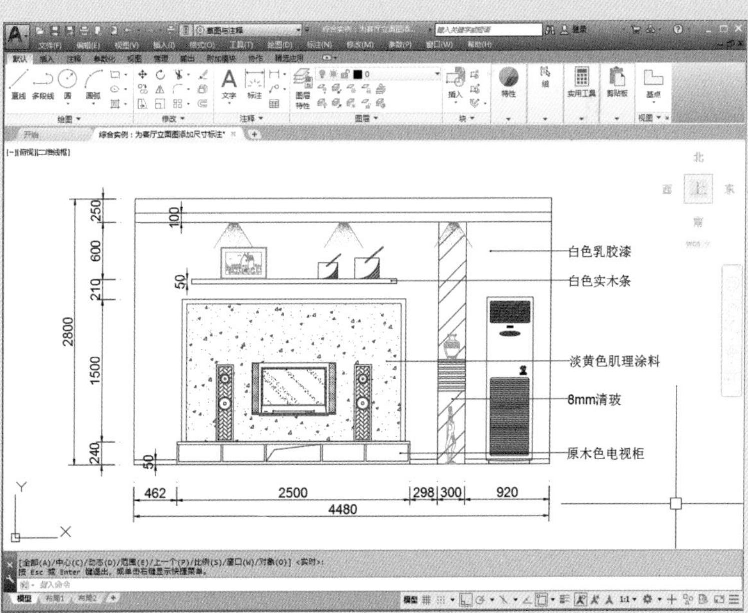

▶为客厅立面图添加尺寸标注

三维模型的绘制

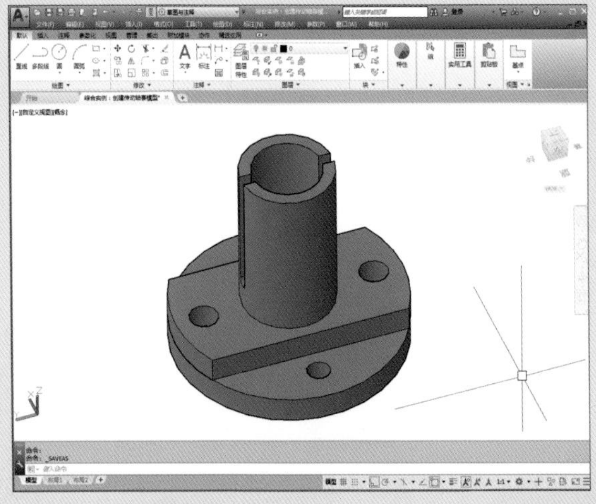

▶创建传动轴套模型

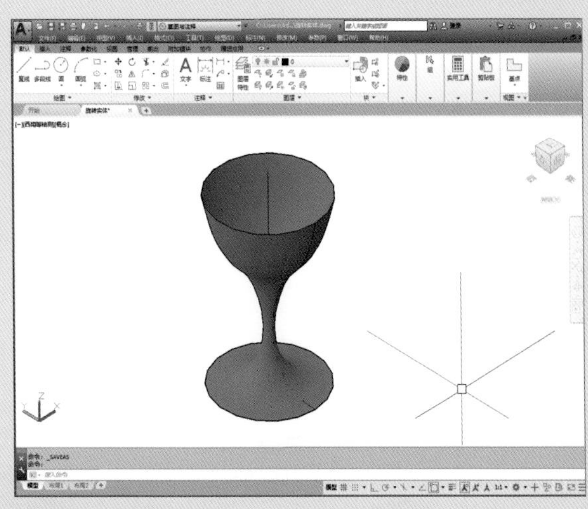

▶旋转酒杯模型

图形文本与表格的应用

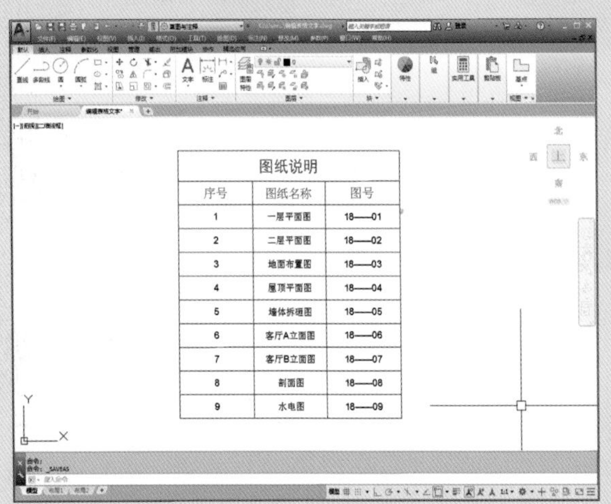

图纸说明		
序号	图纸名称	图号
1	一层平面图	18—01
2	二层平面图	18—02
3	地面布置图	18—03
4	屋顶平面图	18—04
5	墙体拆砌图	18—05
6	客厅A立面图	18—06
7	客厅B立面图	18—07
8	剖面图	18—08
9	水电图	18—09

▶编辑表格文字

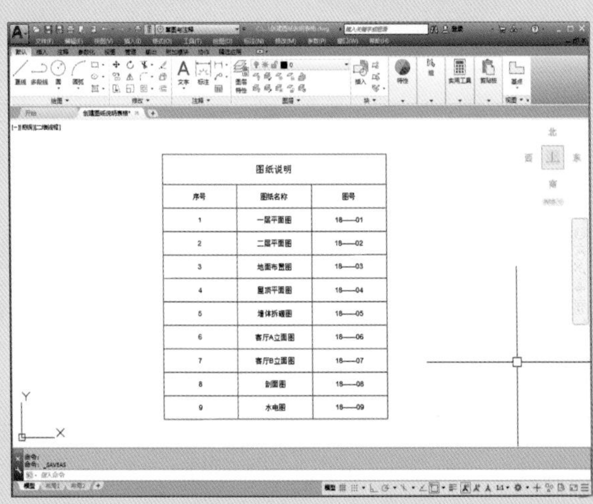

图纸说明		
序号	图纸名称	图号
1	一层平面图	18—01
2	二层平面图	18—02
3	地面布置图	18—03
4	屋顶平面图	18—04
5	墙体拆砌图	18—05
6	客厅A立面图	18—06
7	客厅B立面图	18—07
8	剖面图	18—08
9	水电图	18—09

▶创建图纸说明表格

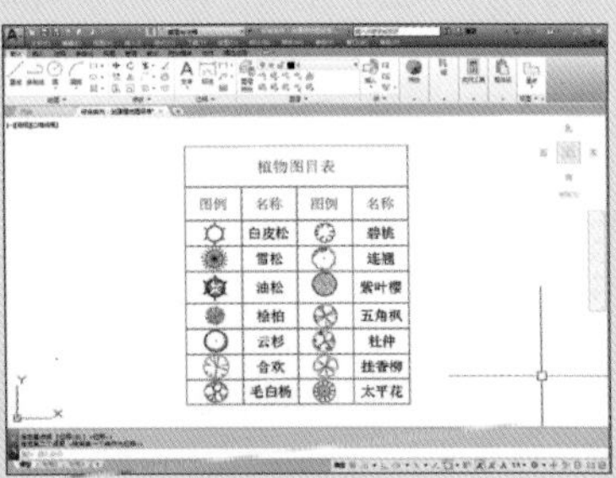

植物图目表			
图例	名称	图例	名称
	白皮松		碧桃
	雪松		连翘
	油松		紫叶樱
	桧柏		五角枫
	云杉		杜仲
	合欢		挂香柳
	毛白杨		太平花

▶创建植物图目表

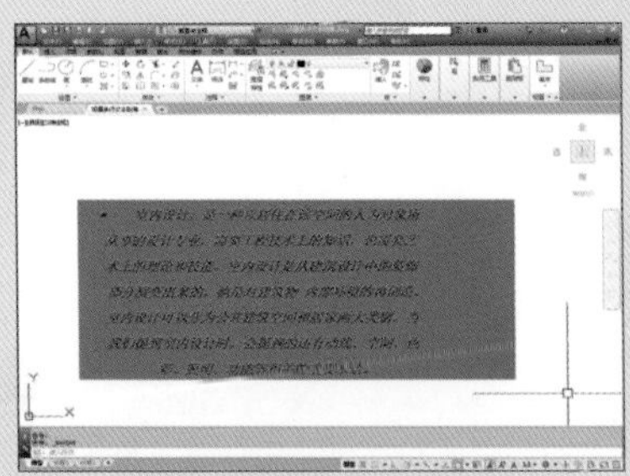

▶设置多行文本段落

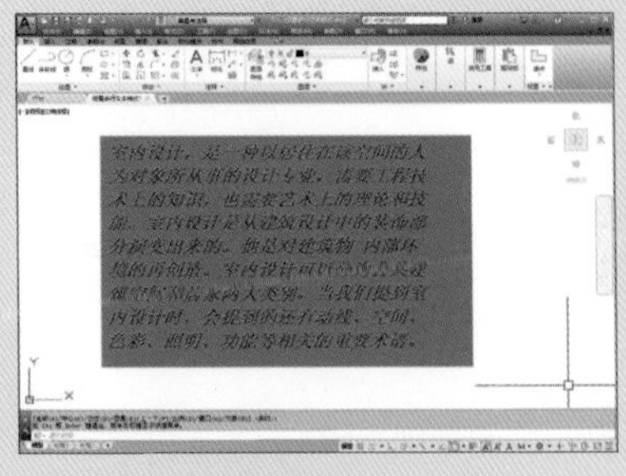

▶设置多行文本格式

绘制园林构筑物与小品图

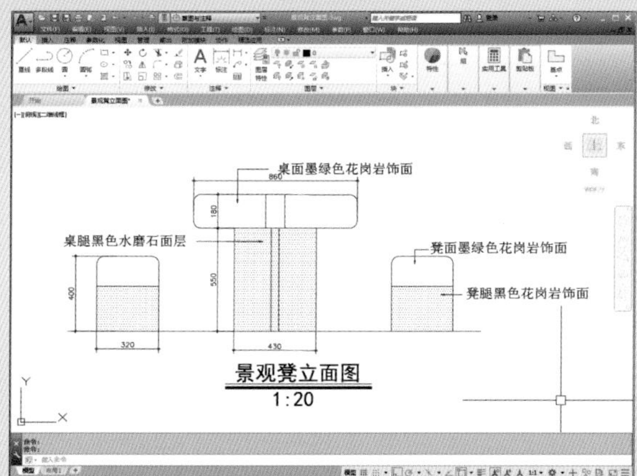

▶绘制景观凳立面图

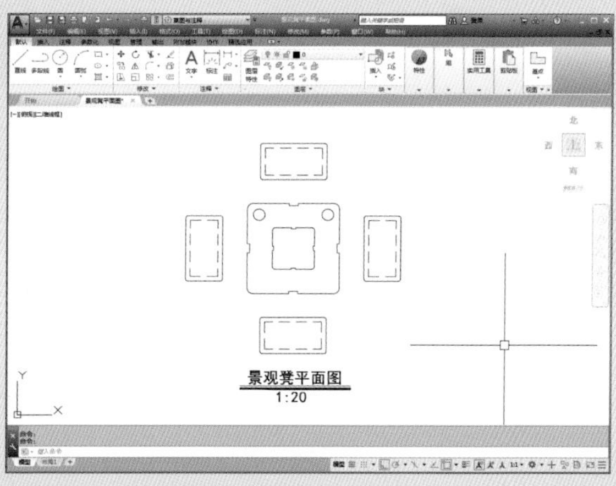

▶绘制景观凳平面图

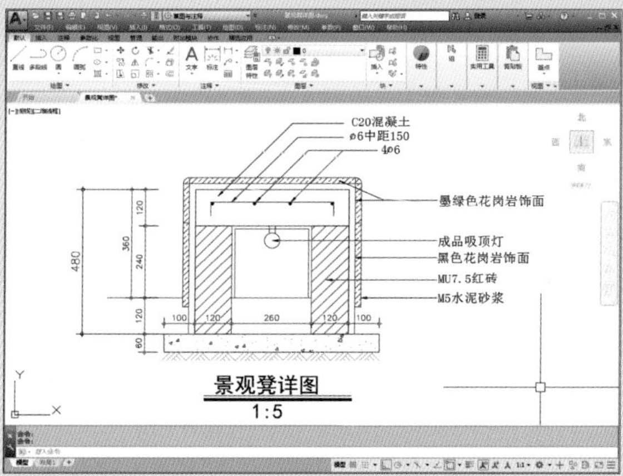

▶绘制景观凳详图

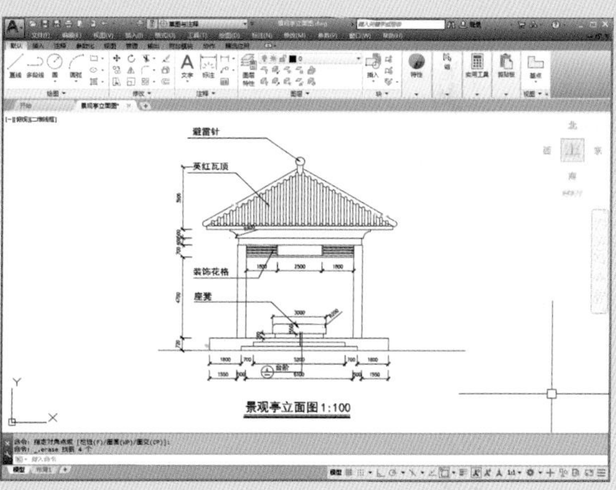

▶绘制景观亭立面图

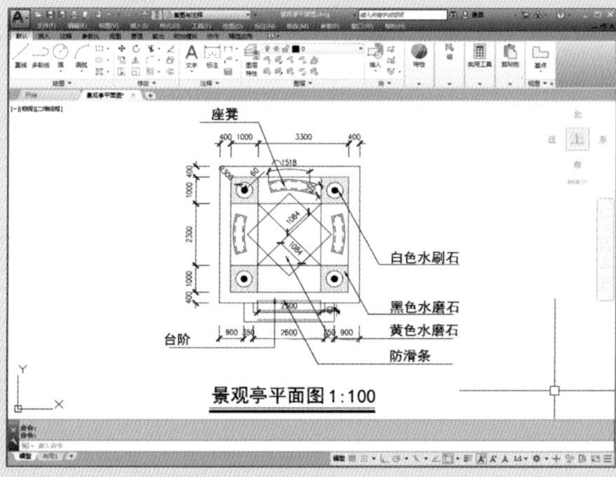

▶绘制景观亭平面图

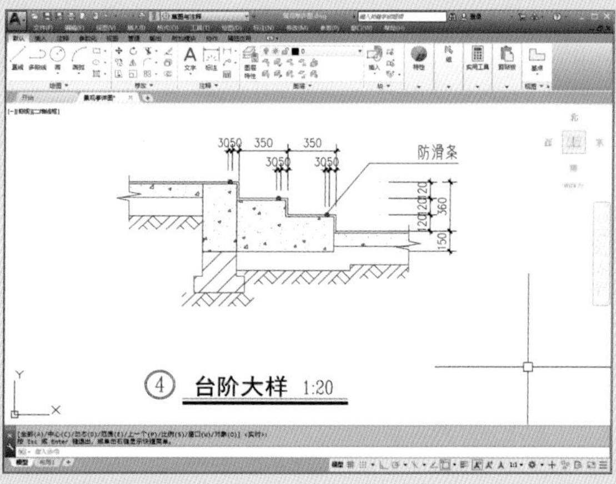

▶绘制景观亭详图

图块、外部参照及设计中心的应用

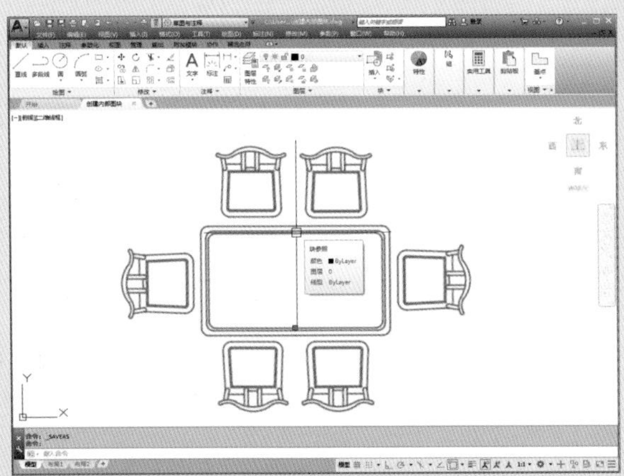

▶创建内部图块

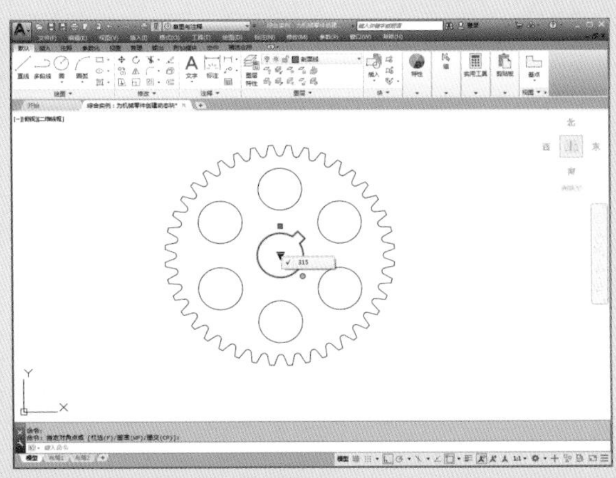

▶为机械零件图创建动态块

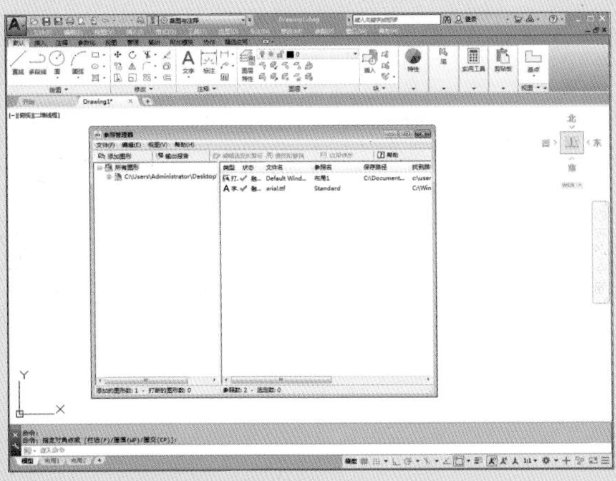

▶参照管理器管理外部文件

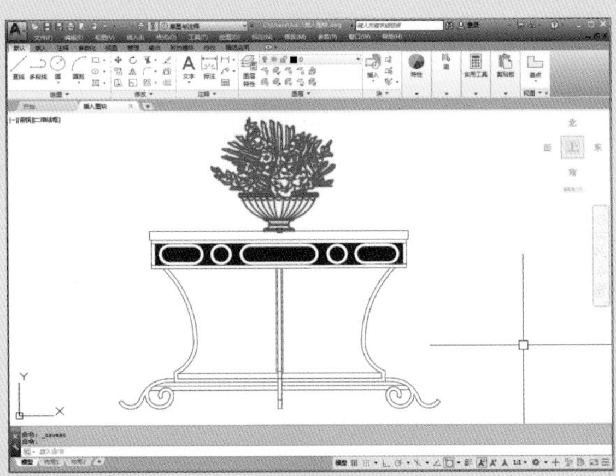

▶插入盆栽图块

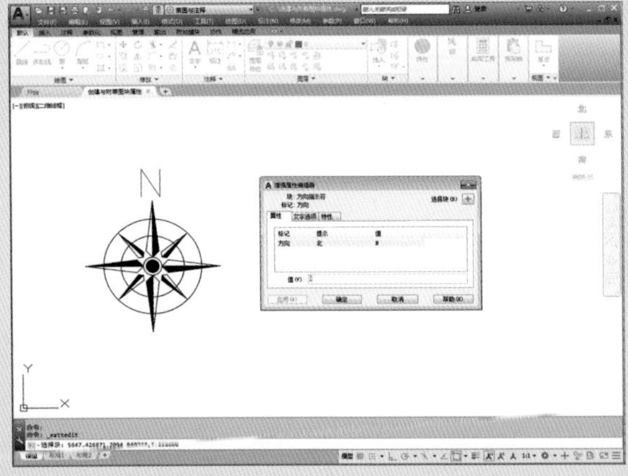

▶创建与附着图块属性

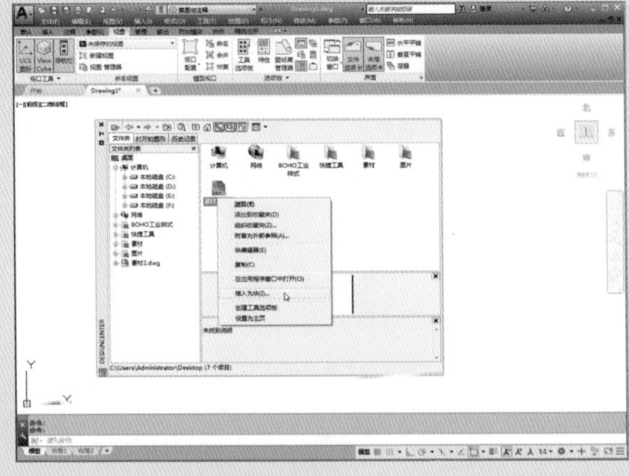

▶通过设计中心选项板插入块

图形的输出与发布

▶插入 OLE 对象

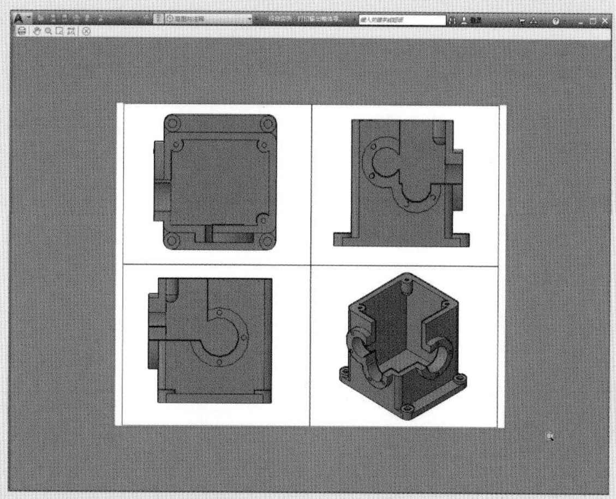

▶打印输出箱体零件模型

居室空间施工图的绘制

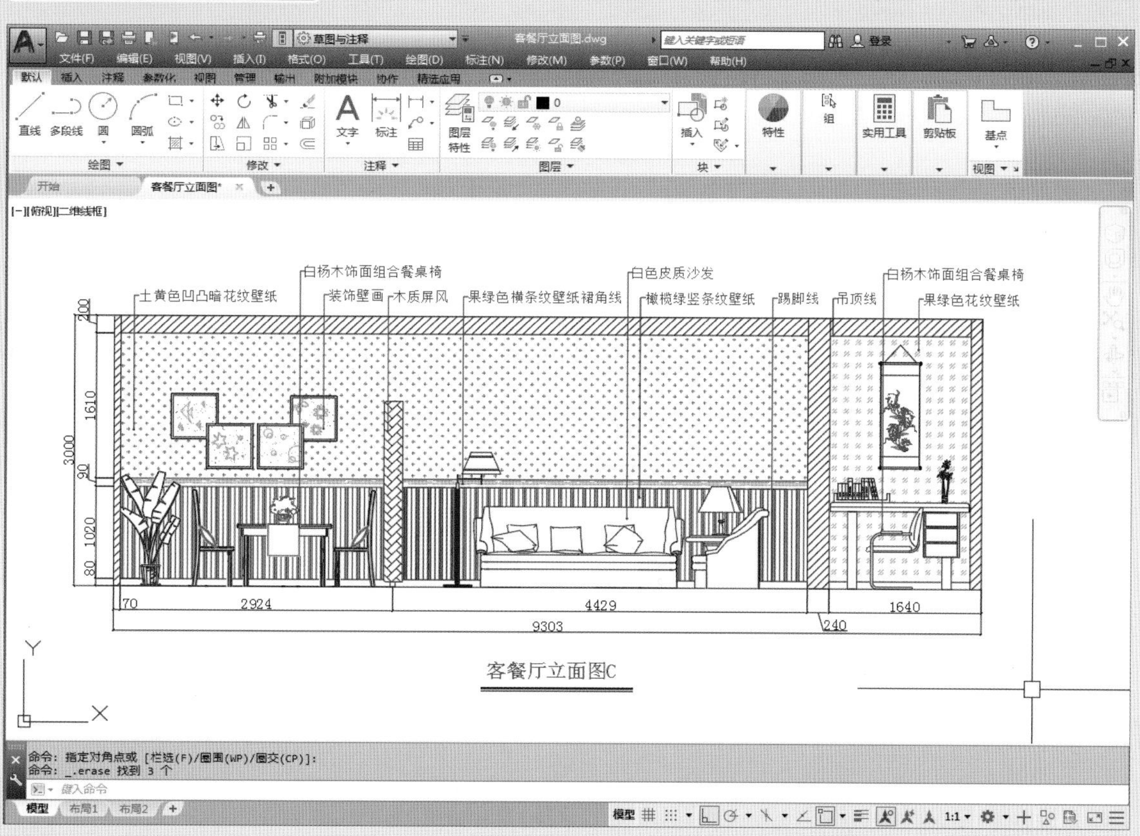

▶绘制客厅与餐厅立面图

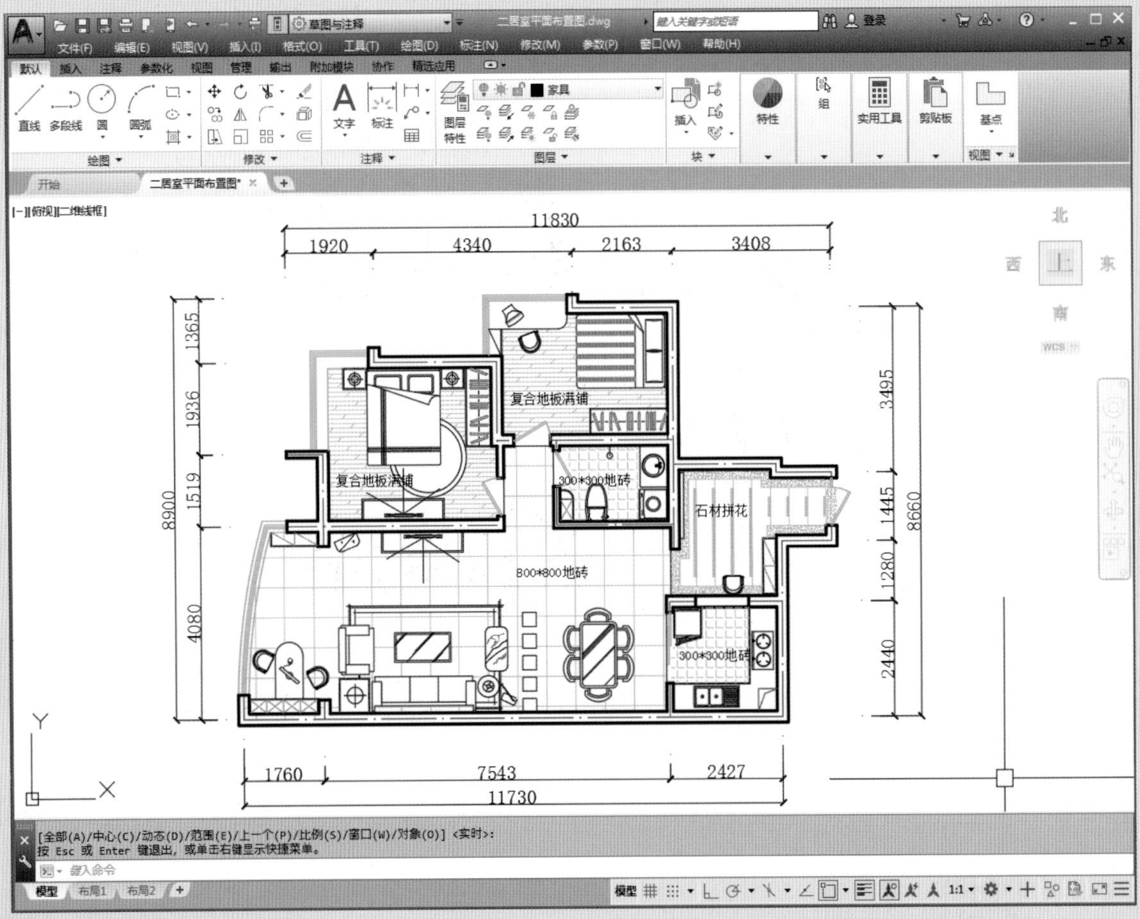

▶绘制平面布置图

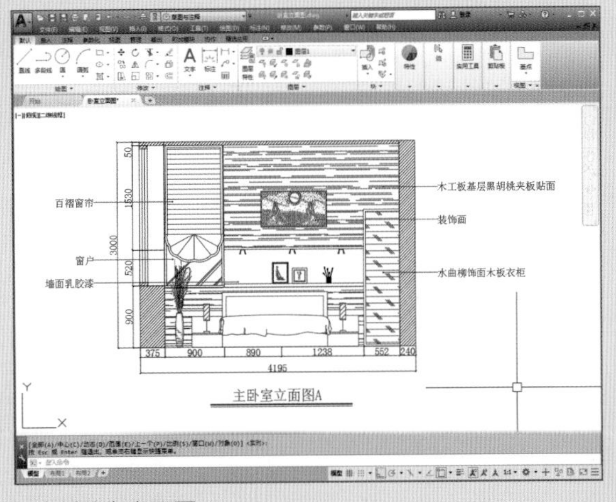

▶绘制卧室立面图

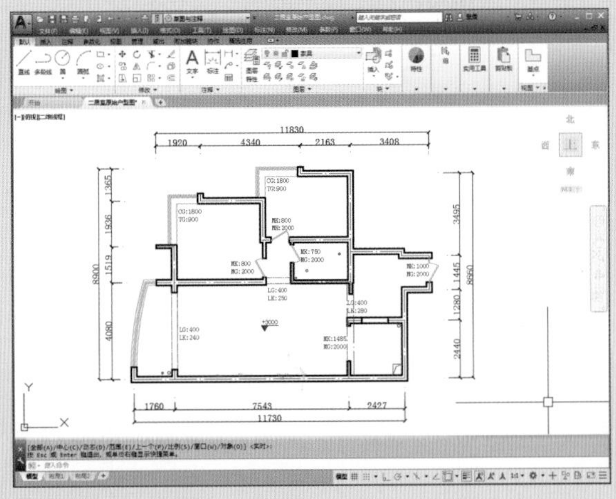

▶绘制原始户型图

AutoCAD 中文版 2019 从入门到精通

王翠萍 / 编著

中国青年出版社

律师声明

侵权举报电话

图书在版编目（CIP）数据

AutoCAD 2019 中文版从入门到精通／王翠萍编著. 一 北京：中国青年出版社，2019.1
ISBN 978-7-5153-5358-6
I.①A… II.①王… III. ①AutoCAD软件 IV. ①TP391.72
中国版本图书馆CIP数据核字（2018）第242144号

策划编辑 张 鹏
责任编辑 张 军

AutoCAD 2019 中文版从入门到精通
王翠萍 / 编著

出版发行：中国青年出版社
地　　址：北京市东四十二条21号
邮政编码：100708
电　　话：（010）50856188／50856199
传　　真：（010）50856111
企　　划：北京中青雄狮数码传媒科技有限公司
印　　刷：湖南天闻新华印务有限公司
开　　本：787 x 1092 1/16
印　　张：24.5
版　　次：2019年1月北京第1版
印　　次：2019年1月第1次印刷
书　　号：ISBN 978-7-5153-5358-6
定　　价：69.90元
（附赠独家秘料，含语音视频教学 + 同步案例文件+ CAD 设计模块素材 + 图集与效果图+海量实用资源）

本书如有印装质量等问题，请与本社联系
电话：（010）50856188 / 50856199
读者来信：reader@cypmedia.com
投稿邮箱：author@cypmedia.com
如有其他问题请访问我们的网站：http://www.cypmedia.com

随着计算机技术的飞速发展，计算机辅助设计软件的应用表现出如火如荼的态势，尤其是AutoCAD制图软件，它以简洁的用户界面、丰富的绘图命令和强大的编辑功能，逐渐赢得了各行各业的青睐，在建筑、机械、电子、纺织、化工等应用领域均能看到它的身影，毫不夸张地说，AutoCAD现已成为国内外最受欢迎的计算机辅助设计软件。

Autodesk公司自1982年推出AutoCAD软件以来，先后经历了多次版本升级，目前最新的版本为AutoCAD 2019。新版本的界面根据用户需求做了更多的优化，旨在为用户提供更为便捷的服务，让用户更快地完成绘图任务。为了使广大读者能够在短时间内熟练掌握新版本的所有操作，我们专门组织富有经验的一线教师编写了本书，书中全面、详细地介绍了AutoCAD 2019的新增功能、使用方法及应用技巧。

本书内容概述

全书共4篇17章，分别为基础入门篇、技能提高篇、高手进阶篇、实战案例篇。

部 分	章 节	内 容 概 述
基础入门篇	第1~4章	本篇主要介绍了AutoCAD 2019软件的新增功能、界面设置、基本操作、图层管理，以及辅助绘图功能的使用等知识
技能提高篇	第5~10章	本篇主要介绍了二维图形的绘制与编辑、图块的应用、文本的编辑、表格的创建、尺寸标注的应用，以及图形的输出与打印等内容
高手进阶篇	第11~14章	本篇主要介绍了AutoCAD 2019中的三维绘图功能，如基本三维实体的绘制与编辑、材质贴图的设置、灯光的运用，以及三维渲染等
实战案例篇	第15~17章	本篇以综合案例的形式介绍了CAD软件在常见领域中的应用，如室内施工图、机械零件图及园林景观图的绘制方法与技巧

本书内容循序渐进，知识结构安排合理，语言组织通俗易懂，在讲解每一个知识点时，尽可能附以实例进行说明。本书由淄博职业学院王翠萍老师编写，全书共计约57万字，书中穿插介绍了很多细小的知识点，均以“工程师点拨”栏目体现，每章最后还安排有“综合实例”、“高手应用秘籍”和“秒杀工程疑惑”多个重要栏目，以对前面知识进行巩固性练习和拓展性讲解。此外，附赠的光盘中收录了典型案例的教学视频，以供读者参考学习。

附赠超值资料

为了帮助读者更加直观地学习AutoCAD，本书附赠了丰富的学习参考资料，配套的资源包括：

（1）书中实例涉及的工程原始、最终图形文件，方便读者高效学习。

（2）案例语音教学视频，手把手教你学，有任何疑问和操作困难，随时查看，得到最及时的帮助。

（3）赠送海量常用CAD图块，即插即用，可极大提高工作效率。

（4）赠送海量建筑设计图纸，以帮助读者施展拳脚。

适用读者群体

本书既可以作为了解AutoCAD各项功能和最新特性的应用指南，又可以作为提高用户设计和创新能力的指导。本书适用于以下读者：

- 大中专院校相关专业的师生
- 参加计算机辅助设计培训的学员
- 建筑、机械、园林设计行业的相关设计师
- 想快速掌握AutoCAD软件并应用于实际工作的初学者

本书在编写和案例制作过程中力求严谨细致，但由于水平和时间有限，疏漏之处在所难免，望广大读者批评指正。

编　者

Contents

目录

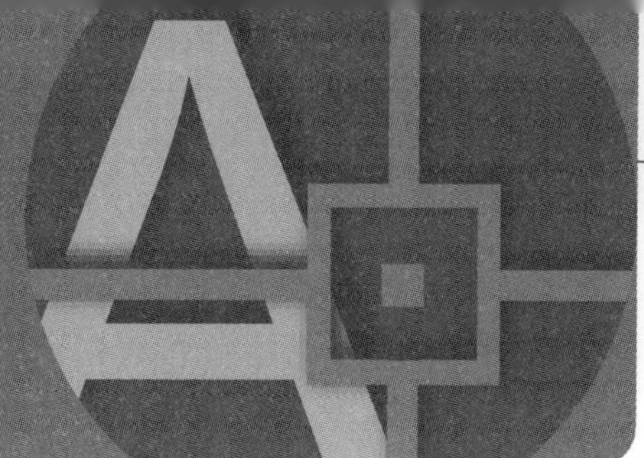

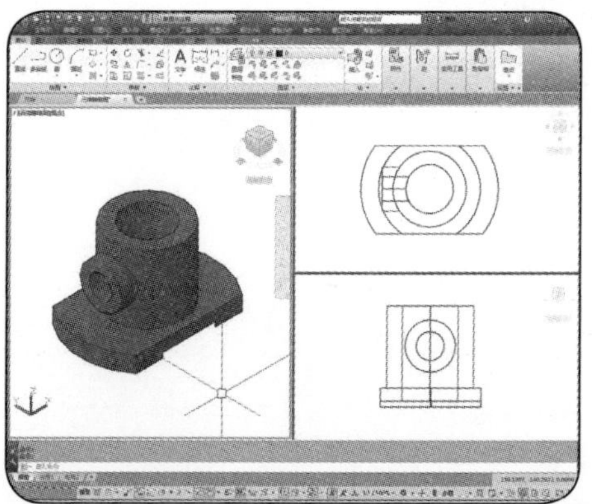

三视图显示模式

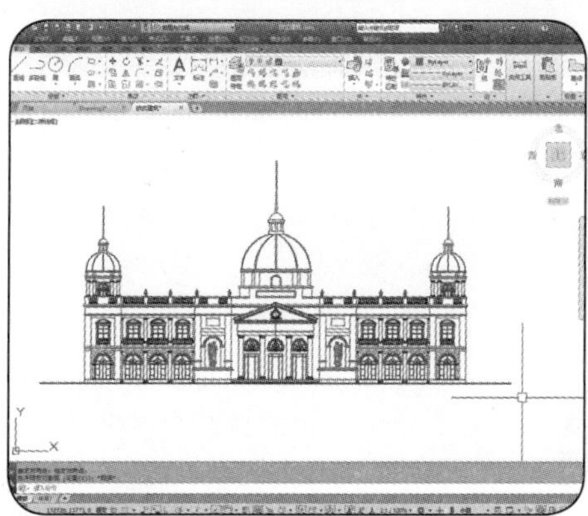

AutoCAD 2019绘图界面

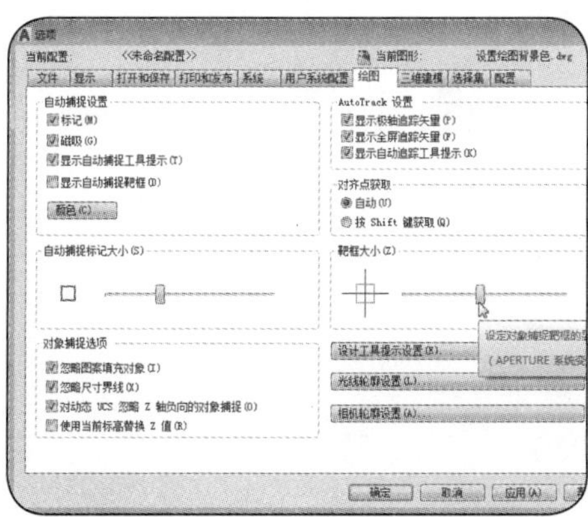

设置靶框大小

Chapter 01 AutoCAD 2019 轻松入门

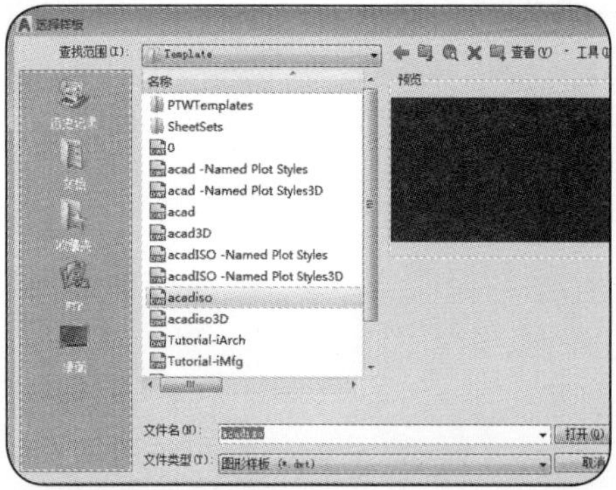

◎"选择样板"对话框

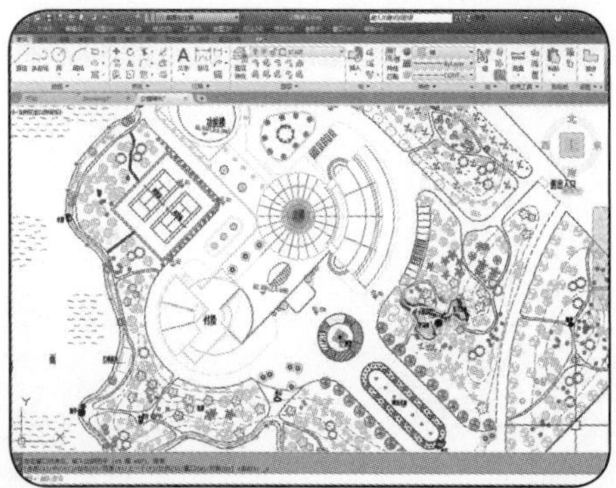

◎范围缩放之前效果

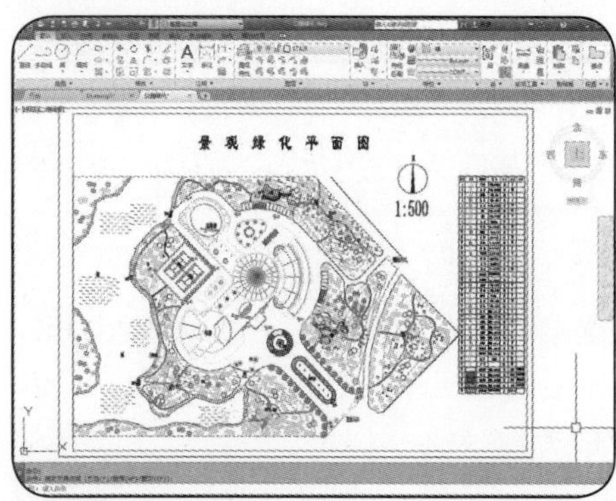

◎范围缩放之后效果

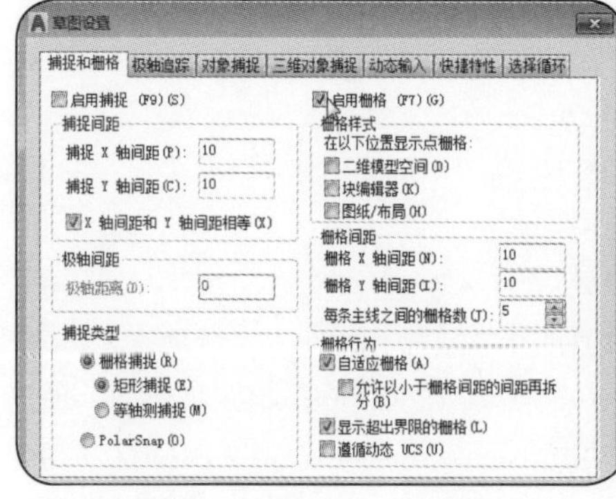

◎"捕捉和栅格"设置面板

Chapter 02

AutoCAD 2019 基本操作

Chapter 03

绘图辅助功能的使用

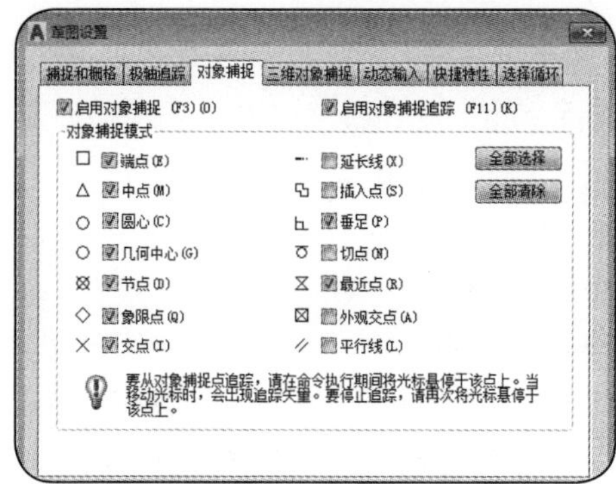
◎ 启动捕捉功能

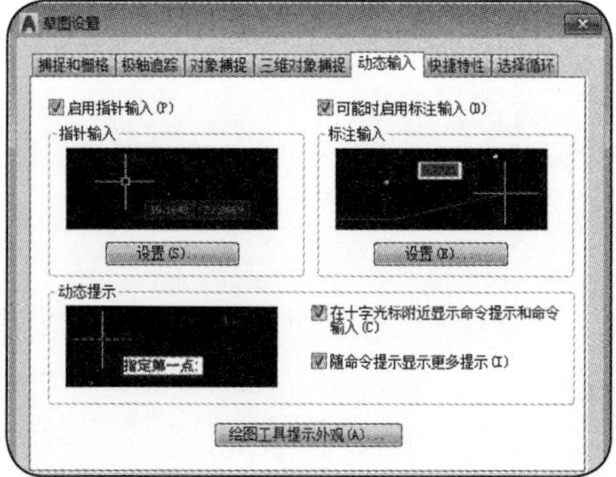
◎ 启动指针输入

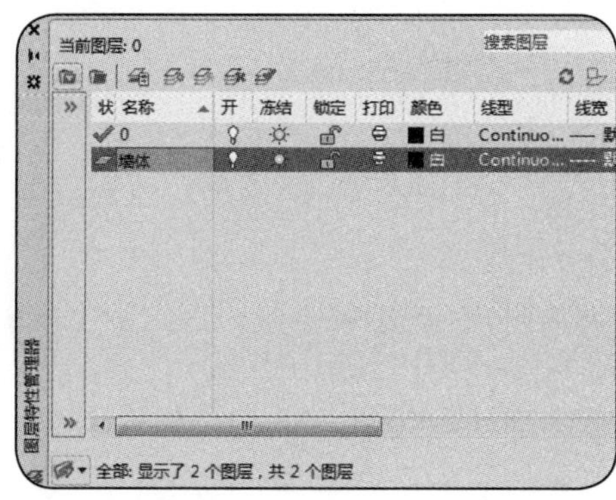
◎ 创建“墙体”图层

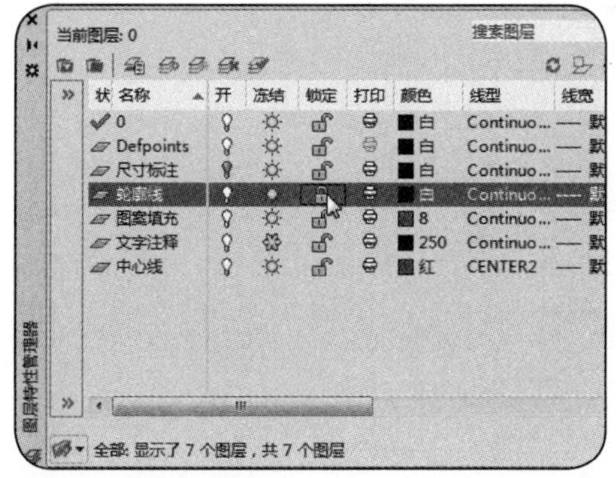
◎ 锁定“轮廓线”图层

Chapter 04
图层的设置与管理

◎调入图层信息

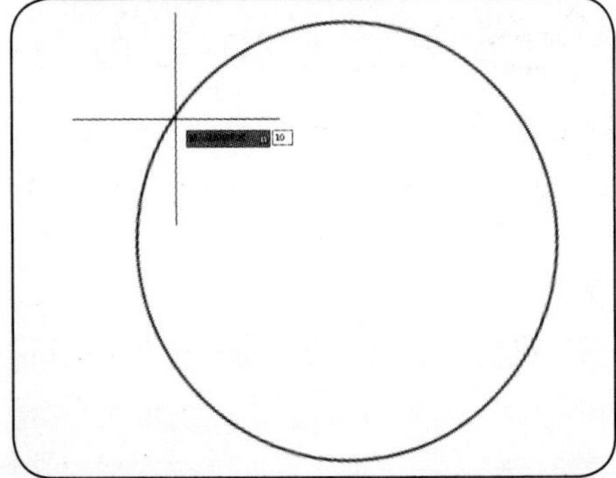

◎输入线段长度

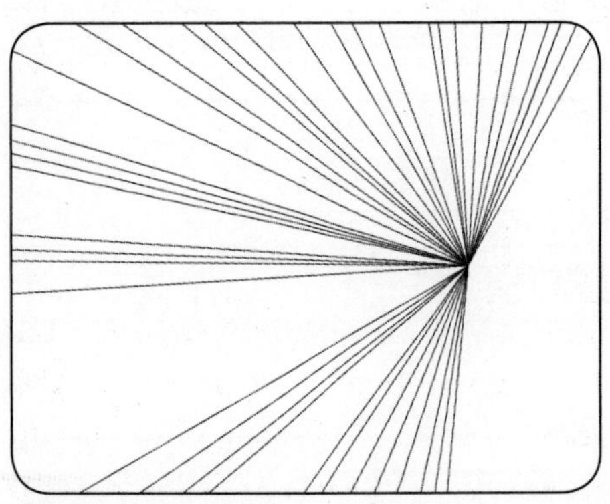

◎指定起点和射线方向

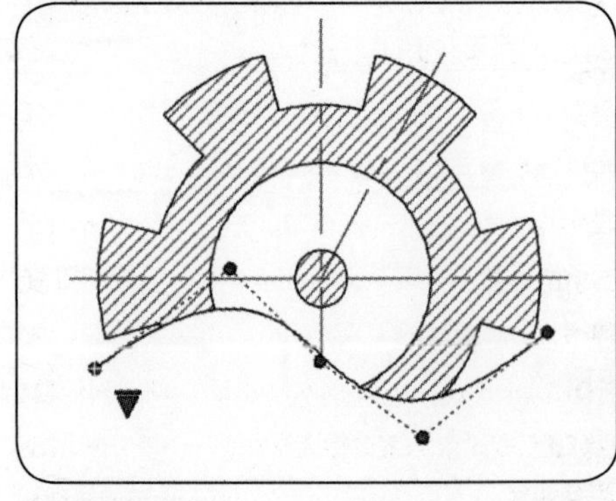

◎使用控制点绘制

Chapter 05 二维图形的绘制

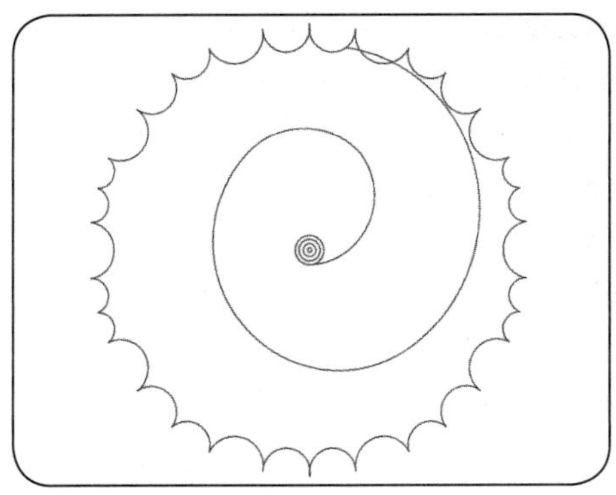
◎ 云线绘图

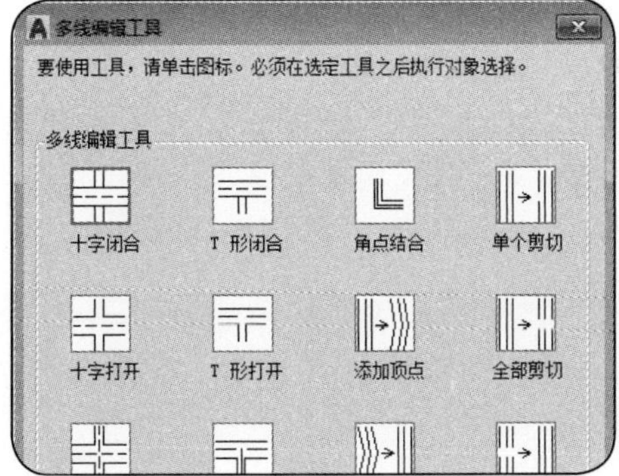

◎ 多线编辑工具

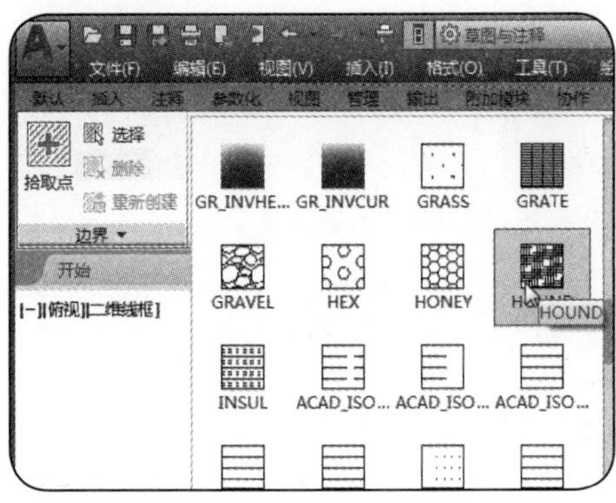

◎ 选择填充的图案

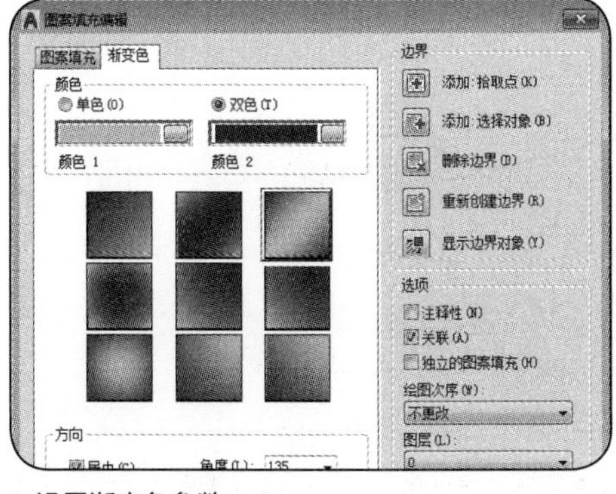

◎ 设置渐变色参数

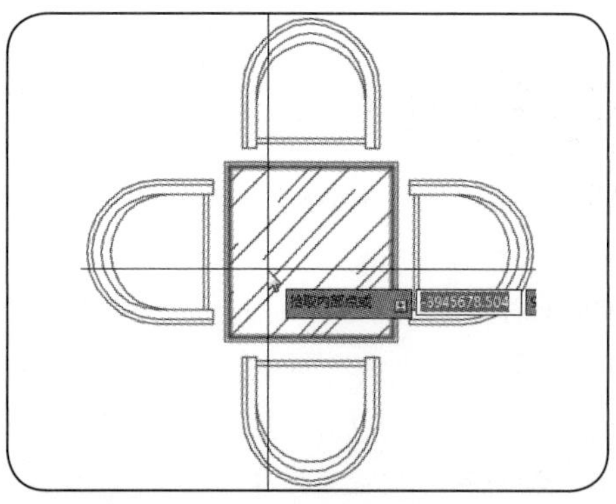

◎拾取点创建

◎选择图块

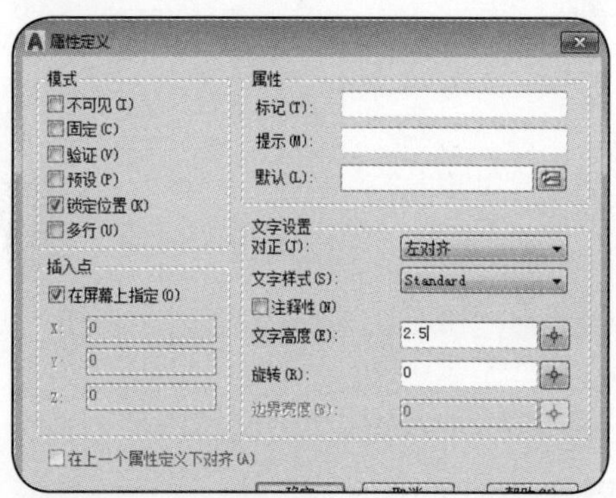

◎"属性定义"对话框

◎插入外部参照图块

Chapter 07

图块、外部参照及设计中心的应用

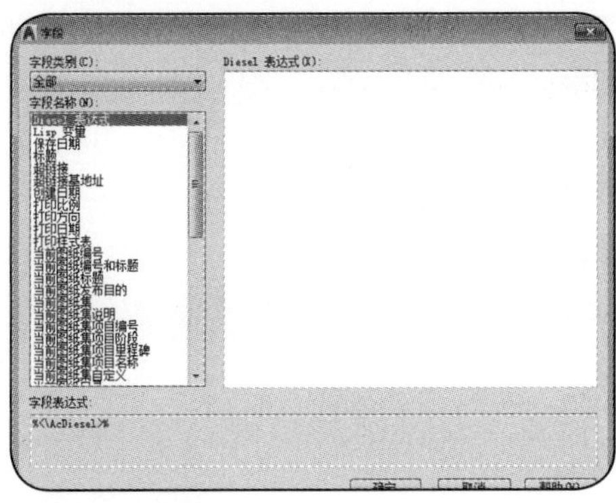
◎“字段”对话框

◎设置标题参数

◎锁定表格内容

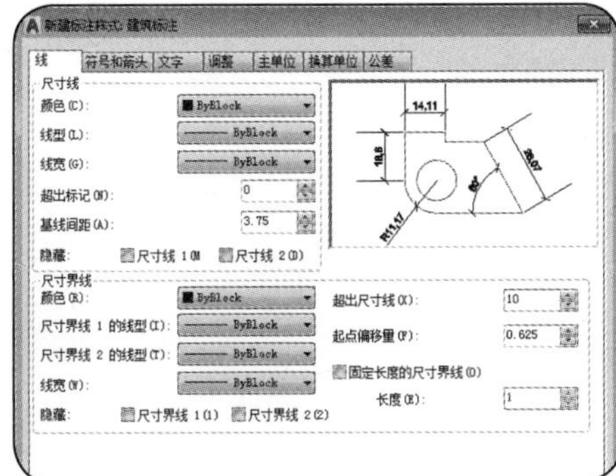
◎设置超出尺寸线

Chapter 08 图形文本与表格的应用

Chapter 09 图形标注尺寸的应用

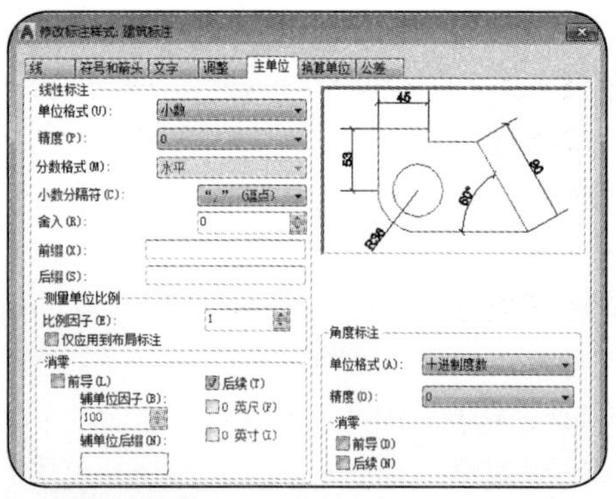

◎"主单位"选项卡

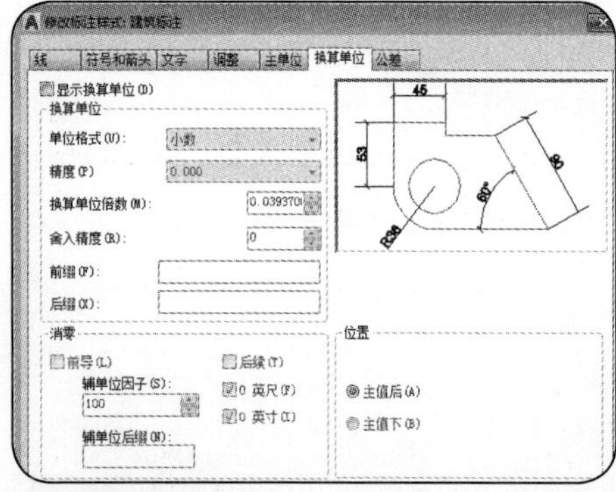

◎"换算单位"选项卡

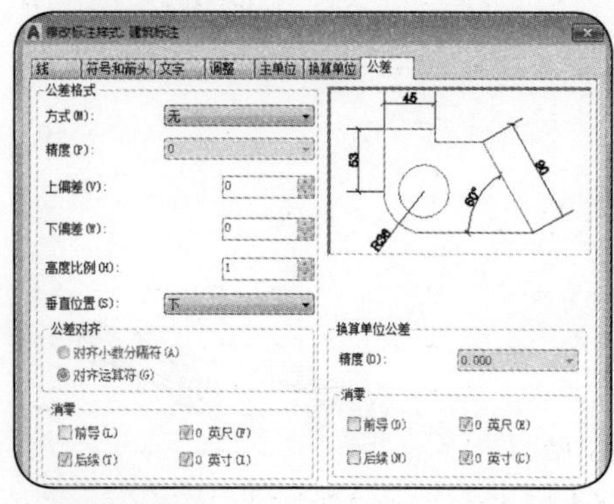

◎"公差"选项卡

◎打开"插入WMF"对话框

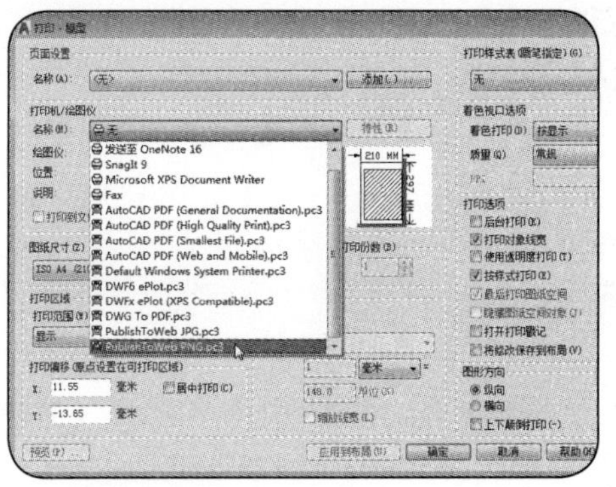
◎ 选择打印机型号

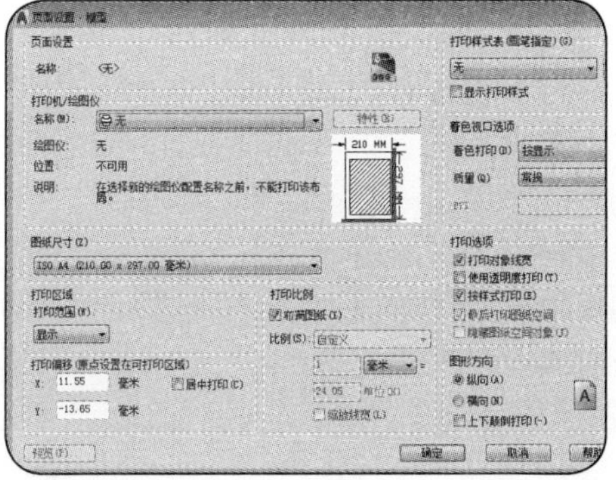
◎ 修改页面设置

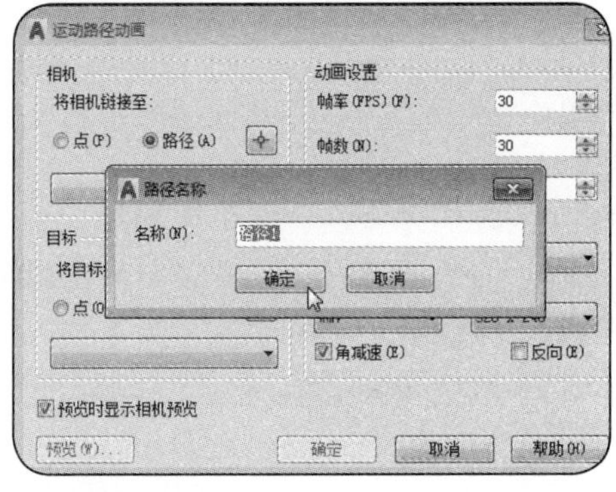
◎ 设置路径名称

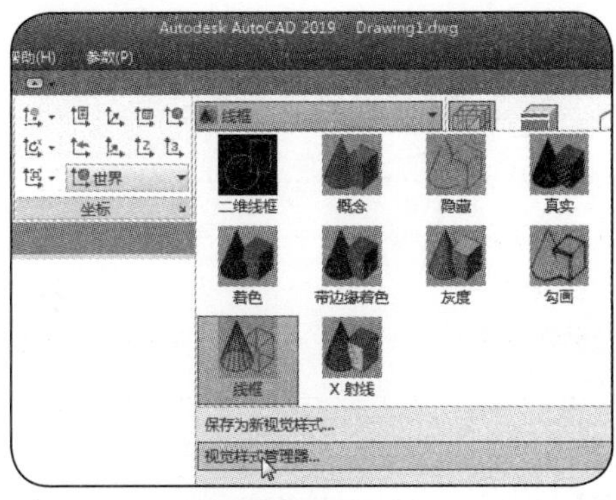
◎ 选择“视觉样式管理器”选项

Chapter 11

三维绘图环境的设置

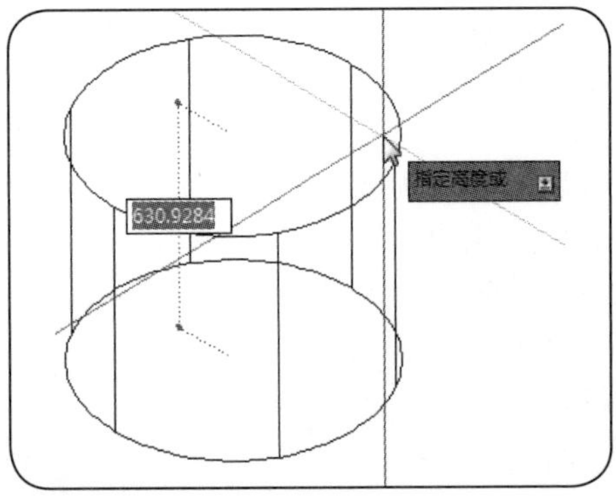

◎ 指定圆柱体高度

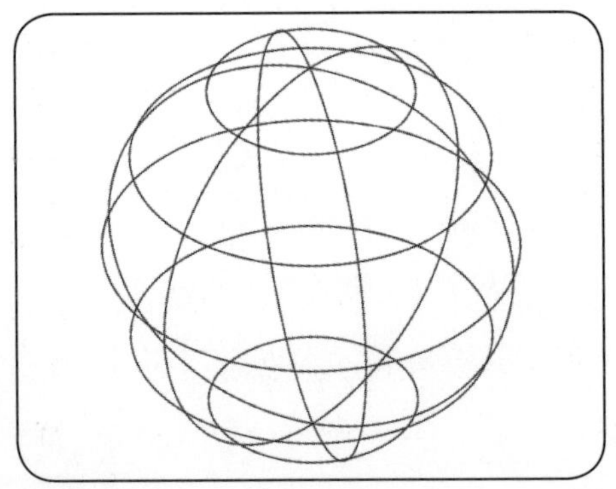

◎ 绘制球体

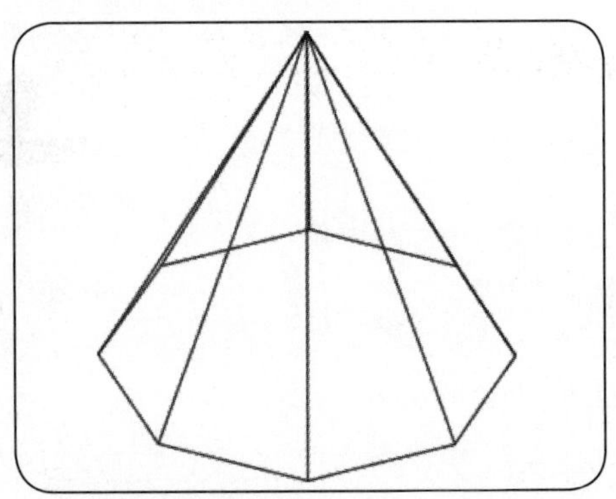

◎ 完成多面棱锥体的绘制

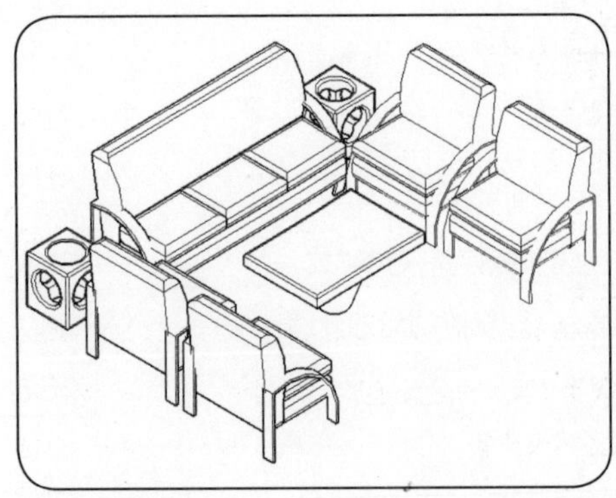

◎ 完成镜像操作

Chapter 12

三维模型的绘制

Chapter 13

三维模型的编辑

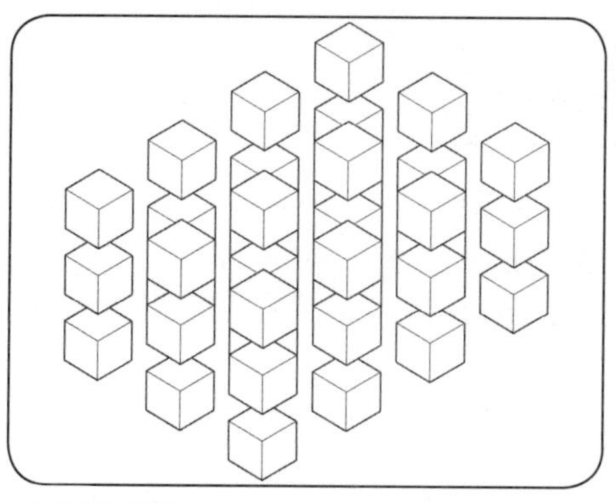
矩形阵列效果

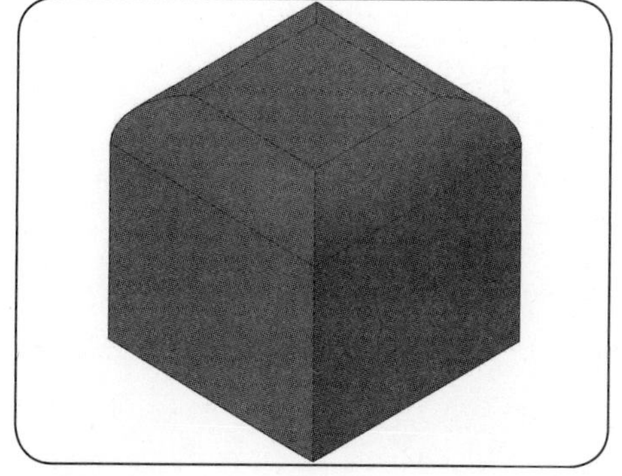
圆角边效果

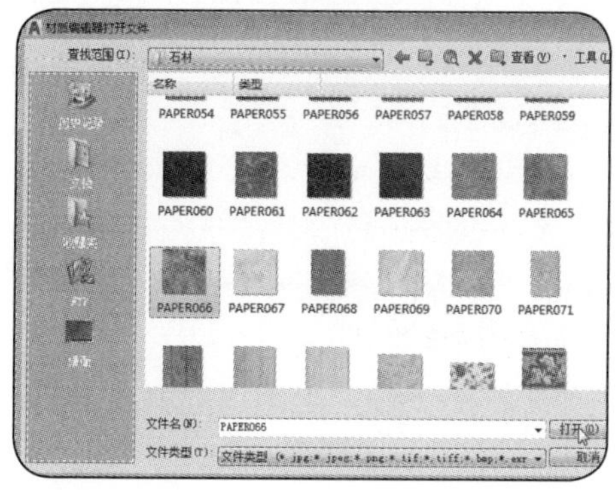
选择所需材质

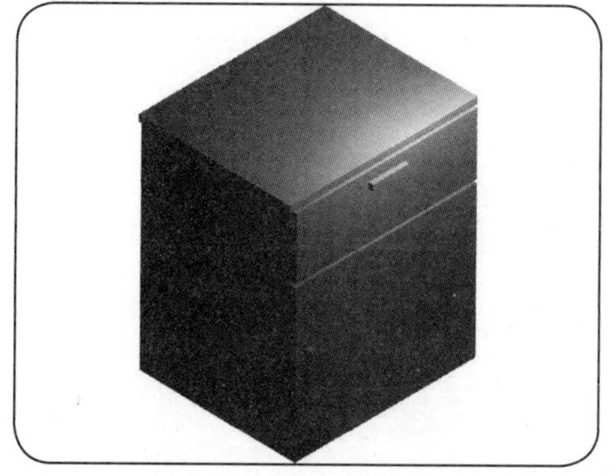
阳光状态效果

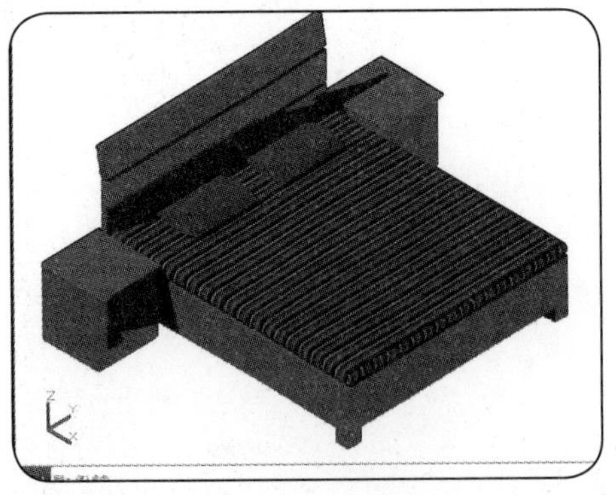

◎视口渲染

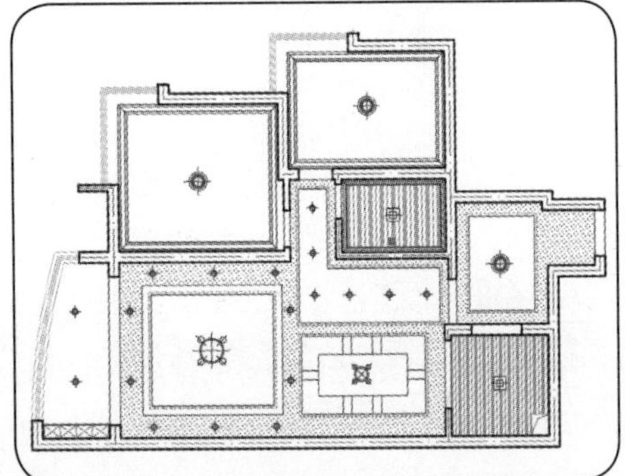

◎填充厨房、卫生间吊顶

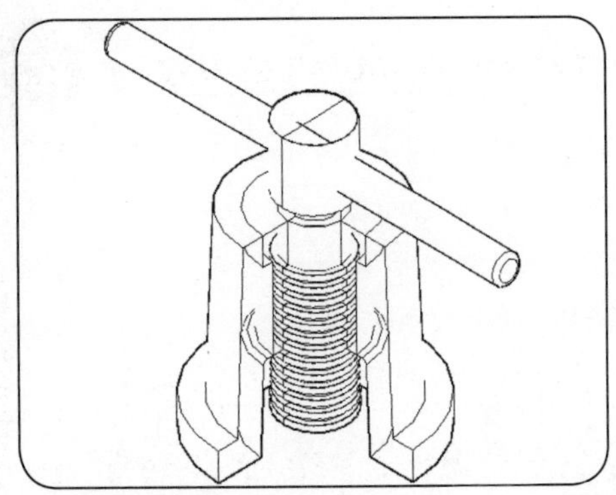

◎阀门剖切轴测图

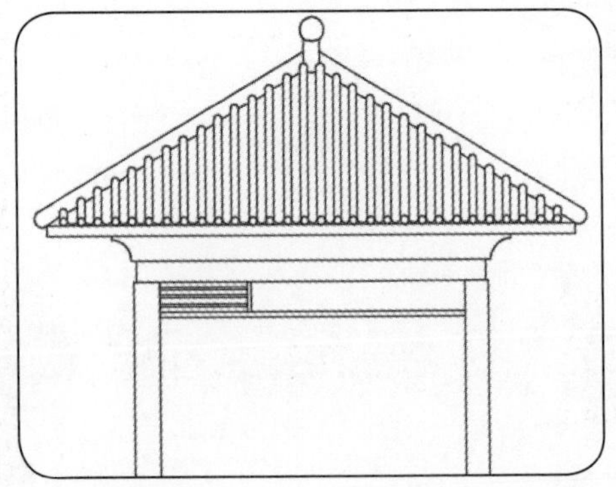

◎偏移花格造型

Chapter

01

AutoCAD 2019 轻松入门

随着计算机的普及，越来越多的工程设计人员开始使用AutoCAD应用程序来绘制二维图形，以及创建和渲染三维实体模型。AutoCAD是一款专业的绘图软件，使用该软件不仅能够将设计方案用规范美观的图纸表达出来，而且能够有效地帮助设计人员提高设计水平及工作效率，从而解决了传统手工绘图中效率低、绘图准确度差及劳动强度大的缺点，便于及时进行必要的调整和修改。

01 学完本章您可以掌握如下知识点

1. AutoCAD 2019新功能 ★
2. AutoCAD 2019工作界面 ★★
3. AutoCAD 2019绘图环境的设置 ★★★

02 本章内容图解链接

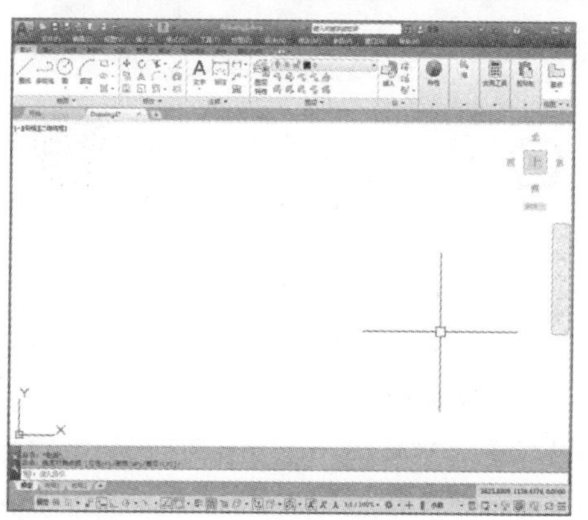

AutoCAD 2019工作界面

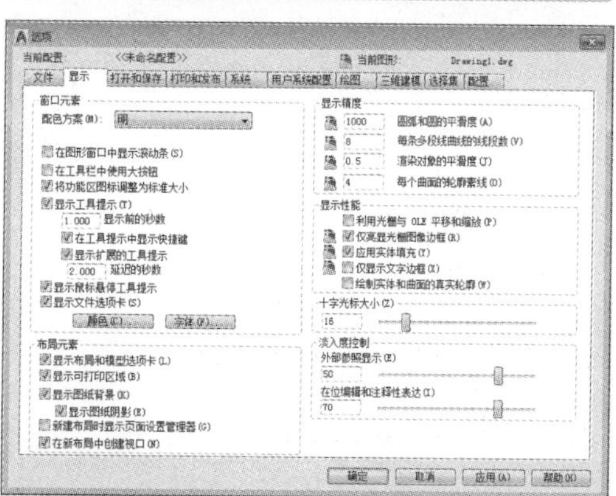

绘图环境设置面板

1.1 AutoCAD 2019概述

计算机辅助设计作为工程设计领域中的主要技术，在设计绘图和相互协作方面已经展示了强大的技术实力，利用AutoCAD可以迅速而准确地绘制出所需图形。另外，由于其具有易学、使用方便、体系结构开发快的优点，也深受广大技术人员的喜爱。

1.1.1 初识AutoCAD

AutoCAD作为Autodesk公司开发研制的通用计算机辅助设计软件包，从1982年开发的第一个版本以来，已经发布了二十多个版本。早期的版本只是简单的二维绘图工具，绘制图形的过程非常慢。经过多次升级，现在已经是集平面作图、三维造型、数据库管理、渲染着色、互联网通信等功能于一体，并提供了更加丰富的绘图工具。

AutoCAD 2019版本是目前最新版本。与以往的版本相比较，新版本重新设计了图标，以不同分辨率为用户提供更清晰的视觉外观。而且可以对绘制好的图形进行共享，并获得反馈。此外，新版本还提供了DWG比较功能，可以对修改前后的图形进行快速的比较。

该软件的每一次升级，在功能上都得到了逐步的增强，且日趋完善。也正因为AutoCAD具有强大的辅助绘图功能，彻底地改变了传统的手工绘图模式，把工程设计人员从繁重的手工绘图中解放了出来，从而极大地提高了设计效率和工作质量，如图1-1、图1-2所示。因此，它已成为工程设计领域中应用广泛的计算机辅助绘图与设计软件之一，其应用范围遍布机械、建筑、航天、轻工、军事、电子、服装和模具等设计领域。

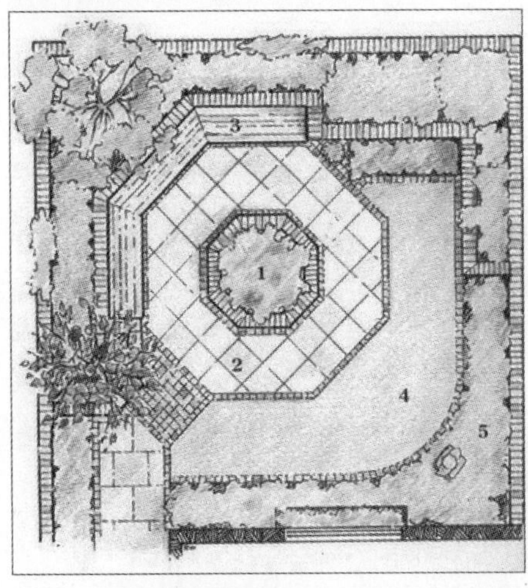

图1-1 手绘景观效果图

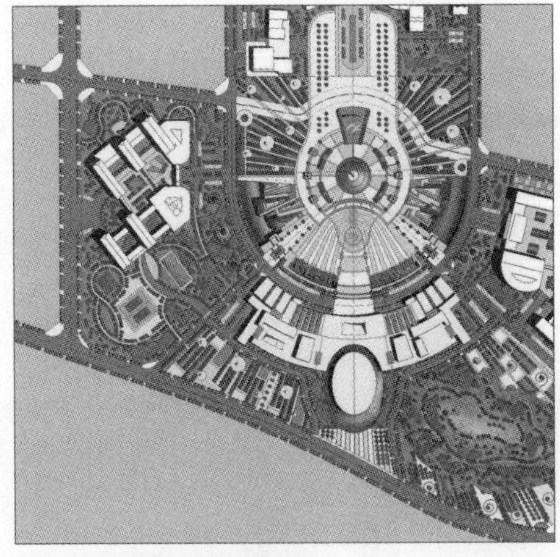

图1-2 AutoCAD绘制景观图

1.1.2 AutoCAD的应用

AutoCAD软件具有绘制二维图形、三维图形、标注图形、协同设计、图纸管理等功能，并被广泛应用于机械、建筑、电子、航天、石油、化工、地质等领域，是目前世界上使用广泛的计算机绘图软件之一。下面将介绍在几种常用领域中CAD的应用。

1. CAD在机械领域中的应用

CAD技术在机械设计中的应用主要集中在零件与装配图的实体生成等应用。它彻底更新了设计手段和设计方法，摆脱了传统设计模式的束缚，引进了现代设计观念，促进了机械制造业的高速发展。如图1-3所示。

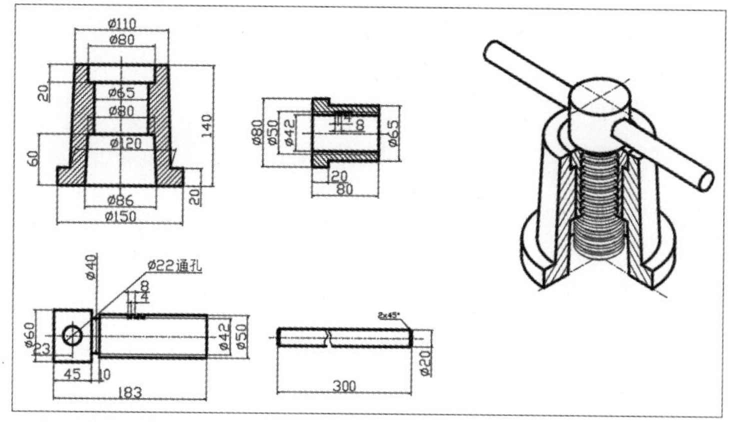

图1-3　机械零件图

在绘制机械三维图时，使用CAD三维功能则更能体现该软件的实用性和可用性，其具体表现为以下4点：

（1）零件的设计更快捷。

（2）装配零件更加直观可视。

（3）缩短了机械设计的周期。

（4）提高了机械产品的技术含量和质量。

2. CAD在建筑工程领域中的应用

在绘制建筑工程图纸时，一般要用到3种以上的制图软件，例如AutoCAD、3ds Max、Photoshop软件等。其中AutoCAD软件则是建筑制图的核心制图软件。设计人员通过该软件，可以轻松地表现出他们所需要的设计效果，如图1-4、图1-5所示。

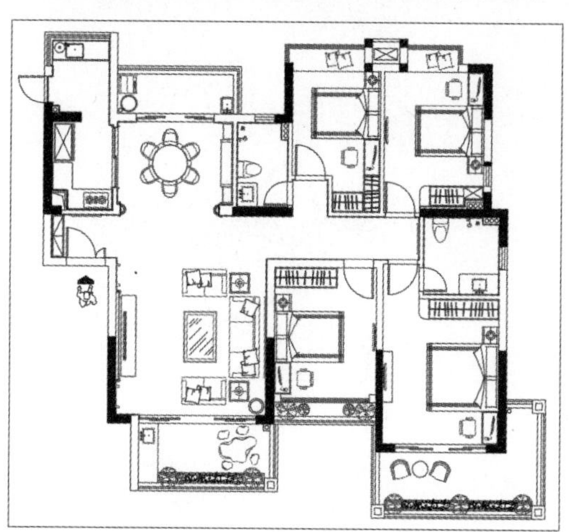

图1-4　室内平面图

图1-5　室外建筑立面图

3. CAD在电气工程领域中的应用

在电气设计中，CAD主要应用在制图和一部分辅助计算方面。电气设计的最终产品是图纸，作为设计人员需要基于功能或美观方面的要求创作出新产品，并需要具备一定的设计概括能力，从而利用CAD软件绘制出设计图纸，如图1-6所示。

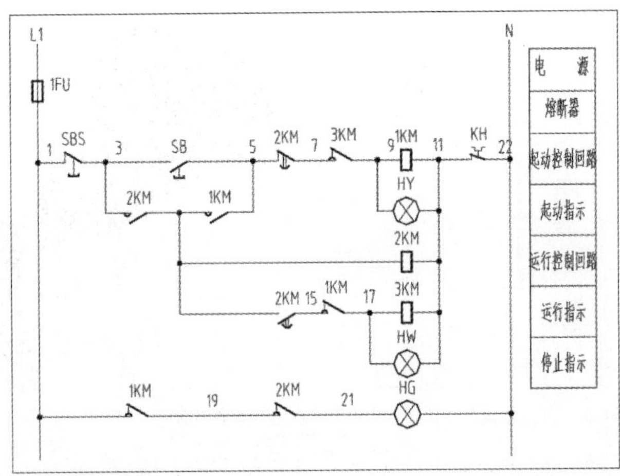

图1-6 电气施工图

4. CAD在服装领域中的应用

随着科技时代的发展，服装行业也逐渐应用CAD设计技术。该技术融合了设计师的理想、技术经验，通过计算机强大的计算功能，使服装设计更加科学化、高效化，为服装设计师提供了一种现代化的工具。目前，服装CAD技术可用来进行服装款式图的绘制、对基础样板进行放码、对完成的衣片进行排料、对完成的排料方案直接通过服装裁剪系统进行裁剪等，如图1-7所示。

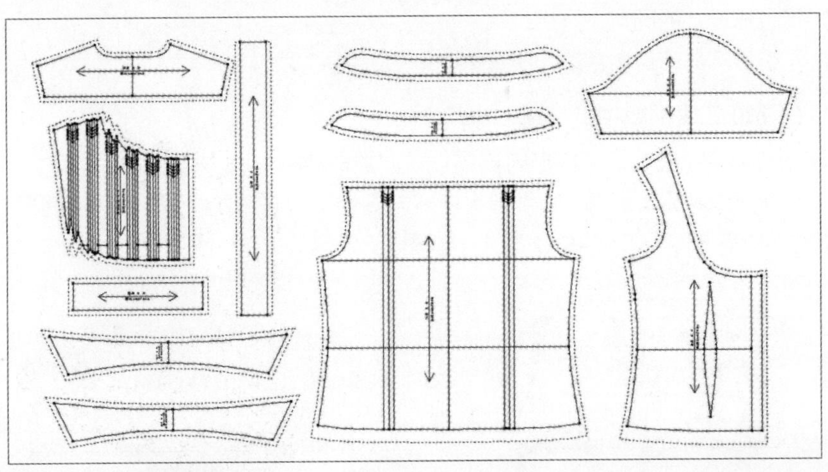

图1-7 CAD服装设计图

1.1.3 AutoCAD的基本功能

想要学好AutoCAD软件，前提是要了解该软件的基本功能，例如图形的创建与编辑、图形的标注、图形的显示以及图形的打印功能等。下面将介绍几项AutoCAD的基本功能。

1. 图形的创建与编辑

在AutoCAD的“绘图”菜单中包含各种二维和三维的绘图工具，使用这些工具可以绘制直线、多段线和圆等基本二维图形，也可以将绘制的图形转换为面域，对其进行填充，如图1-8所示。

对于一些二维图形，通过拉伸设置标高和布尔运算等操作就可以轻松地转换为三维模型，或者使用基本实体或曲面功能快速创建圆柱体、球体和长方体等基本实体，以及三维网格旋转网格等曲面模型，使用编辑工具则可以快速创建出各种各样的复杂三维图形，如图1-9所示。

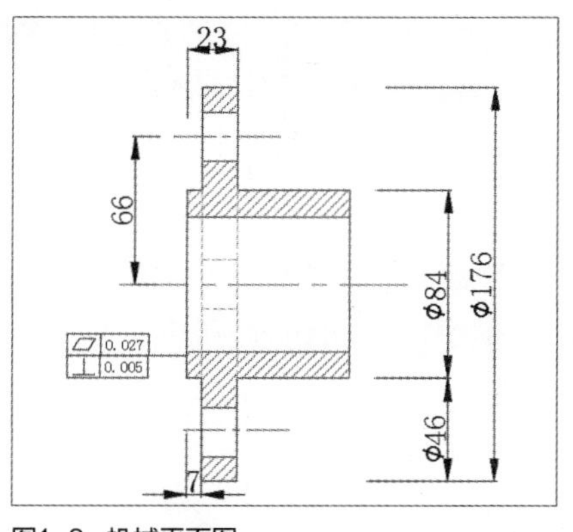

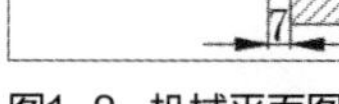

图1-8 机械平面图

图1-9 三维模型

此外，为了方便查看图形的结构特征，还可以绘制轴测图，以二维绘图技术来模拟三维对象。轴测图实际上是二维图形，只需要将软件切换到轴测模式后，即可绘制出轴测图。此时，使用直线工具将绘制出30°、90°、150° 等角度的斜线，圆轮廓线将表现为椭圆形。

2. 图形的标注

图形标注是制图过程中一个较为重要的环节。AutoCAD的“标注”菜单和“注释”功能面板中包含了一套完整的尺寸标注和尺寸编辑工具。使用它们可以在图形的各个方向上创建各种类型的标注，也可以方便快捷地以一定格式创建符合行业或项目标准的标注。

AutoCAD的标注功能除提供了线性、半径和角度3种基本标注类型外，还提供了引线标注、公差标注及粗糙度标注等。标注的对象可以是二维图形，也可是三维模型，如图1-10、图1-11所示。

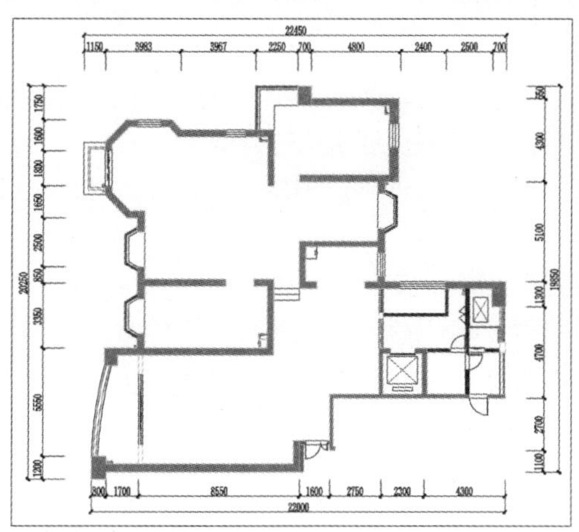

图1-10 二维图形的标注

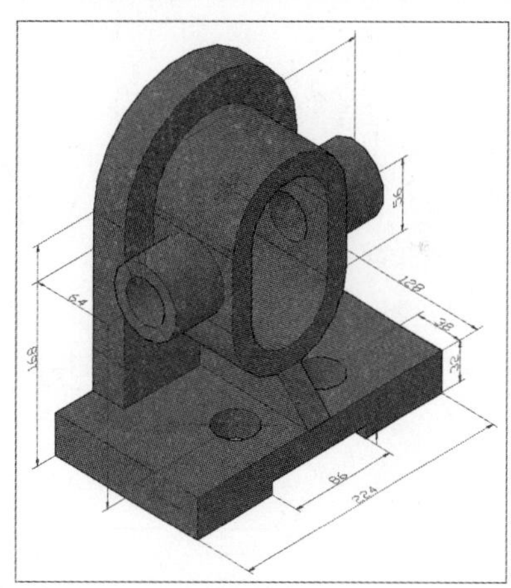

图1-11 三维模型的标注

3. 渲染和观察三维视图

在AutoCAD中可以运用光源和材质，将模型渲染成具有真实感的图像。如果是为了演示，可以渲染全部对象；如果时间有限，或者显示设备和图形设备不能提供足够的灰度等级和颜色，就不必精细渲染；如果只需快速查看设计的整体效果，则可以简单消隐或者设置视觉样式。

此外，为了查看三维图形各方面的显示效果，可在三维操作环境中使用动态观察器观察模型，也可以设置漫游和飞行方式观察图形，甚至可录制运动动画和设置观察相机，更方便地查看模型结构。

4. 图形的输出与打印

AutoCAD不仅可以将所绘制图形以不同样式通过绘图仪或打印机输出，还可以将不同格式的图形

导入AutoCAD，或者将AutoCAD图形以其他格式输出，因此当图形绘制完成后可以使用多种方法将其输出。例如，可以将图形打印在图纸上，或者创建成文件以供其他应用程序使用。

5. 图形显示控制

AutoCAD可以任意调整图形的显示比例，以便于观察图形的全部或局部，并可以使图形上、下、左、右移动来进行观察。该软件为用户提供了6个标准视图和4个轴测视图，可以利用视点工具设置任意的视角，还可以利用三维动态观察器设置任意视角效果，如图1-12、图1-13所示。

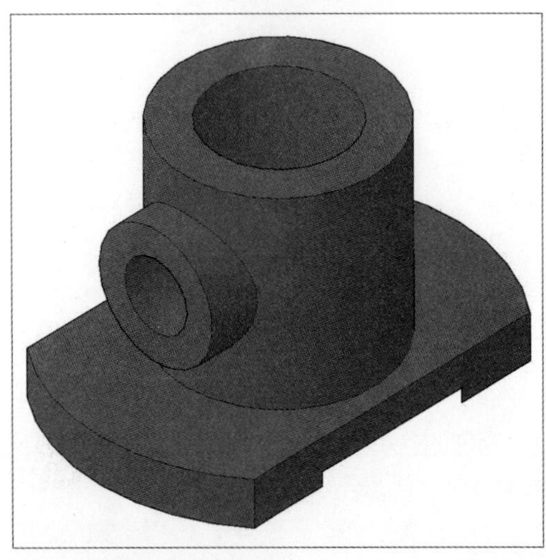

图1-12 着色模式显示

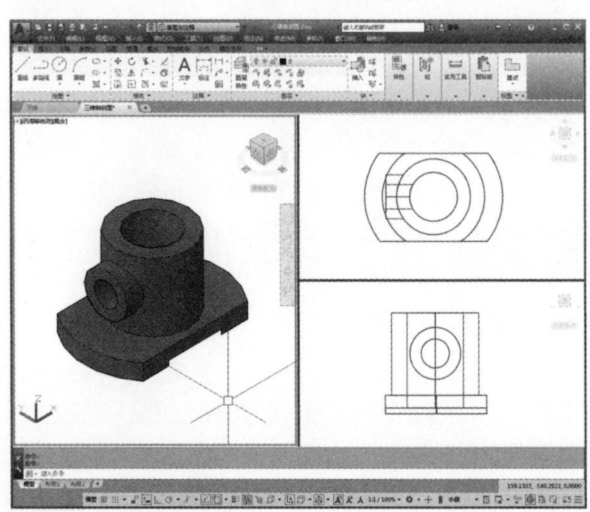

图1-13 三视图显示模式

6. Internet功能

利用AutoCAD强大的Internet工具，可以在网络上发布图形、访问和存取，为用户之间相互共享资源和信息，同步进行设计、讨论、演示，获得外界消息等提供了极大的帮助。

电子传递功能可以把AutoCAD图形及相关文件进行打包或制成可执行文件，然后将其以单个数据包的形式传递给客户和工作组成员。

AutoCAD的超级链接功能可以将图形对象与其他对象建立链接关系。此外，AutoCAD提供了一种既安全又适于在网上发布的DWF文件格式，用户可以使用Autodesk DWF Viewer来查看或打印DWF文件的图形集，也可以查看DWF文件中包含的图层信息、图纸和图纸集特性、块信息和属性，以及自定义特性等信息。

1.1.4 AutoCAD 2019新功能

AutoCAD 2019在以往版本的基础上做了较多的改进，使用了最新的界面布局，简化操作，共享视图、保存到AutoCAD Web和Mobile、DWG比较等，下面将对其新功能进行介绍。

1. 共享视图

“共享视图”功能从当前图形中提取设计数据，将其存储在云中，并生成可以与同事和客户共享的链接。“共享视图”选项板显示所有共享视图的列表，可以在其中访问注释、删除视图或将其有效期延长至超过30天。

当您的同事或客户收到来自您的链接时，他们可以使用从Web浏览器运行的Autodesk查看器，对来自任意联网PC、平板电脑或移动设备的视图进行查看、审阅、添加注释。

2. 保存到AutoCAD Web和Mobile

将图形文件以“Web和Mobile”文件形式保存，通过Internet在任何桌面、Web或移动设备上使用Autodesk Web和Mobile联机打开并保存图形。

在完成安装AutoCAD系统提示安装的应用程序后，即可从Internet接入的任何设备（如在现场使用平板电脑，或在远程位置使用台式机）查看和编辑图形。

订购AutoCAD固定期限的使用许可后，可以获得从Web和移动设备进行编辑的功能。此功能仅适用于64位系统。

3. DWG比较

使用“DWG比较”功能可在模型空间中高亮显示相同图形或不同图形之间的差异。使用颜色，可区分每个图形所独有的对象和通用的对象。也可通过关闭对象的图层将对象排除在比较之外。

1.1.5 AutoCAD 2019启动与退出

AutoCAD 2019应用程序安装完成后，用户即可启动该程序，进行图形的相关操作，使用完毕后再将其退出。

1. AutoCAD 2019的启动

正确安装AutoCAD 2019后，如果要了解软件的内容，首先需要了解如何启动AutoCAD 2019。启动AutoCAD 2019的方法很多，主要有以下几种。

- 从菜单栏执行“开始>所有程序>Autodesk>AutoCAD 2019-简体中文（Simplified Chinese）> AutoCAD 2019-简体中文（Simplified Chinese）”命令，即可启动AutoCAD 2019应用程序，如图1-14所示。
- AutoCAD 2019应用程序安装完毕后，系统会自动在电脑桌面上生成快捷方式图标，用户只需双击该快捷方式图标即可启动AutoCAD 2019应用程序，如图1-15所示。
- 如果文件中存在“.dwg”格式的文档，也可以双击该文档，那么在打开文档的同时即可启动AutoCAD 2019软件。

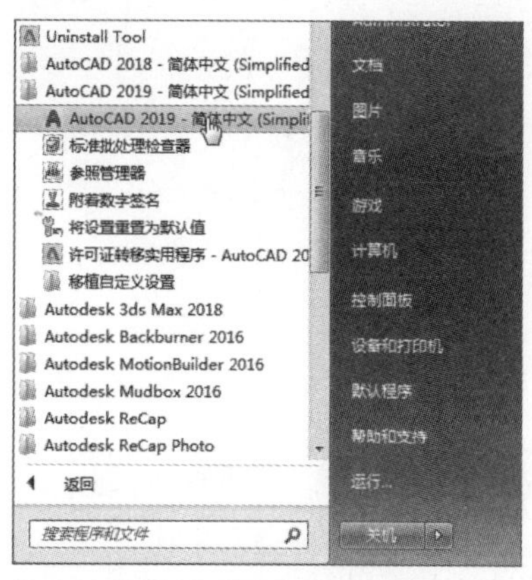

图1-14 “开始”菜单启动

图1-15 双击快捷图标启动

工程师点拨：取消欢迎界面显示

在默认情况下，每次启动AutoCAD 2019软件后，系统都会启动欢迎界面。若想取消该界面的显示，只需在该界面左下角取消“启动时显示”选项的勾选，单击“关闭”按钮即可。此时再次启动该软件后，欢迎界面将不在显示。

2. AutoCAD 2019的退出

退出该软件的方法有3种，下面将分别对其操作进行介绍。

（1）单击“关闭”按钮退出。在AutoCAD 2019软件运行的状态下，单击界面右上角“关闭”按钮即可，如图1-16所示。

（2）使用“文件”菜单命令退出。在AutoCAD 2019界面中，执行“文件>关闭图形>退出AutoCAD 2019”命令即可退出，如图1-17所示。

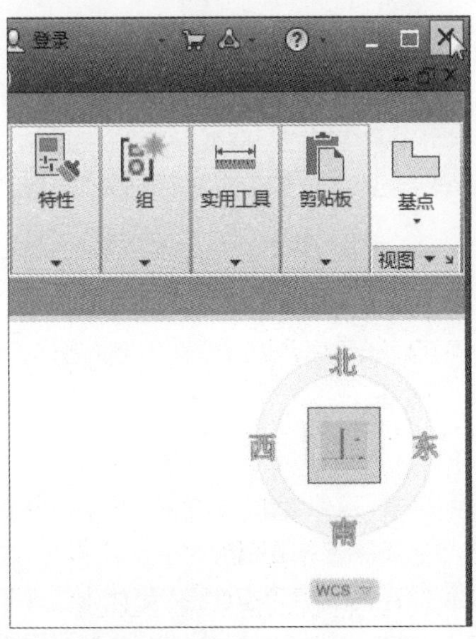

图1-16 单击“关闭”按钮

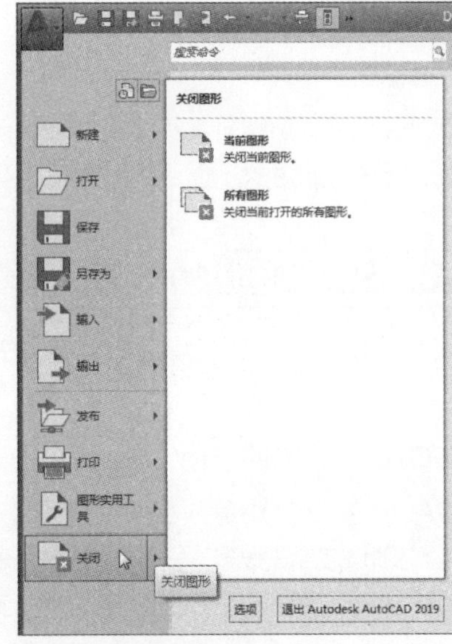

图1-17 菜单浏览器命令

（3）使用命令行退出。在AutoCAD 2019命令行中，输入“Quit”后，按Enter键确认，即可关闭应用程序，如图1-18所示。

图1-18 命令行输入命令

工程师点拨：其他退出软件的方法

除了以上介绍的3种操作外，还可以进行以下两种方法退出软件。第一种：使用“Alt+F4”组合键即可快速退出；第二种：在桌面任务栏中，右击AutoCAD 2019软件图标，在打开的快捷菜单中，选择“关闭窗口”选项，同样也可退出软件，如图1-19所示。

图1-19 任务栏关闭窗口

1.2 AutoCAD 2019工作界面

启动AutoCAD 2019应用程序后，即可发现该版本与上一版本的界面大致相似（软件默认背景色为黑色，更改背景色的操作会在后面小节中介绍），如图1-20所示。

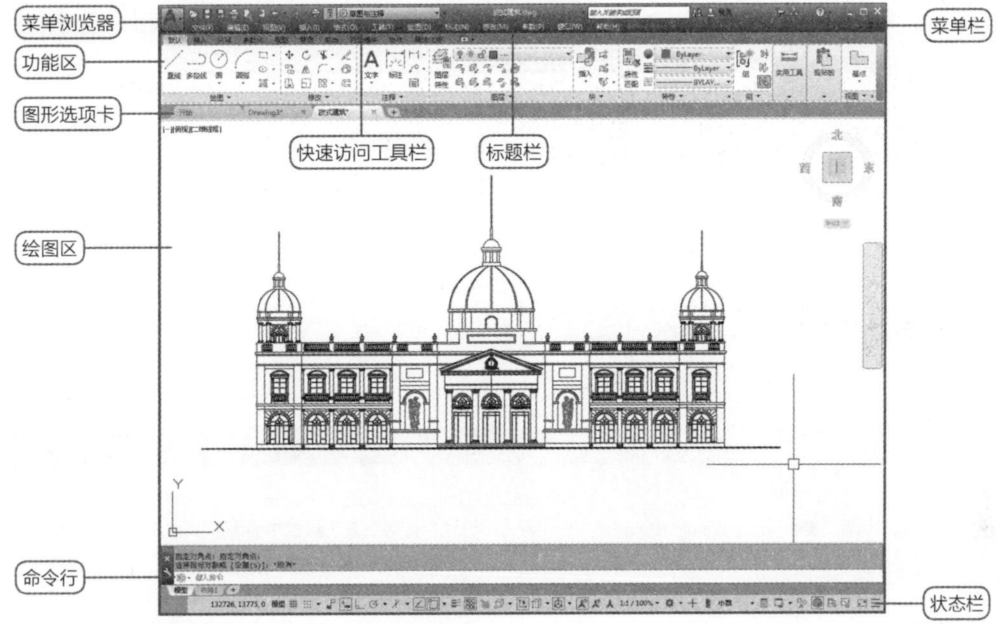

图1-20　AutoCAD 2019绘图界面

1.2.1 菜单浏览器

“菜单浏览器”按钮位于AutoCAD 2019界面的左上角，单击该按钮，可展开菜单浏览器，如图1-21所示。通过菜单浏览器能更方便地访问公用工具。用户可创建、打开、保存、打印和发布AutoCAD文件，将当前图形作为电子邮件附件发送、制作电子传送集。此外，还可执行图形维护，例如查核和清理以及关闭图形。

菜单浏览器中有一个搜索栏，用户可以查询快速访问工具、应用程序菜单以及当前加载的功能区以定位命令、功能区面板名称和其他功能区控件。另外，菜单浏览器上的按钮提供轻松访问最近使用或打开的文档，在最近文档列表中有一个新的选项，除了可按大小、类型和规则列表排序外，还可按照日期排序。

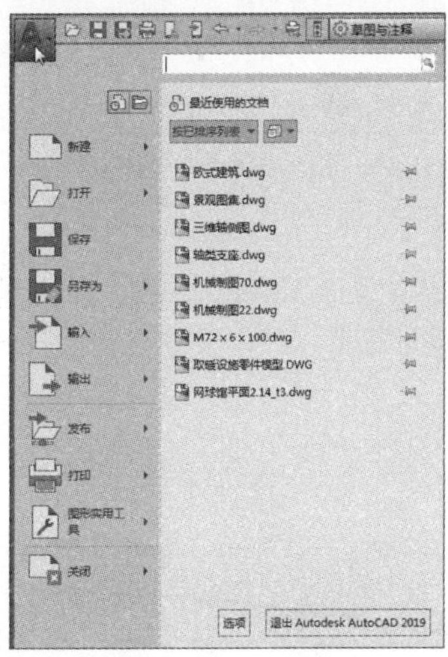

图1-21　菜单浏览器

工程师点拨：菜单栏的隐藏与显示

AutoCAD 2019为用户提供了“菜单浏览器”功能，所有的菜单命令可以通过“菜单浏览器”执行，默认设置下，“菜单栏”是隐藏的，当变量MENUBAR的值为1时，显示菜单栏；为0时，隐藏菜单栏。

1.2.2 快速访问工具栏

快速访问工具栏带有更多的功能并与其他的Windows应用程序保持一致。放弃和重做工具包括了历史支持，右键菜单包括了新的选项，用户可轻易从工具栏中移除工具、在工具间添加分隔条，以及将快速访问工具栏显示在功能区的上面或下面，如图1-22、图1-23所示。

除了右键菜单外，快速访问工具栏还包含了一个新的弹出菜单，该菜单显示常用工具列表，用户可选定并置于快速访问工具栏内。弹出菜单提供了轻松访问额外工具的方法，它使用了CUI编辑器中的命令列表面板。

图1-22 AutoCAD 2019快速访问工具栏

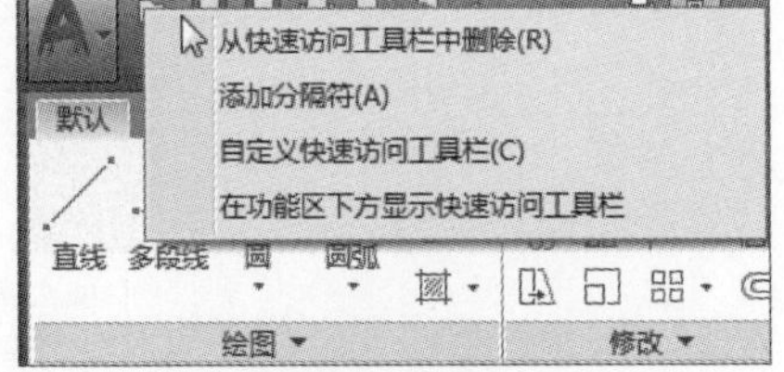

图1-23 快速访问工具栏右键菜单

工程师点拨：自定义快速访问工具栏

在AutoCAD 2019中，快速访问工具栏中的命令选项是可以根据用户需求进行设定的。单击“工作空间”右侧“自定义快速访问工具栏”下拉按钮，在展开的下拉列表中，只需勾选所需命令选项，即可在该工具栏中显示。相反，若取消某命令的勾选，则不会在工具栏中显示。在该列表中，选择“在功能区上方显示”选项，可自定义工具栏位置。

1.2.3 标题栏

标题栏位于工作界面的最顶端。标题栏左侧依次显示的是“应用程序菜单”、“快速访问工具栏”选项；在标题栏中间则显示当前运行程序的名称和文件名等信息；而在右侧依次显示的是“搜索”、“登录”、“交换”、“保持连接”、“帮助”以及窗口控制按钮，如图1-24所示。

图1-24 AutoCAD 2019标题栏

在标题栏上单击鼠标右键，会弹出一个快捷菜单，在该菜单中可进行最小化窗口、最大化窗口、还原窗口、移动窗口和关闭软件等操作，如图1-25所示。

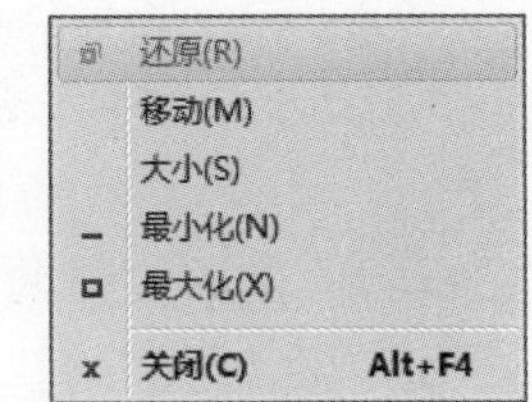

图1-25 标题栏右键菜单

1.2.4 菜单栏

菜单栏位于标题栏的下方，AutoCAD的常用制图工具和管理编辑等工具都分门别类地排列在主菜单中，用户可以启动各主菜单中的相关菜单项，进行必要的图形绘图工作，如图1-26所示。

单击主菜单中的菜单项，展开菜单列表，单击需要执行的命令选项即可。

图1-26 AutoCAD 2019菜单栏

AutoCAD 2019为用户提供了“文件”、“编辑”、“视图”、“插入”、“格式”、“工具”、“绘图”、“标注”、“修改”、“参数”、“窗口”、“帮助”11个主菜单。各菜单的主要功能如下：

- “文件”菜单主要用于对图形文件进行设置、管理、打印和发布等。
- “编辑”菜单主要用于对图形进行一些常规的编辑，包括复制、粘贴、链接等命令。
- “视图”菜单主要用于调整和管理视图，以方便视图内图形的显示等。
- “插入”菜单用于向当前文件中引用外部资源，如块、参照、图像等。
- “格式”菜单用于设置与绘图环境有关的参数和样式等，如绘图单位、颜色、线型及文字、尺寸样式等。
- “工具”菜单为用户设置了一些辅助工具和常规的资源组织管理工具。
- “绘图”菜单是一个二维和三维图元的绘制菜单，几乎所有绘图和建模工具都组织在此菜单内。
- “标注”菜单是一个专用于为图形标注尺寸的菜单，它包含了所有与尺寸标注相关的工具。
- “修改”菜单是一个很重要的菜单，用于对图形进行修整、编辑和完善。
- “参数”菜单是用于管理和设置图形创建的各种参数。
- “窗口”菜单用于对AutoCAD文档窗口和工具栏状态进行控制。
- “帮助”菜单主要用于为用户提供一些帮助性的信息。

1.2.5 功能区

功能区代替了AutoCAD众多的工具栏，以面板的形式将各工具按钮分门别类地集合在选项卡内。用户在调用工具时，只需在功能区中展开相应选项卡，然后在所需面板上单击工具按钮即可。由于在使用功能区时，无须再显示AutoCAD的工具栏，因此，使得应用程序窗口变得简洁有序。通过简洁的界面，功能区还可以将可用的工作区域最大化。

功能区位于菜单栏下方，绘图区上方，用于显示工作空间中基于任务的按钮和控件，包括“默认”、“插入”、“注释”、“参数化”、“视图”、“管理”、“输出”、“附加模块”、“协作”、“精选应用”几个功能选项，如图1-27所示。AutoCAD 2019的功能区中提供了四十多个选项卡，每个选项卡中的每一个命令都有着形象化的按钮，单击其中的按钮，即可执行相应的命令。

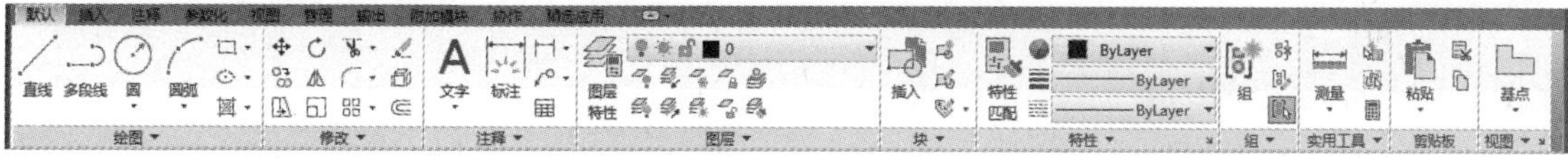

图1-27 AutoCAD 2019功能区

1.2.6 图形选项卡

图形选项卡位于功能区下方，绘图区上方，如图1-28所示。单击鼠标右键，在打开的快捷菜单中选择相关选项即可操作。

图1-28 AutoCAD 2019图形选项卡

工程师点拨：关闭图形选项卡

在制图过程中，如果想扩大绘图区域，可关闭功能区和图形选项卡。单击三次功能区中“最小化”按钮，可关闭功能区。若想关闭图形选项卡，只需在功能区中单击“文件图标”按钮，在打开的文件列表中单击“选项”按钮，打开“选项”对话框，在“显示”选项卡中，取消勾选“显示文件选项卡”复选框，单击“确定”按钮即可关闭图形选项卡。

1.2.7 绘图区

绘图区位于用户界面的正中央，即被工具栏和命令行所包围的整个区域，此区域是用户的工作区域，图形的设计与修改工作就是在此区域内进行的。缺省状态下绘图区是一个无限大的电子屏幕，无论尺寸多大或多小的图形，都可以在绘图区中绘制和灵活显示。

绘图窗口包含有坐标系、十字光标和导航盘等，一个图形文件对应一个绘图区，所有的绘图结果（如绘制的图形、输入的文本及尺寸标注等）都将反映在这个区域中，如图1-29所示。用户可根据需要利用“缩放”命令来控制图形的大小显示，也可以关闭周围的各个工具栏，以增加绘图空间，或者是在全屏模式下显示绘图窗口。

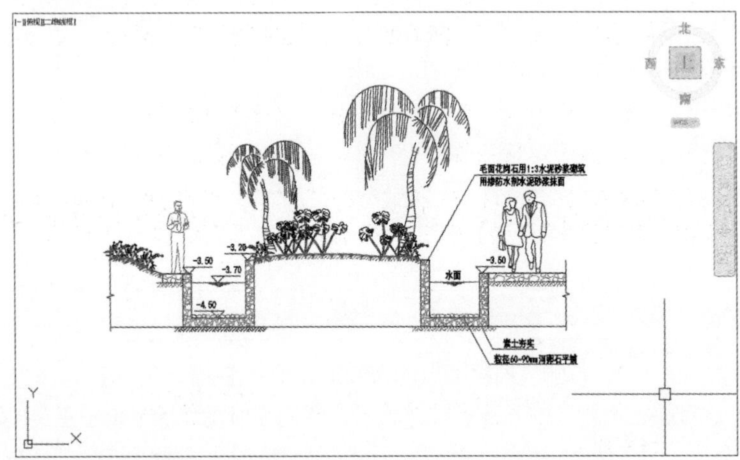

图1-29 AutoCAD 2019绘图区

1.2.8 命令行

命令行位于绘图区的下侧，它是用户与AutoCAD软件进行数据交流的平台，主要功能就是用于提示和显示用户当前的操作步骤。

命令行可以分为“命令输入窗口”和“命令历史窗口”两部分，上面灰色底纹部分为“命令历史窗口”，用于记录执行过的操作信息；下面白色底纹部分是“命令输入窗口”，用于提示用户输入命令或命令选项，如图1-30所示。

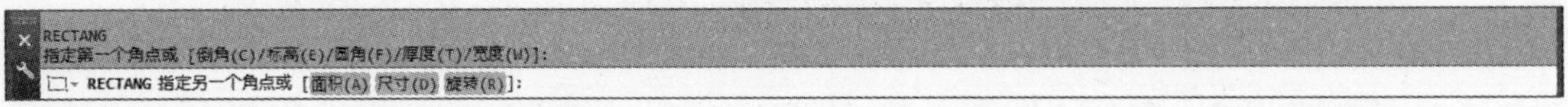

RECTANG
指定第一个角点或 [倒角(C)/标高(E)/圆角(F)/厚度(T)/宽度(W)]:
RECTANG 指定另一个角点或 [面积(A) 尺寸(D) 旋转(R)]:

图1-30 AutoCAD 2019命令行

1.2.9 状态栏

状态栏位于命令行下方，操作界面最底端。它用于显示当前用户的工作状态，如图1-31所示。在该工具栏左侧显示了光标所在的坐标点；其次则显示一些绘图辅助工具，分别为显示图形栅格、捕捉模式、推断约束、动态输入、正交限制光标、极轴追踪、对象捕捉追踪、对象捕捉、注释监视器、线宽和模型等；在该栏最右侧则显示了“全屏显示”按钮。若单击该按钮，则操作界面以全屏显示。

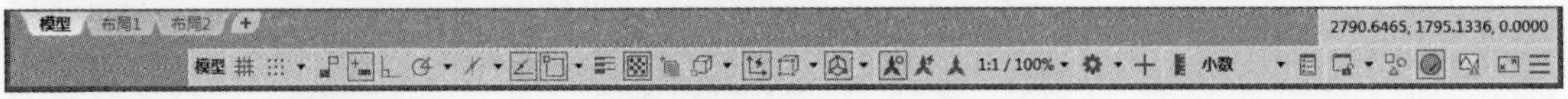

模型 布局1 布局2 +
2790.6465, 1795.1336, 0.0000
模型 1:1 / 100% 小数

图1-31 AutoCAD 2019状态栏

1.3 AutoCAD 2019绘图环境的设置

在默认情况下，绘图环境无须进行设置，用户可以直接进行绘图操作。由于用户绘图习惯不同，在绘图前都会进行一番设置，从而提高自己的绘图效率，下面将介绍一些常用绘图环境的设置操作。

1.3.1 工作空间的切换

工作空间是用户在绘制图形时使用到的各种工具和功能面板的集合。AutoCAD 2019软件提供了3种工作空间，分别为“草图与注释”、“三维基础”、“三维建模”空间模式。“草图与注释”为默认工作空间。下面对这3种工作空间分别进行介绍。

- 草图与注释：该工作空间主要用于绘制二维草图，是最常用的空间，在该工作空间中，系统提供了常用的绘图工具、图层、图形修改等各种功能面板，如图1-32所示。

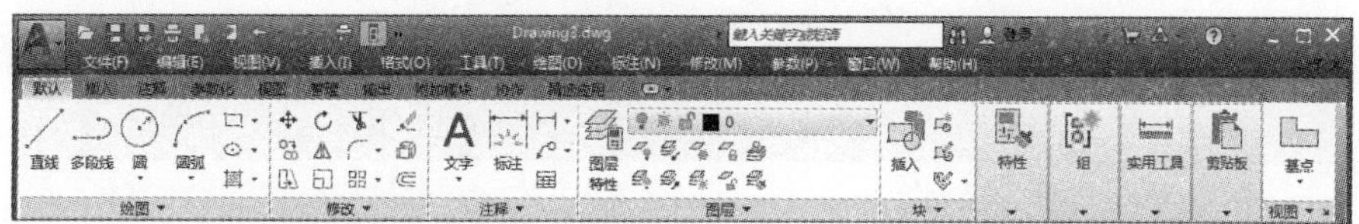

图1-32 “草图与注释”空间功能面板

- 三维基础：该工作空间只限于绘制三维模型。用户可运用系统所提供的建模、编辑、渲染等各种命令，创建出三维模型，如图1-33所示。

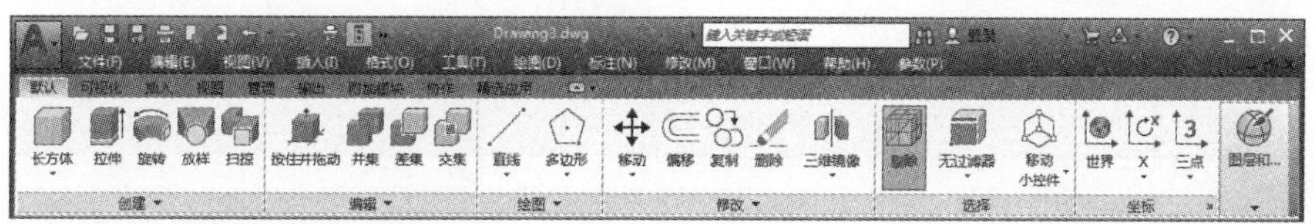

图1-33 “三维基础”空间功能面板

- 三维建模：该工作空间与“三维基础”相似，但其功能中增添了“网格”和“曲面”建模，而在该工作空间中，也可运用二维命令来创建三维模型，如图1-34所示。

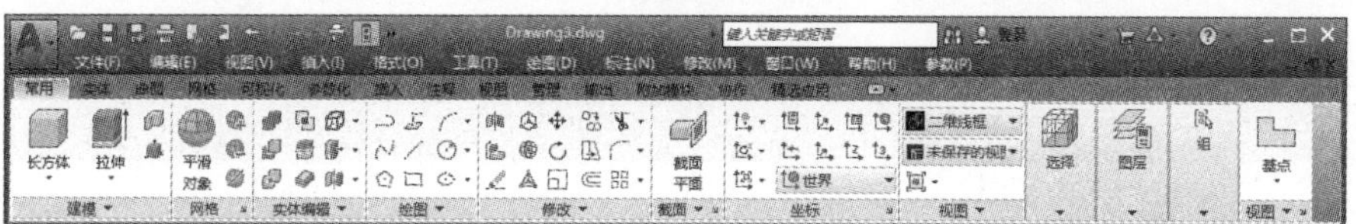

图1-34 “三维建模”空间功能面板

实例1-1 在实际绘图时，用户可根据绘图要求对工作空间进行切换操作，当然也可创建自己的工作空间，其具体操作步骤如下。

Step 01 单击状态栏中的“切换工作空间”按钮⚙，在展开的下拉列表中选择“将当前工作空间另存为”选项，如图1-35所示。

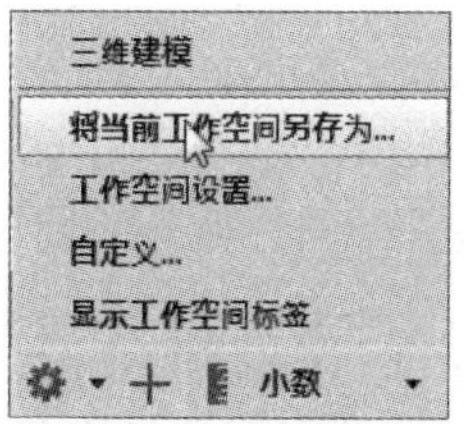

图1-35 使用“切换工作空间”按钮

Step 02 打开“保存工作空间”对话框，输入要保存的空间名称，如图1-36所示。

图1-36 设置工作空间名称

Step 03 输入完毕后，单击“保存”按钮即可。再次单击“切换工作空间”按钮，在打开的列表中会显示刚创建的空间名称，如图1-37所示。

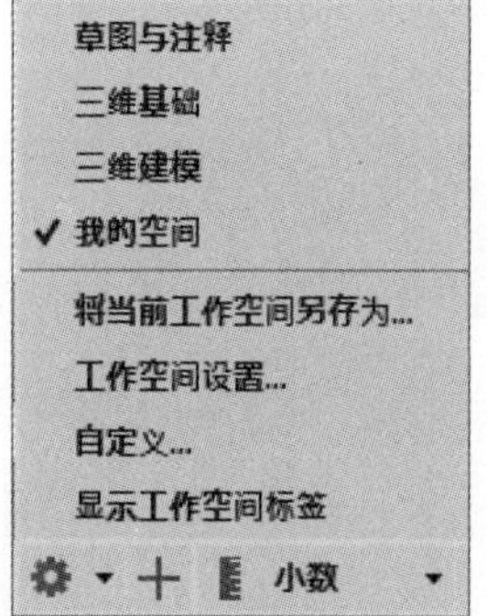

图1-37 新建工作空间

工程师点拨：工作空间无法删除怎么办

在操作过程中，有时会遇到工作空间无法删除的情况，这时很有可能是该空间正是当前使用空间。用户只需将当前空间切换至其他空间，再进行删除操作即可。

1.3.2 “选项”对话框

对于大部分绘图环境的设置，最直接的方法就是使用“选项”对话框，在该对话框中设置图形显示的基本参数。在绘图前，对一些基本参数进行正确的设置，能够有效地提高制图效率。

执行“应用程序>选项”命令，在打开的“选项”对话框中，用户即可对所需参数进行设置，如图1-38、图1-39所示。

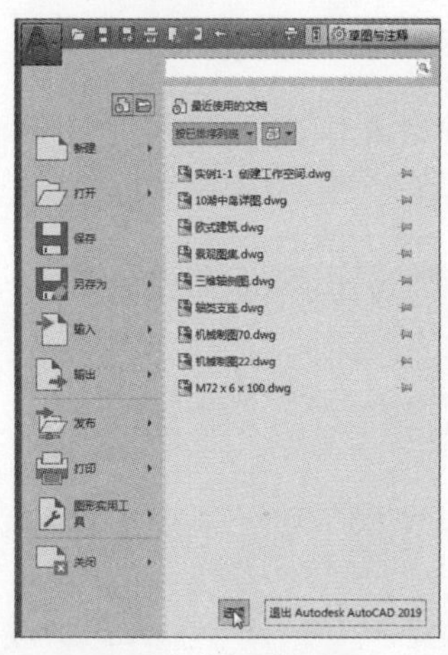

图1-38 单击“选项”按钮

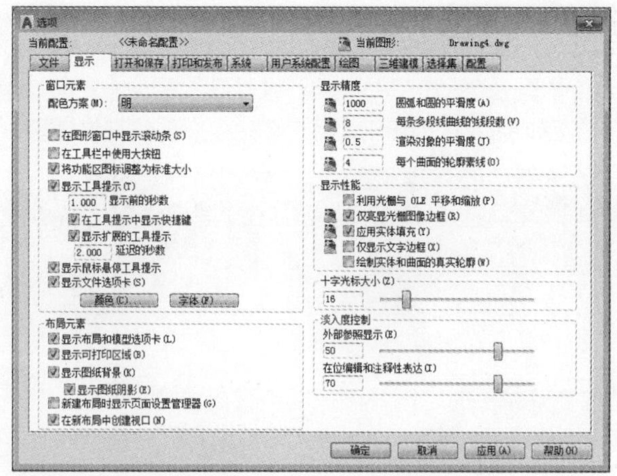

图1-39 “选项”对话框

下面将对“选项”对话框中的各选项卡进行说明。

- 文件：该选项卡用于确定系统搜索支持文件、驱动程序文件、菜单文件和其他文件。
- 显示：该选项卡用于设置窗口元素、显示精度、显示性能、十字光标大小和参照编辑的颜色等参数。
- 打印和保存：该选项卡用于设置系统保存文件类型、自动保存文件的时间及维护日志等参数。

- 打印和发布：该选项卡用于设置打印输出设备。
- 系统：该选项卡用于设置三维图形的显示特性、定点设备以及常规等参数。
- 用户系统配置：该选项卡用于设置系统的相关选项，其中包括“Window标准操作”、“插入比例”、“坐标数据输入的优先级”、“关联标注”、“超链接”等参数。
- 绘图：该选项卡用于设置绘图对象的相关操作，例如“自动捕捉”、“捕捉标记大小”、“AutoTrack设置”以及“靶框大小”等参数。
- 三维建模：该选项卡用于创建三维图形时的参数设置。例如“三维十字光标”、“三维对象”、“视口显示工具”以及“三维导航”等参数。
- 选择集：该选项卡用于设置与对象选项相关的特性。例如“拾取框大小”、“夹点尺寸”、“选择集模式”、“夹点颜色”、“选择集预览”以及“功能区选项”等参数。
- 配置：该选项卡用于设置系统配置文件的创建、重命名、删除、输入、输出以及配置等参数。

1.3.3 绘图单位的设置

为了便于不同领域的设计人员设计创作，AutoCAD允许灵活更改工作单位，以便适应不同的工作需求。

实例1-2 下面将介绍如何对绘图单位进行设置的操作步骤。

Step 01 在菜单栏中单击“格式”选项，在列表中选择“单位”选项，如图1-40所示。

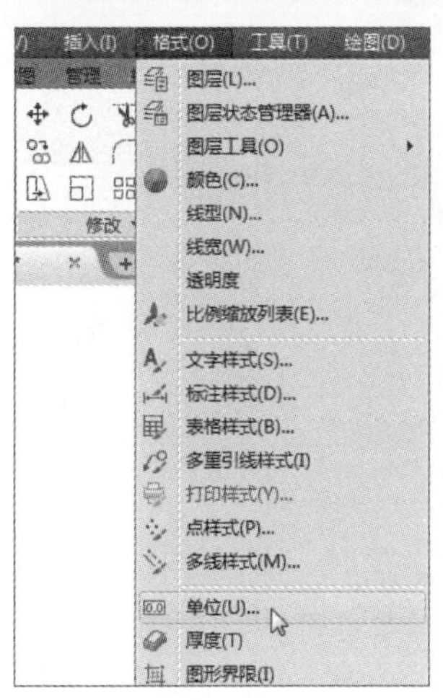

图1-40 选择“单位”选项

Step 02 在“图形单位”对话框中，根据需要可设置“长度”、“角度”以及“插入时的缩放单位”选项，如图1-41所示。

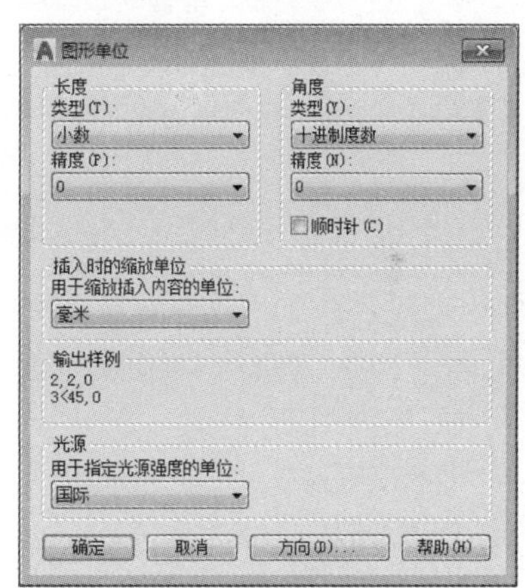

图1-41 “图形单位”对话框

Step 03 用户也可在命令行中输入“Units”后，按Enter键，同样可以打开“图形单位”对话框。

下面将对“图形单位”对话框中的各选项进行说明。

- 长度：用于指定测量的当前单位及当前单位的精度。“类型”用于设置测量单位的当前格式，分别为“分数”、“工程”、“建筑”、“科学”、“小数”选项。其中“工程”和“建筑”格式显示为英尺和英寸，每1个图形单位表示1英寸。其他格式则表示任何真实世界单位。“精度”是用于设置线性测量值显示的小数位数或分数大小。
- 角度：用于指定当前角度格式和当前角度显示的精度。“类型”用于设置当前角度的格式，分别为“百分度”、“度/分/秒”、“弧度”、“勘测单位”以及“十进制度数”选项。“精度”用于设置当前角度所显示的精度。

- 插入时的缩放单位：用于控制插入至当前图形中的图块测量单位。若使用的图块单位与该选项单位不同，在插入时则将对其按比例缩放；若插入时不按照指定单位缩放，可选择“无单位”选项。
- 输出样例：显示用当前单位和角度设置的例子。
- 光源：用于控制当前图形中的光源强度单位。

1.3.4 绘图比例的设置

绘图比例的设置与所绘制图形的精确度有很大关系，比例设置得越大，绘图的精度则越精确。当然各行业领域的绘图比例是不相同的。所以在制图前，需要调整好绘图比例值。

实例1-3 下面将介绍如何设置绘图比例的操作。

Step 01 在菜单栏中执行“格式>比例缩放列表”命令，如图1-42所示。

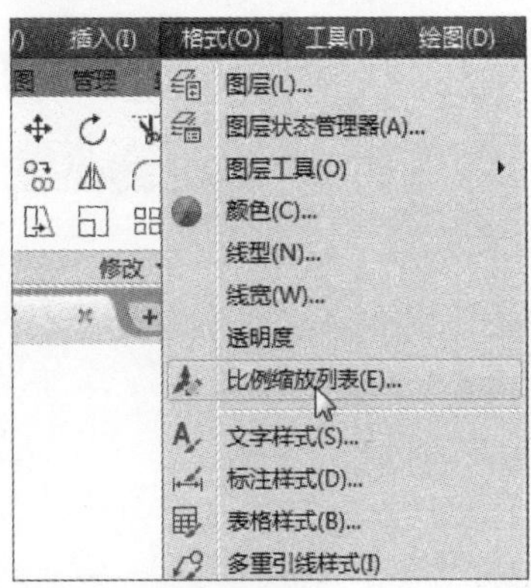

图1-42 选择相关选项

Step 02 在“编辑图形比例”对话框的“比例列表”中，选择所需比例值，单击“确定”按钮即可，如图1-43所示。

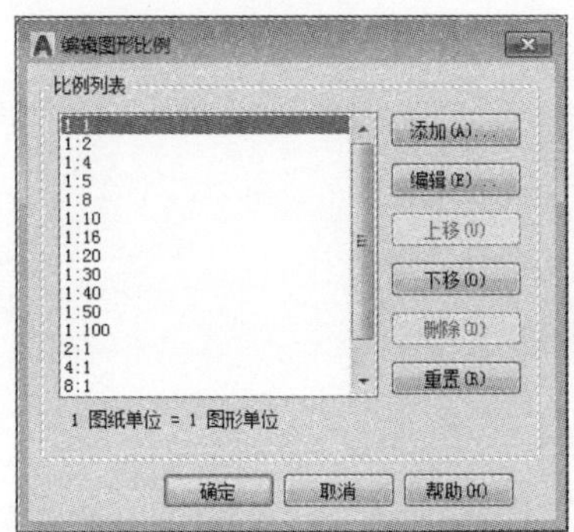

图1-43 “编辑图形比例”对话框

Step 03 若在列表中没有合适的比例值，可单击“添加”按钮，在“添加比例”对话框的“显示在比例列表中的名称”文本框中，输入所需比例值，并输入“图形单位”与“图纸单位”比例，单击“确定”按钮，如图1-44所示。

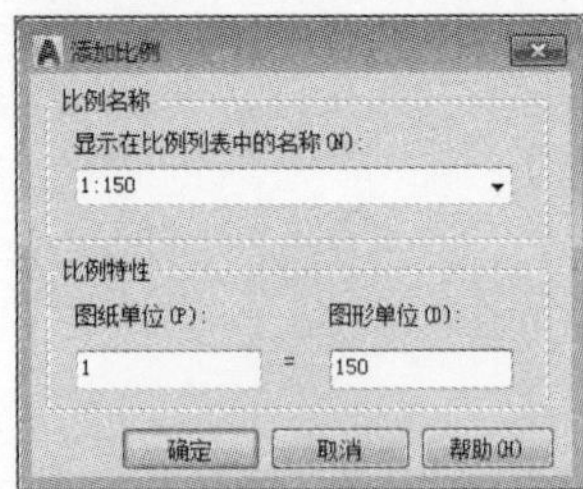

图1-44 添加比例值

Step 04 在返回的对话框中，选中添加的比例值，单击“确定”按钮，如图1-45所示。

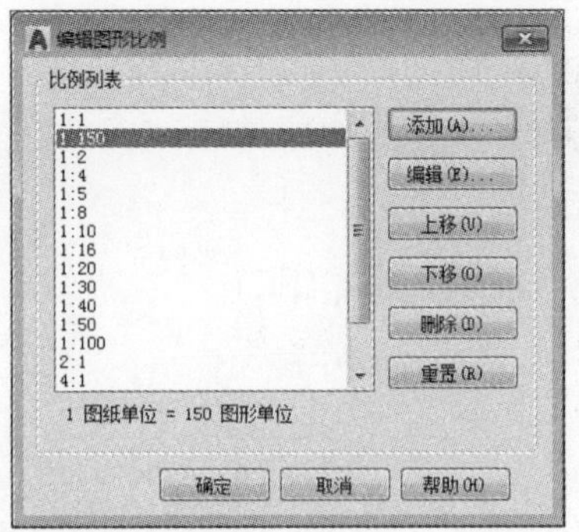

图1-45 完成添加

1.3.5 绘图背景色的设置

默认情况下，AutoCAD工作界面绘图区的颜色是黑色，用户可根据个人工作习惯及喜好对其进行自定义。

实例1-4 下面将介绍如何对绘图背景色进行设置的操作步骤。

Step 01 启动AutoCAD 2019应用程序，观察工作界面，可以看到默认的绘图区背景颜色是黑色，如图1-46所示。

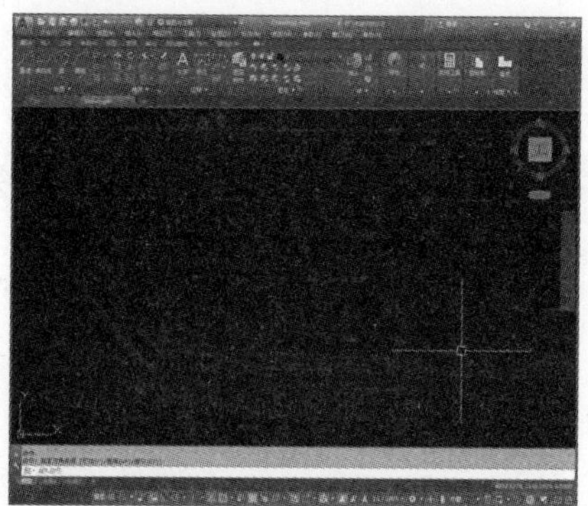

图1-46 观察绘图区

Step 02 单击“菜单浏览器”按钮，在打开的菜单中单击“选项”按钮，打开“选项”对话框，切换到“显示”选项卡，单击“配色方案”右侧的下拉按钮，选择“明”选项，如图1-47所示。

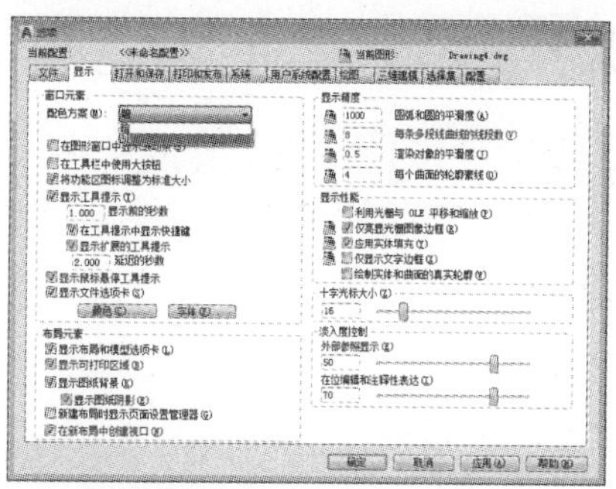

图1-47 选择配色方案

Step 03 在“窗口元素”选项组中单击“颜色”按钮，如图1-48所示。

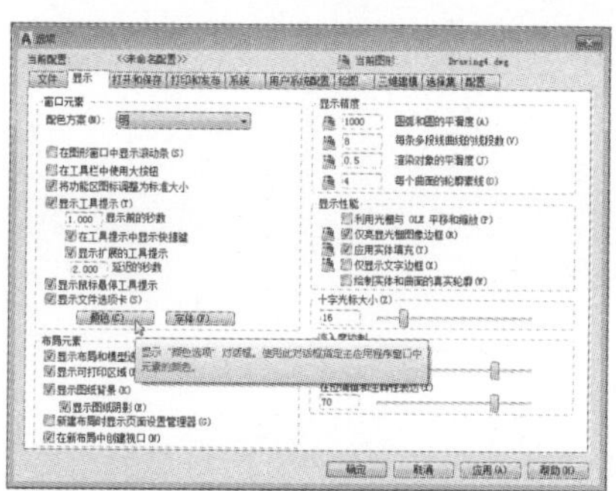

图1-48 单击“颜色”按钮

Step 04 打开“图形窗口颜色”对话框，从中设置统一背景的颜色，在颜色列表中选择白色，如图1-49所示。

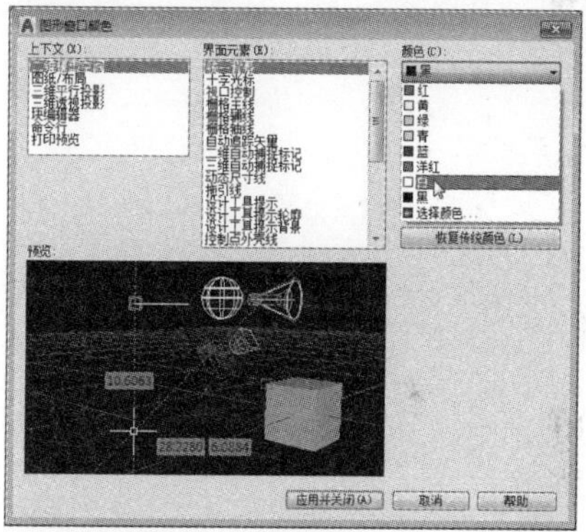

图1-49 选择统一背景颜色

Step 05 选择颜色后在预览区可以看到预览效果，如图1-50所示。

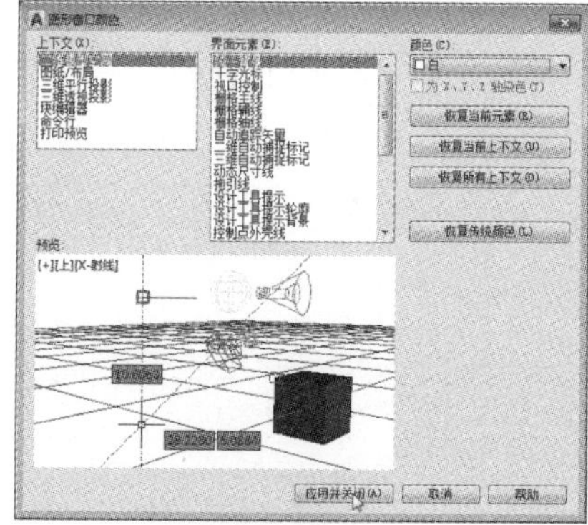

图1-50 观察预览效果

Step 06 单击“应用并关闭”按钮，返回“选项”对话框，再单击“确定”按钮，即可更改工作界面及绘图区的颜色，如图1-51所示。

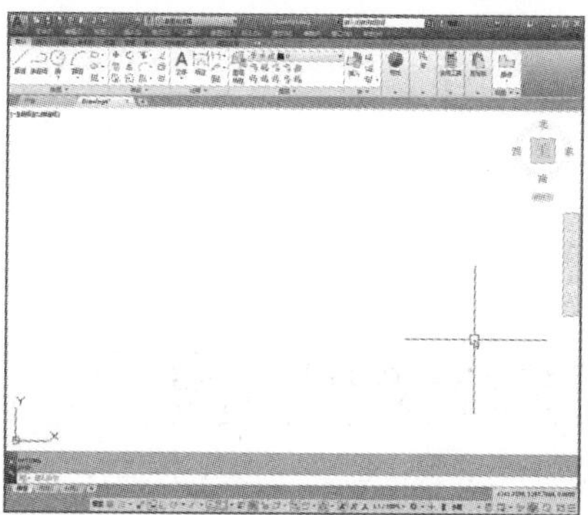

图1-51 更改后效果

综合实例——设置十字光标大小

下面将以设置十字光标大小为例，来介绍如何对绘图环境进行自定义设置的具体操作。

Step 01 打开AutoCAD软件，观察十字光标的初始效果，如图1-52所示。

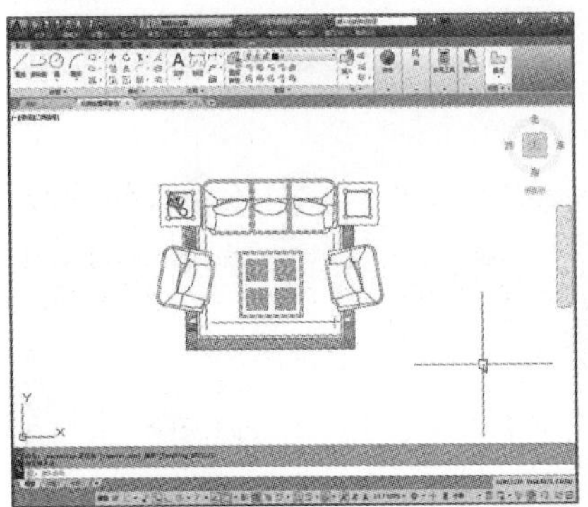

图1-52 观察十字光标

Step 02 执行“工具>选项”命令，打开“选项”对话框，如图1-53所示。

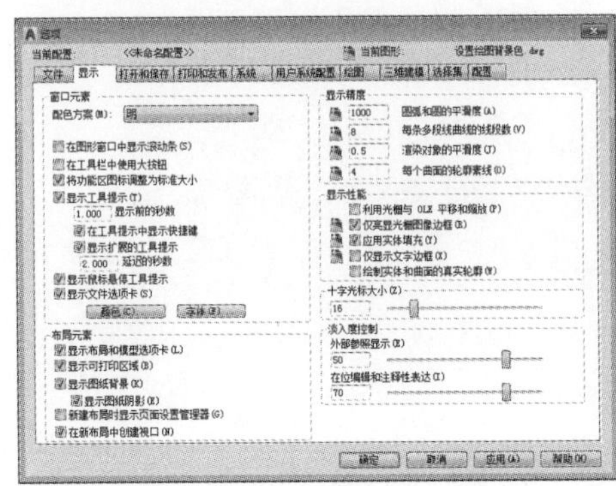

图1-53 打开“选项”对话框

Step 03 在“十字光标大小”选项组的文本框中输入十字光标大小的值为“100”，如图1-54所示。

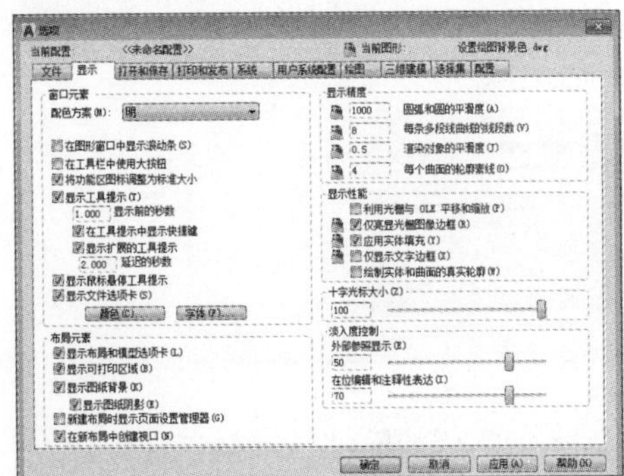

图1-54 设置光标大小

Step 04 切换到“绘图”选项卡，拖动“靶框大小”选项组中的滑块来调整靶框的大小，如图1-55所示。

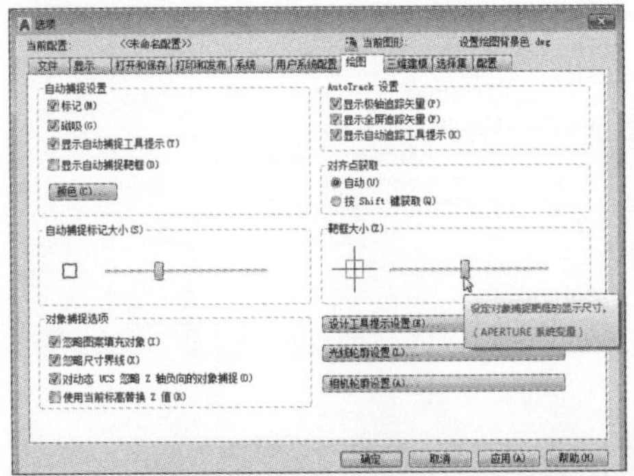

图1-55 设置靶框大小

Step 05 设置完毕后单击“确定”按钮，即可完成十字光标的大小的设置，如图1-56所示。

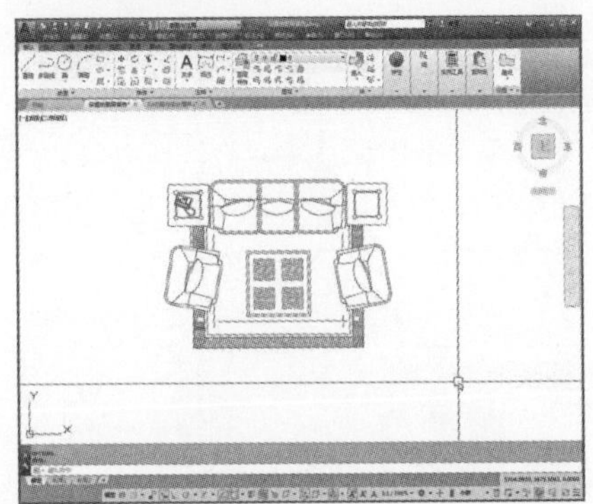

图1-56 更改后效果

高手应用秘籍 —— Autodesk 360上传CAD文件

在AutoCAD 2019软件中，如果用户想将CAD图形文件上传至官方网站中，可使用“Autodesk 360”功能进行操作，方法如下。

Step 01 启动AutoCAD 2019软件，在标题栏中单击“登录”下拉按钮，选择“登录到Autodesk 360”选项，打开登录界面，如图1-57所示。

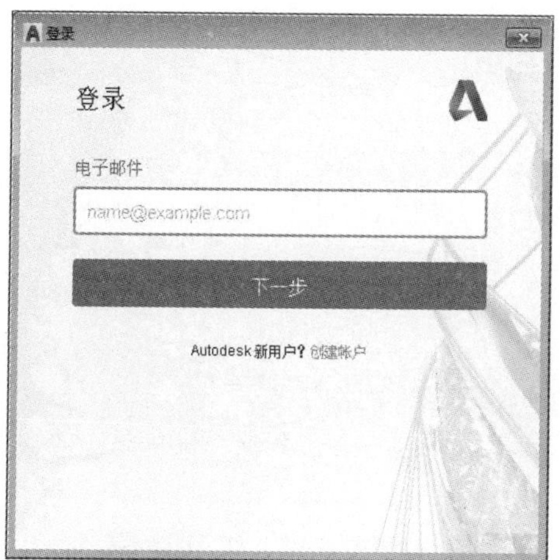

图1-57 登录界面

Step 02 在登录界面中，输入账户及密码，单击“登录”按钮，即可登录“Autodesk 360”官方网站。在功能区中，执行“Autodesk 360>启动网站”命令，打开官方网站，如图1-58所示。

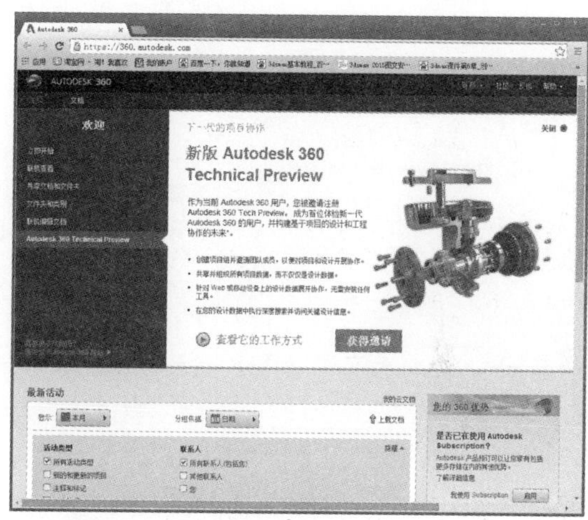

图1-58 Autodesk 360官方网站

Step 03 在网站中，单击“上载文档”按钮，打开“上载文档”对话框，如图1-59所示。

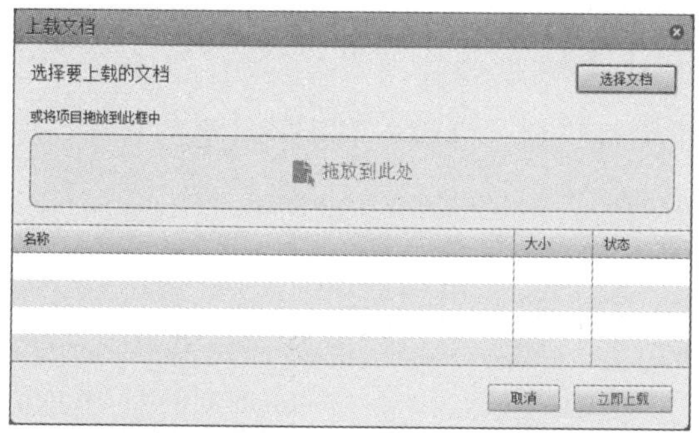

图1-59 上载文档界面

Step 04 单击“选择文档”按钮，在打开的“选择要加载的文件”对话框中，选择要上传的CAD图形文件，单击“打开”按钮，此时在“名称”列表中会显示上载的CAD文件，单击“立即上载”按钮，如图1-60所示。

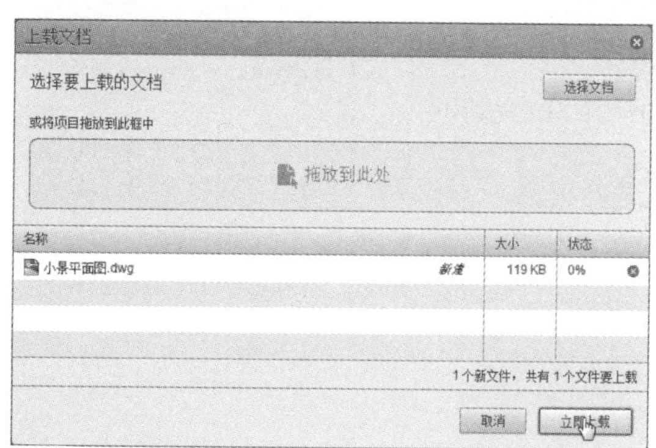

图1-60 立即上载

Step 05 稍等片刻即可完成文档上载操作。

秒杀工程疑惑

在进行CAD操作时，用户经常会遇到各种各样的问题，下面将总结一些常见问题进行解答，如Autodesk 360卸载设置、设置默认保存格式以及CAD文件加密操作等。

问　题	解　答
如何设置文件自动保存时间	在绘图区中单击鼠标右键，在弹出的快捷菜单中选择“选项”命令，此时会弹出“选项”对话框，切换至“打开和保存”选项卡，在“文件安全措施”选项组中输入自动保存时间，然后单击“确定”按钮即可
如何更改AutoCAD 2019的默认保存格式	一般情况下，AutoCAD 2019软件默认保存格式为：AutoCAD 2013图形（*.dwg）格式。若想设置其他格式，可在保存类型选项中进行选择。若要更改默认保存格式，可进行以下操作： ● 执行“应用程序>选项”命令，打开“选项”对话框。 ● 选择“打开和保存”选项卡，在“文件保存”选区中的“另存为”下拉列表中选择所需保存的格式。 ● 选择完成后，单击“确定”按钮即可。
如果卸载Autodesk 360软件，是否对AutoCAD 2019软件有影响	卸载Autodesk 360软件对AutoCAD 2019没有任何影响。Autodesk 360软件是CAD软件中自带的一个安全插件，若用户想使用联网功能，则需保留该软件；若用户不需联网，完全可将其卸载。因为该软件会占有很大的空间，从而影响绘图的速度
安装AutoCAD 2019对电脑的运行环境有哪些要求	● 操作系统：Microsoft Windows7 SP1（32位和64位） ● Microsoft Windows8.1的更新KB2919355（32位和64位） ● Microsoft Windows10（仅限64位） ● 浏览器：Windows Internet Explorer11或更高版本 ● 处理器：支持1千兆赫（GHz）或更快的32位处理器 ● 支持1千兆赫（GHz）或更快的64位处理器 ● 内存：32位系统—2GB（建议使用4GB），64位系统—4GB（建议使用8GB） ● 显示屏分辨率：常规显示—1360×768（建议1920×1080），真彩色。高分辨率和4K显示—分辨率达3840×2160，支持Windows10、64位系统（使用的显卡） ● 显卡：Windows显示适配器1360×768真彩色功能和DirectX9（建议使用与DirectX11兼容的显卡） ● 磁盘空间：6GB可用硬盘空间（不包括安装所需的空间） ● 显卡：1920×1080或更高的真彩色视频显示适配器，128MB VRAW或更高，Pixel Shader3.0或更高版本，支持Direct3D的工作站级图形卡

Chapter

02

AutoCAD 2019 基本操作

在对AutoCAD 2019软件有所了解后，就可对该软件进行一些基本的操作了。例如命令的调用、文件的基本管理以及视图显示等。这些操作是学习AutoCAD软件最基本的操作。熟练掌握这些操作，可对以后绘图有很大的帮助。

01 学完本章您可以掌握如下知识点

1. AutoCAD 2019命令的调用方法 ★
2. AutoCAD 2019图形文件的管理 ★
3. AutoCAD 2019坐标系的应用 ★★
4. AutoCAD 2019控制视图的显示 ★★

02 本章内容图解链接

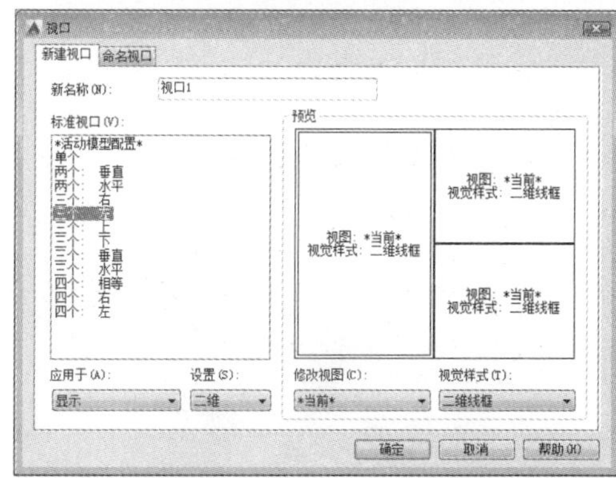

“视口”对话框

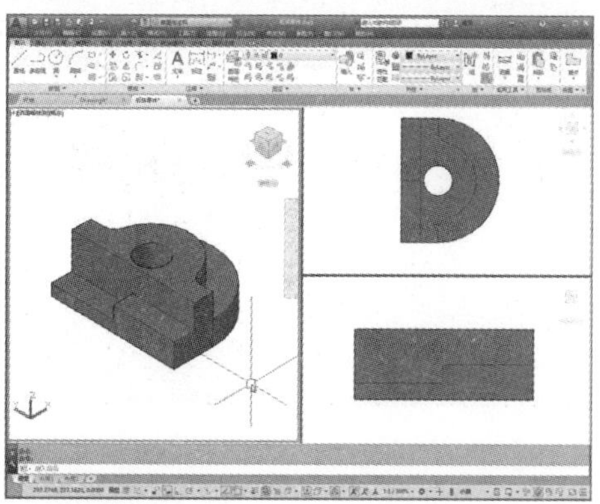

新建视口效果

2.1 AutoCAD 2019命令的调用方法

在AutoCAD软件中，命令的调用方法大致分为3种，分别为使用命令行调用、使用功能区命令调用以及使用菜单栏命令调用。下面将分别对其进行介绍。

2.1.1 使用功能区调用命令

功能区是该软件所有绘图命令集中所在的操作区域。在执行绘图命令时，直接单击功能面板中所需执行的命令即可。例如，要调用“直线”命令时，则执行“常用>绘图>直线”命令，如图2-1所示。其后在命令行中则会显示直线命令的相关提示信息，根据该信息即可绘制直线，如图2-2所示。

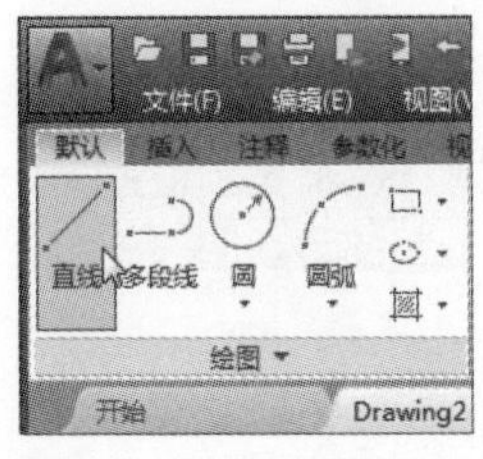

图2-1 执行“直线”命令

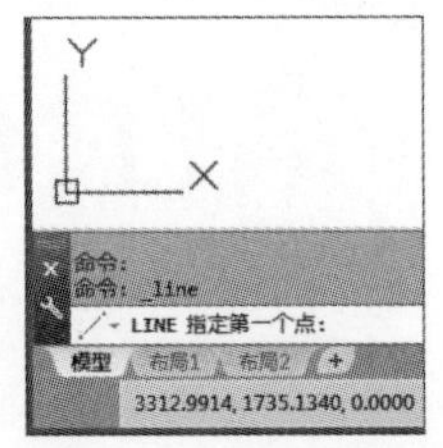

图2-2 直线命令信息提示

单击功能区右侧“最小化”按钮，可最小化或隐藏该功能区，从而扩大绘图空间。当功能区处于默认状态时，单击该按钮，会将功能区最小化，如图2-3所示。

图2-3 最小化功能区

若再次单击该按钮，则可将功能区隐藏，如图2-4所示；4次单击该按钮，则可恢复功能区显示。

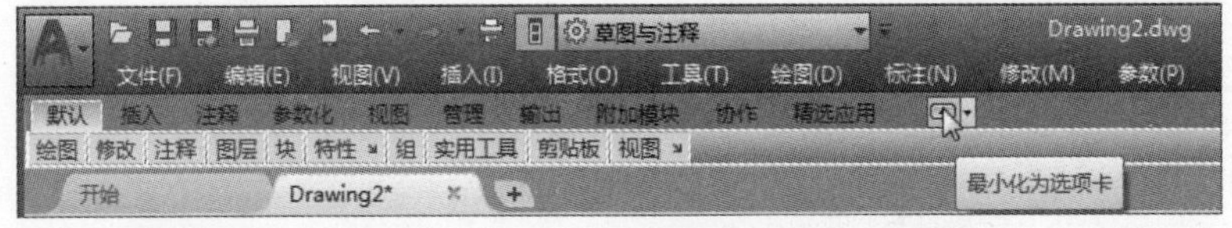

图2-4 隐藏功能区

在默认情况下，功能区会显示一些常用命令。而在制图过程中，会使用一些专业性较强的命令，例如“建筑”、“土木工程”、“结构”等。

实例2-1 下面将以调用“三维制作”命令为例，来介绍如何调用不在功能区中显示的命令操作。

Step 01 在功能区空白处右击鼠标，在快捷菜单中选择“工具选项板组”选项，在级联菜单中勾选所需调用的命令组，这里选择“三维制作”命令组，如图2-5所示。

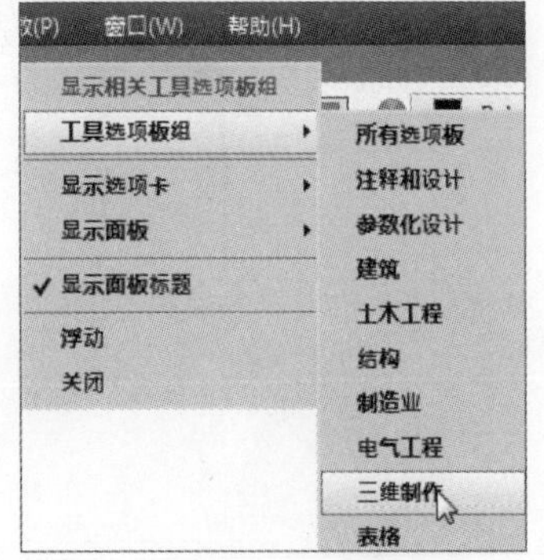

图2-5 在快捷菜单中选择相关命令

Step 02 再次右击功能区空白处，在快捷菜单中选择“显示相关工具选项板组”选项，如图2-6所示。

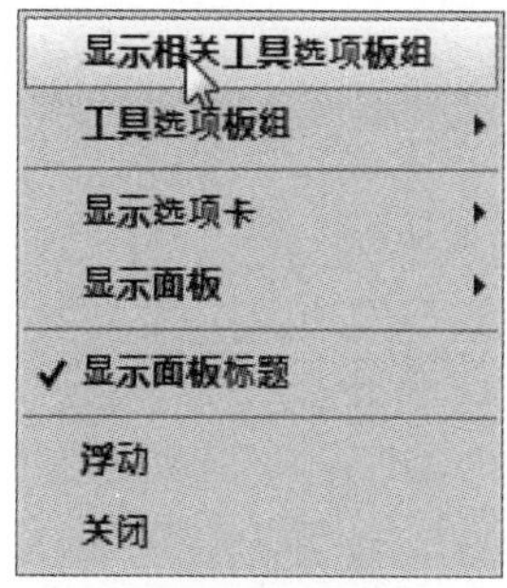

图2-6 选择调用的命令组

Step 03 此时，系统将自动调出“建模”选项面板。用户可根据需要在该面板中选择相关命令即可，如图2-7所示。

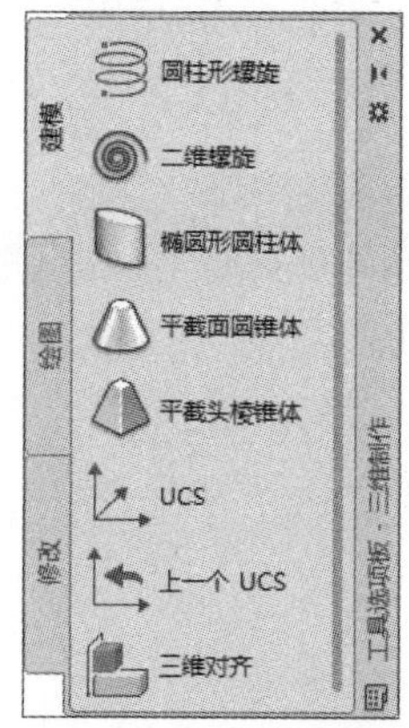

图2-7 打开三维制作工具栏

2.1.2 使用命令行调用命令

对于习惯用快捷键绘图的用户来说，使用命令行执行相关命令非常方便。在命令行中，输入所需执行的命令，例如，输入“PL”（多段线）命令后，按Enter键，此时在命令行中会显示当前命令的操作信息，按照该提示信息即可执行操作，如图2-8所示。而在命令行中，单击“最近使用的命令”按钮，在打开的列表中，用户同样可以调用所需命令。

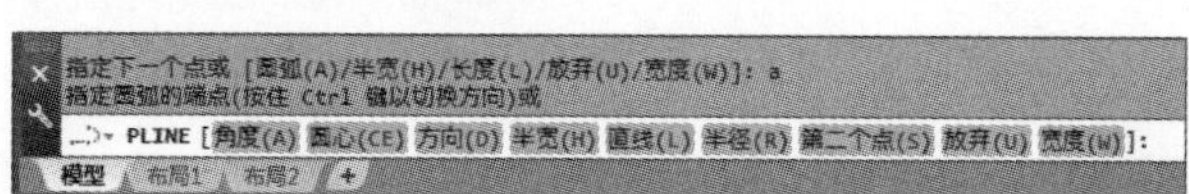

图2-8 命令行操作

2.1.3 使用菜单栏调用命令

在菜单栏中，用户也可以调用所需命令。下面将以调用“圆”命令为例来介绍如何使用菜单栏进行调用的操作。

在菜单栏中，执行“绘图＞圆”命令，并在其级联菜单中选择绘制的圆类型，即可调用该命令，如图2-9所示。

图2-9 调用“圆”命令

2.1.4 重复命令操作

在绘图时，经常会遇到要重复多次执行同一个命令的情况，如果每次都要输入命令，则会很麻烦。此时，用户可以使用以下两种快捷方法进行命令重复操作。

1. 使用命令行重复

在执行某命令后，若需重复使用该命令时，用户只需按空格键或Enter键即可重复执行该命令的操作。同样地，在命令行中单击鼠标右键，选择“最近使用的命令”选项，在其级联菜单中选择所需重复的命令，也可进行重复操作，如图2-10所示。

2. 使用右键菜单重复

在绘图区空白处单击鼠标右键，在打开的快捷菜单中选择“重复***”（*为命令名称）选项，即可重复执行操作，如图2-11所示。需要注意的是，使用该方法重复操作时，只限于当前命令。

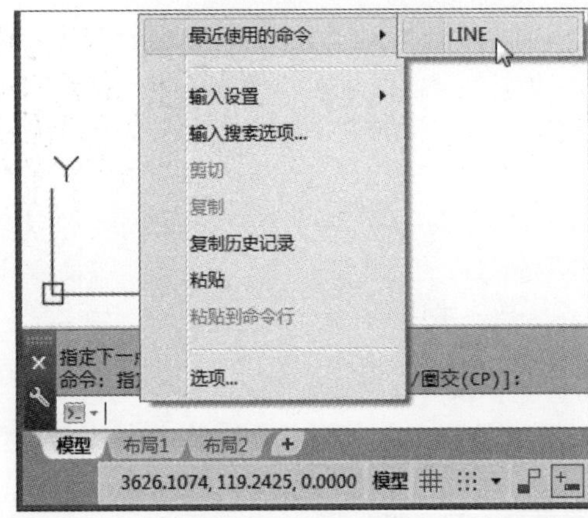

图2-10 使用“最近使用命令”重复操作

图2-11 右键菜单重复操作

工程师点拨：输入“multiple”命令重复操作

在命令行中输入“multiple”后，按Enter键，然后根据命令行提示输入所要重复执行的命令即可。使用multiple命令可与任何绘图、修改和查询命令组合使用，但“plot”命令除外。注意：multiple命令只重复命令名，所以每次使用“multiple”命令时，都必须重新输入该命令的所有参数值。

2.1.5 透明命令操作

AutoCAD透明命令是指一个命令还没结束，中间插入另一个命令，然后继续完成前一个命令。此时，插入的命令则为透明命令。插入透明命令是为了更方便地完成第一个命令。

常见的透明命令有“视图缩放”、“视图平移”、“系统变量设置”、“对象捕捉”、“正交”及“极轴”命令等。

2.2 图形文件的基本操作

在使用AutoCAD 2019进行绘图之前，用户有必要先了解图形文件的基本操作，如新建图形文件、打开图形文件、保存图形文件以及关闭图形文件，这些操作基本与Windows应用程序相似，用户可以执行菜单操作，也可以单击工具栏上的相应按钮，还可以使用快捷键，或者在命令行输入相应的命令来执行相应的操作。

2.2.1 新建图形文件

启动AutoCAD 2019软件后，系统将自动新建一个空白文件。通常新建文件的方法有3种，下面将分别对其进行介绍。

1. 利用菜单浏览器进行新建

执行“菜单浏览器>新建”命令，在级联菜单中选择“图形”选项，如图2-12所示，在打开的“选择样板”对话框中，选择好样本文件，单击“打开”按钮即可新建，如图2-13所示。

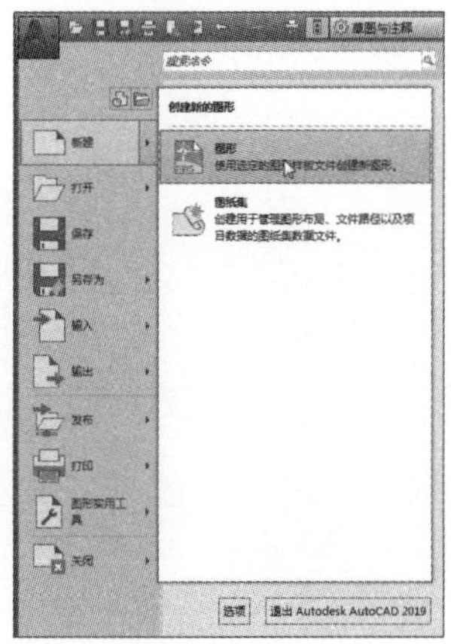

图2-12 选择“图形”选项

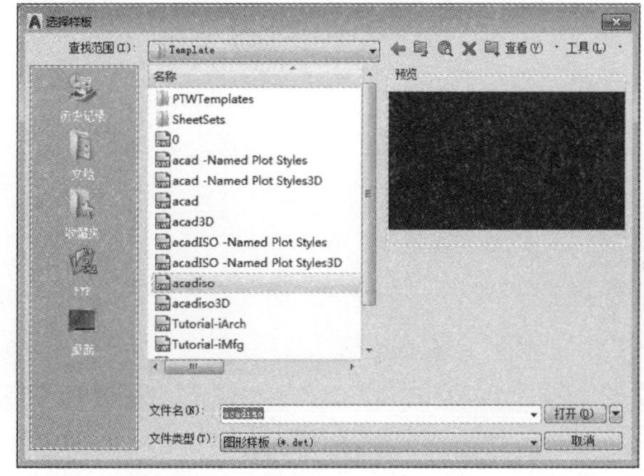

图2-13 “选择样板”对话框

2. 利用快速访问工具栏新建

在快速访问工具栏中单击“新建”按钮，即可打开“选择样板”对话框，并完成新建操作，如图2-14所示。

3. 利用命令行新建

在命令行中，输入“NEW”命令，然后按下Enter键，在“选择样板”对话框中完成文件的新建操作，如图2-15所示。

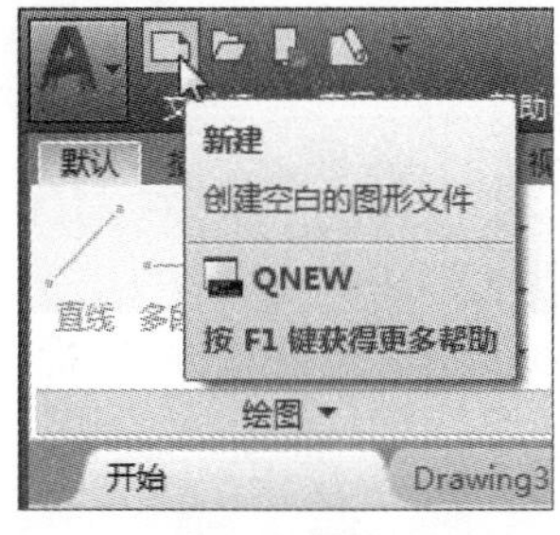

图2-14 单击“新建”按钮

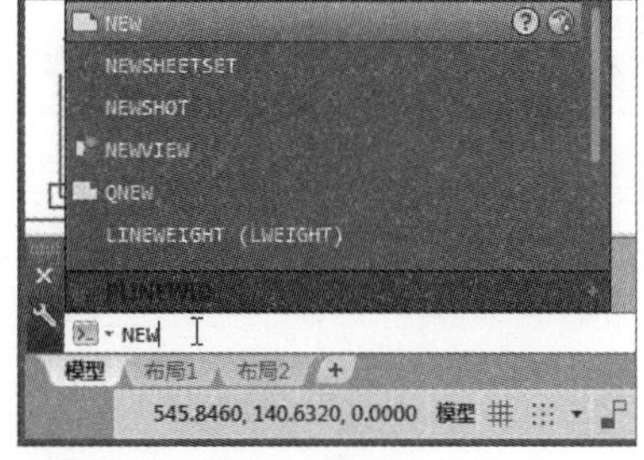

图2-15 利用命令行新建

工程师点拨：使用其他方法新建文件

除了以上3种常用的方法外，用户还可以在菜单栏中执行“文件>新建”命令，新建空白文件。此外，使用Ctrl+N组合键同样可以新建文件。

2.2.2 打开图形文件

在AutoCAD 2019中打开文件的方法有两种，分别为应用程序菜单打开文件和命令行打开文件，下面将介绍其操作步骤。

1. 利用菜单浏览器打开

执行“菜单浏览器>打开>图形”命令，在“选择文件”对话框中选择所需文件，单击“打开”按钮即可，如图2-16、图2-17所示。

图2-16 选择“打开”选项

图2-17 “选择文件”对话框

2. 利用命令行打开

用户也可在命令行中输入“OPEN”命令，然后按下Enter键，在打开的“选择文件”对话框中选择所需文件打开即可。

除了以上两种常用打开的方法外，用户还可以根据需求以“只读方式打开”、“局部打开”、“以只读方式局部打开”等方式打开文件。

实例2-2 下面将以打开尺寸标注为例，介绍如何使用“局部打开”方式打开文件的操作，具体操作步骤介绍如下。

Step 01 启动AutoCAD 2019软件，执行“菜单浏览器>打开”命令，打开“选择文件”对话框，选中所需文件，如图2-18所示。

图2-18 选择文件

Step 02 单击“打开”右侧的下三角按钮，在下拉列表中选择“局部打开”选项，如图2-19所示。

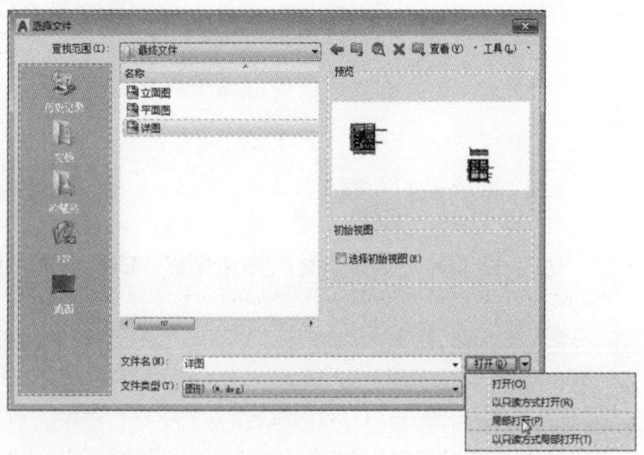

图2-19 选择“局部打开”选项

Step 03 在“局部打开”对话框中的“要加载几何图形的图层”列表中，勾选所需打开的图层，如图2-20所示。

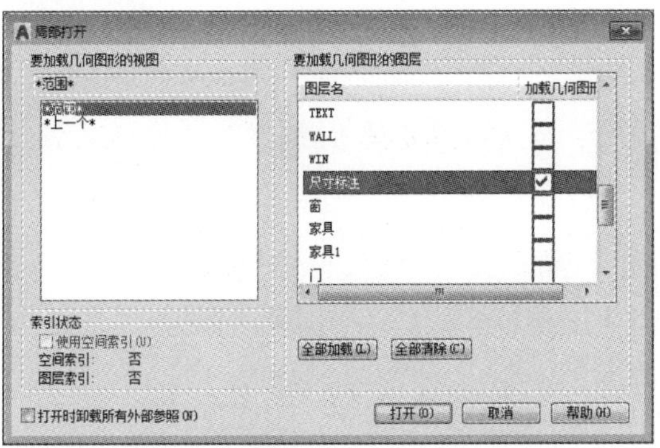

图2-20 “局部打开”对话框

Step 04 选择完成后单击“打开”按钮，关闭对话框。此时，被选中的图层已显示在绘图区中，如图2-21所示。

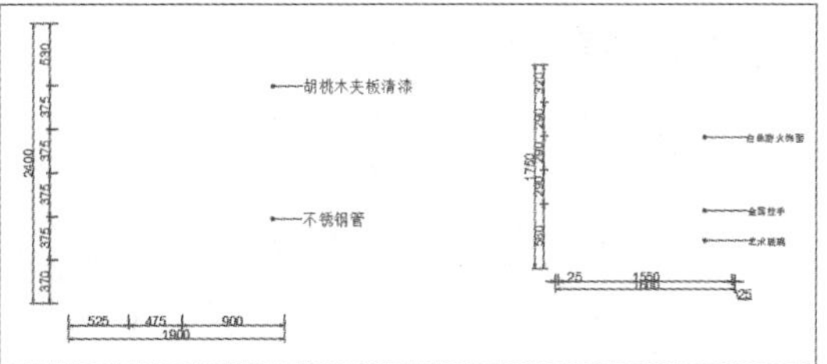

图2-21 打开局部的图形文件

2.2.3 保存图形文件

在AutoCAD 2019软件中，保存图形文件的方法有两种，分别为“保存”和“另存为”。

对于新建的图像文件，在图形选项卡中，选择要保存的图形文件，单击鼠标右键，在快捷菜单中选择“保存”选项，在打开的“图形另存为”对话框中，指定文件的名称和保存路径后单击“保存”按钮，即可对文件进行保存，如图2-22、图2-23所示。

对于已经存在的图形文件在改动后的保存，只需执行“菜单浏览器>保存”命令，即可用当前的图形文件替换早期的图形文件。如果要保留原来的图形文件，可以执行“菜单浏览器>另存为”命令进行保存，此时将生成一个副本文件，副本文件为当前改动后保存的图形文件，原图形文件将保留。

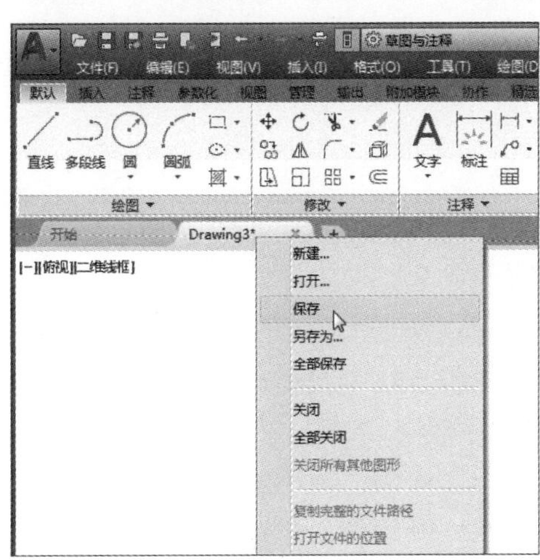

图2-22 选择“保存”选项

图2-23 “图形另存为”对话框

工程师点拨：图形文件另存为

为了便于在AutoCAD早期版本中能够打开AutoCAD 2019的图形文件，在保存图形文件时，可以保存为较早的格式类型。在“图形另存为”对话框中，单击“文件类型”下拉按钮，在打开的下拉列表中包括12种类型的保存方式，选择一种较早的文件类型，在“图形另存为”对话框中单击“保存”按钮即可。

2.2.4 关闭图形文件

在AutoCAD 2019中，用户可使用以下方法关闭文件，具体操作方法如下。

1. 使用图形选项卡关闭

当绘图完毕后，在图形选项卡中单击要关闭文件的“关闭”按钮，或者单击鼠标右键，在打开的快捷菜单中选择“关闭”选项即可，如图2-24所示。

2. 使用应用程序菜单命令关闭

执行“菜单浏览器>关闭>当前图形”命令，可关闭当前图形文件，如图2-25所示。

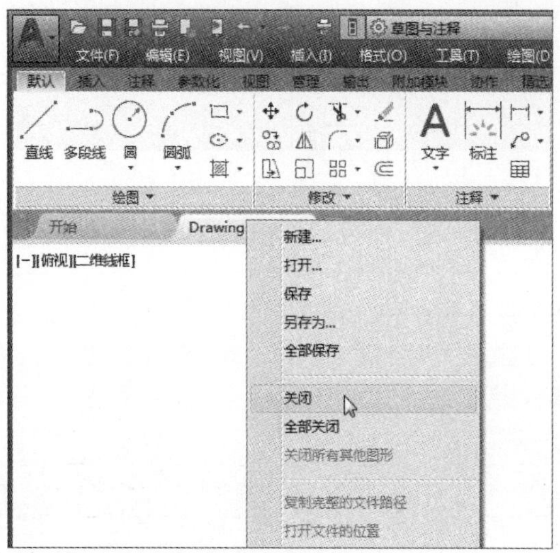

图2-24 选择“关闭”选项

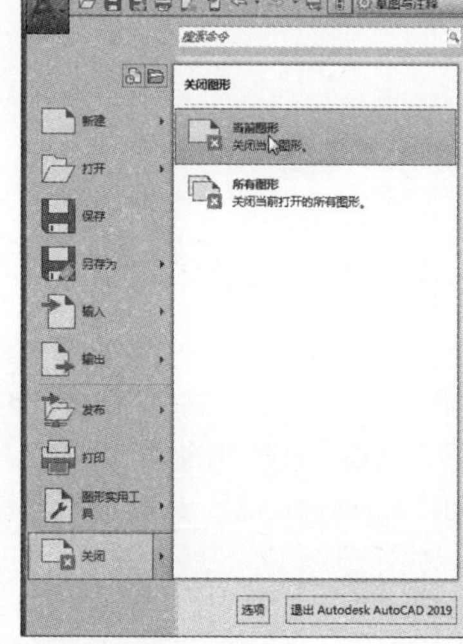

图2-25 关闭当前文件

关闭文件时，如果当前图形文件没有进行保存操作，系统将自动打开命令提示框，单击“是”按钮，即可保存当前文件；若单击“否”按钮，则可取消保存，并关闭当前文件。

2.3 坐标系的应用

任意物体在空间中的位置都是通过一个坐标系来定位的。在AutoCAD的图形绘制中，也是通过坐标系来确定相应图形对象的位置的，坐标系是确定对象位置的基本手段。理解各种坐标系的概念，掌握坐标系的创建以及正确的坐标数据输入方法，是学习CAD制图的基础。

2.3.1 坐标系概述

坐标（x，y）是表示点的最基本方法。在AutoCAD中，坐标系分为世界坐标系（World Coordinate System，简称WCS）和用户坐标系（User Coordinate System，简称UCS）。两种坐标系下都可以通过坐标（x，y）来精确定位点。

1. 世界坐标系

AutoCAD系统为用户提供了一个绝对的坐标系，即世界坐标系（WCS）。通常，AutoCAD构造新图形时将自动使用WCS，虽然WCS不可更改，但可以从任意角度、任意方向来观察或旋转。

世界坐标系是由三个垂直并相交的坐标轴X轴、Y轴和Z轴构成的，一般显示在绘图区域的左下角，如图2-26所示。

在世界坐标系中，X轴和Y轴的交点就是坐标原点O（0,0），X轴正方向为水平向右，Y轴正方向为垂直向上，Z轴正方向为垂直于XOY平面，指向操作者。在二维绘图状态下，Z轴是不可见的。世界坐标系是一个固定不变的坐标系，其坐标原点和坐标轴方向都不会改变，是系统默认的坐标系。

2. 用户坐标系

相对于世界坐标系WCS，用户可根据需要创建无限多的坐标系，这些坐标系称为用户坐标系。比如进行复杂绘图操作，尤其是三维造型操作时，固定不变的世界坐标系已经无法满足用户的需要，故而AutoCAD定义一个可以移动的用户坐标系，用户可以在需要的位置上设置原点和坐标轴的方向，更加便于绘图。

在默认情况下，用户坐标系和世界坐标系完全重合，但是用户坐标系的图标少了原点处的小方格，如图2-27所示。

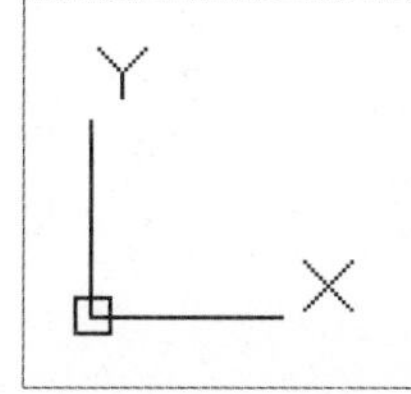

图2-26 世界坐标系

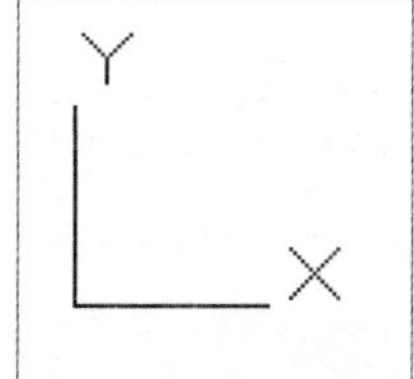

图2-27 用户坐标系

2.3.2 创建新坐标

在绘制图形时，用户根据制图要求创建所需的坐标系。而在AutoCAD软件中，可使用4种方法进行创建，下面将分别对其进行介绍。

- 通过输入原点创建。执行菜单栏中的“工具>新建UCS>原点”命令，根据命令行中的提示信息，在绘图区中指定新的坐标原点，并输入X、Y、Z坐标值，按Enter键，即可完成创建。
- 通过指定Z轴矢量创建。在命令行中输入“UCS”命令后按下Enter键，在绘图区中指定新坐标的原点，然后根据需要指定好X、Y、Z三点坐标轴方向，即可完成新坐标的创建。
- 通过“面”命令创建。执行菜单栏中的“工具>新建UCS>面”命令，指定对象一个面为用户坐标平面，然后根据命令行中的提示信息，指定新坐标轴的方向即可，如图2-28、图2-29所示。

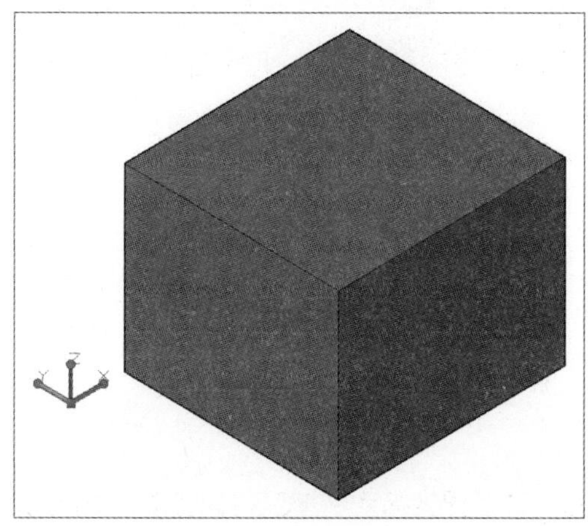
图2-28 原始坐标

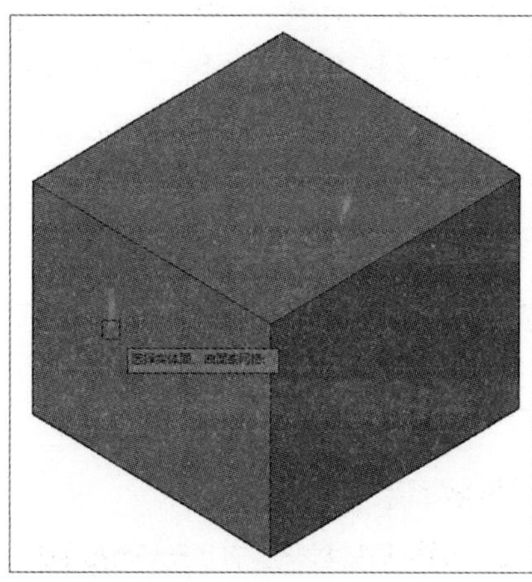
图2-29 新坐标

2.4 控制视图的显示

在查看或设计图形的过程中，为了更灵活地观察图形的整体效果或者局部细节，经常需要对视图进行移动、放大或缩小等操作，便于观察、对比和校准。

2.4.1 缩放视图

执行“视图>二维导航>范围”命令，在展开的列表中用户可根据需要选择相应的缩放选项，即可进行视图的缩放操作。

1. 范围缩放

当绘制或浏览较为复杂的图形时，通常都要使用缩放命令进行图形某一区域的放大或较大图形的整体观察。该操作不能改变图形中对象的绝对大小，只能改变视图的比例。如需该操作，只需执行“视图 > 缩放 > 范围”命令即可，如图2-30、图2-31所示。

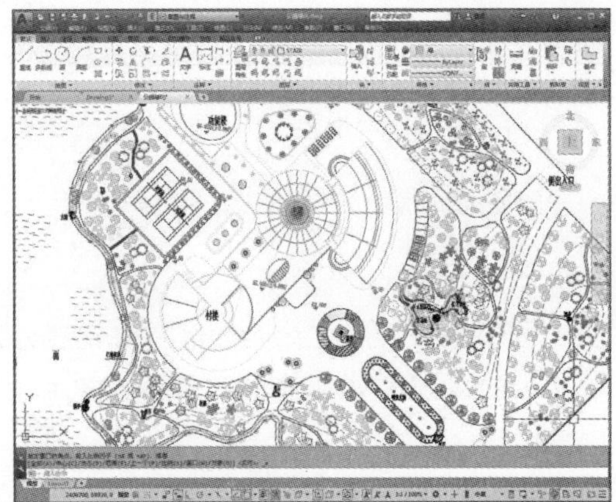

图2-30 范围缩放之前效果

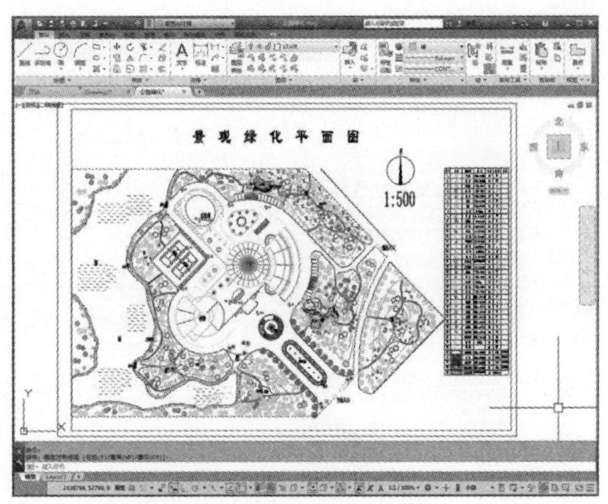

图2-31 范围缩放之后效果

2. 窗口缩放

窗口缩放功能可将矩形窗口内选择的图形对象放大显示，并将其最大化显示。执行“视图 > 缩放 > 窗口”命令，根据命令行提示，框选所需放大的图形，即可进行窗口缩放操作，如图2-32、图2-33所示。

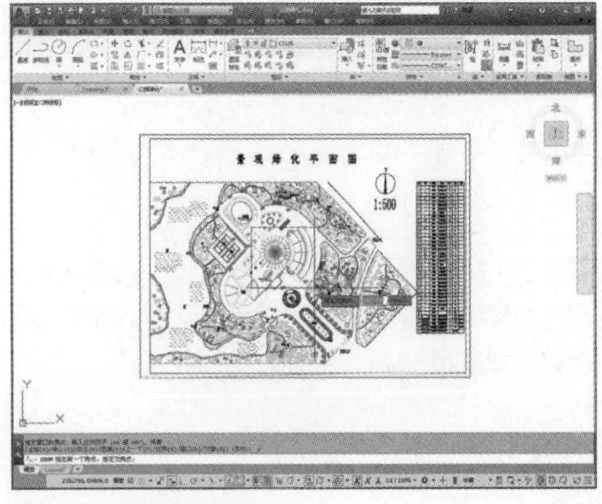

图2-32 选择缩放区域

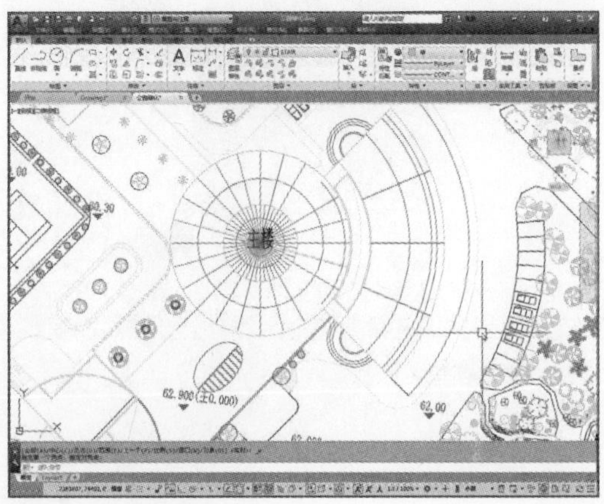

图2-33 缩放后效果

3. 实时缩放

实时缩放功能是根据绘图需要，将图纸随时进行放大或缩小操作。执行“视图>缩放>实时”命令，按住鼠标左键，向上移动鼠标，此时图形则为放大操作；而按住鼠标左键，向下移动鼠标，则为缩小操作。

4. 全部缩放

全部缩放功能则是按指定的比例对当前图形整体进行全部缩放。执行“视图>缩放>全部”命令即可进行缩放操作。

5. 动态缩放

动态缩放功能则是以动态方式缩放视图。执行“视图>缩放>动态”命令，即可进行缩放操作。

6. 比例缩放

缩放则按指定的比例对当前图形进行缩放操作。执行“视图>缩放>缩放”命令，根据命令行提示，输入缩放倍数，即可进行缩放操作。

命令行提示如下：

```
命令：'_zoom
指定窗口的角点，输入比例因子 (nX 或 nXP)，或者 [全部(A)/中心(C)/动态(D)/范围(E)/上一个(P)/比例(S)/窗口(W)/对象(O)] <实时>: _s
输入比例因子 (nX 或 nXP): 1.5                                        (输入缩放值)
```

7. 圆心缩放

旧版本中的“居中缩放”命令已更改为“圆心缩放”命令。该命令是按指定的中心点和缩放比例对当前图形进行缩放。执行“视图>缩放>圆心”命令，根据命令行提示，输入缩放倍数值即可。

8. 对象缩放

对象缩放则是将所选的对象最大化显示在绘图区域中。执行“视图>缩放>对象”命令，根据命令行提示，框选所需放大的图形对象，按Enter键即可，如图2-34、图2-35所示。

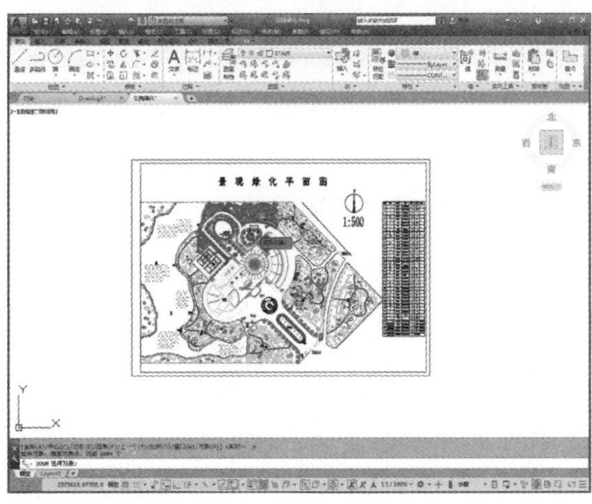

图2-34 选择缩放图形

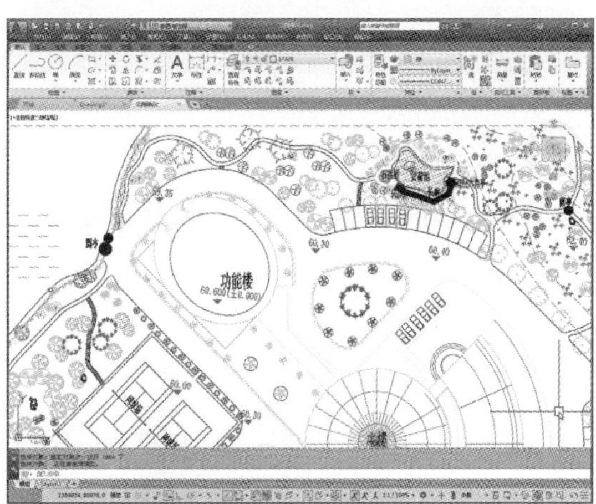

图2-35 缩放后的效果

2.4.2 平移视图

使用平移视图工具可以重新定位当前图形在窗口中的位置，以便于对图形的其他部分进行浏览或绘制。该命令不会改变视图中对象的实际位置，只改变当前视图在操作区域中的位置。

1. 利用功能区命令操作

执行“视图>平移”命令，在其级联菜单中选择所需选项，当光标转换成手形图标时，按住鼠标左键，移动光标至合适位置，放开鼠标即可移动视图。

2. 使用鼠标中键操作

除了使用“平移”命令外，用户可直接按住鼠标中键不放，移动鼠标至合适位置，放开中键即可完成平移操作。

2.4.3 重画与重生视图

在绘制过程中，有时视图中会出现一些残留的光标点，为了擦除这些多余的光标点，用户可使用重画与重生成功能进行操作。

1. 重画

重画是用于从当前窗口中删除编辑命令留下的点标记，同时还可以编辑图形留下的点标记，是对当前视图中的图形进行刷新操作。

用户只需在命令行中输入“redraw”或“redrawall”命令，按Enter键，即可进行重画操作。

2. 重生成

重生成功能则是用于在视图中进行图形的重生成操作，其中包括生成图形、计算坐标、创建新索引等。在当前视口中重生成整幅图形并重新计算所有对象的坐标、重新创建图形数据库索引，从而优化显示和对象选择的性能。

在命令行中输入“regen”或“regenall”命令，按Enter键，即可进行操作。在输入“regen”命令后，会在当前视口中重生成整个图形并重新计算所有对象的坐标。而输入“regenall”命令，则在所有视口中重生成整个图形并重新计算所有对象的屏幕坐标。

3. 自动重新生成图形

自动重新生成图形功能用于自动生成整个图形，它与重生图形功能不相同。在对图形进行编辑时，在命令行中输入“regenauto”命令后，按Enter键，即可自动再生成整个图形，以确保屏幕上的显示能反映图形的实际状态，保持视觉的真实度。

2.5 视口显示

视口是用于显示模型不同视图的区域，AutoCAD 2019中包含12种类型的视口样式，用户可以选择不同的视口样式以便于从各个角度来观察模型。

2.5.1 新建视口

用户可根据需要创建视口，并将创建好的视口进行保存，以便下次使用。

实例2-3 为缸体零件模型新建视口，具体操作如下。

Step 01 打开素材，执行“视图>视口>新建视口”命令，打开“视口”对话框，如图2-36所示。

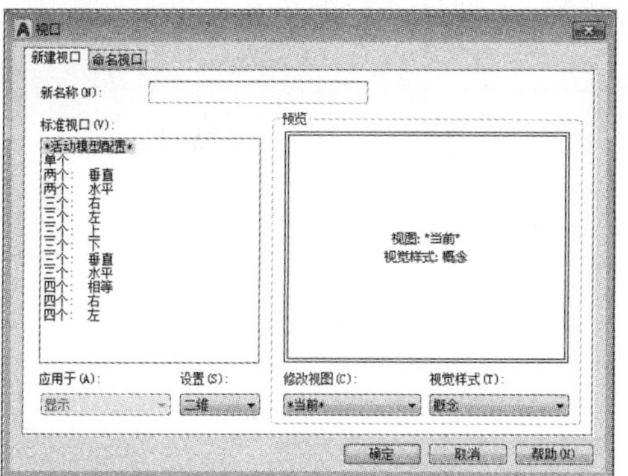

图2-36 打开“视口”对话框

Step 02 切换至“新建视口”选项卡，输入视口的名称，并选择视口样式，如图2-37所示。

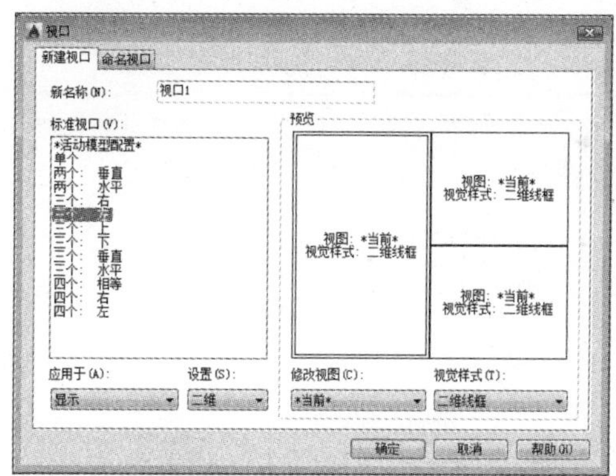

图2-37 新建视口

Step 03 单击“确定”按钮，返回绘图区，系统将自动按照要求创建视口，如图2-38所示。

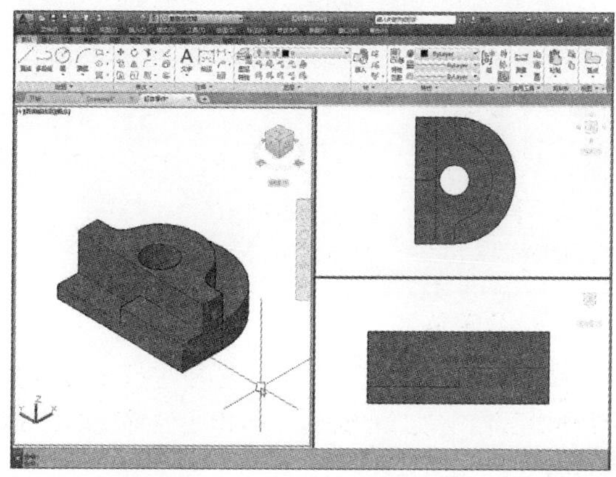

图2-38 创建视口

在“视口”对话框中，分“新建视口”和“命名视口”两个选项卡。在“新建视口”选项卡中，可对新建的视口进行命名。若没有命名，则新建的视口配置只能应用而无法保存。而在“命名视口”选项卡中，显示图形中任意已保存的视口配置。在选择视口配置时，已保存配置的布局显示在“预览”列表框中。在已命名的视口名称上单击鼠标右键，选择“重命名”选项可对视口的名称进行修改。

2.5.2 合并视口

在AutoCAD 2019软件中，可将多个视口进行合并。用户只需执行“视图>视口>合并”命令，选择所要合并的视口，即可完成合并。

命令行提示如下：

```
命令： _-vports
输入选项 [保存(S)/恢复(R)/删除(D)/合并(J)/单一(SI)/?/2/3/4/切换(T)/模式(MO)] <3>: _j
选择主视口 <当前视口>:                                        (按 Enter 键)
选择要合并的视口： 正在重生成模型。                            (选择需合并的视口)
```

工程师点拨：模型视口与布局视口的区别

在CAD中视口分为模型视口和布局视口。模型空间的视口主要用来绘图，只能是矩形视口。例如一个视口可显示整体，另一视口可将局部放大以便观察或修改，或者立体图形用来分别显示立面图、平面图、侧面图等。而布局空间的视口主要用来组织图形方便出图，可以有多边形视口。例如可在同一张图纸的不同部分显示立体图形的不同角度的视图，也可在同一张图纸的不同部分显示不同比例的整体或局部。

综合实例 —— 为泵体零件模型创建视口

当对三维模型进行操作时，需要不断地转换视图控件，对模型进行观察并修改，这样操作起来十分烦琐，通过创建视口对模型进行修改，很大程度上可以提高绘图效率，下面将以实例的形式介绍创建视口的具体操作。

Step 01 打开素材文件，如图2-39所示。

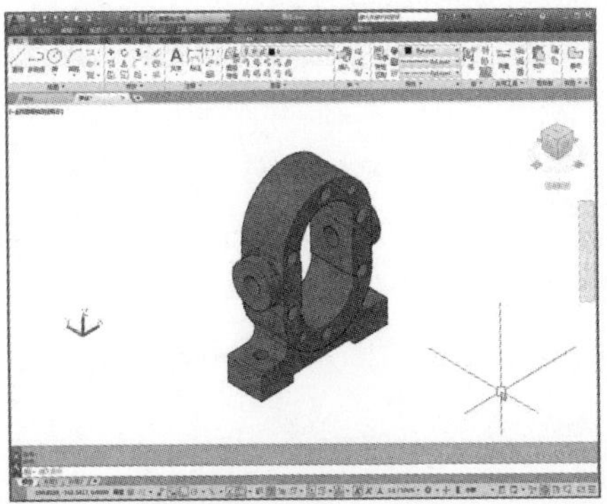

图2-39 打开文件

Step 02 执行“视图>视口>新建视口”命令，打开“视口”对话框，如图2-40所示。

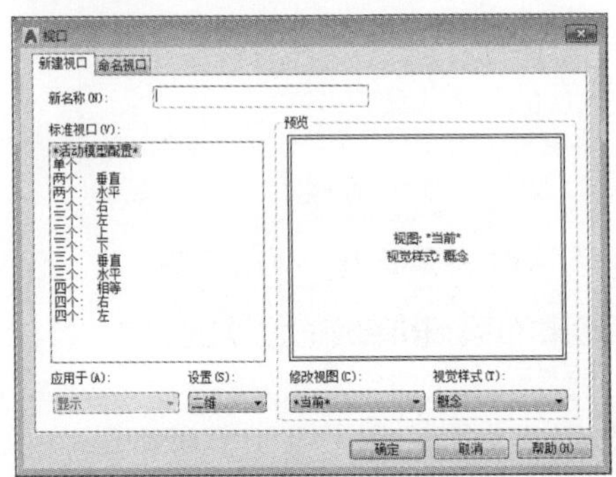

图2-40 “视口”对话框

Step 03 在该对话框中输入新名称，选择视口样式，如图2-41所示。

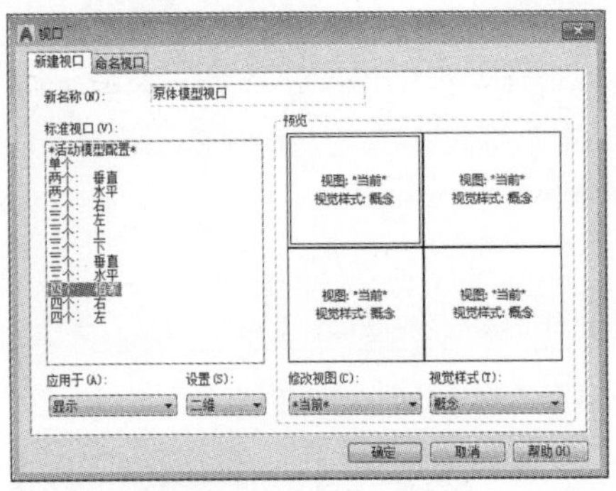

图2-41 设置相关参数

Step 04 单击“确定”按钮，返回绘图区，观察新建视口后的效果，如图2-42所示。

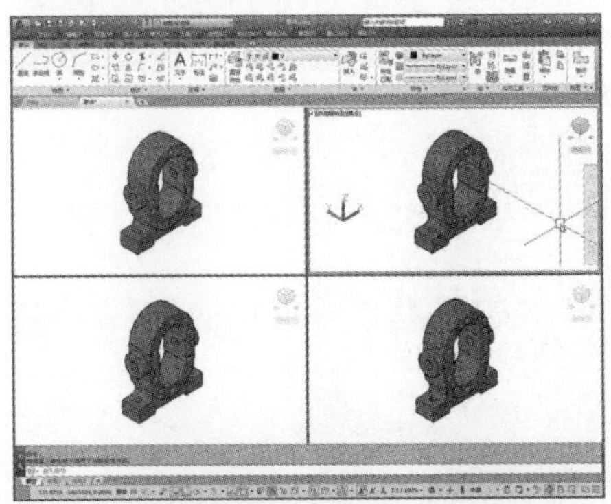

图2-42 创建视口效果

Step 05 调整视图控件样式，完成为泵体模型创建视口的操作，效果如图2-43所示。

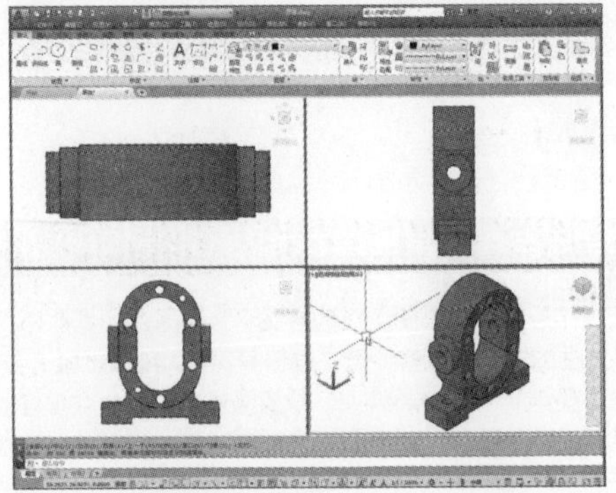

图2-43 调整后效果

高手应用秘籍 —— 将CAD文件保存为JPG文件

绘制好的CAD图形文件，可根据用户需求将其保存为其他格式的文件，例如PDF、JPG、DXF等格式。下面将介绍将CAD文件保存为JPG文件格式的操作方法。

Step 01 打开所需保存的图形文件，在命令行中输入“jpgout”，如图2-44所示。

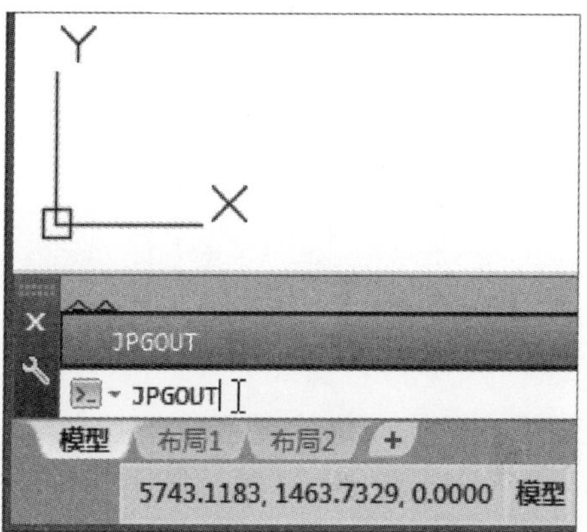

图2-44 输入命令

Step 02 输入完成后，按Enter键，打开“创建光栅文件”对话框，如图2-45所示。

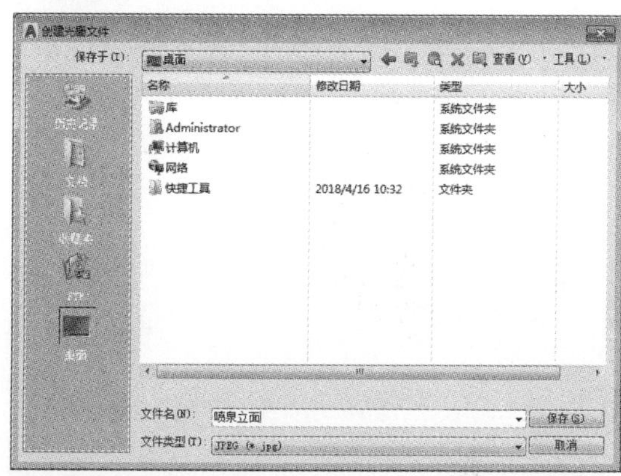

图2-45 “创建光栅文件”对话框

Step 03 设置好保存路径及文件名，单击“保存”按钮，然后在绘图区中框选所需图形文件，如图2-46所示。

图2-46 框选图形文件

Step 04 完成后按Enter键，即可完成图形的保存操作，双击保存的图片即可查看，效果如图2-47所示。

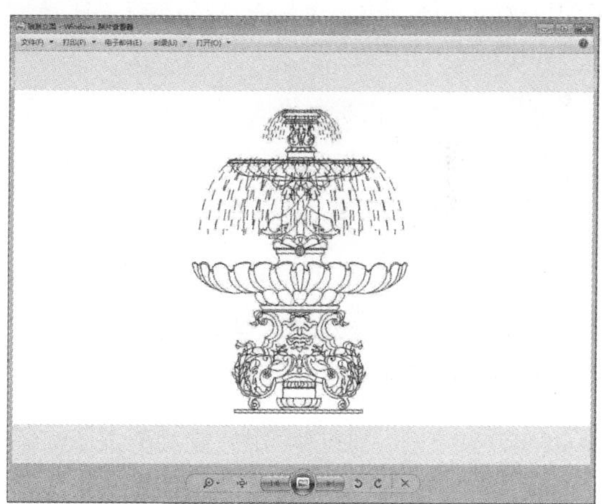

图2-47 查看图片

工程师点拨：其他保存方法

除了以上操作外，还可以使用其他方法将文件保存为其他格式。例如，在命令行中输入“bmpout”后，选择所需保存区域即可。但该方法的缺点是像素较低，显示不清楚，所以比较适合线条简单、仅为说明问题的场合。

用户还可以使用“Print screen”快捷键进行操作。在键盘上按下该键后，即可将当前屏幕中的图形保存到Windows剪贴板中，然后在图片编辑软件中进行适当的剪裁，最后将剪裁后的图形保存为JPG文件即可。

秒杀工程疑惑

在进行CAD操作时，用户经常会遇到各种各样的问题，下面将总结一些常见问题进行解答，例如修复损坏的文件、创建和恢复备份文件以及文件打开时失败的操作。

问　题	解　答
在打开CAD文件时，总是提示“图形文件无效”界面，怎么办	该问题说明当前使用的CAD版本过低，需要安装与文件相同版本的CAD软件才可打开。因为高版本软件可以打开低版本的文件，但是低版本软件则不能打开高版本的图形文件。遇到该情况时，用户需在保存CAD文件时，保存成相应的版本即可，其操作如下： ● 打开所要保存的CAD文件，执行“应用程序”>另存为”命令。 ● 在打开的“图形另存为”对话框中，单击“文件类型”下拉按钮，在打开的菜单列表中选择所需版本类型，单击“保存”按钮即可。
如何创建和恢复备份文件	创建和恢复备份文件的操作如下： ● 执行“应用程序>选项”命令，打开“选项”对话框，选择“打开和保存”选项卡。 ● 在“文件安全措施”选项区中，勾选“每次保存时均创建备份副本”复选框，就可指定在保存图形时创建备份文件。 ● 完成操作后，每次保存图形时，图形的早期版本将保存为具有相同名称并带有扩展名.bak的文件。而该备份文件与图形文件位于同一个文件夹中。
如何修复损坏的图形文件	如果在绘图时，系统突然发生故障后要求保存图形，那么该图形文件将标记为损坏。如果只是轻微损坏，有时只需打开图形便可将其修复。具体操作方法如下： ● 执行“应用程序>图形实用工具”命令，在打开的级联菜单中选择“修复”选项。 ● 在“选择文件”对话框中，选择所需修复的图形文件，单击“打开”按钮，可尝试打开图形文件，并显示核查结果。
为什么坐标系不是统一的状态，有时会发生变化	坐标系会根据工作空间和工作状态的不同发生更改。默认情况下，坐标系是WCS，它包括X轴和Y轴，属于二维空间坐标系。但如果进入三维工作空间，则多了一个Z轴。世界坐标系的X轴为水平，Y轴为垂直，Z轴正方向垂直于屏幕指向外，属于三维空间坐标系

Chapter

03

绘图辅助功能的使用

在工程图纸的设计过程中，为了更精确地绘制图形，提高绘图速度和准确性，需要从捕捉、追踪和动态输入等功能入手，同时利用缩放、移动功能等有效地控制图形显示，辅助设计者快速观察、对比及校准图形。通过本章的学习，读者可以掌握绘图辅助功能的使用，可以更加快捷地操作AutoCAD 2019，大大地提高绘图效率。

01 学完本章您可以掌握如下知识点

1. AutoCAD 2019捕捉功能的使用　★
2. AutoCAD 2019夹点功能的使用　★
3. AutoCAD 2019查询功能的使用　★★

02 本章内容图解链接

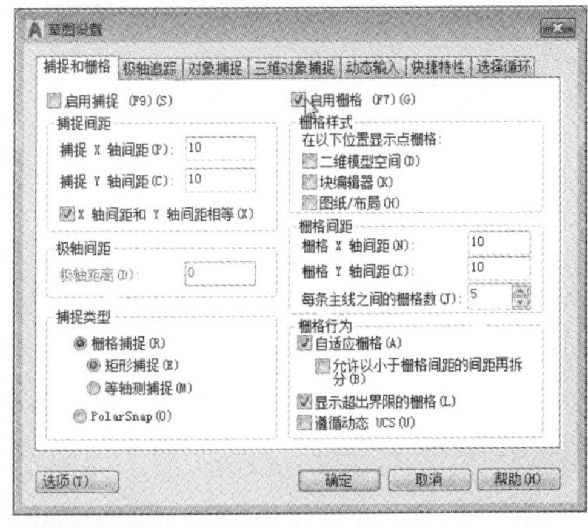

“捕捉和栅格”设置面板

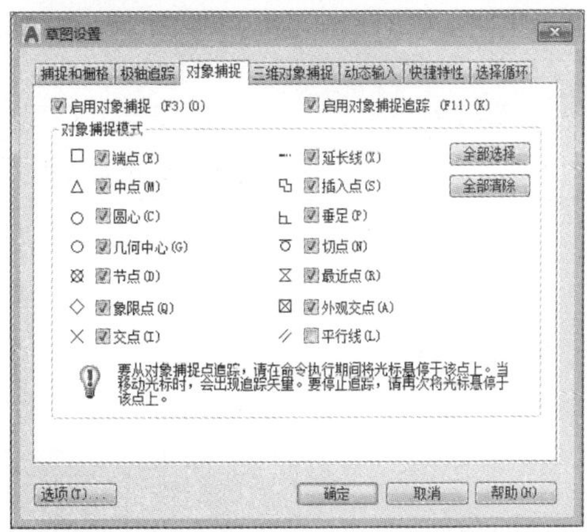

“对象捕捉”设置面板

3.1 执行命令的方式

在AutoCAD 2019中，执行命令的方式有很多种。用户既可以通过鼠标单击工作界面中的按钮来执行命令，也可以使用键盘直接输入命令进行操作。本节将对相关的知识进行介绍。

3.1.1 鼠标和键盘的操作

鼠标和键盘的操作是AutoCAD操作中必不可少的工具，在绘制图形时，用户需要使用鼠标单击工作界面上的命令，或是使用键盘输入命令参数。

1. 鼠标的操作

使用鼠标操作执行命令，在CAD中是比较常用的方法。鼠标在AutoCAD的绘图区以十字光标的形式显示，在选项卡、功能区、对话框等区域中，则是以箭头显示。用户可以通过单击或拖动鼠标来执行命令，如对象的选择、单击某个按钮或执行菜单命令、视图的控制、各种环境设置和属性设置。鼠标左键、右键、中键（滚轮）的作用分别如下。

- 鼠标左键：通常用于单击命令按钮、指定点以及选择对象等。
- 鼠标右键：在绘图过程中单击右键将会弹出一个快捷菜单，如图3-1所示。选择菜单里的选项，可以执行相应的命令。如确认、取消、放弃、重复上一步操作等。
- 鼠标中键（滚轮）：向上滚动滚轮可以放大视图，向下滚动则可以缩小视图，按住鼠标中键，拖动鼠标可以平移视图。
- Shift键+鼠标右键：会弹出如图3-2所示的快捷菜单，用户可以选择相应的选项，进行临时对象捕捉。

图3-1　鼠标右键菜单

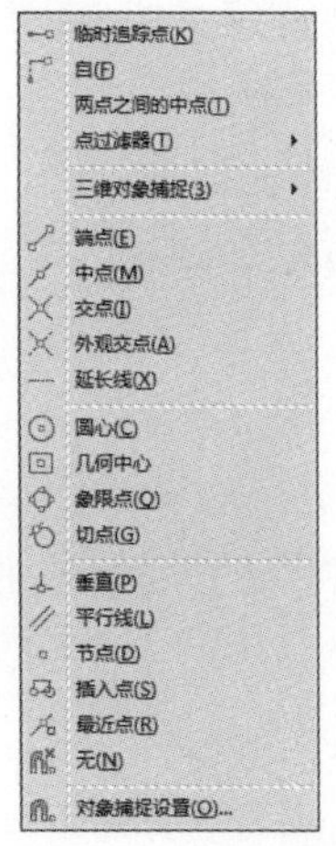

图3-2　Shift键+鼠标右键菜单

2. 键盘的操作

在AutoCAD中，大部分命令都需要通过键盘在命令行中输入命令参数来进行操作，使用键盘可以在命令行中输入命令、系统变量、文本对象、数值参数、点坐标等。

工程师点拨：重复使用命令

在命令操作完成后，按Enter键，即可重复上一次使用的命令，如果按Esc键，则不能继续使用上一次的命令。

3.1.2 命令的执行方式

在使用AutoCAD进行绘图的过程中，使用鼠标输入、键盘输入以及在命令行中输入这几种操作方法是最为常用的。三种操作方法相互结合使用，大大提高了工作效率。

1. 鼠标输入命令

使用鼠标输入命令，就是利用鼠标选择功能面板中的命令来启动绘图命令。例如，想绘制一条直线，则需要执行“绘图>直线”命令，然后在命令行中输入直线距离，按Enter键后即可完成直线的绘制。

2. 键盘输入命令

大部分的绘图、编辑功能都需要使用键盘来辅助操作，通过键盘可以输入绘图命令、命令参数、系统坐标点以及文本对象等。例如，在键盘上按L键，即可启动“直线”命令。

3. 使用命令行输入

命令行位于CAD界面的下方，在命令行中可以输入命令、参数等内容。在命令行的空白处单击鼠标右键，在打开的快捷菜单中可以选择“近期使用的命令”选项，然后在级联菜单中选择相关命令即可进行该命令的操作。

3.2 捕捉功能的使用

在绘制图形时，尽管可以通过移动光标来指定点的位置，却很难精确指定对象的某些特殊位置。使用捕捉工具能够精确、快速地绘制图纸。AutoCAD 2019软件提供了多种捕捉功能，其中包括对象捕捉、极轴捕捉、栅格、正交等功能，下面将分别对其功能进行介绍。

3.2.1 栅格和捕捉功能

使用捕捉工具，用户可创建一个栅格，使它可捕捉光标，并约束光标只能定位在某一栅格点上。当栅格点阵的间距与光标捕捉点阵的间距相同时，栅格点阵就形象反映出光标捕捉点阵的形状，同时反映出绘图界限。

在AutoCAD中，启动“栅格捕捉”功能的方法有以下两种。

1. 使用菜单栏命令启动

在菜单栏中执行“工具>绘图设置”命令，打开“草图设置”对话框，切换至“捕捉和栅格”选项卡，从中勾选“启动捕捉”和“启动栅格”复选框即可启动，如图3-3所示。

2. 使用状态栏命令启动

在状态栏中，单击“捕捉模式”⠿和“显示图形栅格”#启动按钮即可，如图3-4所示。

“捕捉和栅格”选项卡中的各选项说明如下。

- 启动捕捉：勾选该复选框，可启用捕捉功能；取消勾选，则会关闭该功能。
- 捕捉间距：在该选区中，用户可设置捕捉间距值，以限制光标仅在指定的X轴和Y轴之间内移动。其输入的数值应为正实数。勾选“X轴间距和Y轴间距相等”复选框，则表明使用同一个X轴和Y轴间距值，取消勾选则表明使用不同间距值。

- 极轴间距：用于控制极轴捕捉增量距离。该选项只能在启动“极轴捕捉”功能才可用。
- 捕捉类型：用于确定捕捉类型。选择“栅格捕捉”选项时，光标将沿着垂直和水平栅格点进行捕捉；选择“矩形捕捉”选项时，光标将捕捉矩形栅格；选择“等轴测捕捉”选项时，光标捕捉等轴测栅格。
- 启用栅格：勾选该复选框，可启动栅格功能。反之，则关闭该功能。
- 栅格间距：用于设置栅格在水平与垂直方向的间距，其方法与“捕捉间距”相似。
- 每条主线之间的栅格数：用于指定主栅格线与次栅格线的方格数。
- 栅格行为：用于控制当Vscurrent系统变量设置为除二维线框之外的任何视觉样式时，所显示栅格线的外观。

图3-3 菜单栏命令启动

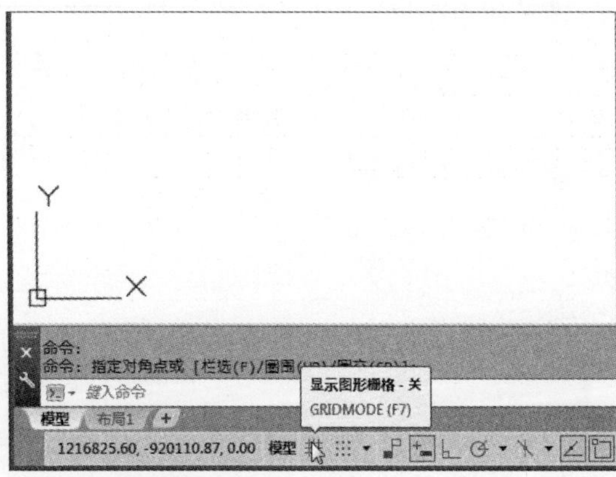

图3-4 状态栏命令启动

3.2.2 对象捕捉功能

使用对象捕捉功能可指定对象上的精确位置，用户可自定义对象捕捉的距离。例如，捕捉图形端点、圆心、切点、中点以及两个对象的交点等。当光标移动到对象的对象捕捉位置时，将显示标记和工具提示。使用对象捕捉功能，可快速、准确地捕捉到这些点，从而达到准确绘图的效果。启动对象捕捉功能的方法有以下两种。

1. 单击“对象捕捉”启动按钮

单击状态栏中的“对象捕捉”按钮，在菜单中选择“对象捕捉设置”选项，打开“草图设置”对话框，切换到“对象捕捉”选项卡，从中勾选所需捕捉功能即可启动，如图3-5所示。

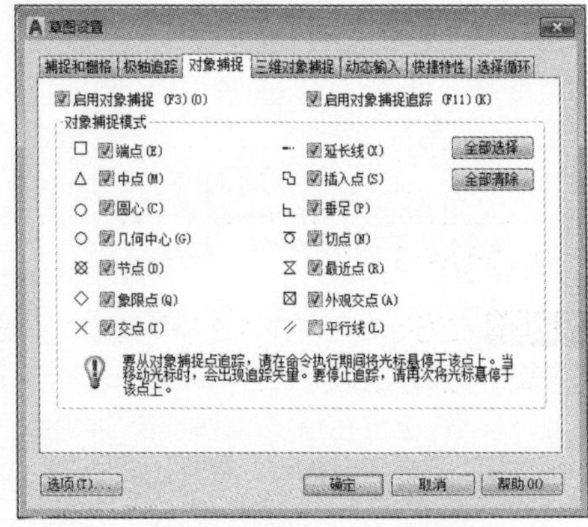

图3-5 “对象捕捉”面板

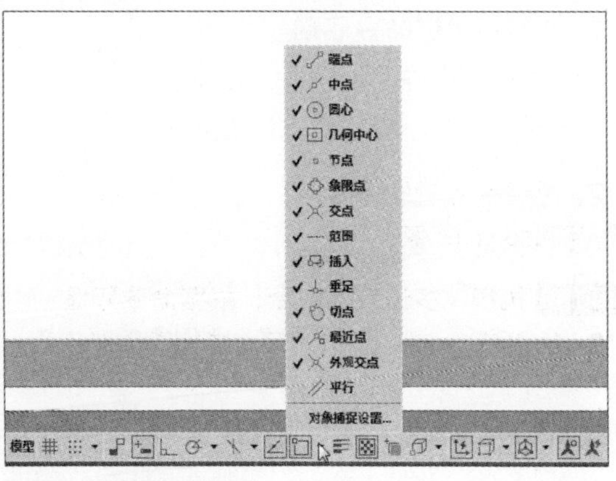

图3-6 “对象捕捉”菜单

2. 菜单启动

在状态栏中，单击“对象捕捉”右侧的下三角按钮，在打开的列表中即可勾选需启动的捕捉选项，如图3-6所示。对象捕捉各功能介绍如表3-1所示。

表3-1 对象捕捉功能列表

名称	使用功能
端点捕捉	捕捉到线段等对象的端点
中点捕捉	捕捉到线段等对象的中点
圆心捕捉	捕捉到圆或圆弧的圆心
节点捕捉	捕捉到线段等对象的节点
象限点捕捉	捕捉到圆或圆弧的象限点
交点捕捉	捕捉到各对象之间的交点
延长线捕捉	捕捉到直线或圆弧的延长线上点
插入点捕捉	捕捉块、图形、文字或属性的插入点
垂足点捕捉	捕捉到垂直于线或圆上的点
切点捕捉	捕捉到圆或圆弧的切点
最近点捕捉	捕捉拾取点最近的线段、圆、圆弧或点等对象上的点
外观交点捕捉	捕捉两个对象的外观的交点
平行线捕捉	捕捉到与指定线平行的线上的点

实例3-1 下面将以绘制内接圆半径为50mm的正五边形为例，来介绍捕捉功能的操作方法，具体操作方法介绍如下。

Step 01 执行“圆”命令，在绘图区中指定圆心点，根据命令行提示，输入圆半径值50，按Enter键，完成圆形的绘制，如图3-7所示。

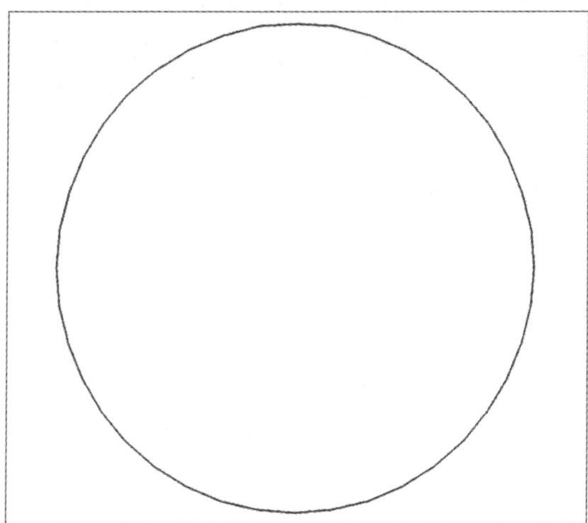

图3-7 半径为50mm的圆

Step 02 执行“工具>绘图设置”命令，打开“草图设置”对话框，设置相关参数，单击“确定”按钮，关闭对话框，如图3-8所示。

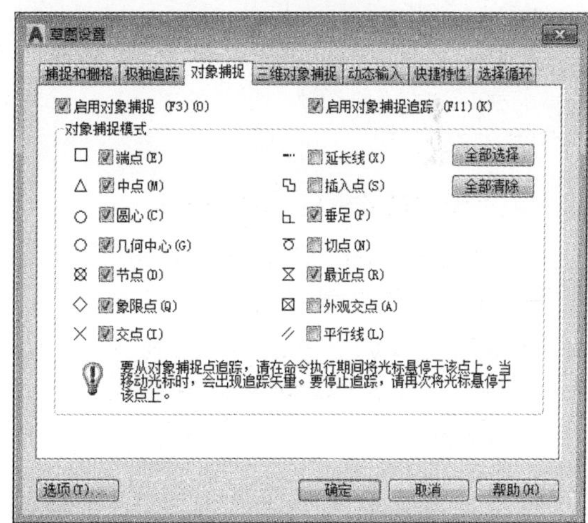

图3-8 启动捕捉功能

Step 03 执行“多边形”命令，根据命令行提示，输入边数值5。然后在绘图区中捕捉圆心点，如图3-9所示。

Step 04 在光标右侧“输入选项”列表中，选择“外切于圆”选项，如图3-10所示。

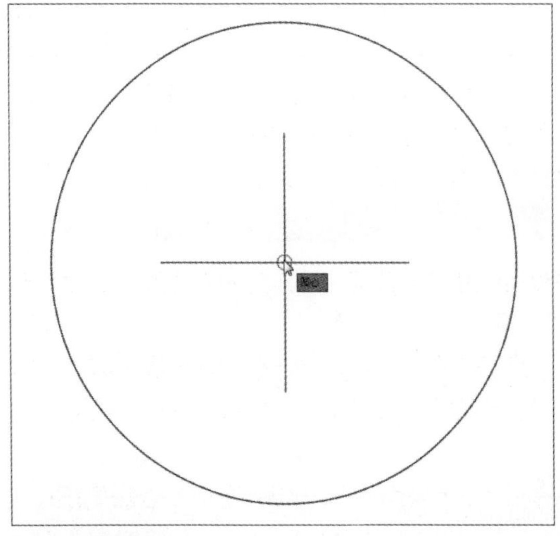

图3-9 捕捉圆心

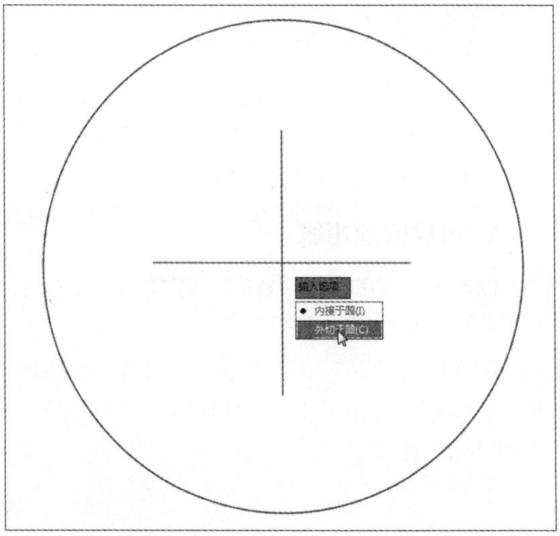

图3-10 外切于圆

Step 05 将光标向下移动，并捕捉圆形的象限点，即可完成正五边形的绘制，如图3-11、图3-12所示。

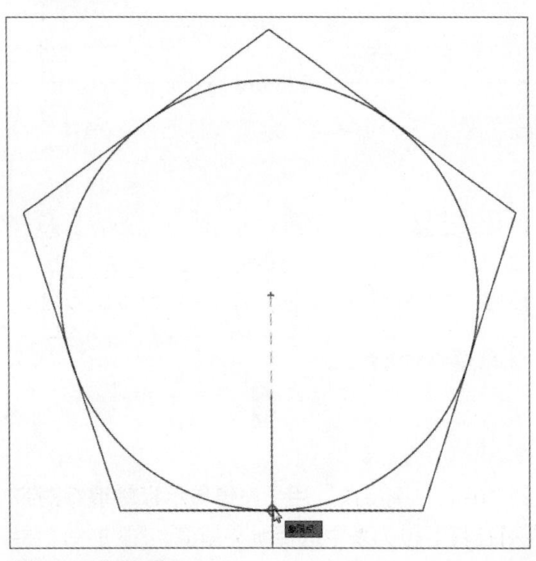

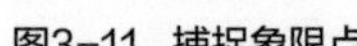

图3-11 捕捉象限点

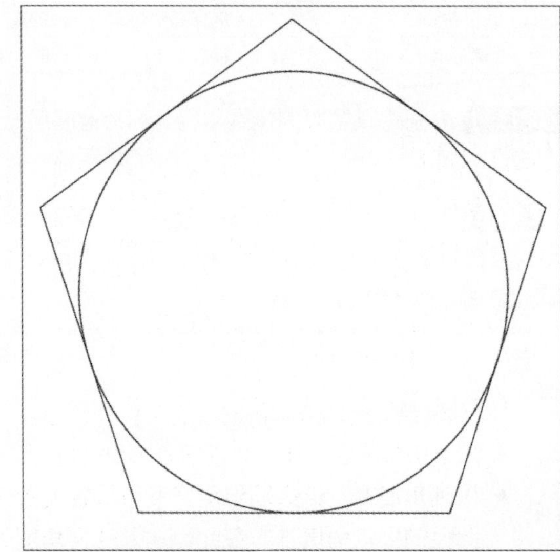

图3-12 完成正多边形绘制

3.2.3 运行和覆盖捕捉模式

对象捕捉模式可分为两种模式，分别为运行捕捉模式和覆盖捕捉模式。下面将分别对其功能进行介绍。

1. 运行捕捉模式

在状态栏中，右击“对象捕捉”按钮，在打开的快捷菜单中选择“设置”选项，在打开的对话框中，设置的对象捕捉模式始终处于运行状态，直到关闭它为止。

2. 覆盖捕捉模式

若在点命令的命令行提示信息下，输入“MID、CEN、QUA”等，执行相关捕捉功能，这样只临时打开捕捉模式。这种模式只对当前捕捉点有效，完成该捕捉功能后则无效。

3.2.4 对象追踪功能

在绘制具有多角度的图形时，为提高设计效率可使用追踪辅助功能。使用该功能可按照指定角度绘制对象，或绘制与其他对象有特定关系的对象。对象追踪功能是对象捕捉与追踪功能的结合，它是AutoCAD的一个非常便捷的绘图功能，是按指定角度或按与其他对象的指定关系绘制对象。

1. 极轴追踪功能

极轴追踪功能可在系统要求指定一点时，按事先设置的角度增量显示一条无限延伸的辅助线，用户可沿着辅助线追踪到指定点。

若要启动该功能，则在状态栏中单击“极轴追踪”启动按钮，选择“正在追踪设置”选项，如图3-13所示。随后打开“草图设置”对话框，切换至“极轴追踪”选项卡，从中设置相关选项即可，如图3-14所示。

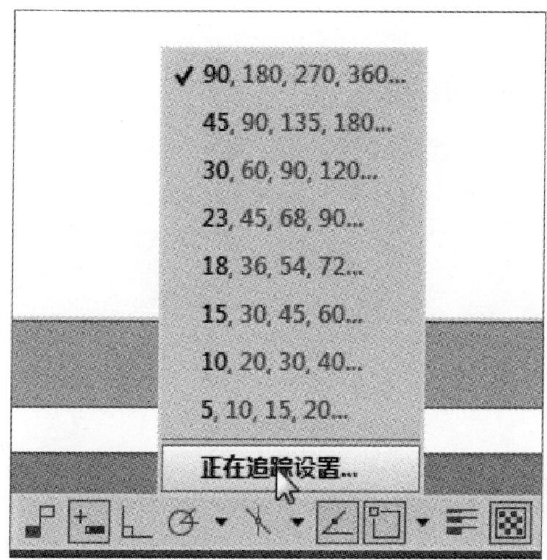

图3-13 启动极轴追踪功能

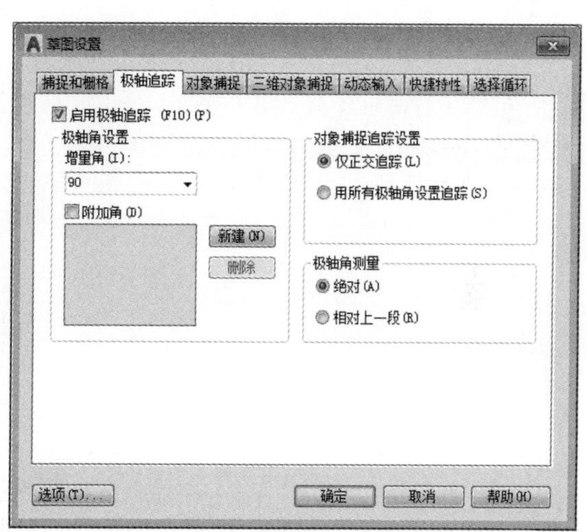

图3-14 设置极轴追踪相关参数

“极轴追踪”选项卡中各选项的含义说明如下。

- 启用极轴追踪：用于启动极轴追踪功能。
- 极轴角设置：该选项组用于设置极轴追踪的对齐角度；“增量角”用于设置显示极轴追踪对齐路径的极轴角增量，在此可输入任何角度，也可在其下拉列表中选择所需角度；“附加角”是对极轴追踪使用列表中的任何一种附加角度。
- 对象捕捉追踪设置：该选项组用于设置对象捕捉追踪选项。单击“仅正交追踪”单选按钮，启用对象捕捉追踪时，将显示获取对象捕捉点的正交对象捕捉追踪路径；若单击“用所有极轴角设置追踪”单选按钮，在启用对象追踪时，将从对象捕捉点起沿着极轴对齐角度进行追踪。
- 极轴角测量：该选项组用于设置极轴追踪对齐角度的测量基准。单击“绝对”单选按钮，可基于当前用户坐标系确定极轴追踪角度；单击“相对上一段”单选按钮，则可基于最后绘制的线段确定极轴追踪角度。

实例3-2 下面以绘制等边三角形为例，来介绍极轴追踪的操作方法。

Step 01 启动“极轴追踪”功能，在打开的“草图设置”对话框中切换至“极轴追踪”选项卡，将“增量角”设置为60，单击“确定”按钮，关闭对话框，如图3-15所示。

Step 02 执行“直线”命令，在绘图区中指定线段起点，向上移动光标，此时在60° 范围内会显示一条辅助虚线，将光标沿着这条辅助线进行移动，并输入线段长度值为50，如图3-16所示。

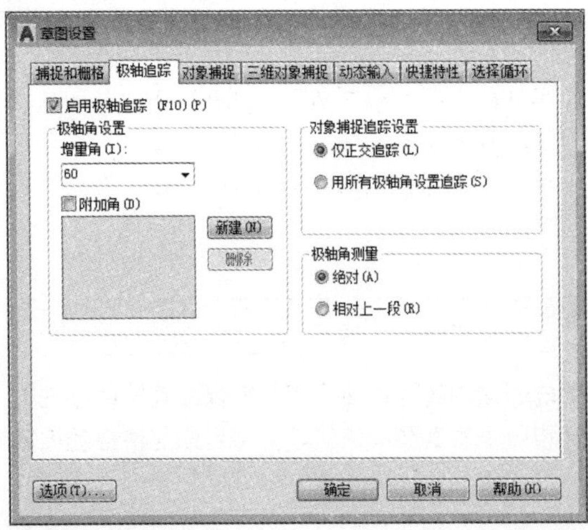

图3-15 设置增量角

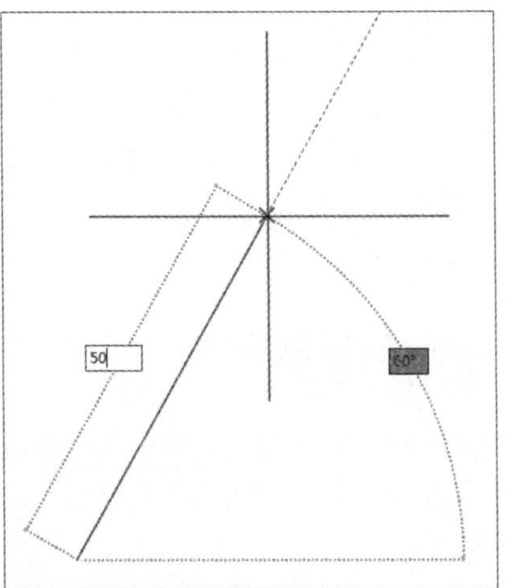

图3-16 沿辅助线绘制一条边

Step 03 将光标向下移动，并沿着60° 角的延长线绘制一条长50mm的线段，完成三角形另一条边长的绘制，如图3-17所示。

Step 04 将光标向左移动，并捕捉第一条线段起点，即可完成等边三角形的绘制，如图3-18所示。

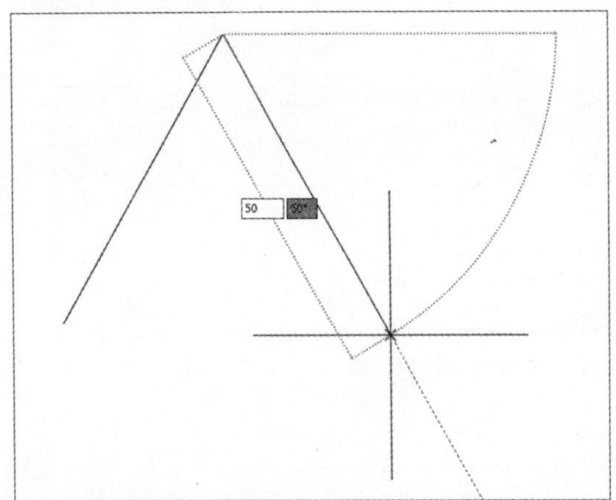

图3-17 绘制另一条三角边

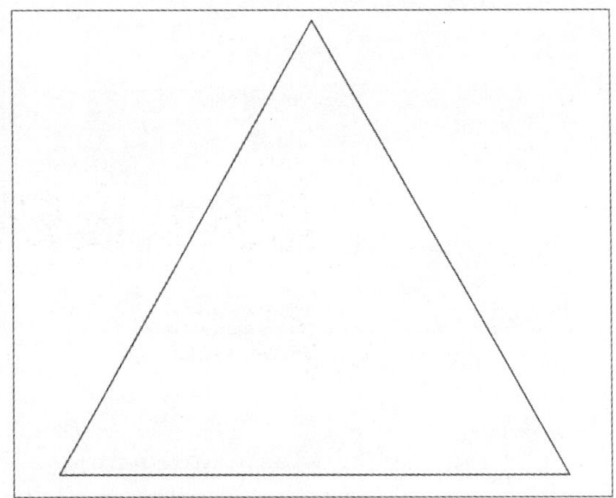

图3-18 完成等边三角形的绘制

2. 自动追踪功能

自动追踪功能可帮助用户快速精确定位所需点。执行“菜单浏览器>选项”命令，打开“选项”对话框，切换至“绘图”选项卡，在“AutoTrack设置”选项组进行设置即可，如图3-19所示。该选项组中各选项说明如下。

- 显示极轴追踪矢量：该选项用于设置是否显示极轴追踪的矢量数据。
- 显示全屏追踪矢量：该选项用于设置是否显示全屏追踪的矢量数据。
- 显示自动追踪工具提示：该选项用于在追踪特征点时是否显示工具栏上的相应按钮的提示文字。

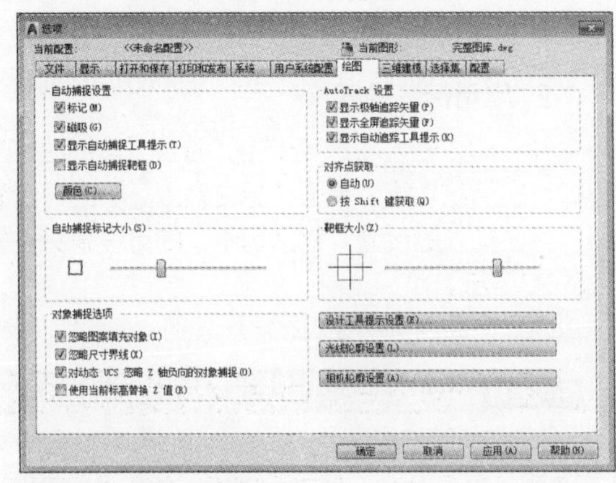

图3-19 “绘图”选项卡

3.2.5 使用正交模式

正交模式是在任意角度和直角之间进行切换，在约束线段为水平或垂直的时候可使用正交模式。绘图时若同时打开该模式，则只需输入线段的长度值，AutoCAD就会自动绘制出水平或垂直的线段。

启动该功能后，光标只能限制在水平或垂直方向移动，通过在绘图区中单击鼠标或输入线段长度来绘制水平线或垂直线。

3.2.6 使用动态输入

在AutoCAD中，启用状态栏中DYN模式，即启用动态输入功能，便会在指针位置处显示标注输入和命令提示等信息，以帮助用户专注于绘图区域，从而极大地提高设计效率，并且该信息会随着光标移动而更新动态。

在状态栏中，单击“动态输入”启动按钮即可启用动态输入功能。相反，再次单击该按钮，则将关闭该功能。

1. 启用指针输入

在“草图设置”对话框中的“动态输入”选项卡中，勾选“启用指针输入”复选框来启动指针输入功能。单击“指针输入”下的“设置”按钮，在打开的“指针输入设置”对话框中设置指针的格式和可见性，如图3-20、图3-21所示。

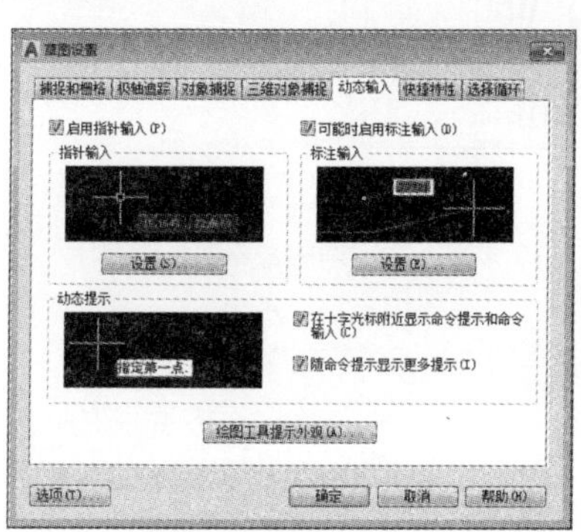

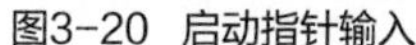
图3-20 启动指针输入

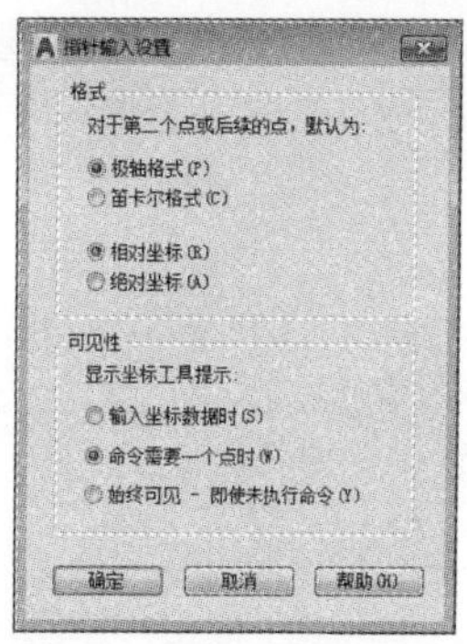

图3-21 设置指针输入

在执行某项命令时，启用指针输入功能，十字光标右侧输入框中会显示当前的坐标点。此时，可在输入框中输入新坐标点，而不用在命令行中进行输入。

2. 启用标注输入

在“动态输入”选项卡中，勾选“可能时启用标注输入”复选框即可启用该功能。单击“标注输入”下的“设置”按钮，在打开的“标注输入的设置”对话框中，即可设置标注输入的可见性，如图3-22所示。

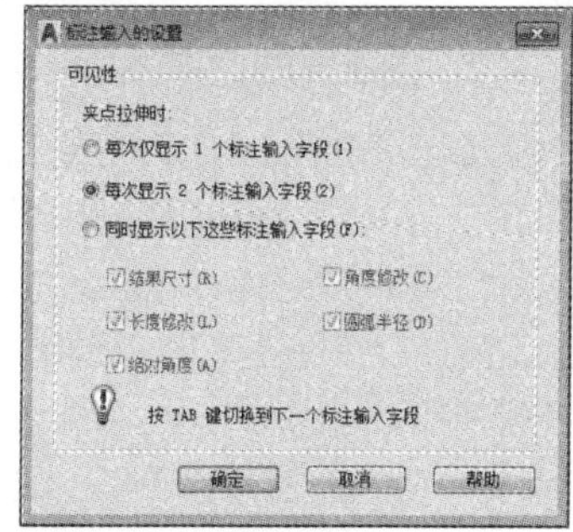

图3-22 设置标注输入

工程师点拨：设置动态输入工具栏界面

若想对动态输入工具栏的外观进行设置，需要在“动态输入”选项卡中，单击“绘图工具提示外观”按钮，在打开的“工具提示外观”对话框中设置工具栏提示的颜色、大小、透明度及应用范围。

3.3 夹点功能的使用

夹点是一种集成的编辑模式。在未进行任何操作时选取对象，对象的特征点上将会出现夹点。如果要选择对象时，则在该对象中显示对象的夹点。该夹点默认情况下是以蓝色小方块显示的，个别也有圆形显示，如填充图案，如图3-23、图3-24所示，用户可以根据个人喜好和需要改变夹点的大小和颜色。

在AutoCAD 2019中，使用夹点功能可以对图形对象进行拉伸、移动、旋转、缩放、镜像等操作。

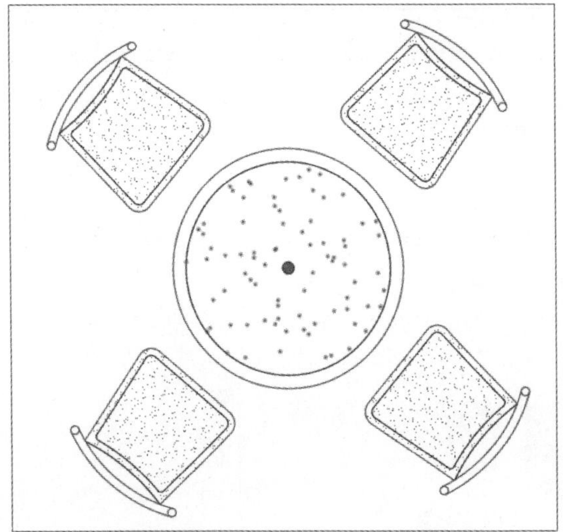

图3-23 选择填充图案

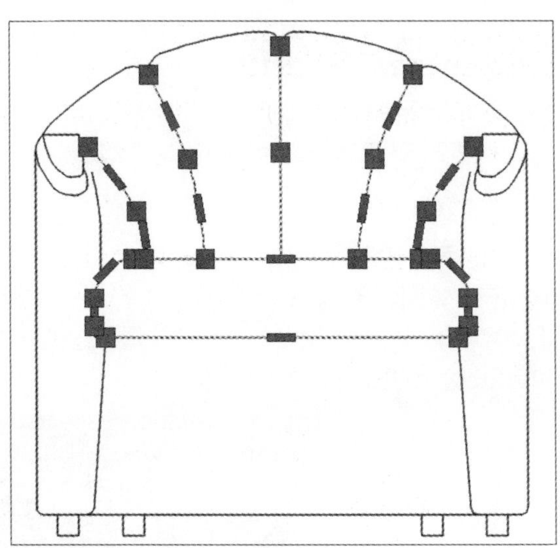

图3-24 选择线条

3.3.1 夹点的设置

在AutoCAD中，用户可根据需要对夹点的大小、颜色等参数进行设置。只需打开“选项”对话框，切换至“选择集”选项卡，即可进行相关设置，如图3-25、图3-26所示。

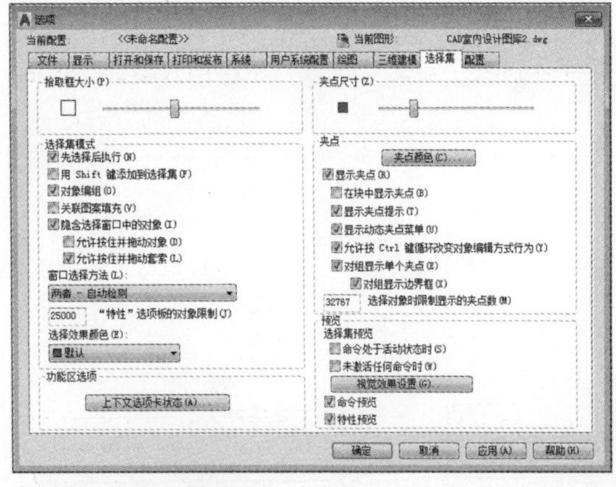

图3-25 选择“选择集”选项卡

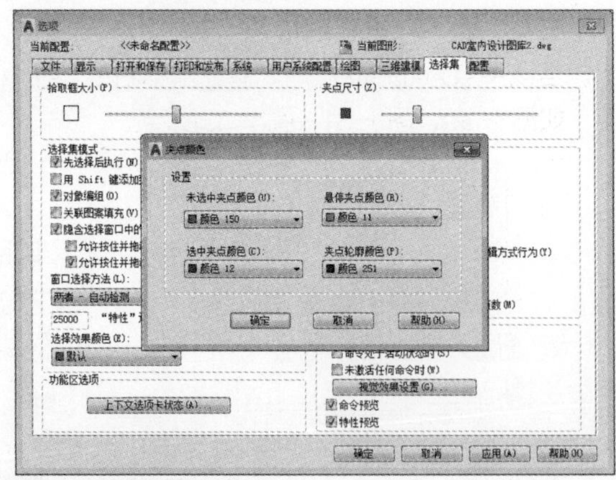

图3-26 设置夹点颜色

夹点设置各选项的含义如下。

- 夹点尺寸：该选项用于控制显示夹点的大小。

- 夹点颜色：单击该按钮，打开“夹点颜色”对话框，根据需要选择相应的选项，然后在“选择颜色”对话框中选择所需颜色即可。
- 显示夹点：勾选该选项，用户在选择对象时显示夹点。
- 在块中显示夹点：勾选该选项时，系统将显示块中每个对象的所有夹点；若取消该选项的勾选，则在被选择的块中显示一个夹点。
- 显示夹点提示：勾选该选项，则光标悬停在自定义对象的夹点上时，显示夹点的特定提示。
- 选择对象时限制显示的夹点数：设定夹点显示数，其默认为100。若被选的对象上其夹点数大于设定的数值，此时该对象的夹点将不显示。夹点设置范围为1~32767。

3.3.2 夹点的编辑

选择某图形对象后，用户可利用其夹点对该图形进行编辑操作。例如拉伸、旋转、缩放、移动等一系列操作。下面将分别对其操作进行介绍。

1. 拉伸

当选择某图形对象后，单击其中任意夹点，即可将图形进行拉伸，如图3-27、图3-28、图3-29所示。

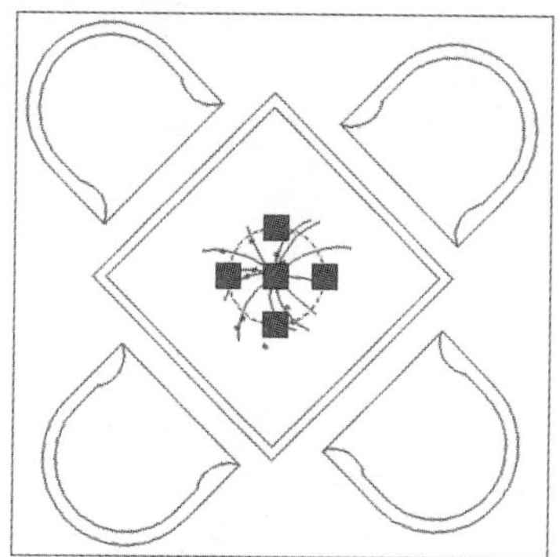
图3-27 选择图形

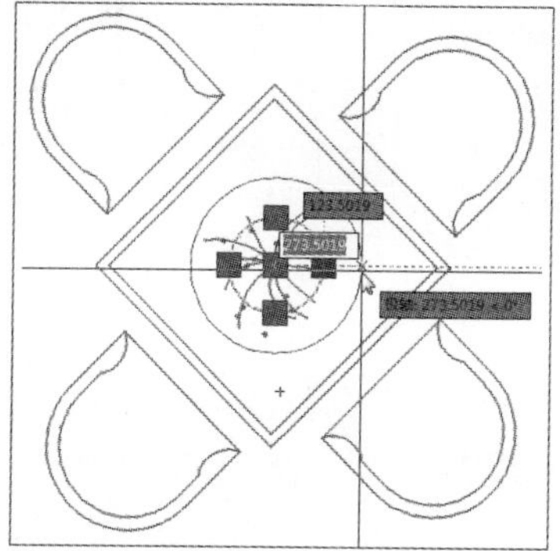
图3-28 拉伸图形

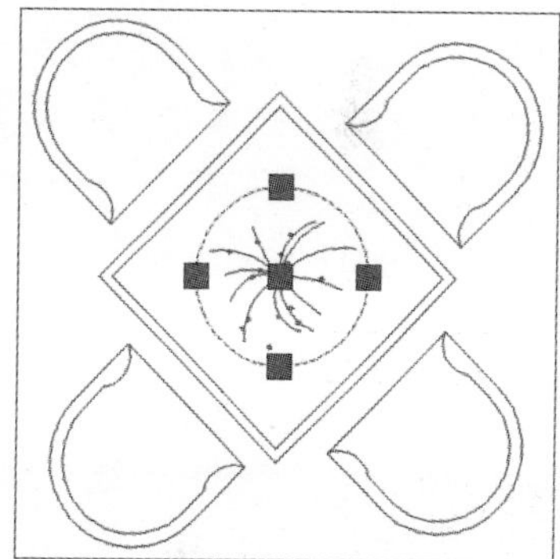
图3-29 完成拉伸

2. 旋转

旋转则是将所选择的夹点作为旋转基准点，而进行旋转设置。将光标移动到所需图形旋转夹点上，当该夹点为红色状态时，单击鼠标右键，在快捷菜单中选择“旋转”选项，然后输入旋转角度即可，如图3-30、图3-31、图3-32所示。

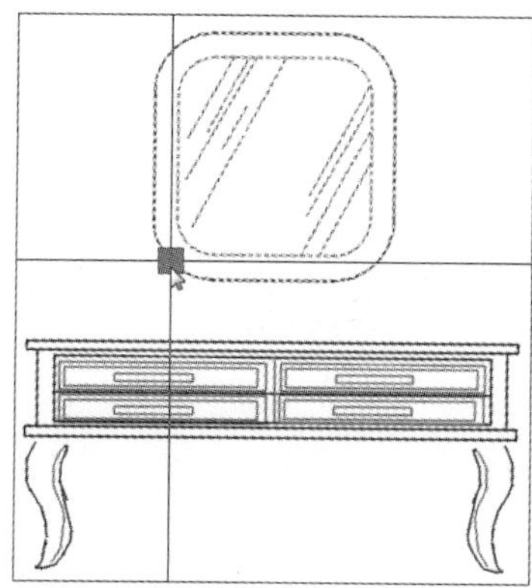
图3-30 选择旋转夹点

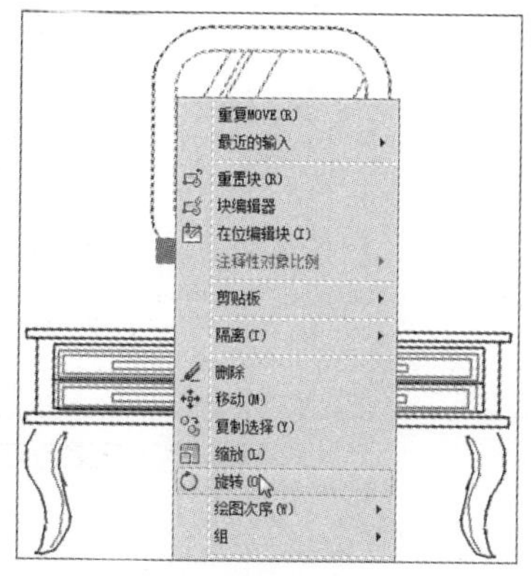

图3-31 选择“旋转”选项

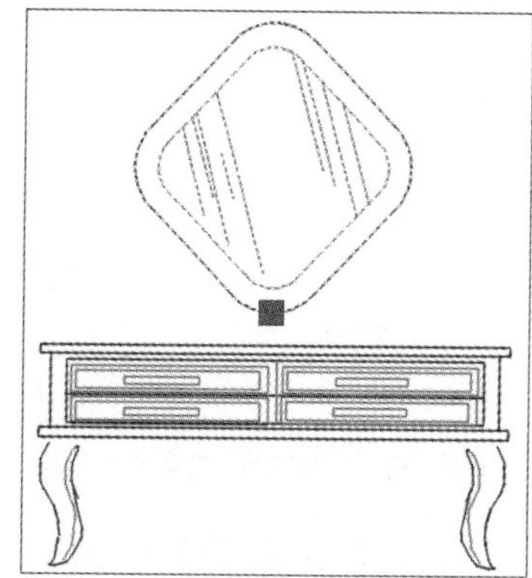
图3-32 完成旋转

命令行提示如下：

```
命令：
** 拉伸 **
指定拉伸点或 [基点(B)/复制(C)/放弃(U)/退出(X)]: _rotate
** 旋转 **
指定旋转角度或 [基点(B)/复制(C)/放弃(U)/参照(R)/退出(X)]: 180                    （输入旋转值）
```

3. 缩放

选中所需缩放的图形，并单击缩放夹点，当该夹点为红色状态时，单击鼠标右键，选择“缩放”选项，并在命令行中输入缩放值，按Enter键即可，如图3-33、图3-34所示。

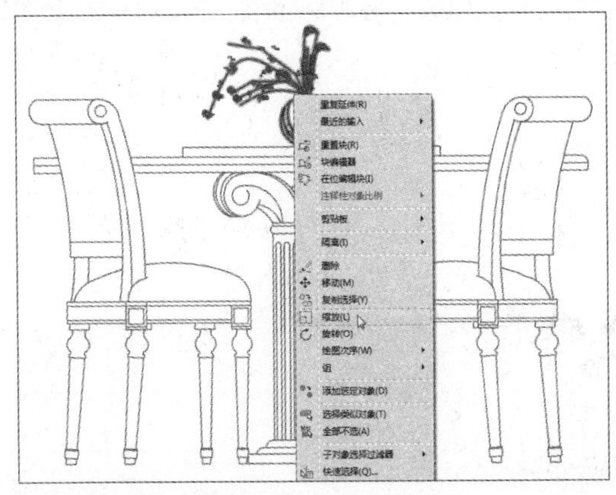

图3-33 选择“缩放”命令

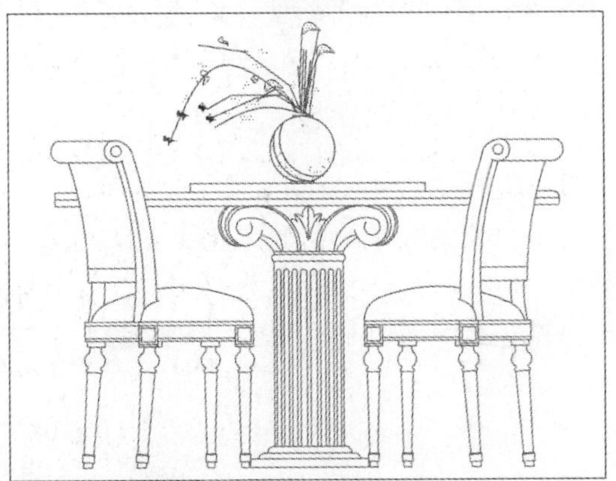

图3-34 完成缩放

4. 移动

移动的方法与以上操作相似。单击所需图形移动夹点，当其为红色状态时，右击鼠标，选择“移动”选项，并在命令行中输入移动距离或捕捉新位置即可，如图3-35、图3-36所示。

命令行提示如下：

```
命令：
** 拉伸 **
指定拉伸点或 [基点(B)/复制(C)/放弃(U)/退出(X)]: _move
** MOVE **
指定移动点或 [基点(B)/复制(C)/放弃(U)/退出(X)]:                  （捕捉新位置点或输入移动距离）
```

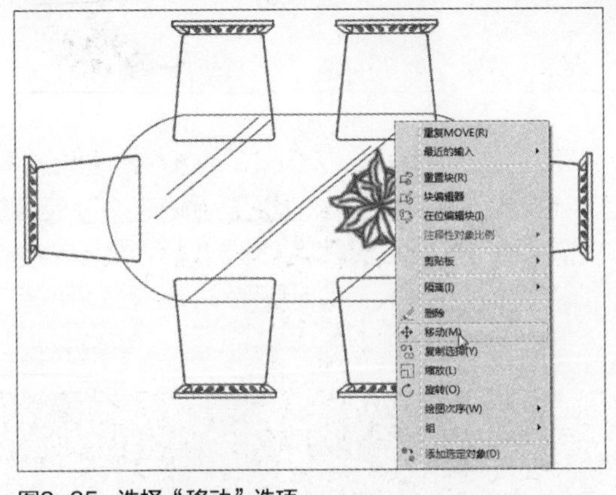

图3-35 选择“移动”选项

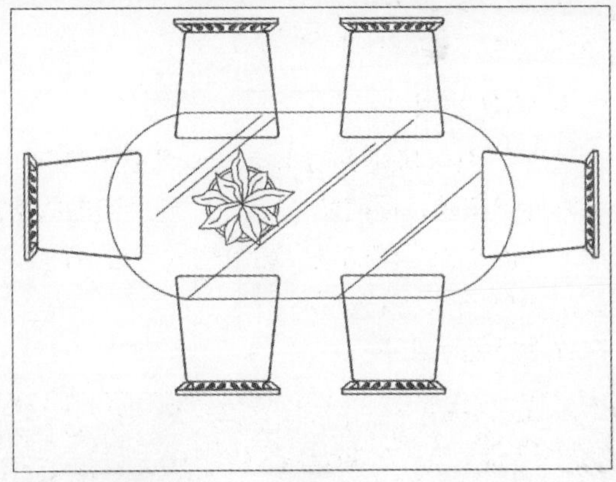

图3-36 完成移动

3.4 参数化功能的使用

参数化功能即利用几何约束方式来绘制图形。约束是指将选择的对象进行尺寸和位置的限制。参数化功能包括几何约束和标注约束两种模式。下面将对相关知识进行介绍。

3.4.1 几何约束

几何约束即为几何限制条件，主要用于限制二维图形或对象上的点位置。进行几何约束后对象具有关联性，在没有溢出约束前是不能进行位置的移动的。在“参数化”选项卡的“几何”面板中根据需要选择相应的约束命令进行限制操作，如图3-37所示。

图3-37 几何约束功能区面板

下面对该面板中的相关命令进行说明。

- 自动约束：程序根据选择对象自动判断出约束的方式。
- 重合：该功能将对象的一个点与已经存在的点重合。
- 共线：该功能用于约束两条线段重合在一起。
- 同心◎：该功能用于将两个圆或圆弧对象的圆心点保持同一中心点。
- 固定：该功能将选择的对象固定在一个点，或将一条曲线固定到相对于世界坐标系指定位置和方向上，不能进行移动。
- 平行∥：该功能将选择的两条直线保持相互平行。
- 垂直：该功能将选择的两条线段或多段线线段的夹角约束为90°。
- 水平：该功能将选择的对象约束为与水平方向平行。
- 竖直：该功能将选择的对象约束为与水平方向垂直。
- 相切：该功能约束两条曲线使其彼此相切或延长线相切。
- 平滑：该功能约束一条样条曲线，使其与其他样条曲线、直线之间保持平滑度。
- 对称：该功能将选择的对象上的两条曲线或两个点关于选定直线保持对称。
- 相等＝：该功能约束两条直线使其具有相同长度，或约束圆弧或圆使其具有相同的半径值。

3.4.2 标注约束

标注约束主要用于将所选对象进行约束，通过约束尺寸可以达到移动线段位置的目的。在“参数化”选项卡的“标注”面板中，根据需要选择相应的约束命令即可。标注约束功能的操作与尺寸标注的相似，主要分为以下6种模式。

1. 线性约束

线性约束可将对象沿水平方向或竖直方向进行约束。在“参数化”选项卡的“标注”面板中单击“线性”按钮，根据命令行提示，指定对象两个约束点，然后指定尺寸线位置，此时尺寸为可编辑状态，并测量出当前的值，重新输入尺寸值后，按Enter键，系统自动将选择的对象进行锁定，如图3-38、图3-39、图3-40所示。

命令行提示如下：

```
命令：_DcLinear
指定第一个约束点或 [对象(O)] <对象>:                    (指定第 1 约束点)
指定第二个约束点：                                      (指定第 2 约束点)
```

指定尺寸线位置：（指定尺寸线位置）
标注文字 = 1991（输入尺寸值，按 Enter 键）

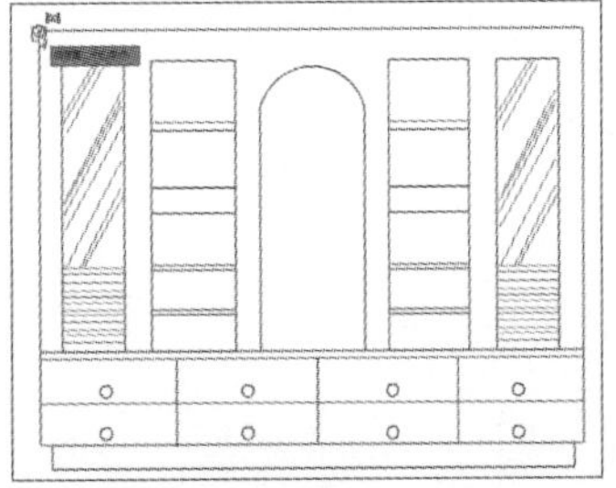
图3-38 指定约束点

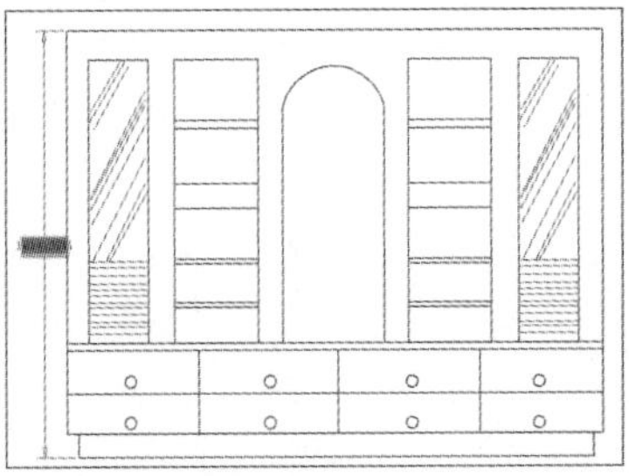

图3-39 输入尺寸值

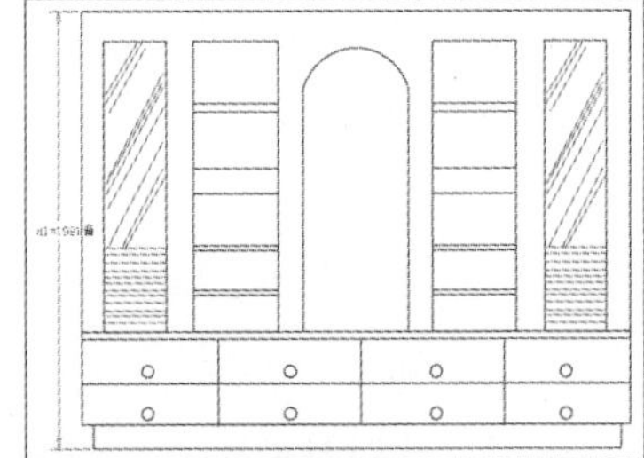
图3-40 完成标注约束

2. 水平约束

水平约束可以将所选对象的尺寸线沿水平方向进行移动，不能沿竖直方向进行移动，其使用方法与线型约束相同，如图3-41、图3-42、图3-43所示。

命令行提示如下：

命令：_DcHorizontal
指定第一个约束点或［对象(O)］<对象>:（指定水平位置第 1 约束点）
指定第二个约束点：（指定水平位置第 2 约束点）
指定尺寸线位置：（指定尺寸线位置）
标注文字 = 2567（输入尺寸值，按 Enter 键）

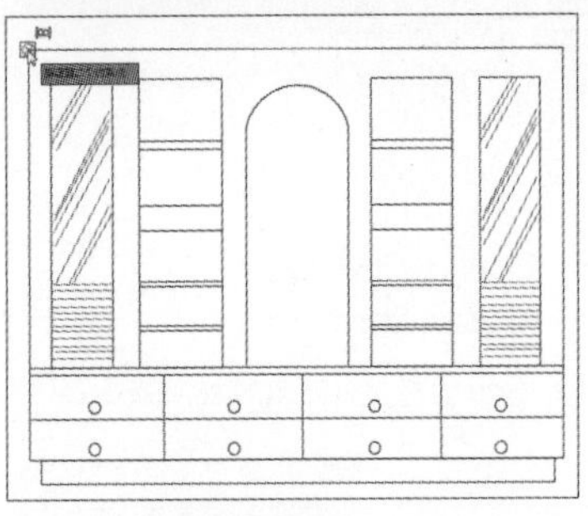
图3-41 指定尺寸位置

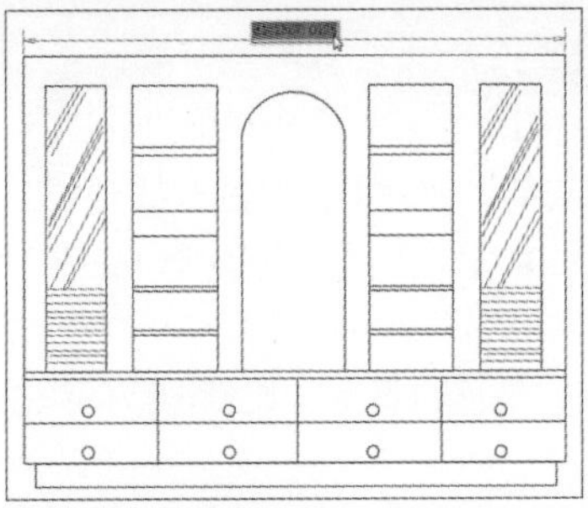

图3-42 输入尺寸

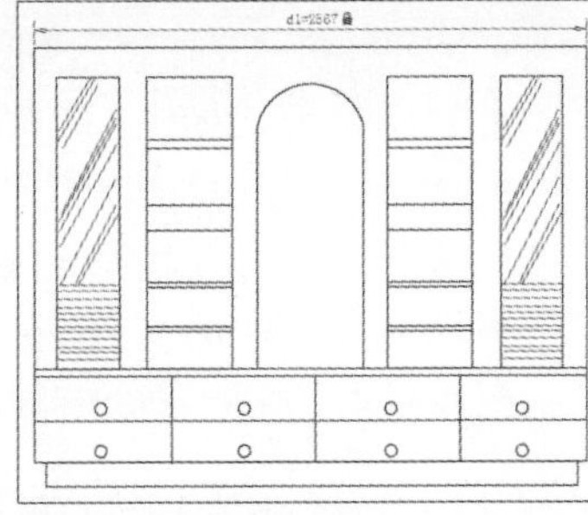
图3-43 完成约束

3. 竖直约束

竖直约束与水平约束正好相反，只能将约束对象的尺寸线沿竖直方向进行移动，不能沿水平方向进行移动，其操作步骤与上面相同。

4. 对齐约束

对齐约束主要是用于将不在同一直线上的两个点对象进行约束。

5. 直径、半径、角度约束

直径约束用于对圆的直径进行约束；半径约束则是对圆或圆弧的半径值进行约束；角度约束用于对两条直线之间的角度进行约束，如图3-44、图3-45所示。

6. 转换约束

转换约束可以将已经标注的尺寸转换为标注约束，如图3-46、图3-47所示。

命令行提示如下：

```
命令：_DcConvert
选择要转换的关联标注：找到 1 个                                  （选择所需转换的标注尺寸）
选择要转换的关联标注：                                            （按 Enter 键完成）
转换了 1 个关联标注
无法转换 0 个关联标注
```

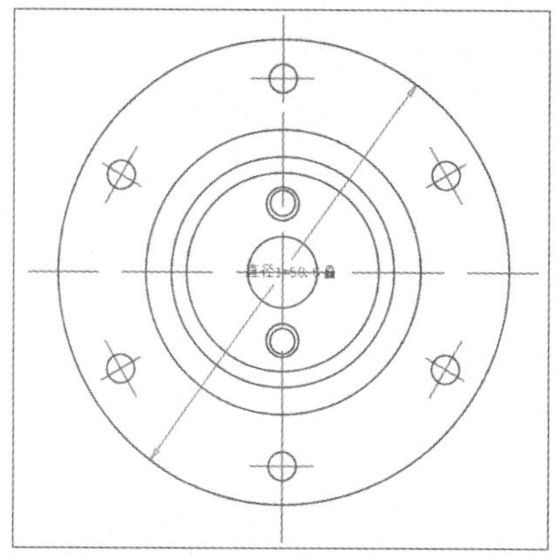

图3-44　直径约束

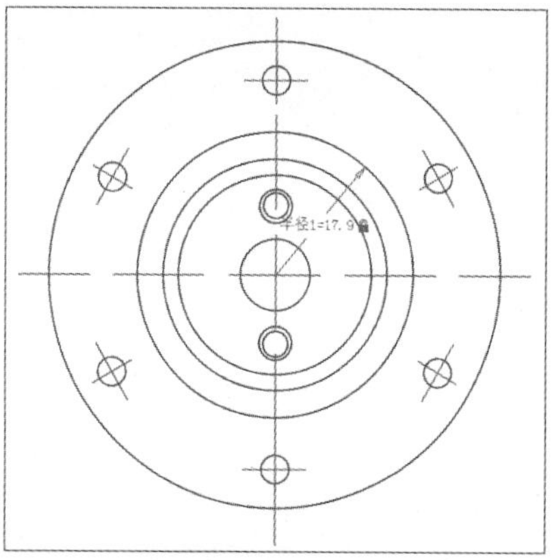

图3-45　半径约束

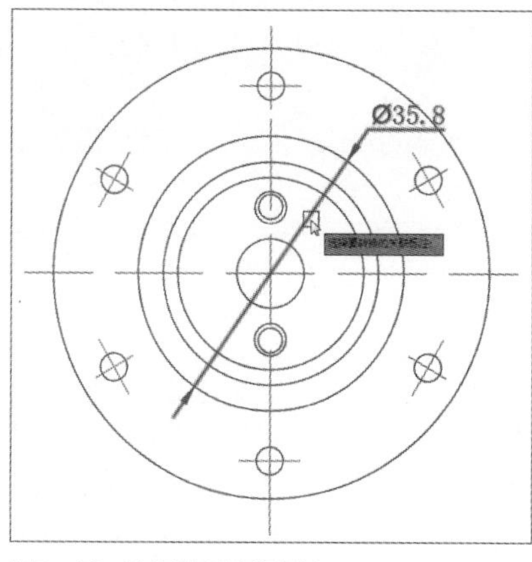

图3-46　选择所需转换标注

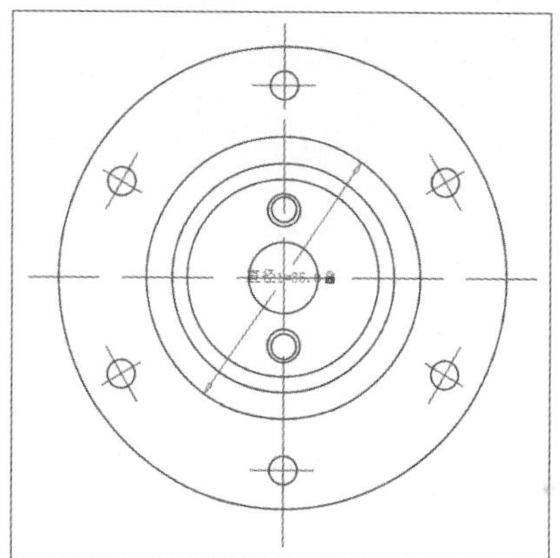

图3-47　完成转换

3.5 查询功能的使用

查询功能主要是通过查询工具，对图形的面积、周长、图形之间的距离以及图形面域、质量等信息进行查询。使用该功能可以帮助用户快速了解当前绘制图形的相关信息，以便于对图形进行编辑操作。

3.5.1 距离查询

距离查询是测量两个点之间的最短长度值，距离查询是最常用的查询方式。在使用距离查询工具的时候，只需指定要查询距离的两个端点，系统将自动显示出两个点之间的距离。

在“默认”选项卡的“实用工具”面板中单击“距离”按钮，根据命令行提示，选择测量图形的两个测量点，即可得出查询结果，如图3-48、图3-49所示。

命令行提示如下：

```
命令：_MEASUREGEOM
输入选项 [距离(D)/半径(R)/角度(A)/面积(AR)/体积(V)] <距离>: _distance
指定第一点：                                                    (指定第1个测量点)
指定第二个点或 [多个点(M)]:                                      (指定第2个测量点)
距离 = 2000.0000, XY 平面中的倾角 = 270,  与 XY 平面的夹角 = 0
X 增量 = 0.0000,  Y 增量 = -2000.0000,   Z 增量 = 0.0000
输入选项 [距离(D)/半径(R)/角度(A)/面积(AR)/体积(V)/退出(X)] <距离>: *取消*
```

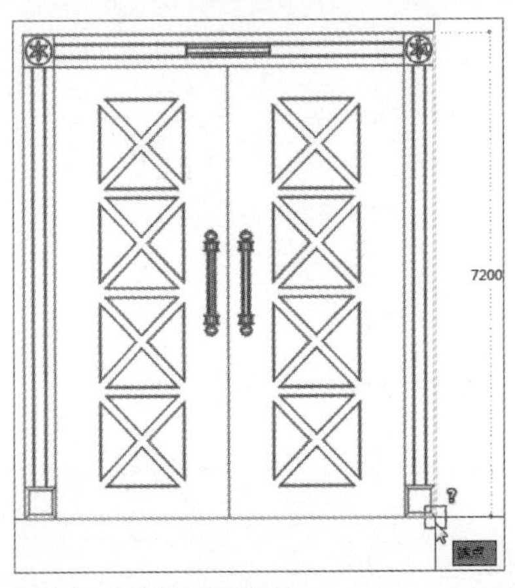

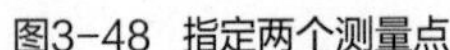

图3-48 指定两个测量点

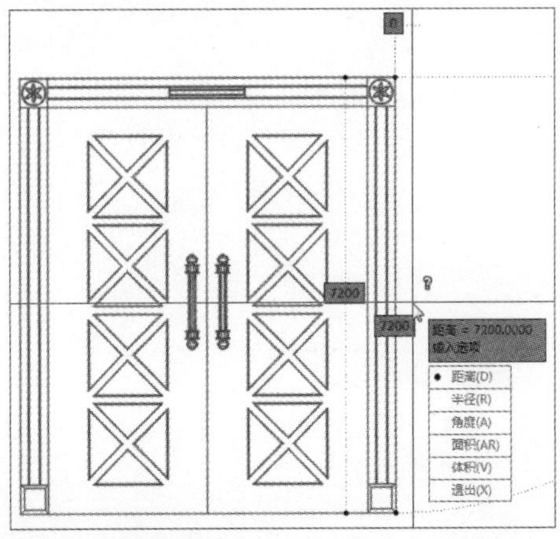

图3-49 显示距离信息

工程师点拨：距离测量快捷方法

除了使用功能区中的“测量”命令外，用户还可以在命令行中输入“DI”后按下Enter键，同样可以启动“距离”查询功能。

3.5.2 半径查询

半径查询主要用于查询圆或圆弧的半径或直径数值。在“默认”选项卡的“实用工具”面板中单击“半径”按钮，选择要进行查询的圆或圆弧曲线，此时，系统自动查询出圆或圆弧的半径和直径值，如图3-50、图3-51所示。

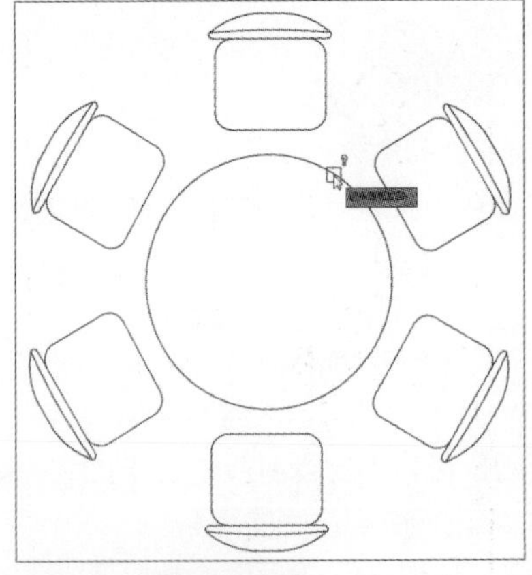

图3-50 选择测量的弧线

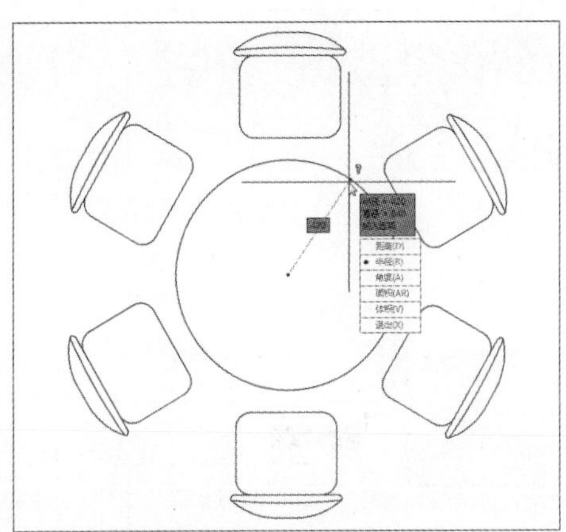

图3-51 完成测量

3.5.3 角度查询

角度查询用于测量两条线段之间的夹角度数，在“默认”选项卡的“实用工具”面板中单击“角度”按钮，在所需测量图形中，分别选中所要查询角度的两条线段，此时，系统将自动测量出两条线段之间的夹角度数，如图3-52、图3-53所示。

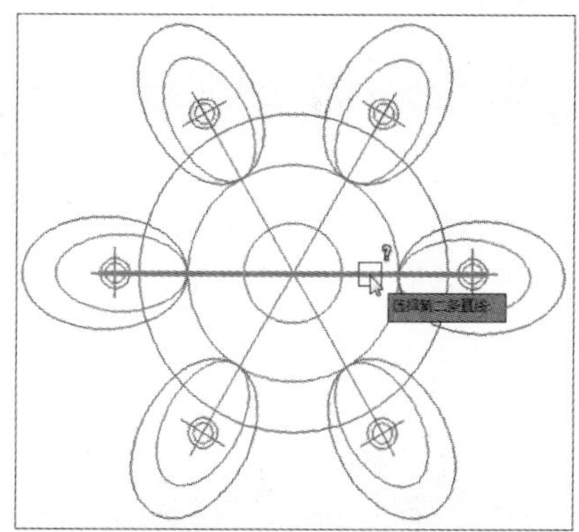
图3-52 指定夹角测量线

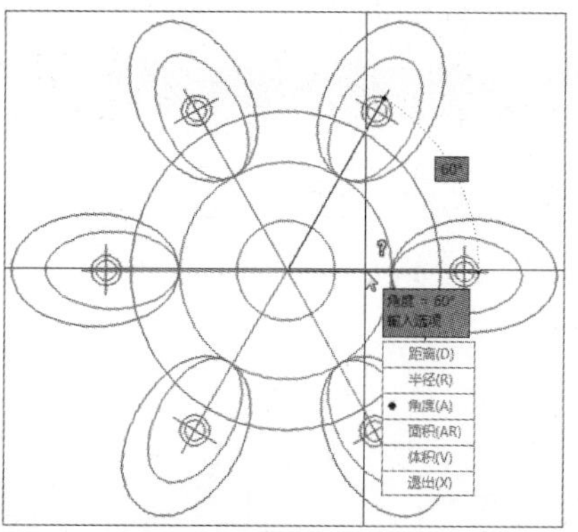

图3-53 显示夹角信息

3.5.4 面积/周长查询

面积查询可以测量出对象的面积和周长，在查询图形面积的时候可以通过指定点来选择查询面积的区域。在“默认”选项卡的“实用工具”面板中单击按钮，根据命令行提示，框选出所需查询的图形范围，按Enter键即可，如图3-54、图3-55所示。

命令行提示如下：

```
命令： _MEASUREGEOM
输入选项 [距离(D)/半径(R)/角度(A)/面积(AR)/体积(V)] <距离>: _area
指定第一个角点或 [对象(O)/增加面积(A)/减少面积(S)/退出(X)] <对象(O)>:    （指定所需测量图形的范围）
指定下一个点或 [圆弧(A)/长度(L)/放弃(U)]:                              （指定完成后，按Enter键）
区域 = 11348300.0000，周长 = 13680.0707
输入选项 [距离(D)/半径(R)/角度(A)/面积(AR)/体积(V)/退出(X)] <面积>: *取消*
```

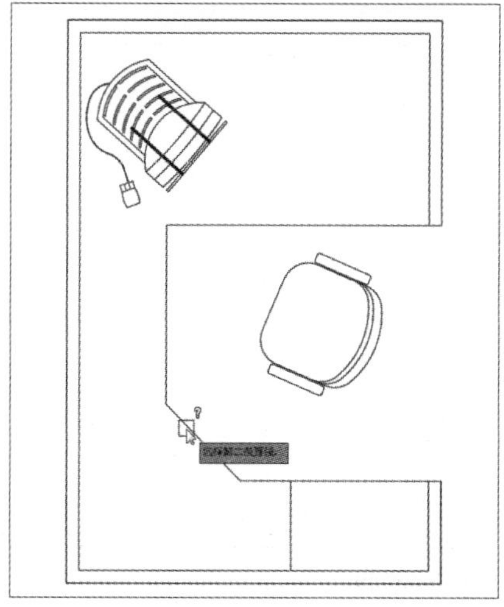
图3-54 指定测量范围

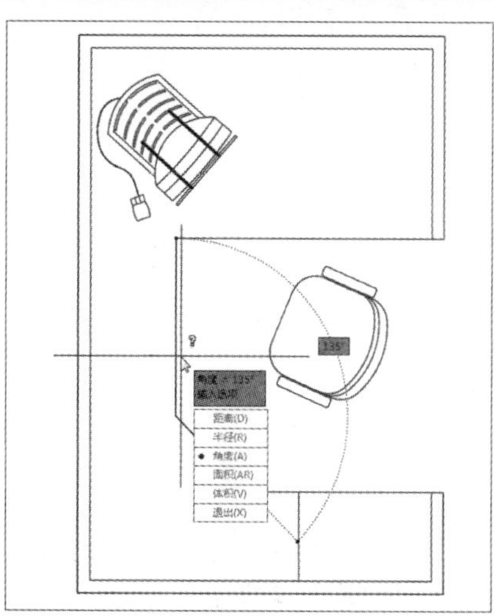

图3-55 显示测量信息

3.5.5 面域/质量查询

在AutoCAD 2019中，用户可通过“面域/质量特性”命令来查看图形的具体信息，如图形的面积、周长、质心、惯性矩、惯性积、旋转半径等。

执行“工具>查询>面域/质量特性”命令，并选中所需查询的图形对象，按Enter键，在打开的文本窗口中即可查看其具体信息，按Enter键，可继续读取相关信息，如图3-56、图3-57所示。

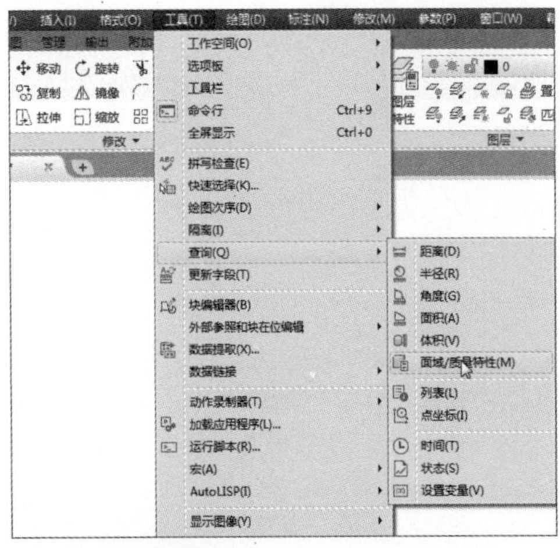

图3-56 选择命令

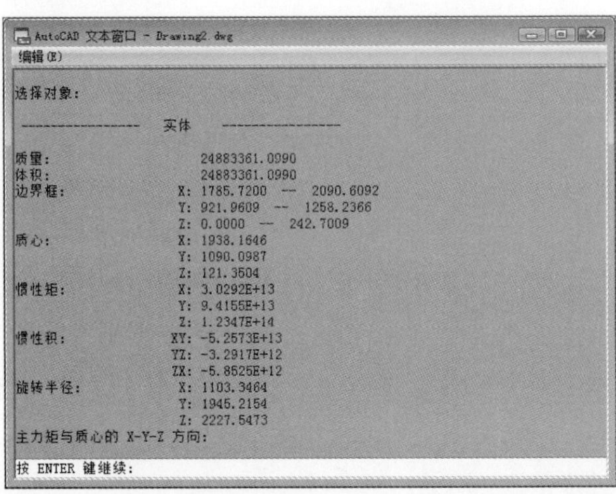

图3-57 查看相关信息

综合实例 —— 查询建筑室内图纸相关信息

查询功能在装潢设计领域中经常用到。一般情况下，在做完整套设计图纸后，为了能够核算出本次装潢所需费用，就需要计算出室内各房间的面积，从而能够准确地计算出所需使用的材料费用及数量。下面将以查询三居室各房间面积为例来介绍其具体操作方法。

Step 01 启动AutoCAD 2019软件，打开素材文件，如图3-58所示。

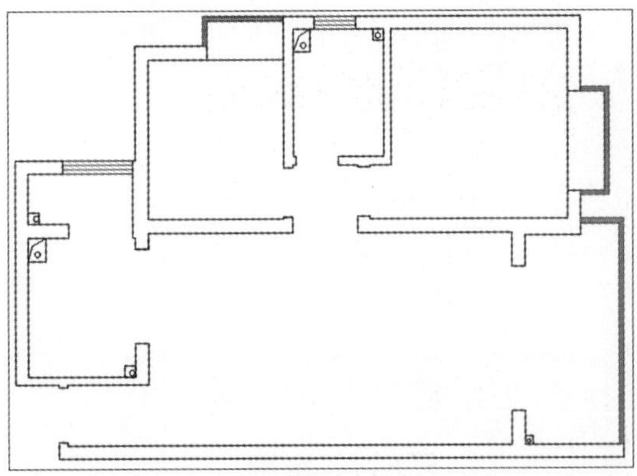

图3-58 打开素材文件

Step 02 执行“工具>查询>面积”命令，根据命令行提示，捕捉客厅第1个测量点，如图3-59所示。

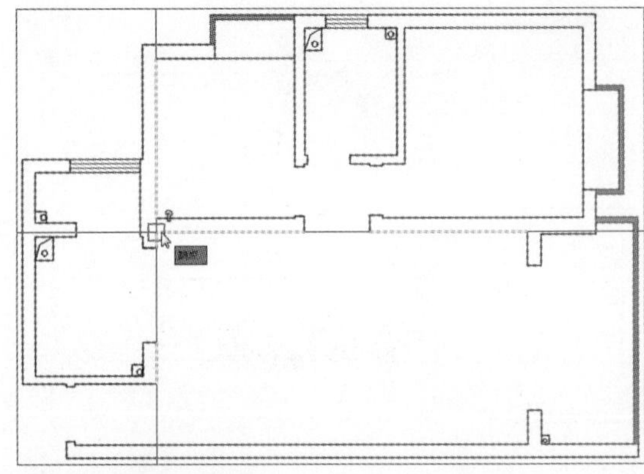

图3-59 捕捉第1测量点

Step 03 捕捉客厅的第2个测量点，如图3-60所示。

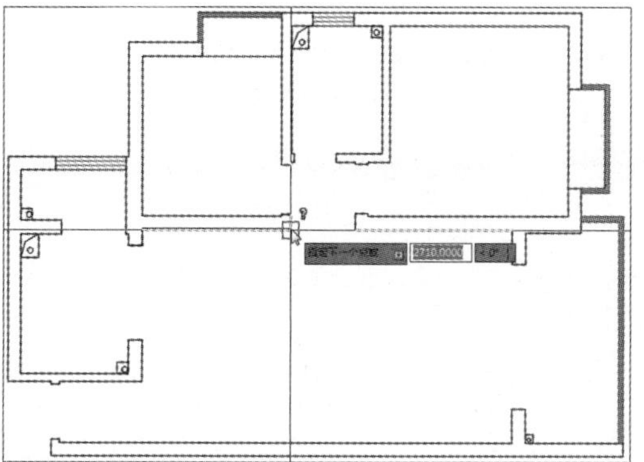

图3-60 捕捉第2个测量点

Step 04 按照同样的方法，沿着客厅墙线捕捉3、4、5……测量点，直到完成客厅范围选择为止，如图3-61所示。

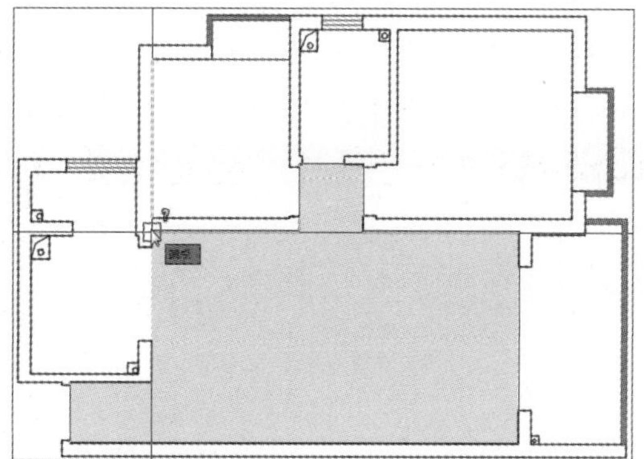

图3-61 框选客厅范围

Step 05 选择完成后，按Enter键，此时系统会显示客厅面积及周长信息，如图3-62所示。

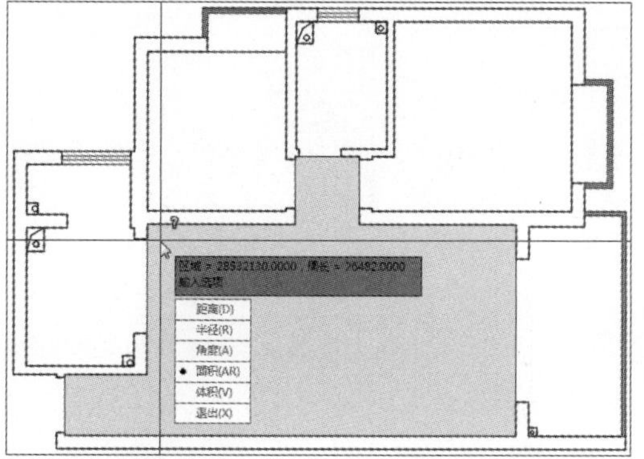

图3-62 计算客厅面积

Step 06 执行“多行文字”命令，在客厅任意区域中按住鼠标左键，拖拽出文字范围，如图3-63所示。

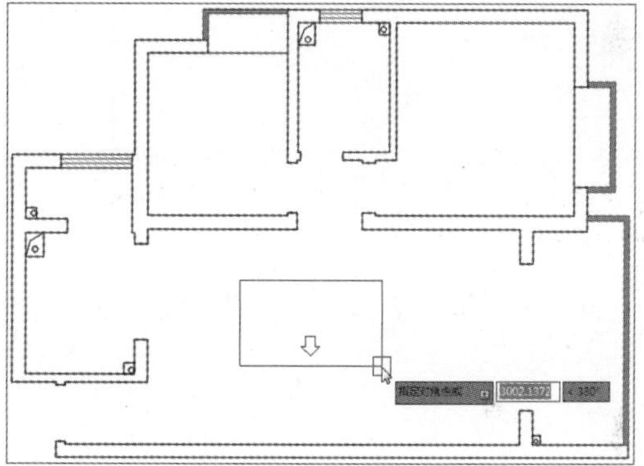

图3-63 框选文字范围

Step 07 框选完成后，系统即可进入文字编辑器界面，在该界面中，输入客厅面积信息，如图3-64所示。

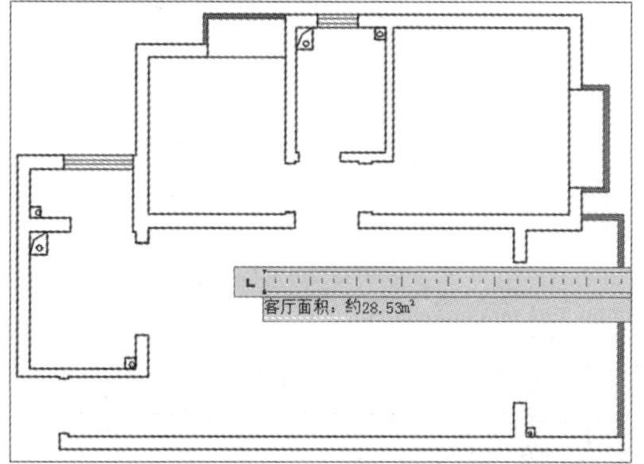

图3-64 输入面积信息

Step 08 输入完成后，选中文字内容，执行“样式>注释性”命令，设置好文字大小，如图3-65所示。

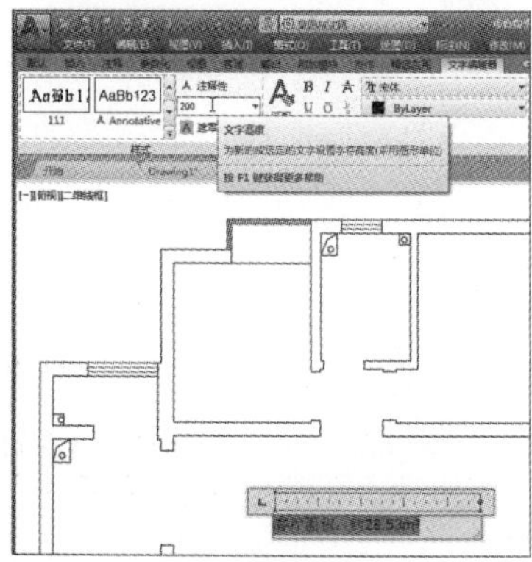

图3-65 设置文字大小

Step 09 输入完成后，单击绘图区空白区域，完成文字的输入，如图3-66所示。

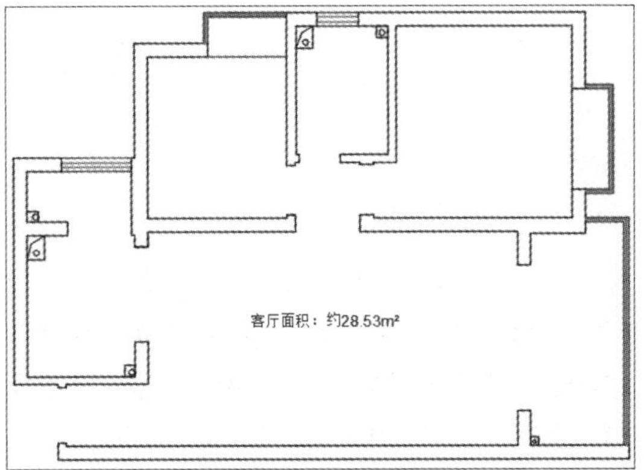

图3-66 完成文字的输入

Step 10 继续执行“默认>实用工具>测量>面积”命令，根据命令行提示计算出卧室面积，如图3-67所示。

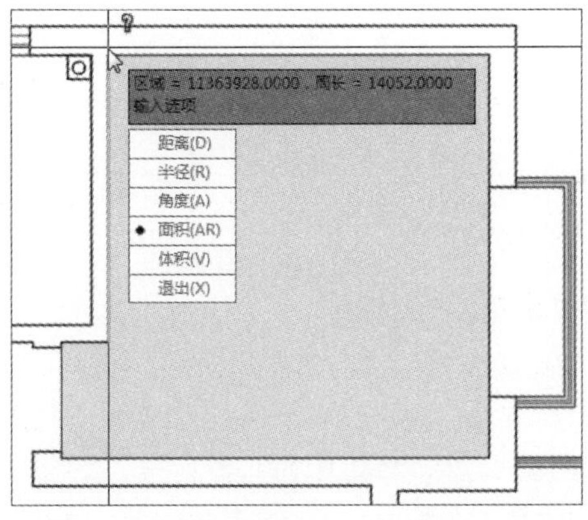

图3-67 卧室面积的计算

Step 11 执行“多行文字”命令，在卧室合适位置添加文本内容，如图3-68所示。

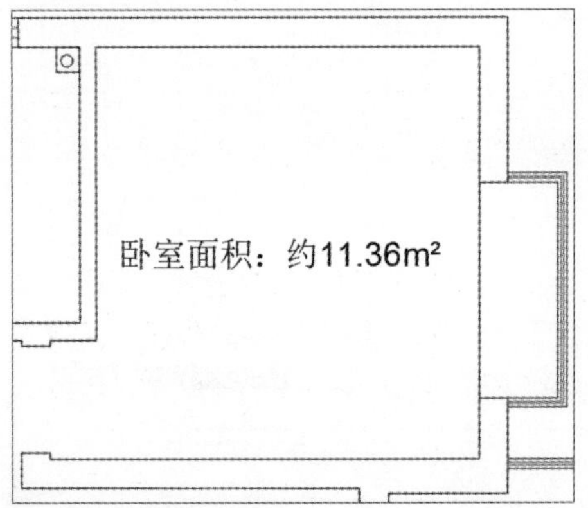

图3-68 添加文本内容

Step 12 按照同样的方法，完成三居室剩余房间面积的计算，并输入相应的文本内容，如图3-69所示。

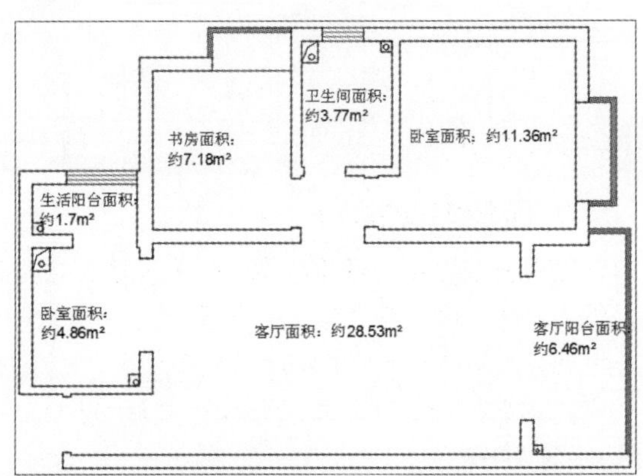

图3-69 计算剩余房间面积

高手应用秘籍 — 图形特性功能的设置

在AutoCAD软件中，图形特性主要是由图形的颜色、线型样式以及线宽三种特性组成。更改图形特性除了使用图层功能外，还可以使用“特性”功能进行更改。下面将对其操作进行介绍。

1. 图形颜色的设置

系统默认当前颜色为“Bylayer”，即为随图层颜色改变当前颜色。若用户想对当前颜色进行更改，可以在“默认”选项卡的“特性”面板中单击“对象颜色”按钮，在颜色列表中选择合适颜色，如图3-70所示。选择完成后，即可完成当前图形颜色的更改，如图3-71所示。

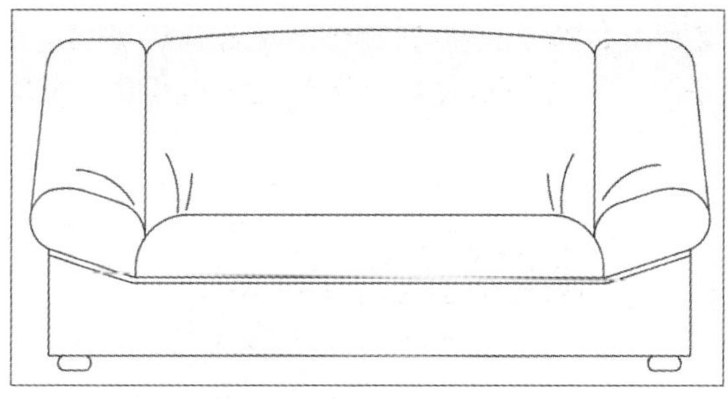

图3-70 更改颜色前效果

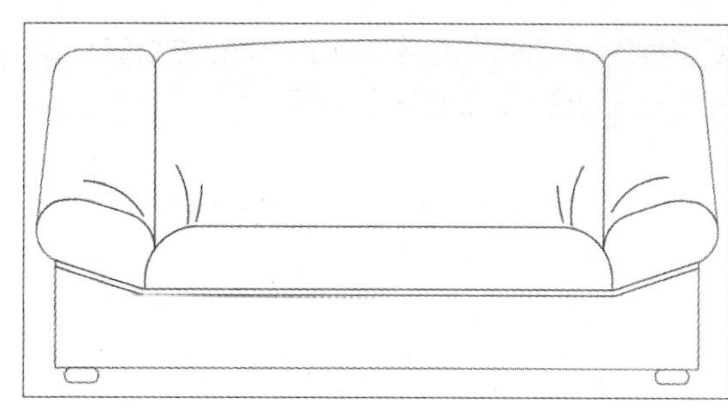

图3-71 更改颜色后效果

2. 图形线型的设置

系统默认线型为“Continuous”，为实线。由于绘图要求不同，线型也需要有所改变，在“默认”选项卡的“特性”面板中单击“线型”按钮，在打开的“线型管理器”对话框中，加载所需线型即可。如图3-72所示为加载线型前效果，如图3-73所示为加载线型后效果。

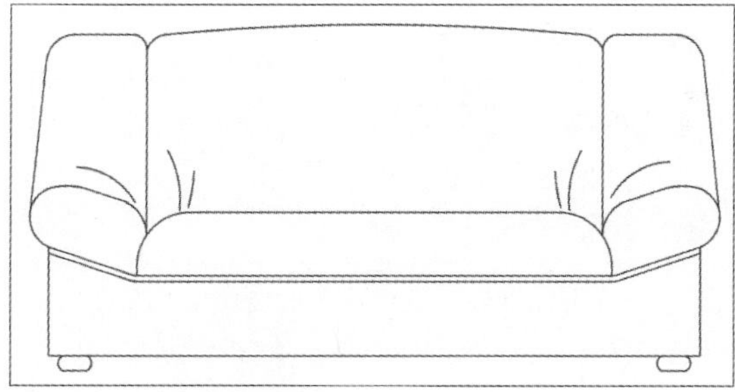

图3-72 更改线型前效果

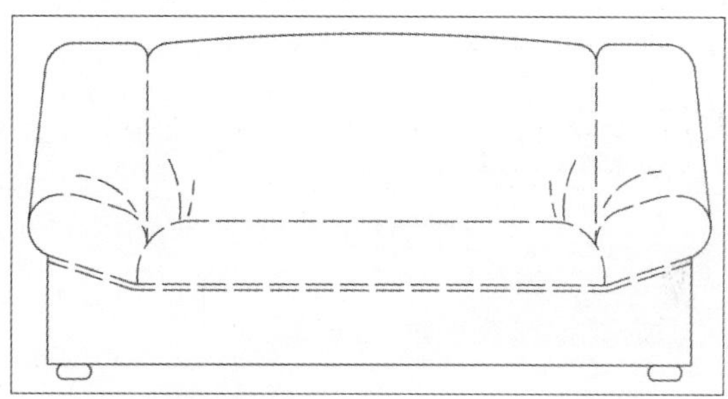

图3-73 更改线型后效果

3. 图形线宽的设置

在制图过程中，使用线宽可以清楚地表达出截面的剖切方式、标高的深度、尺寸线和小标记，以及细节上的不同。在“默认”选项卡的“特性”面板中单击“线宽”按钮，选择需要的线宽，若更改线宽后未显示线宽效果，在状态栏中单击“显示线宽”按钮，即可进行查看。如图3-74所示为未设置线宽前效果，如图3-75所示为设置线宽后效果。

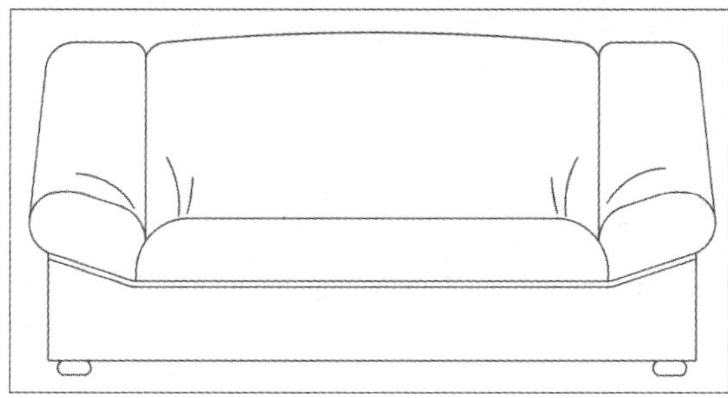

图3-74 设置线宽前效果

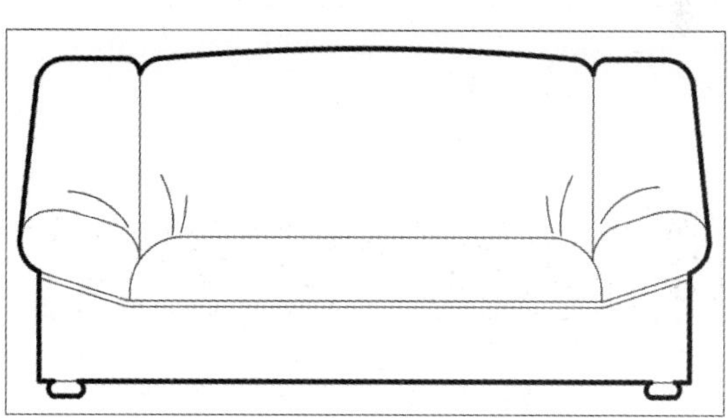

图3-75 设置线宽后效果

秒杀工程疑惑

在进行CAD操作时，用户经常会遇到各种各样的问题，下面将总结一些常见问题进行解答，例如在Word中插入CAD文件、调整CAD坐标、绘图显示、快速延长或缩短线段及快速修剪等问题。

问　题	解　答
如何快速改变线段的长短	制图时，常常遇到绘制的线段太长或太短，尤其是绘制中心线时，若使用“延伸”命令，则必须先绘制出一条边界线，然后再进行延伸操作，该方法较为麻烦。此时，用户可使用拉伸命令，选择拉伸图形的端点，任意拉长或缩短至所需位置。当然还可使用夹点功能，单击线段两侧任意夹点，同样可将其进行快速延伸或缩短操作
绘图时未显示虚线框怎么办	修改系统变量DRAGMODE，推荐修改为AUTO。系统变量为ON时，在选定要拖动的对象后，仅当在命令行中输入DRAG后才在拖动时显示对象的轮廓；系统变量为OFF时，在拖动时不显示对象的轮廓；系统变量位AUTO时，在拖动时总是显示对象的轮廓
如何在捕捉功能中巧妙利用Tab键	在捕捉一个物体上的点时，只要将光标靠近某个或某些物体，不断按Tab键，这个或这些物体的某些特殊点就会轮换显示出来，单击鼠标左键选择点后即可捕捉点
在Word文档中插入AutoCAD图形的方法	先将AutoCAD图形复制到剪贴板，再在Word文档中粘贴。注意：由于AutoCAD默认背景颜色为黑色，而Word背景颜色为白色，所以首先应将AutoCAD图形背景颜色改成白色。另外，AutoCAD图形插入Word文档后，往往空边过大，效果不理想，可以利用Word图片工具栏中的裁剪功能进行修整，空边过大问题即可解决
使用的线型为虚线，为什么看上去是实线	这是因为“线型比例”不合适引起的，也就是说“线型比例”太大或太小，虚线效果显示不出来。首先确定线型为虚线，然后选择线段，单击鼠标右键，在弹出的快捷菜单中选择“特性”选项，在“特性”面板中将“线型比例”设置为合适的数值，设置完成后即可显示虚线效果

Chapter

04

图层的设置与管理

在使用CAD软件制图时，通常都需要创建不同类型的图层。用户可通过图层编辑和调整图形对象。本章将详细介绍图层的设置与管理操作，其中包括创建图层、设置图层特性以及管理图层等内容。使用图层功能来绘制图形，不仅可以提高绘图效率，也能更好地保证图形的绘制质量。

01 学完本章您可以掌握如下知识点

1. 了解图层的功能特性 ★
2. 图层的设置 ★★
3. 图层的管理 ★★

02 本章内容图解链接

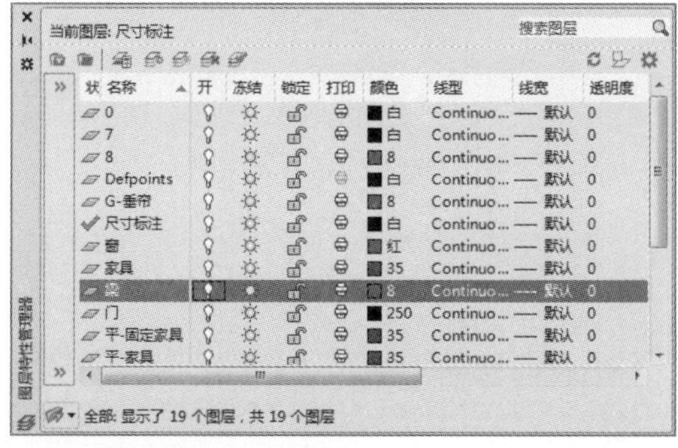

“图层特性管理器“选项板

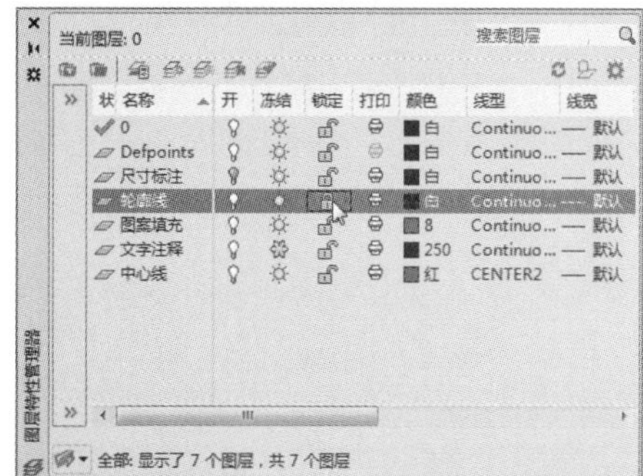

锁定/解锁图层

4.1 图层概述

在AutoCAD中，图层相当于绘图中使用的重叠图纸，一个完整的CAD图形通常由一个或多个图层组成。AutoCAD把线型、线宽、颜色等作为对象的基本特征，图层就通过这些特征来管理图形，下面将对图层的功能进行介绍。

4.1.1 认识图层

在绘制复杂图形时，若都在一个图层上绘制的话，显然很不合理，也容易出错，这时就需要使用图层功能。该功能可以利用各个图层，在每个图层上绘制图形的不同部分，然后再将各图层相互叠加，这样就会显示出整体图形效果了。

如果用户需要对图形的某一部分进行修改编辑，选择相应的图层即可。在单独对某一图层中的图形进行修改时，是不会影响到其他图层中图形的效果的，如图4-1所示。

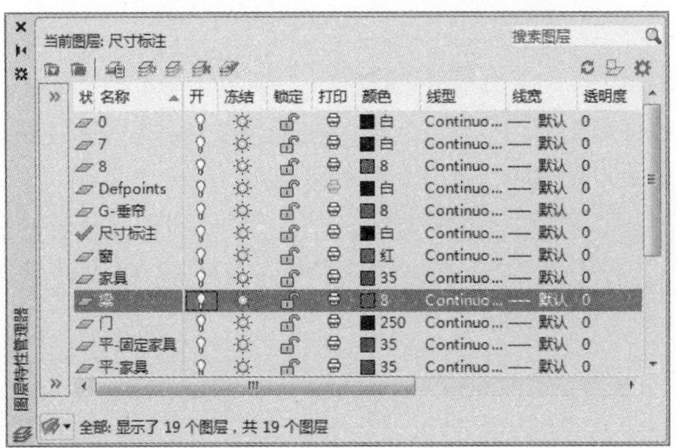

图4-1 图层特性管理器

4.1.2 图层特性

每个图层都有各自的特性，它通常是由当前图层的默认设置决定的。在操作时，用户可对各图层的特性进行单独设置，其中包括“名称”、“打开/关闭”、“锁定/解锁”、“颜色”、“线型”、“线宽”等，如图4-2、图4-3所示。

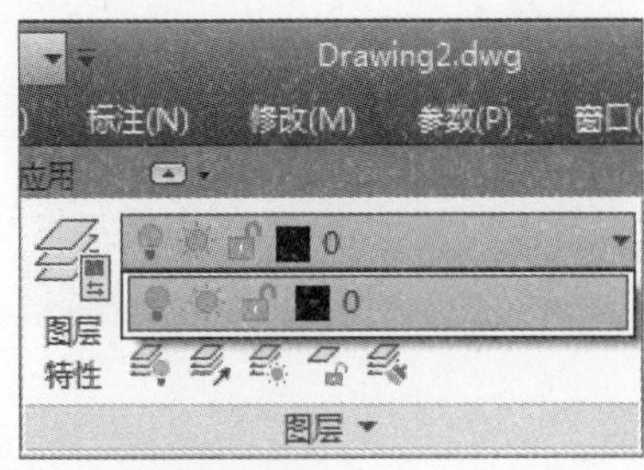

图4-2 图层选项板

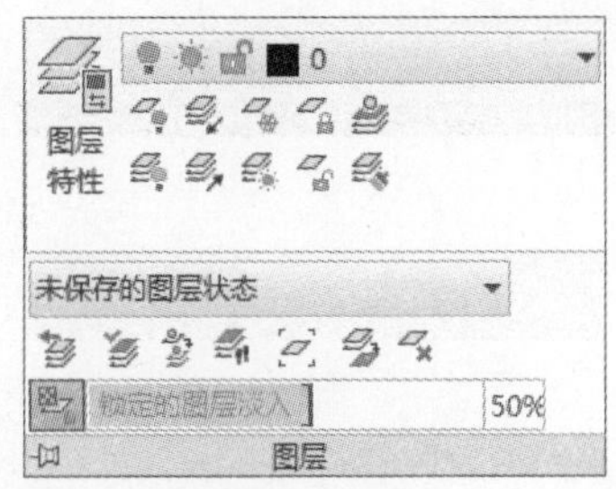

图4-3 图层特性选项板

工程师点拨：0层的使用

在默认情况下，系统只有一个0层，而在0层上是不可以绘制任何图形的，它主要是用来定义图块的。定义图块时，先将所有图层均设为0层，然后再定义块，这样在插入图块时，当前图层是哪个层，其图块就属于哪个层。

4.2 图层的设置

图层是AutoCAD中很重要的一个组成部分，很难想象如果没有图层功能AutoCAD将会怎样，但对于初学者，往往把图层的重要性给忽略了。图层是用来控制对象线型、线宽、颜色等属性的工具。在AutoCAD 2019中，运用图层特性管理器，可以显示图形中图层的列表及其特性。

4.2.1 新建图层

绘制图形时，经常会根据需要使用到不同的颜色和线型、线宽等，这就需要创建不同的图层来对图形进行控制。每个图层都有其相关联的颜色、线型、线宽等属性信息，用户可对这些信息进行设定或修改。

实例4-1 下面举例介绍图层创建的操作方法，具体操作如下。

Step 01 执行“格式>图层”命令，打开“图层特性管理器”选项板，如图4-4所示。

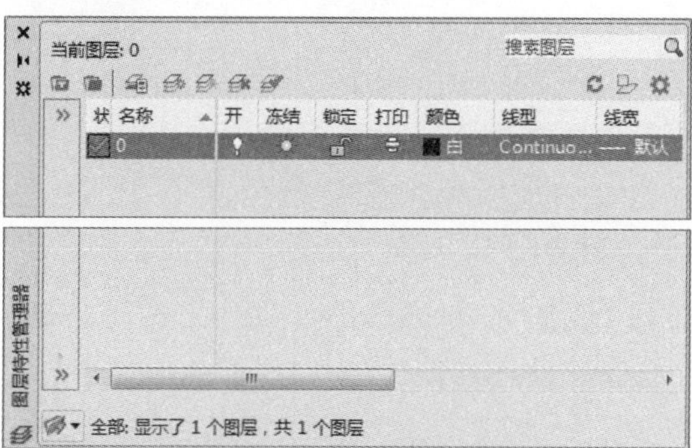

图4-4 打开“图层特性管理器”选项板

Step 02 单击“新建图层”按钮，此时在图层列表中即可显示新图层“图层1”，如图4-5所示。

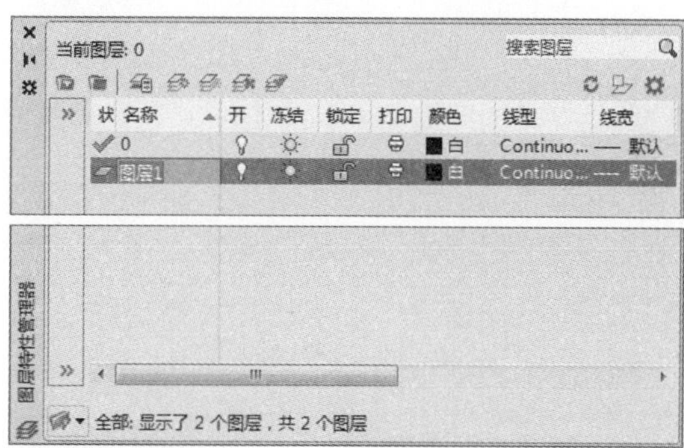

图4-5 新建图层1

Step 03 在“图层1”名称框中输入所需图层新名称，例如输入“墙体”，如图4-6所示。

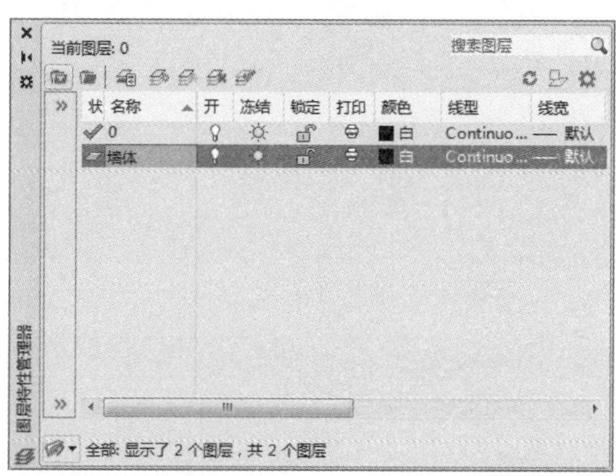

图4-6 创建“墙体”图层

Step 04 按照同样的操作方法，创建其他所需图层，例如创建“轴线”、“家具”等图层，如图4-7所示。

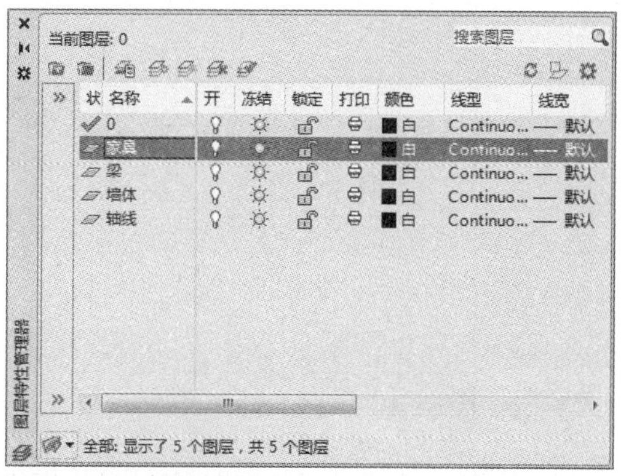

图4-7 创建“轴线”图层

也可以在命令行中输入“LA”命令，按Enter键确认，同样可以打开“图层特性管理器”选项板，并在其中创建所需图层。

4.2.2 图层颜色的设置

默认情况下，用户在某一图层上创建的图形对象都将使用图层所设置的颜色。为了区别于其他图层，通常需要将图层设置为不同颜色。不同的图层可设置不同颜色。在默认情况下，AutoCAD为用户提供了7种标准颜色，用户可根据绘图习惯进行选择设置。

实例4-2 下面举例介绍图层颜色的设置方法，具体操作如下。

Step 01 执行“格式>图层>”命令，打开“图层特性管理器”选项板，在图层列表中选择所需设置图层，这里选择“轴线”图层，如图4-8所示。

图4-8 选择“轴线”图层

Step 02 单击该图层的“颜色”按钮，如图4-9所示。

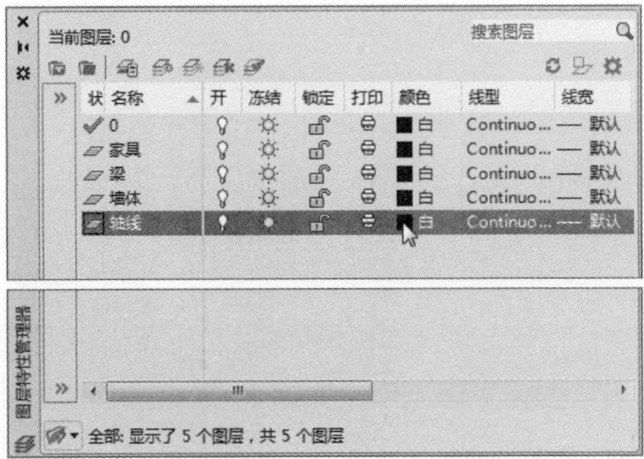

图4-9 单击“颜色”按钮

Step 03 在打开的“选择颜色”对话框中，选择所需颜色，这里选择“红色”，单击“确定”按钮，关闭当前对话框，如图4-10所示。

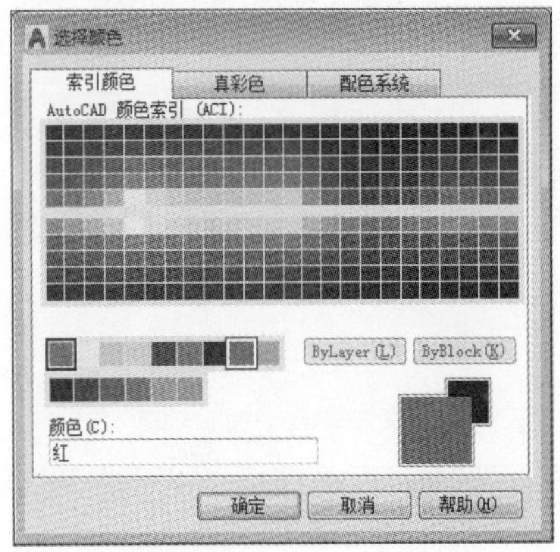

图4-10 选择颜色

Step 04 此时该图层颜色已发生了变化，如图4-11所示。

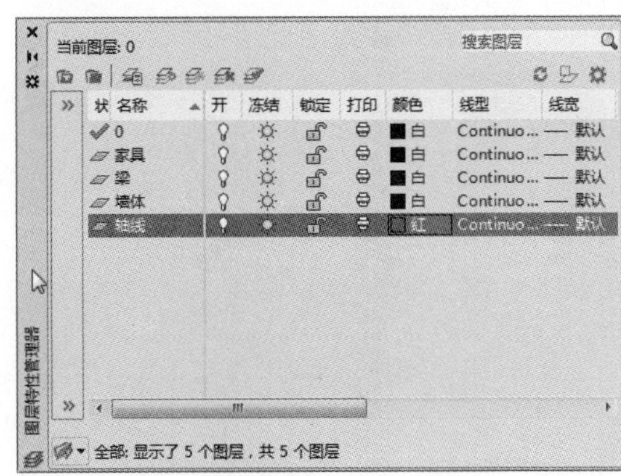

图4-11 完成图层颜色设置

下面对“选择颜色”对话框中的各选项卡进行说明。

1. 索引颜色

在AutoCAD中使用的颜色都为ACI标准颜色。每种颜色用ACI编号（1~255）进行标识。而标准颜色名称仅适用于1~7号颜色，分别为红、黄、绿、青、蓝、洋红、白/黑。在灰度选项组中，用户可在6种默认灰度颜色中进行选择。

单击“Bylayer”按钮，可指定颜色为随层方式，也就是说，所绘制图形的颜色与所在的图层颜色一致；而单击“ByBlock”按钮，可指定颜色为随块方式。在绘制图形的颜色为白色时，若将图形创建为图块，则图块中各对象的颜色也将保存在块中。

将颜色设置为随层方式状态，若将图块插入当前图形的图层时，块的颜色也将使用当前层的颜色。

2. 真彩色

真彩色使用24位颜色定义显示1600多万种颜色。在选择某色彩时，可以使用RGB或HSL颜色模式。通过RGB颜色模式，可选择颜色的红、绿、蓝组合；通过HSL颜色模式，可选择颜色的色调、饱和度和亮度要素，如图4-12、图4-13所示。

3. 配色系统

AutoCAD包括多个标准Pantone配色系统。用户也可以载入其他配色系统，例如，DIC颜色指南或RAL颜色集。载入用户定义的配色系统可以进一步扩充可供使用的颜色选择，如图4-14所示。

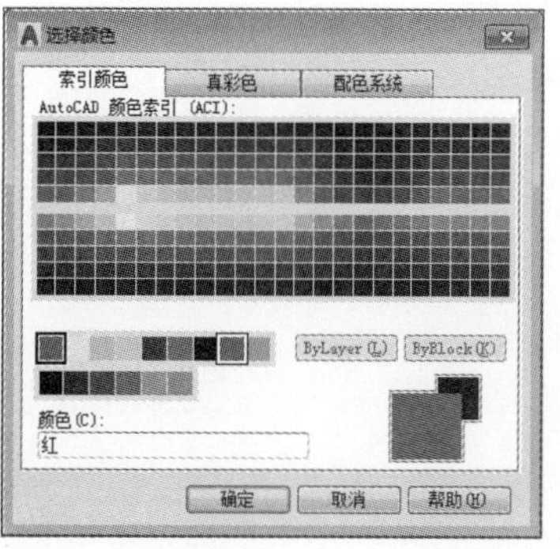

图4-12 索引颜色

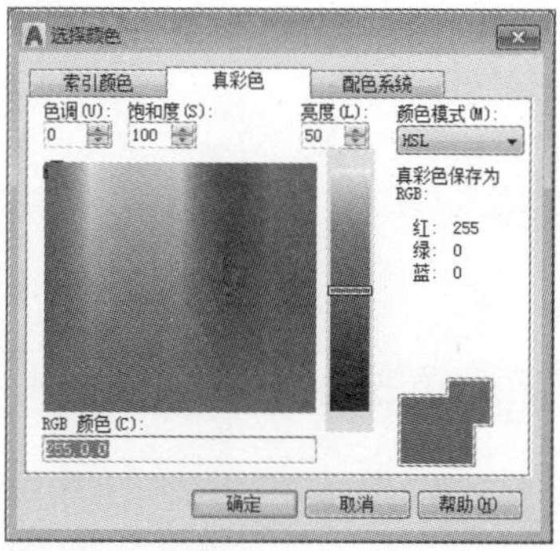

图4-13 真彩色

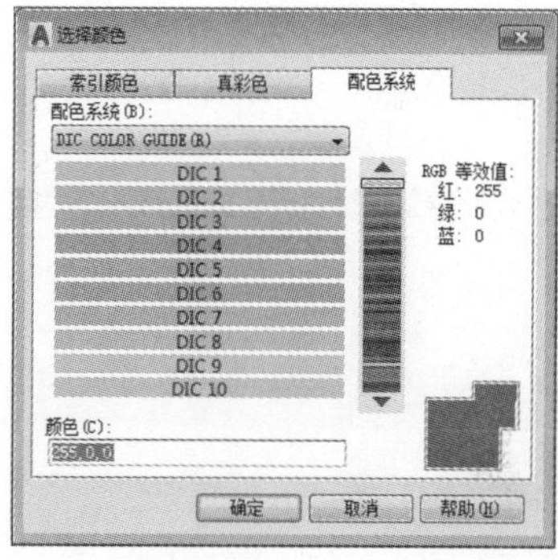

图4-14 配色系统

4.2.3 图层线型的设置

在绘制过程中，用户可对每个图层的线型样式进行设置。不同的线型作用也不同。系统默认线型为“Continuous”线型。

实例4-3 下面举例介绍更改图层线型的操作，具体操作如下。

Step 01 执行“图层”命令，在打开的“图层特性管理器”选项板中，选中所需图层，例如选择“轴线”图层，然后单击“Continuous”（线型）按钮，如图4-15所示。

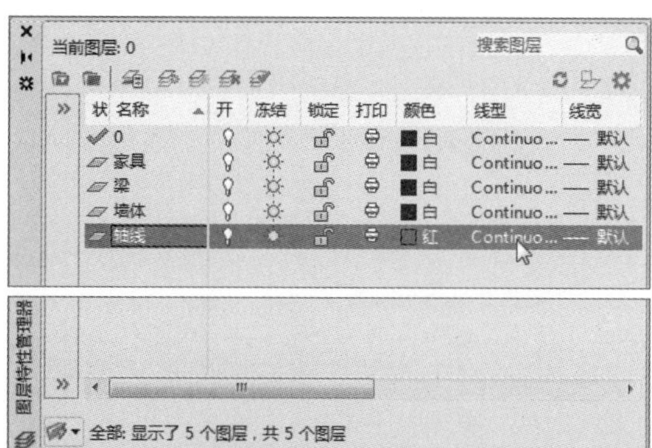

图4-15 单击“线型”按钮

Step 02 在打开的“选择线型”对话框中，单击“加载”按钮，如图4-16所示。

图4-16 单击“加载”按钮

Step 03 在打开的“加载或重载线型”对话框中，选择所需线型样式，如图4-17所示。

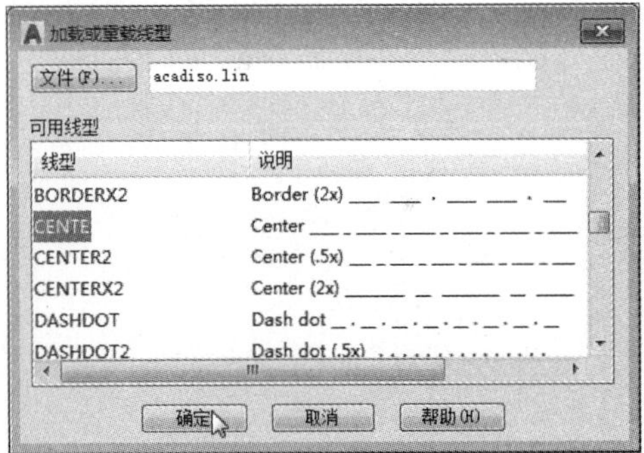

图4-17 选择加载线型

Step 04 选择完成后，单击“确定”按钮，返回至“选择线型”对话框，如图4-18所示。

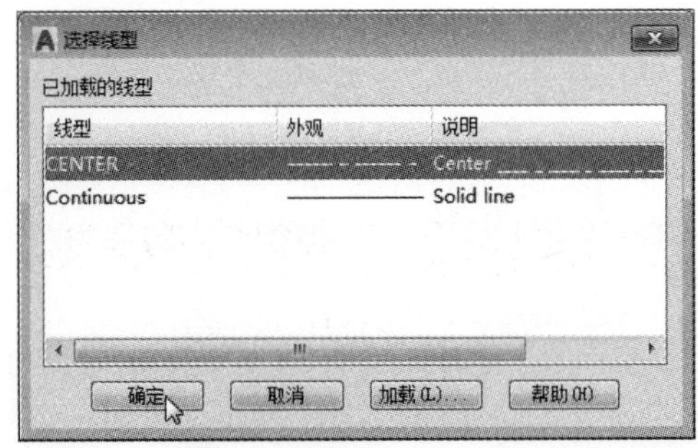

图4-18 完成线型更改操作

Step 05 选中刚加载的线段，单击“确定”按钮，关闭该对话框，即可完成线型更改，如图4-19所示。

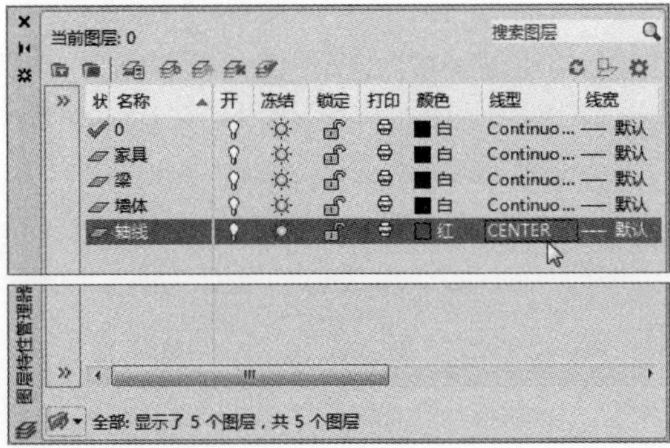

图4-19 更改线型

工程师点拨：设置线型比例

若设置好线型后，其线型还是显示为默认线型，这是因为线型比例未进行调整所致。只需选中所需设置的线型，在命令行中输入“CH”按Enter键，在打开的“特性”选项板中，选择“线型比例”选项，并输入比例值即可。

4.2.4 图层线宽的设置

在CAD中不同的线宽其代表的含义也有所不同。所以在对图层特性进行设置时，图层的线宽设置也是必要的。

实例4-4 下面举例介绍图层线宽的设置操作，具体操作如下.

Step 01 打开“图层特性管理器”选项板，选中所需图层，单击“线宽”按钮，如图4-20所示。

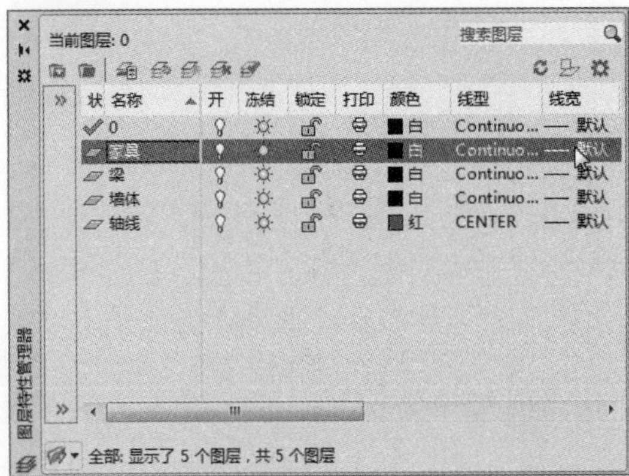

图4-20 选择“线宽”选项

Step 02 在打开的“线宽”对话框中，选择所需的线宽样式，单击“确定”按钮，关闭该对话框即可，如图4-21所示。

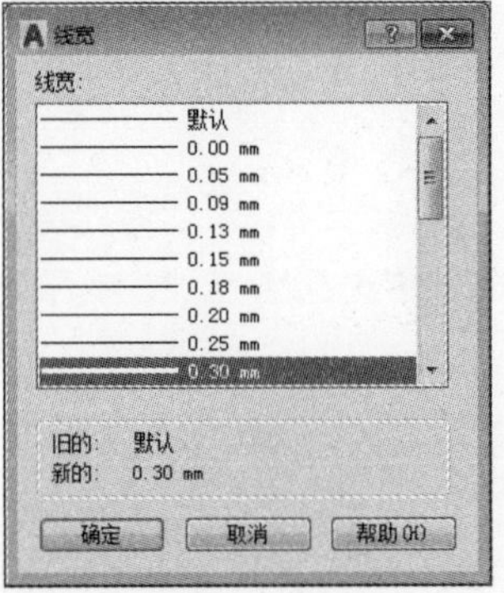

图4-21 “线宽”对话框

Step 03 返回"图层特性管理器"选项板，可以看到该图层的线宽已被修改，如图4-22所示。

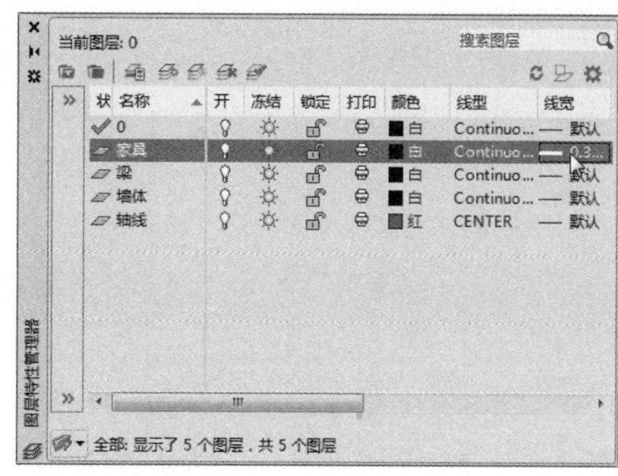

图4-22 更改线宽

工程师点拨：显示/隐藏线宽

有时在设置了图层线宽后，当前线宽却没有变化。此时用户只需在该界面的状态栏中单击"显示/隐藏线宽"按钮，即可显示线宽。反之则隐藏线宽。

4.3 图层的管理

在"图层特性管理器"选项板中，用户不仅可以创建图层、设置图层特性，还可以对创建好的图层进行管理，如锁定图层、关闭图层、过滤图层、删除图层等。

4.3.1 置为当前层

置为当前图层是将选定的图层设置为当前图层，并在当前图层上创建对象。在AutoCAD中当前层的设置方法有以下4种。

- 使用"置为当前"按钮设置：执行"图层"命令，在"图层特性管理器"选项板中，选中所需图层选项，单击"置为当前"按钮即可。
- 使用鼠标双击设置：在"图层特性管理器"选项板中，双击所需图层选项，即可将该图层设为当前图层。
- 使用鼠标右键设置：在"图层特性管理器"选项板中，选中所需图层选项，单击鼠标右键，在打开的快捷菜单中选择"置为当前"选项即可，如图4-23所示。
- 使用图层选项板设置：在"默认"工具栏中的"图层"选项板中，单击"图层"右侧的下三角按钮，在打开的下拉列表中选择所需图层选项，即可将其设为当前层，如图4-24所示。

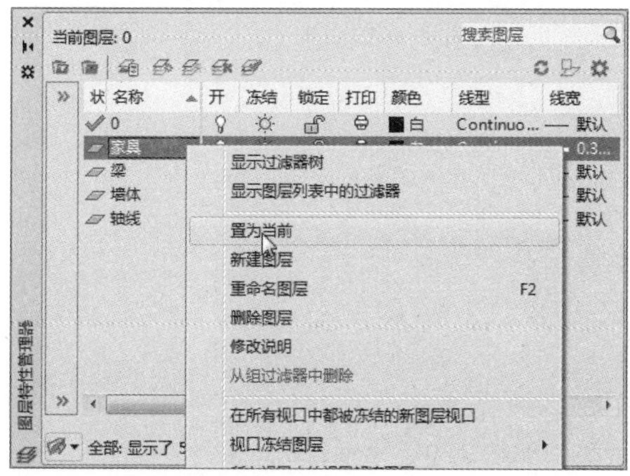

图4-23 鼠标右键设置

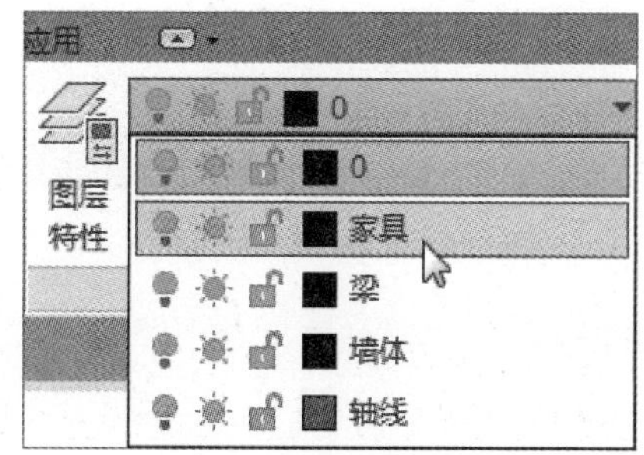

图4-24 "图层"选项板设置

4.3.2 打开/关闭图层

系统默认的图层都是处于打开状态的。若选择某图层并闭，则该图层中所有的图形将不可见，且不能被编辑和打印。图层的打开与关闭操作可使用以下两种方法。

1. 使用“图层特性管理器”选项板操作

在打开“图层特性管理器”选项板，单击所需图层中的“开”按钮💡，如图4-25所示。此时该层已被关闭，而在该层中所有的图形不可见，如图4-26所示。反之，再次单击该按钮，使其变为高亮显示状态，则为打开图层操作。

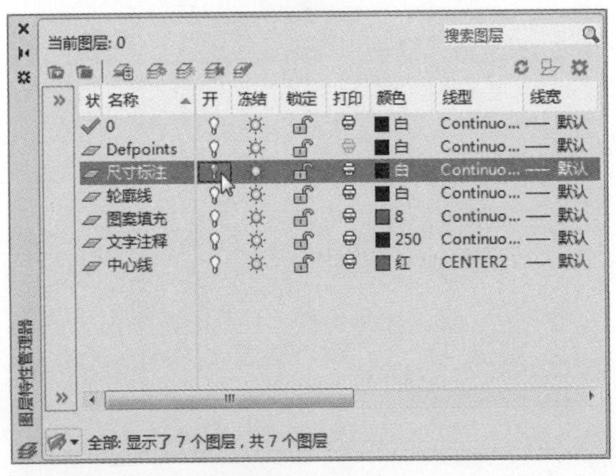

图4-25 关闭“标注”图层

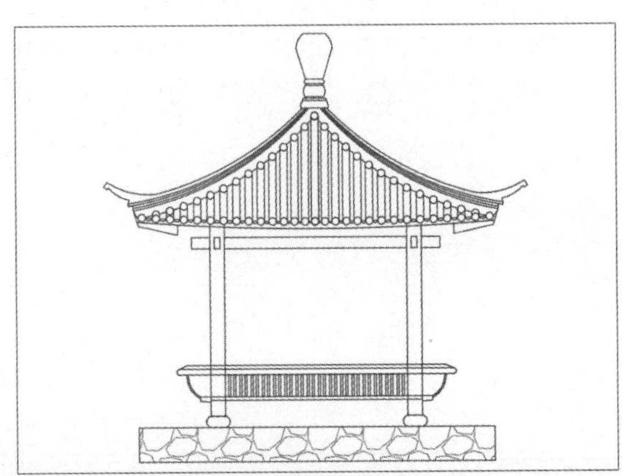

图4-26 关闭尺寸标注图层效果

2. 使用图层选项板操作

在“图层”面板中，单击下三角按钮，在图层列表中选择所需打开或关闭的图层，同样可以打开或关闭该图层。需要注意的是，若该图层为当前层，则无法对其进行操作。

4.3.3 冻结/解冻图层

冻结图层有利于减少系统重生成图形的时间，在冻结图层中的图形文件不显示在绘图区中。在“图层特性管理器”选项板中，选择所需的图层，单击“冻结”按钮☼，即可完成图层的冻结，如图4-27、图4-28所示。反之则为解冻操作。

当然，使用图层选项板同样也可进行相关操作。

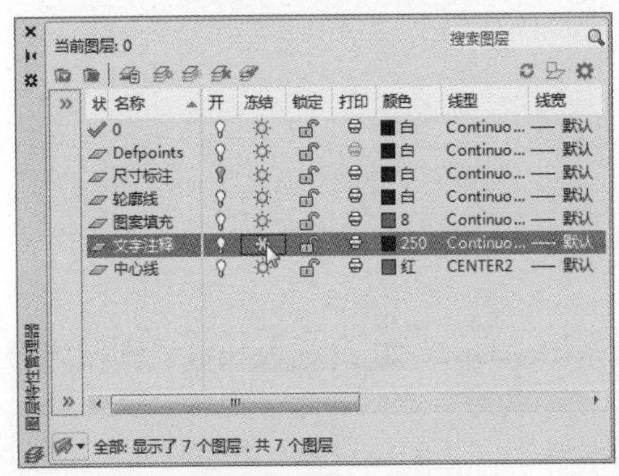

图4-27 冻结“文字注释”图层

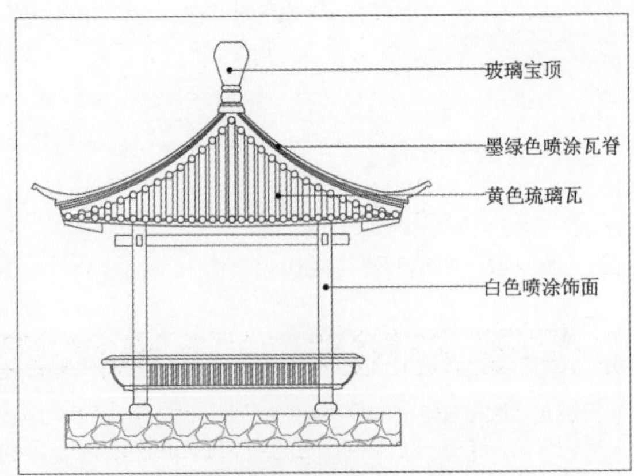

图4-28 冻结“文字注释”图层效果

4.3.4 锁定/解锁图层

当某图层被锁定后，该图层上所有的图形将无法进行修改或编辑，这样可以降低意外修改对象的可能性。用户可在“图层特性管理器”选项板中选中所需图层，单击“锁定/解锁”按钮，即可将其锁定。反之则为解锁操作。当光标移至被锁定的图形上时，在光标右下角会显示锁定符号，如图4-29、图4-30所示。

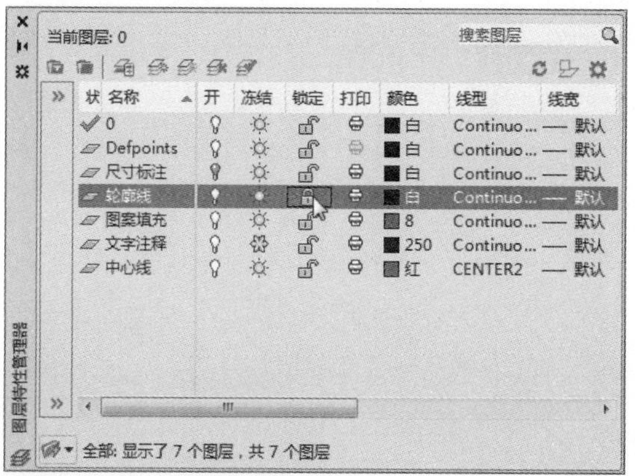

图4-29 锁定“轮廓线”图层

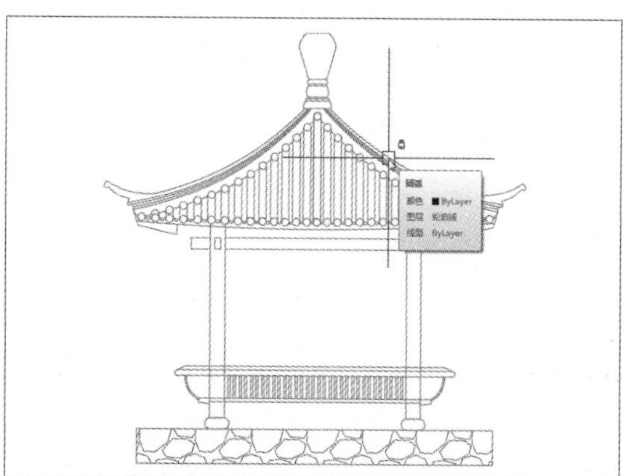

图4-30 轮廓线层被锁定

4.3.5 删除图层

若想将多余的图层删除，可使用“图层特性管理器”选项板中的“删除图层”按钮将其删除。具体操作为：在“图层特性管理器”选项板中选中所需删除的图层（除当前图层外），然后单击“删除图层”按钮即可，如图4-31所示。

用户还可使用右键命令进行删除操作。其方法为：同样在“图层特性管理器”选项板中选中所需删除图层，单击鼠标右键，在快捷菜单中选择“删除图层”选项即可，如图4-32所示。

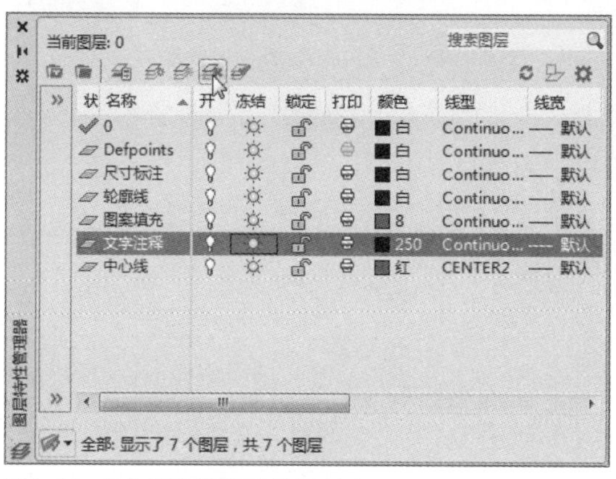

图4-31 单击“删除图层”按钮删除

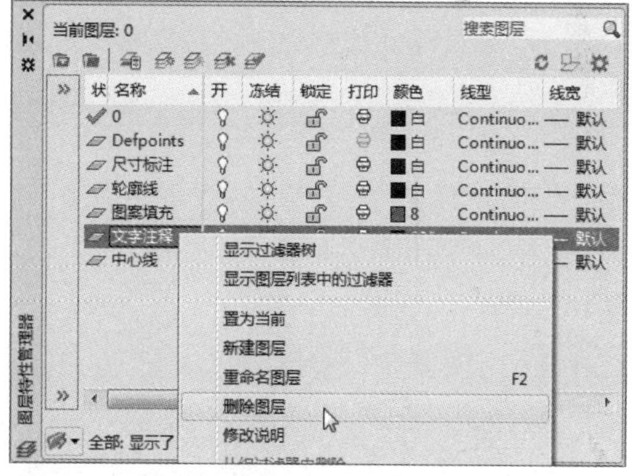

图4-32 使用右键菜单删除

工程师点拨：无法删除的图层

删除选定图层只能删除未被参照的图层，被参照的图层则不能删除，包括图层0、包含对象的图层、当前图层以及依赖外部参照的图层，还有一些局部打开图形中的图层也被视为已参照不能删除。

4.3.6 隔离图层

对于一些比较复杂的CAD图形，如果用户只想对某个图层上的图形进行查看或修改，那么让整个图形都显示在绘图区中看起来就会比较杂乱，并且有可能影响选择对象，或进行对象捕捉等操作。使用图层隔离可以轻松解决这个问题。

实例4-5 下面介绍图层隔离的操作方法。

Step 01 打开素材文件，如图4-33所示。

图4-33 打开素材文件

Step 02 执行“格式>图层工具>图层隔离”命令，根据命令行提示，选择所需隔离图层上的图形对象，这里选择“填充”图形，如图4-34所示。

图4-34 选择要隔离的图层上的对象

Step 03 选择完成后，按Enter键，即可将该图层的图形隔离。此时未被隔离的图形全部显示为灰色，且不能使用命令对其进行操作，如图4-35所示。

图4-35 隔离效果

4.3.7 保存并输出图层

在绘制一些较为复杂的图纸时，需要创建多个图层并设置图层特性。如果下次重新绘制这些图纸时，又要重新创建图层并设置图层特性，这样的重复操作会使绘图效率大大降低。若使用图层保存和调用功能则可避免这些重复的操作，从而提高绘图效率。

实例4-6 下面举例介绍图层的保存及输出操作。

Step 01 打开所需操作的图形文件，执行“图层”命令，打开“图层特性管理器”选项板，单击“图层状态管理器”按钮，如图4-36所示。

Step 02 在打开的“图层状态管理器”对话框中，单击“新建”按钮，如图4-37所示。

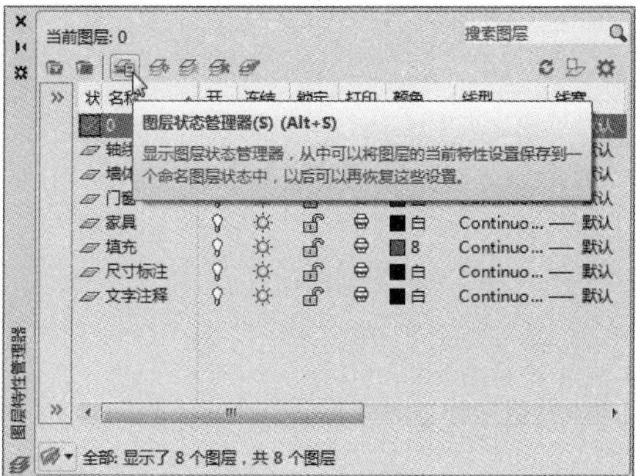

图4-36 单击相关按钮

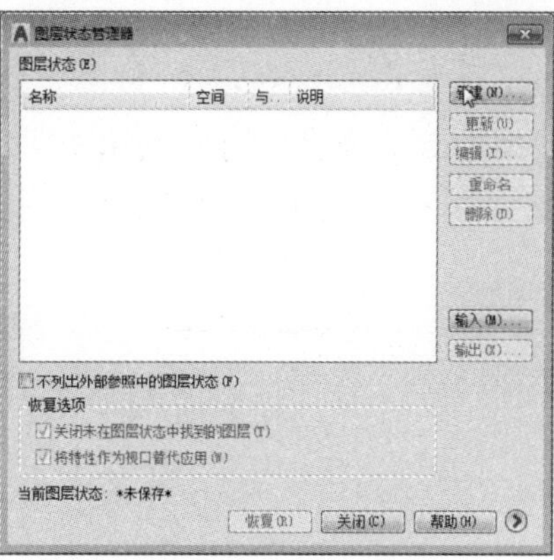

图4-37 单击“新建”按钮

Step 03 在“要保存的新图层状态”对话框中，输入新图层名称，然后单击“确定”按钮，如图4-38所示。

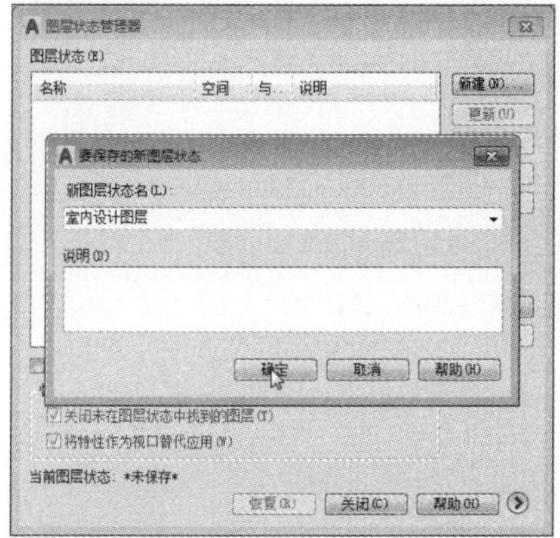

图4-38 新建图层名称

Step 04 返回上一层对话框，单击“输出”按钮，如图4-39所示。

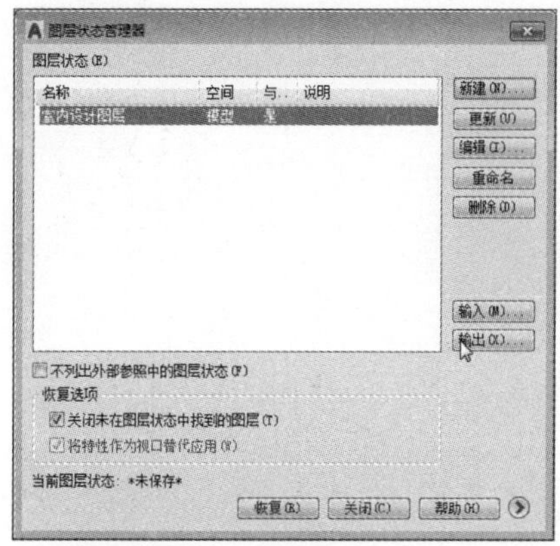

图4-39 单击“输出”按钮

Step 05 在“输出图层状态”对话框中，选择好输出路径，单击“保存”按钮，即可完成图层保存输出操作，如图4-40所示。

图4-40 输出图层文件

Step 06 当下次需要调入图层时，在打开的“图层状态管理器”对话框中，单击“输入”按钮，如图4-41所示。

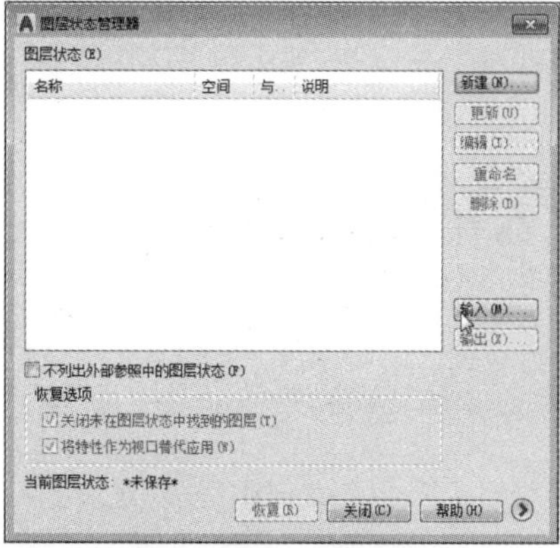

图4-41 调用图层文件

Step 07 在打开的“输入图层状态”对话框中，将“文件类型”设置为“图层状态（*.las）”选项，然后选择图层样板，单击“打开”按钮，即可调入相关图层信息，如图4-42所示。

图4-42 调入图层信息

工程师点拨：修改图层信息

若想对调入的图层进行修改，可打开“图层状态管理器”对话框，选中调入的图层选项，单击“编辑”按钮，在“编辑图层状态”对话框中，即可对其相关图层信息进行修改操作。

综合实例 —— 创建并保存机械零件施工图常用图层

前面介绍了关于图层设置的一些知识点，下面将以创建机械零件施工图图层为例，来巩固所学的知识点，如图层的创建、图层特性的设置、图层的保存与调用等。

Step 01 执行“图层”命令，打开“图层特性管理器”选项板，单击“新建图层”按钮，如图4-43所示。

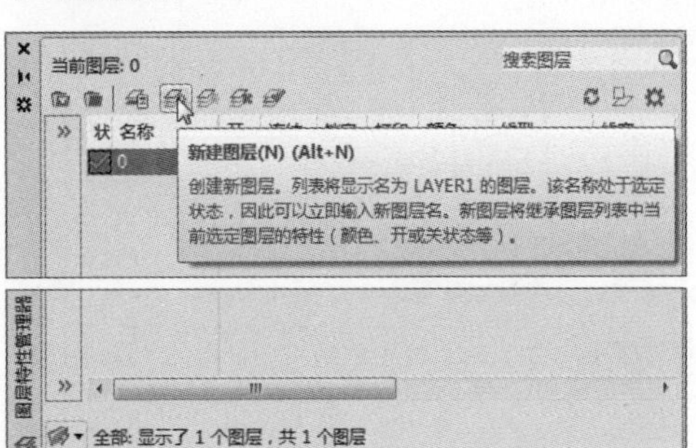
图4-43 单击“新建图层”按钮

Step 02 输入图层新名称为“中心线”，如图4-44所示。

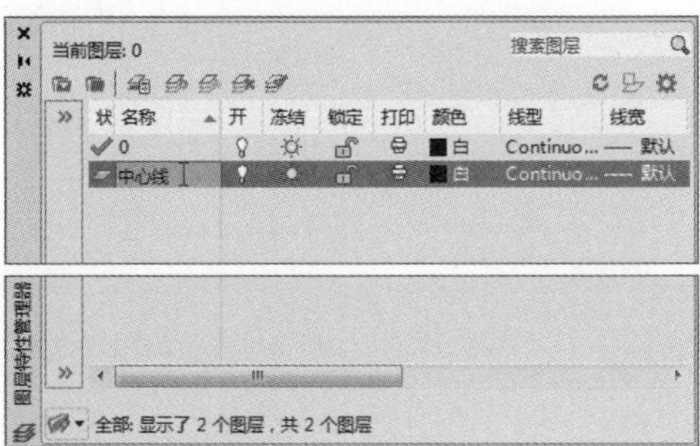
图4-44 输入图层名称

Step 03 单击“颜色”按钮，在“选择颜色”对话框中选择合适颜色，如图4-45所示。

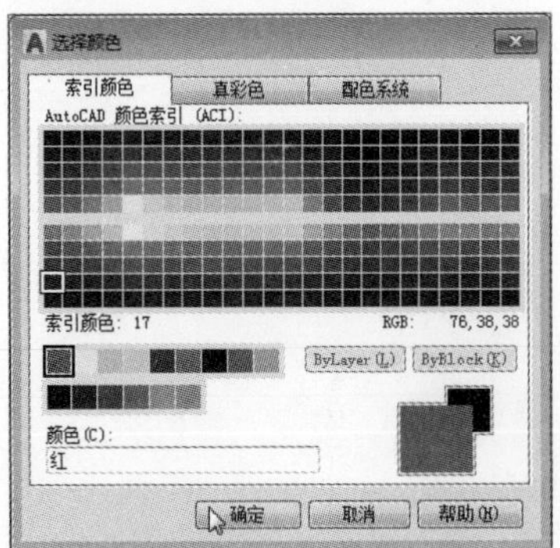
图4-45 更改图层颜色

Step 04 单击“确定”按钮，返回选项板，可以看到图层颜色已被修改，如图4-46所示。

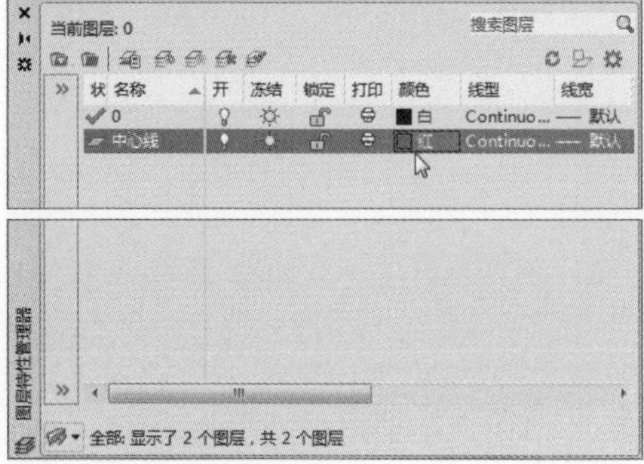
图4-46 更改颜色效果

Step 05 单击“线型”按钮，打开“选择线型”对话框，如图4-47所示。

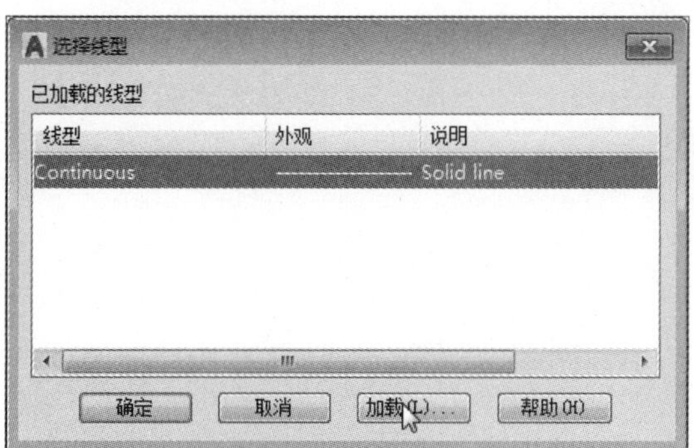

图4-47 打开“选择线型”对话框

Step 06 单击“加载”按钮，在打开的“加载或重载线型”对话框中选择线型，如图4-48所示。

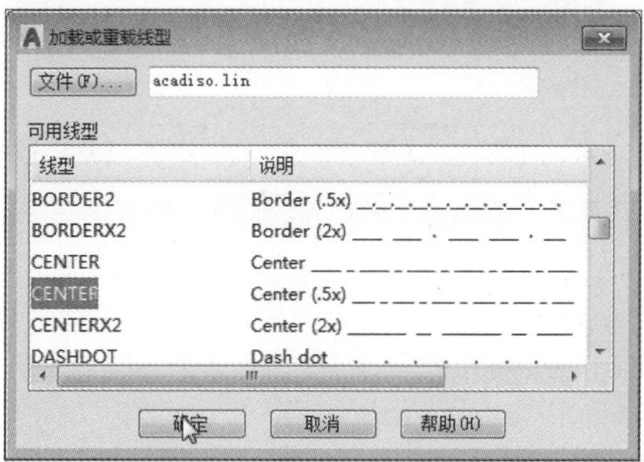

图4-48 选择线型

Step 07 单击“确定”按钮，返回“选择线型”对话框，可以看到已被加载的线型，如图4-49所示。

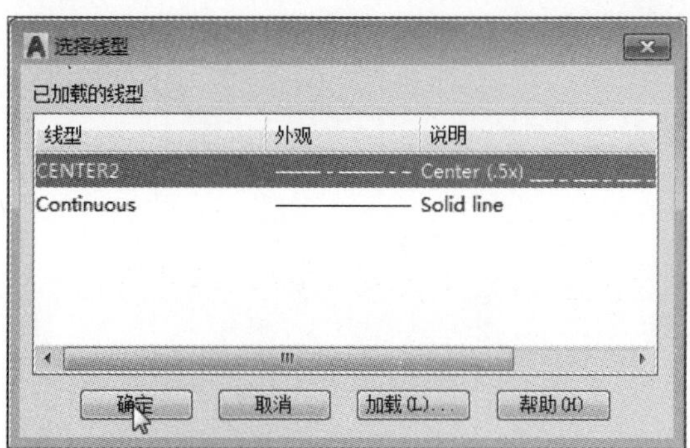

图4-49 已加载的线型

Step 08 单击“确定”按钮，返回“图层特性管理器”选项板，可以看到该图层线型已被修改，如图4-50所示。

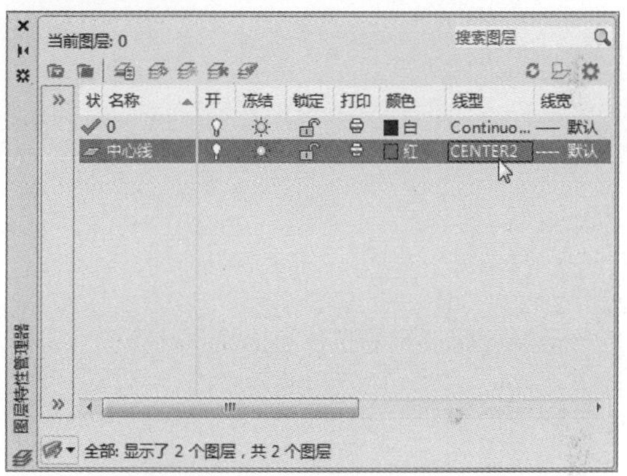

图4-50 更改线型

Step 09 继续创建“粗实线”图层，设置相关特性，如图4-51所示。

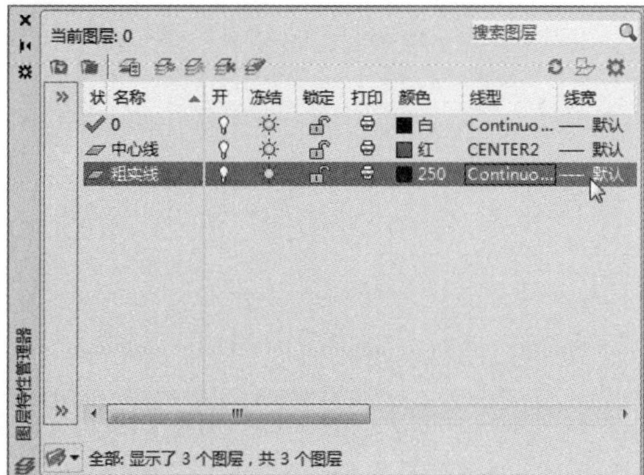

图4-51 创建图层

Step 10 单击“线宽”按钮，打开“线宽”对话框，选择合适的线宽，如图4-52所示。

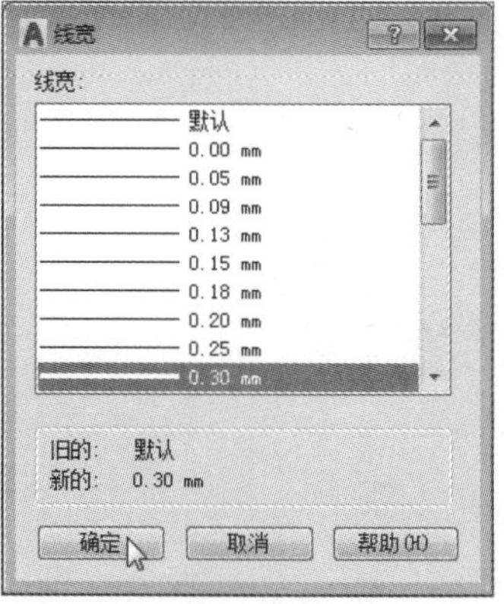

图4-52 选择线宽

Step 11 单击“确定”按钮，返回“图层特性管理器”选项板，可以看到线宽已被修改，如图4-53所示。

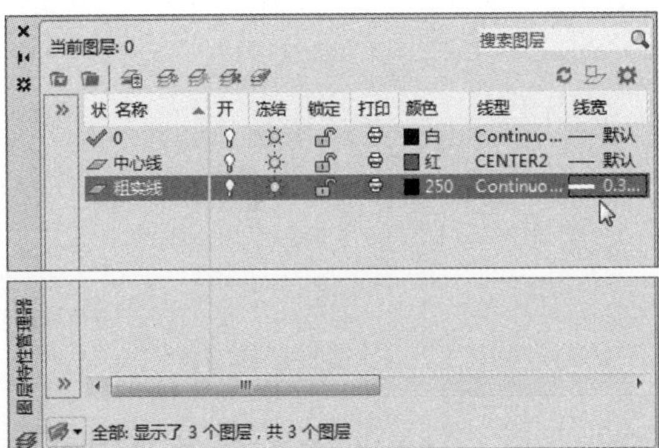

图4-53 修改线宽

Step 12 按照相同的方法创建其余图层，如图4-54所示。

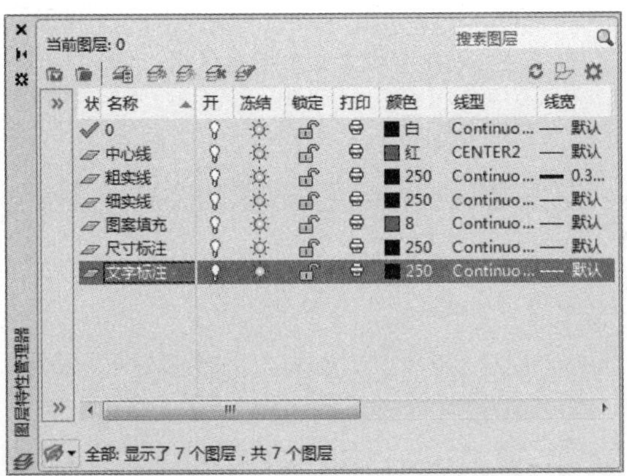

图4-54 创建其余图层

Step 13 单击“图层状态管理器”按钮，打开“图层状态管理器”对话框，如图4-55所示。

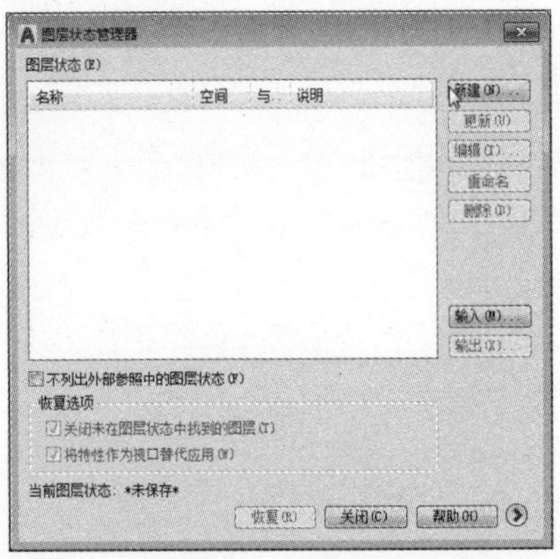

图4-55 打开“图层状态管理器”对话框

Step 14 单击“新建”按钮，打开“要保存的新图层状态”对话框，输入新图层状态名，如图4-56所示。

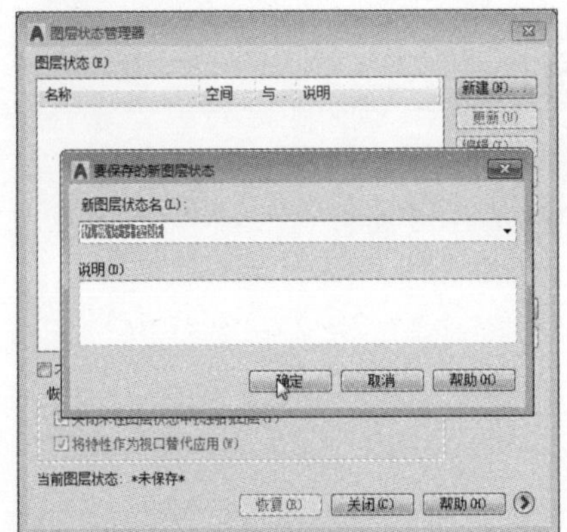

图4-56 输入新图层状态名

Step 15 单击“确定”按钮，返回“图层状态管理器”对话框，单击“输出”按钮，如图4-57所示。

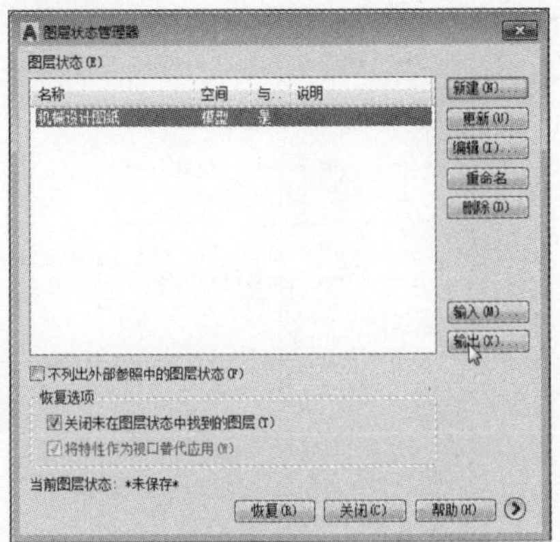

图4-57 单击“输出”按钮

Step 16 打开“输出图层状态”对话框，选择输出路径和文件名称，如图4-58所示。

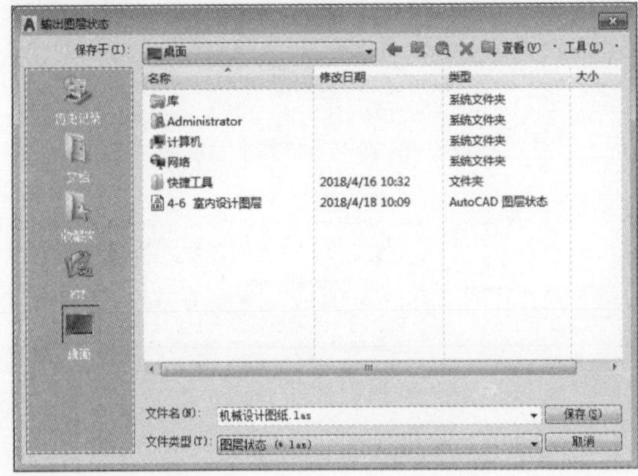

图4-58 选择路径

Step 17 单击“保存”按钮，即可进行保存，完成图层的保存与输出。当再次使用时，打开“图层状态管理器”选项板，单击“输入”按钮，并在打开的对话框中选择调用的图层文件，即可将其调入新文件中，如图4-59所示。

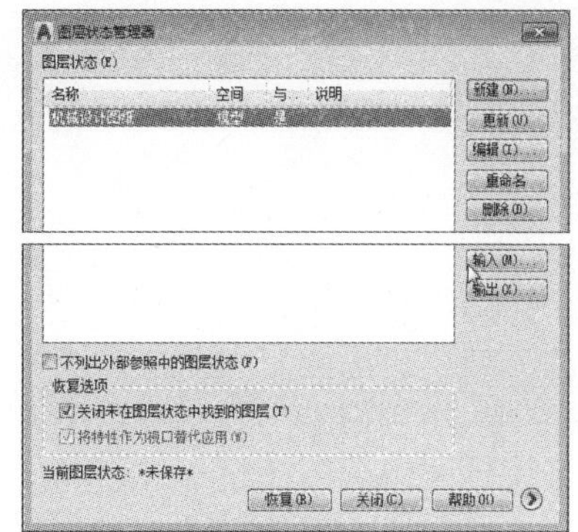

图4-59 输入图层

高手应用秘籍 —— 图层过滤器在CAD中的运用

当图层比较多时，利用图层过滤器可以在图层管理器中显示满足条件的图层，缩短查找和修改图层设置的时间。“图层过滤器”对话框允许设置条件过滤选项，在“图层特性管理器”中选定图层过滤器后，系统将在列表视图中显示符合过滤条件的图层。下面举例对图层过滤器的运用做简单介绍。

Step 01 在“图层特性管理器”选项板中单击左侧上方的“新建特性过滤器”按钮，打开“图层过滤器特性”对话框，如图4-60所示。

图4-60 打开“图层过滤器特性”对话框

Step 02 在“过滤器定义”选项组中单击“颜色”下三角按钮，从中选择红色，如图4-61所示。

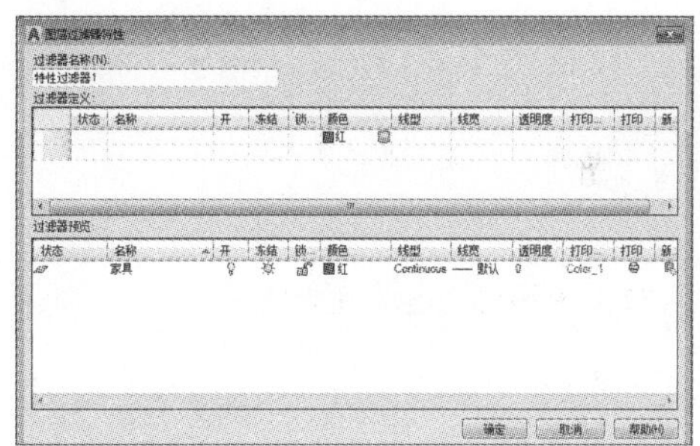

图4-61 选择颜色

Step 03 单击“确定”按钮，即可完成特性过滤器的创建，如图4-62所示。

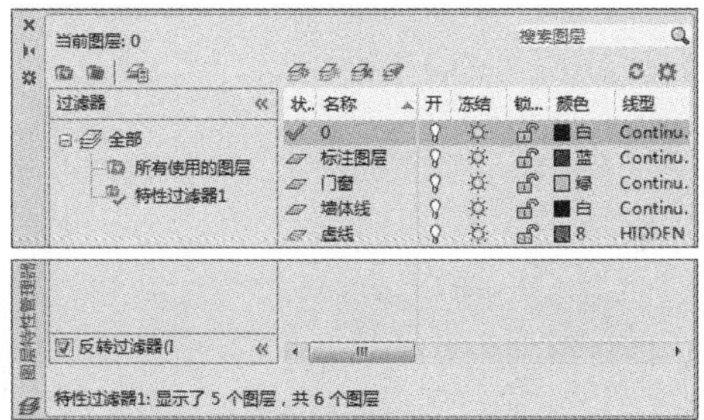

图4-62 创建特型过滤器

Step 04 若勾选“反转过滤器”复选框，在图层列表中会显示未过滤的图层，如图4-63所示。

图4-63 反选效果

秒杀工程疑惑

在进行CAD操作时，用户经常会遇到各种各样的问题，下面将总结一些常见问题进行解答，例如删除顽固图层、重命名图层、图层锁定/冻结的区别、图层锁定/解锁等问题。

问　题	解　答
为什么不能删除某些图层	原因有很多。当未删除选定的图层后，系统会弹出提示窗口，并提示无法删除的图层类型，Defpoimts图层是进行标注时系统自动创建的图层，该图层和图层0性质相同，无法进行删除。当需要删除图层而该图层为当前图层时，用户需要将其他图层置为当前，并且确定删除的图层中不包含任何对象，然后再次单击“删除”按钮，即可删除该图层
如何重命名图层	在“图层特性管理器”对话框中可以重命名图层。首先打开“图层特性管理器”对话框，在需要重命名的图层上单击鼠标右键，在弹出的快捷菜单中选择“重命名图层”选项，输入图层名称，按Enter键即可
图层锁定、冻结的异同	图层的锁定：可以看到以方便参考，但不能编辑。 图层的冻结：若冻结了某图层，则看不到该图层上的图形。一般情况是长时间不用该图层才会冻结，如果很多图层叠在一起，不好编辑，那么关闭图层即可，无须冻结
如何将指定图层上的对象在视口中隐藏	需要在功能区中进行设置。在状态栏单击布局1按钮，打开模型空间激活指定视口，在“默认”选项卡的“图层”面板中打开图层下拉列表，单击“在视口中冻结或解冻”按钮，此时图层中的图形将在该视口中隐藏
如何删掉CAD里的顽固图层	在对图层进行操作时，有时一些顽固图层总是无法删除，此时可使用以下方法进行删除： ● 执行“菜单浏览器>图形实用工具”命令，在级联菜单中选择“清理”选项。 ● 在打开的“清理”对话框中，单击“全部清理”按钮即可。 如果使用该方法无法删除的话，还可以通过复制图层的方法进行删除，具体操作如下： ● 在“图层特性管理器”对话框中，关闭所需删除的图层，并在绘图区中选中所有图形，按Ctrl+C组合键复制。 ● 打开一空白文件，按Ctrl+V组合键，将复制的图形粘贴至绘图区中，此时再次打开“图层特性管理器”对话框，就会发现之前被关闭的图层已被删除

Chapter

05

二维图形的绘制

使用二维命令绘图是CAD软件最基本的操作之一。利用这些命令可绘制出各种基本图形，如直线、矩形、圆、多段线及样条曲线等。本章将介绍这些二维命令的使用方法，并结合实例来完成各种简单图形的绘制。

01 学完本章您可以掌握如下知识点

1. 线段的绘制方法	★★
2. 曲线的绘制方法	★★
3. 矩形的绘制方法	★★
4. 徒手绘图的方法	★★★

02 本章内容图解链接

徒手绘图

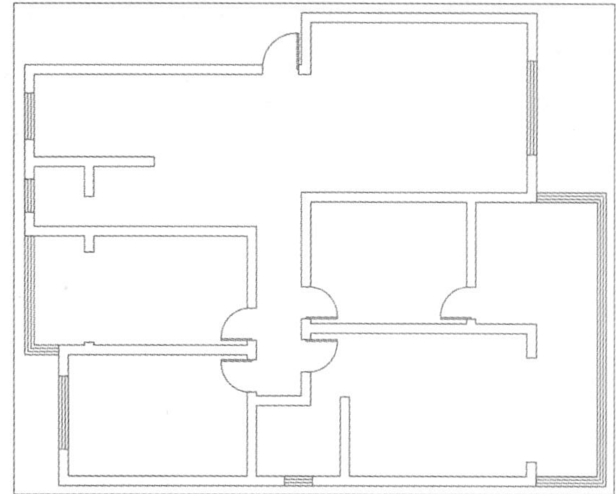

绘制居室户型图

5.1 点的绘制

无论是直线、曲线还是其他线段，都是由多个点连接而成的，所以点是组成图形最基本的元素。在AutoCAD软件中，点样式是可以根据需要进行设置的。

5.1.1 设置点样式

默认情况下，AutoCAD绘制的点非常小，不容易看到，因此需要在绘制点之前对点的样式进行设置。使用点样式设置，可以调整点的外观形状，也可以调整点的尺寸大小，以便根据需要让点显示在图形中。在菜单栏中，执行“格式>点样式”命令，在打开的“点样式”对话框中，选中所需的点的样式，并在“点大小”选项中输入点的大小值即可，如图5-1、图5-2所示。

用户也可以在命令行中输入“DDPTYPE”，按Enter键，同样也可以打开“点样式”对话框，随后即可进行点样式的设置。

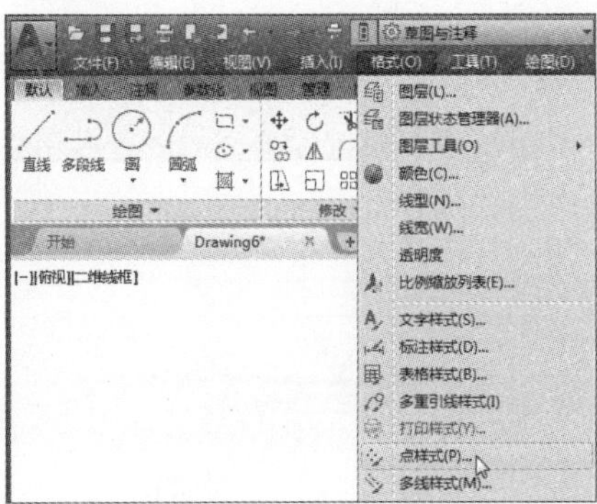

图5-1 选择“点样式”选项

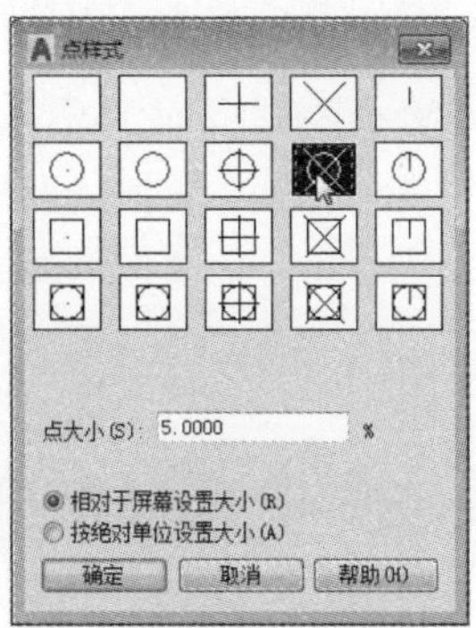

图5-2 设置点样式

5.1.2 绘制点

设置完点样式后，执行“绘图>点>多点”命令，然后在绘图区中指定所需位置即可完成点的绘制。

实例5-1 下面举例介绍绘制点的操作方法，具体操作如下。

Step 01 执行“格式>点样式”命令，打开“点样式”对话框，选中所需设置的点样式，并在“点大小”选项中输入点数值，如图5-3所示。

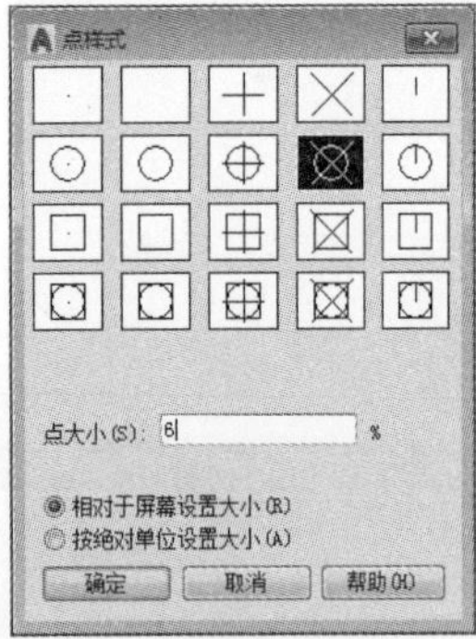

图5-3 设置点样式

Step 02 单击“确定”按钮，在绘图区中指定好点位置绘制点即可，这时点会以设置好的样式显示，如图5-4所示。

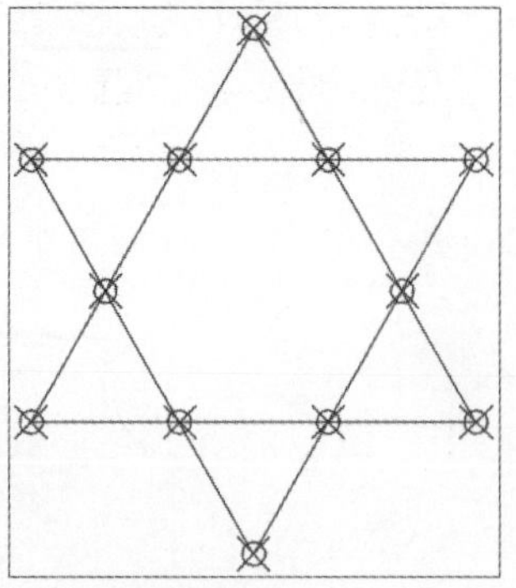

图5-4 绘制点

在命令行中输入“POINT”，然后按Enter键，同样也可以完成点的绘制。

命令行提示如下：

```
命令：
POINT
当前点模式：  PDMODE=0  PDSIZE=0.0000
指定点：                                                      （指定点位置）
```

5.1.3 定数等分

定数等分是将选择的曲线或线段按照指定的段数进行平均等分。在“默认”选项卡的“绘图”面板中单击“定数等分”按钮，根据命令行提示，首先选择所需等分对象，然后输入等分数值并按Enter键即可，如图5-5、图5-6所示。

命令行提示如下：

```
命令：_divide
选择要定数等分的对象：                                  （选择等分图形对象）
输入线段数目或 [块(B)]: 10                          （输入等分数值，按 Enter 键）
```

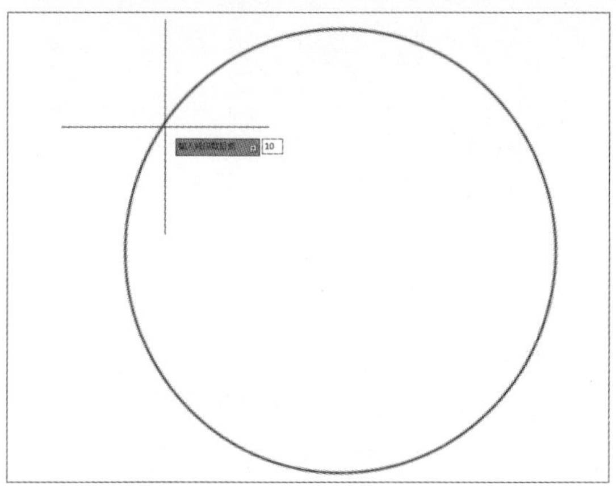

图5-5 输入线段长度

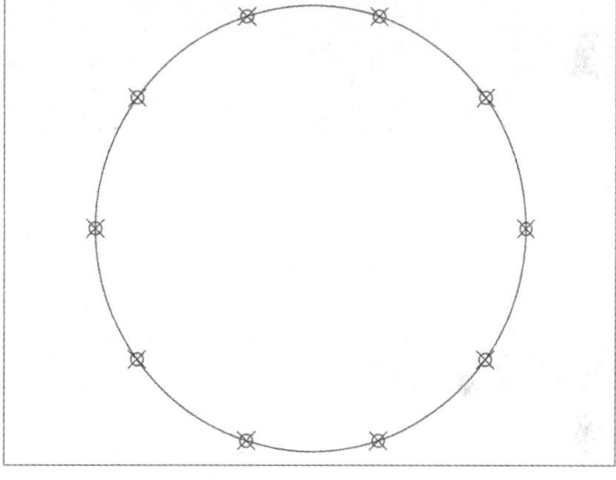

图5-6 完成定数等分操作

5.1.4 定距等分

定距等分命令则是指在选定图形对象上，按照指定的长度放置点的标记符号。在“默认”选项卡的“绘图”面板中单击“定距等分”按钮，根据命令行提示，选择视图中边长为200mm的正方形，并输入等分线段长度值，按Enter键即可，如图5-7、图5-8所示。

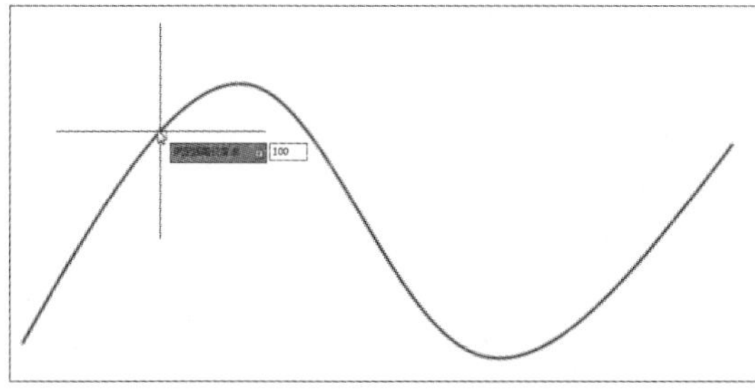

图5-7 输入线段长度

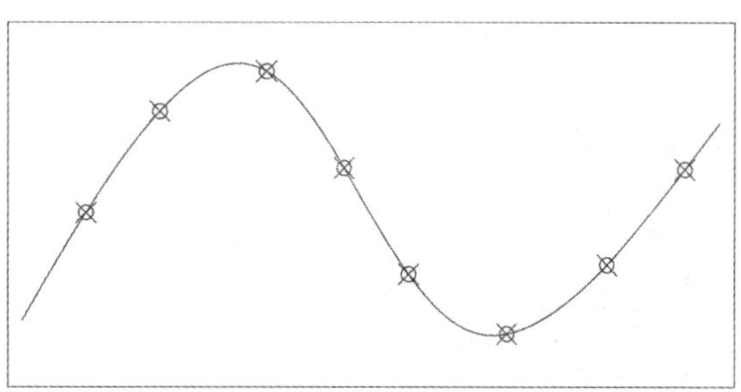

图5-8 完成测量操作

命令行提示如下：

```
命令：_measure
选择要定距等分的对象：                                   （选择所需图形对象）
指定线段长度或 [块(B)]: 50                               （输入线段长度值，Enter）
```

工程师点拨：使用“定数或定距等分”命令注意事项

使用定数等分对象时，由于输入的是等分段数，所以如果图形对象是封闭的，生成点的数量则等于等分的段数值。
无论是使用“定数等分”还是“定距等分”进行操作时，并非是将图形分成独立的几段，而是在相应的位置上显示等分点，以辅助其他图形的绘制。在使用“定距等分”命令时，如果当前线段长度是等分值的倍数，该线段可实现等分。反之，则无法实现真正等分。

5.2 线段的绘制

在AutoCAD中，线条的类型有多种，如直线、射线、构造线、多线及多段线等。用户可根据需求选择相关的命令进行操作。

5.2.1 直线的绘制

直线是最基本的对象，可以是一条线段或一系列相连的线段。绘制直线可以闭合一系列直线段，将第一条线段和最后一条线段连接起来。

在AutoCAD中执行直线命令的方法有两种：其一，使用“直线”命令操作；其二，使用快捷键进行操作。下面将分别对其进行介绍。

1. 使用“直线”命令操作

在“默认”选项卡的“绘图”面板中单击“直线”按钮，根据命令行提示，在绘图区中指定直线的起点，移动鼠标，并输入直线距离值，按Enter键即可完成绘制。

2. 使用命令快捷键操作

若要执行“直线”命令，在命令行中输入“L”后，按Enter键，同样可执行直线操作。

命令行提示如下：

```
命令：_line
指定第一个点：                                           （指定直线起点）
指定下一点或 [放弃(U)]: <正交 开> 200                    （输入线段下一点距离值）
指定下一点或 [放弃(U)]:                                  （按 Enter 键，完成操作）
```

实例5-2 下面以绘制边长为400mm的正方形为例进行具体介绍。

Step 01 执行“直线”命令，根据命令行提示，指定直线起点，然后向下移动光标，并输入数值400mm，按Enter键，如图5-9所示。

Step 02 将光标向右移动，并输入400mm，按Enter键，如图5-10所示。

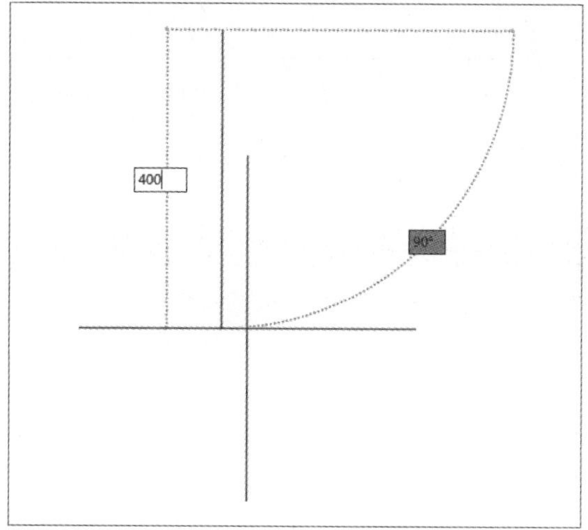

图5-9 绘制四边形第一条边

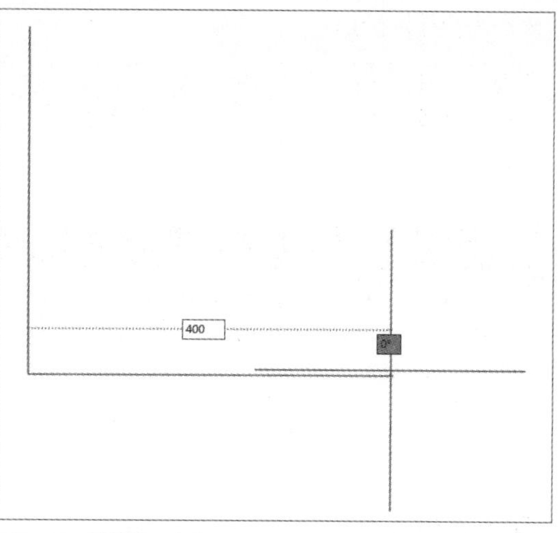

图5-10 绘制第二条边

Step 03 将光标向上移动，并输入400mm，按Enter键，如图5-11所示。

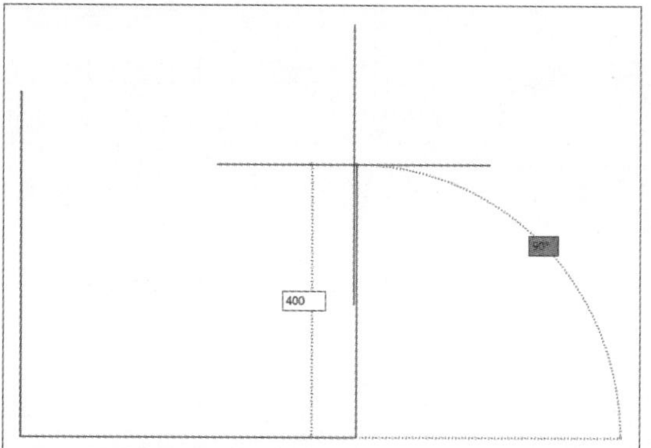

图5-11 绘制第三条边

Step 04 将光标向左移动，在命令行中输入C后按Enter键完成操作，如图5-12所示。

图5-12 绘制正方形

5.2.2 射线的绘制

射线是以一个起点为中心，向某方向无限延伸的直线。射线一般用来作为创建其他直线的参照。在“默认”选项卡的“绘图”面板中单击“射线”按钮，根据命令行提示，指定好射线的起始点，然后将光标移至所需位置，并指定好第二点，即可完成射线的绘制，如图5-13所示。

命令行提示如下：

```
命令： _ray 指定起点：            （指定射线起点）
指定通过点：                      （指定射线方向）
```

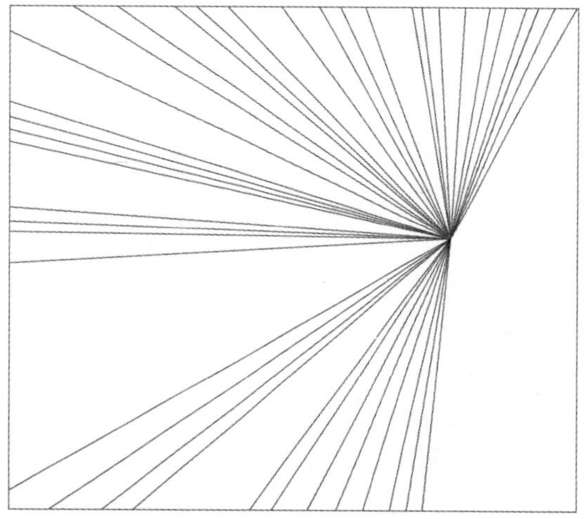

图5-13 绘制射线

5.2.3 构造线的绘制

构造线是无限延伸的线，也可以用来作为创建其他直线的参照，可创建出水平、垂直、具有一定角度的构造线。执行“默认>绘图>构造线”命令，在绘图区中分别指定线段起点和端点，即可创建出构造线，这两个点就是构造线上的点，如图5-14所示。

命令行提示如下：

```
命令： _xline
指定点或 [水平(H)/垂直(V)/角度(A)/二等分(B)/偏移(O)]:
                                   （指定构造线上的一点）
指定通过点：                          （指定构造线第二点）
```

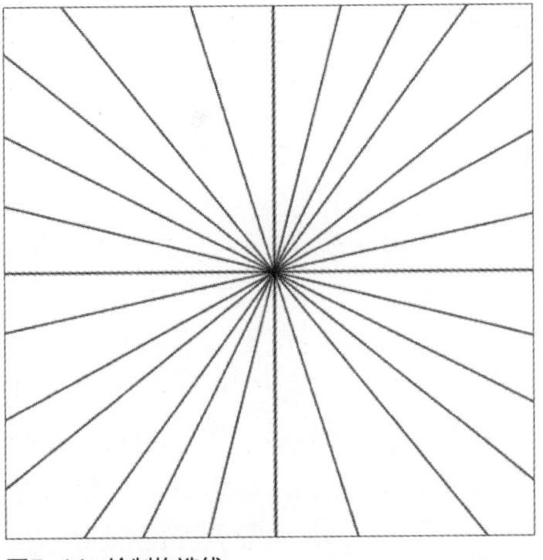

图5-14 绘制构造线

5.2.4 多线的绘制

多线一般是由多条平行线组成的对象，平行线之间的间距和数目是可以设置的。多线主要用于绘制建筑平面图中的墙体图形。通常在绘制多线时，需要对多线样式进行设置。下面将对其相关知识进行介绍。

1. 设置多线样式

在AutoCAD中，设置多线样式的操作方法有两种，即使用“多线样式”命令操作和使用快捷命令操作。

- 使用“多线样式”命令操作：执行“格式>多线样式”命令，打开“多线样式”对话框，然后根据需要选择相关选项进行设置即可。
- 使用快捷命令操作：用户可在命令行中输入“MLSTYLE”命令，按Enter键，同样可以打开“多线样式”对话框进行设置。

通过上述方法打开“多线样式”对话框，单击“修改”按钮，如图5-15所示。在“修改多线样式”对话框的“封口”选项组中，勾选“直线”的“起点”和“端点”复选框，如图5-16所示。

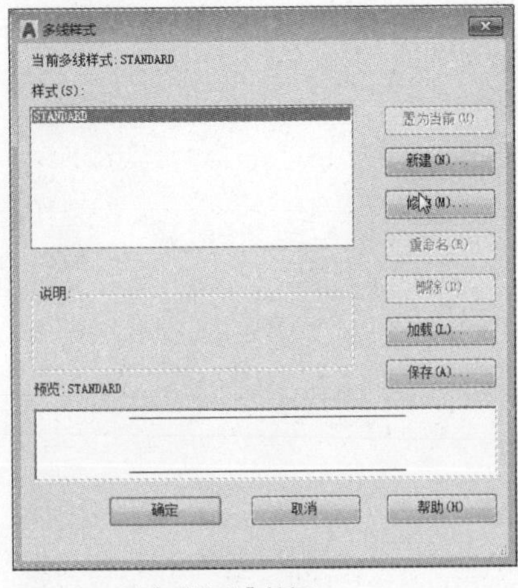

图5-15 单击“修改”按钮

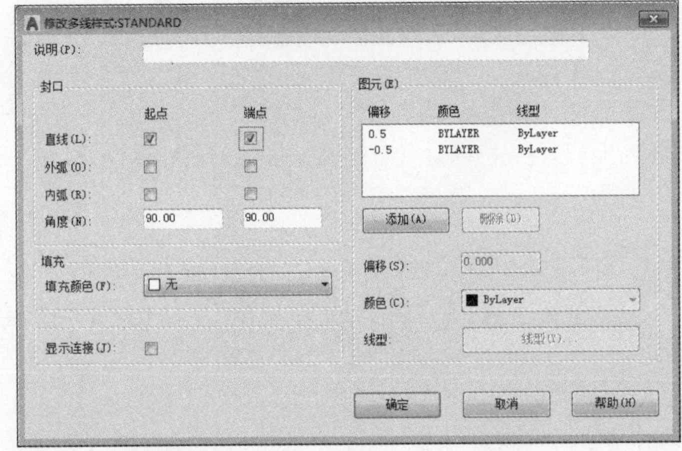

图5-16 勾选相关选项

设置完成后，单击“确定”按钮，返回上一层对话框，单击“确定”按钮即可。

工程师点拨：新建多线样式

在“多线样式”对话框中，默认样式为“STANDARD”样式。若要新建样式，可单击“新建”按钮，在“创建新的多线样式”对话框中，输入新样式的名称，单击“确定”按钮，然后在“修改多线样式”对话框中根据需要进行设置，完成后返回上一层对话框，在“样式”列表中显示新建的样式，单击“置为当前”按钮即可。

下面将对“修改多线样式”对话框中的各选项进行介绍。

- 封口：该选项组中，用户可以设置多线平行线段之间两端封口的样式，可设置起点和端点的样式。
- 直线：多线端点由垂直于多线的直线进行封口。
- 外弧：多线以端点向外凸出的弧形线封口。
- 内弧：多线以端点向内凹进的弧形封口。
- 角度：设置多线封口处的角度。
- 填充：用户可以设置封闭多线内的填充颜色，选择“无”表示使用透明的颜色填充。
- 显示连接：显示或隐藏每条多线线段顶点处的连接。
- 图元：在该选项组中，用户可以通过添加或删除来确定多线图元的个数，并设置相应的偏移量、颜色及线型。
- 添加：可添加一个图元，然后对该图元的偏移量进行设置。
- 删除：选中所需图元，将其删除。
- 偏移：设置多线元素从中线偏移值，值为正，则表示向上偏移，值为负，则表示向下偏移。
- 颜色：设置组成多线元素的线条颜色。
- 线型：设置组成多线元素的线条线型。

2. 绘制多线

完成多线设置后，需通过“多线”命令进行绘制。用户可以通过以下两种方法进行操作。

- 使用“多线”命令操作：执行“绘图>多线”命令，根据命令行提示，设置多线比例和样式，然后指定多线起点，并输入线段长度值即可。
- 使用快捷命令操作：设置完多线样式后，在命令行中输入“ML”，按Enter键即可。

命令行提示如下：

```
命令 : ml                                                    (输入“多线”快捷命令)
MLINE
当前设置 : 对正 = 上，比例 = 20.00，样式 = STANDARD
指定起点或 [对正(J)/比例(S)/样式(ST)]:  s                     (选择“比例”选项)
输入多线比例 <20.00>:  240                                    (输入比例值)
当前设置 : 对正 = 上，比例 = 240.00，样式 = STANDARD
指定起点或 [对正(J)/比例(S)/样式(ST)]:  j                     (选择“对正”选项)
输入对正类型 [上(T)/无(Z)/下(B)] <上>:  z                     (选择对正类型)
当前设置 : 对正 = 无，比例 = 240.00，样式 = STANDARD
指定起点或 [对正(J)/比例(S)/样式(ST)]:                         (指定多线起点)
指定下一点或 [闭合(C)/放弃(U)]:                                (绘制多线)
```

实例5-3 下面举例介绍多线绘制的具体操作。

Step 01 在命令行中输入“ML”，然后按Enter键。根据命令行中提示，将多线比例设为“240”，将对正类型设为“无”。

Step 02 在绘图区中，单击鼠标指定多线起点，向右移动光标，并在命令行中输入多线距离值为3000，如图5-17所示。

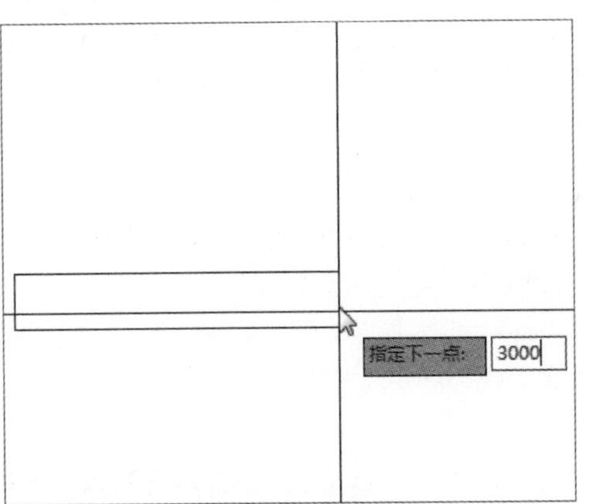

图5-17 指定多线起点并输入长度值

Step 03 按Enter键，再向上移动光标，并输入距离值为2800，如图5-18所示。

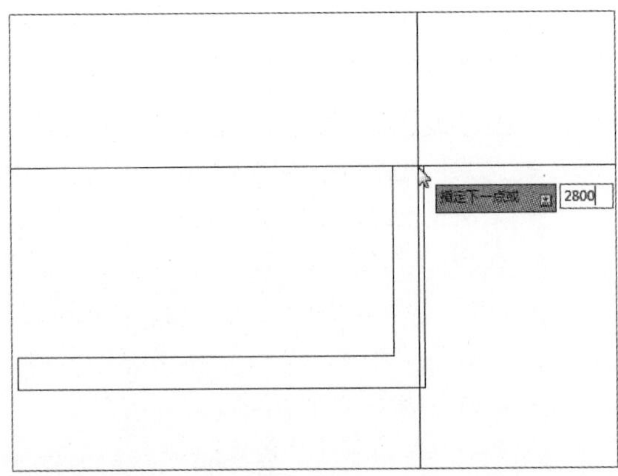

图5-18 指定下一点并输入长度值

Step 04 按Enter键，再向左移动光标，并输入距离值为3000，如图5-19所示。

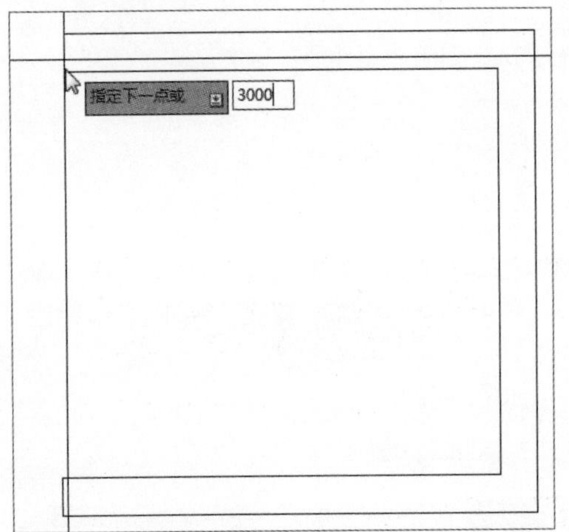

图5-19 绘制剩余多线

Step 05 按Enter键，向下移动光标，输入距离值为2800，再按Enter键两次，即可结束多线的绘制，如图5-20所示。

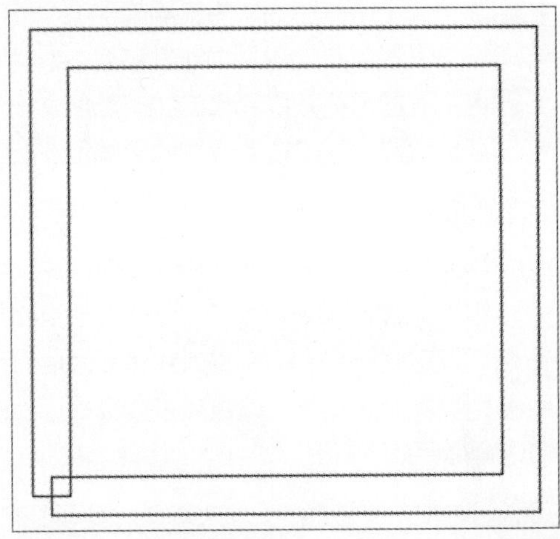

图5-20 完成多线的绘制

5.2.5 多段线的绘制

多段线是由相连的直线和圆弧曲线组成的，在直线和圆弧曲线之间可进行自由切换。用户可以设置多段线的宽度，也可以在不同的线段中设置不同的线宽。此外，还可以设置线段的始末端点具有不同的线宽。

1. 绘制多段线

在“默认”选项卡的“绘图”面板中单击“多段线”按钮，根据命令行提示，指定线段起点和终点即可完成多段线的绘制。当然用户也可在命令行中输入“PL”，然后按Enter键，同样可以绘制多段线。

命令行提示如下：

```
命令：_pline
指定起点：                                                    （指定多段线起点）
当前线宽为 0.0000
指定下一个点或 [圆弧(A)/半宽(H)/长度(L)/放弃(U)/宽度(W)]：     （输入线段长度，指定下一点）
指定下一点或 [圆弧(A)/闭合(C)/半宽(H)/长度(L)/放弃(U)/宽度(W)]：
```

下面对命令行中各选项的含义进行介绍。

- 圆弧：在命令行中输入“A”，可进行圆弧的绘制。
- 半宽：该选项用于设置多线的半宽度。用户可以分别指定所绘制对象的起点半宽和端点半宽。
- 闭合：该选项用于自动封闭多段线，系统默认以多段线的起点作为闭合终点。
- 长度：该选项用于指定绘制的直线段的长度。在绘制时，系统将以沿着绘制上一段直线的方向接着绘制直线，如果上一段对象是圆弧，则方向为圆弧端点的切线方向。
- 放弃：该选项用于撤销上一次操作。
- 宽度：该选项用于设置多段线的宽度。还可通过“FILL”命令来自由选择是否填充具有宽度的多段线。

实例5-4 下面举例介绍多段线的绘制操作。

Step 01 在“默认”选项卡的“绘图”面板中单击“多段线”按钮，根据命令行中的提示，指定多段线起点。在动态输入框中输入“W”，如图5-21所示。

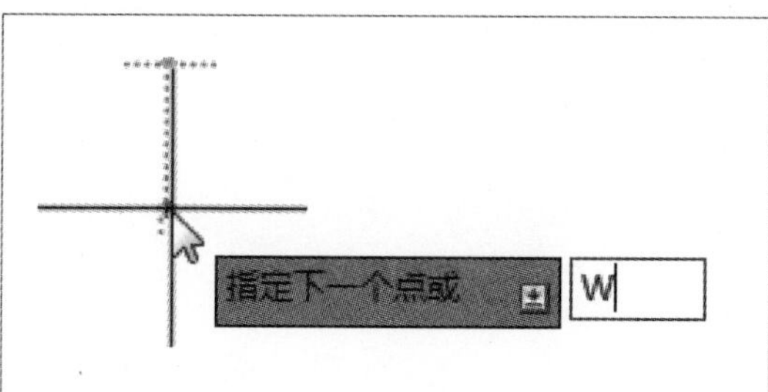

图5-21 指定起点

Step 02 按Enter键确定，在动态输入框中输入“起点”宽度值为0，“端点”宽度值为5，如图5-22所示。

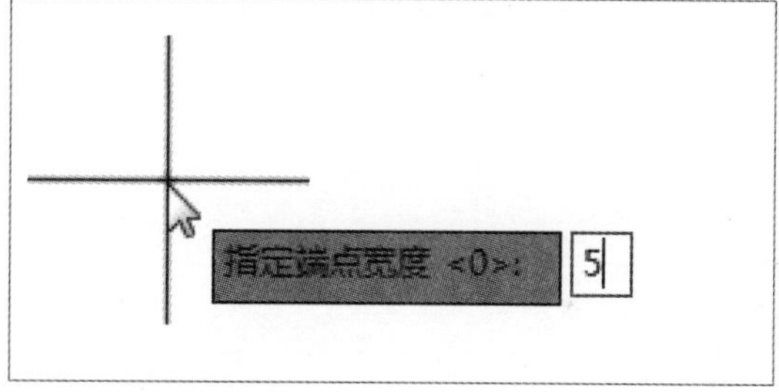

图5-22 指定端点宽度

Step 03 按Enter键确定，根据命令行提示，在动态输入框中输入“A”，如图5-23所示。

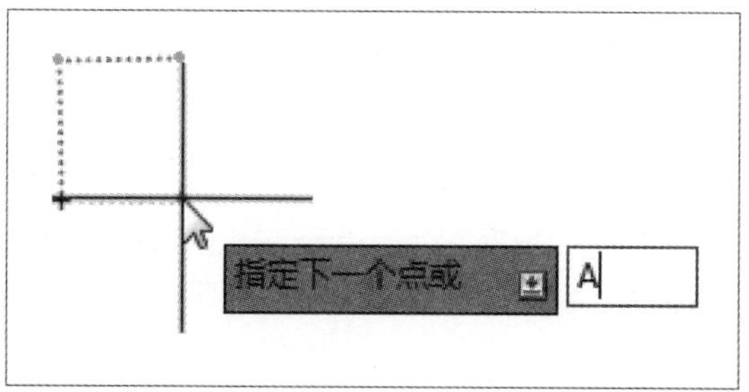

图5-23 指定下一点

Step 04 按Enter键确定，绘制圆弧，如图5-24所示。

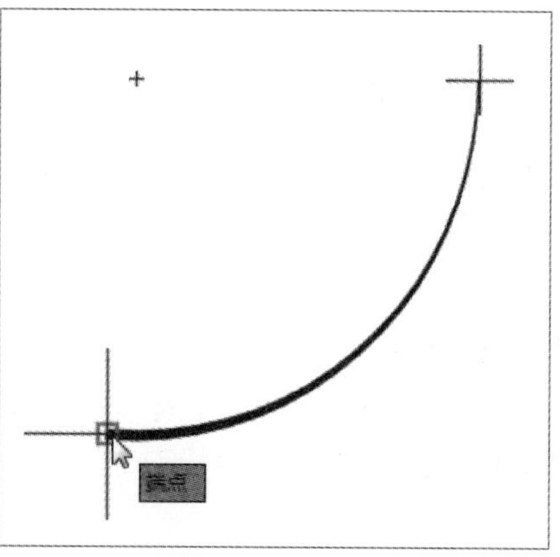

图5-24 绘制圆弧

Step 05 按照相同的方法绘制其他圆弧，利用夹点调整多段线的形状，完成云朵图形的绘制，如图5-25所示。

图5-25 绘制多段线图形

工程师点拨：直线和多段线的区别

直线和多段线都可绘制首尾相连的线段。它们的区别在于，直线所绘制的是独立的线段；多段线则可在直线和圆弧曲线之间切换，并且绘制的段线是一条完整的线段。

2. 编辑多段线

编辑多段线有以下两种方法。

- 在菜单栏中执行“修改 > 对象 > 多段线”命令。
- 在命令行中输入“pedit”命令。

执行“修改 > 对象 > 多段线”命令，选择图形，如果选择的对象是直线或弧线，则会出现提示信息，这里以直线绘制的长方形为例，如图5-26所示，输入“y”即可将直线或弧线转换为多段线。

如果选择的对象是直线多段线或弧线多段线，会直接弹出一个菜单，这里以矩形为例，如图5-27所示，菜单中有10个选项，选择所需的选项即可进行操作。

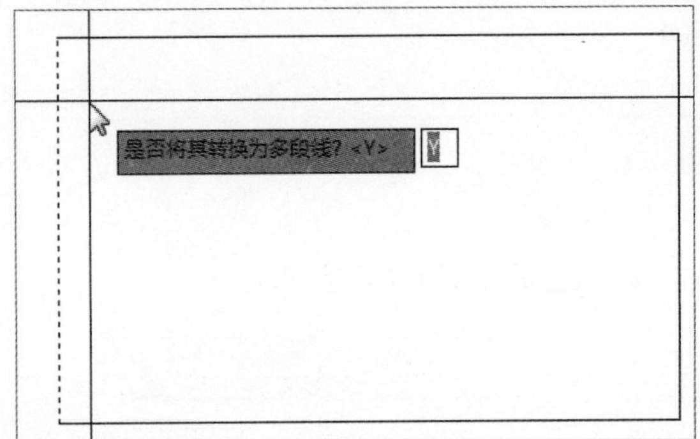

图5-26 提示信息

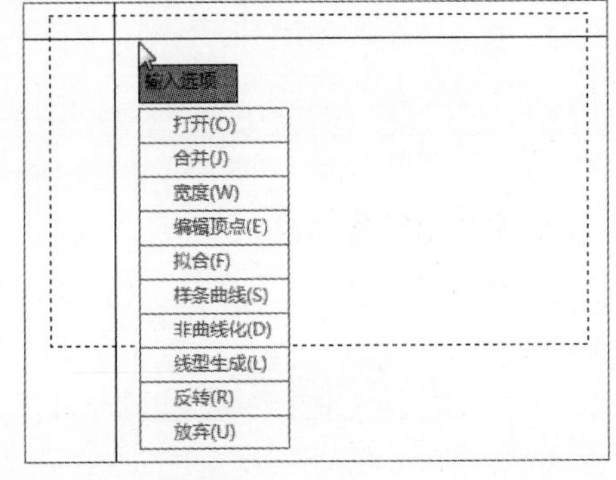

图5-27 选项菜单

下面对这10种选项的含义进行介绍。

- 打开：执行该选项可将多段线从封闭处打开，而提示中的“打开”会换成“闭合”，执行“闭合”命令，则会封闭多段线。
- 合并：将线段、圆弧或多段线连接到指定的非闭合多段线上。执行该命令后，选取各对象，会将它们连成一条多段线。
- 宽度：指定所编辑多段线的新宽度。执行该选项后，命令行会提示输入所有线段的新宽度，完成操作后，所编辑多段线上的各线段均会显示为该宽度。
- 编辑顶点：编辑多段线的顶点。
- 拟合：创建一条平滑曲线，它由连接各对顶点的弧线段组成，且曲线通过多段线的所有顶点并使用指定的切线方向。
- 样条曲线：用样条曲线拟合多段线。系统变量splframe控制是否显示所产生的样条曲线的边框，当该变量为0时（默认值），只显示拟合曲线；当值为1时，同时显示拟合曲线和曲线的线框。
- 非曲线化：反拟合，即对多段线恢复到上述执行“拟合”或“样条曲线”选项之前的状态。

- 线型生成：规定非连续性多段线在各顶点处的绘线方式。
- 反转：可反转多段线的方向。
- 放弃：取消“编辑”命令的上一次操作。用户可重复使用该选项。

工程师点拨：被选取对象需首尾相连

执行该选项进行连接时，欲连接的各相邻对象必须在形式上彼此已经首尾相连，否则在选取各对象后AutoCAD就会提示：0条线段已添加到多段线。

5.3 曲线的绘制

使用曲线绘图是常用的绘图方式之一。在AutoCAD软件中，曲线功能主要包括圆弧、圆、椭圆和椭圆弧等。下面分别对其操作进行介绍。

5.3.1 圆形的绘制

在制图过程中，“圆”命令是常用命令之一。用户可以通过以下两种方法进行圆形的绘制。

1. 使用“圆”命令绘制

执行“默认>绘图>圆”命令，根据命令行提示信息，在绘图区中指定圆的中心点，然后输入圆半径值，即可创建圆。

2. 使用快捷命令绘制

在命令行中直接输入“C”，然后按Enter键，即可根据命令提示进行绘制。

命令行提示如下：

```
命令：_circle
指定圆的圆心或 [三点(3P)/两点(2P)/切点、切点、半径(T)]:        (指定圆心点)
指定圆的半径或 [直径(D)]: 50                                  (输入圆半径值)
```

在AutoCAD软件中，可通过6种模式绘制圆形，分别为“圆心、半径”、“圆心、直径”、“两点”、“三点”、“相切、相切、半径”以及“相切、相切、相切”。下面对这6种模式分别进行介绍。

- 圆心、半径：该模式是通过指定圆心位置和半径值进行绘制。该模式为默认模式，如图5-28、图5-29所示。

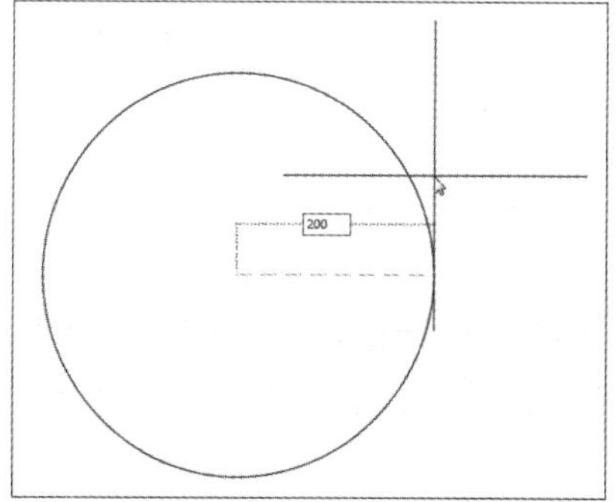

图5-28 指定圆半径

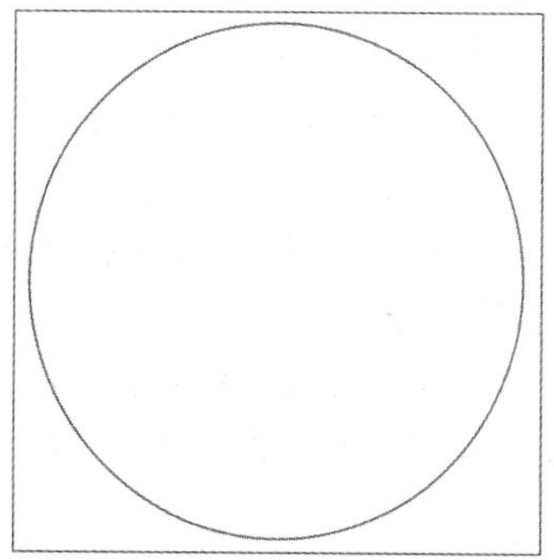

图5-29 绘制圆

● 圆心、直径⊘：该模式是通过指定圆心位置和直径值进行绘制。

命令行提示如下：

```
命令：_circle
指定圆的圆心或 [三点(3P)/两点(2P)/切点、切点、半径(T)]:                    (指定圆心点)
指定圆的半径或 [直径(D)] <200.0000>: _d 指定圆的直径 <400.0000>: 200      (输入直径值)
```

● 两点○：该模式是通过指定圆周上两点进行绘制，如图5-30、图5-31所示。

命令行提示如下：

```
命令：_circle
指定圆的圆心或 [三点(3P)/两点(2P)/切点、切点、半径(T)]: _2p 指定圆直径的第一个端点：(指定圆 1 个端点)
指定圆直径的第二个端点：200                    (指定第 2 个端点，或输入两端点之间的距离值)
```

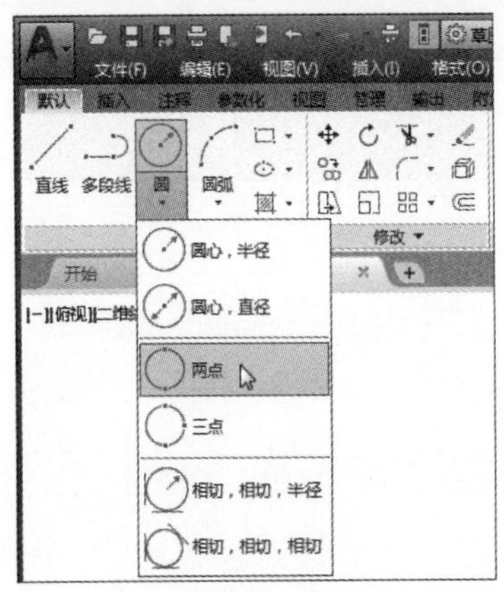

图5-30 选择"两点"命令

图5-31 指定直径

● 三点○：该模式是通过指定圆周上三点进行绘制。第一个点为圆的起点，第二个点为圆的直径点，第三个点为圆上的点，如图5-32、图5-33所示。

命令行提示如下：

```
命令：_circle
指定圆的圆心或 [三点(3P)/两点(2P)/切点、切点、半径(T)]: _3p 指定圆上的第一个点：   (指定圆第 1 点)
指定圆上的第二个点：                                                          (指定圆第 2 点)
指定圆上的第三个点：                                                          (指定圆第 3 点)
```

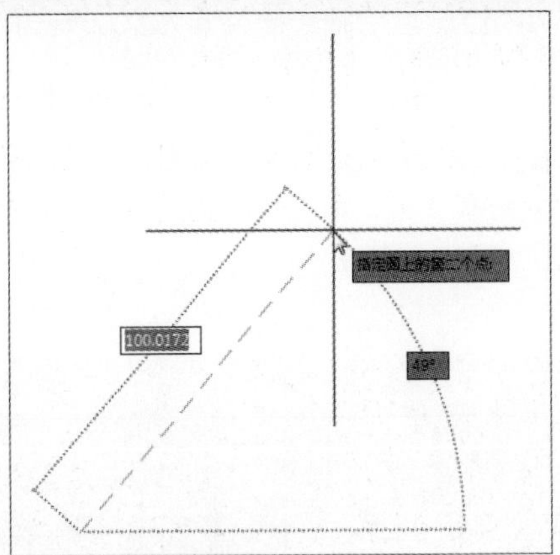

图5-32 指定圆第二点

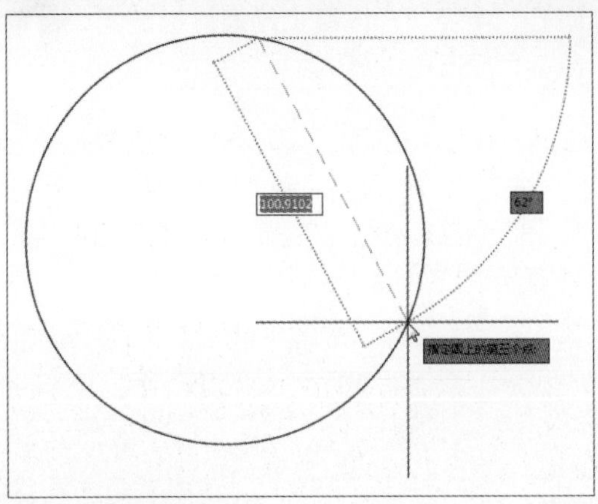

图5-33 指定圆第三点

- 相切、相切、半径◎：该模式是通过先指定两个相切对象的切点，然后指定半径值进行绘制。在使用该命令时所选的对象必须是圆或圆弧曲线，第一个点为第一组曲线上的相切点，如图5-34、图5-35、图5-36、图5-37所示。

命令行提示如下：

```
命令：_circle
指定圆的圆心或 [三点(3P)/两点(2P)/切点、切点、半径(T)]: _ttr
指定对象与圆的第一个切点：                                  （捕捉第 1 个切点）
指定对象与圆的第二个切点：                                  （捕捉第 2 个切点）
指定圆的半径 <34.2825>: 150                                （输入相切圆半径）
```

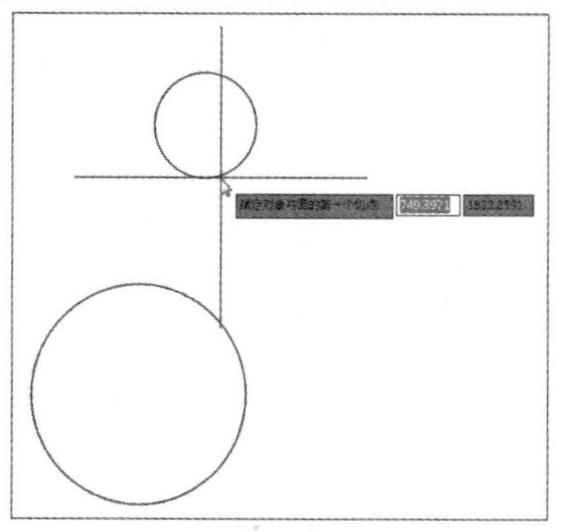

图5-34 指定第一个切点

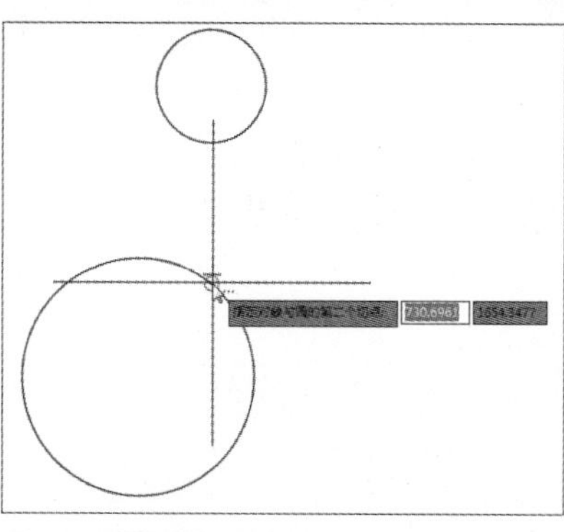

图5-35 指定第二个切点

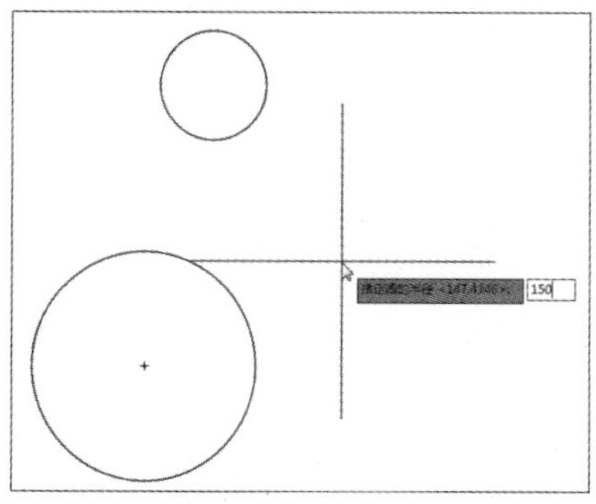

图5-36 指定圆半径

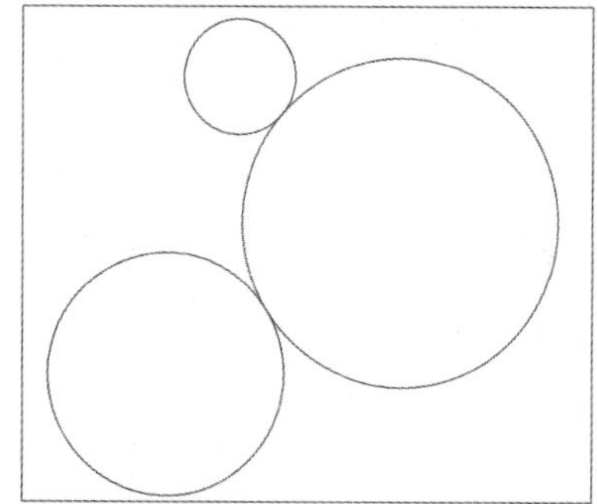

图5-37 完成绘制

工程师点拨：绘制相切圆需注意事项

使用“相切、相切、半径”模式绘制圆形时，如果指定的半径太小，无法满足相切条件，系统会提示该圆不存在。

- 相切、相切、相切◯：该模式是通过指定与已经存在的圆弧或圆对象相切的三个切点来绘制圆。先在第一个圆或圆弧上指定第一个切点，然后在第二个、第三个圆或圆弧上分别指定切点，即可完成创建，如图5-38、图5-39、图5-40、图5-41所示。

命令行提示如下：

```
命令：_circle
指定圆的圆心或 [三点(3P)/两点(2P)/切点、切点、半径(T)]: _3p
指定圆上的第一个点：_tan 到                             （捕捉第 1 个圆上的切点）
指定圆上的第二个点：_tan 到                             （捕捉第 2 个圆上的切点）
指定圆上的第三个点：_tan 到                             （捕捉第 3 个圆上的切点）
```

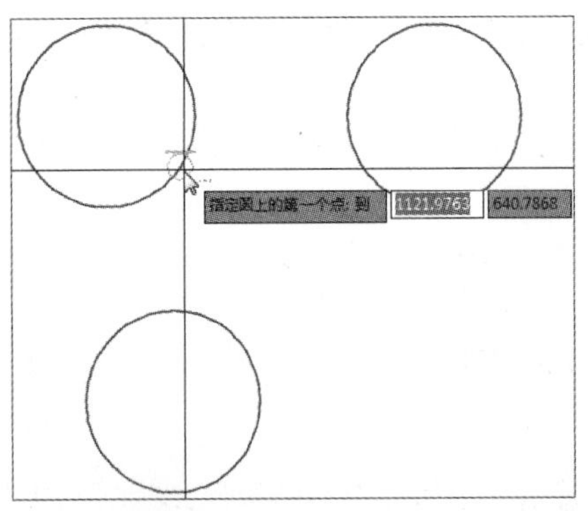

图5-38 指定第一个切点

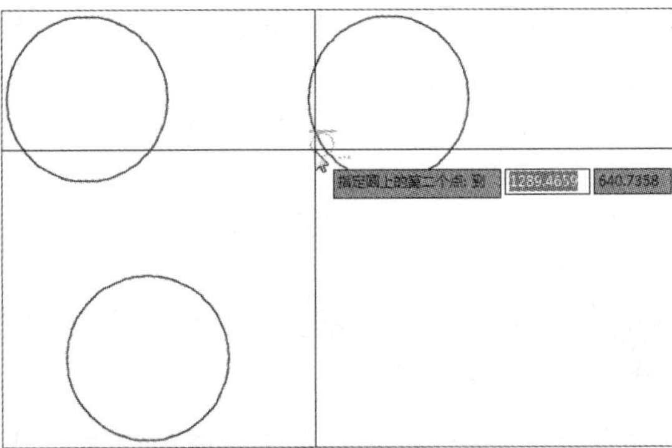

图5-39 指定第二个切点

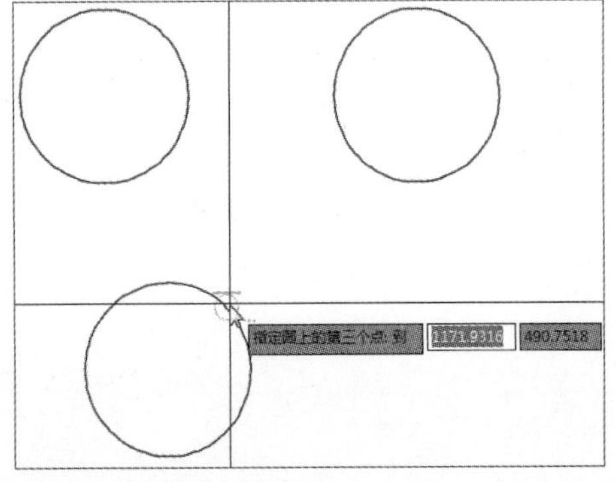

图5-40 指定第三个切点

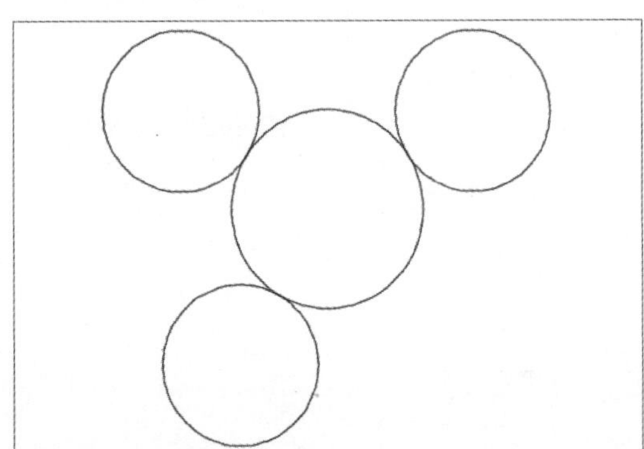

图5-41 完成绘制

5.3.2 圆弧的绘制

圆弧是圆的一部分，绘制圆弧一般需要指定三个点，分别为圆弧的起点、圆弧上的点和圆弧的端点。用户可以通过以下两种方法绘制圆弧。

1. 使用“圆弧”命令绘制

在“默认”选项卡的“绘图”面板中单击“圆弧”按钮，根据命令行提示，在绘图区中指定好圆弧三个点，即可创建圆弧。

2. 使用快捷命令绘制

命令行中输入“AR”后，按Enter键，即可执行圆弧操作。

命令行提示如下：

```
命令：_arc
指定圆弧的起点或 [圆心(C)]:                          (指定圆弧起点)
指定圆弧的第二个点或 [圆心(C)/端点(E)]:               (指定圆弧第 2 点)
指定圆弧的端点：                                     (指定圆弧第 3 点)
```

在CAD中，用户可以通过多种模式绘制圆弧，包括“三点”、“起点、圆心、端点”、“起点、端点、角度”、“圆心、起点、端点”以及“连续”等11种选项，而“三点”模式为默认模式。

各选项的含义如下。

- 三点：该方式是通过指定三个点来创建一条圆弧曲线，第一个点为圆弧的起点，第二个点为圆弧上的点，第三个点为圆弧的端点。

- 起点、圆心：该方式指定圆弧的起点和圆心进行绘制。使用该方法绘制圆弧还需要指定它的端点、角度或长度。
- 起点、端点：该方式指定圆弧的起点和端点进行绘制。使用该方法绘制圆弧还需要指定圆弧的半径、角度或方向。
- 圆心、起点：该方式指定圆弧的圆心和起点进行绘制。使用该方法绘制圆弧还需要指定它的端点、角度或长度。
- 连续：使用该方法绘制的圆弧将与最后一个创建的对象相切。

下面举例介绍圆弧的绘制方法。

Step 01 执行“起点、端点、角度”命令，根据命令行提示，在正方形中捕捉圆弧的起点，如图5-42所示。

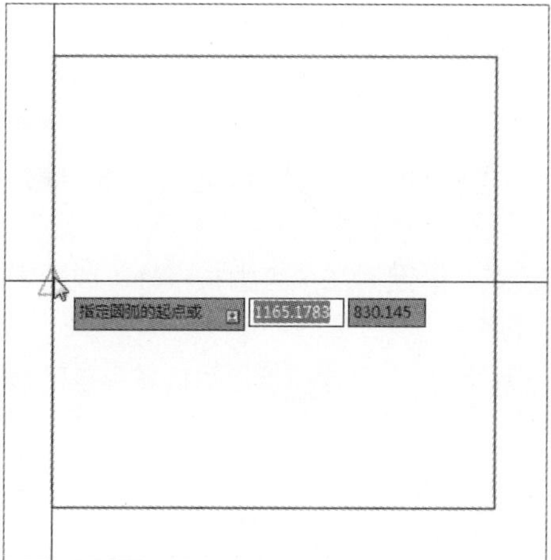

图5-42 指定圆弧起点

Step 02 设置完成后，即可完成圆弧的端点的绘制，如图5-43所示。

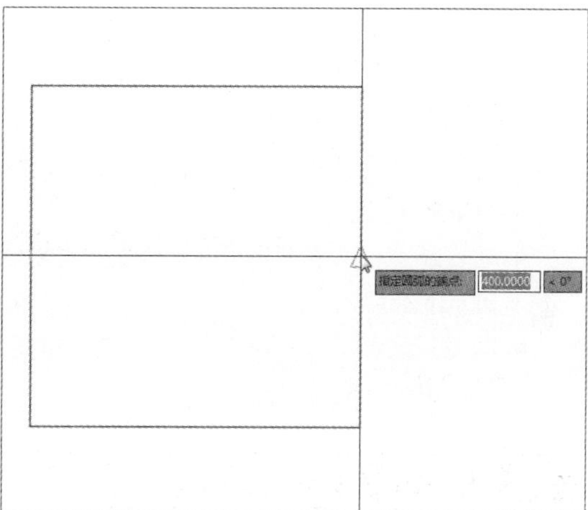

图5-43 指定圆弧端点

Step 03 执行“起点、圆心、端点”命令，捕捉长方形另一边线上的起点、圆心和端点，如图5-44所示。

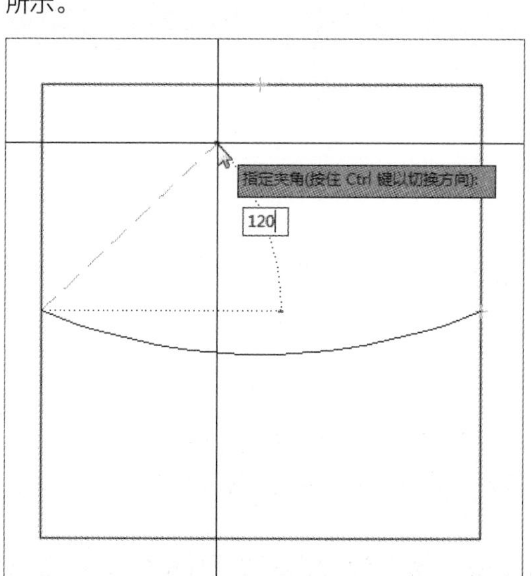

图5-44 指定夹角度数

Step 04 指定完成后完成圆弧的绘制。最后删除长方形两侧的边线，如图5-45所示。

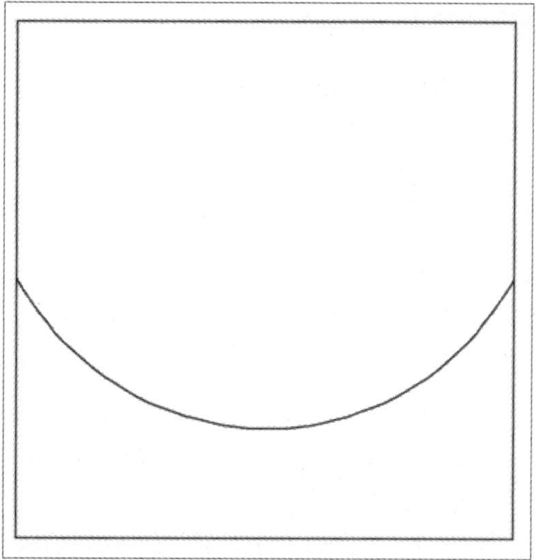

图5-45 完成绘制

命令行提示如下：

```
命令： _arc
指定圆弧的起点或 [ 圆心 (C)]:
指定圆弧的第二个点或 [ 圆心 (C)/ 端点 (E)]: _e
指定圆弧的端点：
指定圆弧的中心点 ( 按住 Ctrl 键以切换方向 ) 或 [ 角度 (A)/ 方向 (D)/ 半径 (R)]: _a
指定夹角 ( 按住 Ctrl 键以切换方向 ): 120
```

5.3.3 椭圆的绘制

椭圆有长半轴和短半轴之分，长半轴与短半轴的值决定了椭圆曲线的形状，用户通过设置椭圆的起始角度和终止角度可以绘制椭圆弧。

椭圆的绘制模式有3种，分别为“圆心”、“轴、端点”和“椭圆弧”。其中“圆心”方式为系统默认绘制椭圆的方式。

下面对各选项的含义进行介绍。

- 圆心：该模式是指定一个点作为椭圆曲线的圆心点，然后再分别指定椭圆曲线的长半轴长度和短半轴长度。
- 轴、端点：该模式是指定一个点作为椭圆曲线半轴的起点，指定第二个点为长半轴（或短半轴）的端点，指定第三个点为短半轴（或长半轴）的半径点。
- 圆弧：该模式的创建方法与轴、端点的创建方式相似。使用该方法创建的椭圆可以是完整的椭圆，也可以是其中的一段圆弧。

执行“默认>绘图>椭圆”命令，根据命令行提示信息，指定圆的中心点，然后移动光标，指定椭圆短半轴和长半轴的数值，即可完成椭圆的绘制，如图5-46、图5-47、图5-48所示。

命令行提示如下：

```
命令： _ellipse
指定椭圆的轴端点或 [ 圆弧 (A)/ 中心点 (C)]: _c
指定椭圆的中心点：
指定轴的端点： 100
指定另一条半轴长度或 [ 旋转 (R)]: 60
```

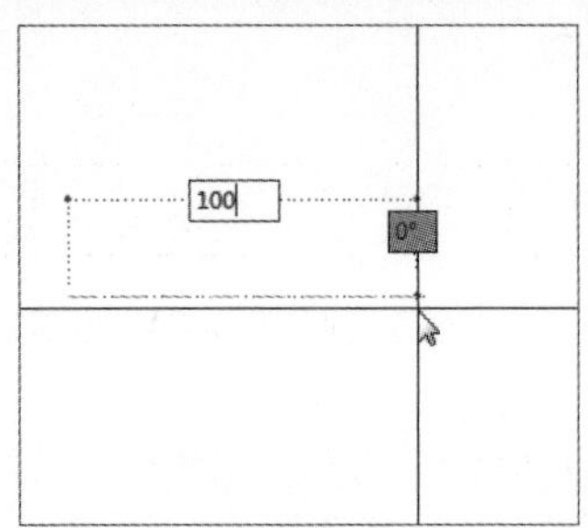

图5-46 指定长半轴长度

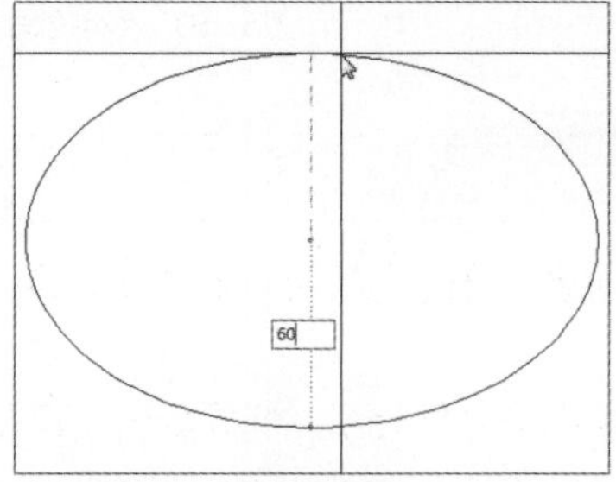

图5-47 指定短半轴长度

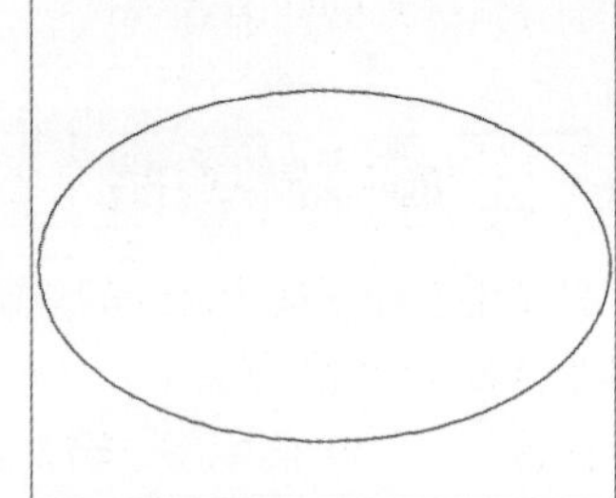

图5-48 完成绘制

5.3.4 圆环的绘制

圆环是由两个圆心相同、半径不同的圆组成的。圆环分为填充环和实体填充圆，即带有宽度的闭合多段线。绘制圆环时，应首先指定圆环的内径、外径，然后再指定圆环的中心点即可完成圆环绘制。

在“默认”选项卡的“绘图”面板中单击“圆环”按钮，根据命令行提示，指定好圆环的内、外径大小，即可完成圆环的绘制。

命令行提示如下：

```
命令： _donut
指定圆环的内径 <25.8308>: 50                    （指定圆环内径值）
指定圆环的外径 <50.0000>: 20                    （指定圆环外径值）
指定圆环的中心点或 <退出>:                      （指定圆弧中心点位置）
指定圆环的中心点或 <退出>: *取消*
```

5.3.5 样条曲线的绘制

样条曲线是一种较为特别的线段，它是通过一系列指定点的光滑曲线，用来绘制不规则的曲线图形，适用于表达各种具有不规则变化曲率半径的曲线。

在AutoCAD 2019软件中，样条曲线可分为两种绘制模式，分别为“样条曲线拟合”和“样条曲线控制点”。

- 样条曲线拟合：该模式是使用曲线拟合点来绘制样条曲线，如图5-49所示。
- 样条曲线控制点：该模式是使用曲线控制点来绘制样条曲线的。使用该模式绘制出的曲线较为平滑，如图5-50所示。

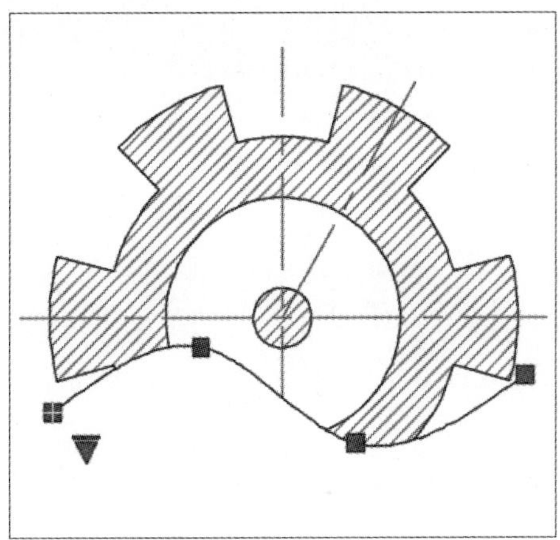

图5-49 使用拟合点绘制

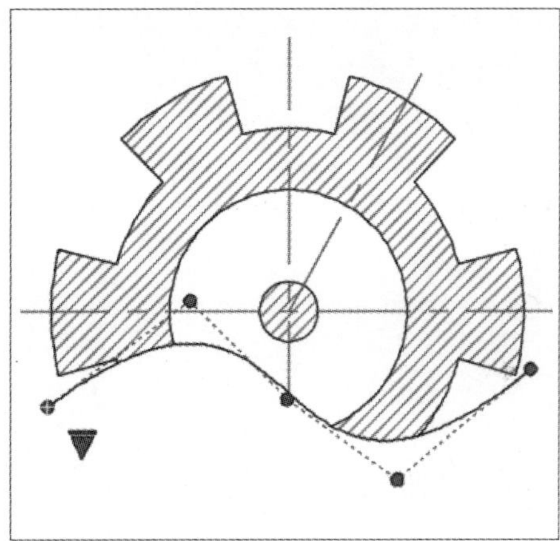

图5-50 使用控制点绘制

5.3.6 面域的绘制

面域是使用形成闭合环的对象创建二维闭合区域。组成面域的对象必须闭合或通过与其他对象共享端点而形成闭合的区域。

执行“>绘图>面域”命令，根据命令行提示，选择所要创建面域的线段，如图5-51所示，选择完成后按Enter键即可完成面域的创建，如图5-52所示。

命令行提示如下：

```
命令： _region
选择对象： 指定对角点： 找到 27 个
选择对象：
已提取 6 个环。
```

```
已创建 6 个面域。
命令： 指定对角点或 [栏选(F)/圈围(WP)/圈交(CP)]:
```

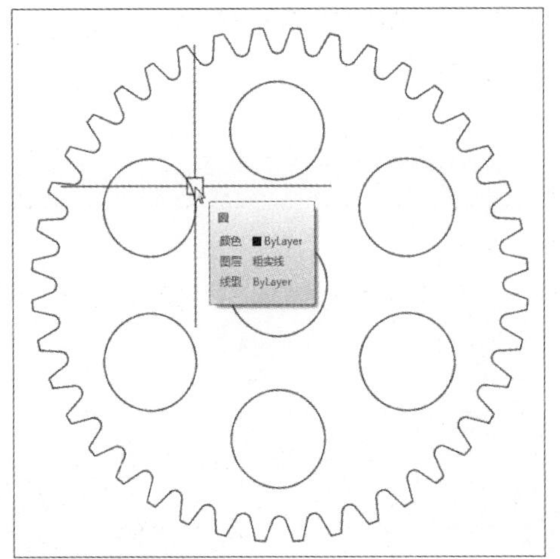

图5-51 面域创建前

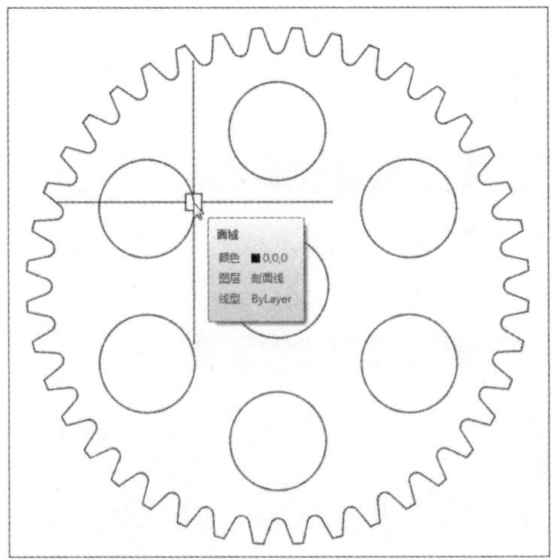

图5-52 面域创建后

5.3.7 螺旋线的绘制

螺旋线常被用来创建具有螺旋特征的曲线，螺旋线的底面半径和顶面半径决定了螺旋线的形状，用户还可以控制螺旋线的圈间距。

执行“绘图>螺旋”命令，根据命令行提示，指定螺旋底面中心点，并输入底面半径值和螺旋顶面半径值，以及螺旋线高度值，即可完成绘制，如图5-53、图5-54所示。

命令行提示如下：

```
命令： _Helix
圈数 = 3.0000      扭曲 =CCW
指定底面的中心点：
指定底面半径或 [直径(D)] <1.0000>: 50                                   (输入底面半径值)
指定顶面半径或 [直径(D)] <50.0000>: 100                                 (输入顶面半径值)
指定螺旋高度或 [轴端点(A)/圈数(T)/圈高(H)/扭曲(W)] <1.0000>: 50          (输入螺旋高度值)
```

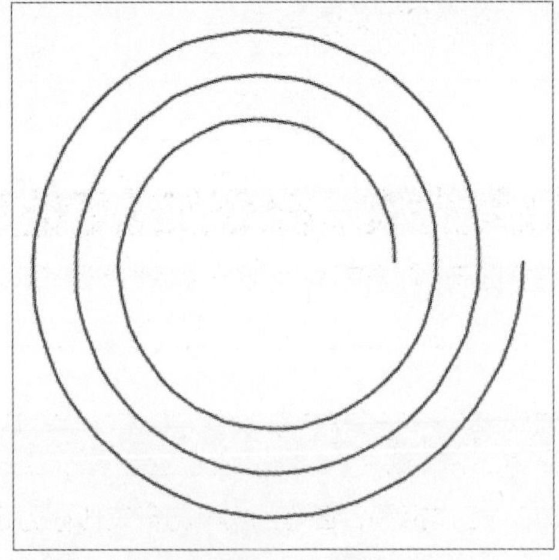

图5-53 二维螺旋线样式

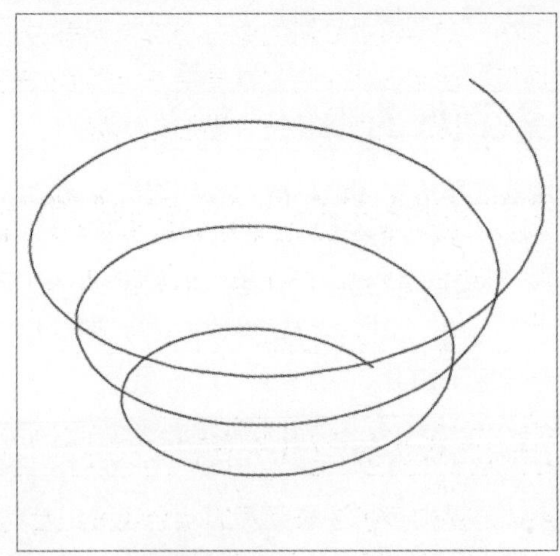

图5-54 三维螺旋线样式

5.4 矩形和多边形的绘制

在绘图过程中，用户需要经常绘制矩形、多边形对象，矩形和多边形是基本的几何图形，例如四边形、五边形及正多边形等。下面分别对它们的绘制方法进行讲解。

5.4.1 矩形的绘制

“矩形”命令是常用的命令之一，它可通过两个角点来定义。

执行“默认>绘图>矩形”命令，在绘图区中指定一个点作为矩形的起点，再指定第二个点作为矩形的对角点，即可创建出一个矩形，如图5-55、图5-56所示。

命令行提示如下：

```
命令：_rectang
指定第一个角点或 [倒角(C)/标高(E)/圆角(F)/厚度(T)/宽度(W)]:          （指定第一个矩形角点）
指定另一个角点或 [面积(A)/尺寸(D)/旋转(R)]: @100,100                （输入矩形长度和宽度值）
```

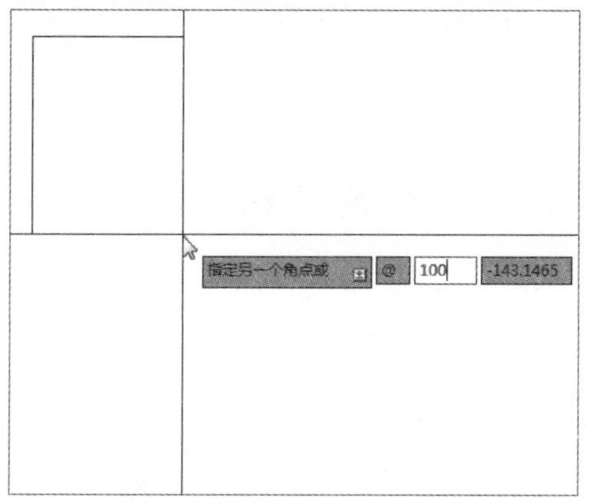

图5-55 指定矩形第一个角点

图5-56 绘制矩形

下面对命令行中各选项的含义进行介绍。

- 倒角：使用该命令可绘制一个带有倒角的矩形，这时必须指定两个倒角的距离。
- 标高：使用该命令可指定矩形所在的平面高度。
- 圆角：使用该命令可绘制一个带有圆角的矩形，这时需输入倒角半径。
- 厚度：使用该命令可设置具有一定厚度的矩形。
- 宽度：使用该命令可设置矩形的线宽。

工程师点拨：绘制圆角或倒角矩形需注意事项

绘制带圆角和倒角的矩形时，如果矩形的长度和宽度太小，而无法使用当前设置创建矩形时，那么绘制出来的矩形将不进行圆角或倒角。

5.4.2 正多边形的绘制

正多边形是由多条边长相等的闭合线段组合而成的，各边相等，各角也相等的多边形称为正多边形。在默认情况下，正多边形的边数为4。

在“默认”选项卡的“绘图”面板中单击“多边形”按钮，根据命令行提示，输入所需边数值，然后指定多边形中心点，并根据需要指定圆类型和圆半径值，即可完成绘制，如图5-57、图5-58所示。

命令行提示如下：

```
命令：
命令：_polygon 输入侧面数 <4>: 6
指定正多边形的中心点或 [边(E)]:
输入选项 [内接于圆(I)/外切于圆(C)] <I>: C
指定圆的半径： 20
```

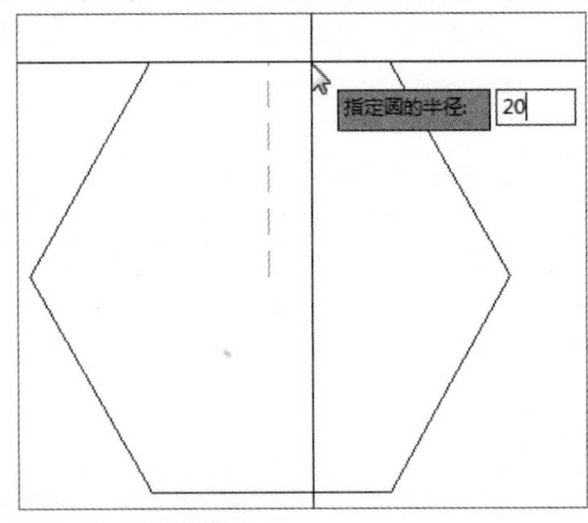

图5-57 输入圆半径值

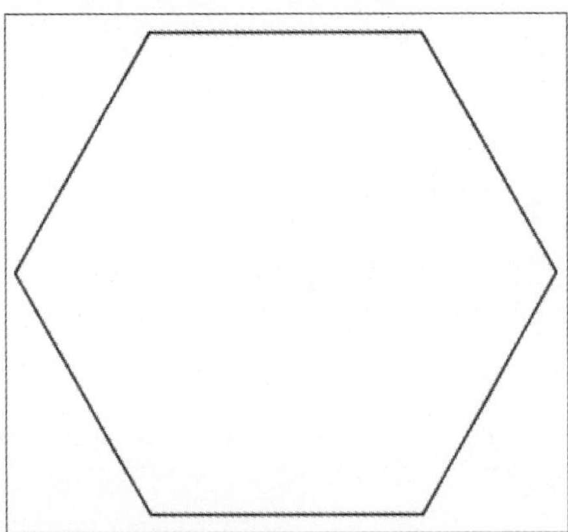

图5-58 完成多边形绘制

5.5 徒手绘图

在CAD中除了标准绘图外，也可以根据需要徒手绘制图形。徒手绘制的图形较为随意，并带有一定的灵活性，有助于绘制一些较为个性的图形。在AutoCAD 2019软件中，徒手绘图的工具分为徒手绘图和云线两种。

5.5.1 徒手绘图方法

用户若要进行徒手绘图操作，则需在命令行中输入“Sketch”命令并按Enter键。在绘图区中，指定一点为图形起点，然后移动光标即可绘制图形。绘制完成后，单击鼠标左键退出。

若要再次绘制，则再次单击鼠标左键可进行绘制。图形绘制完成后按Enter键，即可结束该操作，如图5-59所示。

命令行提示如下：

图5-59 徒手绘图

```
命令： SKETCH
类型 = 直线  增量 = 1.0000  公差 = 0.5000
指定草图或 [类型(T)/增量(I)/公差(L)]:                    （指定绘图起点）
指定草图：                                               （绘制图形）
已记录 1389 条直线。
```

工程师点拨：徒手绘制增量值设置

徒手绘图的默认系统增量为0.1，通常在徒手绘图前，需对其增量进行设置。在启动该操作后，用户可以在命令窗口中输入“i”，然后按Enter键，输入新的增量值，即可完成设置。一般增量值越大，徒手绘制的图形越不平滑；增量值越小，所绘制的图形则越平滑，但这样会大大增加系统读取的工作量。

5.5.2 云线的绘制

修订云线是由连续圆弧组成的多段线。在检查或用红线圈阅图形时，可以使用修订云线功能亮显标记以提高工作效率。在绘制云线时，可通过拾取点选择较短的弧线段来修改圆弧的大小，也可通过调整拾取点来编辑修订云线的单个弧长和弦长，如图5-60所示。

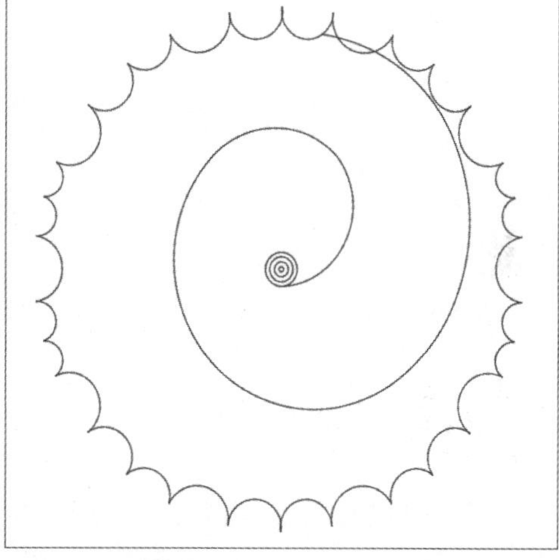

图5-60 云线绘图

在AutoCAD中，可通过以下两种方法进行绘制。

1. 使用“修订云线”命令绘制

在“默认”选项卡的“绘图”面板中单击“修订云线”按钮，根据命令行提示，指定云线起点即可开始绘制。

2. 使用快捷命令绘制

在命令行中直接输入“REVC”后按Enter键，即可进行绘制。

命令行提示如下：

```
命令： REVCLOUD
最小弧长： 0.5   最大弧长： 0.5   样式： 普通
指定起点或 [弧长(A)/对象(O)/样式(S)] <对象>: o
（选择“对象”选项）
选择对象：                                          （选择转换的图形对象）
反转方向 [是(Y)/否(N)] <否>: Y                       （选择是否“反转”）
修订云线完成。
```

下面对命令行中常用选项的含义进行介绍。

- 指定起点：是指在绘图区中指定线段起点，拖动鼠标绘制云线。
- 弧长：该选项用于指定云线的弧长范围。用户可根据需要对云线的弧长进行设置。
- 对象：该选项用于选择某个封闭的图形对象，并将其转换成云线。

综合实例 —— 绘制居室平面户型图

本章主要向用户介绍了二维图形的操作方法。利用这些命令，可以轻松绘制出简单二维图形。下面将结合前面所学知识来绘制居室平面户型图，其中涉及的命令有“图层”、“多线设置及绘制”、“直线”以及“圆弧”等。

Step 01 执行“图层”命令，打开“图层特性管理器”选项板，单击“新建”按钮，创建“轴线”图层，如图5-61所示。

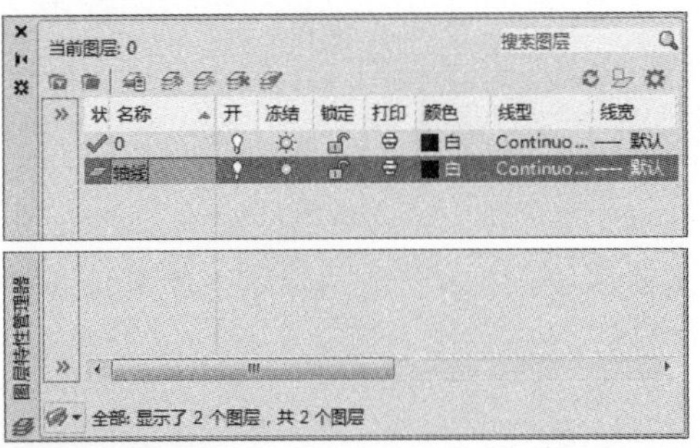

图5-61 新建图层

Step 02 单击“颜色”按钮，打开“选择颜色”对话框，选择红色，如图5-62所示。

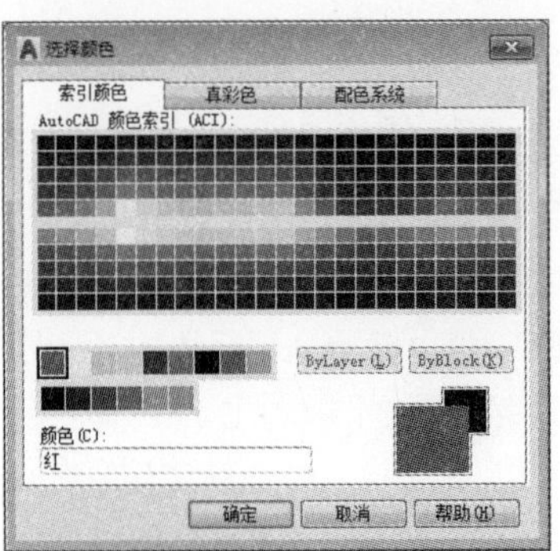

图5-62 选择颜色

Step 03 单击“确定”按钮，返回“图层特性管理器”选项板，如图5-63所示。

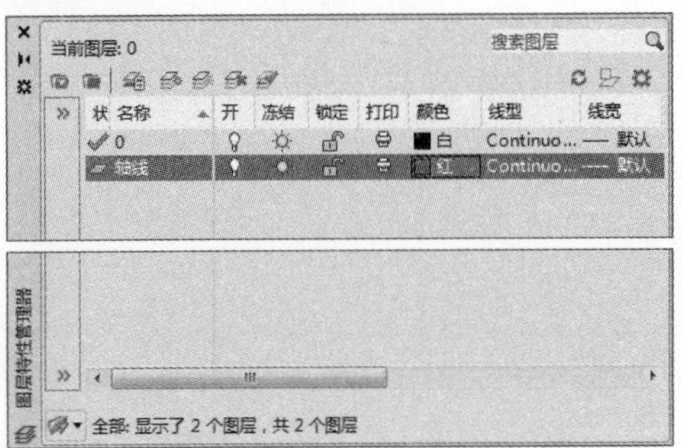

图5-63 设置颜色的效果

Step 04 单击“线型”按钮，打开“选择线型”对话框，如图5-64所示。

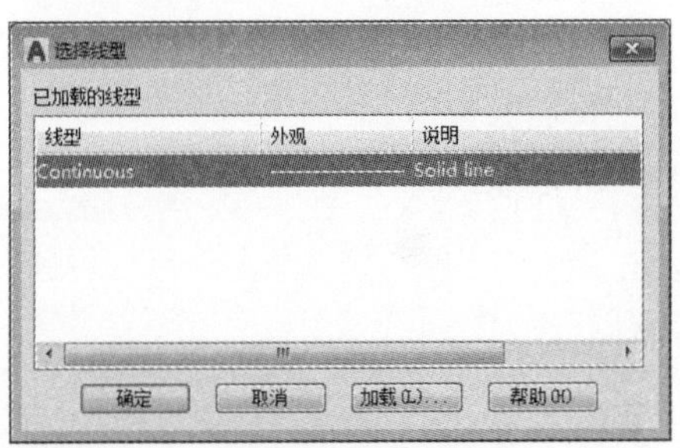

图5-64 打开“选择线型”对话框

Step 05 单击“加载”按钮，打开“加载或重载线型”对话框，选择合适线型，如图5-65所示。

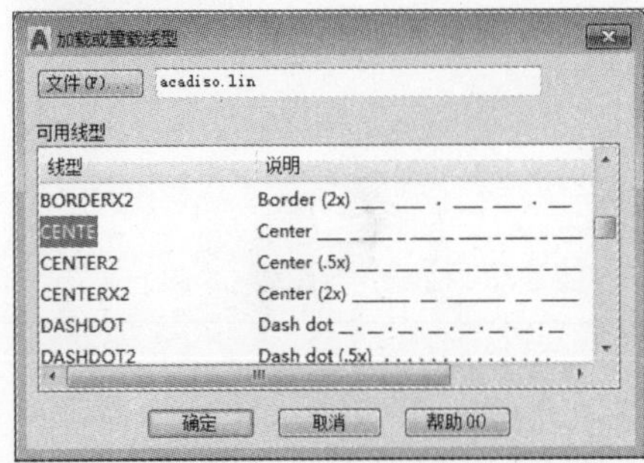

图5-65 选择线型

Step 06 单击“确定”按钮，返回“选择线型”对话框，如图5-66所示。

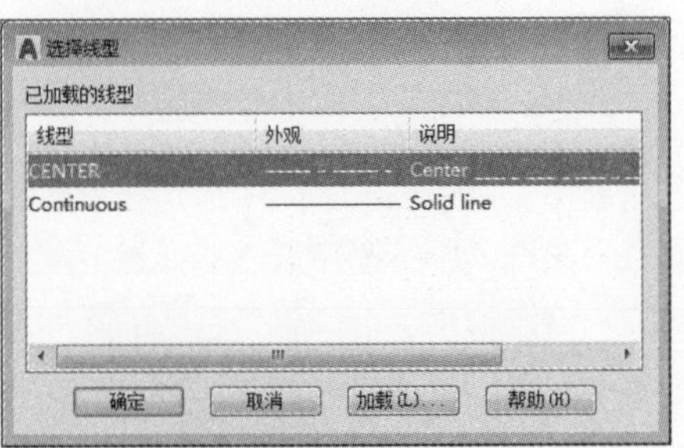

图5-66 返回“选择线型”对话框

Step 07 单击“确定”按钮，返回“图层特性管理器”选项板，可以看到线型已被修改，如图5-67所示。

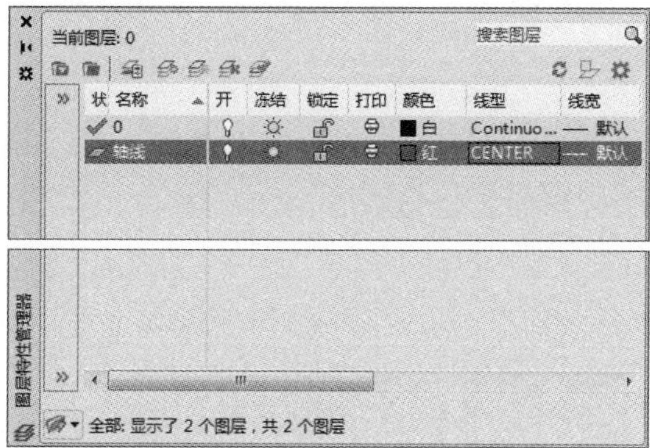

图5-67　修改线型

Step 08 按照相同的方法创建“墙体”、“门窗”图层，并设置“轴线”图层为当前层，如图5-68所示。

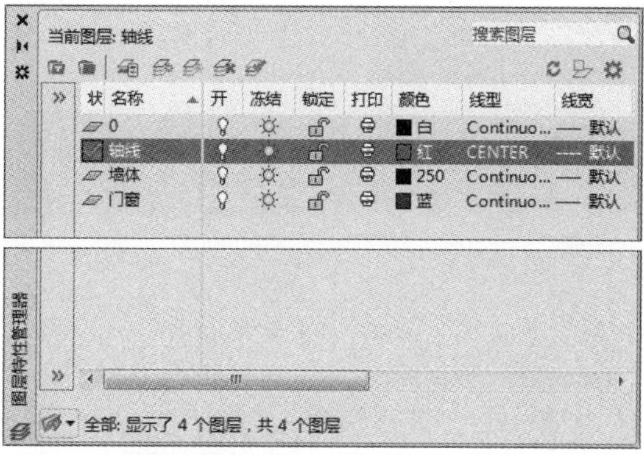

图5-68　创建其余图层

Step 09 执行“构造线”命令，绘制辅助线，并设置线型比例为10，如图5-69所示。

图5-69　绘制辅助线

Step 10 设置“墙体”图层为当前层，执行“多线样式”命令，打开“多线样式”对话框，如图5-70所示。

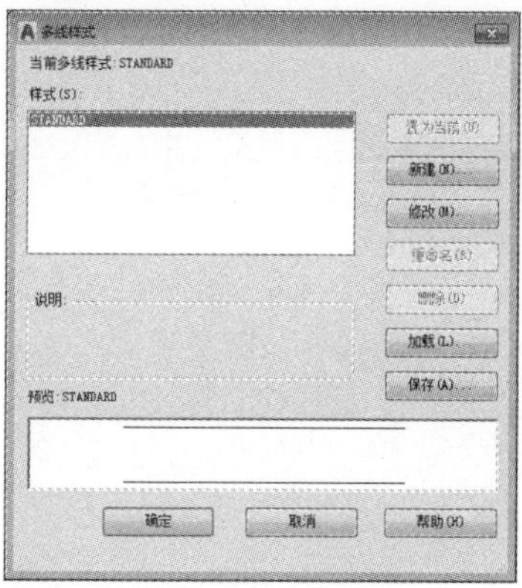

图5-70　打开“多线样式”对话框

Step 11 单击“新建”按钮，打开“创建新的多线样式”对话框，输入新样式名，如图5-71所示。

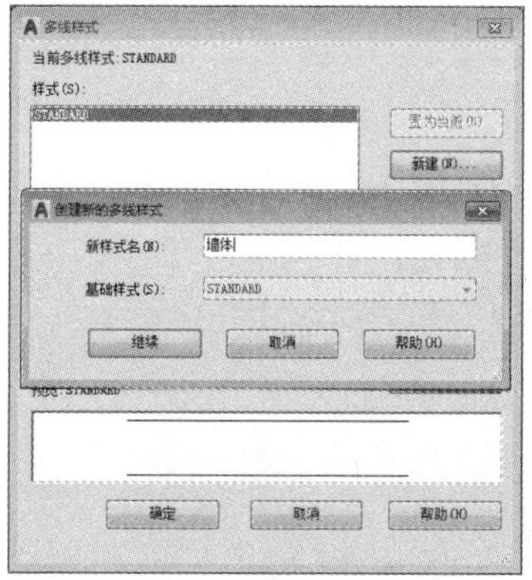

图5-71　输入新样式名

Step 12 单击“继续”按钮，打开“新建多线样式：墙体”对话框，勾选直线的“起点”和“端点”复选框，如图5-72所示。

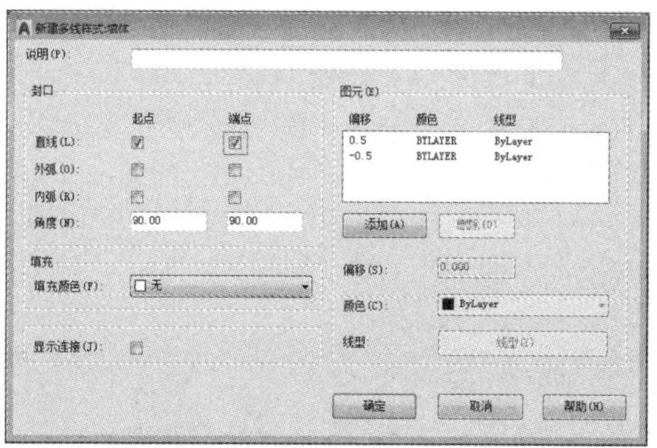

图5-72　设置参数

Step 13 单击“确定”按钮，返回“多线样式”对话框，依次单击“置为当前”和“确定”按钮，关闭对话框，如图5-73所示。

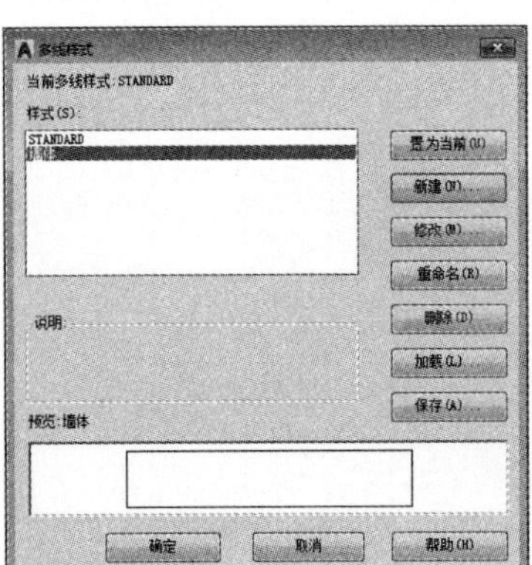

图5-73 置为当前

Step 14 执行“多线”命令，设置比例为240，对正方式选择无，绘制墙体图形，如图5-74所示。

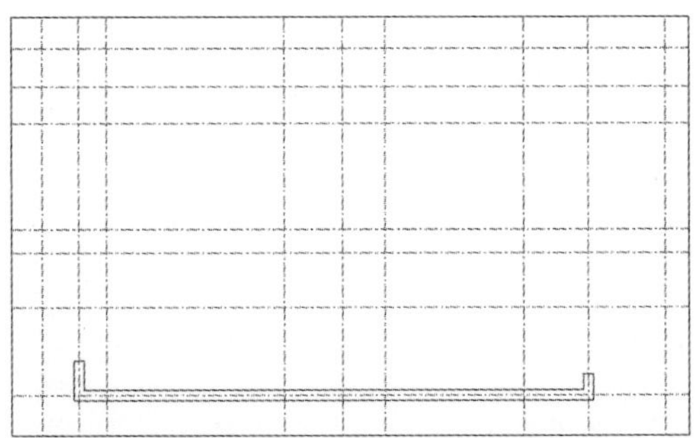

图5-74 绘制多线

Step 15 继续执行当前命令，绘制墙体，如图5-75所示。

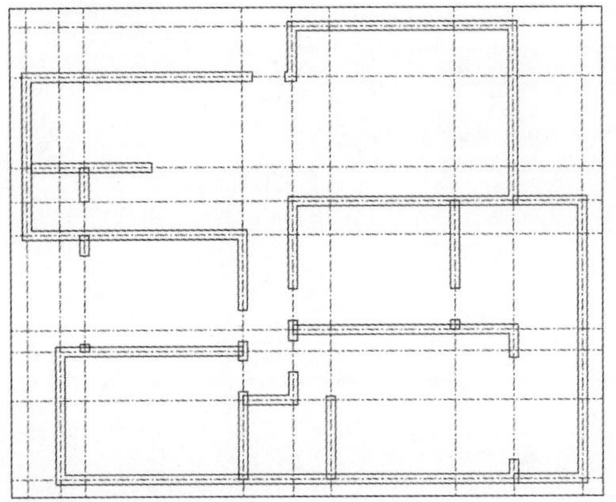

图5-75 绘制其余墙体

Step 16 执行“多线样式”命令，打开“多线样式”对话框，新建门窗样式，如图5-76所示。

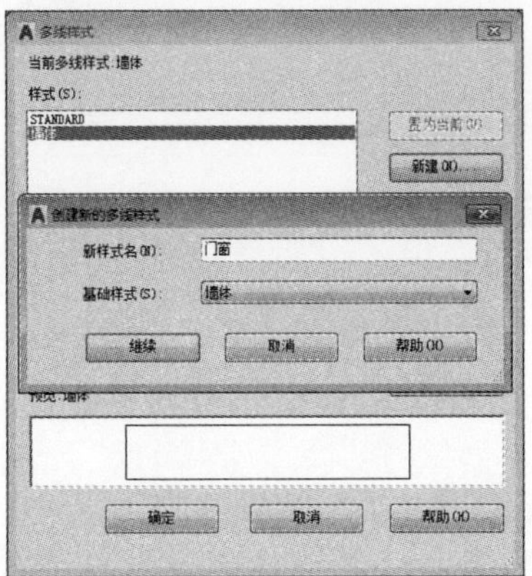

图5-76 新建“门窗”样式

Step 17 单击“继续”按钮，打开“新建多线样式：门窗”对话框，设置相关图元参数，如图5-77所示。

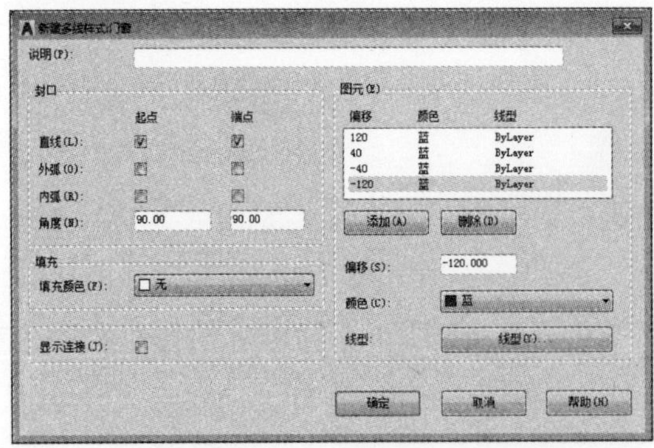

图5-77 设置图元参数

Step 18 单击“确定”按钮，返回“多线样式”对话框，依次单击“置为当前”、“确定”按钮，关闭对话框，如图5-78所示。

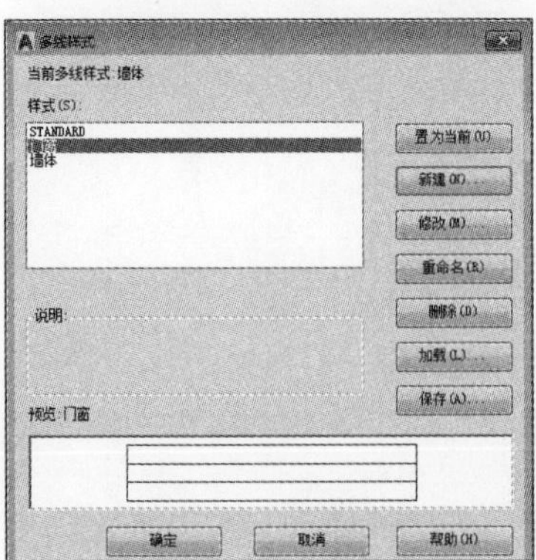

图5-78 置为当前

Step 19 设置“门窗”图层为当前层，执行“多线”命令，设置比例为1，对正方式选择无，绘制窗户图形，如图5-79所示。

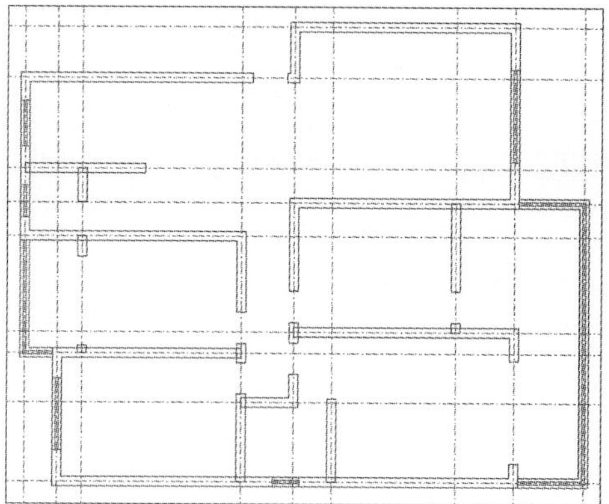

图5-79 绘制窗户图形

Step 20 关闭“轴线”图层，双击多线，在打开的对话框中选择“T形打开”多线编辑工具，如图5-80所示。

图5-80 选择编辑工具

Step 21 根据提示对墙体图形进行修剪，如图5-81所示。

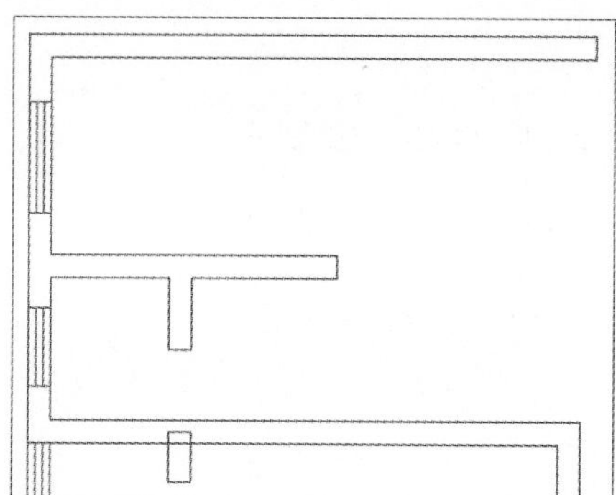

图5-81 编辑墙体

Step 22 继续执行当前命令，编辑墙体图形，如图5-82所示。

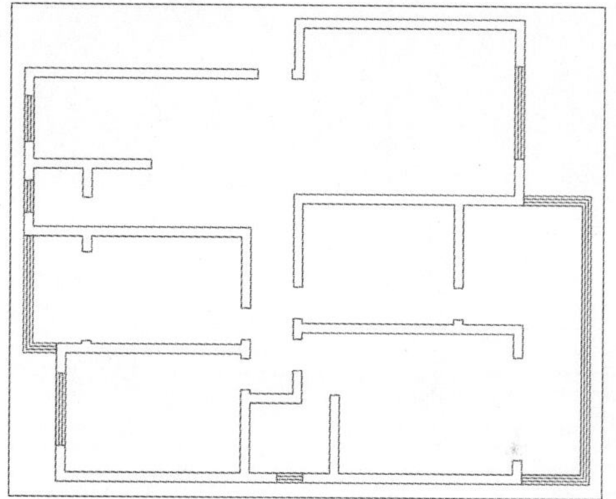

图5-82 编辑墙体

Step 23 执行“矩形”、“圆弧”命令，绘制长为40mm、宽为900mm的矩形图形，绘制开门弧线，绘制出入户门图形，如图5-83所示。

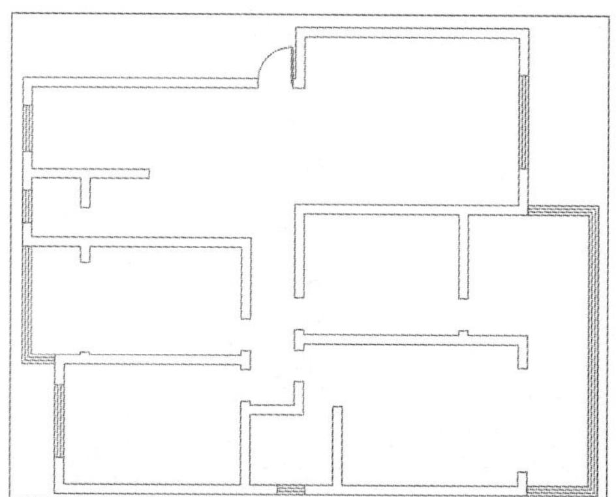

图5-83 绘制入户门

Step 24 按照相同的方法绘制其余入户门图形，完成居室平面户型图的绘制，如图5-84所示。

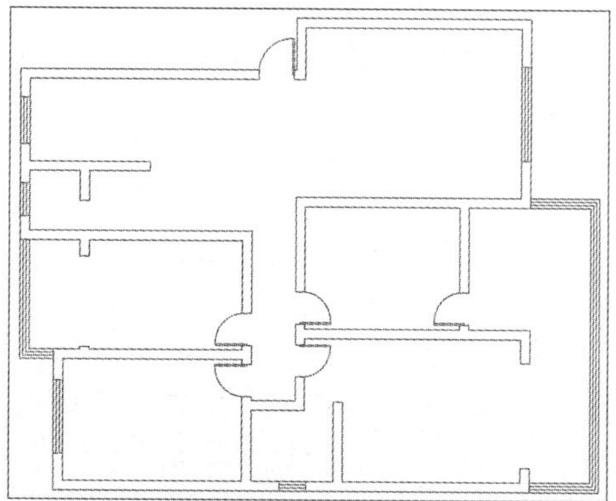

图5-84 完成户型图的绘制

高手应用秘籍 —— AutoCAD中区域覆盖的运用

区域覆盖是CAD的一个基础绘图功能，使用该功能可有效地遮挡后面图形图案，下面举例介绍其具体操作方法。

Step 01 打开图形文件，可以看到已经填充了地面材质的书房平面，执行“矩形”命令，在图形合适位置绘制一个600×1400的长方形，如图5-85所示。

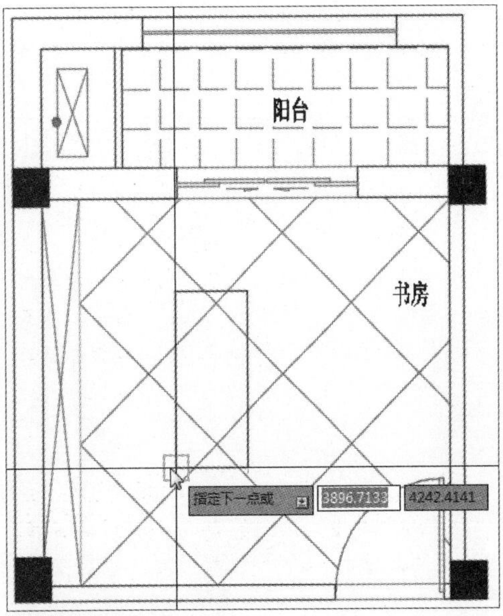

图5-85 选择覆盖区域

Step 02 执行“默认>绘图>区域覆盖”命令，根据命令行提示，沿着长方形边框绘制多段线，如图5-86所示。

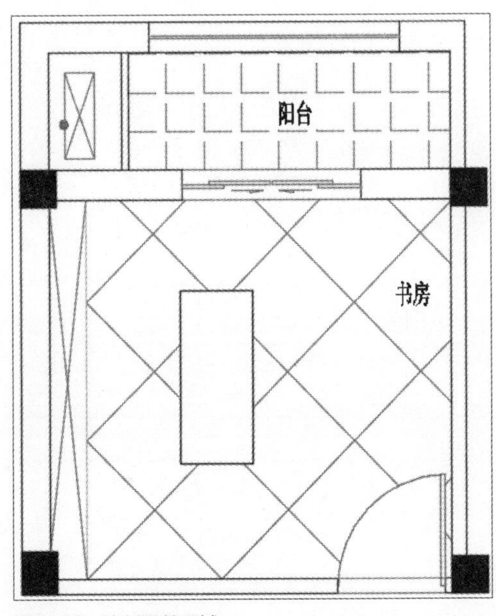

图5-86 绘制覆盖区域

Step 03 按Enter键确认，此时该长方形区域内的填充图案已被覆盖，如图5-87所示。

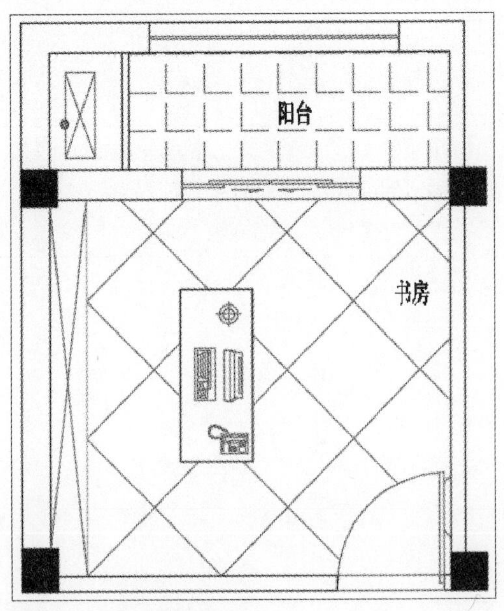

图5-87 完成图形的绘制

秒杀工程疑惑

在进行CAD操作时，用户经常会遇到各种各样的问题，下面将总结一些常见问题进行解答，例如修复损坏的图形文件、面域和线框的区别、修订云线的作用以及如何显示绘图区中的全部图形等问题。

问　题	解　答
如何修复损坏的图形文件	如果在绘图时，系统突然发生故障后要求保存图形，那么该图形文件将标记为损坏。如果只是轻微损坏，可执行“菜单浏览器>图形实用工具>修复”命令，在“选择文件”对话框中选择需修复的图形文件并尝试打开，即会显示核查结果
修订云线的作用是什么	修订云线，顾名思义一般是修订用，即审图看图时把有问题的地方用这种线圈起来，便于识别。当然也可以用作他用，比如画云彩，或是像云彩的东西。可以把云线调得适当粗些、圆弧半径适当大些，画出来效果比较好看
为什么在使用Ctrl+C组合键进行复制时所复制的物体总是离光标点很远	在CAD的剪贴板复制命令中，默认的基点在图形的左下角。最好是用带基点复制，这样即可指定所需的基点。带基点复制是CAD的要求与Windows剪贴板结合的产物，而该命令只需在绘图区空白处单击鼠标右键，在快捷菜单中选择“剪贴板>带基点复制”选项即可；同样在菜单栏中执行“编辑>带基点复制”命令，也可进行操作
面域和线框有什么区别	面域是一个有面积而无厚度的实体截面，它也可以称为实体，而线框仅仅是线条的组合，所以面域和单纯的线框还是有区别的，在CAD中运算线框和面域的运算方式也有所不同，它比线框更有效地配合实体修改的操作。 另外，比如面域可以直接拉伸、旋转成有厚度有体积的实体，可以直接计算出面积周长等，给予一定的材质密度比还可以计算单位面积的质量和重量。面域与面域之间也可以直接进行布尔运算。方便复杂图形的统计与修改。 面域的生成方式一般有两种，一种是封闭多段线用矩形命令生成，一种是对现有实体进行迫切截面而得
如何显示绘图区中的全部图形	在命令行中输入命令ZOOM，按Enter键后，然后根据提示输入命令A，即可显示全部图形。用户还可以双击鼠标滚轮，扩展空间大小，也可以显示全部图形

Chapter

06

二维图形的编辑

在AutoCAD中，单纯地使用绘图工具只能绘制出一些基本图形对象，要绘制较为复杂的图形，必须借助图形编辑命令。AutoCAD 2019提供了强大的图形编辑功能，用户可以通过对图形的移动、阵列、复制、倒角及参数修改等操作对图形进行编辑，保证绘图的准确性，从而极大地提高绘图效率。本章将详细介绍这些编辑命令的使用方法及应用技巧。

01 学完本章您可以掌握如下知识点

1. 选取图形的方法 ★★
2. 复制图形的方法 ★★
3. 修改图形的方法 ★★
4. 复合线段的编辑方法 ★★★
5. 图形图案填充的方法 ★★★

02 本章内容图解链接

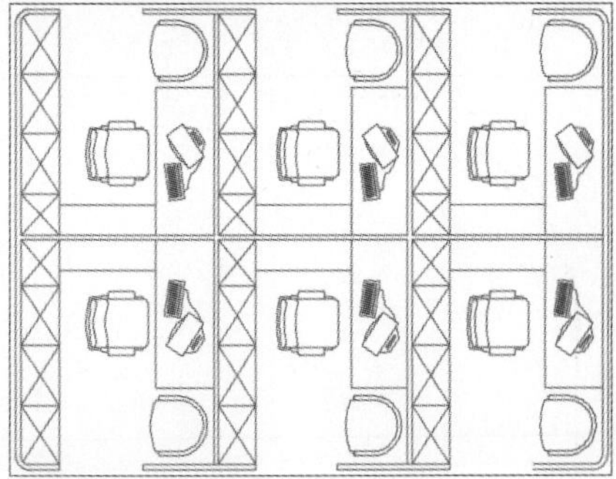

矩形阵列图形

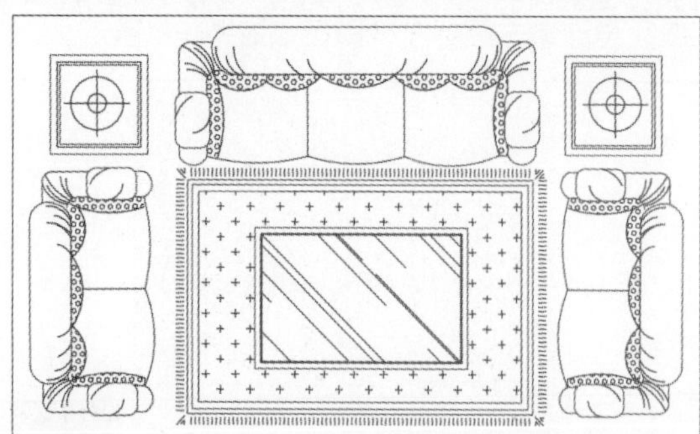

镜像图形

6.1 图形对象的选取

选择对象是整个绘图工作的基础，在编辑图形之前，首先要指定一个或多个编辑对象，这个指定编辑对象的过程就是选择。准确熟练地选择对象是编辑操作的基本前提，它可以给绘图工作带来很大的帮助。在CAD中，图形的选取方式有多种，下面将分别对其进行介绍。

6.1.1 选取图形的方式

在AutoCAD软件中，用户可以通过点选图形的方式进行选择，也可以通过框选的方式进行选择，当然也可以通过围选或栏选的方式来选择。

1. 点选图形方式

点选的方法较为简单，只需直接选取图形对象即可。当用户在选择某图形时，只需将光标放置在该图形上，然后单击该图形即可选中。当图形被选中后，会显示该图形的夹点。若要选择多个图形，则只需单击其他图形即可，如图6-1、图6-2所示。

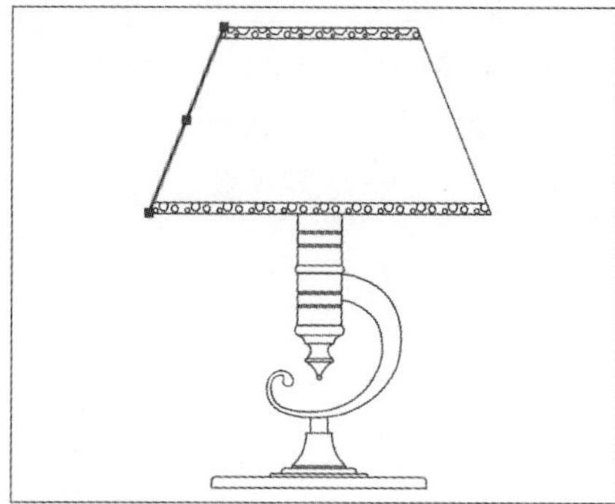

图6-1 点选一个图形

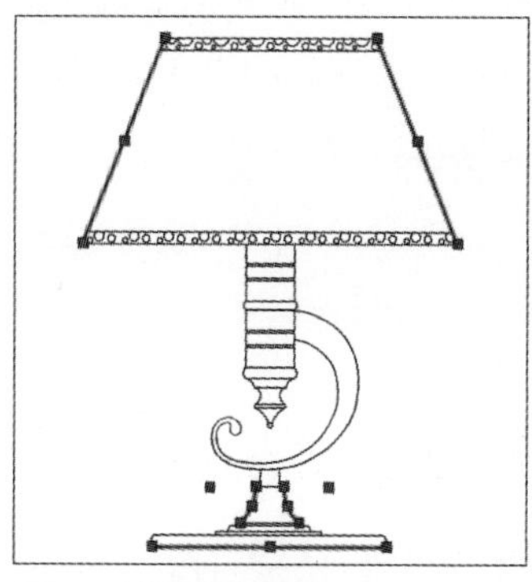

图6-2 点选多个图形

该方法选择图形较为简单、直观，但其精确度不高。如果在较为复杂的图形上进行选取操作，往往会出现误选或漏选现象。

2. 框选图形方式

在选择大量图形时，使用框选方式较为合适。选择图形时，只需在绘图区中指定框选起点，移动光标至合适位置，如图6-3所示，此时在绘图区中会显示矩形窗口，而在该窗口内的图形将被选中，选择完成后再次单击鼠标左键即可，如图6-4所示。

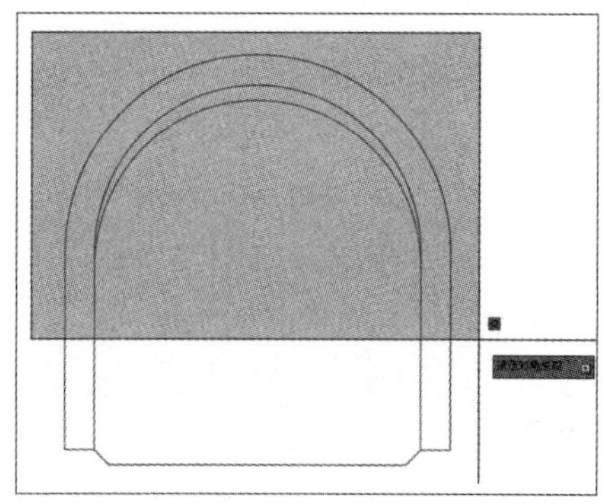

图6-3 框选图形

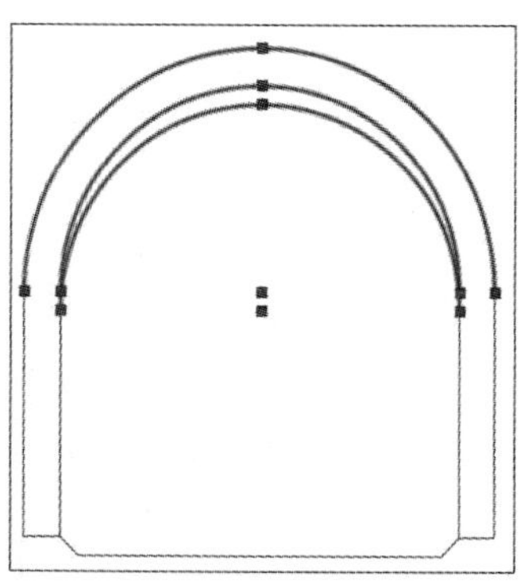

图6-4 完成选择

框选的方式分为两种，一种是从左至右框选，另一种是从右至左框选。使用这两种方式都可以进行图形的选择。

- 从左至右框选，称为窗口选择，位于矩形窗口内的图形将被选中，窗口外图形不会被选中。
- 从右至左框选，称为窗交选择，其操作方法与窗口选择相似，它同样也可以创建矩形窗口，并选中窗口内所有图形，但与窗口方式不同的是，在进行框选时，与矩形窗口相交的图形也可以被选中，如图6-5、图6-6所示。

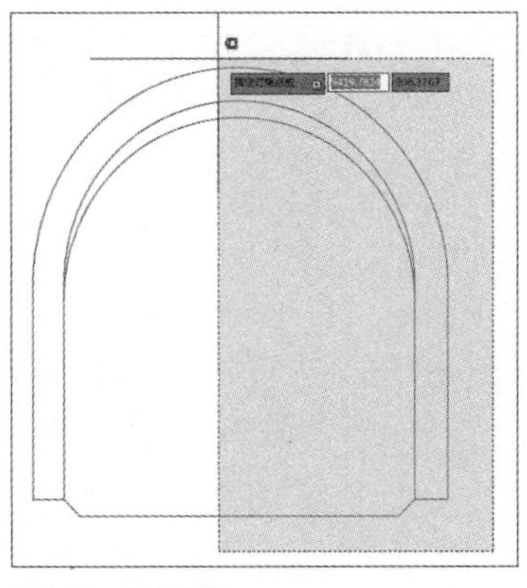
图6-5 窗交选择

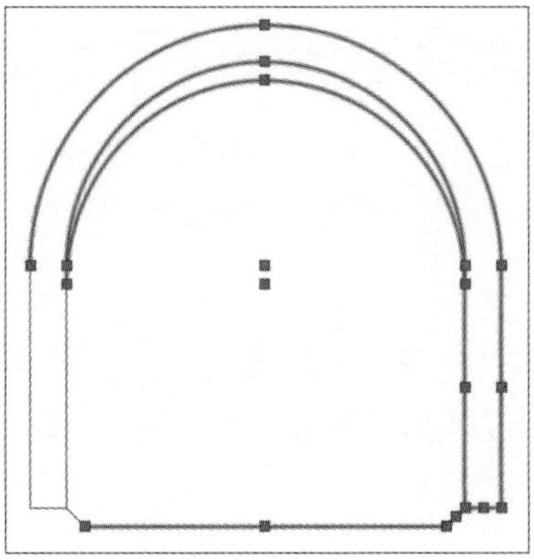

图6-6 完成选择

3. 围选图形方式

使用围选的方式来选择图形，其灵活性较大。它可以通过不规则图形围选所需选择图形。围选的方式可分为圈选和圈交两种。

（1）圈选

圈选是一种多边形窗口选择方法，其操作与窗口、窗交方式相似。用户在要选择图形任意位置指定一点，然后在命令行中输入“WP”并按Enter键，接着在绘图区中指定其他拾取点，通过不同的拾取点构成任意多边形，如图6-7所示。在该多边形内的图形将被选中，选择完成后按Enter键即可，如图6-8所示。

命令行提示如下：

```
命令：                                                    （指定圈选起点）
指定对角点或 [栏选(F)/圈围(WP)/圈交(CP)]: wp          （输入“WP”圈围选项）
指定直线的端点或 [放弃(U)]:
指定直线的端点或 [放弃(U)]:                （选择其他拾取点，按 Enter 键完成）
```

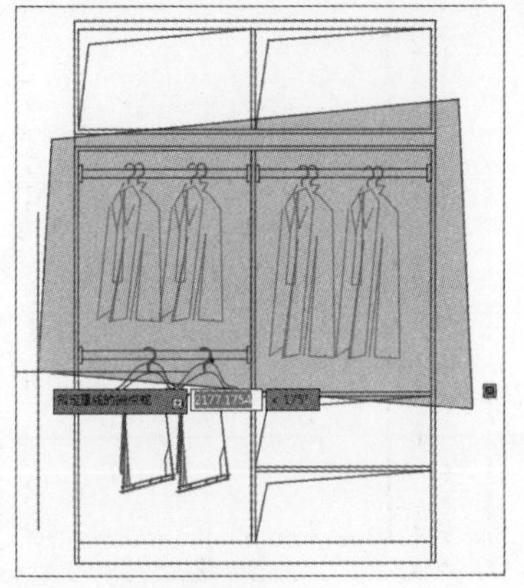
图6-7 选择圈选范围

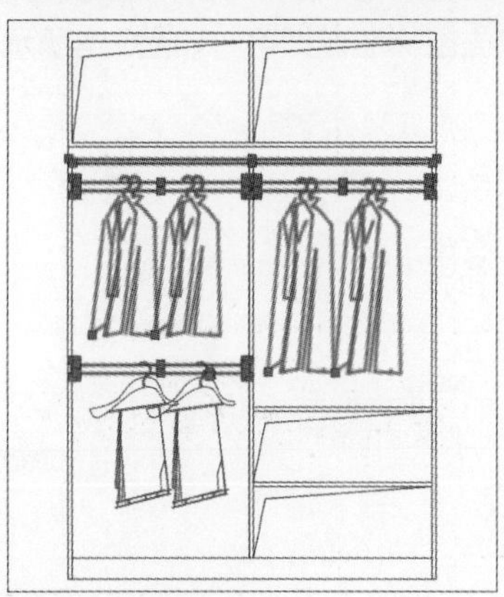
图6-8 完成选择

（2）圈交

圈交与窗交方式相似。它是绘制一个不规则的封闭多边形作为交叉窗口来选择图形对象的。完全包围在多边形中的图形与多边形相交的图形将被选中。用户只需在命令行中输入“CP”，然后按下Enter键，即可进行选取操作，如图6-9、图6-10所示。

命令行提示如下：

```
命令： 指定对角点或 [栏选(F)/圈围(WP)/圈交(CP)]: cp
(输入CP选择“圈交”，Enter)
指定直线的端点或 [放弃(U)]:                                    (圈选图形，Enter完成操作)
```

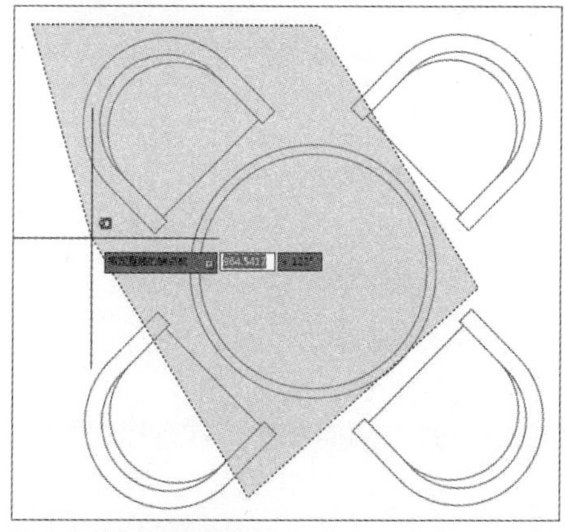

图6-9 圈交选择图形

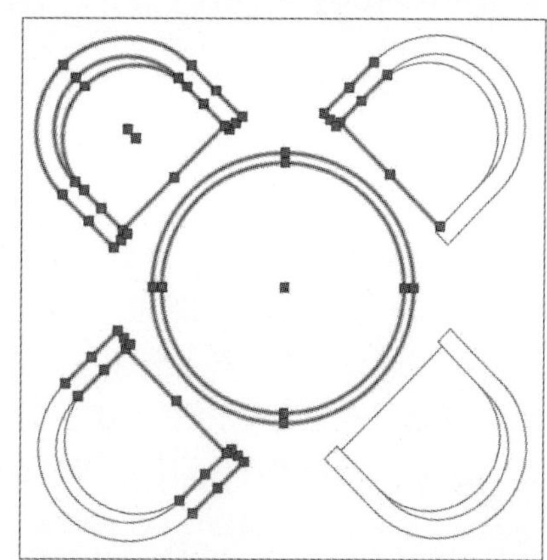

图6-10 完成选择

4. 栏选图形方式

栏选方式则是利用一条开放的多段线进行图形的选择，所有与该线段相交的图形都会被选中。在对复杂图形进行编辑时，使用栏选方式可以方便地选择连续的图形。用户只需在命令行中输入“F”并按Enter键，即可选择图形，如图6-11、图6-12所示。

命令行提示如下：

```
命令： 指定对角点或 [栏选(F)/圈围(WP)/圈交(CP)]: f
(输入“F”，选择“栏选”选项)
指定下一个栏选点或 [放弃(U)]:                                    (选择下一个拾取点)
```

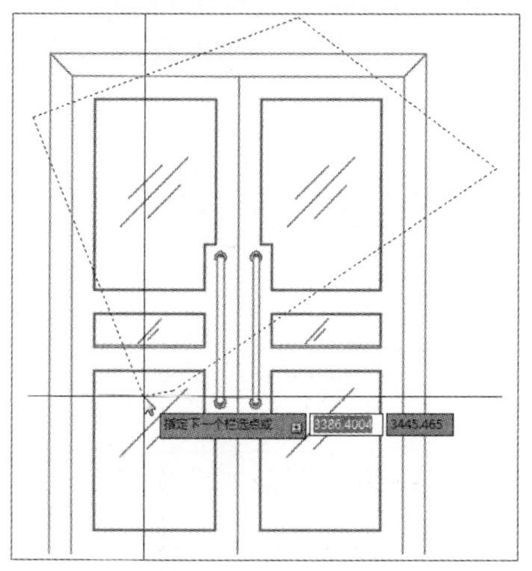

图6-11 栏选图形

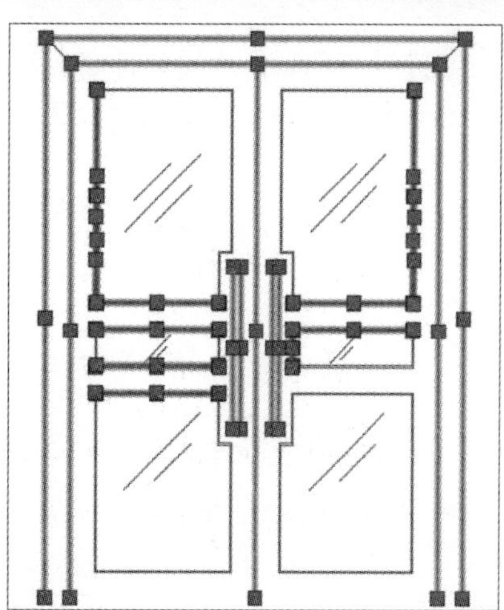

图6-12 完成选择

5. 其他选取方式

除了以上常用选取图形的方式外，还可以使用其他一些方式进行选取。例如“上一个”、“全部”、“多个”、“自动”等。用户只需在命令行中输入“SELECT”，然后按Enter键，再输入“? ”，即可显示多种选取方式，此时用户即可根据需要进行选取操作。

命令行提示如下：

```
命令： SELECT
选择对象： ?                                                              （输入“? ”）
* 无效选择 *
需要点或窗口 (W)/ 上一个 (L)/ 窗交 (C)/ 框 (BOX)/ 全部 (ALL)/ 栏选 (F)/ 圈围 (WP)/ 圈交 (CP)/ 编组 (G)/ 添加 (A)/
删除 (R)/ 多个 (M)/ 前一个 (P)/ 放弃 (U)/ 自动 (AU)/ 单个 (SI)/ 子对象 (SU)/ 对象 (O)       （选择所需选择的方式）
```

下面对命令行中常用选项的含义进行介绍。

- 上一个：选择最近一次创建的图形对象。该图形需在当前绘图区中。
- 全部：该方式用于选取图形中没有被锁定、关闭或冻结的图层上所有图形对象。
- 添加：该方式可使用任何对象选择方式将选定对象添加到选择集中。
- 删除：该选项可使用任何对象选择方式从当前选择集中删除图形。
- 前一个：该选项表示选择最近创建的选择集。
- 放弃：该选项将放弃选择最近加到选择集中的图形对象。如果最近一次选择的图形对象多于一个，将从选择集中删除最后一次选择的图形。
- 自动：该选项切换到自动选择，单击一个对象即可选择。单击对象内部或外部的空白区，将形成框选方法定义的选择框的第一点。
- 多个：该选项可单击选中多个图形对象。
- 单个：该选项表示切换到单选模式，选择指定的第一个或第一组对象而不继续提示进一步选择。
- 子对象：该选项使用户可逐个选择原始形状，这些形状是复合实体的一部分或三维实体上的顶点、边和面。
- 对象：该选项表示结束选择子对象的功能，使用户可以使用对象选择方法。

6.1.2 过滤选取

使用过滤选取功能可以使用对象特性或对象类型将对象包含在选择集中或排除对象。在命令行中输入“Filter”并按Enter键，即可打开“对象选择过滤器”对话框。在该对话框中可以对象的类型、图层、颜色、线型等特性为过滤条件来过滤选择符合条件的图形对象，如图6-13所示。

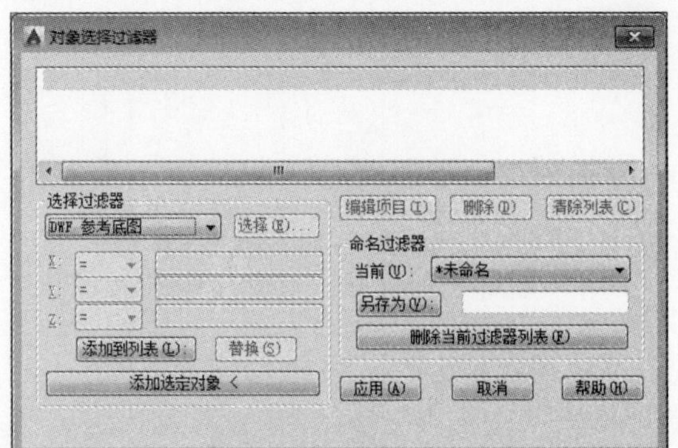

图6-13 “对象选择过滤器”对话框

下面对“对象选择过滤器”对话框中各选项的含义进行介绍。

- 选择过滤器：该选项组用于设置选择过滤器的类型。
- X、Y、Z轴：该选项用于设置与选择调节对应的关系运算符。

- 添加到列表：该选项用于将选择的过滤器及附加条件添加到过滤器列表中。
- 替换：该选项可用当前“选择过滤器”选项组中的设置替代列表框中选定的过滤器。
- 添加选定对象：该按钮将切换到绘图区，选择一个图形对象，系统会将选中的对象特性添加到过滤器列表框中。
- 编辑项目：该选项用于编辑过滤器列表框中选定的项目。
- 删除：该选项用于删除过滤器列表框中选定的项目。
- 清除列表：该按钮用于删除过滤器列表框中选中的所有项目。
- 当前：该选项用于显示出可用的已命名的过滤器。
- 另存为：该按钮可以保存当前设置的过滤器。
- 删除当前过滤器列表：该按钮可从“Filter.nfl”文件中删除当前的过滤器集。

工程师点拨：取消选取操作

用户在选择图形过程中可随时按Esc键终止目标图形对象的选择操作，并放弃已选中的目标。在CAD中，如果没有进行任何编辑操作时，按Ctrl+A组合键，则可以选择绘图区中的全部图形。

6.2 图形编辑的基本操作

二维图形绘制完成后，可能需要再对图形进行各种角度、比例及造型进行调整，这就要借助图形的修改编辑功能进行操作。AutoCAD 2019的图形编辑功能非常完善，提供了一系列编辑工具进行图形的修改。

6.2.1 移动图形

移动图形是指在不改变对象的方向和大小的情况下，按照指定的角度和方向进行移动操作。执行“修改>移动✥”命令，根据命令行提示，选中所需移动图形，并指定移动基点，即可将其移动至新位置，如图6-14、图6-15所示。

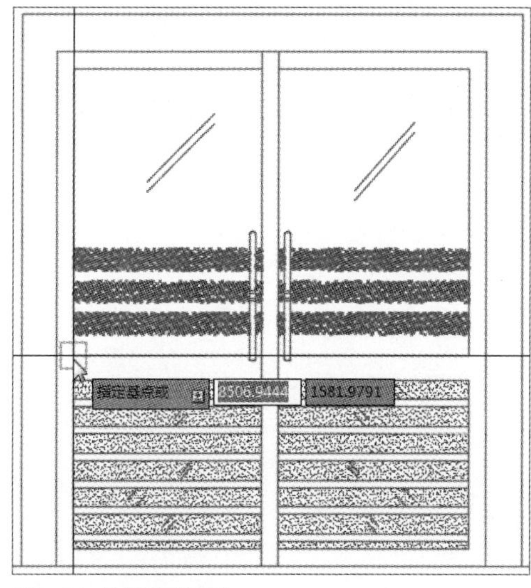

图6-14 选择移动图形

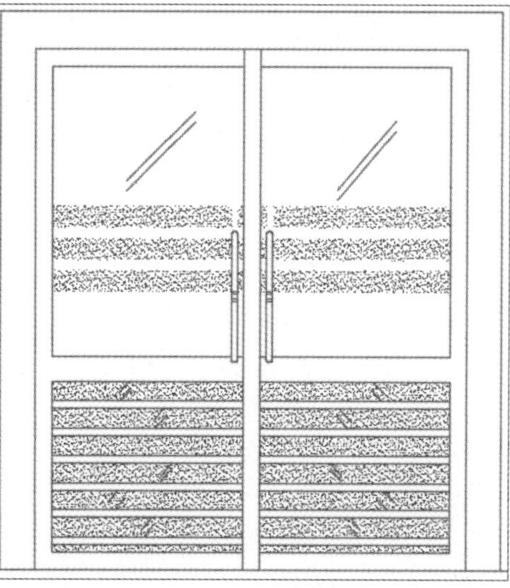

图6-15 完成移动

命令行提示如下：

```
命令： m
MOVE 找到 1 个                                        （选择所需移动对象）
指定基点或 [位移(D)] <位移>:                            （指定移动基点）
指定第二个点或 <使用第一个点作为位移>:        （指定新位置点或输入移动距离值即可）
```

6.2.2 复制图形

"复制"命令在制图中经常会用到。复制对象则是将原对象保留，移动原对象的副本图形，复制后的对象将继承原对象的属性。在CAD中可进行单个复制，也可以根据需要进行连续复制。

执行"修改>复制"命令，根据命令行提示，选择所需复制的图形，并指定复制基点，然后移至新位置即可完成复制操作。

命令行提示如下：

```
命令： _copy
选择对象： 指定对角点： 找到 35 个
选择对象：                                            （选择所需复制图形）
当前设置：  复制模式 = 多个
指定基点或 [位移(D)/模式(O)] <位移>:                    （指定复制基点）
指定第二个点或 [阵列(A)] <使用第一个点作为位移>:          （指定新位置，完成）
指定第二个点或 [阵列(A)/退出(E)/放弃(U)] <退出>: *取消*
```

实例6-1 下面举例介绍"复制"命令的操作方法，具体操作如下。

Step 01 执行"复制"命令，根据命令行提示，选中所需复制的图形对象，如图6-16所示。

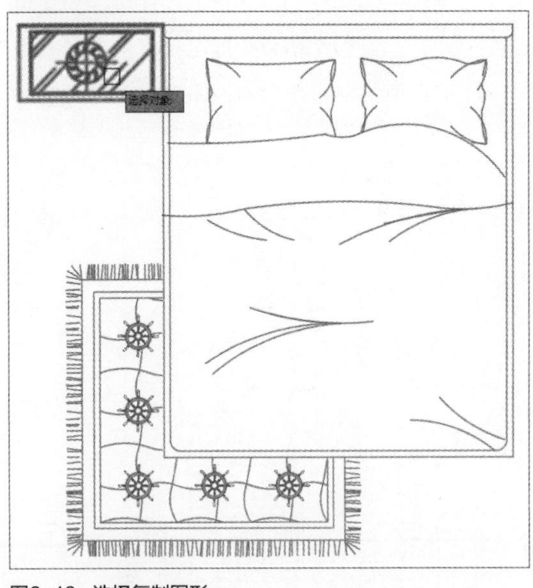

图6-16 选择复制图形

Step 02 在绘图区中指定复制基点，如图6-17所示。

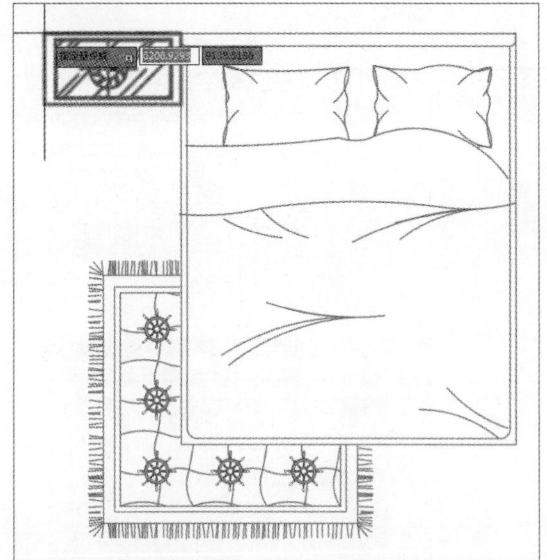

图6-17 指定复制基点

Step 03 选择完成后，再根据命令行提示指定图形第二个点，如图6-18所示。

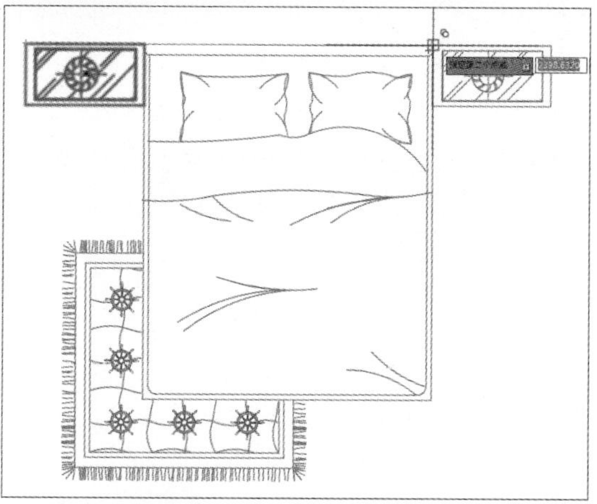

图6-18 指定新基点

Step 04 单击鼠标左键，即可完成图形的复制，如图6-19所示。

图6-19 完成复制

用户在命令行中直接输入“CO”后按Enter键，也可以执行复制命令。

6.2.3 旋转图形

旋转对象是将图形对象按照指定的旋转基点进行旋转。执行“修改>旋转”命令，选择所需旋转对象，指定旋转基点，并输入旋转角度即可完成，如图6-20、图6-21所示。

命令行提示如下：

```
命令： _rotate
UCS 当前的正角方向： ANGDIR= 逆时针  ANGBASE=0
选择对象： 指定对角点： 找到 1 个
选择对象：                                          （选中图形对象）
指定基点：                                          （指定旋转基点）
指定旋转角度，或 [ 复制 (C)/ 参照 (R)] <0>: 90        （输入旋转角度）
```

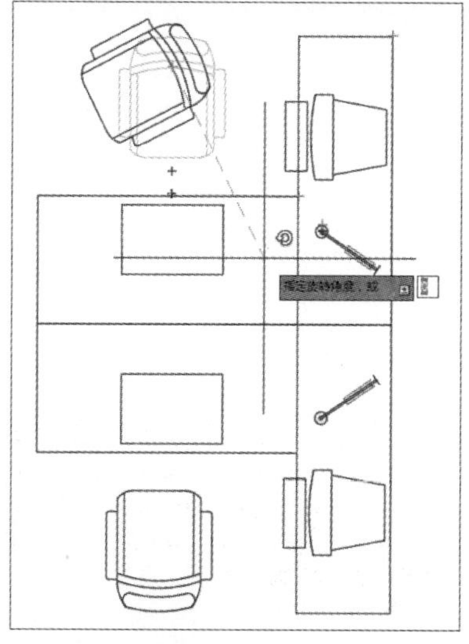

图6-20 指定旋转基点

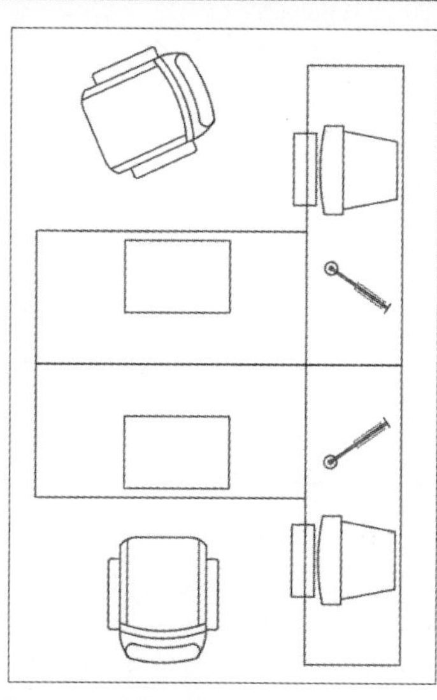

图6-21 完成旋转

6.2.4 修剪图形

修剪命令是将超过修剪边的线段修剪掉。执行“修改>修剪”命令，根据命令行提示选择修剪边，按Enter键后选择需修剪的线段即可，如图6-22、图6-23所示。

命令行提示如下：

```
命令：_trim
当前设置：投影=UCS，边=无
选择剪切边...
选择对象或 <全部选择>：找到 1 个
选择对象：找到 1 个，总计 2 个
选择对象：找到 1 个，总计 3 个
选择对象：找到 1 个，总计 4 个
选择对象：
选择要修剪的对象，或按住 Shift 键选择要延伸的对象，或
[栏选(F)/窗交(C)/投影(P)/边(E)/删除(R)/放弃(U)]:
```

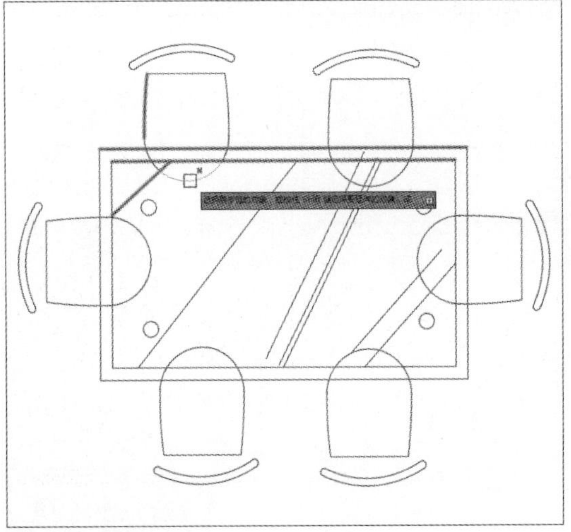

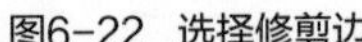

图6-22 选择修剪边

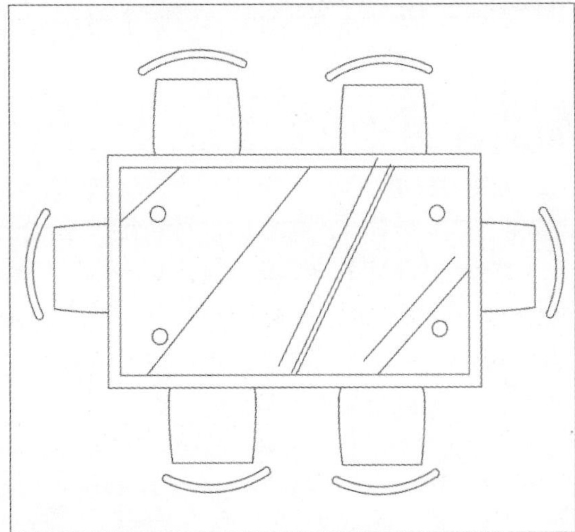

图6-23 修剪图形

6.2.5 延伸图形

延伸命令是将指定的图形对象延伸到指定的边界。执行“修改>延伸”命令，根据命令行提示，选择所需延伸到的边界线，按Enter键，然后选择要延伸的线段即可，如图6-24、图6-25所示。

命令行提示如下：

```
命令：_extend
当前设置：投影=UCS，边=无
选择边界的边...
选择对象或 <全部选择>： 找到 1 个
选择对象：找到 1 个，总计 2 个                    （选择所需延长到的线段，按 Enter 键）
选择对象：
选择要延伸的对象，或按住 Shift 键选择要修剪的对象，或[栏选(F)/窗交(C)/投影(P)/边(E)/放弃(U)]:
（选择要延长的线段）
```

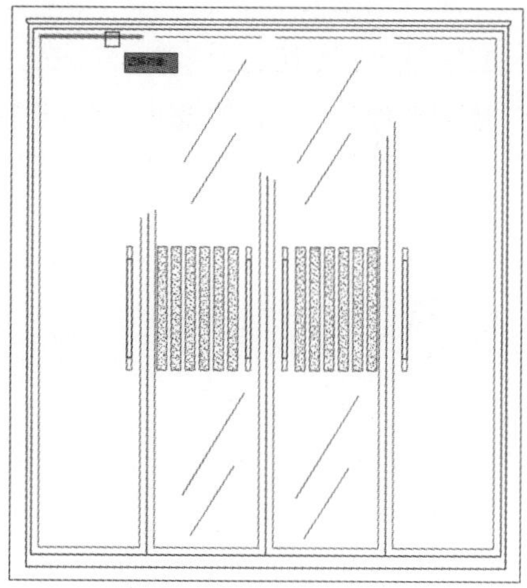

图6-24 选择延长线段

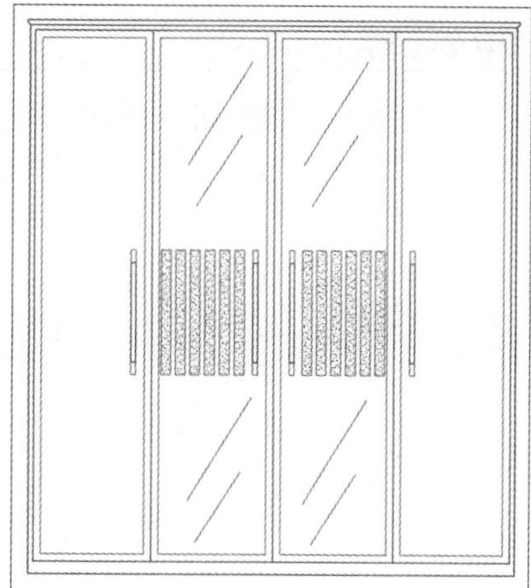

图6-25 完成延长操作

6.2.6 拉伸图形

拉伸是将对象沿指定的方向和距离进行延伸，拉伸后与原对象是一个整体，只是长度会发生改变。执行“修改>拉伸”命令，根据命令行提示，选择要拉伸的图形对象，指定拉伸基点，输入拉伸距离或指定新基点即可完成，如图6-26、图6-27、图6-28所示。

命令行提示如下：

```
命令： _stretch
以交叉窗口或交叉多边形选择要拉伸的对象 ...
选择对象： 指定对角点： 找到 1163 个
选择对象：
指定基点或 [ 位移 (D)] < 位移 >:
指定第二个点或 < 使用第一个点作为位移 >: 150
```

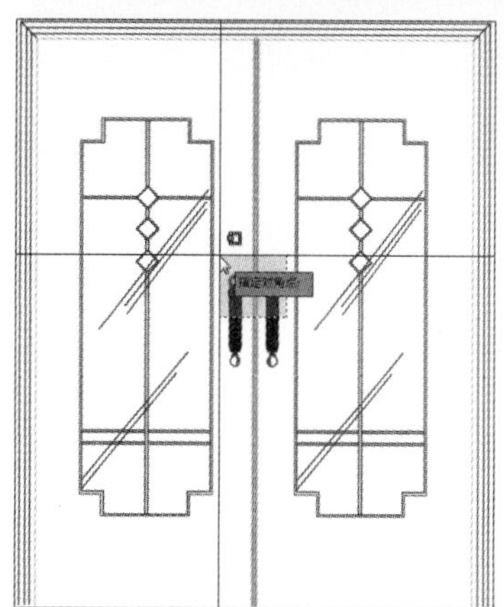

图6-26 窗交选择图形

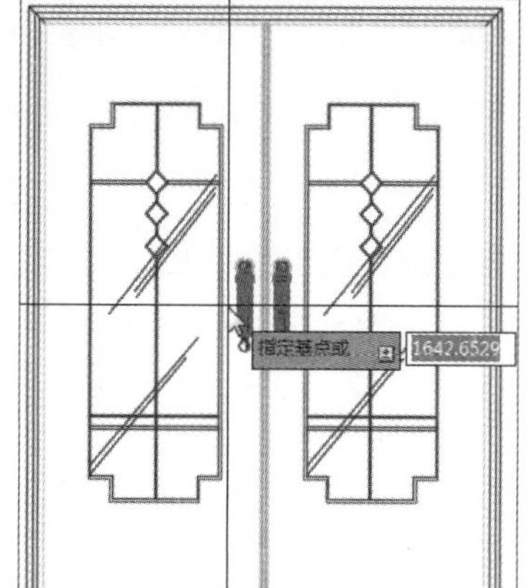

图6-27 指定拉伸基点

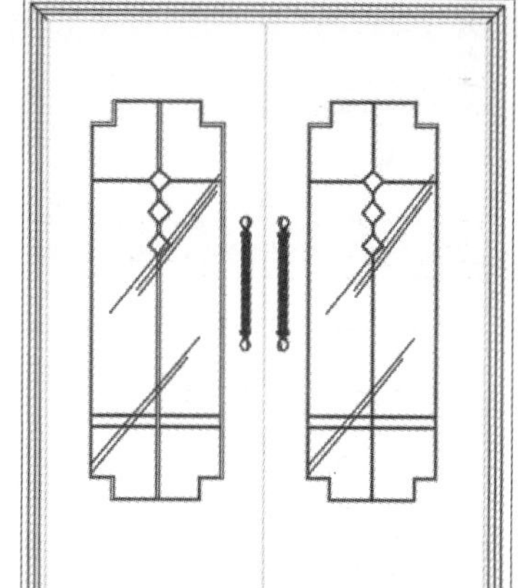

图6-28 指定新基点

工程师点拨：拉伸操作需注意事项

在进行拉伸操作时，矩形和块图形是不能被拉伸的。如要将其拉伸，需对其进行分解后才可以拉伸。在选择拉伸图形时，通常需要执行窗交方式来选取图形。

6.2.7 缩放图形

缩放图形是将选择的对象按照一定的比例来进行放大或缩小。当设置的比例因子大于1时，选择的该图形将会放大，反之将会缩小。执行“修改>缩放”命令，根据命令行提示，选择要缩放的图形，然后在命令行中输入比例因子，即可将该图形进行缩放操作，如图6-29、图6-30所示。

命令行提示如下：

```
命令： SCALE
选择对象： 指定对角点： 找到 49 个
选择对象：
指定基点：
指定比例因子或 [复制(C)/参照(R)]: 1.5
```

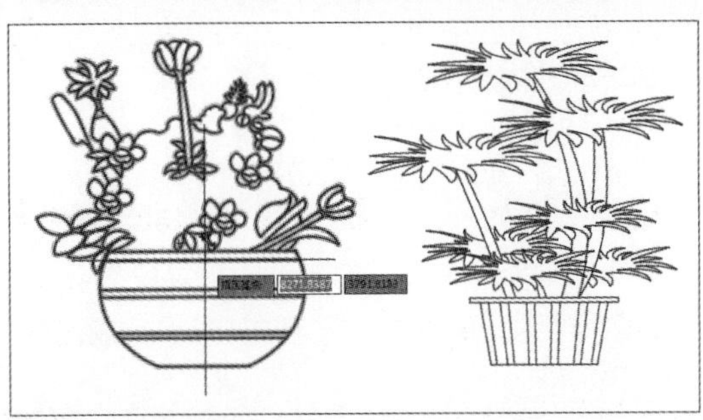

图6-29 指定旋转基点

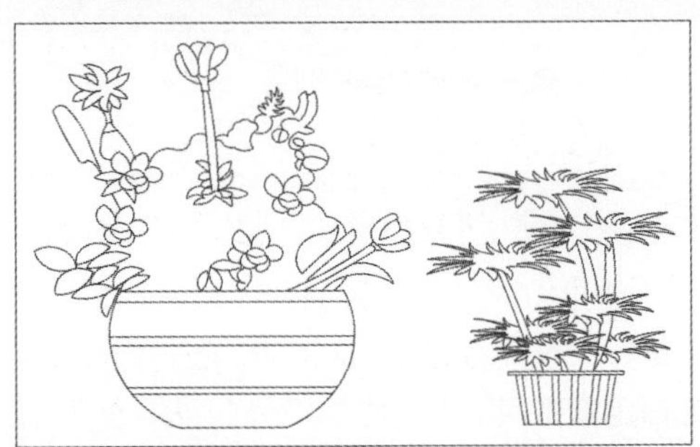

图6-30 缩放结果

6.2.8 圆角和倒角

“倒角”命令和“圆角”命令在CAD制图中经常被用到，主要用来修饰图形。倒角是将相邻的两条直角边进行倒直角操作；而圆角则是通过指定的半径圆弧来进行圆角操作。

1. 倒角

执行“修改>倒角”命令，根据命令行提示输入第一条直线的倒角距离，然后再输入第二条直线的倒角距离值，最后选择两条所需倒角的直线，即可完成倒角操作。

实例6-2 下面以办公桌为例介绍倒角的操作方法，具体操作介绍如下。

Step 01 打开素材文件，执行“倒角”命令，如图6-31所示。

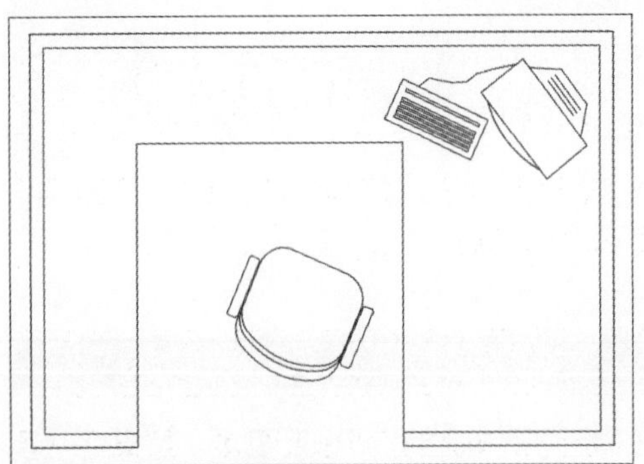

图6-31 执行“倒角”命令

Step 02 根据命令行提示，指定第一个倒角距离为350，如图6-32所示。

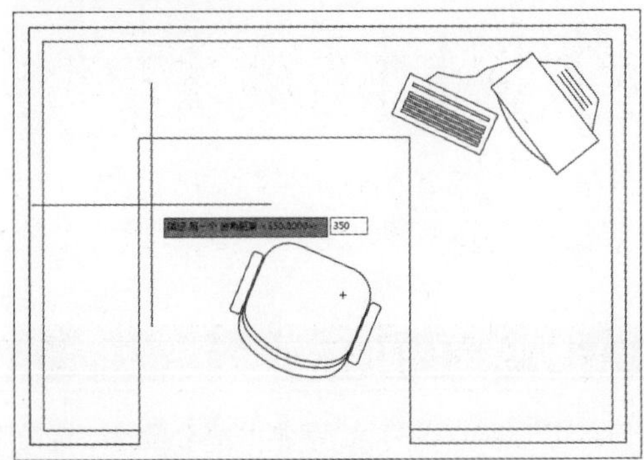

图6-32 设置第一个倒角距离

Step 03 按Enter键，指定第二个倒角距离值为350，如图6-33所示。

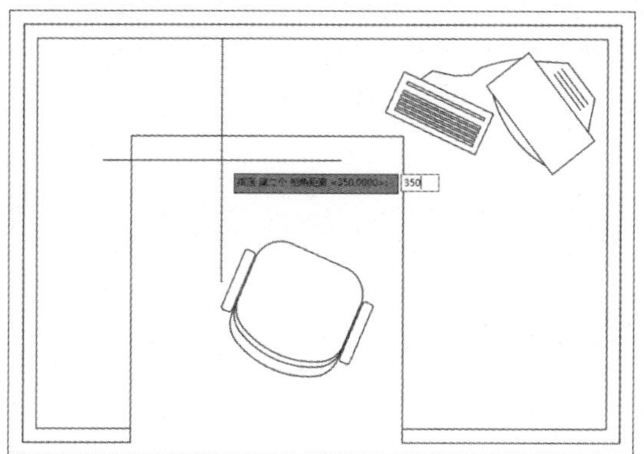

图6-33 设置第二个倒角距离

Step 04 按Enter键，选择两条所需的倒角边，即可完成倒角操作，如图6-34所示。

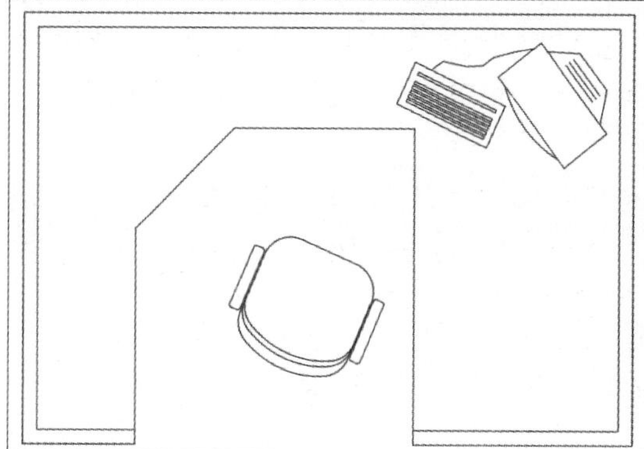

图6-34 完成倒角操作

2. 圆角

执行“修改>圆角”命令，根据命令行提示，选择“半径（R）”选项，并输入半径值，然后选择所需圆角边线，即可完成圆角操作。

实例6-3 下面以沙发图形为例介绍圆角的操作方法，具体操作介绍如下。

Step 01 打开素材文件，执行“圆角”命令，如图6-35所示。

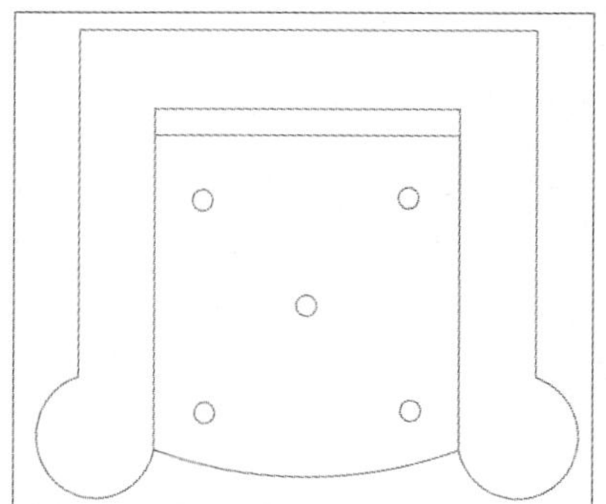

图6-35 执行“圆角”命令

Step 02 按Enter键，在命令行中输入圆角半径值为150，按Enter键，选择要圆角的线段，即可完成圆角操作，如图6-36所示。

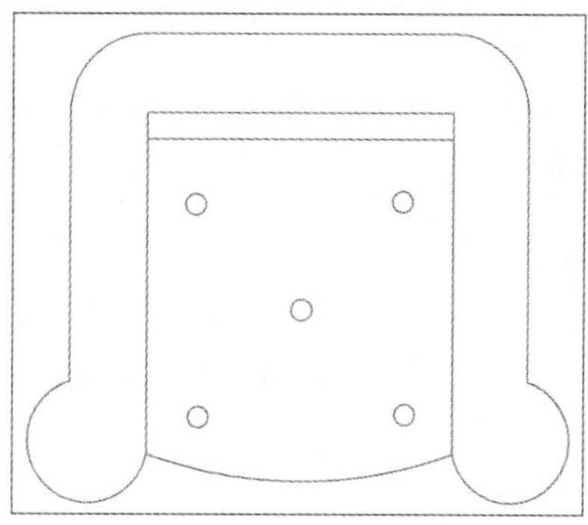

图6-36 完成圆角操作

6.3 图形编辑的高级操作

除了上述几项基本编辑命令之外，还有另外几项基本编辑命令，例如“阵列”、“镜像”、“偏移”、“合并”以及“打断”等命令。下面将对这些修改命令的操作进行介绍。

6.3.1 阵列图形

“阵列”命令是一种有规则的复制命令，它可以创建按指定方式排列的多个图形副本。如果用户遇到一些有规则分布的图形时，就可以使用该命令来处理。AutoCAD软件提供了3种阵列选项，分别为矩形阵列、环形阵列以及路径阵列。

1. 矩形阵列

矩形阵列是通过设置行数、列数、行偏移和列偏移对选择的对象进行复制。执行“修改>矩形>矩形阵列”命令，根据命令行提示，输入行数、列数以及间距值，按Enter键即可完成矩形阵列操作，如图6-37、图6-38所示。

命令行提示如下：

```
命令：_arrayrect
选择对象：指定对角点：找到 1个
选择对象：
类型 = 矩形  关联 = 是
选择夹点以编辑阵列或 [关联(AS)/基点(B)/计数(COU)/间距(S)/列数(COL)/行数(R)/层数(L)/退出(X)] <退出>：cou
输入列数数或 [表达式(E)] <4>：3
输入行数数或 [表达式(E)] <3>：2
选择夹点以编辑阵列或 [关联(AS)/基点(B)/计数(COU)/间距(S)/列数(COL)/行数(R)/层数(L)/退出(X)] <退出>：s
指定列之间的距离或 [单位单元(U)] <420>：2000
指定行之间的距离 <555>:1700
选择夹点以编辑阵列或 [关联(AS)/基点(B)/计数(COU)/间距(S)/列数(COL)/行数®/层数(L)/退出(X)] <退出>:
```

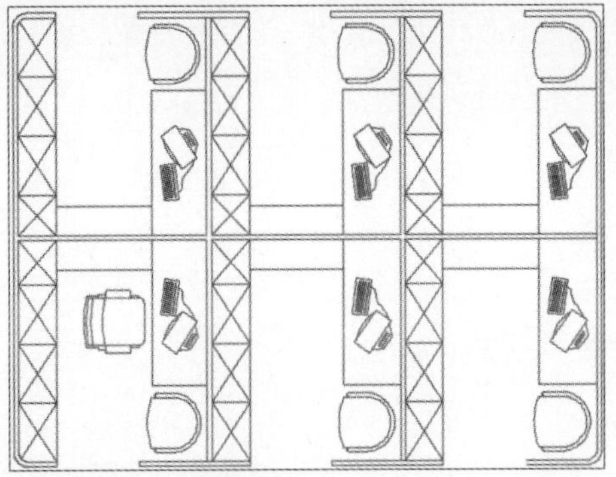

图6-37 矩形阵列前效果

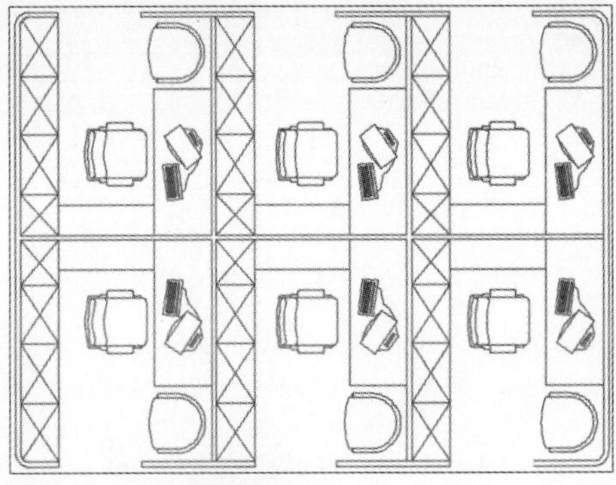

图6-38 矩形阵列后效果

当执行阵列命令后，在功能区中会打开“阵列创建”面板，在该命令面板中，用户可对阵列后的图形进行编辑修改，如图6-39所示。

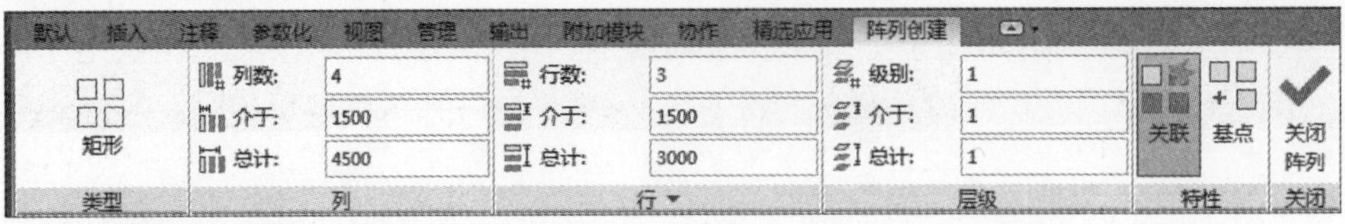

图6-39 阵列创建面板

上述命令面板中各选项的含义如下。

- 列：在该命令组中，用户可以设置列数、列间距以及列的总距离值。
- 行：在该命令组中，用户也可以设置行数、行间距以及行的总距离值。
- 层级：在该命令组中，用户可以设置层数、层间距以及级层的总距离。
- 基点：该选项可以重新定义阵列的基点。

- 编辑来源：该选项可以编辑选定项的原对象或替换原对象。
- 替换项目：该选项可以引用原始源对象的所有项的原对象。
- 重置矩阵：恢复已删除项，并删除任何替代项。

2. 环形阵列

环形阵列是指阵列后的图形呈环形。使用环形阵列时也需要设定有关参数，其中包括中心点、方法、项目总数和填充角度。与矩形阵列相比，环形阵列创建的阵列效果更灵活。执行“默认>修改>环形阵列”命令，根据命令行提示，指定阵列中心，并输入阵列数目值即可完成环形阵列，如图6-40、图6-41所示。

命令行提示如下：

```
命令：_arraypolar
选择对象：指定对角点：找到 1个
选择对象：                                                    (选中所需阵列的图形)
类型 = 极轴  关联 = 是
指定阵列的中心点或 [基点(B)/旋转轴(A)]:                        (指定阵列中心点)
选择夹点以编辑阵列或 [关联(AS)/基点(B)/项目(I)/项目间角度(A)/填充角度(F)/行(ROW)/层(L)/旋转项目
(ROT)/退出(X)] <退出>: I                                      (选择“项目”选项)
输入阵列中的项目数或 [表达式(E)] <6>: 6                        (输入阵列数目值)
选择夹点以编辑阵列或 [关联(AS)/基点(B)/项目(I)/项目间角度(A)/填充角度(F)/行(ROW)/层(L)/旋转项目
(ROT)/退出(X)] <退出>:                                (按Enter键，完成操作)
```

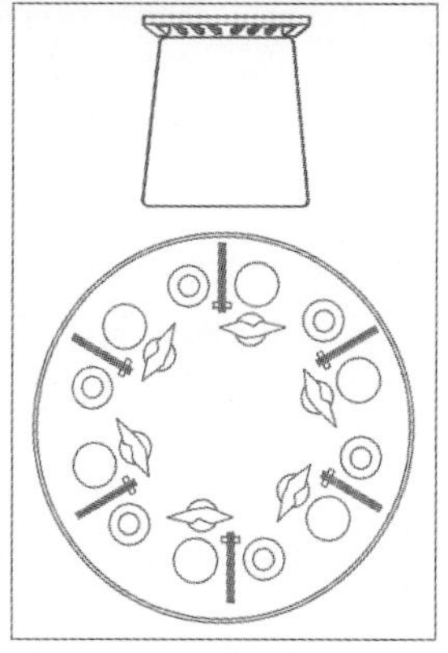

图6-40 环形阵列前效果

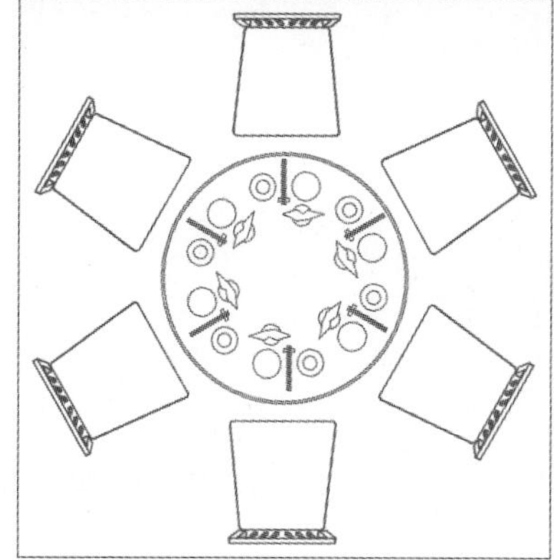

图6-41 环形阵列后效果

环形阵列完毕后，选中阵列的图形，同样会打开“阵列”命令面板。在该面板中可以对阵列后的图形进行编辑，如图6-42所示。

图6-42 阵列创建面板

上述命令面板中常用选项的含义如下。

- 项目：在该选项组中，可以设置阵列项目数、阵列角度以及指定阵列中第一项到最后一项之间的角度。
- 行：该选项组可以设置行数、行间距以及行的总距离值。

● 层级：该命令组可以设置层数、层间距以及级层的总距离。

3. 路径阵列

路径阵列是根据所指定的路径进行阵列，如曲线、弧线、折线等所有开放型线段。执行“默认>修改>路径阵列”命令，根据命令行提示，选择所要阵列图形对象，然后选择所需阵列的路径曲线，并输入阵列数目即可完成路径阵列操作，如图6-43、图6-44所示。

命令行提示如下：

```
命令：_arraypath
选择对象：找到 1 个
选择对象：                                                          （选择阵列对象）
类型 = 路径  关联 = 是
选择路径曲线：                                                      （选择阵列路径）
选择夹点以编辑阵列或 [关联(AS)/方法(M)/基点(B)/切向(T)/项目(I)/行(R)/层(L)/对齐项目(A)/Z 方向(Z)/
退出(X)] <退出>: I                                                （选择“项目”选项）
指定沿路径的项目之间的距离或 [表达式(E)] <310.4607>: 250              （输入阵列间距值）
最大项目数 = 6
指定项目数或 [填写完整路径(F)/表达式(E)] <6>:                          （输入阵列数目）
选择夹点以编辑阵列或 [关联(AS)/方法(M)/基点(B)/切向(T)/项目(I)/行(R)/层(L)/对齐项目(A)/Z 方向(Z)/
退出(X)] <退出>:                                          （按 Enter 键，完成操作）
```

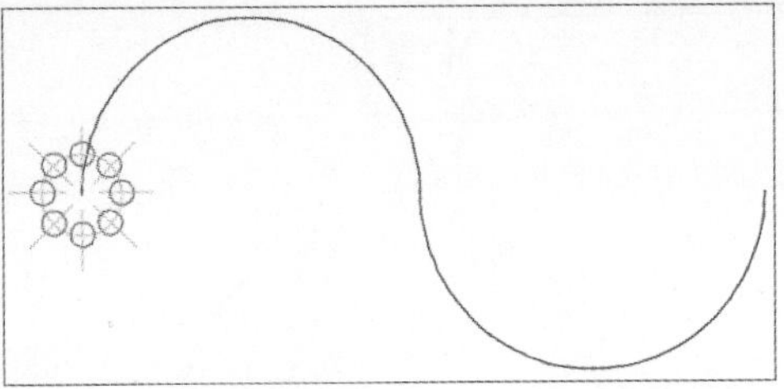
图6-43 路径阵列前效果

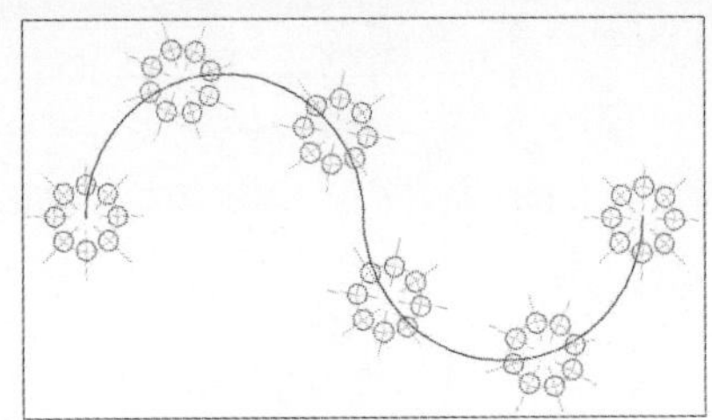
图6-44 路径阵列后效果

在执行路径阵列后，系统也会打开“阵列”命令面板。该命令面板与其他阵列面板相似，都可以对阵列后的图形进行编辑操作，如图6-45所示。

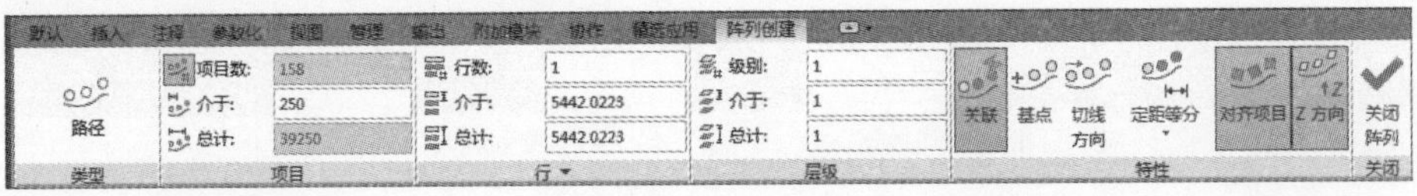

图6-45 路径阵列面板

上述命令面板中各主要选项说明如下。

● 项目：该选项可设置项目数、项目间距、项目总间距。

● 测量：该选项可重新布置项目，以沿路径长度平均定数等分。

● 对齐项目：该选项指定是否对其每个项目以与路径方向相切。

● Z方向：该选项控制是保持项的原始Z方向还是沿三维路径倾斜方向。

6.3.2 偏移图形

偏移命令是可以根据指定的距离或指定的某个特殊点，创建一个与选定对象类似的新对象，并将偏移的对象放置在离原对象一定距离的位置上，同时保留原对象。偏移的对象可以是直线、圆弧、圆、椭圆、椭圆弧、二维多段线、构造线、射线和样条曲线组成的对象。

执行“修改>偏移”命令，根据命令提示，输入偏移距离，并选择所需偏移的图形，然后在所需偏移方向上单击任意一点，即可完成偏移操作。

在命令行中直接输入“O”后按Enter键，也可以执行偏移命令。

命令行提示如下：

```
命令： o
OFFSET
当前设置： 删除源＝否　图层＝源　OFFSETGAPTYPE=0
指定偏移距离或 [通过(T)/删除(E)/图层(L)] <通过>:  20                （输入偏移距离）
选择要偏移的对象，或 [退出(E)/放弃(U)] <退出>:                      （选择偏移对象）
指定要偏移的那一侧上的点，或 [退出(E)/多个(M)/放弃(U)] <退出>:     （指定偏移方向上的一点）
选择要偏移的对象，或 [退出(E)/放弃(U)] <退出>:  *取消*
```

实例6-4 下面以绘制窗套图形为例，来介绍偏移命令的使用方法，具体操作如下。

Step 01 执行“偏移”命令，根据命令提示，输入偏移距离为20，然后选中窗户最外侧的边线，如图6-46所示。

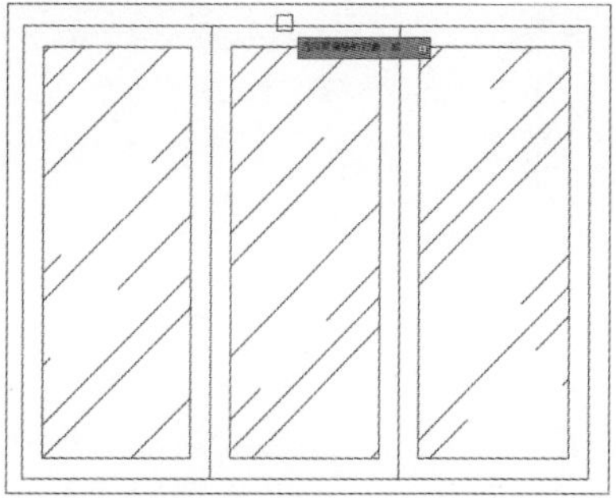

图6-46　选择窗户边线

Step 02 在绘图区空白区域单击任意一点，即可完成偏移操作，如图6-47所示。

图6-47　偏移边线

Step 03 再次执行“偏移”命令，将偏移距离设为40，如图6-48所示。

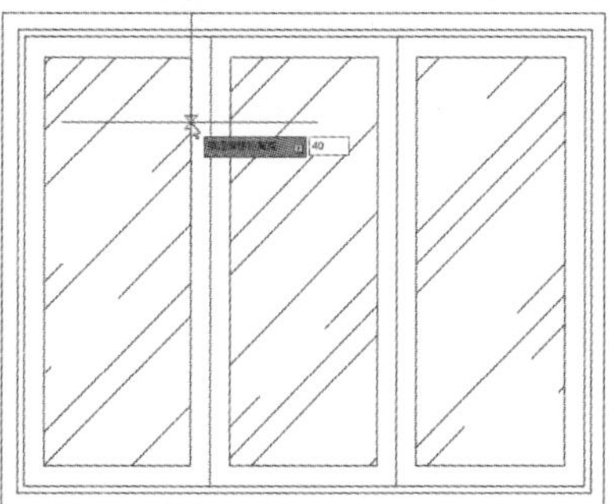

图6-48　选择偏移好的边线

Step 04 选择边框向外偏移，再次将其向外偏移20，完成窗套图形的绘制，如图6-49所示。

图6-49　完成窗套图形的绘制

工程师点拨：偏移图形类型需注意事项

使用偏移命令时，如果偏移的对象是直线，偏移后的直线大小不变；如果偏移的对象是圆、圆弧或矩形，偏移后的对象将被缩小或放大。

6.3.3 镜像图形

镜像图形是将选择的图形以两个点为镜像中心进行对称复制。在进行镜像操作时，需指定好镜像轴线，并根据需要选择是否删除或保留原对象。灵活运用镜像命令，可以在很大程度上避免重复操作的麻烦。

执行“修改>镜像”命令，根据命令行提示，选择所需图形对象，然后指定好镜像轴线，并确定是否删除原图形对象，最后按Enter键，即可完成镜像操作。

命令行提示如下：

```
命令：_mirror
选择对象：指定对角点：找到 49 个                          （选中需要镜像图形）
选择对象：指定镜像线的第一点：指定镜像线的第二点：          （指定镜像轴的起点和终点）
要删除源对象吗？[是(Y)/否(N)] <N>:                       （选择是否删除原对象）
```

实例6-5 下面以沙发组合为例来介绍镜像命令的使用方法，具体操作介绍如下。

Step 01 执行“镜像”命令，根据命令行提示，选中需镜像的图形对象，如图6-50所示。

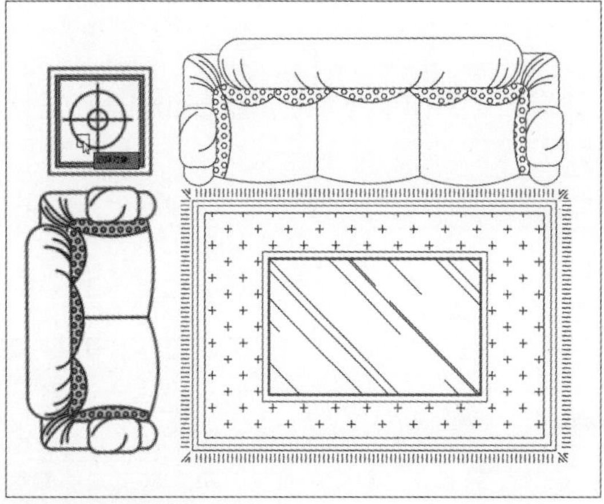

图6-50 选择镜像图形

Step 02 选中镜像轴线的起点，这里选择A点，如图6-51所示。

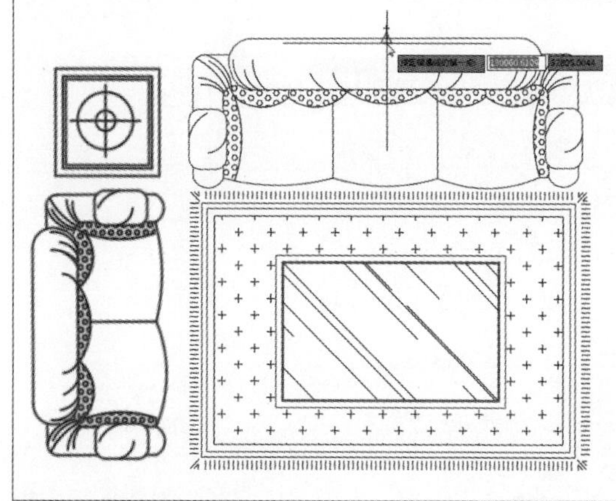

图6-51 选择镜像轴线起点

Step 03 选中镜像轴线的端点，这里选择B点，选择完成后按Enter键，即可完成镜像操作，结果如图6-52、图6-53所示。

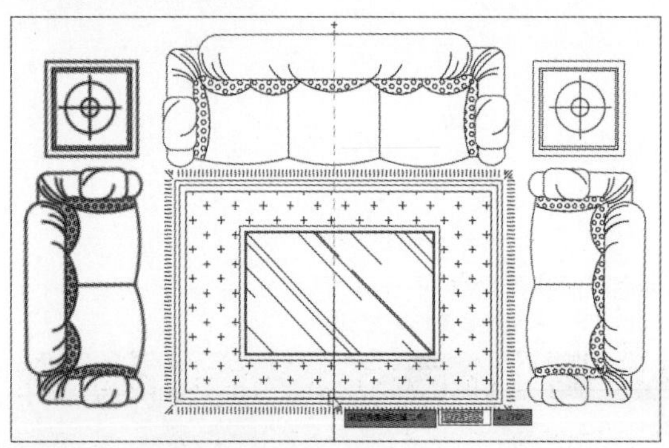

图6-52 选择镜像轴线端点

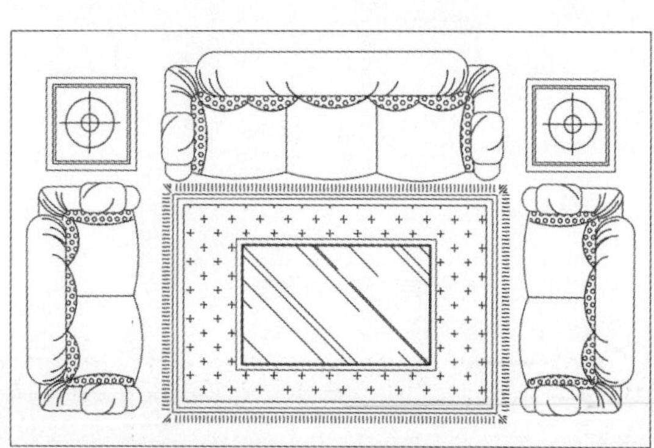

图6-53 完成镜像

6.3.4 合并图形

合并对象是将相似的对象合并为一个对象，例如将两条断开的直线合并成一条线段，即可使用“合并”命令，但合并的对象必须位于相同的平面上。合并的对象可以为圆弧、椭圆弧、直线、多段线和样条曲线。执行“修改>合并”命令，根据命令行提示，选中所需合并的线段，按Enter键即可完成合并操作。

命令行提示如下：

```
命令： _join
选择源对象或要一次合并的多个对象： 找到 1 个
选择要合并的对象： 找到 1 个，总计 2 个                （选择所需合并的图形对象）
选择要合并的对象：                                    （按 Enter 键，完成合并）
2 条直线已合并为 1 条直线
```

工程师点拨：合并操作需注意事项

合并两条或多条圆弧时，将从源对象开始沿逆时针方向合并圆弧。合并直线时，所要合并的所有直线必须共线，即位于同一无限长的直线上，合并多条线段时，其对象可以是直线、多段线或圆弧。但各对象之间不能有间隙，而且必须位于同一平面上。

6.3.5 打断图形

打断命令可将直线、多段线、圆弧或样条曲线等图形分为两个图形对象，或将其中一部分删除。执行“修改>打断”命令，根据命令行提示，选择一条要打断的线段，并选择两点作为打断点，即可完成打断操作，如图6-54、图6-55所示。

命令行提示如下：

```
命令： _break
选择对象：                                            （选择打断对象）
指定第二个打断点 或 [第一点(F)]:                      （指定打断点，完成操作）
```

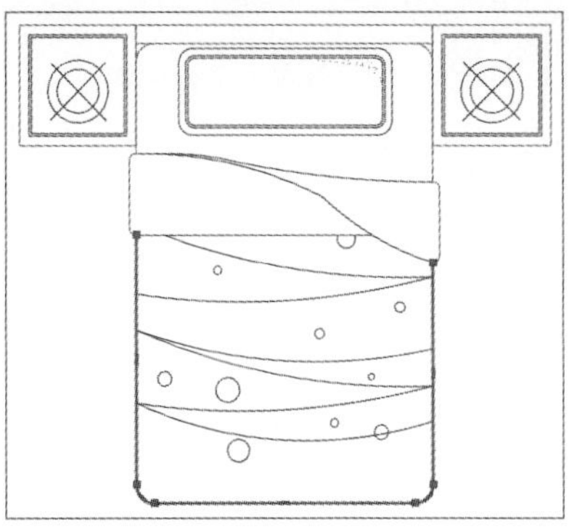

图6-54 打断前效果

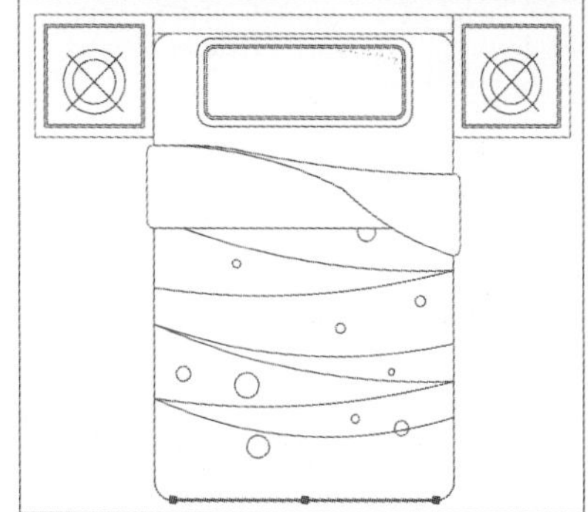

图6-55 打断后效果

工程师点拨：自定义打断点位置

默认情况下，选择线段后系统已自动将其选择点设置为第一点，然后根据需要选择下一断点。用户也可以自定义第一、第二断点位置。启动“打断”命令并选择要打断的线段，然后在命令窗口中输入“F”，按下Enter键，选择第一断点和第二断点，即可完成打断操作。

6.3.6 分解图形

分解对象是将多段线、面域或块对象分解成独立的线段。执行“修改>分解”命令，根据命令行提示，选中所要分解的图形对象，然后按Enter键即可完成分解操作，如图6-56、图6-57所示。

图6-56 分解前效果

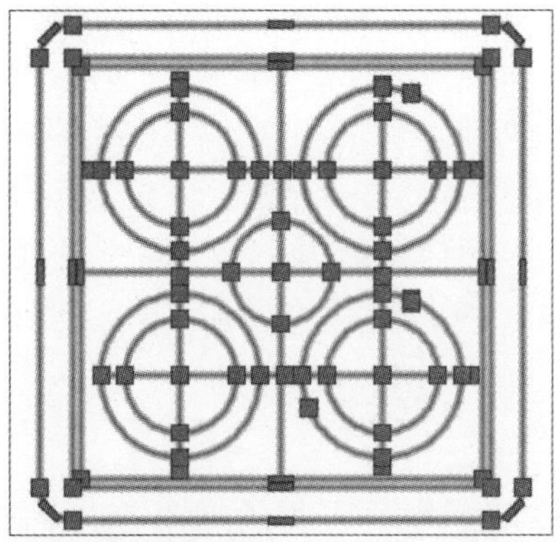

图6-57 分解后效果

6.4 复合线段的编辑操作

在AutoCAD软件中，除了可以使用各种编辑命令对图形进行修改外，也可以通过特殊的方式对特定的图形进行编辑，如多段线、多线、样条曲线等。

6.4.1 编辑多线

通常在使用多线命令绘制墙体线后，都需要对该线段进行编辑。用户可以利用“多线编辑工具”来对多线进行编辑，只需在菜单栏中执行“修改>对象>多线”命令，在“多线编辑工具”对话框中，根据需要选择相关编辑工具，即可进行编辑，如图6-58、图6-59所示。

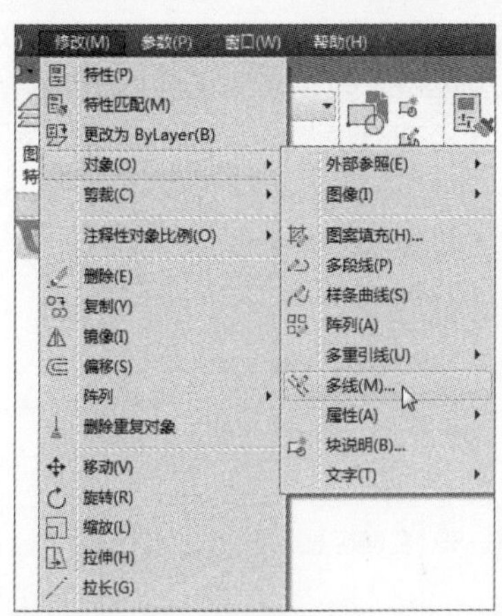

图6-58 选择“多线”命令

图6-59 多线编辑工具

双击需要编辑的多线，同样能够打开“多线编辑工具”对话框，并进行设置操作。

“多线编辑工具”对话框中各工具含义如下。

- 十字闭合：用于两条多线相交为闭合的十字交点。

- 十字打开：用于两条多线相交为合并的十字交点。
- T形闭合：用于两条多线相交为闭合的T形交点。
- T形打开：用于两条多线相交为打开的T形交点。
- T形合并：用于两条多线相交为合并的T形交点。
- 角点结合：用于两条多线相交为角点结合。
- 添加顶点：用于在多线上添加一个顶点。
- 删除顶点：用于将多线上的一个顶点删除。
- 单个剪切：通过指定两个点，使多线的一条线打断。
- 全部剪切：用于通过指定两个点使多线的所有线打断。
- 全部接合：用于被全部剪切的多线全部连接。

实例6-6 下面举例介绍多线编辑的操作方法，具体操作介绍如下。

Step 01 执行“多段线”命令，绘制一条多段线，如图6-60所示。

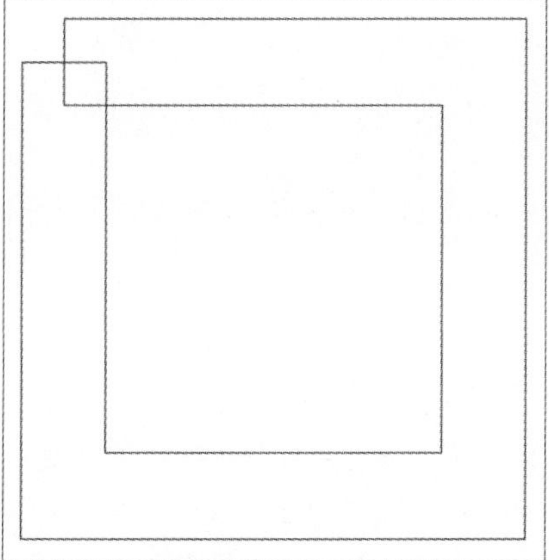

图6-60 绘制多线

Step 02 执行“修改>对象>多线”命令，打开“多线编辑工具”对话框，选择合适的编辑工具，如图6-61所示。

图6-61 选择多线编辑工具

Step 03 返回到绘图区，根据命令行提示单击选择第一条多线，然后选择第二条多线，如图6-62所示。

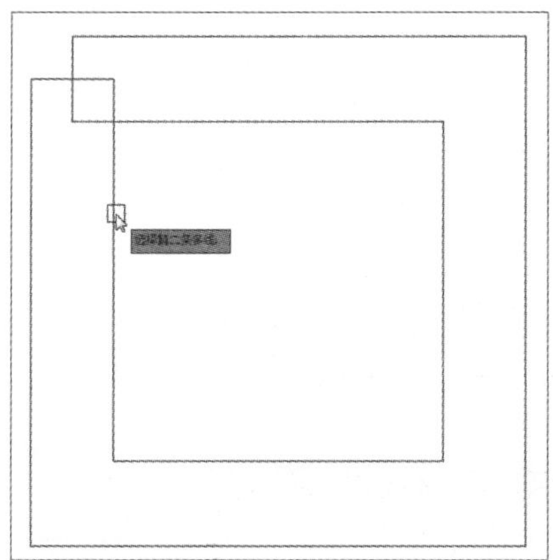

图6-62 选择多线

Step 04 按Enter键确认，即可完成多线的编辑，如图6-63所示。

图6-63 完成多线的编辑

6.4.2 编辑多段线

编辑多段线的方式有多种，包括闭合、合并、线段宽度，以及移动、添加或删除单个顶点来编辑多段线。用户只需双击要编辑的多段线，然后根据命令行的提示，选择相关编辑方式，即可执行相应操作。

编辑多段线有以下两种方法。

- 使用菜单栏命令，执行“修改 > 对象 > 多段线”命令即可。
- 在命令行中输入“pedit”命令。

执行“修改>对象>多段线”命令，选择图形，如果选择的对象是直线或弧线，则会出现提示信息，这里以直线绘制的长方形为例，如图6-64所示，输入“y”即可将直线或弧线转换为多段线。

如果选择的对象是直线多段线或弧线多段线，则会直接弹出一个菜单，这里以矩形为例，如图6-65所示，菜单中有10个选项，选择所需的选项即可进行操作。

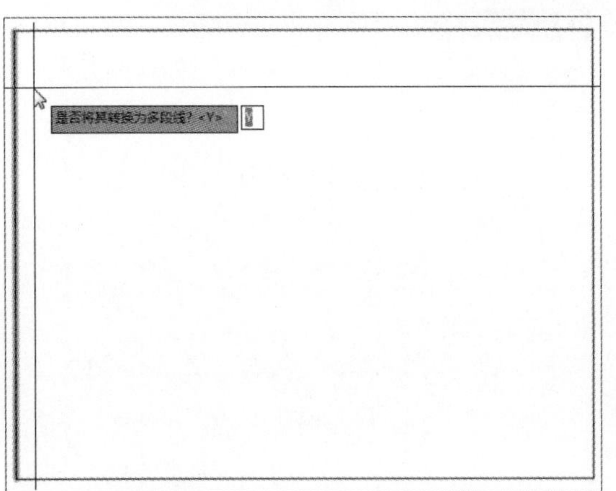

图6-64 提示信息

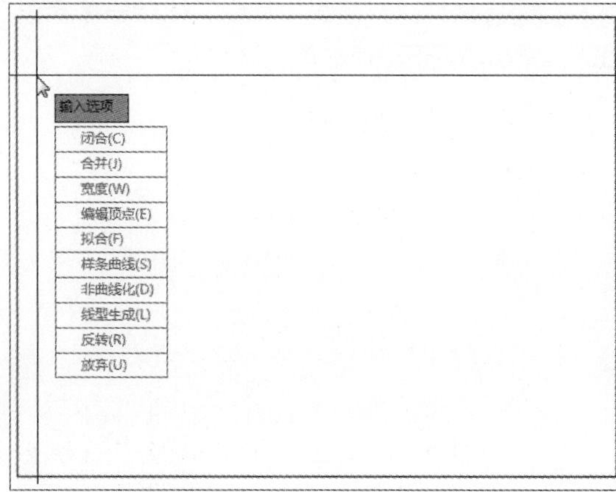

图6-65 选项菜单

命令行提示如下：

```
命令: _pedit
输入选项 [闭合(C)/合并(J)/宽度(W)/编辑顶点(E)/拟合(F)/样条曲线(S)/非曲线化(D)/线型生成(L)/反转(R)/
放弃(U)]: *取消*
```

下面对命令行中各选项的含义进行介绍。

- 闭合：该选项用于闭合多段线。
- 合并：该选项用于合并直线、圆弧或多段线，使所选对象成为一条多段线。合并的前提是各段对象首尾相连。
- 宽度：该选项用于设置多段线的线宽。
- 编辑顶点：编辑多段线的顶点。
- 拟合：该选项将多段线的拐角用光滑的圆弧曲线进行连接。
- 样条曲线：用样条曲线拟合多段线。系统变量splframe控制是否显示所产生的样条曲线的边框，当该变量为0时（默认值），只显示拟合曲线；当值为1时，同时显示拟合曲线和曲线的线框。
- 非曲线化：反拟合，即对多段线恢复到上述执行“拟合”或“样条曲线”选项之前的状态。
- 线型生成：该选项用于控制多段线的线型生成方式开关。
- 反转：可反转多段线的方向。

● 放弃：取消“编辑”命令的上一次操作。用户可重复使用该选项。

工程师点拨：被选取对象需首尾相连

执行该选项进行连接时，欲连接的各相邻对象必须在形式上彼此已经首尾相连，否则在选取各对象后AutoCAD就会提示：0条线段已添加到多段线。

6.4.3 编辑样条曲线

在AutoCAD软件中，不仅可对多段线进行编辑，也可以对绘制完成的样条曲线进行编辑。编辑样条曲线的方法有两种，下面对其操作进行介绍。

1. 使用“编辑样条曲线”命令操作

执行“修改>对象>编辑样条曲线”命令，根据命令行提示，选中所需编辑的样条曲线，然后选择相关操作选项进行操作即可。

2. 双击样条曲线操作

双击所需编辑的样条曲线，根据命令行提示，同样可以选择相应的操作选项进行编辑。

下面对命令行中各选项的含义进行介绍。

- 闭合：将开放的样条曲线的开始点与结束点闭合。
- 合并：将两条或两条以上的开放曲线进行合并操作。
- 拟合数据：在该选项中，有多项操作子命令，例如添加、闭合、删除、扭折、清理、移动、公差等。这些选项是针对曲线上的拟合点进行操作的。
- 编辑顶点：其用法与编辑多段线中的方法相似。
- 转换为多段线：将样条曲线转换为多段线。
- 反转：反转样条曲线的方向。
- 放弃：放弃当前的操作，不保存更改。
- 退出：结束当前操作，退出该命令。

6.5 图形图案的填充

图案填充是一种使用图形图案对指定的图形区域进行填充的操作。用户可以使用图案进行填充，也可以使用渐变色进行填充。填充完毕后，还可以对填充的图形进行编辑操作。

6.5.1 图案的填充

执行“绘图>图案填充”命令，打开“图案填充创建”功能面板。在该面板中，可以根据需要选择填充的图案、颜色以及其他设置选项，如图6-66所示。

图6-66 “图案填充创建”面板

下面对“图案填充创建”功能面板中常用选项的含义进行介绍。

- 边界：该命令用来选择填充的边界点或边界线段。
- 图案：单击右侧的下三角形按钮，可在展开的下拉列表中选择图案的类型。
- 特性：在该命令中，可以根据需要设置填充的方式、填充颜色、填充透明度、填充角度以及填充比例值等功能。
- 原点：设置原点可使用户在移动填充图形时方便与指定原点对齐。
- 选项：在该命令中，可以根据需要选择是否自动更新图案、自动视口大小调整填充比例值以及填充图案属性的设置等。
- 关闭：退出该功能面板。

实例6-7 下面举例介绍如何对图形进行图案填充，具体操作如下。

Step 01 打开图形文件，执行“绘图>图案填充”命令，在打开的“图案填充编辑器”面板中，单击“图案”下拉按钮，在展开的列表中选择合适的图案，如图6-67所示。

图6-67 选择填充的图案

Step 02 设置比例为80，在绘图区中，将光标放置到所要填充的区域上，可以显示所填充的图案，按Enter键即可完成图案填充操作，如图6-68所示。

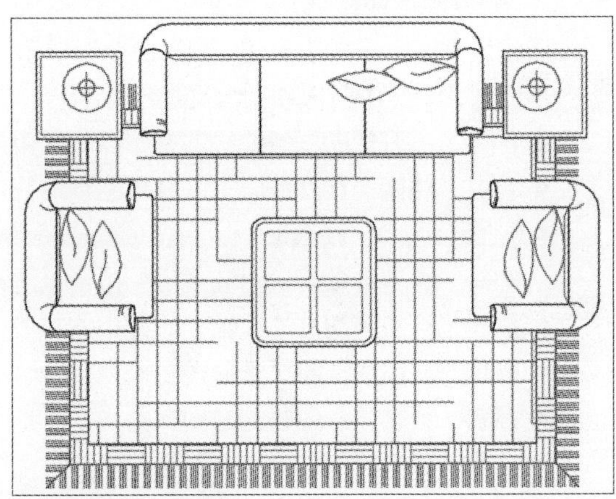

图6-68 显示填充图案

Step 03 选中填充图案，进入“图案填充编辑器”面板，重新设置比例值为40，此时填充的图案比例已发生变化，如图6-69所示。

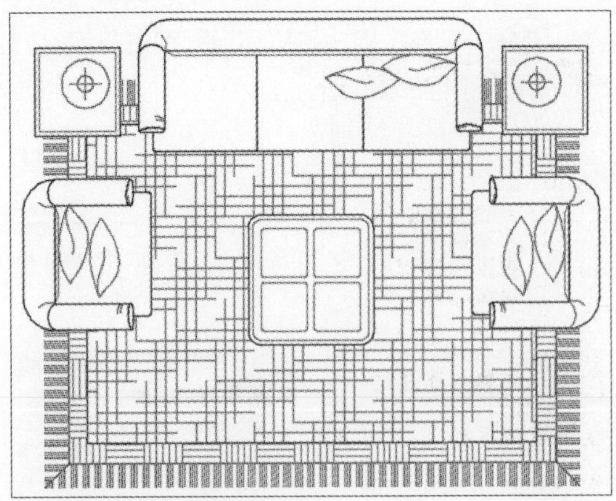

图6-69 设置图案填充比例

Step 04 再选中填充图案，进入“图案填充编辑器”面板，设置角度值为45，可以更改图案填充角度，如图6-70所示。

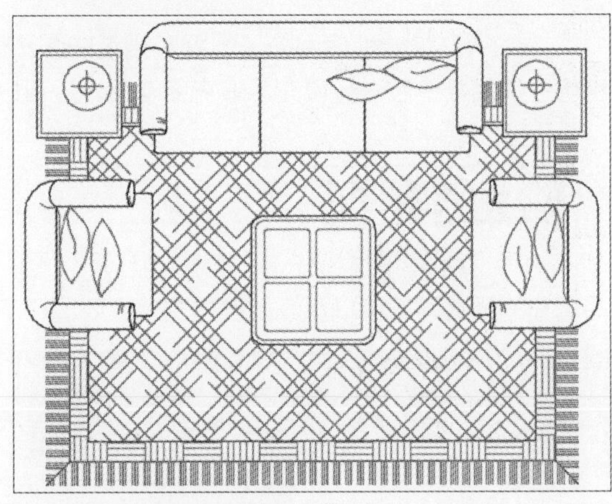

图6-70 设置图案填充角度

Step 05 在“图案填充编辑器”面板中，设置图案填充颜色为蓝色，可以更改当前填充图形的颜色，如图6-71所示。

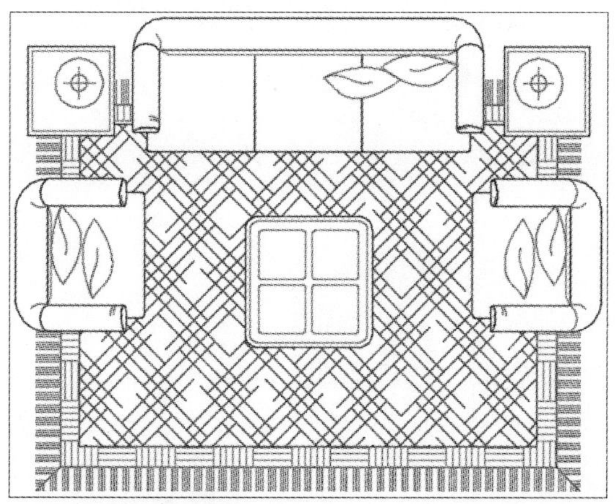

图6-71 更换图案颜色

Step 06 若想更改当前填充的图案，只需单击“图案”下拉按钮，在下拉列表中选择新图案即可，如图6-72所示。

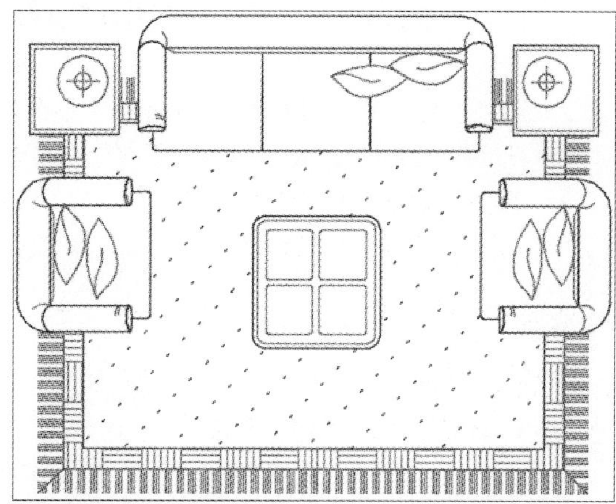

图6-72 更换填充的图案

6.5.2 渐变色的填充

在CAD软件中，除了可以对图形进行图案填充，还可以对图形进行渐变色填充。执行“绘图>图案填充”命令，在图案填充类型下拉列表中选择“渐变色”选项，打开“图案填充创建”功能面板，如图6-73所示。

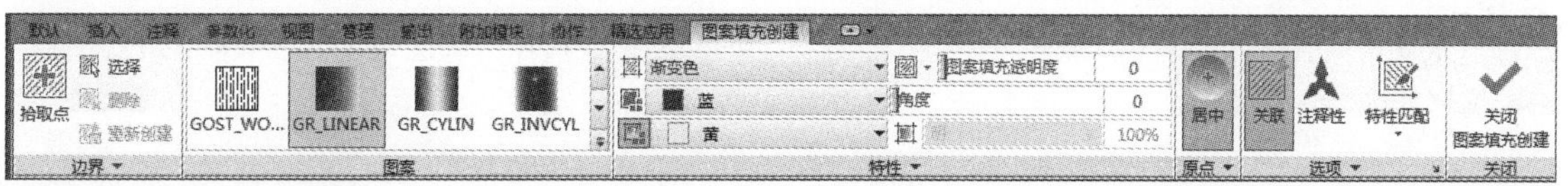

图6-73 渐变色填充功能面板

实例6-8 下面举例介绍如何使用渐变色进行填充的操作方法，具体操作介绍如下。

Step 01 打开图形文件，执行“绘图>图案填充”命令，设置图案填充类型为渐变色，单击“渐变色1”右侧的下三角形按钮，选择所需渐变颜色，如图6-74所示。

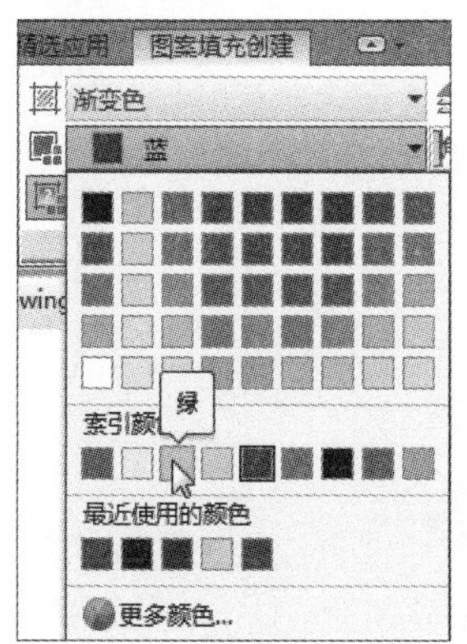

图6-74 设置颜色1

Step 02 单击“渐变色2”右侧下三角形按钮，在展开的下拉列表中选择，设置第二种渐变色，如图6-75所示。

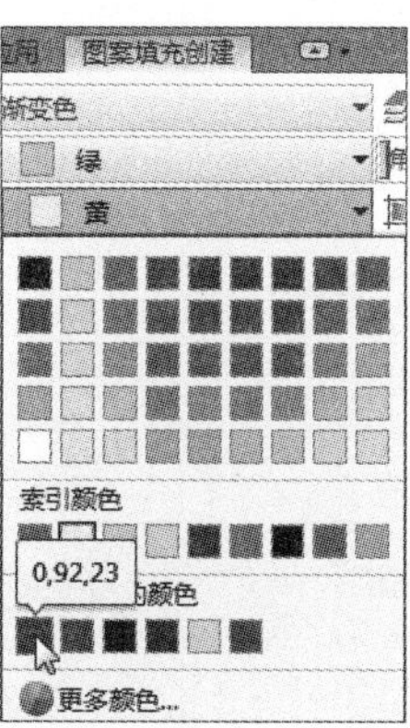

图6-75 设置颜色2

Step 03 按Enter键后完成填充操作，如图6-76所示。

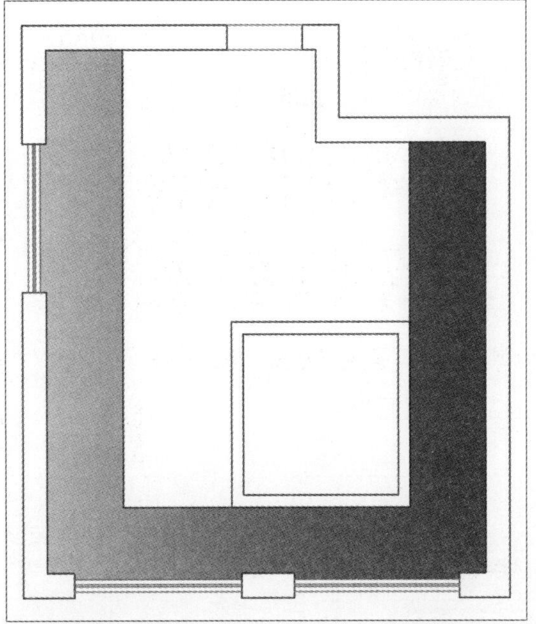

图6-76 填充效果

Step 04 选中填充的渐变色，在“图案填充创建”面板中单击“图案填充设置”按钮，打开“图案填充和渐变色”对话框，此时用户可以对渐变样式、角度进行设置，如图6-77所示。

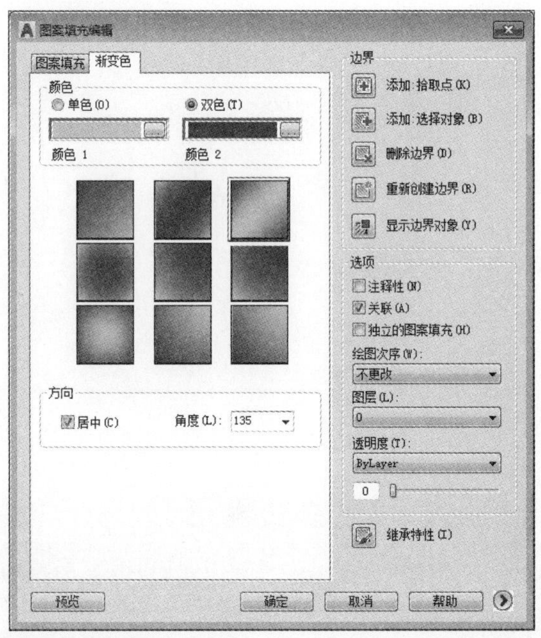

图6-77 设置渐变色参数

Step 05 设置完成后，单击“确定”按钮，即可进行填充，如图6-78所示。

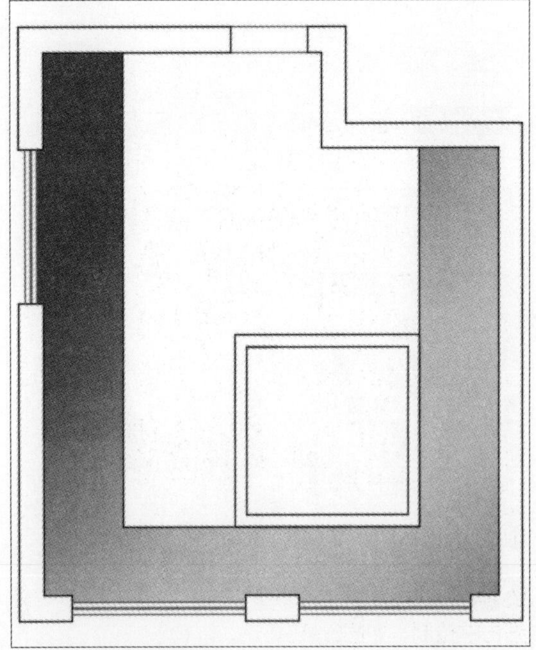

图6-78 更改填充样式

Step 06 按照相同的方法，设置颜色1的颜色为青色，颜色2的颜色为蓝色，对水池区域进行渐变色填充，如图6-79所示。

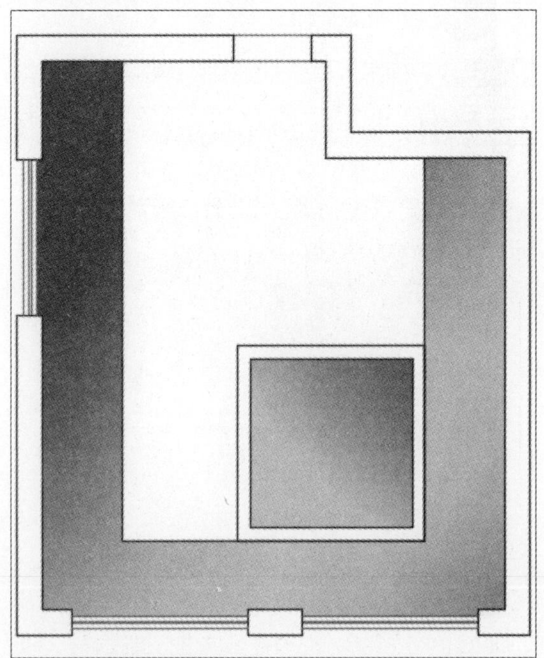

图6-79 填充水池区域

Step 07 填充地板区域。在“图案填充和渐变色”对话框中选中“单色”选项，如图6-80所示。

图6-80 选择“单色”选项

Step 08 单击“单色”选项下方的按钮，打开“选择颜色”对话框，选择合适的颜色，如图6-81所示。

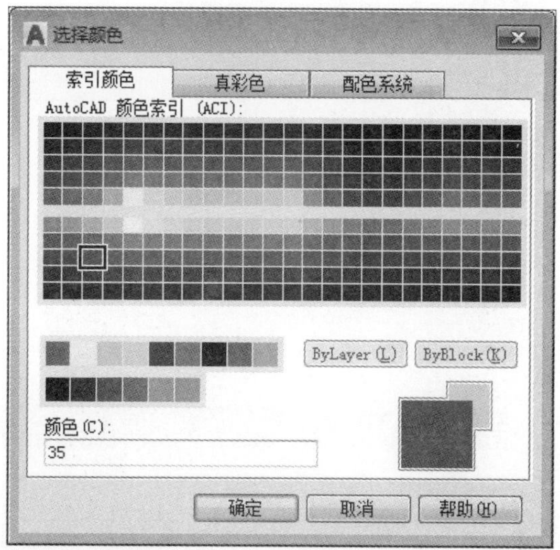

图6-81 设置颜色

Step 09 选择好填充颜色后，依次单击“确定”按钮，对地面区域进行图案填充，如图6-82所示。

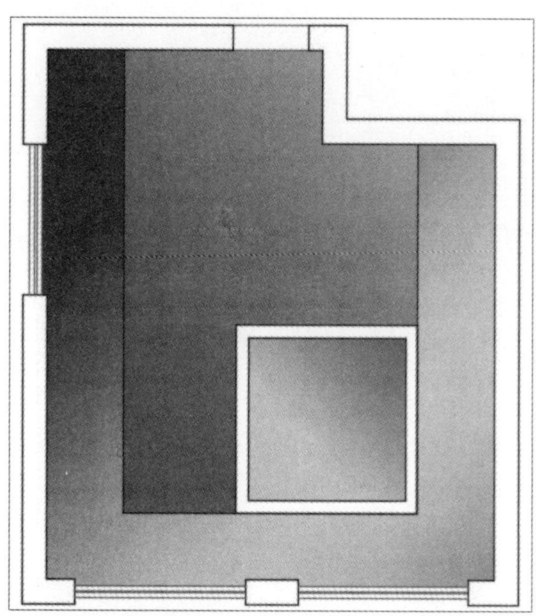

图6-82 单色渐变色填充

Step 10 设置填充类型为图案，图案名为DOLMIT，比例为15，颜色为34，对地面区域进行填充，如图6-83所示。

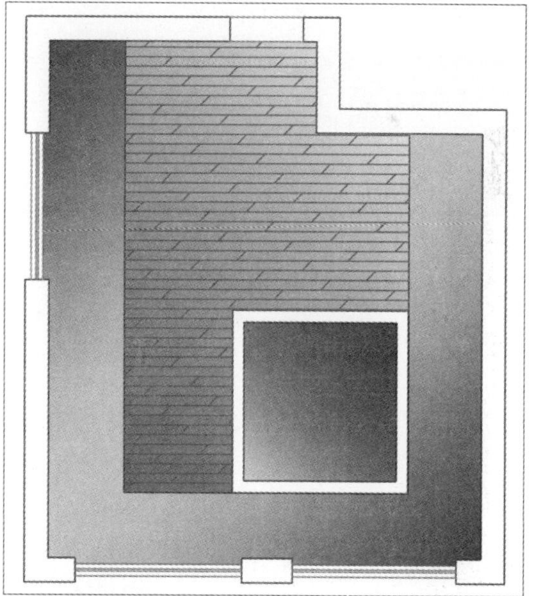

图6-83 图案填充

Step 11 按照相同的方法，设置图案名为AR-CONC，比例为3，对植被区域进行图案填充，如图6-84所示。

Step 12 最后再添加植物等辅助图形，完成室外阳台的绘制，如图6-85所示。

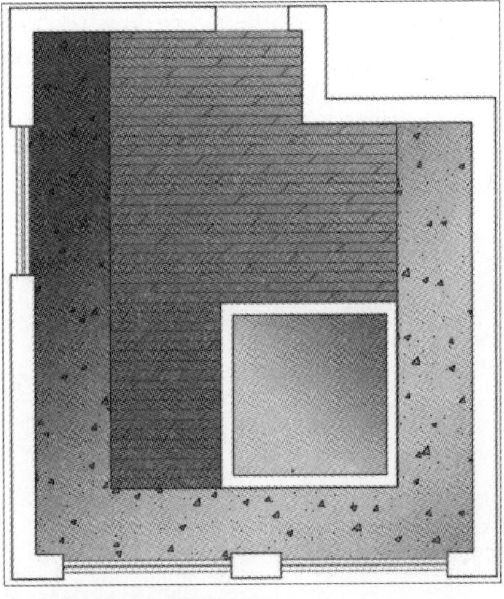

图6-84 填充植被区域

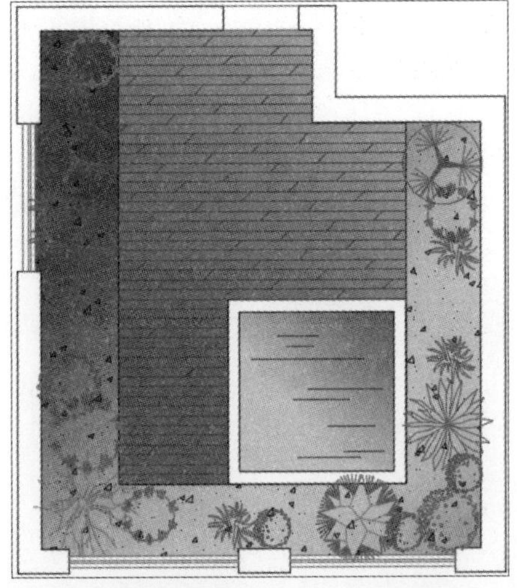

图6-85 添加辅助图形

工程师点拨：设置渐变色透明度

在进行渐变色填充时，用户可以对渐变色进行透明度的设置。选中所需设置的渐变色，单击“图案填充透明度”按钮，拖动滑块，或在右侧文本框中输入数值即可。数值越大，颜色越透明。

综合实例 —— 绘制沙发组合平面图

本章向用户介绍了二维编辑命令的使用方法。下面将结合前面所学的知识来绘制一个沙发组合平面图，其中涉及的编辑命令有偏移、复制、镜像、旋转、修剪等，以及前面章节中所介绍的二维图形的绘制命令。

Step 01 执行“直线”命令，绘制一个长、宽均为1000mm的正方形，如图6-86所示。

图6-86 绘制正方形

Step 02 执行“偏移”命令，将水平方向的线段向内偏移200mm，将左侧线段依次向内偏移40mm、760mm，如图6-87所示。

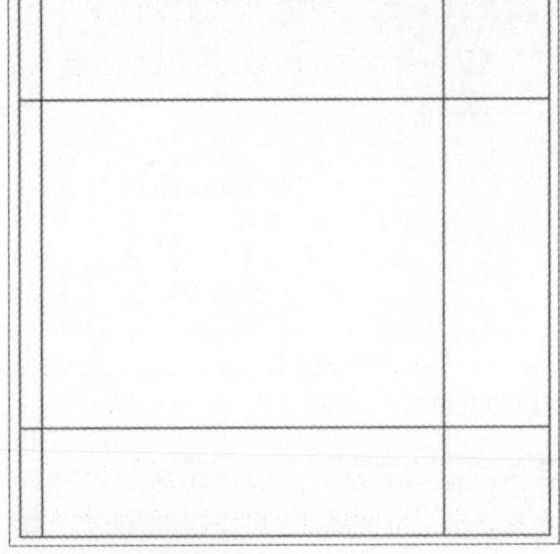

图6-87 偏移线段

Step 03 执行“修剪”命令，修剪掉沙发左侧多余的线条，如图6-88所示。

图6-88 修剪线条

Step 04 执行“偏移”命令，将沙发扶手内部轮廓线依次向外偏移5mm、10mm、15mm、20mm、25mm、30mm，如图6-89所示。

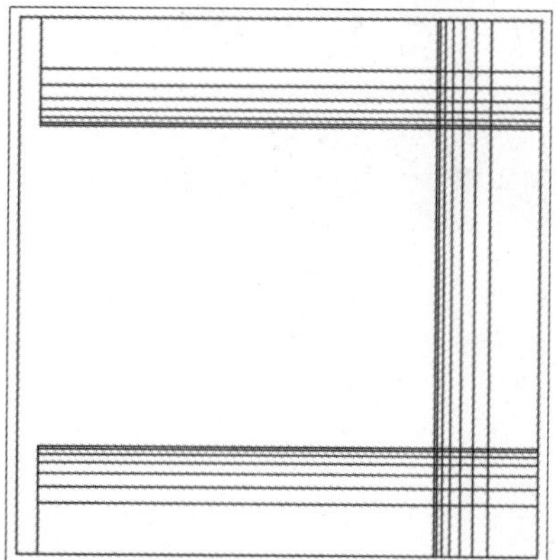

图6-89 偏移直线

Step 05 执行“修剪”命令，修剪多余的线条，制作出沙发扶手装饰线，如图6-90所示。

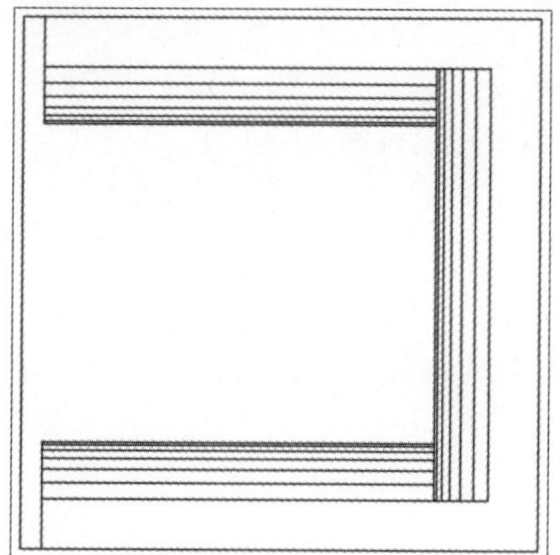

图6-90 修剪线条

Step 06 执行“圆角”命令，设置圆角半径尺寸为50mm，对图形进行圆角操作，如图6-91所示。

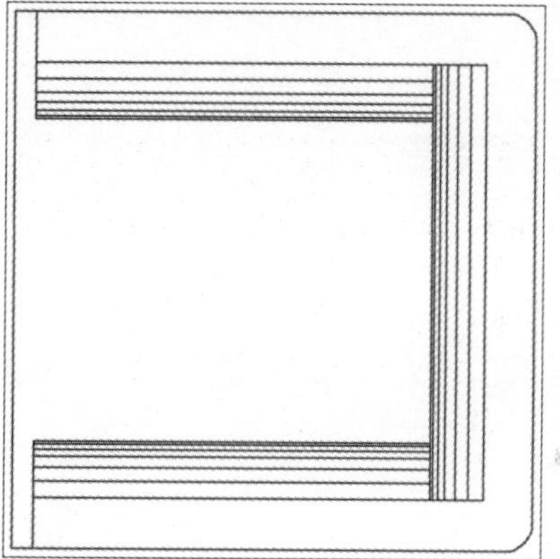

图6-91 圆角操作

Step 07 执行“矩形”命令，绘制一个长2600mm、宽1600mm的矩形，将其移动对齐到沙发的一侧，并向左移动100mm，如图6-92所示。

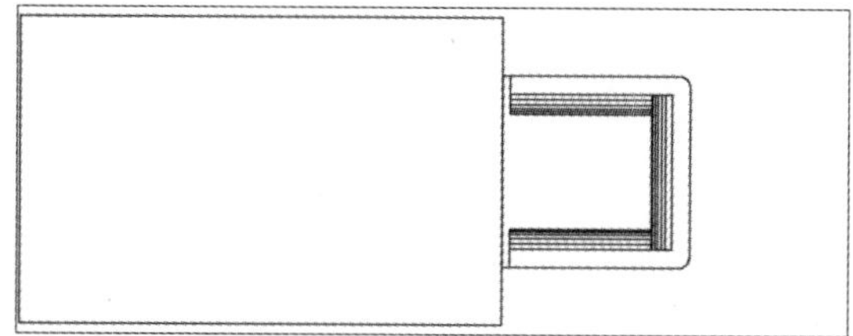

图6-92 绘制长方形

Step 08 执行“镜像”命令，根据命令行中提示选择沙发图形，镜像复制沙发图形，如图6-93所示。

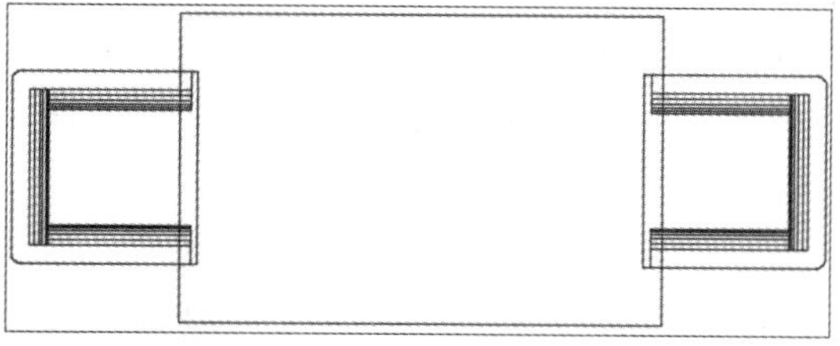

图6-93 镜像沙发

Step 09 复制沙发图形，执行“旋转”命令，设置旋转角度为90°，对复制的沙发图形进行旋转，如图6-94所示。

Step 10 执行“拉伸”命令，将沙发的一侧向外延伸，设置拉伸距离为1200，如图6-95所示。

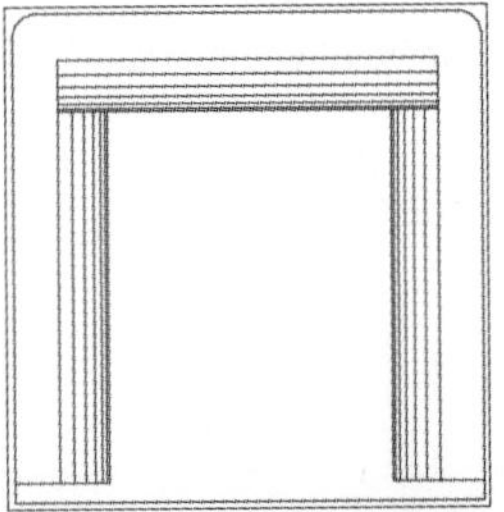

图6-94 旋转复制沙发图形

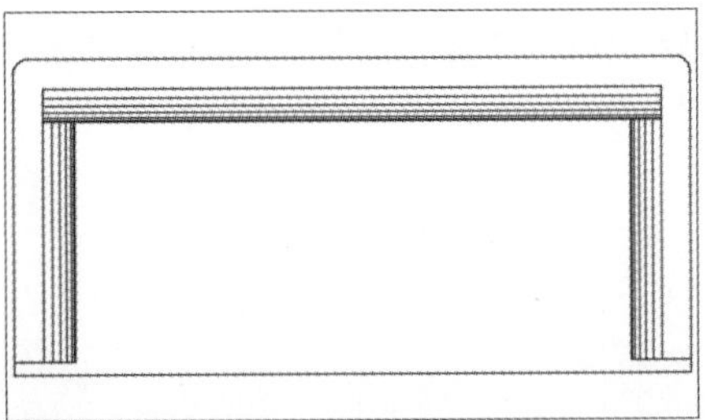

图6-95 拉伸图形

Step 11 执行"偏移"命令，设置偏移距离为600mm，将沙发扶手的边线向内依次偏移，如图6-96所示。

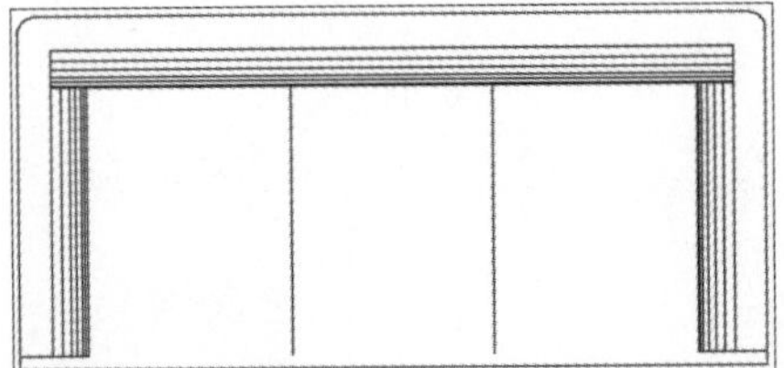

图6-96 偏移线段

Step 12 执行"延伸"命令，将偏移后的线段延伸至沙发边线，完成多人沙发的绘制，如图6-97所示。

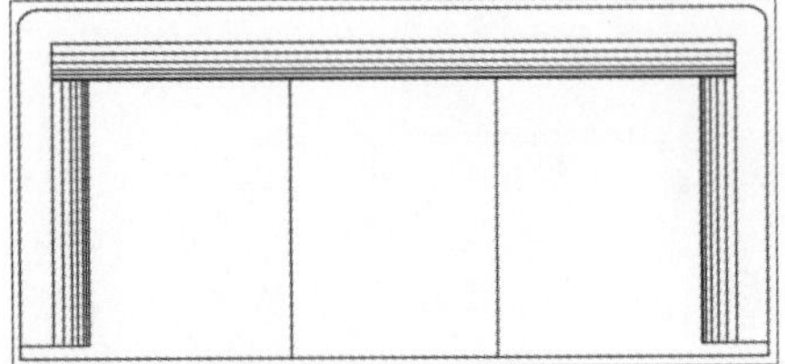

图6-97 延伸直线

Step 13 执行"移动"命令，选择多人沙发，将其移动对齐到矩形边上，并向下移动100mm，如图6-98所示。

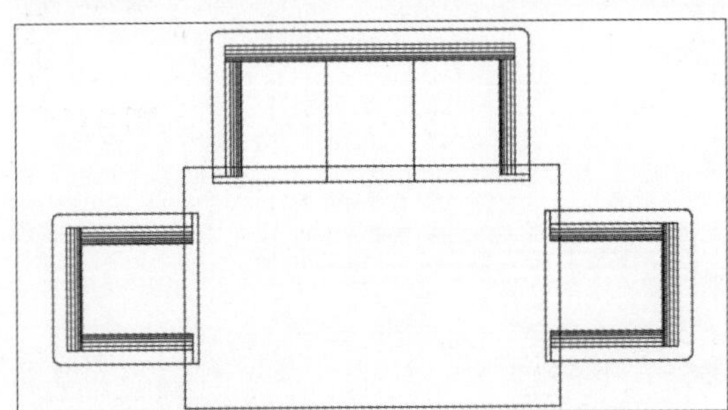

图6-98 移动沙发

Step 14 执行"偏移"命令，将绘制的矩形分别向内偏移40mm，向外偏移100mm，如图6-99所示。

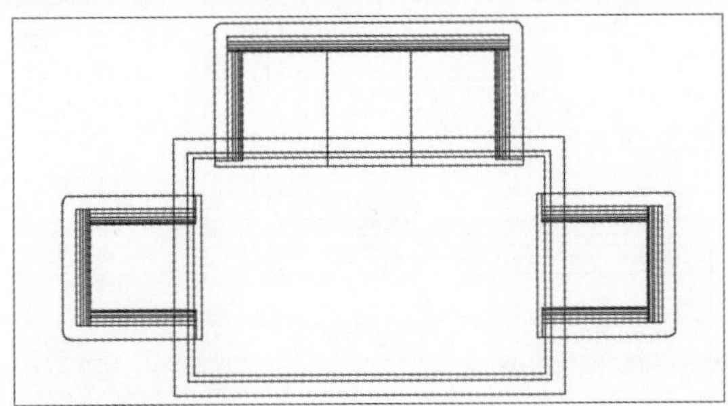

图6-99 偏移图形

Step 15 执行"修剪"命令，修剪掉被覆盖的线条，如图6-100所示。

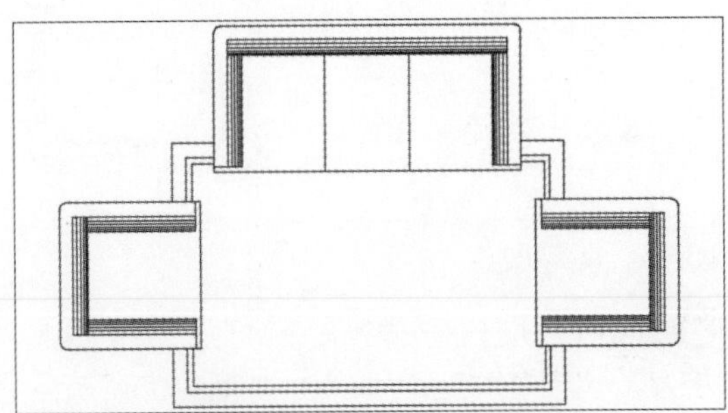

图6-100 修剪图形

Step 16 执行"矩形"命令，绘制一个长1200mm、宽800mm的矩形，放置到地毯中心位置，如图6-101所示。

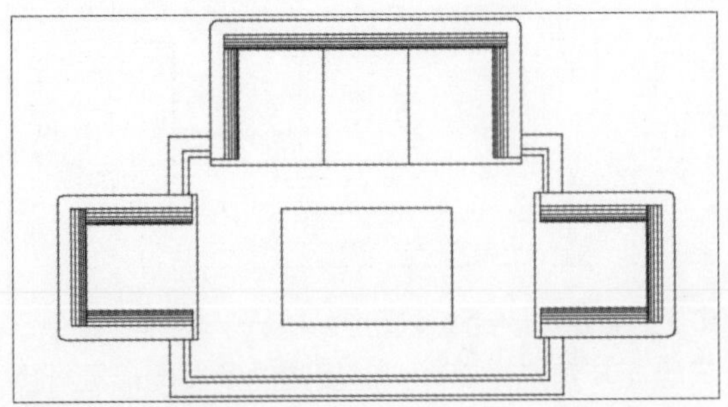

图6-101 绘制矩形

Step 17 执行“偏移”命令，设置偏移距离为50mm，将矩形向内进行偏移，如图6-102所示。

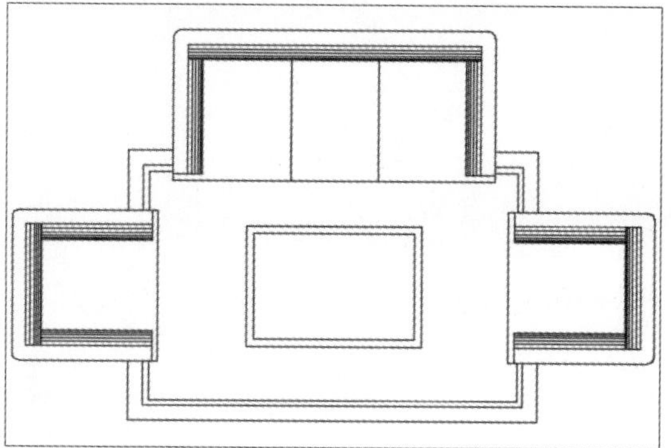

图6-102 偏移图形

Step 18 执行“圆弧”命令，绘制抱枕，如图6-103所示。

图6-103 绘制抱枕

Step 19 执行“复制”、“旋转”等命令，将抱枕移动到单人沙发上，复制出多个抱枕图形，并调整位置和角度，如图6-104所示。

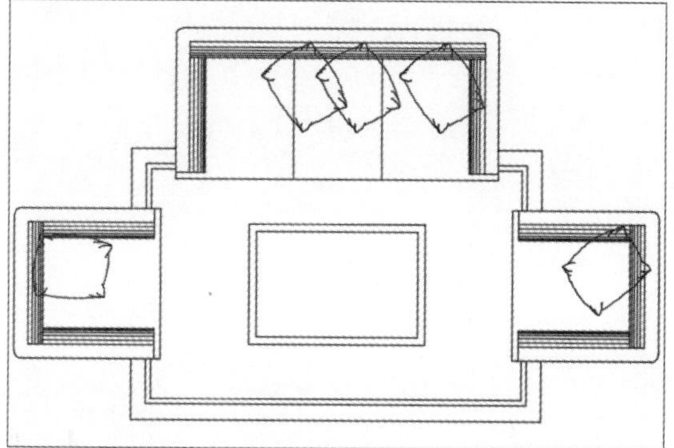

图6-104 复制并旋转抱枕

Step 20 执行“修剪”命令，修剪掉多余的线条，如图6-105所示。

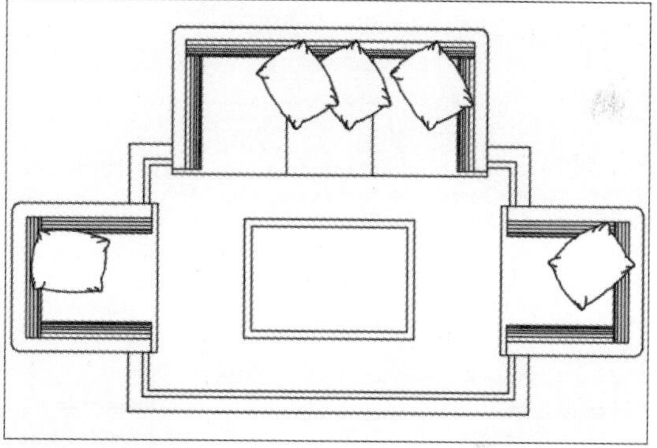

图6-105 修剪图形

Step 21 执行“矩形”命令，绘制两个长、宽均为500mm的正方形，并移动到多人沙发两侧，如图6-106所示。

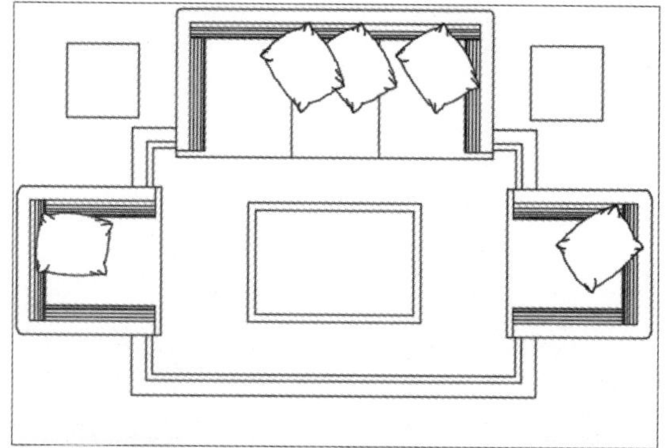

图6-106 绘制正方形

Step 22 执行“圆”命令，分别绘制半径为120mm和60mm的内切圆，如图6-107所示。

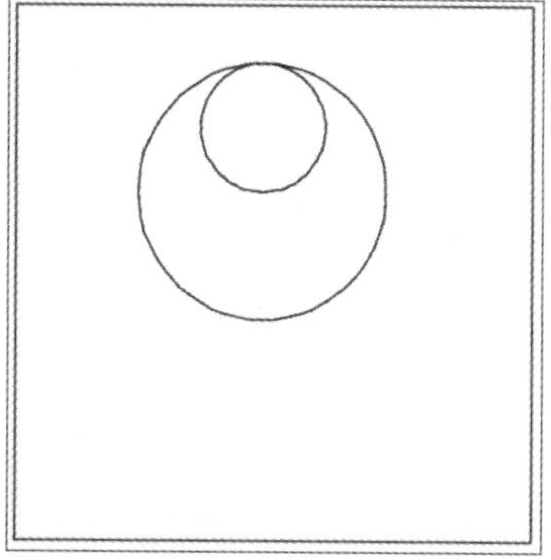

图6-107 绘制圆

Step 23 执行“直线”命令，绘制两条长均为300mm的直线，并相互垂直，绘制出台灯图形，如图6-108所示。

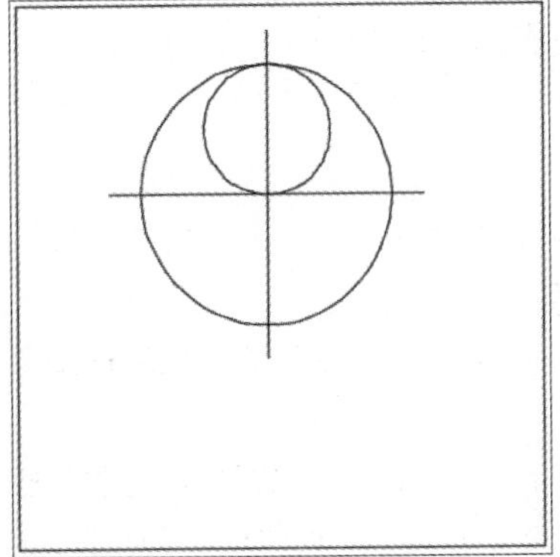

图6-108 绘制直线

Step 24 执行“复制”命令，为另一侧复制一个台灯图形，如图6-109所示。

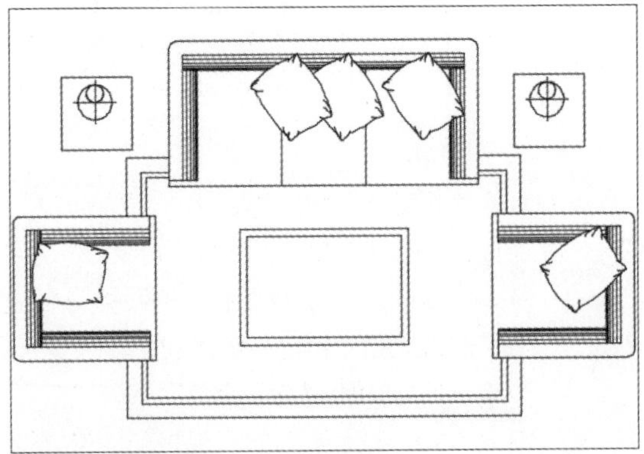

图6-109 复制台灯

Step 25 执行“图案填充”命令，设置图案名为AR-RROOF，比例为20，角度为45，选择茶几区域进行填充，如图6-110所示。

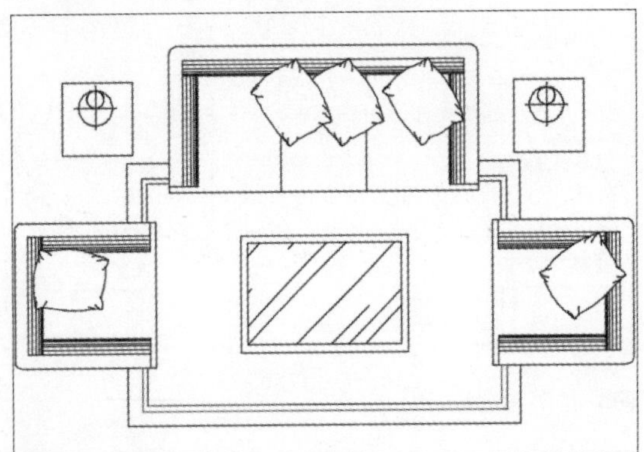

图6-110 填充茶几

Step 26 继续执行当前命令，设置图案名为CROSS，比例为20，角度为0，选择地毯内部区域进行填充，如图6-111所示。

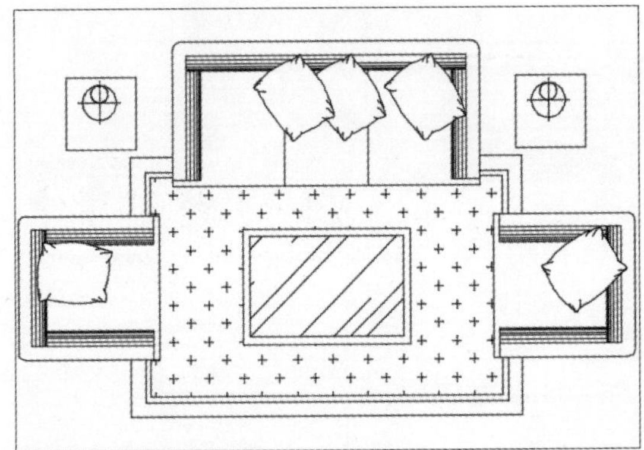

图6-111 填充地毯内部

Step 27 继续执行当前命令，设置图案名为HOUND，比例为15，角度为0，选择地毯外部区域进行填充，如图6-112所示。

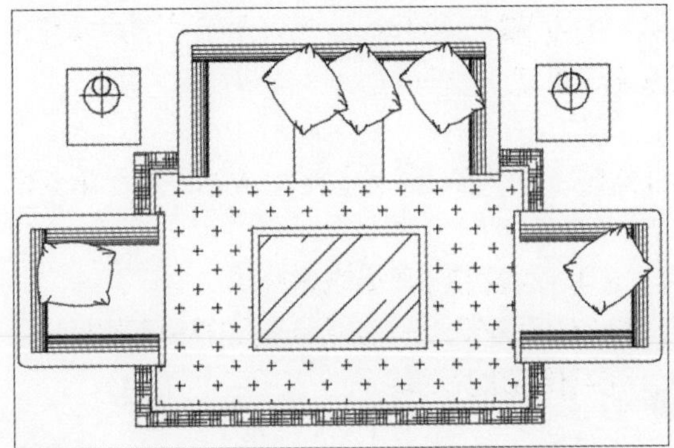

图6-112 填充地毯外部

Step 28 删除地毯外部线条，即可完成沙发组合图形的绘制，如图6-113所示。

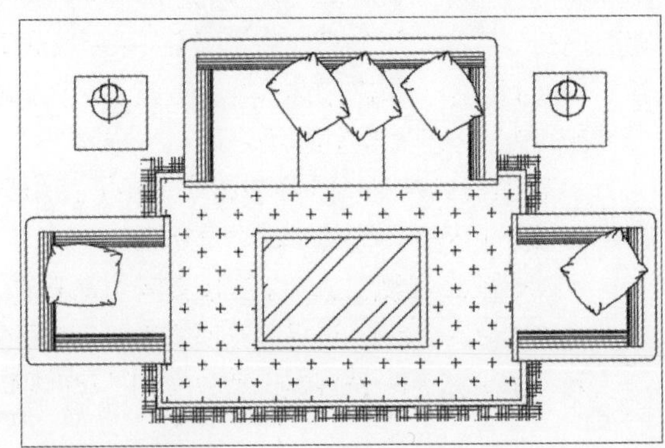

图6-113 完成绘制

高手应用秘籍 —— 运用其他填充方式填充图形

在AutoCAD中进行填充操作时，除了使用本章介绍的两种填充方式外，还可以运用其他方式来填充，如边界填充和孤岛填充。下面将分别对其操作方法进行简单介绍。

1. 边界填充

在需要对图案进行填充时，用户可以通过为对象进行边界定义并指定内部点的操作方式来实现填充效果。在AutoCAD软件中，可以通过以下两种方法来创建填充边界。

- 使用“拾取点”创建：在“图案填充创建”功能面板中，单击“拾取点”按钮，然后在图形中指定填充点，按Enter键，即可完成创建，如图6-114所示。
- 使用“选择边界对象”创建：同样在“图案填充创建”功能面板中，单击“选择边界对象”按钮，在绘图区中，选择所需填充的边界线段，按Enter键，即可进行填充，如图6-115所示。

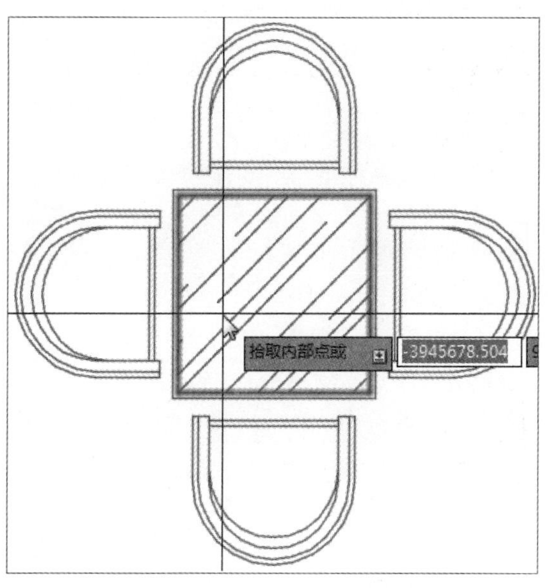

图6-114　拾取点创建

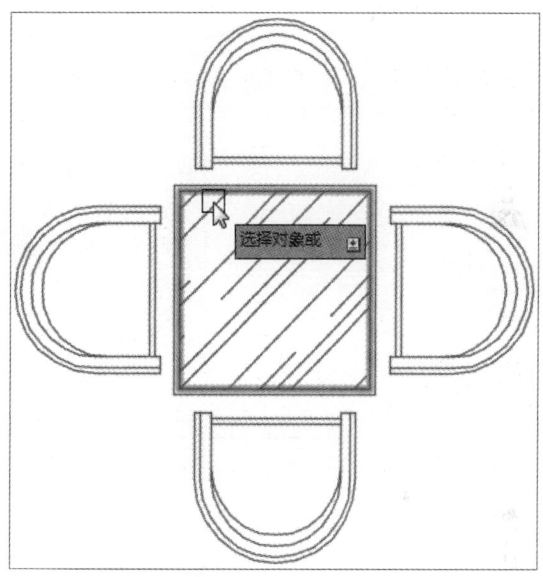

图6-115　选择边界线创建

2. 孤岛填充

在一个封闭的图形内，含有一个或是多个封闭的图形，那么在这个封闭图形内的这一个或是多个图形的填充则称为孤岛填充。该功能分为4种类型，分别为“普通孤岛检测”、“外部孤岛检测”、“忽略孤岛检测”和“无孤岛检测”，其中“普通孤岛检测”为系统默认类型。用户只需在“图案填充创建”功能面板中，单击“选项”下拉按钮，选择适合的孤岛填充方式即可。

下面对4种填充类型进行说明。

- 普通孤岛检测：选择该选项是将填充图案从外向里填充，在遇到封闭的边界时不显示填充图案，遇到下一个区域时才显示填充。
- 外部孤岛检测：选择填充图案向里填充时，遇到封闭的边界将不再填充图案。
- 忽略孤岛检测：选择该选项填充时，图案将铺满整个边界内部，任何内部封闭边界都不能阻止。
- 无孤岛检测：选择该选项是关闭孤岛检测功能，使用传统填充功能。

秒杀工程疑惑

在进行CAD操作时，用户经常会遇到各种各样的问题，下面总结一些常见问题进行解答，例如自定义填充操作、填充显示问题、快速移动或复制图形以及镜像图形中文字的处理等问题。

问　题	解　答
如何快速移动或复制图形	AutoCAD是以Windows为操作平台运行的，所以在Windows中的某些命令同样适用于该软件，这里主要是针对快捷键，例如可以使用快捷键Ctrl+C复制图形，Ctrl+V粘贴到新图纸文件中。使用Ctrl+A可以全部选择图纸中的对象
为什么CAD填充后看不到，标注箭头变成了空心	这是因为填充显示的变量设置关闭了。执行“工具>选项”命令，打开“选项”对话框，在“显示”选项卡“显示性能”选项组中勾选“应用实体填充”复选框，然后单击“确定”按钮，返回绘图区再次进行填充操作，即可显示填充效果
镜像图形中文字翻转了怎么办	当在CAD中选择图形进行镜像时，如果其中包含文字，我们通常希望文字保持原始状态，因为如果文字也反过来的话就会不可读。所以CAD针对文字镜像进行了专门的处理，并提供了一个变量控制。控制文字镜像的变量是MIRRTEXT，当值为0时，可保持镜像过来的字体不旋转，为1时，文字会按实际进行镜像
什么是框选，应注意什么	框选是指利用拖动鼠标形成的矩形区域选择对象。从左到右框选为窗交模式，选择的图形所有顶点和边界完全在矩形范围内才会被选中，从右到左框选为交叉模式，图形中任意一个顶点和边界在矩形选框范围内就会被选中
如何自定义图案填充	如果默认的填充图案无法满足用户需求，用户可以自定义填充图案，其方法为：在相关网站中下载所需填充的图案文件，并将其图案复制到CAD 2019安装目录的“Support”文件夹下面。重新启动CAD 2019软件，执行“图案填充”命令，即可查看到加载的填充图案

Chapter

07

图块、外部参照及设计中心的应用

在利用AutoCAD进行绘图时，经常会遇到一些需要重复绘制的图形，如家具、机械零件等，这些图例在AutoCAD中都可由用户定义为图块，根据需要为块创建属性，指定名称等信息，在需要时直接插入图块，从而提高绘图效率，并节省了大量内存空间。AutoCAD提供了图块和外部参照这两大功能。通过对本章内容的学习，用户能够学会图块的应用和外部参照功能来简化绘图时的操作步骤，从而有效地提高绘图能力和效率。

01 学完本章您可以掌握如下知识点

1. 图块的创建	★★
2. 图块的插入与编辑	★★
3. 外部参照图块的使用	★★★
4. 设计中心的使用	★★★
5. 动态块的创建与设置	★★★

02 本章内容图解链接

创建内部图块

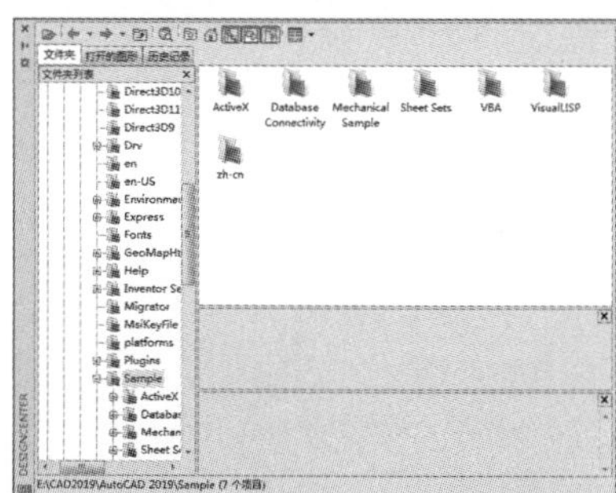

“设计中心”选项板

7.1 图块的应用

图块是一个或多个图形对象组成的对象集合，它是一个整体，经常用于绘制重复或复杂的图形。用户在使用的时候可以将它们作为单一的整体来处理，可以减少大量重复的操作步骤，从而提高设计和绘图的效率。

7.1.1 创建图块

创建图块是指将已有的图形定义成块。用户可以创建新的块，也可以使用设计中心和工具选项板提供的块。如果要定义新的块，需要指定块的名称、块中的对象以及块的插入点。下面将分别对其创建方法进行介绍。

1. 创建内部图块

内部图块是存储在图形文件内部的，因此只能在打开该图形文件后才能使用。在“默认”选项卡的“块定义”面板中单击“创建块”按钮，打开“块定义”对话框。在该对话框中，可以设置图块的名称、基点等内容。在命令行中输入“B”，然后按Enter键，也可以打开“块定义”对话框。

实例7-1 下面以创建餐桌椅图块为例，来介绍具体创建步骤。

Step 01 打开素材文件，如图7-1所示。

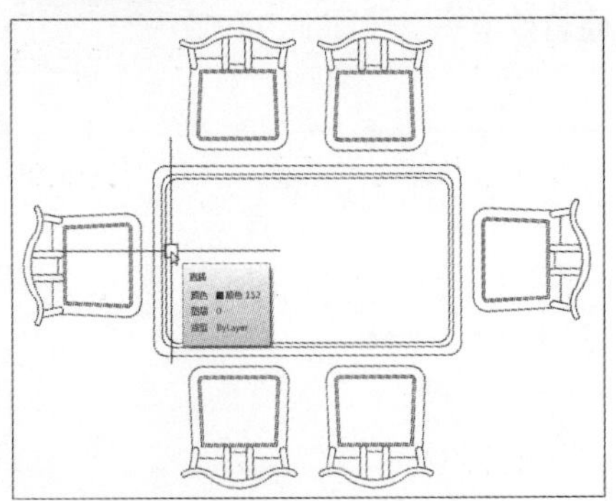

图7-1 打开素材文件

Step 02 在“默认”选项卡中单击“创建块”按钮，打开“块定义”对话框，如图7-2所示。

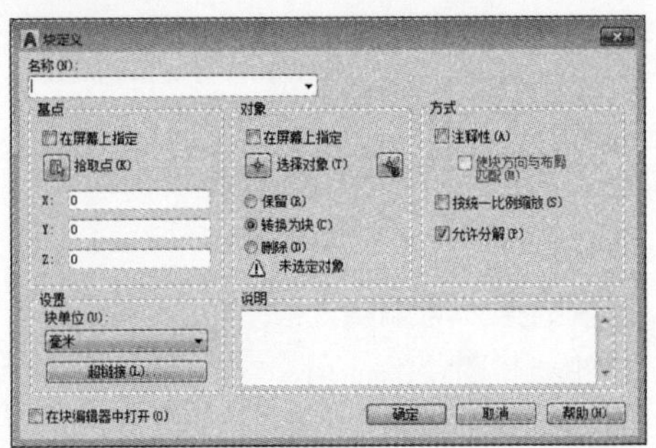

图7-2 “块定义”对话框

Step 03 在“名称”选项中输入块名称，如“餐桌椅”。单击“拾取点”按钮，在绘图区中捕捉餐桌椅图形的插入基点，如图7-3所示。

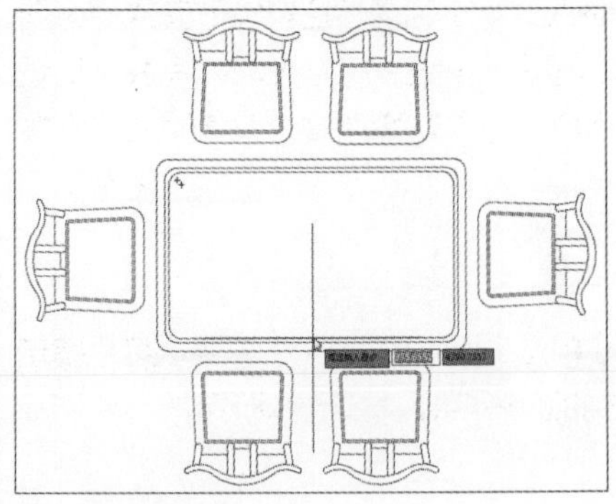

图7-3 指定基点

Step 04 返回“块定义”对话框，单击“选择对象”按钮，在绘图区中框选餐桌椅图形，按Enter键，如图7-4所示。

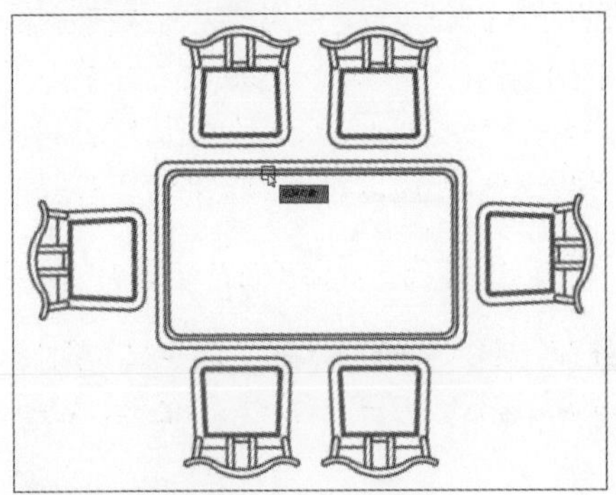

图7-4 框选图形

Step 05 返回“块定义”对话框，单击“确定”按钮，完成图块的创建，如图7-5所示。

图7-5 完成图块的创建

Step 06 返回到绘图区中查看创建效果，如图7-6所示。

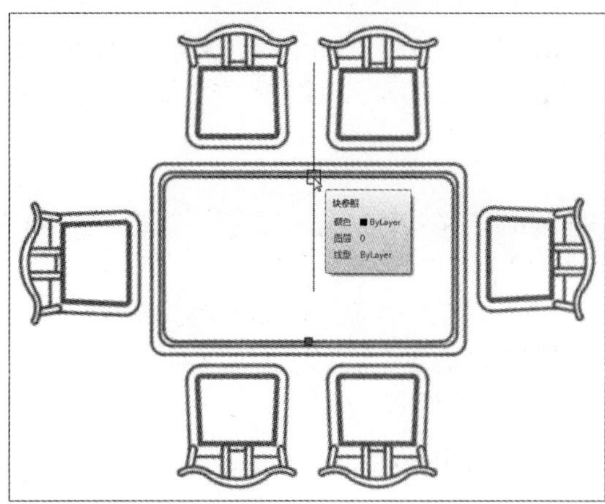

图7-6 查看创建效果

下面对“块定义”对话框中各选项的含义进行介绍。

- 名称：该选项用于输入所需创建图块的名称。
- 基点：该选项组用于确定块在插入时的基准点。基点可以在屏幕上指定，也可以通过拾取点方式指定，当指定完成后，在X、Y、Z的文本框中会显示相应的坐标点。
- 对象：该选项组用于选择创建块的图形对象。选择对象同样可以在屏幕上指定，也可以通过拾取点方式指定。单击“选择对象”按钮，可以在绘图区中选择对象，此时用户可以选择对图块进行删除、转换成块或保留。
- 方式：该选项组用于指定块的一些特定方式，如注释性、使块方向与布局匹配、按统一比例缩放、允许分解等。
- 设置：该选项组用于指定图块的单位。其中“块单位”用来指定块参照插入单位；“超链接”可将某个超链接与块定义相关联。
- 说明：该选项可对所定义的块进行必要的说明。
- 在块编辑器中打开：勾选该选项后，表示在块编辑器中打开当前的块定义。

2. 创建外部图块

写块也是创建图块的一种，又叫块存盘，是将文件中的块作为单独的对象保存为一个新文件，被保存的新文件可以被其他对象使用。创建块只能在本图纸中应用，在其他图纸中不能被引用，而写块定义的块则可以被多次引用。

外部图块不依赖于当前图形，它可以在任意图形中调用并插入，其实就是将这些图形变成一个新的、独立的图形。在“插入”选项卡的“块定义”面板中单击“写块”按钮，在打开的“写块”对话框中，用户可以将对象保存到文件或将块转换为文件。当然，用户也可以在命令行中直接输入“W”后按Enter键，同样也可以打开相应的对话框。

实例7-2 下面以创建洗衣机图块为例，来介绍具体的创建方法。

Step 01 在“插入”选项卡的“块定义”面板中单击“写块”按钮，打开“写块”对话框，如图7-7所示。

Step 02 单击“拾取点”按钮，在绘图区中指定洗衣机图形的图块基点，如图7-8所示。

图7-7 “写块”对话框

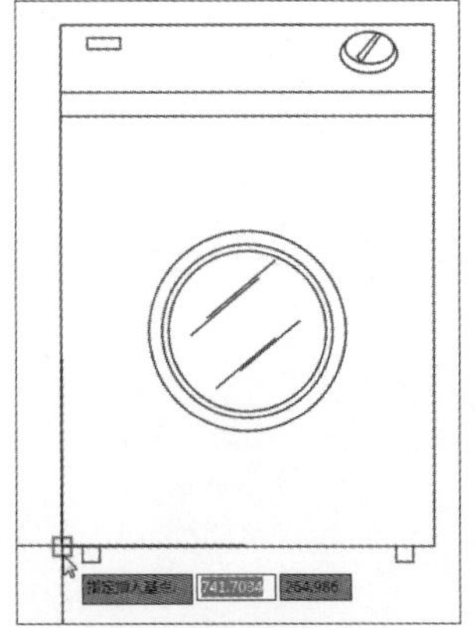

图7-8 指定图块基点

Step 03 返回对话框后，单击“选择对象”按钮，在绘图区中框选洗衣机图形，并按Enter键，如图7-9所示。

Step 04 单击“文件名和路径”后的“显示标准的文件选择对话框”按钮，打开“浏览图形文件”对话框，将洗衣机图块设置好保存路径和文件名，单击“保存”按钮，返回“写块”对话框，单击“确定”按钮，完成外部图块的创建，如图7-10所示。

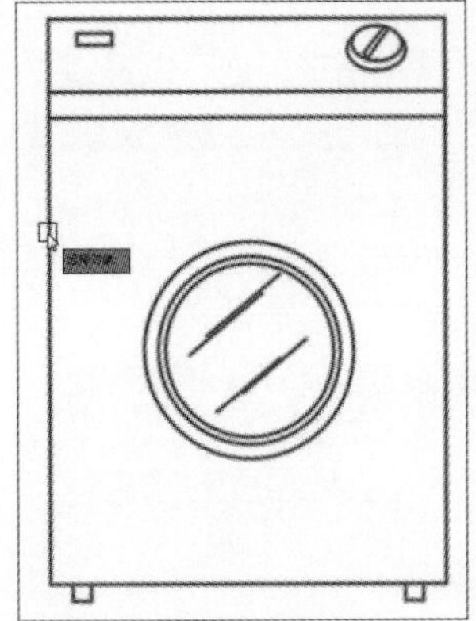

图7-9 选择洗衣机图形

图7-10 “浏览图形文件”对话框

下面对“写块”对话框中各选项的含义进行介绍。

- 源：该选项组用来指定块和对象，将其保存为文件并指定插入点。其中“块”选项可以将创建的内部图块作为外部图块来保存，用户可从下拉列表中选择需要的内部图块；“整个图形”选项用来将当前图形文件中的所有对象作为外部图块存盘；而“对象”选项用来将当前绘制的图形对象作为外部图块存盘。
- 基点：该选项组的作用与“块定义”对话框中的相同。
- 目标：该选项组用来指定文件的新名称和新位置，以及插入块时所用的测量单位。

7.1.2 插入图块

插入块是指将定好的内部或外部图块插入到当前图形中。在插入图块或图形时，必须指定插入点、比例与旋转角度。插入图形为图块时，程序会将指定的插入点当作图块的插入点，也可以先打开原来的图形，并重新定义图块，以改变插入点。

实例7-3 下面以为图形插入盆栽图块为例，来介绍其具体操作方法。

Step 01 打开素材文件，如图7-11所示。

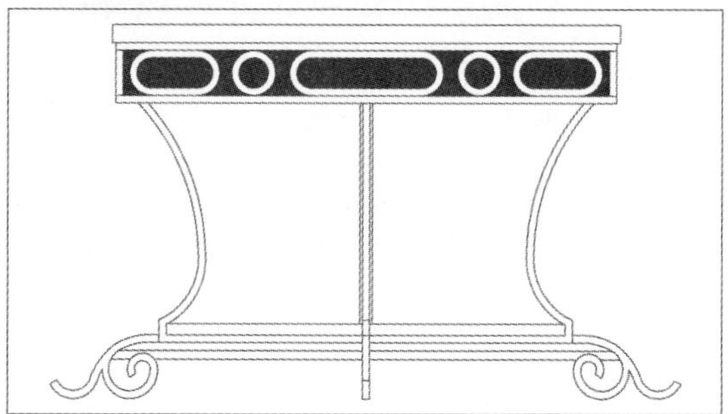

图7-11 打开素材文件

Step 02 执行“插入>块”命令，打开“插入”对话框，如图7-12所示。

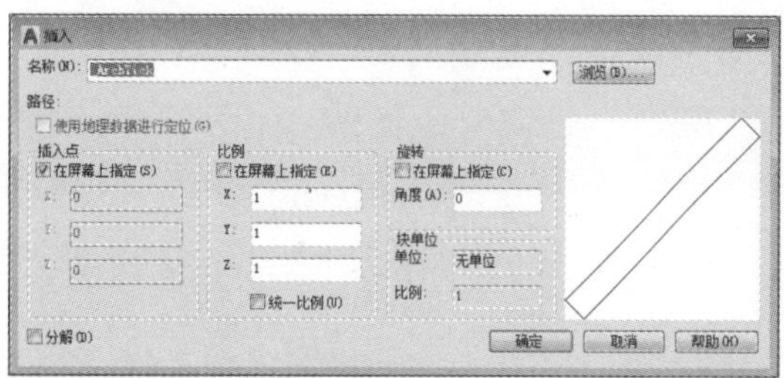

图7-12 打开“插入”对话框

Step 03 单击“浏览”按钮，打开“浏览图形文件”对话框，在该对话框中选择合适的文件，如图7-13所示。

图7-13 选择图块

Step 04 单击“打开”按钮，返回上级对话框，然后单击“确定”按钮，插入盆栽图块，如图7-14所示。

图7-14 插入图块

下面对“插入”对话框中各选项的含义进行介绍。

- 名称：在该选项的下拉列表中可以选择或直接输入所插入图块的名称，单击“浏览”按钮，可以在打开的对话框中选择所需图块。
- 插入点：该选项用于指定一个插入点，以便插入块参照定义的一个副本。若取消“在屏幕上指定”选项，需要在X、Y、Z文本框中输入图块插入点的坐标值。
- 比例：该选项组用于指定插入块的缩放比例。
- 旋转：该选项组用于块参照插入时的旋转角度。其角度无论是正值或负值，都是参照于块的原始位置。若勾选“在屏幕上指定”复选框，则表示用户可以在屏幕上指定旋转角度。
- 块单位：该选项组用于显示有关图块单位的信息。其中“单位”选项用于指定插入块的INSUNITS值；而“比例”选项则显示单位比例因子。
- 分解：该选项用于指定插入块时是否对其进行分解操作。

工程师点拨：插入图块的技巧

在插入图块时，用户可使用“定数等分”或“测量”命令进行图块的插入。但这两种命令只能用在内部图块的插入，而无法对外部图块进行操作。

7.2 图块属性的编辑

块的属性是块的组成部分，是包含在块定义中的文字对象，又不同于一般的文字实体，它用来描述块的某些特征，增强块的通用性，其属性有助于用户快速生成设计项目的信息报表，或者作为一些符号块的可变文字对象。

在定义块之前，必须先定义该块的属性。属性从属于块，它与块组成了一个整体。当用删除命令擦去块时，包括在块中的属性也被擦去，当用CHANGE命令改变块的位置与转角时，它的属性也随之移动和转动。

7.2.1 创建与附着图块属性

图块的属性包括属性模式、标记、提示、属性值、插入点和文字设置。在“插入”选项卡的“块定义”面板中单击“定义属性”按钮，打开“属性定义”对话框，从中便可根据提示信息进行创建。

实例7-4 下面以创建方向指示符图块为例介绍创建图块属性，具体操作如下。

Step 01 打开图形文件，如图7-15所示。

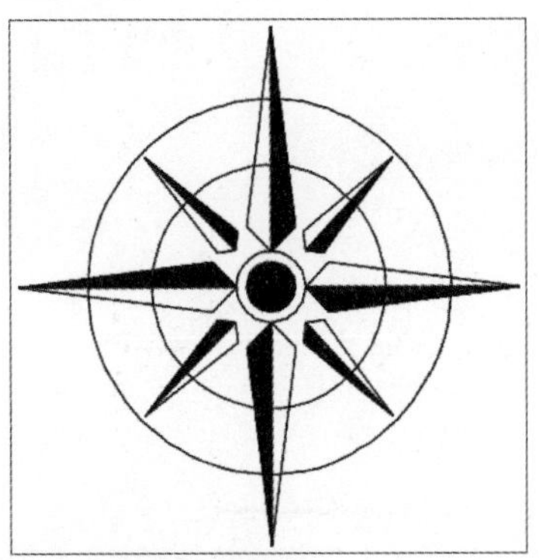

图7-15 绘制标高图形

Step 02 在“插入”选项卡的“块定义”面板中单击“定义属性”按钮，打开“属性定义”对话框，如图7-16所示。

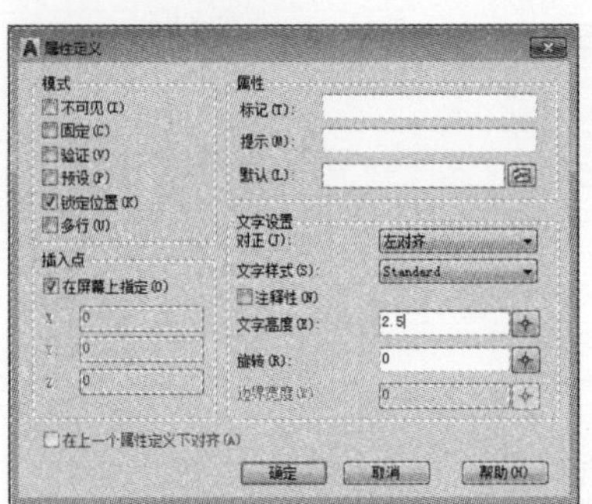

图7-16 “属性定义”对话框

Step 03 在“属性”选项组的“标记”文本框中输入“方向”，然后在“提示”文本框中输入“北”，并在“默认”文本框中输入“N”，设置文字的对正方式为“正中”，再设置“文字高度”为500，如图7-17所示。

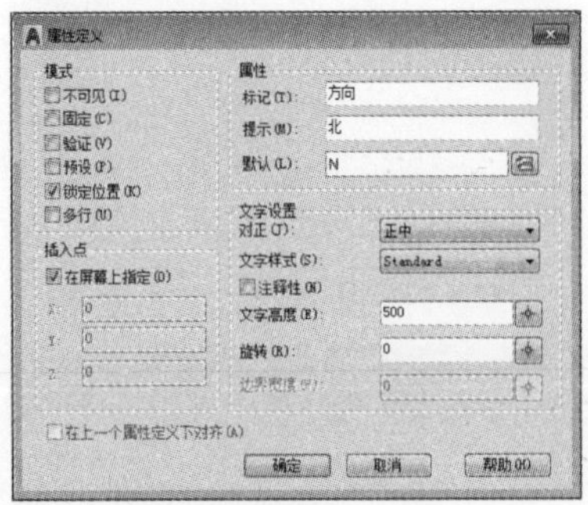

图7-17 设置相关选项

Step 04 设置完成后单击“确定”按钮，然后在绘图区中指定插入点即可，如图7-18所示。

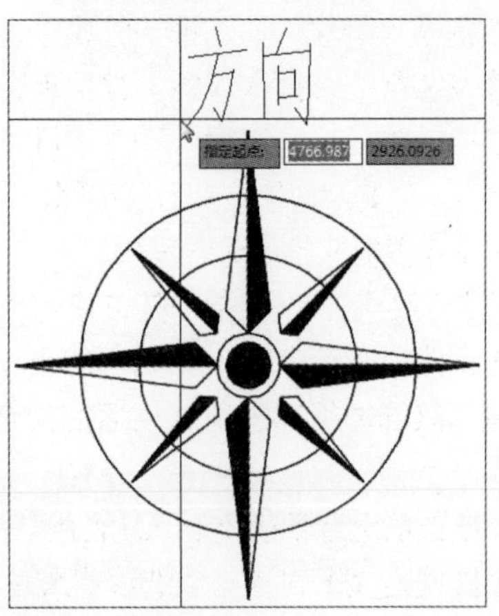

图7-18 指定插入点

Step 05 执行“创建块”命令，在打开的“块定义”对话框中，单击“拾取点”按钮，指定方向指示符图块的基点，如图7-19所示。

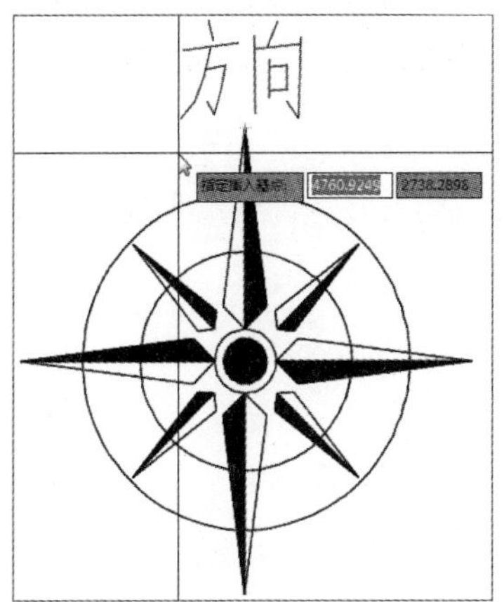

图7-19 指定图块基点

Step 06 单击“选择对象”按钮，框选图形，如图7-20所示。

图7-20 框选图形

Step 07 按Enter键，返回“块定义”对话框，输入块名称，单击“确定”按钮，如图7-21所示。

图7-21 输入块名称

Step 08 打开“编辑属性”对话框，输入方向名称，单击“确定”按钮完成创建，如图7-22所示。

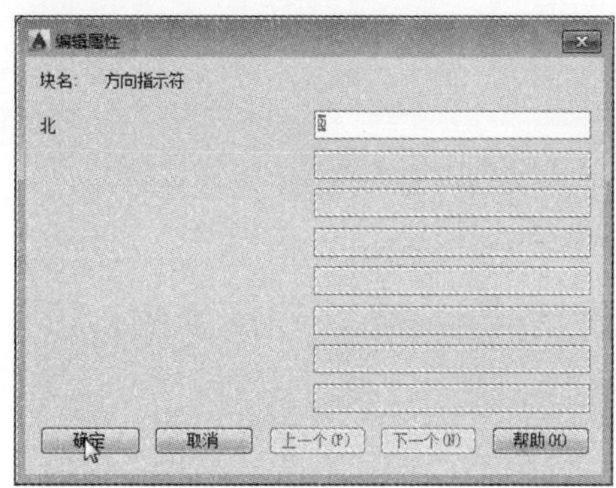

图7-22 完成属性块的创建

下面对“属性定义”对话框中各选项的含义进行介绍。

- 模式：该选项组主要用于控制块中属性的行为，如属性在图形中是否可见、固定等。其中“不可见”表示插入图块并输入图块的属性值后，该属性值不在图中显示出来；“固定”表示定义的属性值是常量，在插入块时属性值保持不变；“验证”表示插入块时系统将对用户输入的属性值等进行校验提示，以确认输入的属性值是否正确；“预设”表示在插入块时，将直接默认属性值插入；“锁定位置”表示锁定属性在图块中的位置；“多行”表示将激活“边界宽度”文本框，可设置多行文字的边界宽度。
- 属性：该选项组用于设置图块的文字信息。其中“标记”用于设置属性的显示标记；“提示”用于设置属性的提示信息；“默认”用于设置默认的属性值。
- 文字设置：该选项组用于对属性值的文字大小、对齐方式、文字样式和旋转角度等参数进行设置。
- 插入点：该选项组用于指定插入属性图块的位置，默认为在绘图区中以拾取点的方式来指定。
- 在上一个属性定义下对齐：该选项将属性标记直接置于定义的上一个属性的下面。若之前没有创建属性定义，则该选项不可用。

7.2.2 编辑块的属性

插入带属性的块后，可以对已经附着到块和插入图形的全部属性的值及其他特性进行编辑。在“插入”选项卡的“块”面板中单击“编辑属性”按钮，在打开的“增强属性编辑器”对话框中，选中一属性后，即可更改该属性值，如图7-23所示。

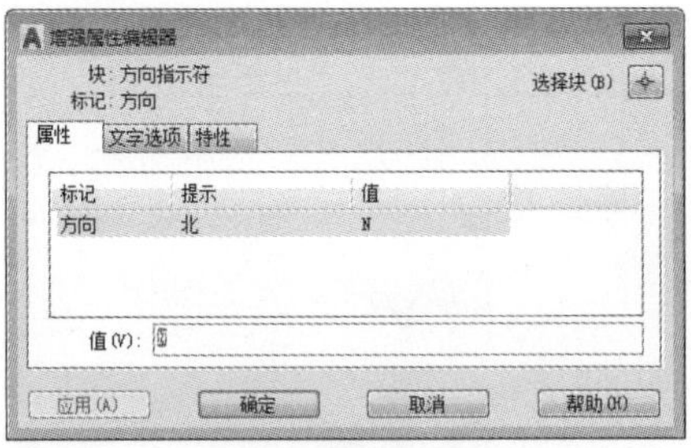

图7-23 “增强属性编辑器”对话框

下面对“增强属性编辑器”对话框中各选项的含义进行介绍。

- 属性：该选项卡用来显示指定给每个属性的标记、提示和值。其中，标记名和提示信息不能修改，只能更改属性值。
- 文字选项：该选项卡用来设置用于定义属性文字在图形中的显示方式的特性，如图7-24所示。
- 特性：该选项卡用来定义属性所在的图层以及属性文字的线宽、线型和颜色。如果图形使用打印样式，则可使用“特性”选项卡为属性指定打印样式，如图7-25所示。

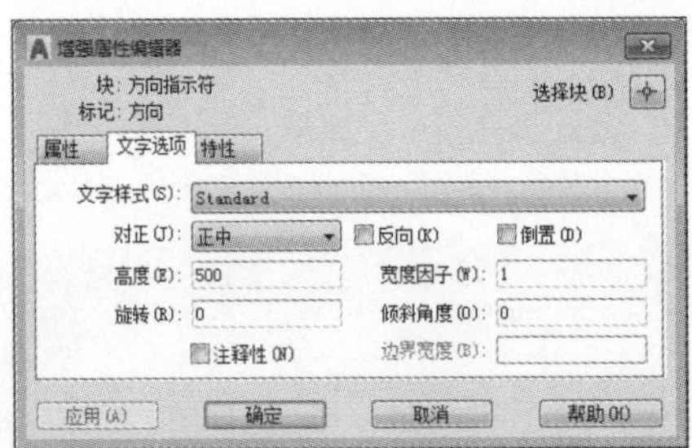

图7-24 “文字选项”选项卡

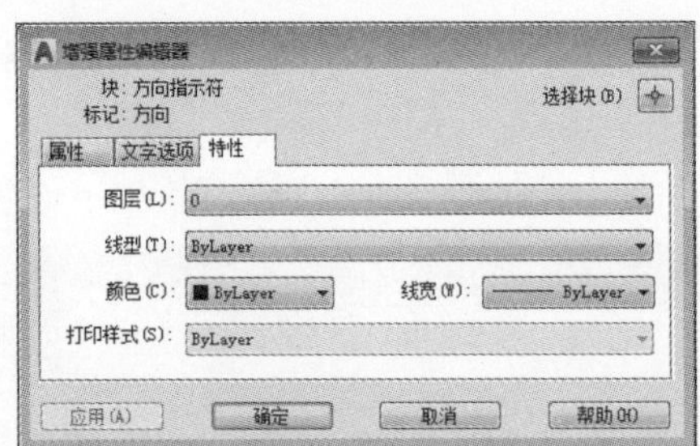

图7-25 “特性”选项卡

7.2.3 提取属性数据

在AutoCAD软件中，用户可以查看在一个或多个图形中查询属性图块的属性信息，并将其保存到当前文件或外部文件。

实例7-5 下面以沙发组合平面图为例介绍提取属性数据的操作方法，具体操作如下。

Step 01 打开素材文件，如图7-26所示。

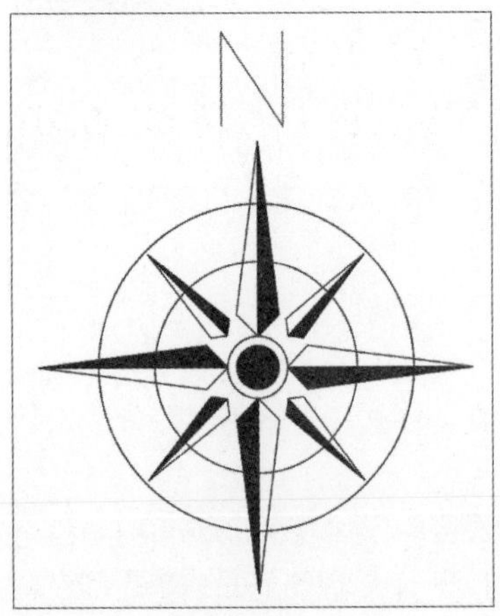

图7-26 打开素材文件

Step 02 在“插入”选项卡的“数据”面板中单击“提取数据”按钮，打开“数据提取-开始”对话框，如图7-27所示。

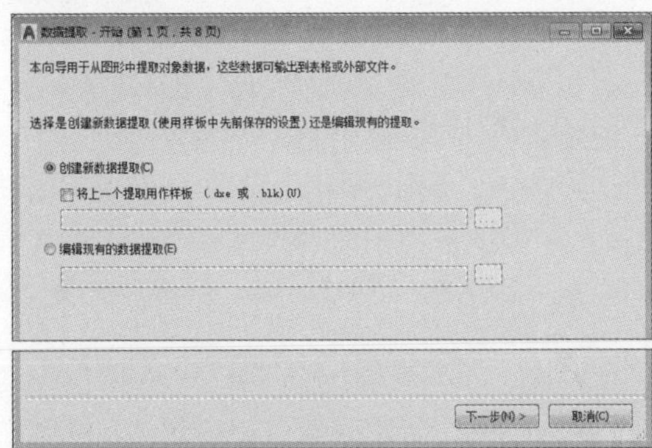

图7-27 打开“数据提取-开始”对话框

Step 03 单击“下一步”按钮，打开“将数据提取另存为”对话框，设置保存路径及保存名称，如图7-28所示。

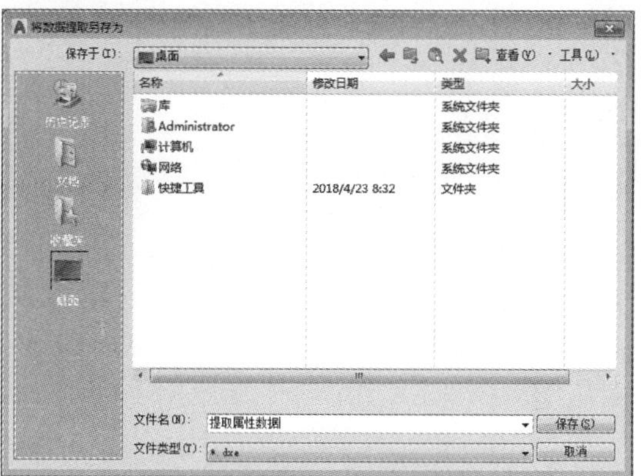

图7-28 设置保存路径及名称

Step 04 单击“保存”按钮，在“数据提取-定义数据源”对话框中设置数据源，如图7-29所示。

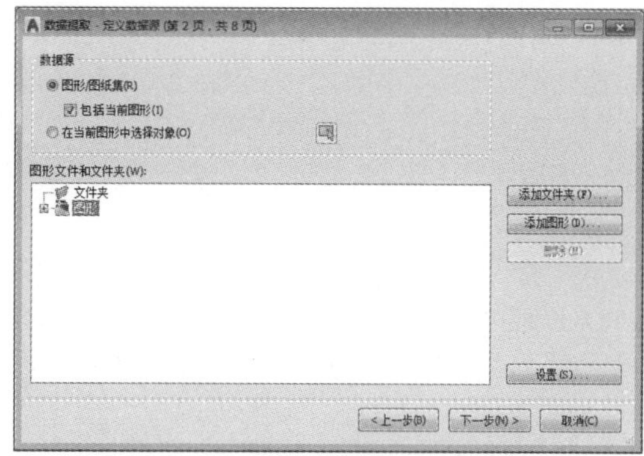

图7-29 打开“数据提取-定义数据源”对话框

Step 05 单击“下一步”按钮，打开“数据提取-选择对象”对话框，勾选全部对象，如图7-30所示。

图7-30 选择对象

Step 06 单击“下一步”按钮，打开“数据提取-选择特性”对话框，从中根据需要勾选要显示的特性复选框，如图7-31所示。

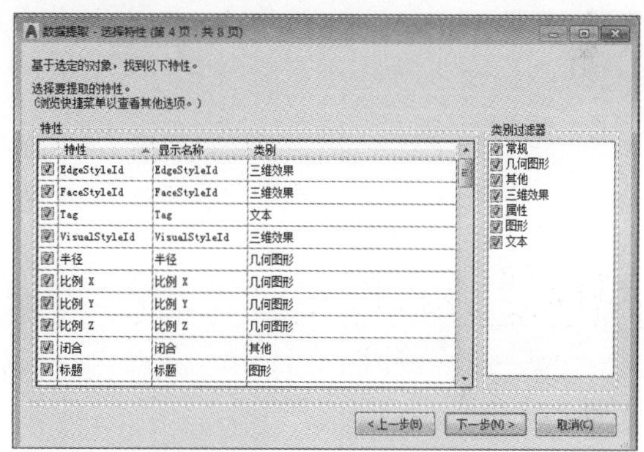

图7-31 选择显示特性

Step 07 单击“下一步”按钮，打开“数据提取-优化数据”对话框，如图7-32所示。

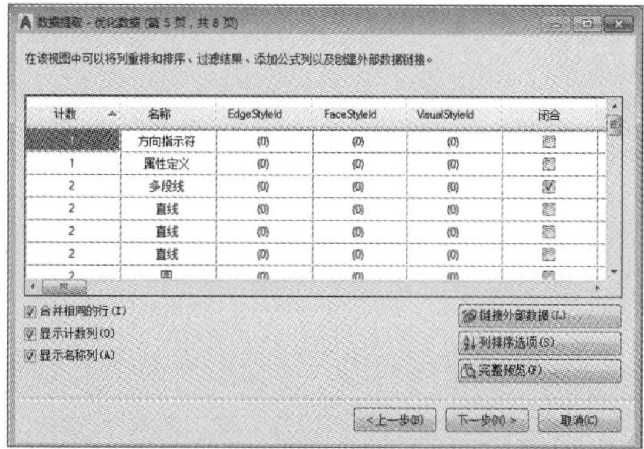

图7-32 “数据提取-优化数据”对话框

Step 08 单击“下一步”按钮，在打开的“数据提取-选择输出”对话框中勾选“将数据输出至外部文件”复选框，如图7-33所示。

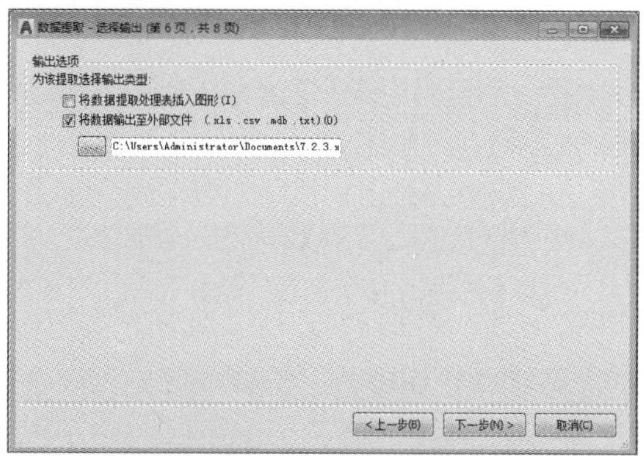

图7-33 设置相关参数

Step 09 单击“浏览”按钮，在“另存为”对话框中设置文件名及路径，如图7-34所示。

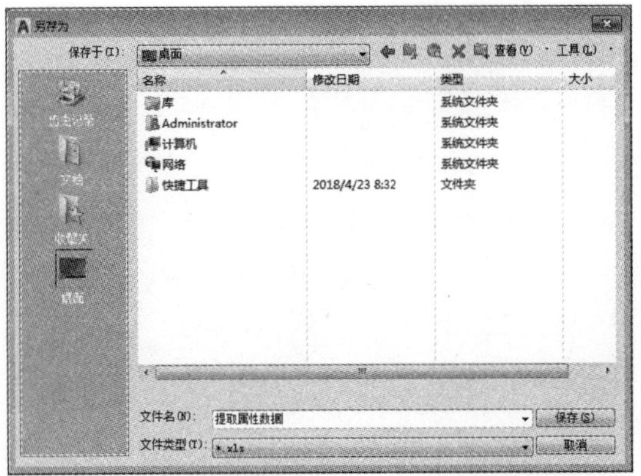

图7-34 设置保存名称及路径

Step 10 单击“保存”按钮，返回“数据提取-选择输出”对话框，依次单击“下一步”、“完成”按钮，关闭对话框，启动Excel软件，打开所提取的属性文件，从中即可看到所提取的数据信息，如图7-35所示。

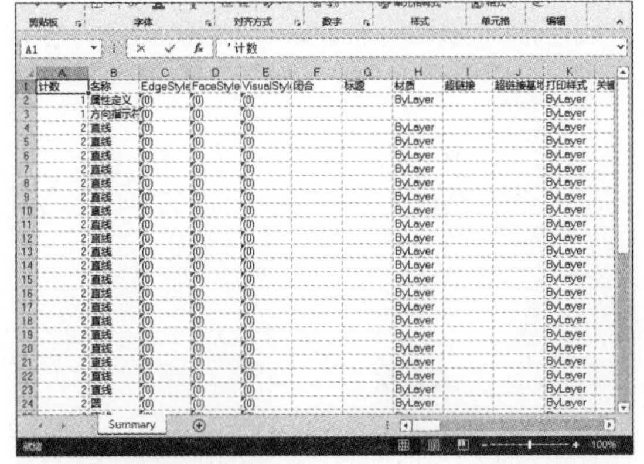

图7-35 查看数据信息

7.3 外部参照的使用

外部参照是指在绘制图形的过程中，将其他图形以块的形式插入，并且可以作为当前图形的一部分。在绘制图形时，如果需要参照其他图形或者图像离开绘图，而又不希望占用太多的存储空间，这时就可以使用外部参照功能。

7.3.1 附着外部参照

要使用外部参照图形，首先要附着外部参照文件。外部参照的类型共分为两种，分别为“附着型”、“覆盖型”。

- 附着型：在图形中附着附加型的外部参照时，若其中嵌套有其他外部参照，则将嵌套的外部参照包含在内。
- 覆盖型：在图形中附着覆盖型外部参照时，任何嵌套在其中的覆盖型外部参照都将被忽略，而且本身也不能显示。

在“插入”选项卡的“参照”面板中单击“附着”按钮，在“选择参照文件”对话框中选择参照文件，然后在“附着外部参照”对话框中单击“确定”按钮，即可插入外部参照图块，如图7-36、图7-37所示。

“附着外部参照”对话框中各选项说明如下。

- 预览：该显示区域用于显示当前图块。
- 参照类型：用于指定外部参照是“附着型”还是“覆盖型”，默认设置为“附着型”。
- 比例：用于指定所选外部参照的比例因子。
- 插入点：用于指定所选外部参照的插入点。
- 路径类型：用于指定外部参照的路径类型，包括完整路径、相对路径和无路径。若将外部参照指定为“相对路径”，需先保存当前文件。

- 旋转：用于为外部参照引用指定旋转角度。
- 块单位：用于显示图块的尺寸单位。
- 显示细节：单击该按钮，可显示“位置”和“保存路径”两个选项，“位置”用于显示附着的外部参照的保存位置；“保存路径”用于显示定位外部参照的保存路径，该路径可以是绝对路径（完整路径）、相对路径或无路径。

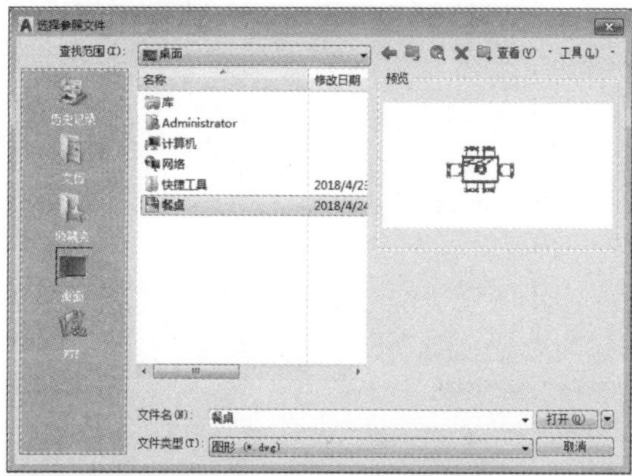

图7-36 选择参照文件

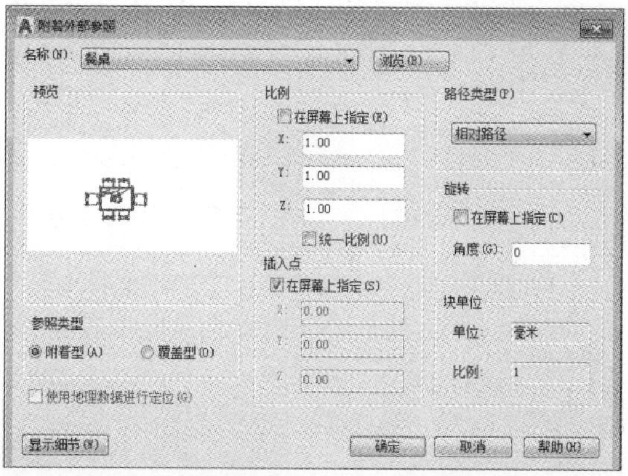

图7-37 插入外部参照图块

工程师点拨：不能编辑打开的外部参照

在编辑外部参照的时候，外部参照文件必须处于关闭状态，如果外部参照处于打开状态，程序会提示图形上已存在文件锁。保存编辑外部参照后的文件，外部参照也会随着一起更新。

7.3.2 编辑外部参照

外部参照图块在绘图区中以灰色显示，并且为一整块图形。若需对该参照图形进行编辑，执行“在位编辑参照”命令即可。当外部参照更改后，参照文件也会随着发生改变。

实例7-6 下面以餐厅立面图为例，介绍编辑外部参照的操作方法。

Step 01 在“插入”选项卡的“参照”面板中单击“附着”按钮，将所需添加的外部参照图块插入到图形中，如图7-38所示。

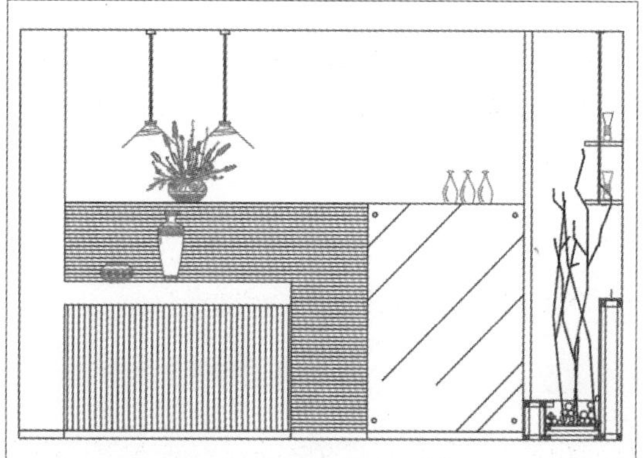

图7-38 插入图块

Step 02 选择外部参照图形，在“外部参照”选项卡的“编辑”面板中单击“在位编辑参照”按钮，打开“参照编辑”对话框，如图7-39所示。

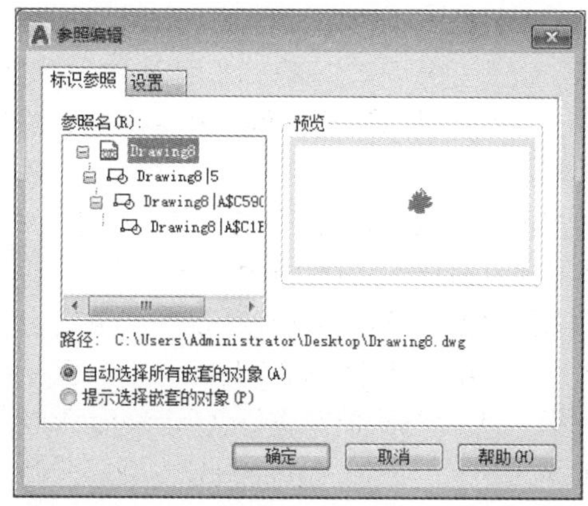

图7-39 打开“参照编辑”对话框

Step 03 在“参照名”列表中选择相对应的参照图形，单击“确定”按钮，在绘图区中框选所需编辑的图形范围，如图7-40所示。

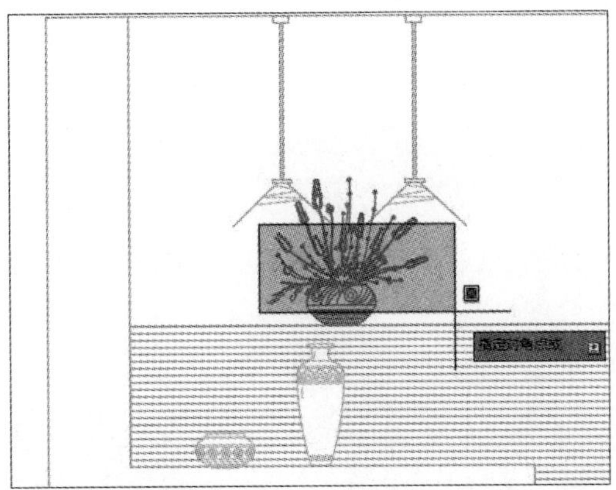

图7-40 框选图形

Step 04 在框选的范围内即可对其进行修改编辑，完成后，在“外部参照”选项卡的“编辑参照”面板中单击“保存修改”按钮，即可将其保存，如图7-41所示。

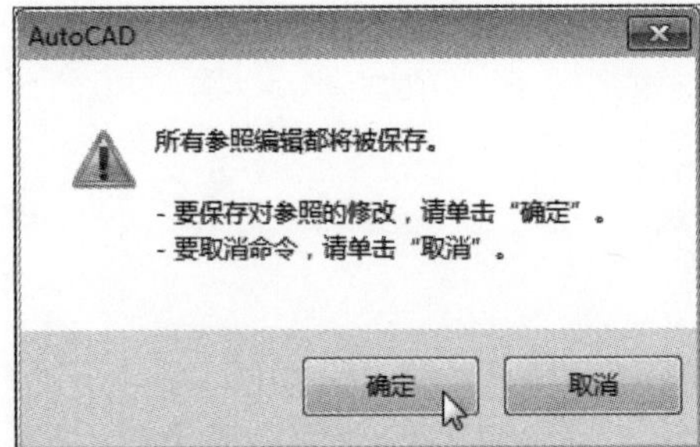

图7-41 保存修改

7.3.3 参照管理器

用户可以利用参照管理器对外部参照文件进行管理，如查看附着到DWG文件的文件参照，或者编辑附件的路径。参照管理器是一种外部应用程序，通过它可以检查图形文件可能附着的任何文件。

Step 01 执行“开始>所有程序>Autodesk>AutoCAD2019-简体中文>参照管理器”命令，打开“参照管理器”对话框，如图7-42所示。

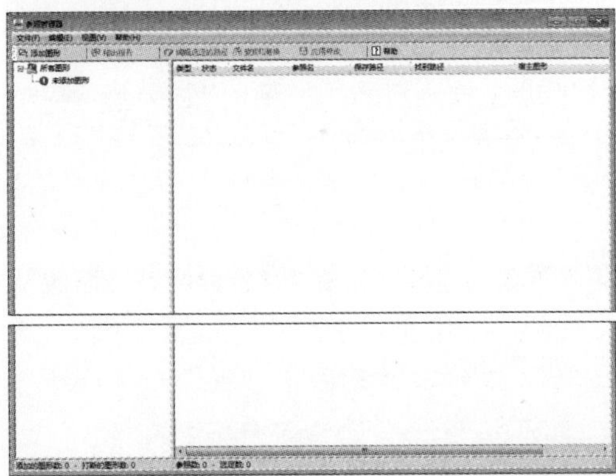

图7-42 “参照管理器”对话框

Step 02 单击“添加图形”按钮，打开“添加图形”对话框，在此选择所需添加的图形文件，单击“打开”按钮，如图7-43所示。

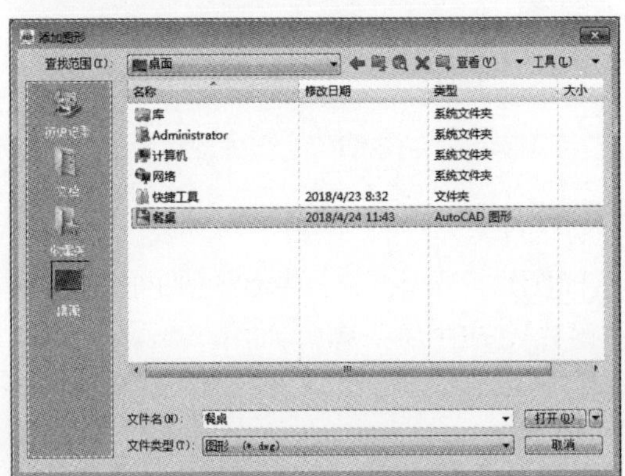

图7-43 选择图形文件

Step 03 在“参照管理器-添加外部参照”提示面板中，选择“自动添加所有外部参照，而不管嵌套级别”选项，如图7-44所示。

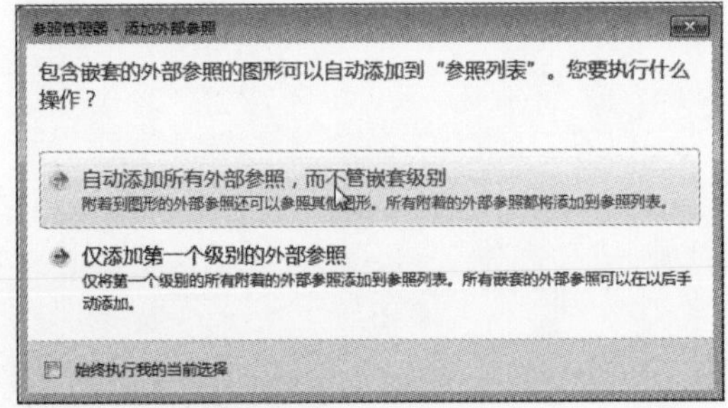

图7-44 选择相关选项

Step 04 稍等片刻，在“参照管理器”对话框中，系统会自动显示出该图形所有参照图块，如图7-45所示。

工程师点拨：外部参照与块的主要区别

插入块后，该图块将永久性地插入到当前图形中，并成为图形的一部分。而以外部参照方式插入图块后，被插入图形文件的信息并不直接加入到当前图形中，当前图形只记录参照的关系。另外，对当前图形的操作不会改变外部参照文件的内容。

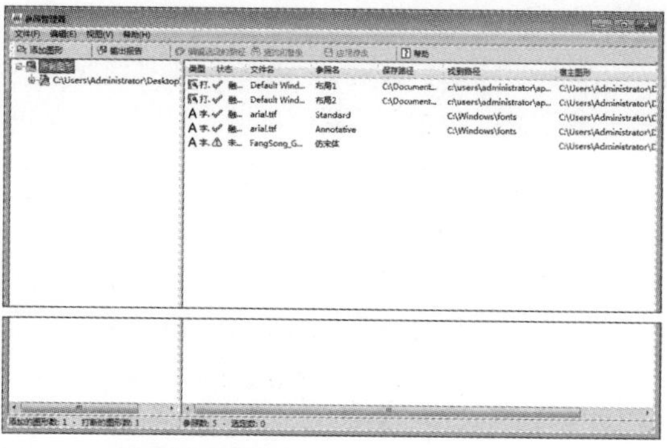

图7-45 显示所有参照图块

7.4 设计中心的应用

AutoCAD设计中心是重复利用和共享内容的一个直观高效的工具，它提供了观察和重用设计内容的强大工具，图形中任何内容几乎都可以通过设计中心实现共享。利用设计中心不仅可以浏览、查找、预览和管理AutoCAD图形、图块、外部参照及光栅图形等不同的资源文件，还可以通过简单的拖放操作将位于本计算机、局域网或Internet上的图块、图层、外部参照等内容插入到当前图形文件中。

7.4.1 启动设计中心功能

在AutoCAD中启动设计中心的方法有3种，下面分别对其进行介绍。

- 使用功能区命令启动。在“视图”选项卡的“选项板”面板中单击“设计中心”按钮，打开“设计中心”选项板，通过该面板可以控制设计中心的大小、位置和外观，也可以根据需要进行插入、搜索等操作。
- 使用菜单栏命令启动。执行“工具>选项板>设计中心”命令，同样也可以打开该操作选项板。
- 使用命令行操作。在命令行中直接输入ADCENTER后按Enter键，即可打开“设计中心”操作面板。

“设计中心”面板被分为两部分，左侧为树状图，可以浏览内容的源。右侧为内容显示区，在此显示了被选文件的所有内容，如图7-46所示。

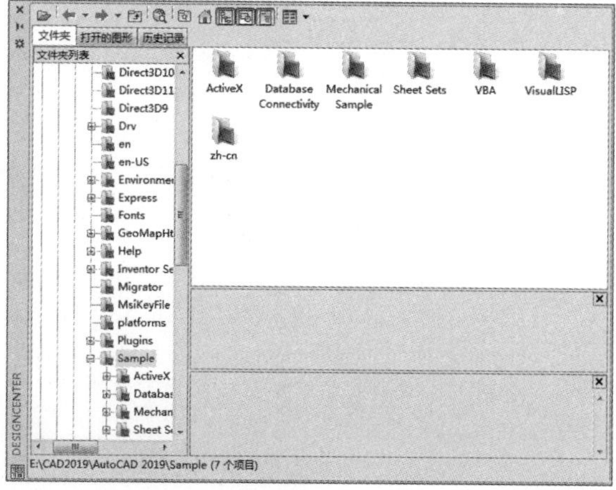

图7-46 “设计中心”功能面板

在“设计中心”面板的工具栏中，控制了树状图和内容区中信息的浏览和显示。需要注意的是，当设计中心的选项卡不同时略有不同，下面分别进行简要说明。

- 加载：单击“加载”按钮，将弹出“加载”对话框，通过对话框选择预加载的文件。
- 上一页：单击“上一页”按钮可以返回到前一步操作。如果没有上一步操作，该按钮呈未激活的灰色状态，表示该按钮无效。
- 下一页：单击“下一页”按钮可以返回到设计中心中的下一步操作。如果没有下一步操作，该按钮呈未激活的灰色状态，表示该按钮无效。
- 上一级：单击该按钮会在内容窗口或树状视图中显示上一级内容、内容类型、内容源、文件夹、驱动器等内容。
- 搜索：单击该按钮提供类似于Windows的查找功能，使用该功能可以查找内容源、内容类型及内容等。
- 收藏夹：单击该按钮可以找到常用文件的快捷方式图标。
- 主页：单击“主页”按钮将使设计中心返回到默认文件夹。安装时设计中心的默认文件夹被设置为“…\Sample\DesignCenter”。用户可以在树状结构中选中一个对象，右击该对象后在弹出的快捷菜单中选择“设置为主页”命令，即可更改默认文件夹。
- 树状图切换：单击“树状图切换”按钮可以显示或者隐藏树状图。如果绘图区域需要更多的空间，则可以隐藏树状图。树状图隐藏后可以使用内容区域浏览器加载图形文件。在树状图中使用“历史记录”选项卡时，“树状图切换”按钮不可用。
- 预览：用于实现预览窗格打开或关闭的切换。如果选定项目没有保存的预览图像，则预览区域为空。
- 视图：确定控制面板所显示内容的不同格式，可以从视图列表中选择一种视图。

在“设计中心”选项板中，根据不同用途可分为文件夹、打开的图形和历史记录3个选项卡。下面分别对其用途进行说明。

- 文件夹：该选项卡用于显示导航图标的层次结构。选择层次结构中的某一对象，在内容窗口、预览窗口和说明窗口中将会显示该对象的内容信息。利用该选项卡还可以向当前文档中插入各种内容，如图7-47所示。
- 打开的图形：该选项卡用于在设计中心显示在当前绘图区中打开的所有图形，其中包括最小化图形。选中某文件选项，即可查看到该图形的有关设置，例如图层、线型、文字样式、块、标注样式等，如图7-48所示。

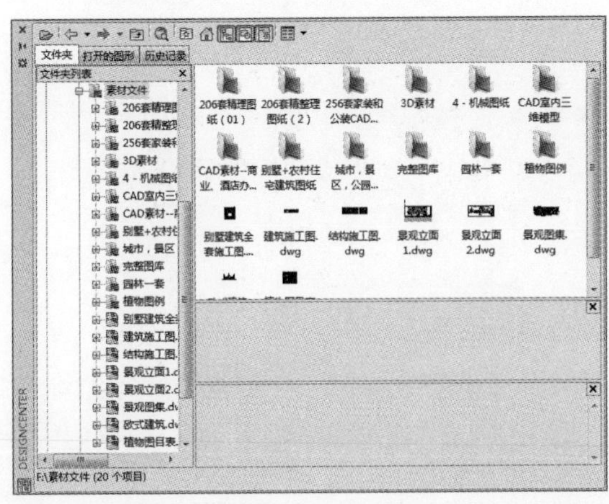

图7-47 “文件夹”选项卡

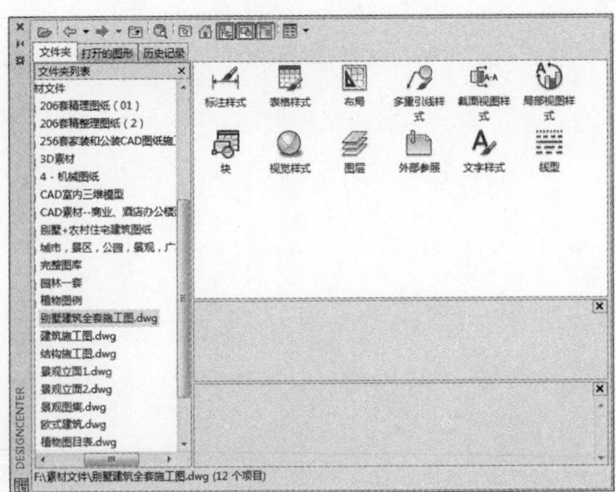

图7-48 “打开的图形”选项卡

- 历史记录：该选项卡显示用户最近浏览的AutoCAD图形。显示历史记录后在文件上右击，在弹出的快捷菜单中选择“浏览”选项，可以显示该文件的信息，如图7-49所示。

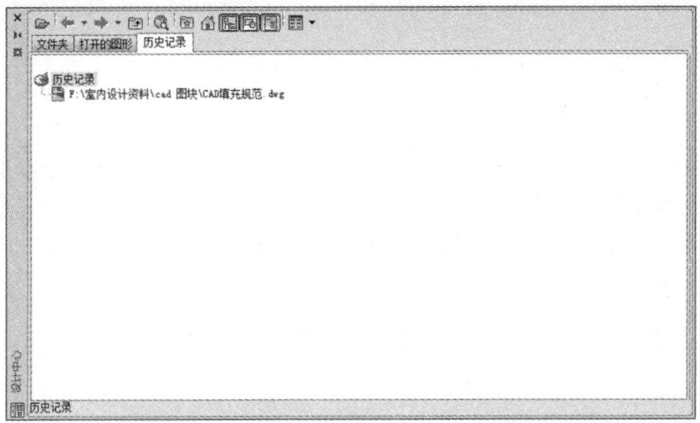

图7-49 “历史记录”选项卡

7.4.2 图形内容的搜索

“设计中心”的搜索功能类似于Windows的查找功能，使用它可以在本地磁盘或局域网中的网络驱动器上按指定搜索条件在图形中查找图形、块和非图形对象。

执行“工具>选项板>设计中心”命令，打开“设计中心”选项板，单击“搜索”按钮，在“搜索”对话框中，单击“搜索”下拉按钮，并选择搜索类型，然后指定好搜索路径，并根据需要设定搜索条件，单击“立即搜索”按钮即可，如图7-50所示。

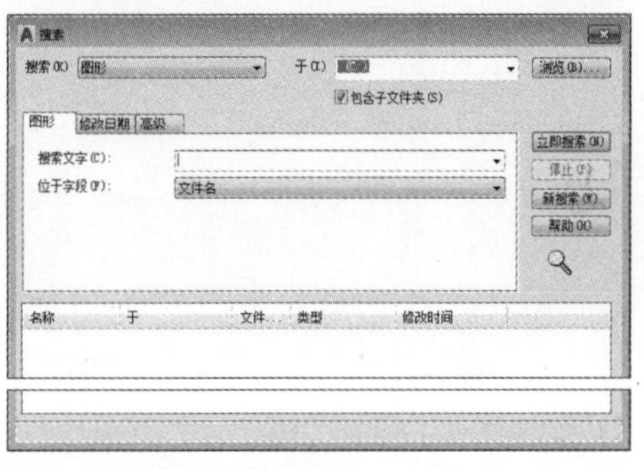

图7-50 “搜索”对话框

下面对“搜索”对话框中各选项的含义进行介绍。

- 图形：该选项卡用于显示与“搜索”列表中指定的内容类型相对应的搜索字段。其中“搜索文字”用来指定要在指定字段中搜索的字符串。使用“*”或“？”通配符可扩大搜索范围；“位于字段”用来指定要搜索的特性字段。
- 修改日期：该选项卡用于查找在特定一段时间内创建或修改的内容。其中“所有文件”用来查找满足其他选项卡中指定条件的所有文件，不考虑创建或修改日期；“找出所有已创建的或已修改的文件”用于查找在特定时间范围内创建或修改的文件，如图7-51所示。
- 高级：用于查找图形中的内容。“包含”用于指定要在图形中搜索的文字类型；“包含文字”用于指定搜索的文字；“大小”用于指定文件大小的最小值或最大值，如图7-52所示。

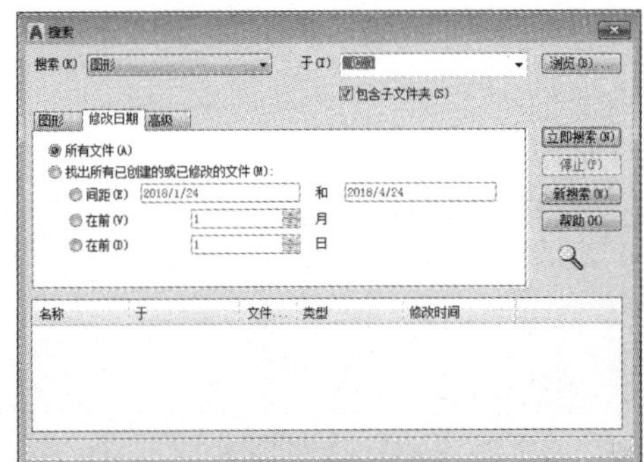

图7-51 使用修改日期搜索

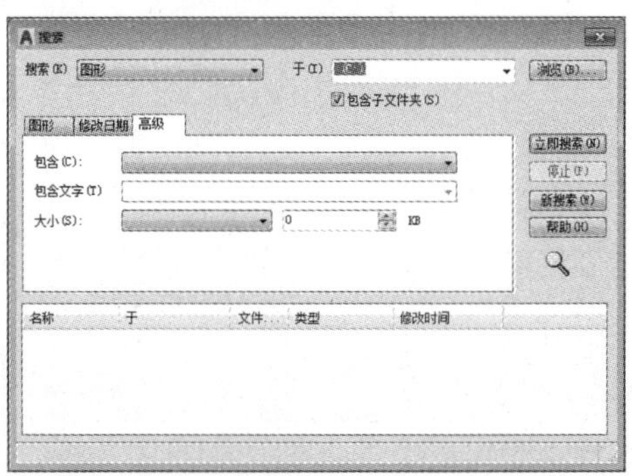

图7-52 使用“高级”搜索

7.4.3 插入图形内容

使用设计中心可以方便地在当前图形中插入块，引用光栅图、外部参照，并在图形之间复制图层、线型、文字样式和标注样式等内容。

1. 插入块

设计中心提供了两种插入图块的方法，一种为按照默认缩放比例和旋转方式进行操作；另一种则是精确指定坐标、比例和旋转角度方式。

使用设计中心执行图块的插入时，首先选中所要插入的图块，然后按住鼠标左键，并将其拖至绘图区后释放鼠标即可。最后调整图形的缩放比例和位置。

用户也可以在“设计中心”选项板中右击所需插入的图块，在快捷菜单中选择“插入块”选项，然后在“插入”对话框中，根据需要确定插入基点、插入比例等数值，最后单击“确定”按钮即可完成，如图7-53、图7-54所示。

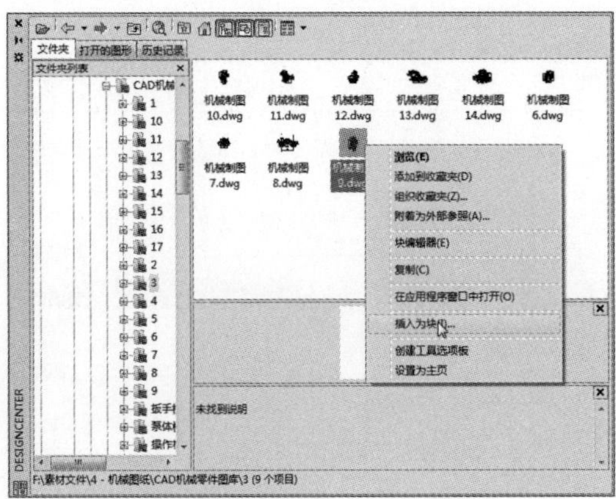

图7-53 右键插入块操作

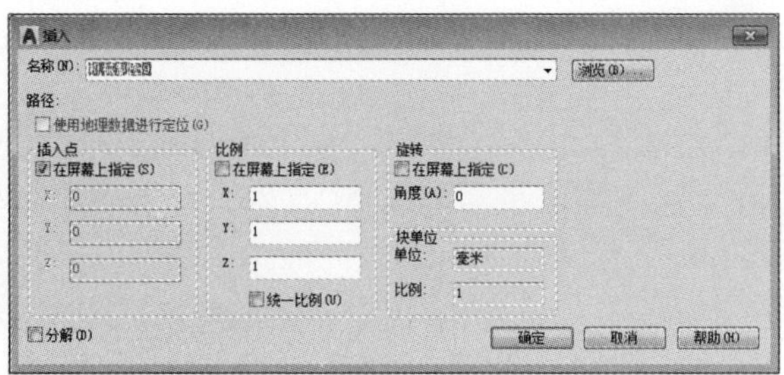

图7-54 设置插入图块

2. 引用光栅图像

在AutoCAD中除了可以向当前图形插入块，还可以将数码照片或其他抓取的图像插入到绘图区中，光栅图像类似外部参照，需按照指定的比例或旋转角度插入。

在“设计中心”选项板左侧树状图中指定图像的位置，然后在右侧内容区域中右击所需图像，在弹出的快捷菜单中选择“附着图像”选项，在打开的对话框中根据需要设置插入比例等选项，最后单击“确定”按钮，在绘图区中指定好插入点即可，如图7-55、图7-56所示。

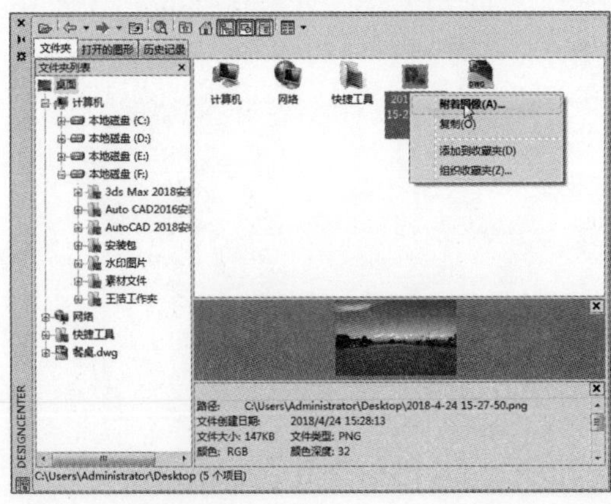

图7-55 选择图像

图7-56 设置插入比例

3. 复制图层

使用设计中心进行图层的复制时，只需使用设计中心将预先定义好的图层拖放至新文件中即可。这样既节省了大量的作图时间，又能保证图形标准的要求，也保证了图形间的一致性。按照同样的操作还可以对图形的线型、尺寸样式、布局等属性进行复制操作。

只需在“设计中心”选项板左侧树状图中选择所需图形文件，选择“图层”选项，然后在右侧内容显示区中选中所有的图层文件，按住鼠标左键并将其拖至新的空白文件中，放开鼠标即可。此时在该文件中执行“图层特性”命令，在打开的“图层特性管理器”选项板中，可以显示所复制的图层，如图7-57、图7-58所示。

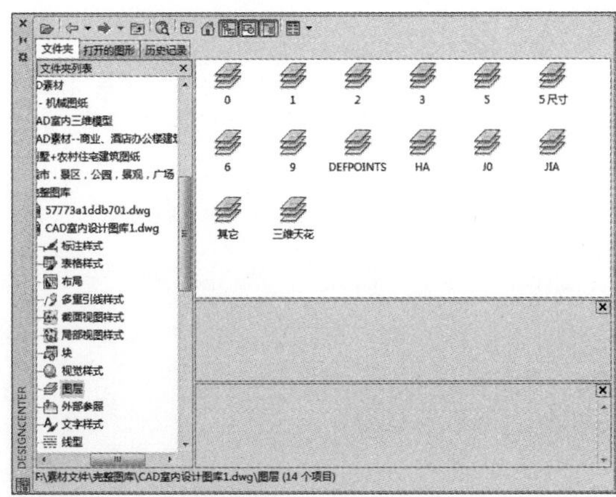

图7-57 选择复制的图层文件

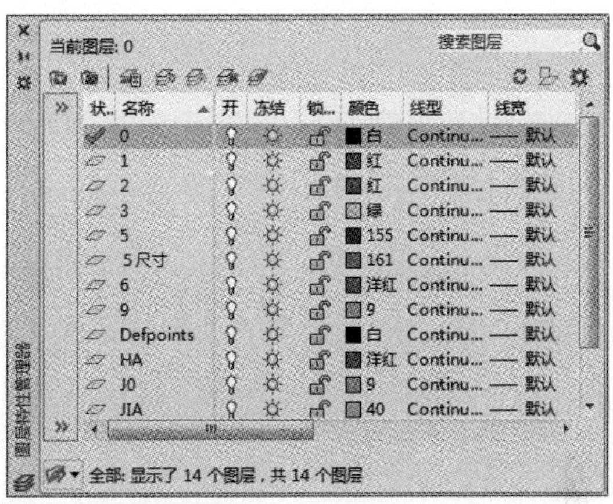

图7-58 完成图层的复制

7.5 动态图块的设置

动态图块是带有一个或多个动作的图块，选择动态图块可以利用定义的移动、缩放、拉伸、旋转、翻转、阵列和查询等动作方便地改变块中元素的位置、尺寸和属性而保持块的完整性不变，动态块可以反映出图块在不同方位的效果。

7.5.1 使用参数

向动态块定义添加参数可定义块的自定义特性，指定几何图形在块中的位置、距离和角度。在“插入”选项卡的“块定义”面板中单击“块编辑器”按钮，打开“编辑块定义”对话框，选择所需定义的块选项后单击“确定”按钮，打开“块编写选项板”选项板，如图7-59所示。

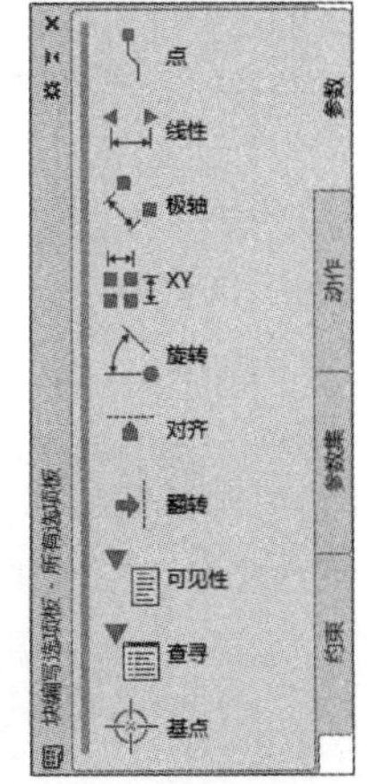

图7-59 “块编写选项板”选项板

下面对该面板中相关参数进行说明。

- 点：在图形中定义一个 X 和 Y 位置。在块编辑器中，外观类似于坐标标注。
- 线性：用于显示两个目标点之间的距离，约束夹点沿预置角度进行移动。
- 极轴：用于显示两个目标点之间的距离和角度，可以使用夹点和“特性”选项板来共同更改距离值和角度值。
- XY：用于显示距参数基准点的 X 距离和 Y 距离。

- 旋转：用于定义角度，在块编辑器中旋转参数显示为一个圆。
- 对齐：用于定义 X 位置、Y 位置和角度，对齐参数总是应用于整个块，并且无须与任何动作相关联。
- 翻转：用于翻转对象，在块编辑器中，翻转参数显示为投影线，可围绕这条投影线翻转对象。
- 可见性：允许用户创建可见性状态并控制对象在块中的可见性，可见性参数总是应用于整个块，并且无须与任何动作相关联，在图形中单击夹点可以显示块参照中所有可见性状态的列表。
- 查寻：用于定义自定义特性，用户可以指定或设置该特性，以便从定义的列表或表格中计算出某个值。
- 基点：在动态块参照中相对于该块中的几何图形定义一个基准点。

7.5.2 使用动作

动作主要用于定义在图形中操作动态块参照的自定义特性时，该块参照的几何图形将如何移动或修改，动态块通常至少包含一个动作。在“块编写选项板”的“动作”选项卡中列举了可以向块中添加的动作类型，如图7-60所示。

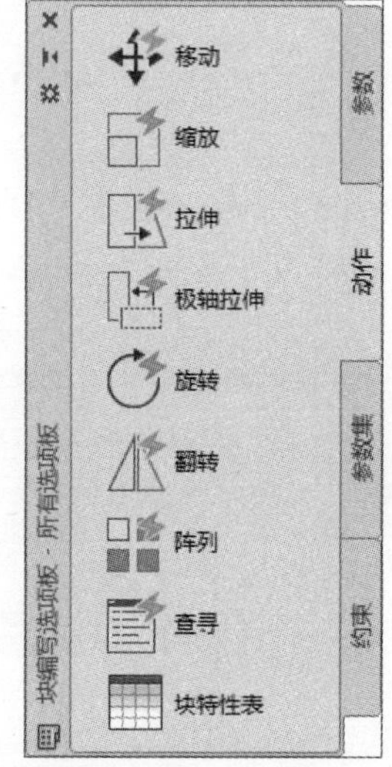

图7-60 “动作”面板

下面分别对其动作类型进行说明。

- 移动：移动动作与点参数、线性参数、极轴参数或XY参数关联时，将该动作添加到动态块定义中。
- 缩放：缩放动作与线性参数、极轴参数或XY参数关联时，将该动作添加到动态块定义中。
- 拉伸：拉伸动作与点参数、线性参数、极轴参数或XY参数关联时，将该动作添加到动态块定义中，拉伸动作将使对象在指定的位置移动和拉伸指定的距离。
- 极轴拉伸：极轴拉伸动作与极轴参数关联时，将该动作添加到动态块定义中。当通过夹点或“特性”选项板更改关联的极轴参数上的关键点时，极轴拉伸动作将使对象旋转、移动和拉伸指定的角度和距离。
- 旋转：旋转动作与旋转参数关联时，将该动作添加到动态块定义中。旋转动作类似于ROTATE命令。
- 翻转：翻转动作与翻转参数关联时，将该动作添加到动态块定义中。使用翻转动作可以围绕指定的轴（称为投影线）翻转动态块参照。
- 阵列：阵列动作与线性参数、极轴参数或XY参数关联时，将该动作添加到动态块定义中。通过夹点或“特性”选项板编辑关联的参数时，阵列动作将复制关联的对象并按矩形的方式进行阵列。
- 查询：将查寻动作添加到动态块定义中并将其与查寻参数相关联，它将创建一个查寻表，可以使用查寻表指定动态块的自定义特性和值。

7.5.3 使用参数集

参数集是参数和动作的组合，在“块编写选项板”中的“参数集”标签中可以向动态块定义添加成对的参数和动作，其操作方法与添加参数和动作的方法相同。参数集中包含的动作将自动添加到块定义中，并与添加的参数相关联。

首次添加参数集时，每个动作旁边都会显示一个黄色警告图标。这表示用户需要将选择集与各个动作相关联。可以双击该黄色警示图标，然后按照命令提示将动作与选择集相关联，如图7-61所示。

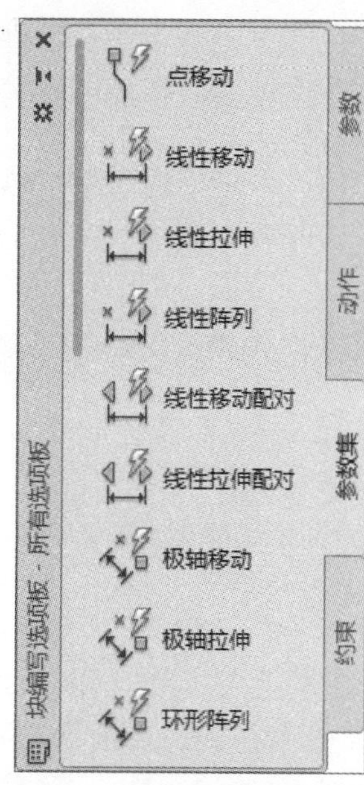

图7-61 “参数集”选项板

下面对参数集类型进行说明。

- 点移动：向动态块定义中添加一个点参数和相关联的移动动作。
- 线性移动：向动态块定义中添加一个线性参数和与其相关联的移动动作。
- 线性拉伸：向动态块定义中添加一个线性参数和相关联的拉伸动作。
- 线性阵列：向动态块定义中添加一个线性参数和与其相关联的阵列动作。
- 线性移动配对：向动态块定义中添加一个线性参数，系统会自动添加两个移动动作，一个与基准点相关联，另一个与线性参数的端点相关联。
- 线性拉伸配对：向动态块定义添加带有两个夹点的线性参数和与每个夹点相关联的拉伸动作。
- 极轴移动：向动态块定义中添加一个极轴参数和与其相关联的移动动作。
- 极轴拉伸：向动态块定义中添加一个极轴参数和相关联的拉伸动作。
- 环形阵列：向动态块定义中添加一个极轴参数和相关联的阵列动作。
- 极轴移动配对：向动态块定义中添加一个极轴参数，系统会自动添加两个移动动作，一个与基准点相关联，另一个与极轴参数的端点相关联。
- 极轴拉伸配对：向动态块定义中添加一个极轴参数，系统会自动添加两个拉伸动作，一个与基准点相关联，另一个与极轴参数的端点相关联。

7.5.4 使用约束

约束参数是对动态块中的参数进行约束，用户可以在动态块中使用标注约束和参数约束，但是只有约束参数才可以编辑动态块的特性。约束后的参数包含参数信息，可以显示或编辑参数值，如图7-62所示。

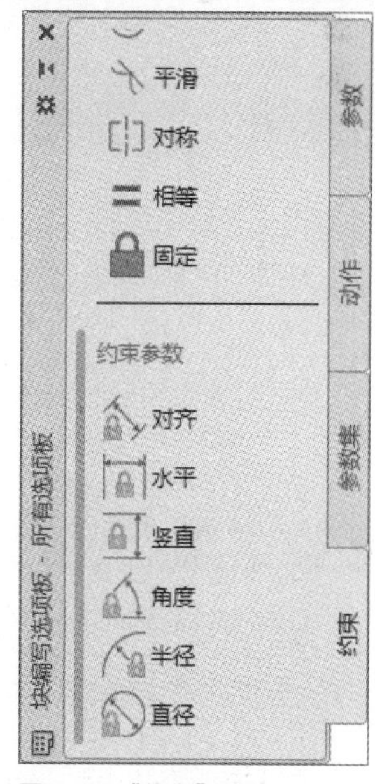

图7-62 “约束”面板

下面对约束参数类型进行介绍。

- 对齐：用于控制一个对象上的两点、一个点与一个对象或两条直线段之间的距离。
- 水平：用于控制一个对象上的两点或两个对象之间的X方向距离。
- 竖直：用于控制一个对象上的两点或两个对象之间的Y方向距离。
- 角度：主要用于控制两条直线或多段线之间的圆弧夹角的角度值。
- 半径：主要用于控制圆、圆弧的半径值。
- 直径：主要用于控制圆、圆弧的直径值。

综合实例 —— 为机械零件创建动态块

本章介绍了图块的创建、插入以及编辑等命令的使用方法。下面将结合前面所学知识为机械零件图形创建动态块，具体操作如下。

Step 01 打开素材文件，如图7-63所示。

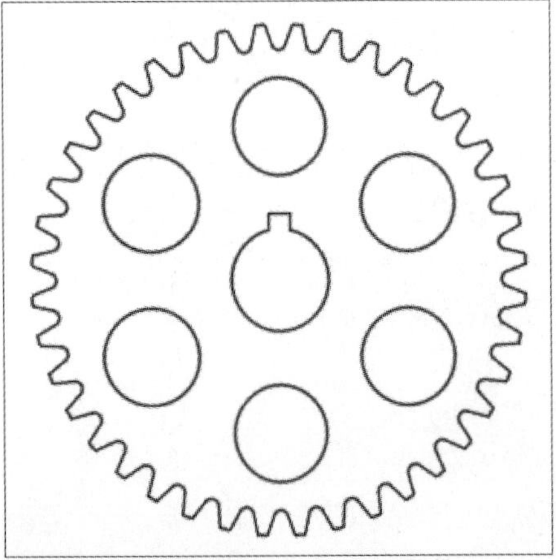

图7-63 打开素材文件

Step 02 在“插入”选项卡的“块定义”面板中单击“块编辑器”按钮，打开“编辑块定义”对话框，如图7-64所示。

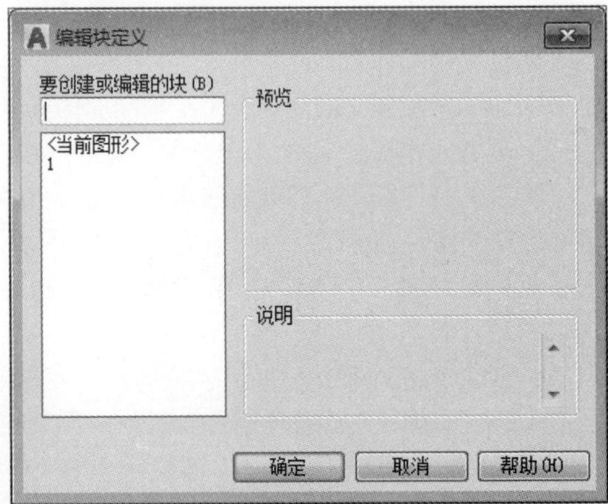

图7-64 打开“编辑块定义”对话框

Step 03 在打开的“编辑块定义”对话框中，选择所需编辑的图块，单击“确定”按钮，如图7-65所示。

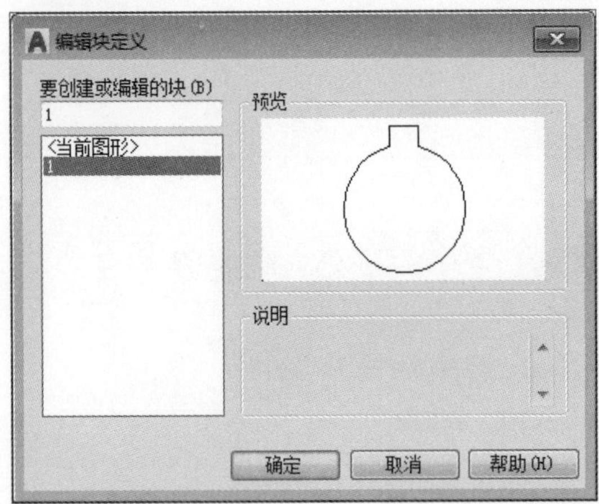

图7-65 选择编辑的图块

Step 04 在打开的“块编写选项板”中，切换到“参数”选项卡，选择“旋转”选项，如图7-66所示。

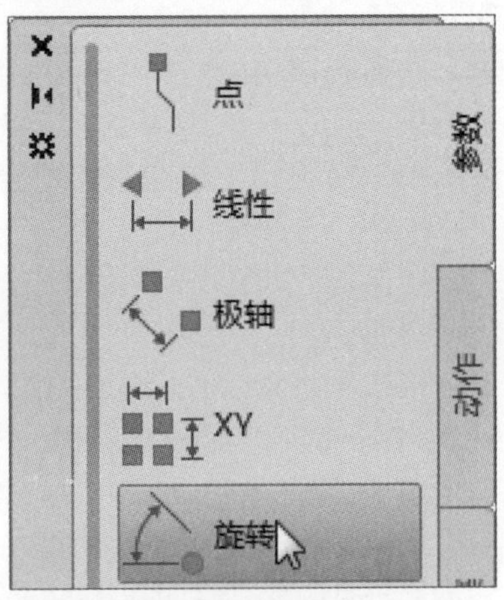

图7-66 选择“旋转”选项

Step 05 根据命令行提示，在绘图区中指定图块的圆心点作为旋转基点，如图7-67所示。

Step 06 在绘图区中指定好图块的旋转半径，旋转角度为360°，并指定好半径夹点位置，如图7-68所示。

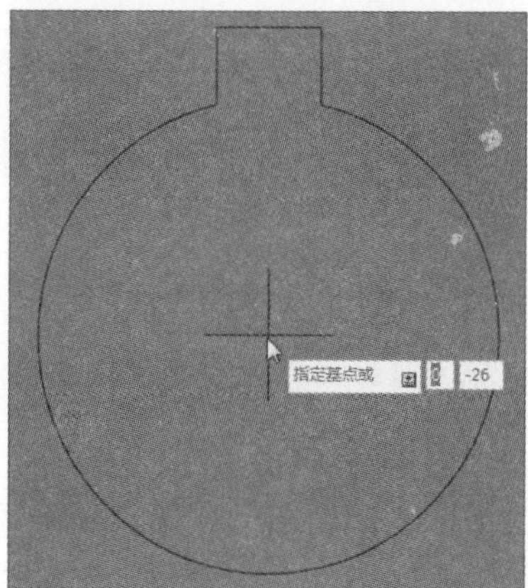

图7-67 指定旋转基点

Step 07 在绘图区中选择旋转参数，如图7-69所示。

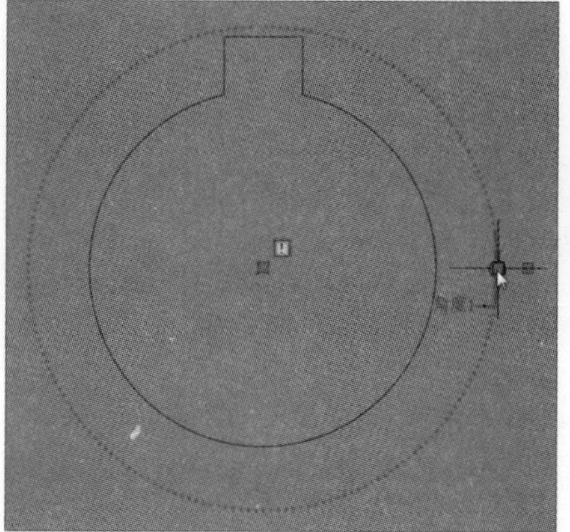

图7-69 选择旋转参数

Step 09 在打开的“特性”选项板中，选择“值集>角度类型”下拉按钮，选择“列表”选项，如图7-71所示。

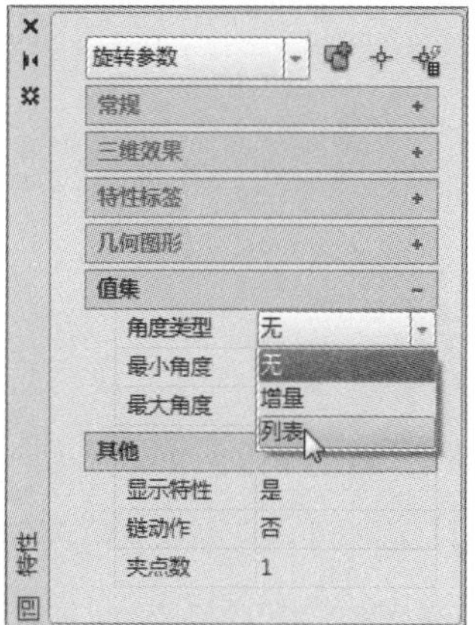

图7-71 修改角度类型

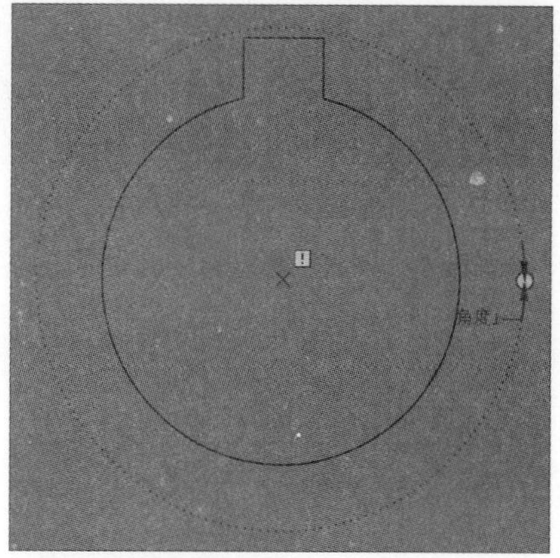

图7-68 指定旋转半径

Step 08 单击鼠标右键，在弹出的快捷菜单中选择“特性”选项，如图7-70所示。

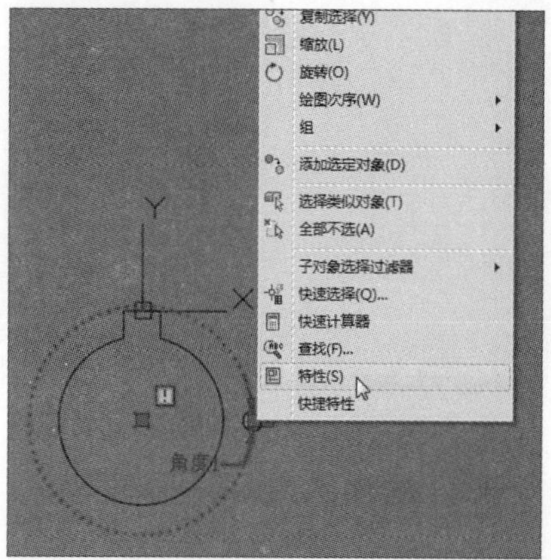

图7-70 选择“特性”选项

Step 10 单击“角度值列表”文本框，在“添加角度值”对话框中，输入所需添加的角度值，并单击“添加”按钮，将其添加到下方列表中，如图7-72所示。

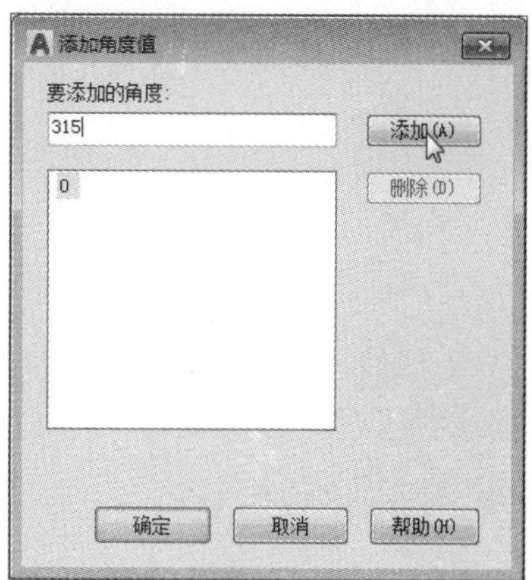

图7-72 添加角度列表

Step 11 单击“确定”按钮，完成添加，然后在“块编写选项板”选项板中，单击“动作”选项卡，选择“旋转”选项，如图7-73所示。

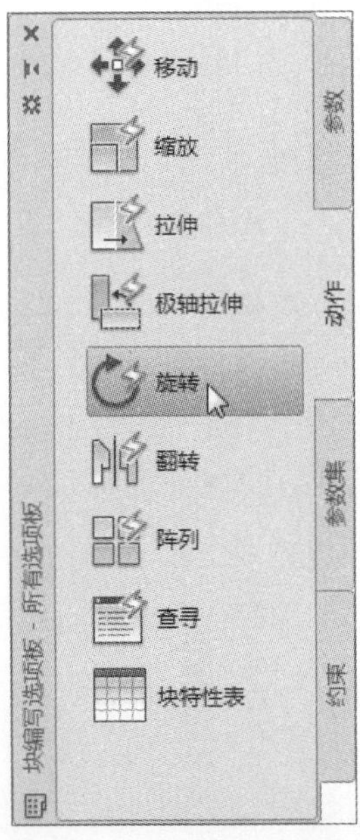

图7-73 选择“旋转”动作

Step 12 在绘图区中选择图块的旋转参数，此时其参数以虚线显示，如图7-74所示。

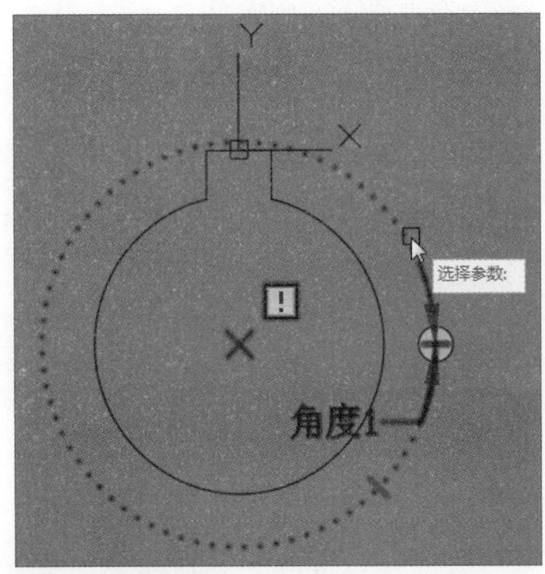

图7-74 选择旋转参数

Step 13 按Enter键确定，并根据命令行提示框选图块为选择对象，如图7-75所示。

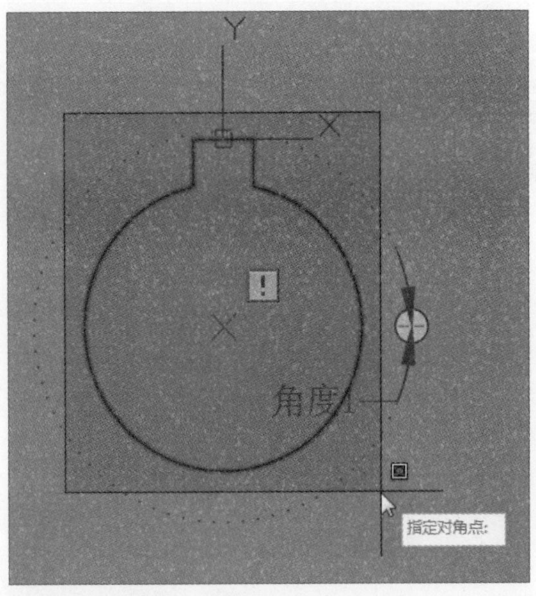

图7-75 框选图块

Step 14 在“块编写选项板”中，在“参数”选项卡中选择“查寻”选项，如图7-76所示。

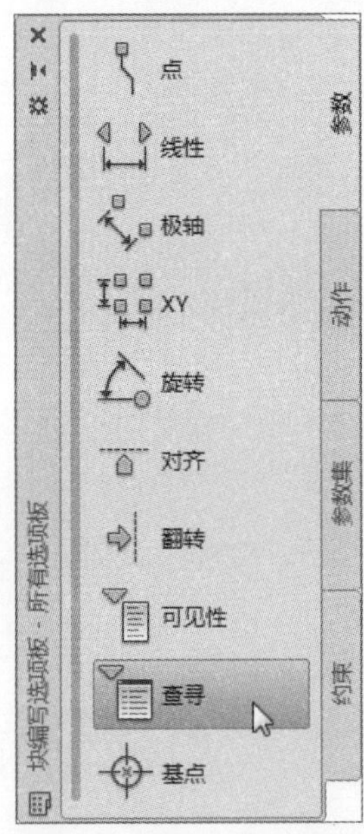

图7-76 选择“查寻”选项

Step 15 在绘图区中指定图块中的一点为查寻基准点，如图7-77所示。

Step 16 在“动作”选项卡中选择“查寻”选项，选择查寻参数符号，打开“特性查寻表”对话框，单击“添加特性”按钮，如图7-78所示。

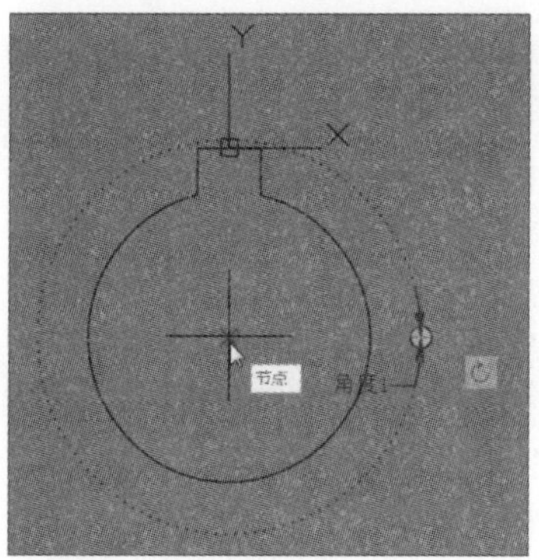

图7-77 选择查寻参数

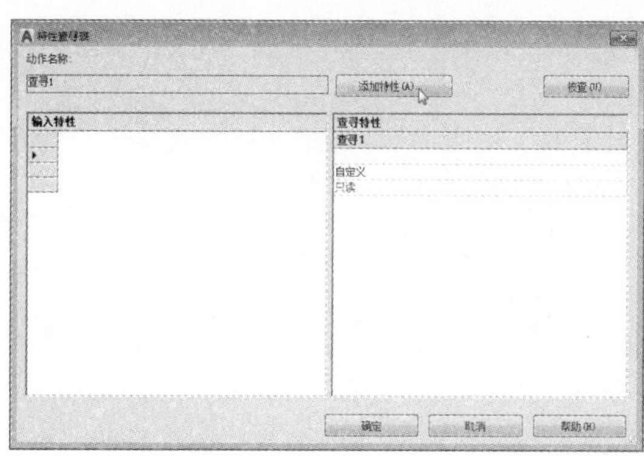

图7-78 选择查寻动作

Step 17 在“添加参数特性”对话框中，勾选“添加输入特性”单选按钮，单击“确定”按钮，如图7-79所示。

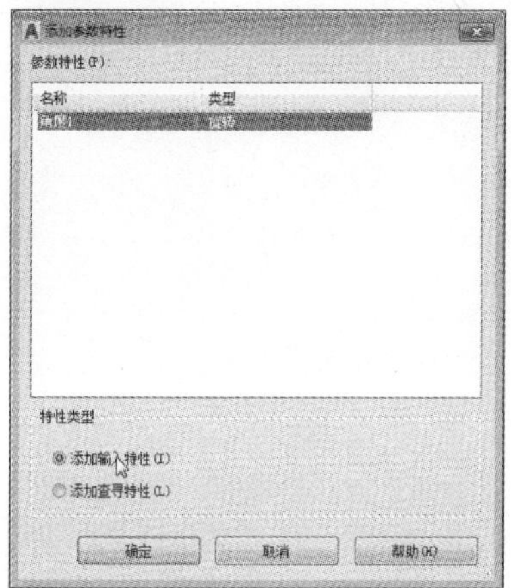

图7-79 添加参数特性

Step 18 单击“输入特性”激活文本框，在展开的列表中将所有添加角度值添加至此，如图7-80所示。

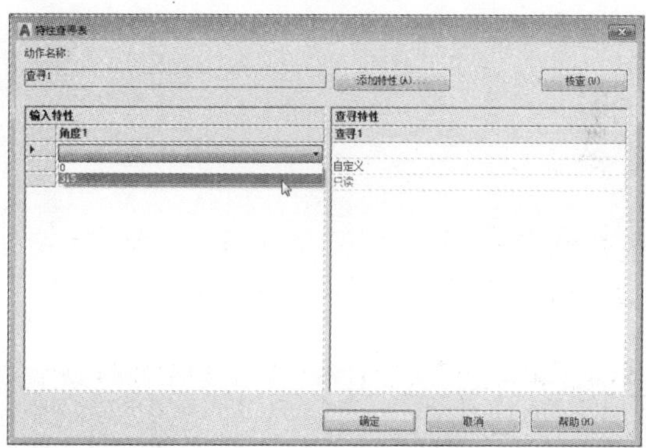

图7-80 输入特性

Step 19 在“查寻特性”文本框中输入左侧旋转角度值，单击“确定”按钮，如图7-81所示。

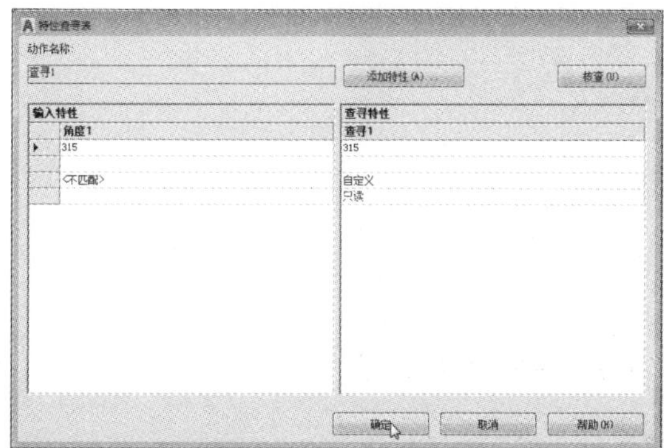

图7-81 输入查寻特性

Step 20 保存动态块，关闭“块编辑器”选项卡，选择刚创建的动态块，单击“查寻”夹点，在下拉列表中选择角度值，即可自动旋转，如图7-82所示。

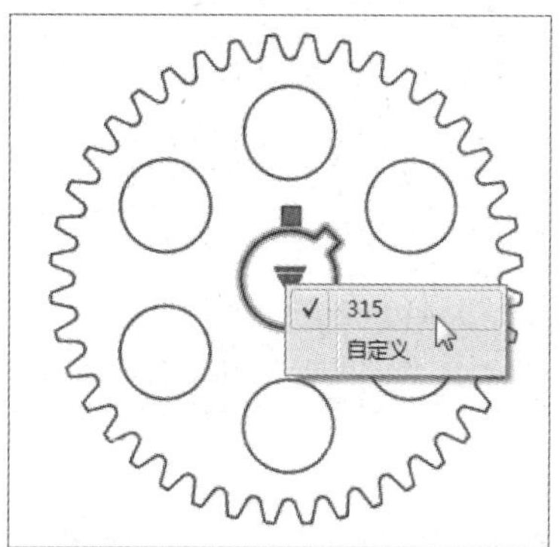

图7-82 完成创建

高手应用秘籍 —— 图形的修复

在应用AutoCAD软件绘图时，有时会因为各种意外造成文件损坏，这时就需要对图形进行修复，以便能继续使用，下面就讲解一下图形修复的操作。

因意外造成程序非正常关闭后，再次打开软件程序时绘图区左侧会出现“图形修复管理器”选项板，该选项板中将列举因非正常退出软件时未保存的图形列表，如图7-83所示。单击“应用程序菜单”按钮，在弹出的下拉菜单中选择“图形实用工具>修复>修复”选项，在弹出的“选择文件”对话框中选择需要进行修复的文件，然后单击“打开”按钮，程序将自动检查图形中的错误并对图形对象进行修复，如图7-84所示。

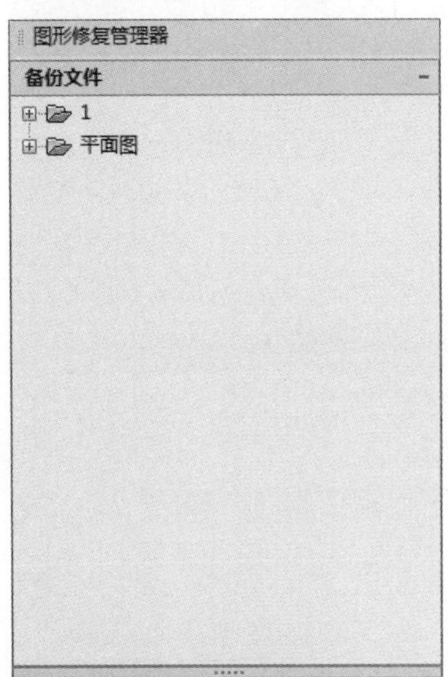

图7-83 “图形修复管理器”选项板

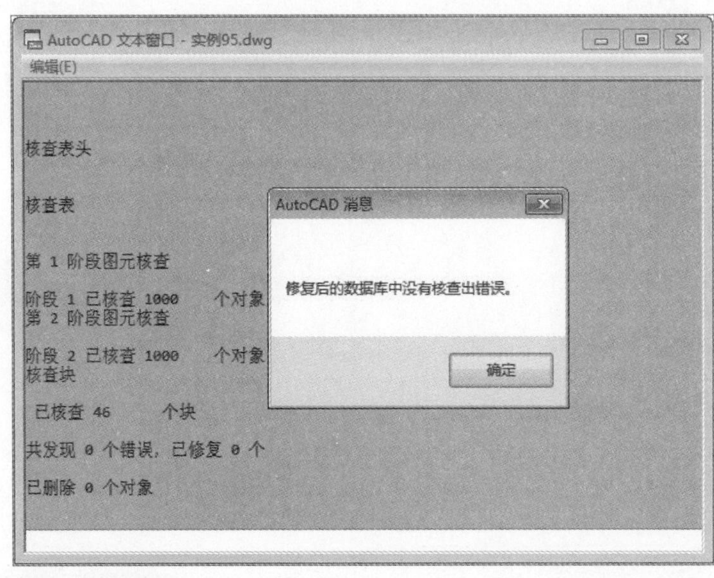

图7-84 修复对象

在检查过程中出现错误时，诊断信息将记录在acad文件中，使用记事本打开该文件可以查看出现的问题。

如果在图形文件中检测到损坏的数据，或者用户在程序发生故障后要求保存图形，那么该图形文件将标记为已损坏。如果只是轻微损坏，有时只需打开图形便可修复，如图7-85所示。

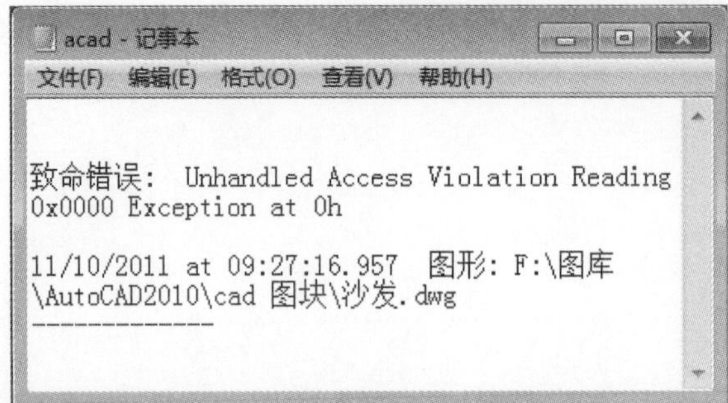

图7-85 “acad-记事本”对话框

秒杀工程疑惑

在进行CAD操作时，用户经常会遇到各种各样的问题，下面总结一些常见问题进行解答，例如修改图块以及处理插入的图块无法编辑等问题。

问　题	解　答
如何修改插入的图块	通常都是先将图块分解后再进行编辑，然后执行“创建块”命令，将修改好的图块创建成新块即可。但该方法较为麻烦，若利用“编辑外部参照图块”的方法更为简便，其具体操作如下: ● 打开所需修改的图块，在命令行中输入“Refedit”，按下Enter键，然后在绘图区中选择图块。 ● 在“参照编辑”对话框中，选中当前图块，单击“确定”按钮。 ● 选择图块中所需修改的图形，按Enter键，即可对其进行更改。 ● 修改完成后，执行“编辑参照>保存修改”命令，在打开的提示框中，单击“确定”按钮，即可完成操作。
自己定义的图块，为什么插入图块时图形离插入点很远	在创建图块时必须要设置插入点，否则在插入图块时无法准确定位。定义图块的默认插入点为(0, 0, 0)点，如果图形离原点很远，插入图形后插入点就会离图形很远，有时甚至会出现在视图外。“写块”对话框中的“拾取点”按钮，可以设置图块的插入点
插入的图块无法编辑怎么办	● 如果是因为图块被组合在一起，在“默认”选项卡“组”面板中单击“接触编组”按钮，即可分解图块。 ● 在文件设为“只读”情况下，右击该文件名，在打开的快捷菜单中选择“属性”选项，在打开的对话框中取消勾选“只读”复选框即可。
属性块中的属性文字不能显示，这是为什么	如果打开一个图，发现图块中的属性文字没有显示，首先不要怀疑图出错了，可以先检查一下变量的设置。如果ATTMODE变量为0时，图形中的所有属性都不显示，在命令行输入ATTMODE后，将参数设置为1就可以显示文字了

Chapter

08

图形文本与表格的应用

在工程图中除了进行图形的绘制外，还需要加上必要的注释，最常见的注释有技术要求、尺寸、标题栏、明细表等。通过注释可以将某些用几何图形难以表达的信息表示出来，这些注释是工程图纸的必要补充，在AutoCAD中，通过文字和表格能对注释进行充分表达。本章将详细介绍图形文本与表格的操作，以方便绘图应用。

01 学完本章您可以掌握如下知识点

1. 文字样式的设置方法 ★★
2. 单行、多行文字的输入方法 ★★
3. 文本字段的使用方法 ★★★
4. 表格的使用 ★★★

02 本章内容图解链接

室内设计，是一种以居住在该空间的人为对象所从事的设计专业，需要工程技术上的知识，也需要艺术上的理论和技能。室内设计是从建筑设计中的装饰部分演变出来的。它是对建筑物 内部环境的再创造。室内设计可以分为公共建筑空间和居家两大类别。当我们提到室内设计时，会提到的还有动线、空间、色彩、照明、功能等相关的重要术语。

创建多行文本

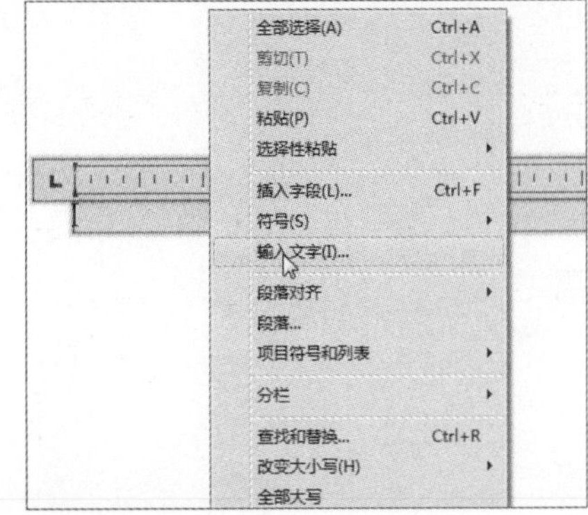

调用外部文本

8.1 文字样式的设置

文字样式主要是控制与文本连接的字体、字体样式、倾斜角度及高度等，默认使用“Standard”样式，用户可以根据图纸要求，自定义文字样式，如文字高度、大小、颜色等。通过“文本样式”对话框可以方便直观地定制需要的文本样式，或是对已有样式进行修改。用户可以针对每一种不同风格的文字创建对应的文字样式，这样在输入文本时就可以用相应的文字样式来控制文本的外观。

8.1.1 设置文字样式

在AutoCAD中，若要对当前文字样式进行设置，可以通过以下3种方法进行操作。

- 使用功能区命令操作：在“注释”选项卡的“文字”面板中单击↘按钮，在“文字样式”对话框中，根据需要设置文字的字体、大小、效果等参数选项，完成后，在“样式”列表框中单击“确定”按钮即可。
- 使用菜单栏命令操作：执行“格式>文字样式”命令，同样也可以在“文字样式”对话框中进行相关设置。
- 使用快捷命令操作：可以直接在命令行中输入“ST”后按Enter键，也可以打开“文字样式”对话框进行设置。

实例8-1 下面介绍创建文字样式的操作方法，具体操作如下。

Step 01 执行“格式>文字样式”命令，在打开的“文字样式”对话框中，单击“新建”按钮，如图8-1所示。

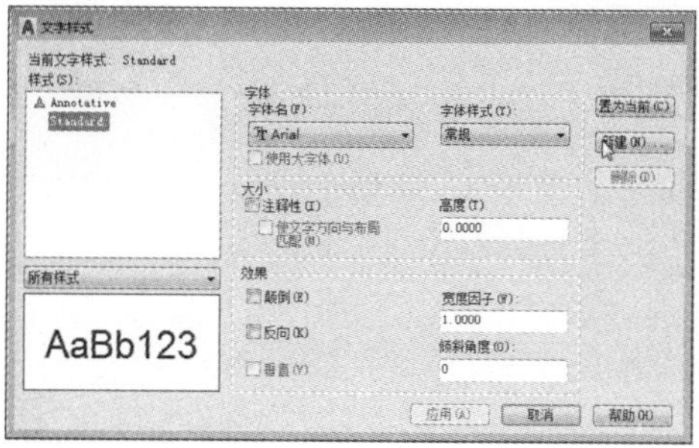

图8-1 单击“新建”按钮

Step 02 在打开的“新建文字样式”对话框中输入样式名，单击“确定”按钮，如图8-2所示。

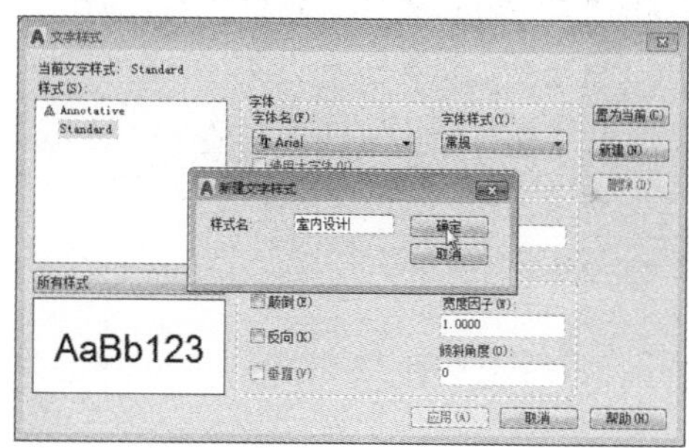

图8-2 输入样式名称

Step 03 返回上级对话框，单击“字体名”下拉按钮，选择“宋体”选项，如图8-3所示。

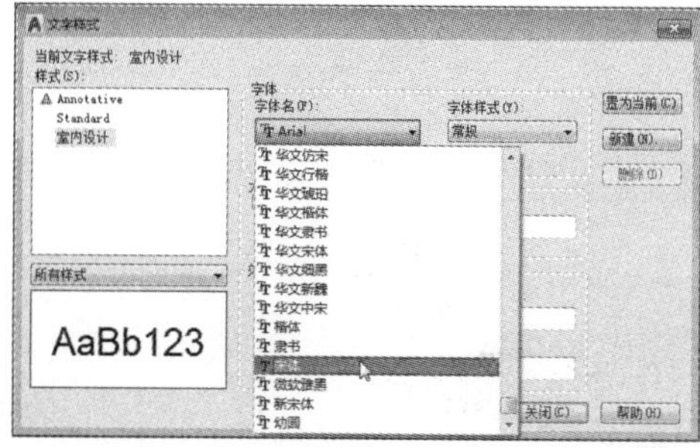

图8-3 设置文字字体

Step 04 在“高度”文本框中输入100，依次单击“应用”按钮和“关闭”按钮，如图8-4所示。

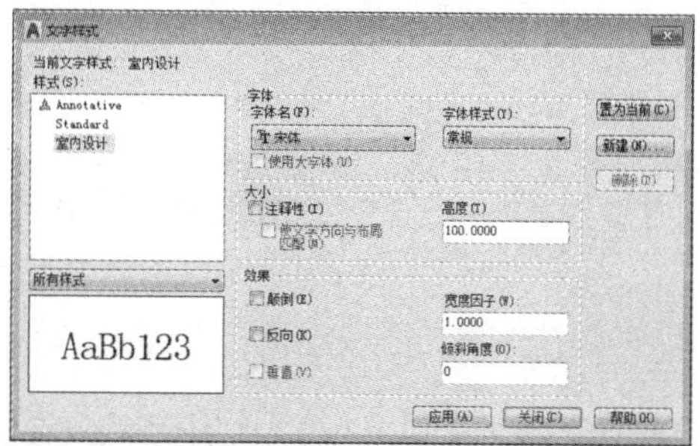

图8-4 完成样式设置

下面对“文字样式”对话框中各选项的含义进行介绍。

- 样式：在该列表框中显示当前图形文件中的所有文字样式，默认选择当前文字样式。
- 字体：在该选项组中可以设置字体名称和字体样式。单击“字体名”下拉按钮，可以选择文本的字体，该列表罗列出了AutoCAD软件中所有字体；单击“字体样式”下拉按钮，可以选择字体的样式，默认为“常规”选项；当勾选“使用大字体”复选框时，“字体样式”选项将变为“大字体”选项，并在该选项中选择大字体样式。
- 大小：在该选项组中可以设置字体的高度。单击“高度”文本框，输入文字高度值即可。
- 效果：在该选项组中可以对字体的效果进行设置。勾选“颠倒”复选框，可以将文字进行上下颠倒显示，该选项只影响单行文字；勾选“反向”复选框，可以将文字进行首尾反向显示；勾选“垂直”复选框，可以将文字沿着竖直方向显示；“宽度因子”选项可以设置字符间距，输入小于1的值将缩小文字间距，输入大于1的值将加宽文字间距；“倾斜角度”选项用于指定文字的倾斜角度，当角度为正值时向右倾斜，角度为负值时向左倾斜。
- 置为当前：该选项可以将选择的文字样式设置为当前文字样式。
- 新建：该选项可以新建文字样式。
- 删除：该选项可以将选择的文字样式删除。

8.1.2 修改文字样式

创建好文字样式后，如果用户对当前所设置的样式不满意，可以对其进行编辑或修改操作。只需在“文字样式”对话框中选中所要修改的文字样式，并按照需求修改其字体、大小值即可，如图8-5所示。

除了以上方法，用户也可以在绘图区中双击输入的文本，此时在功能区中会打开“文字编辑器”选项卡，只需在“样式”和“格式”选项组中，根据需要进行设置即可，如图8-6所示。

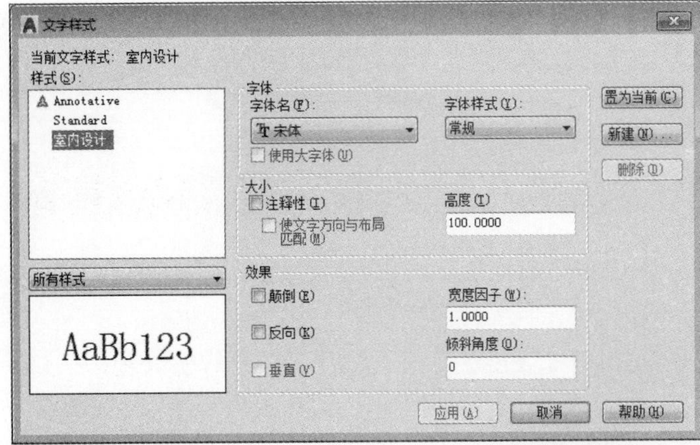

图8-5 修改文字样式

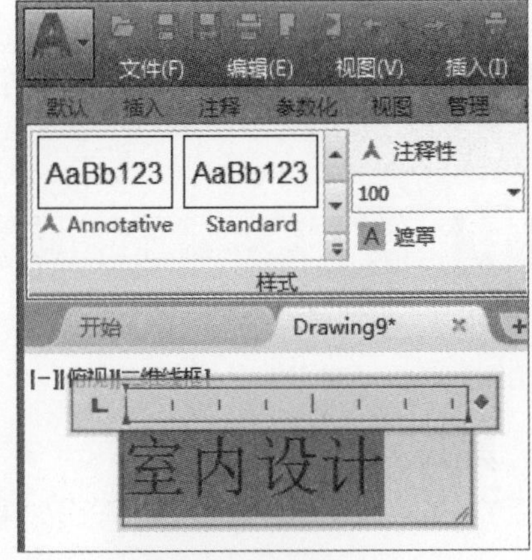

图8-6 使用功能区命令修改

8.1.3 管理文字样式

当创建文字样式后，用户可以按照需要对创建好的文字样式进行管理，例如更换文字样式的名称、删除多余的文字样式等。

实例8-2 下面介绍管理文字样式的操作方法，具体操作如下。

Step 01 执行“文字样式”命令，打开“文字样式”对话框，在“样式”列表框中选择所需设置的文字样式，单击鼠标右键，在快捷列表中选择“重命名”选项，如图8-7所示。

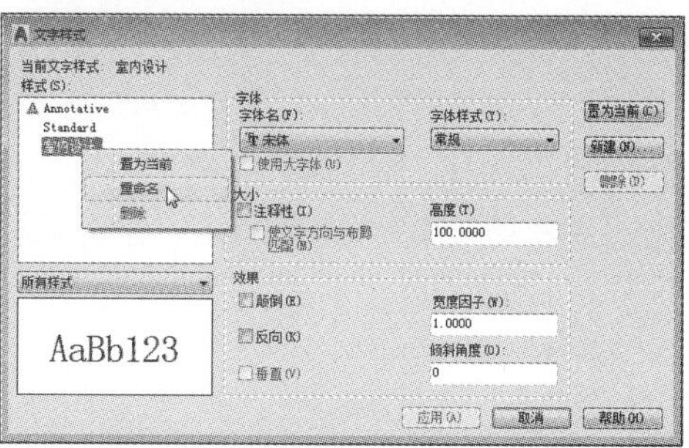

图8-7　选择“重命名”选项

Step 02 在文本编辑框中输入所需更换的文字名称，即可重命名当前文字样式，如图8-8所示。

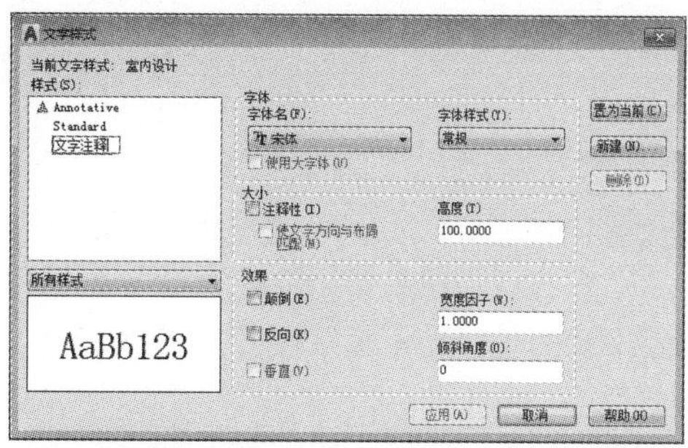

图8-8　重命名文字样式

Step 03 若想删除多余的文字样式，在“样式”列表框中右击所需样式名称，在快捷菜单中选择“删除”选项，如图8-9所示。

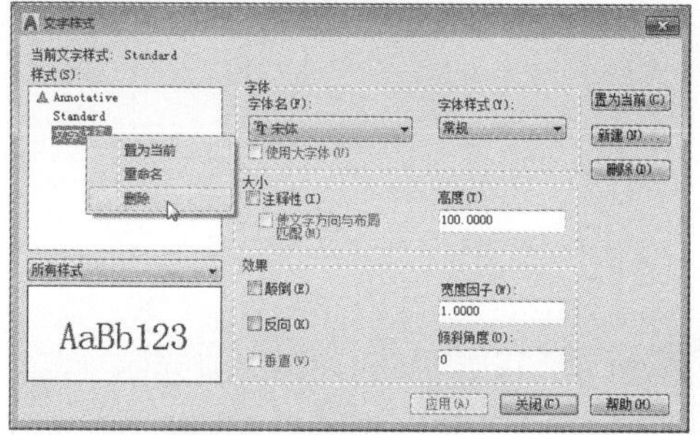

图8-9　选择“删除”选项

Step 04 在打开的系统提示框中单击“确定”按钮即可。也可以单击“文字样式”对话框右侧的“删除”按钮，同样也可以删除，如图8-10所示。

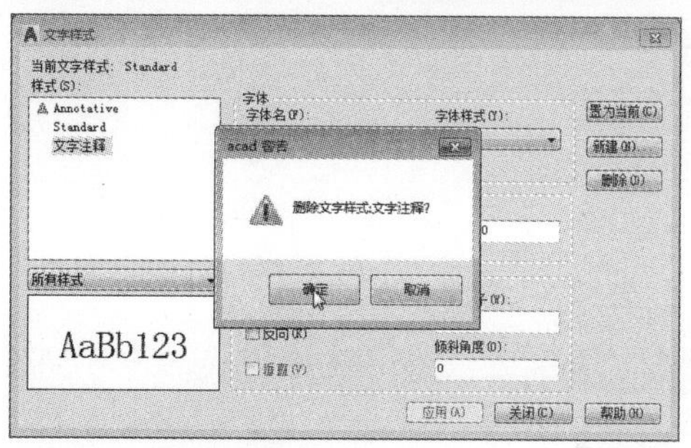

图8-10　完成删除操作

工程师点拨：无法删除文字样式

在进行文字样式的删除操作时，系统无法删除正在使用的文字样式、默认的Standard样式以及当前文字样式。

8.2 单行文本的输入与编辑

使用单行文字可创建一行或多行文本内容，按Enter键，即可换行输入。使用“单行文字”输入的文本是一个独立完整的对象，用户可以对其进行重新定位、格式修改以及其他编辑操作。通常设置好文字样式后，即可进行文本的输入。

8.2.1 创建单行文本

单行文字常用于创建文本内容较少的对象。只需执行“绘图>文字>单行文字A”命令，在绘图区中指定文本插入点，根据命令行提示，输入文本高度和旋转角度，然后在绘图区中输入文本内容，按

Enter键完成操作。

命令行提示如下：

```
命令： _text
当前文字样式： "Standard"  文字高度： 2.5000  注释性： 否
指定文字的起点或 [对正(J)/样式(S)]:                    (指定文字起点)
指定高度 <2.5000>: 100                                 (输入文字高度值)
指定文字的旋转角度 <0>:                                (输入旋转角度值)
```

实例8-3 下面介绍单行文字的创建方法，具体操作如下。

Step 01 执行“绘图>文字>单行文字”命令，根据命令行提示，在绘图区中指定文字起点，按Enter键，如图8-11所示。

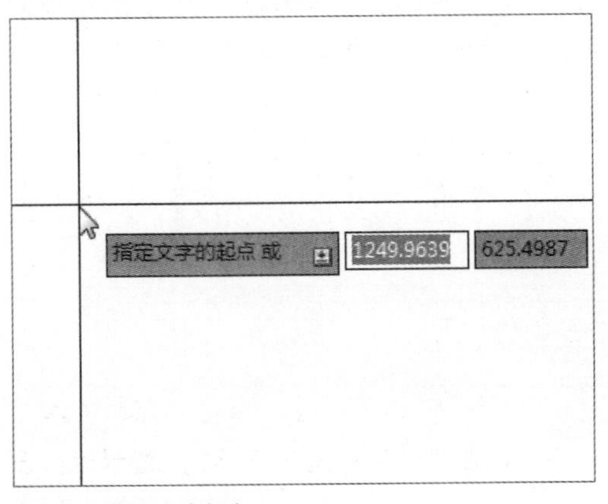
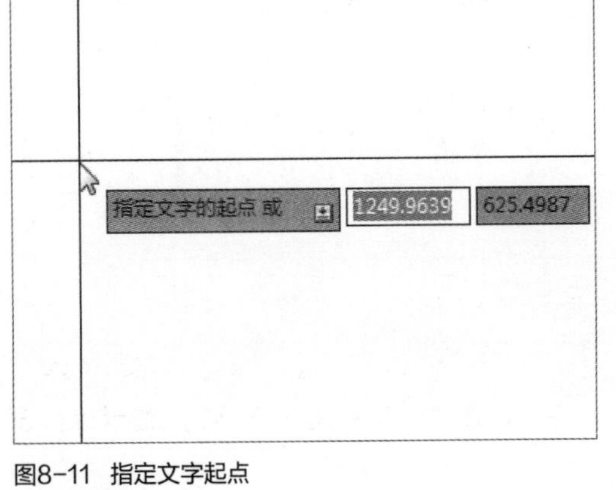

图8-11 指定文字起点

Step 02 根据提示输入文字高度值，这里输入100，如图8-12所示。

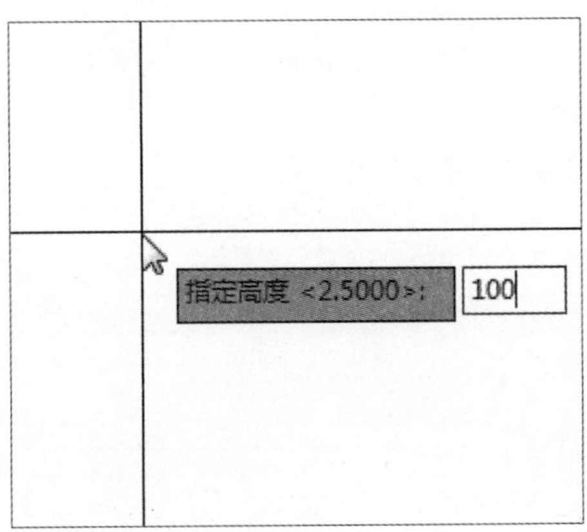

图8-12 输入文字高度值

Step 03 根据提示输入文字的旋转角度，这里输入0，如图8-13所示。

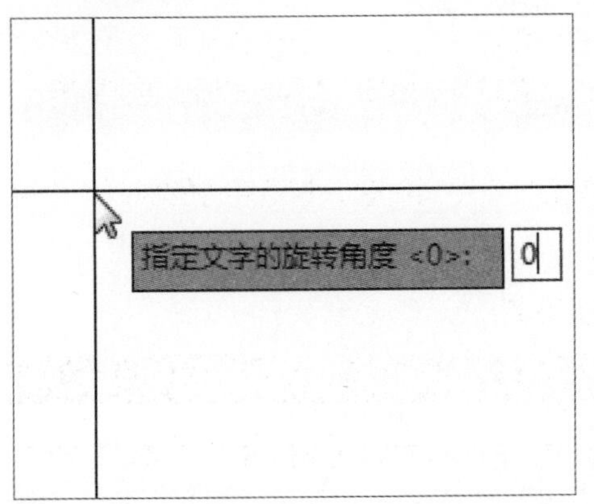

图8-13 输入旋转角度值

Step 04 输入完成后按Enter键。在光标闪动的位置输入相应文本内容，然后单击绘图区空白处，按Enter键退出操作，如图8-14所示。

建筑样式

图8-14 输入文字

下面对命令行中各选项的含义进行介绍。

- 指定文字起点：在默认情况下，通过指定单行文字行基线的起点位置创建文字。
- 对正：在命令行中输入“J”后，即可设置文字排列方式。AutoCAD为用户提供了多种对正方式，包括对齐、调整、居中、中间、右对齐、左上、中上、右上、左中、正中、右中和左下12种对齐方式。

- 输入文字时，可随时改变文字的位置。如果在输入文字过程中想改变后面输入的文字位置，可以将光标移至新位置，即可继续输入文字。但在输入文字时，无论采用哪种文字对正方式，在屏幕上显示的文字都是以左对齐的方式排列的，直到结束文字输入后才会按照指定排列方式重新生成文字。
- 样式：在命令行中输入“S”后，可以设置当前使用的文字样式。在此可以直接输入新文字样式的名称，也可输入“？”，一旦输入“？”后并按两次Enter键，即会在“AutoCAD文本窗口”中显示当前图形所有已有的文字样式。
- 指定高度：输入文字高度值。默认文字高度为2.5。
- 指定文字的旋转角度：输入文字所需旋转的角度值。默认旋转角度为0。

8.2.2 编辑修改单行文本

输入单行文本后，可以对输入的文本进行修改编辑操作。例如修改文字的内容、对正方式以及缩放比例。只需双击所需修改的文本，当文本进入可编辑状态后，即可更改当前文本内容，如图8-15、图8-16所示。

图8-15 双击选中文本内容

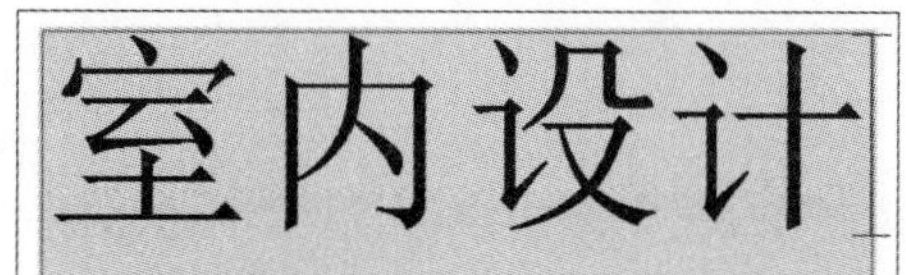

图8-16 更改文本内容

如果需要对单行文本进行缩放或对正操作，则选中该文本，执行菜单栏中的“修改>对象>文字”命令，在展开的级联菜单中根据需要选择“比例”或“对正”选项，然后根据命令行中的提示进行设置即可。

8.2.3 输入特殊字符

在进行文字输入过程中，经常需要输入一些特殊字符，例如直径符号、正负公差符号、文字的上划线和下划线等，而这些特殊符号一般不能由键盘直接输入，因此，AutoCAD提供了相应的控制符，以实现这些标注要求。

只需执行“单行文字”命令，设置好文字的大小值，然后在命令行中输入特殊字符的代码，即可完成输入操作。常用特殊字符代码如表8-1所示。

表8-1 常用特殊字符代码表

特殊字符图样	特殊字符代码	说明
字符	%%O	打开或关闭文字上划线
字符	%%U	打开或关闭文字下划线
30°	%%D	标注度符号
±	%%P	标注正负公差符号
ø	%%C	直径符号
∠	\U+2220	角度
≠	\U+2260	不相等
≈	\U+2248	几乎等于
Δ	\U+0394	差值

8.3 多行文本的输入与编辑

如果需要在图纸中输入文本内容比较多，这时则需要使用多行文本功能。多行文本包含一个或多个文字段落，可以作为单一的对象处理。

8.3.1 创建多行文本

多行文本又称段落文本，它是由两行或两行以上的文本组成。可以执行“绘图>文字>多行文字A”命令，在绘图区中指定文本起点，框选出多行文字的区域范围，如图8-17所示。此时会进入文字编辑文本框，在此输入相关文本内容，输入完成后单击任意空白处，即可完成多行文本输入操作，如图8-18所示。

图8-17 框选文字范围

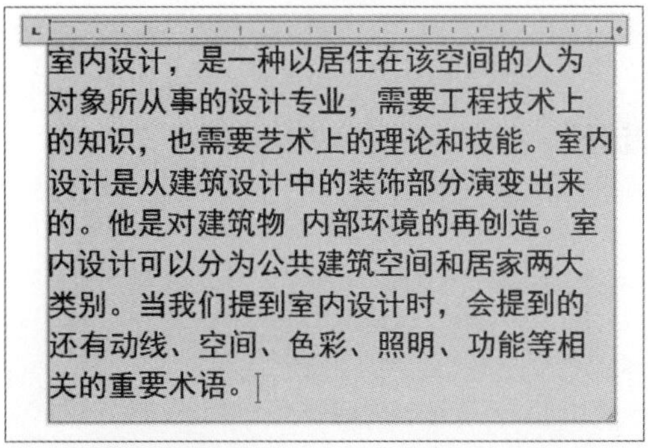

室内设计，是一种以居住在该空间的人为对象所从事的设计专业，需要工程技术上的知识，也需要艺术上的理论和技能。室内设计是从建筑设计中的装饰部分演变出来的。他是对建筑物 内部环境的再创造。室内设计可以分为公共建筑空间和居家两大类别。当我们提到室内设计时，会提到的还有动线、空间、色彩、照明、功能等相关的重要术语。

图8-18 输入多行文本

8.3.2 设置多行文本格式

输入多行文本内容后，用户可以对其文本的格式进行设置。双击所需设置的文本内容，在“文字编辑器”选项卡的“格式”面板中，可以对当前文本的字体、颜色、格式等选项进行设置。

实例8-4 下面举例介绍设置多行文本格式的操作方法，具体操作如下。

Step 01 打开素材文件，双击所需设置的段落文本，框选文本内容，在“文字编辑器”选项卡的“格式”面板中单击“加粗”按钮，将文本字体加粗显示，如图8-19所示。

室内设计，是一种以居住在该空间的人为对象所从事的设计专业，需要工程技术上的知识，也需要艺术上的理论和技能。室内设计是从建筑设计中的装饰部分演变出来的。他是对建筑物 内部环境的再创造。室内设计可以分为公共建筑空间和居家两大类别。当我们提到室内设计时，会提到的还有动线、空间、色彩、照明、功能等相关的重要术语。

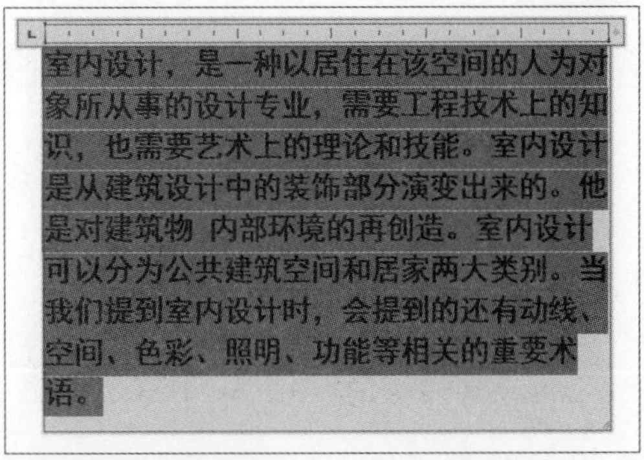

图8-19 设置文本加粗

Step 02 单击“倾斜”按钮，将文本字体进行倾斜显示，如图8-20所示。

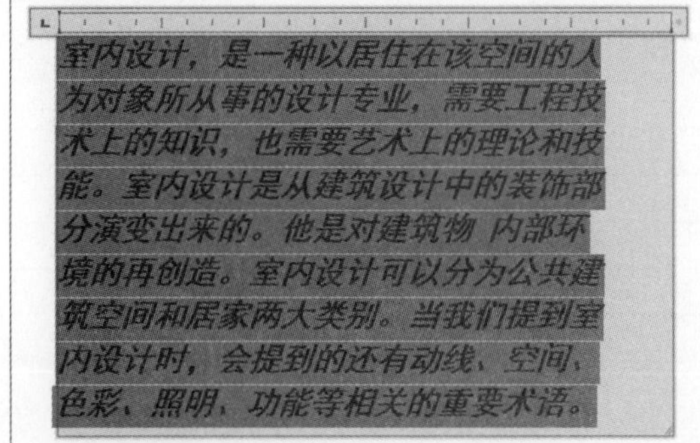
室内设计，是一种以居住在该空间的人为对象所从事的设计专业，需要工程技术上的知识，也需要艺术上的理论和技能。室内设计是从建筑设计中的装饰部分演变出来的。他是对建筑物 内部环境的再创造。室内设计可以分为公共建筑空间和居家两大类别。当我们提到室内设计时，会提到的还有动线、空间、色彩、照明、功能等相关的重要术语。

图8-20 设置文本倾斜

Step 03 单击“字体”按钮，在下拉列表中选择新字体名称为“宋体”，可以更改当前文本字体样式，如图8-21所示。

图8-21 设置文本字体

Step 04 单击“颜色”按钮，在颜色下拉列表中选择红色，可以更改当前文本颜色，如图8-22所示。

图8-22 设置文本颜色

Step 05 在“样式”面板中单击“遮罩”按钮，在“背景遮罩”对话框中勾选“使用背景遮罩”复选框，在“填充颜色”选项组中选择颜色为8号，如图8-23所示。

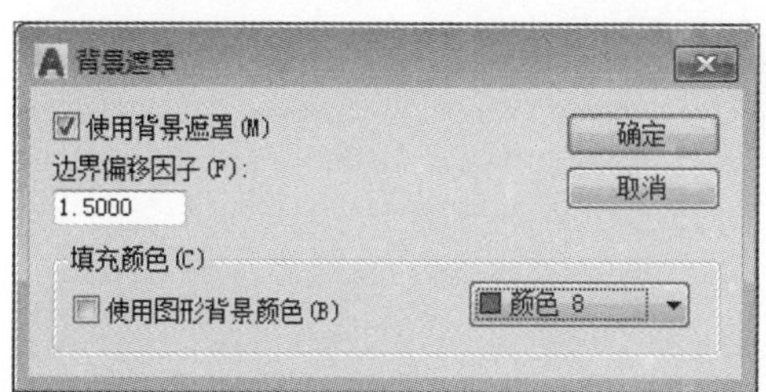

图8-23 “背景遮罩”对话框

Step 06 单击“确定”按钮，完成文本背景的设置，如图8-24所示。

图8-24 设置多行文本背景

8.3.3 设置多行文本段落

除了可以对多行文本的格式进行设置外，还可以对整个文本段落的格式进行设置。

实例8-5 下面举例介绍设置多行文本段落的操作方法，具体操作如下。

Step 01 双击并选中所需设置的文本段落，在“文字编辑器”选项卡的“段落”面板中单击“行距”按钮，在下拉列表中选择行距值为1.5x，可以设置段落文本行距，如图8-25所示。

图8-25 设置段落行距

Step 02 单击“居中”按钮，可以设置段落文本对齐方式，如图8-26所示。

图8-26 设置对正方式

Step 03 单击“项目符号和编号”按钮，在下拉列表中根据需要选择需添加的段落项目符号，这里选择“以项目符号标记”选项，如图8-27所示。

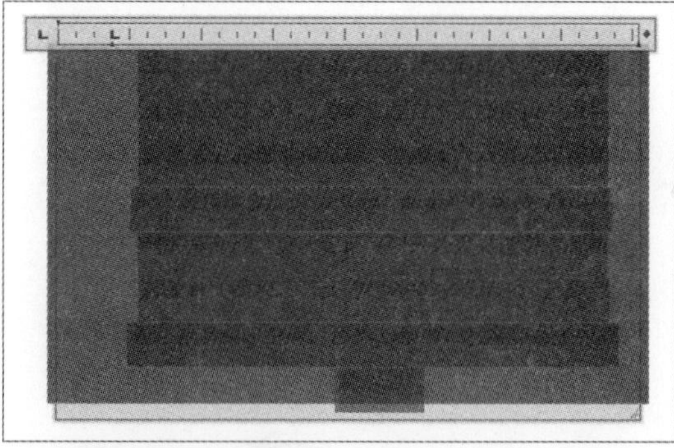

图8-27 设置段落项目符号

Step 04 在“段落”面板中单击按钮，在打开的“段落”对话框中，根据需要对其参数进行设置，将“左缩进”选项组中的“悬挂”选项设置为0，再勾选“段落间距”复选框，并设置“段前”和“段后”值均为2，完成段落间距的设置，如图8-28所示。

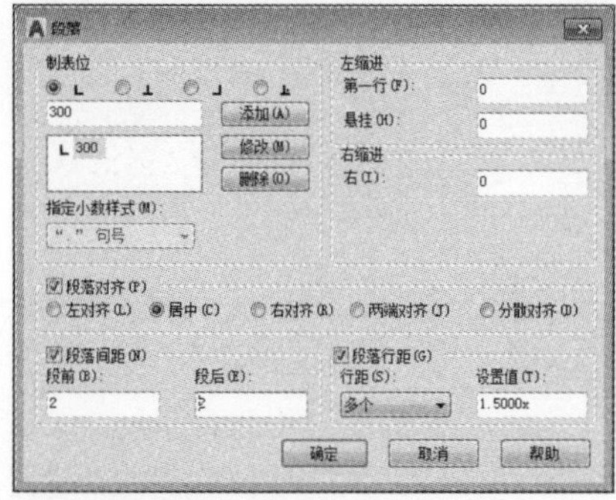

图8-28 设置相关参数

Step 05 单击“确定”按钮，最终效果如图8-29所示。

图8-29 最终效果

8.3.4 调用外部文本

在AutoCAD中可以使用文本命令输入所需文本内容，也可以直接调用外部文本，这样会极大地方便绘图操作。

实例8-6 下面举例介绍调用外部文本的操作方法，具体操作如下。

Step 01 执行“多行文字”命令，在绘图区中框选出输入文字的范围，并进入文本编辑状态，如图8-30所示。

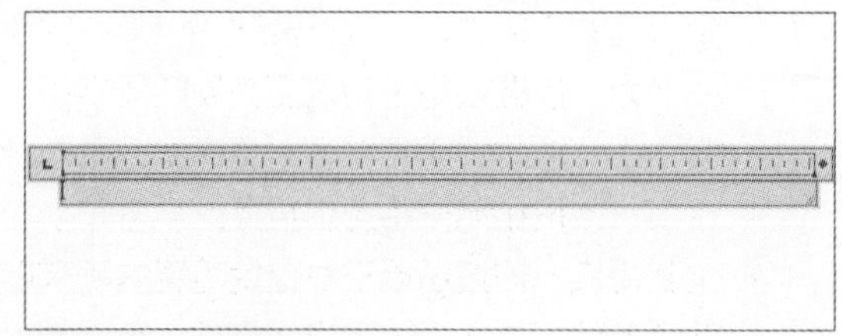

图8-30 文本编辑框

Step 02 在当前编辑框中单击鼠标右键，在快捷菜单中选择“输入文字”选项，如图8-31所示。

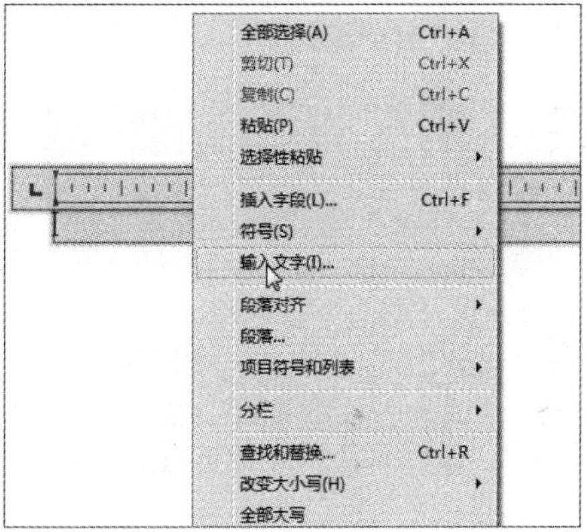

图8-31 选择“输入文字”选项

Step 03 打开“选择文件”对话框，选择所需插入的文本文件，如图8-32所示。

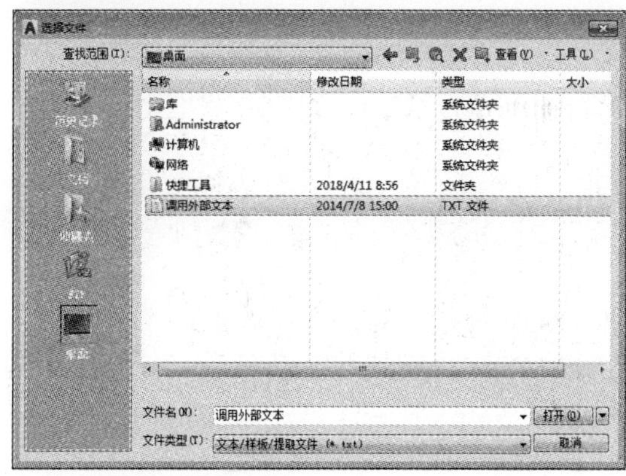

图8-32 选择外部文本文件

Step 04 选择好后单击“打开”按钮，可以完成外部文本的插入，如图8-33所示。

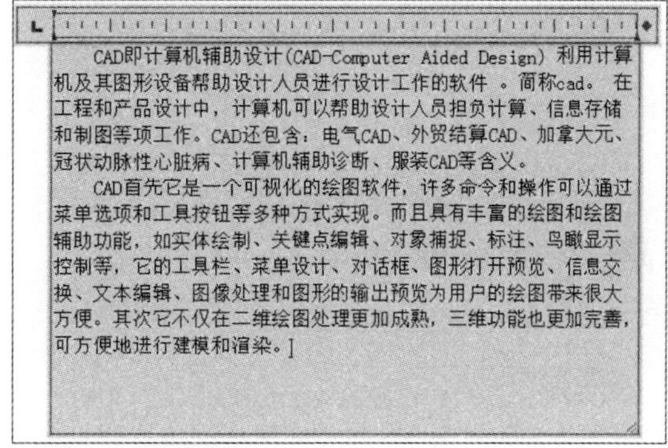

图8-33 完成文本调用

工程师点拨：调用文本格式

在调用外部文件时，其调用文本的格式是有限制的，只限于“*.text”和“*.rtf”格式的文本文件才能调用。

8.3.5 查找与替换文本

如果想对文字较多、内容较为复杂的文本进行编辑操作时，可以使用“查找与替换文本”功能，这样可以有效提高作图效率。

选中需要编辑的文本，在“文字编辑器”选项卡的“工具”面板中单击“查找和替换”按钮，在“查找和替换”对话框中，根据需要在“查找”文本框中输入要查找的文字，然后在“替换为”文本框中输入要替换的文字，单击“全部替换”按钮即可，如图8-34所示。

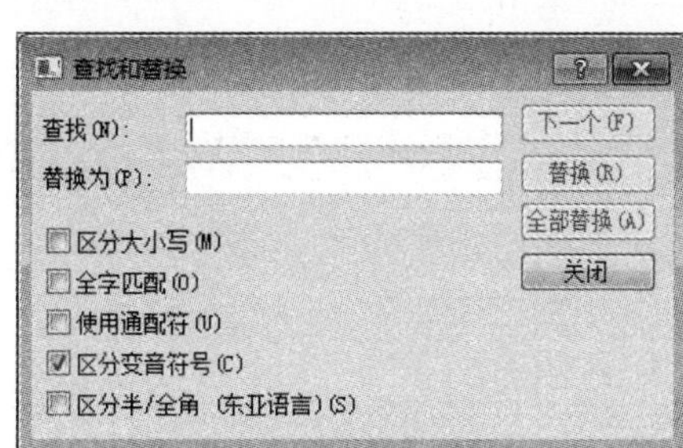

图8-34 “查找和替换”对话框

“查找和替换”对话框主要选项说明如下。

- 查找：该选项用于确定要查找的内容，在此可输入要查找的字符，也可以直接选择已存在的字符。
- 替换为：该选项用于确定要替换的新字符。
- 下一个：该按钮用于在设置的查找范围内查找下一个匹配的字符。
- 替换：该按钮用于将当前查找的字符替换为指定的字符。
- 全部替换：该按钮用于对查找范围内所有匹配的字符进行替换。
- 搜索条件：勾选一系列查找条件，可以精确定位所需查找文本。

8.4 字段的使用

工程图中经常用到一些在设计过程中会发生变化的文字和数据，如建筑图中引用的视图方向、修改设计中的建筑面积、重新编号后的图纸、更改后的出图尺寸和日期以及公式的计算结果等。

字段也是文字，等价于可以自动更新的“智能文字”，就是可能会在图形生命周期中修改的数据的更新文字，设计人员在工程图中如果需要引用这些文字或数据，可以采用字段的方式引用，这样当字段所代表的文字或数据发生变化时，就不需要再手工去修改，字段会自动更新。下面介绍字段的插入和更新操作。

8.4.1 插入字段

想要在文本中插入字段，可以双击所有文本，进入多行文字编辑框，将光标移至要显示字段的位置，然后单击鼠标右键，在快捷菜单中选择“插入字段”选项，在打开的“字段”对话框中，选择合适的字段即可，如图8-35所示。

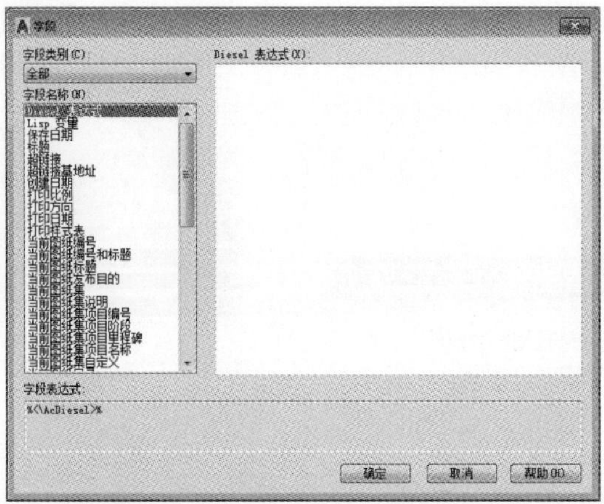

图8-35 “字段”对话框

可以单击“字段类别”下拉按钮，在打开的列表中选择字段的类别，包括打印、对象、其他、全部、日期和时间、图纸集、文档和已链接8个类别选项。选择其中任意选项，会打开与之相对应的选项板，并对其进行设置，如图8-36、图8-37所示。

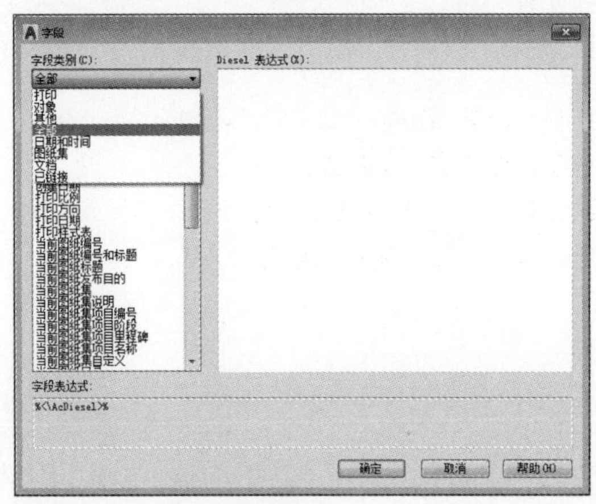

图8-36 选择“打印”类别选项

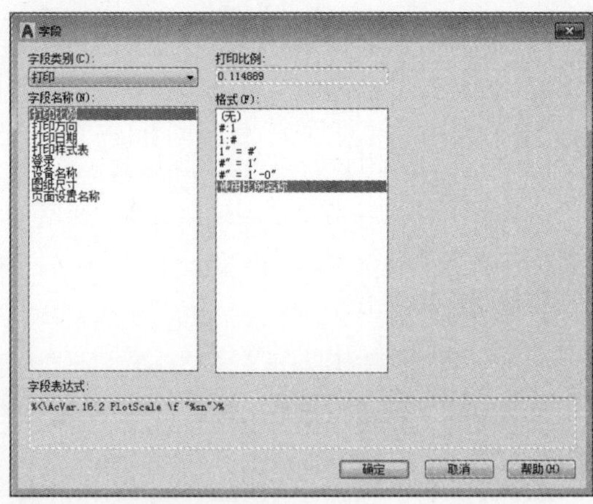

图8-37 选择打印比例格式

字段文字所使用的文字样式与其插入到的文字对象所使用的样式相同。默认情况下，在AutoCAD中的字段将使用浅灰色进行显示。

8.4.2 更新字段

字段更新时，将显示最新的值。在此可以单独更新字段，也可以在一个或多个选定文字对象中更新所有字段。在AutoCAD中，执行“更新字段”的方法可以通过以下方法进行操作。

1. 使用右键菜单命令操作

双击文本进入多行文字编辑框，选中字段文本，单击鼠标右键，在快捷菜单中选择“更新字段”选项即可。

2. 使用快捷命令操作

在命令行中输入“UPD”后按Enter键，根据命令行提示，选择需更新的字段即可。

3. 使用位码操作

在命令行中输入“FIELDEVAL”后按Enter键，根据命令行提示，输入合适的位码即可。该位码是常用标注控制符中任意值的和。如果想要仅在打开、保存文件时更新字段，可输入3。

下面对常用标注控制符值的含义进行介绍。

- 0值：不更新。
- 1值：打开时更新。
- 2值：保存时更新。
- 4值：打印时更新。
- 8值：使用ETRANSMIT时更新。
- 16值：重生成时更新。

工程师点拨：其他字段功能的设置

当字段插入完成后，想对其进行编辑，则可选中该字段，单击鼠标右键，选择“编辑字段”选项，则可在“字段”对话框中进行设置。若想将字段转换成文字，只需右击所需字段，在快捷菜单中选择“将字段转换为文字”选项即可。

8.5 表格的使用

表格是在行和列中包含数据的对象，在工程图中会大量使用表格，例如标题栏和明细表都属于表格的应用。在绘图时也可以直接使用AutoCAD的表格工具做一些简单的统计分析。

工作任务不同，对表格的具体要求也不同。通过对表格样式进行新建或者修改等，可以对表格的方向、常规特性、表格内使用的文字样式以及表格的边框类型等一系列内容进行设置，从而建立符合用户自己需求的表格。

8.5.1 设置表格样式

表格样式控制一个表格的外观，用于保证标准的字体、颜色、文本、高度和行距。在创建表格前，应先创建表格样式，并通过管理表格样式使表格样式更符合行业的需要。

实例8-7 下面介绍如何对表格样式进行设置，具体操作如下。

Step 01 执行“格式>表格样式”命令，打开“表格样式”对话框，如图8-38所示。

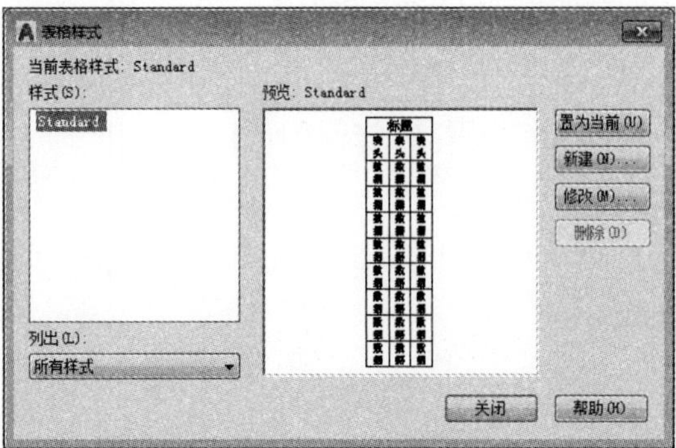

图8-38 “表格样式”对话框

Step 02 单击“新建”按钮，打开“创建新的表格样式”对话框，如图8-39所示。

图8-39 “创建新的表格样式”对话框

Step 03 单击“继续”按钮，打开“新建表格样式：装修所需材料表”对话框，在“单元样式”下拉列表中可以设置标题、数据、表头所对应的文字、边框等特性，如图8-40所示。

图8-40 设置相关参数

Step 04 设置完成后单击“确定”按钮，返回“表格样式”对话框。此时在“样式”列表中会显示刚创建的表格样式。单击“置为当前”按钮，关闭对话框，如图8-41所示。

图8-41 关闭对话框

在“新建表格样式”对话框中，可以通过以下3种选项来对表格的标题、表头和数据样式进行设置。下面分别对其选项进行说明。

1. 常规

在该选项卡中，用户可以对填充、对齐方式、格式、类型和页边距进行设置。该选项卡中各选项说明如下。

- 填充颜色：用于设置表格的背景填充颜色。
- 对齐：用于设置表格单元中的文字对齐方式。
- 格式：单击其右侧的按钮，打开“表格单元格式”对话框，用于设置表格单元格的数据格式。
- 类型：用于设置是数据类型还是标签类型。
- 页边距：用于设置表格单元中的内容距边线的水平和垂直距离。

2. 文字

该选项卡可以设置表格单元中的文字样式、高度、颜色和角度等特性，如图8-42所示。该选项卡各主要选项说明如下。

- 文字样式：选择可以使用的文字样式，单击其右侧的[...]按钮，可以打开的“文字样式”对话框，并创建新的文字样式。
- 文字高度：用于设置表单元中的文字高度。
- 文字颜色：用于设置表单元中的文字颜色。
- 文字角度：用于设置表单元中的文字倾斜角度。

3. 边框

该选项卡可以对表格边框特性进行设置，如图8-43所示。在该面板中，有8个边框按钮，单击其中任意按钮，即可将设置的特性应用到相应的表格边框上。

该选项卡各主要选项说明如下。

- 线宽：用于设置表格边框的线宽。
- 线型：用于设置表格边框的线型样式。
- 颜色：用于设置表格边框的颜色。
- 双线：勾选该复选框，可以将表格边框线型设置为双线。
- 间距：用于设置边框双线间的距离。

图8-42 “文字”选项卡

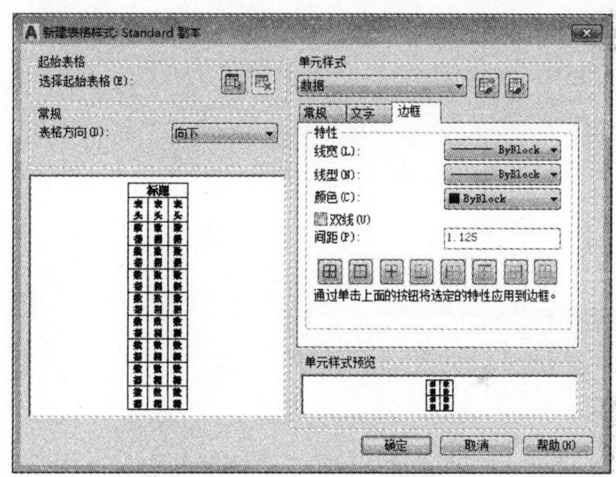

图8-43 “边框”选项卡

8.5.2 创建与编辑表格

表格颜色创建完成后，可以使用“插入表格”命令创建表格。如果用户对创建的表格不满意，也可以根据需要使用编辑命令对表格进行编辑操作。

1. 创建表格

执行“绘图>表格”命令，在打开的“插入表格”对话框中，根据需要创建表格的行数和列数，并在绘图区中指定插入点即可。

实例8-8 下面通过创建装修图纸目录表来介绍创建表格，具体操作如下。

Step 01 执行“表格”命令，打开“插入表格”对话框，在“列和行设置”选项组中设置相关参数，如图8-44所示。

Step 02 设置好后单击“确定”按钮，根据命令行提示，指定表格插入点，即可进入文字编辑状态，如图8-45所示。

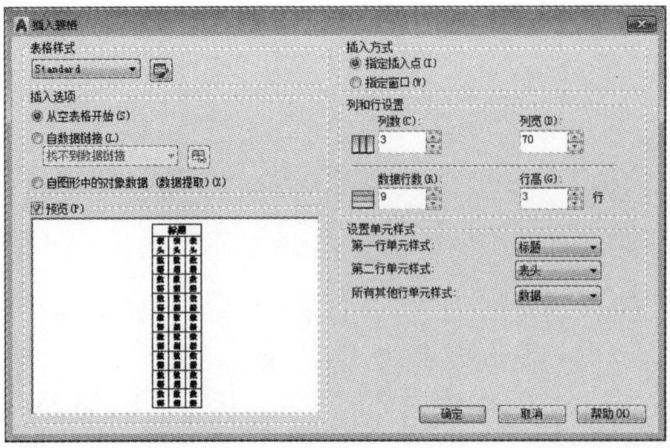

图8-44 设置表格的行数和列数

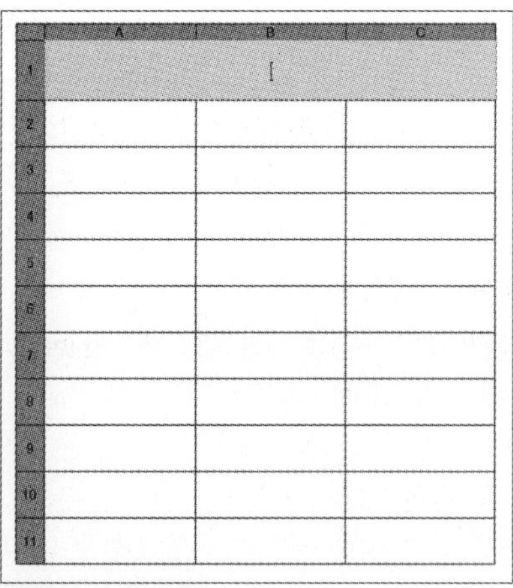

图8-45 指定插入点

Step 03 在标题栏中输入标题名称，如图8-46所示。

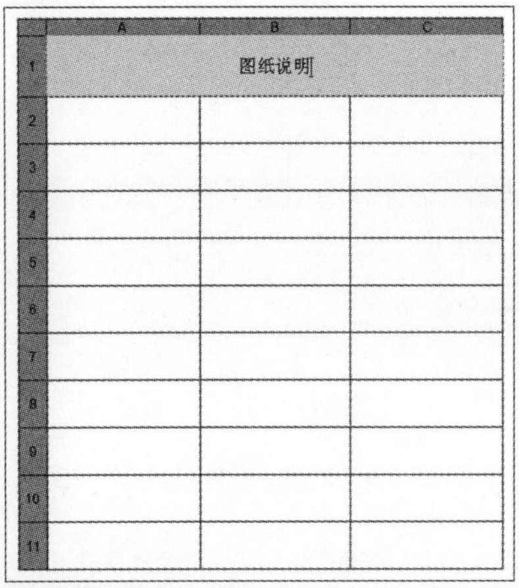

	A	B	C
1	图纸说明		
2			
3			
4			
5			
6			
7			
8			
9			
10			
11			

图8-46 输入标题文字

Step 04 输入好后按Enter键，在表头栏中输入表头名称，如图8-47所示。

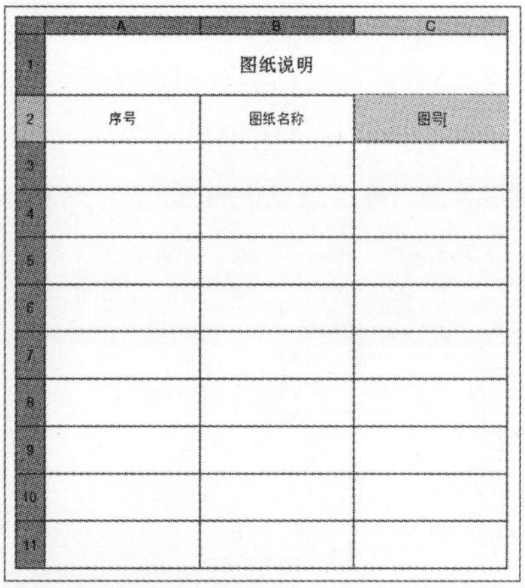

	A	B	C
1	图纸说明		
2	序号	图纸名称	图号
3			
4			
5			
6			
7			
8			
9			
10			
11			

图8-47 输入表头文字

Step 05 在“序号”表头所对应的数据单元格中输入数字，如图8-48所示。

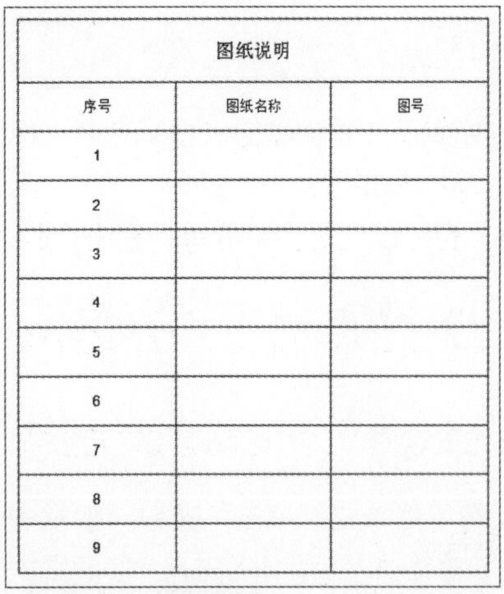

图纸说明		
序号	图纸名称	图号
1		
2		
3		
4		
5		
6		
7		
8		
9		

图8-48 输入表头数据

Step 06 继续输入名称，完成表格的创建，如图8-49所示。

图纸说明		
序号	图纸名称	图号
1	一层平面图	18——01
2	二层平面图	18——02
3	地面布置图	18——03
4	屋顶平面图	18——04
5	墙体拆砸图	18——05
6	客厅A立面图	18——06
7	客厅B立面图	18——07
8	剖面图	18——08
9	水电图	18——09

图8-49 完成表格的创建

下面对“插入表格”对话框中的各选项的含义进行介绍。

- 表格样式：该选项可以在要从中创建表格的当前图形中选择表格样式。单击下拉按钮右侧的“表格样式”对话框启动器按钮，创建新的表格样式。
- 从空表格开始：用于创建可以手动填充数据的空表格。
- 自数据链接：用于从外部电子表格中的数据创建表格。单击右侧按钮，可在“选择数据链接”对话框中进行数据链接设置。
- 自图形中的对象数据：用于启动“数据提取”向导。
- 预览：用于显示当前表格样式。
- 指定插入点：用于指定表格左上角的位置。可以使用定点设置，也可以在命令行中输入坐标值。如果表格样式将表格的方向设为由下而上读取，插入点则位于表格左下角。
- 指定窗口：用于指定表格的大小和位置。该选项同样可以使用定点设置，也可以在命令行中输入坐标值，选定此项时，行数、列数、列宽和行高取决于窗口的大小以及列和行设置。
- 列数：指定表格的列数。
- 列宽：用于指定表格列宽值。
- 数据行数：用于指定表格的行数。
- 行高：用于指定表格行高值。
- 第一行单元样式：用于指定表格中第一行的单元样式。系统默认为标题单元样式。
- 第二行单元样式：用于指定表格中第二行的单元样式。系统默认为表头单元样式。
- 所有其他行单元样式：用于指定表格中所有其他行的单元样式。系统默认为数据单元样式。

2. 编辑表格内容

创建表格后，可以对表格进行剪切、复制、删除、缩放或旋转等操作，也可以对表格内文字进行编辑。下面将分别对其操作进行介绍。

（1）编辑表格

选中所需编辑的单元格，在“表格单元”选项卡中，可以根据需要对表格的行、列、单元样式、单元格式等元素进行编辑操作，如图8-50所示。

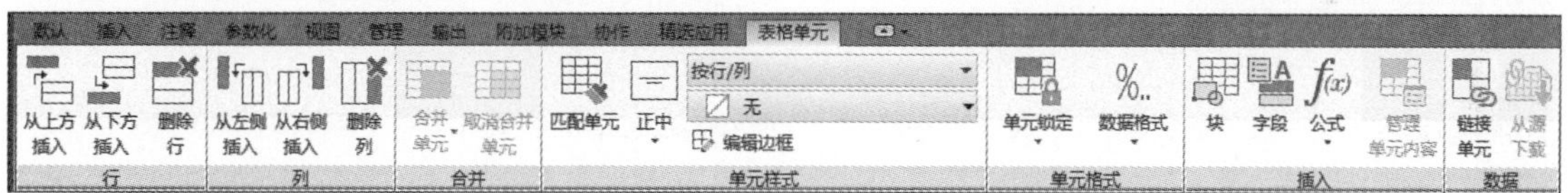

图8-50 “表格单元”选项卡

下面对该选项卡中主要命令进行说明。

- 行：在该命令组中，可以对单元格的行进行相应的操作，例如插入行、删除行。
- 列：在该命令组中，可以对选定的单元列进行操作，例如插入列、删除列。
- 合并：在该命令组中，可以将多个单元格合并成一个单元格，也可以对已合并的单元格进行取消合并操作。
- 单元样式：在该命令组中，可以设置表格文字的对齐方式、单元格的颜色以及表格的边框样式等。
- 单元格式：在该命令组中，可以确定是否对选择的单元格进行锁定操作，也可以设置单元格的数据类型。
- 插入：在该命令组中，可以插入图块、字段以及公式等特殊符号。
- 数据：在该命令组中，可以设置表格数据，如将Excel电子表格中的数据与当前表格中的数据进行链接操作。

（2）编辑表格文字

表格中的文字是可以根据需要进行更改的，例如更换文字内容，修改文字大小、颜色和字体等。

实例8-9 下面举例介绍编辑表格的操作方法，具体操作如下。

Step 01 双击所需编辑的文本，使其转换成可编辑状态，选中文本，如图8-51所示。

	A	B	C
1	图纸说明		
2	序号	图纸名称	图号
3	1	一层平面图	18——01
4	2	二层平面图	18——02
5	3	地面布置图	18——03
6	4	屋顶平面图	18——04
7	5	墙体拆砸图	18——05
8	6	客厅A立面图	18——06
9	7	客厅B立面图	18——07
10	8	剖面图	18——08
11	9	水电图	18——09

图8-51 选择编辑文本

Step 02 在“文字编辑器”选项卡的“格式”面板中单击“字体”按钮，设置字体为黑体，单击“颜色”按钮，设置文字颜色为红色，效果如图8-52所示。

	A	B	C
1	图纸说明		
2	序号	图纸名称	图号
3	1	一层平面图	18——01
4	2	二层平面图	18——02
5	3	地面布置图	18——03
6	4	屋顶平面图	18——04
7	5	墙体拆砸图	18——05
8	6	客厅A立面图	18——06
9	7	客厅B立面图	18——07
10	8	剖面图	18——08
11	9	水电图	18——09

图8-52 修改字体

Step 03 在“样式”面板中单击“文字高度”按钮，设置高度值为10，如图8-53所示。

	A	B	C
1	图纸说明		
2	序号	图纸名称	图号
3	1	一层平面图	18——01
4	2	二层平面图	18——02
5	3	地面布置图	18——03
6	4	屋顶平面图	18——04
7	5	墙体拆砸图	18——05
8	6	客厅A立面图	18——06
9	7	客厅B立面图	18——07
10	8	剖面图	18——08
11	9	水电图	18——09

图8-53 设置文字高度

Step 04 按照相同的方法，设置表头的文字高度为8，数据高度为6，完成其他文字字体的更改，完成表格的编辑操作，效果如图8-54所示。

图纸说明		
序号	图纸名称	图号
1	一层平面图	18——01
2	二层平面图	18——02
3	地面布置图	18——03
4	屋顶平面图	18——04
5	墙体拆砸图	18——05
6	客厅A立面图	18——06
7	客厅B立面图	18——07
8	剖面图	18——08
9	水电图	18——09

图8-54 完成表格的编辑

8.5.3 调用外部表格

可以利用“表格”命令创建表格，也可以从Microsoft Excel中直接复制表格，并将其作为AutoCAD表格对象粘贴到图形中，也可以从外部直接导入表格对象。

实例8-10 下面举例介绍调用外部表格的方法和技巧。

Step 01 执行“表格”命令，打开“插入表格”对话框，单击“自数据链接”右侧按钮，打开“选择数据链接”对话框，如图8-55所示。

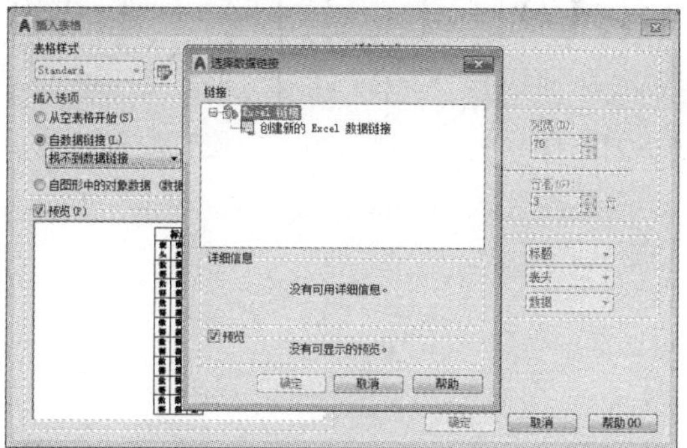

图8-55 “选择数据链接”对话框

Step 02 单击“创建新的Excel数据链接”选项，在“输入数据链接名称”对话框中输入表格名称，如图8-56所示。

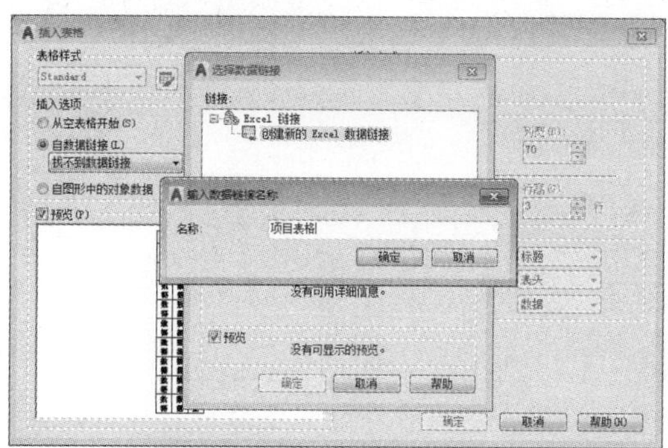

图8-56 输入表格名称

Step 03 单击“确定”按钮，在打开的“新建Excel数据链接”对话框中，单击“浏览文件”右侧的按钮，如图8-57所示。

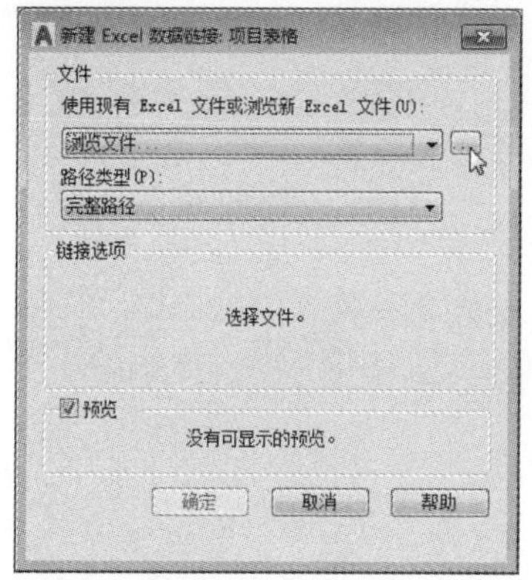

图8-57 “新建Excel数据链接”对话框

Step 04 在“另存为”对话框中，选择调用的文件，单击“打开”按钮，如图8-58所示。

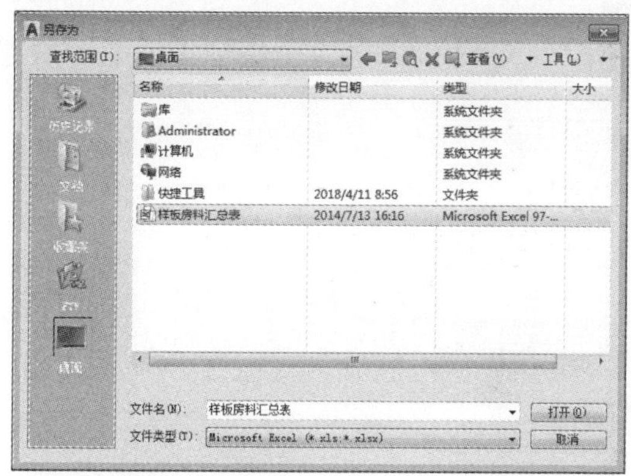

图8-58 “另存为”对话框

Step 05 返回到“新建Excel数据链接：项目表格”对话框，依次单击“确定”按钮，返回到“插入表格”对话框，如图8-59所示。

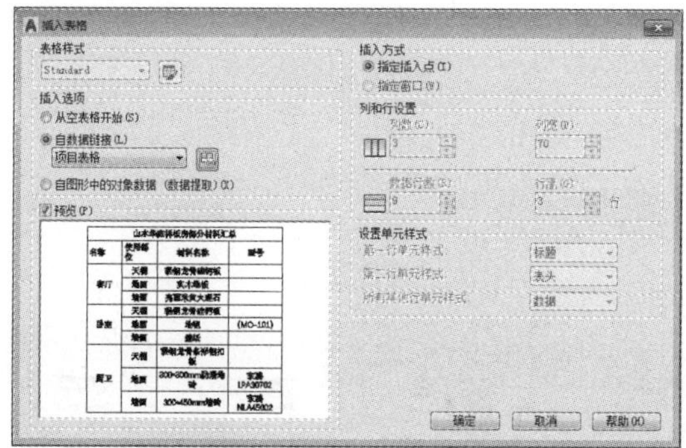

图8-59 “插入表格”对话框

Step 06 单击“确定”按钮，在绘图区指定表格位置，即可完成调用操作，如图8-60所示。

山水华庭样板房部分材料汇总			
名称	使用部位	材料名称	型号
客厅	天棚	轻钢龙骨硅钙板	
	地面	实木地板	
	墙面	亮面米黄大理石	
卧室	天棚	轻钢龙骨硅钙板	
	地面	地毯	(MO-101)
	墙面	壁纸	
厨卫	天棚	轻钢龙骨条形铝扣板	
	地面	300*300mm防滑地砖	东鹏LPA30702
	墙面	300*450mm墙砖	东鹏NLA45002

图8-60 调用外部表格效果

综合实例 —— 创建植物图目表

本章介绍了文字、表格的创建和编辑的操作方法。下面将结合前面所学的知识来绘制植物图目表，其中涉及的命令有创建表格、编辑表格等。

Step 01 执行“表格样式”命令，打开“表格样式”对话框，如图8-61所示。

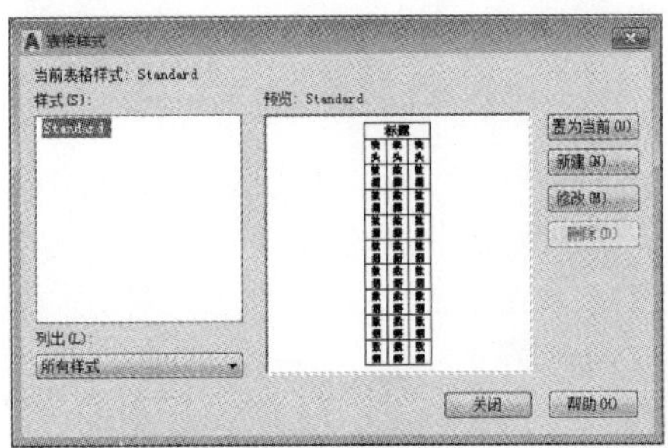

图8-61 打开“表格样式”对话框

Step 02 单击“新建”按钮，打开“创建新的表格样式”对话框，输入新样式名，如图8-62所示。

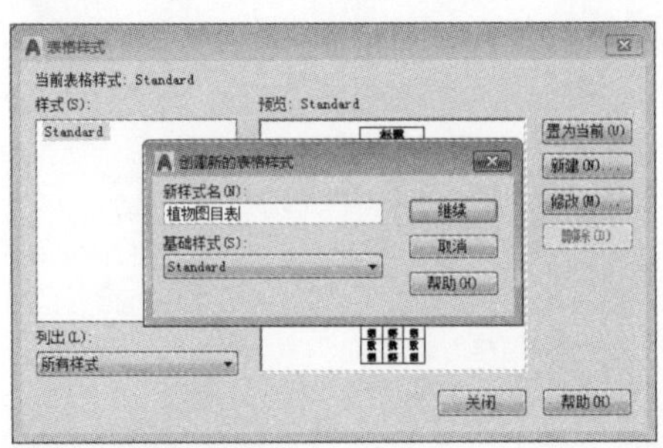

图8-62 输入新样式名

Step 03 单击“继续”按钮，在打开的“新建表格样式：植物图目表”对话框中，设置标题样式的文字高度为10，颜色为红色，如图8-63所示。

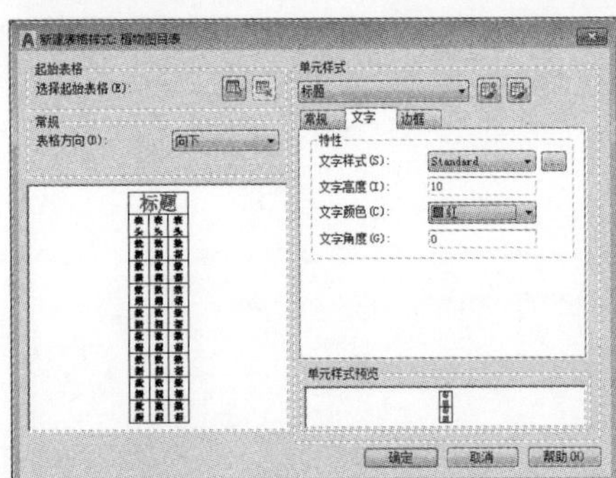

图8-63 设置标题参数

Step 04 设置表头样式的文字高度和颜色，如图8-64所示。

图8-64 设置表头参数

Step 05 设置数据样式的文字高度为6，其余参数保持不变，如图8-65所示。

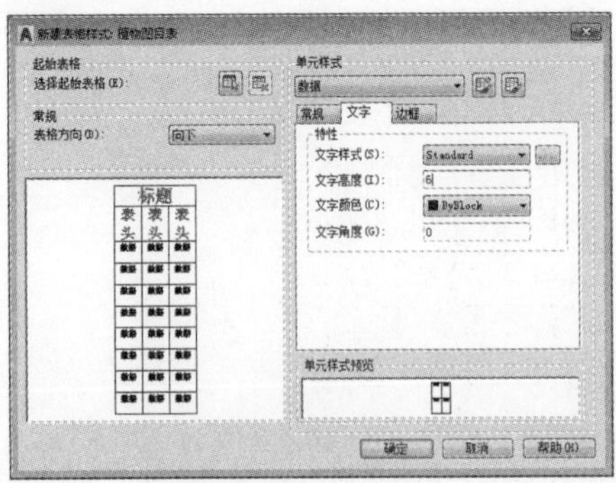

图8-65 设置数据参数

Step 06 单击“确定”按钮，返回“表格样式”对话框，再单击“置为当前”按钮，关闭对话框，如图8-66所示。

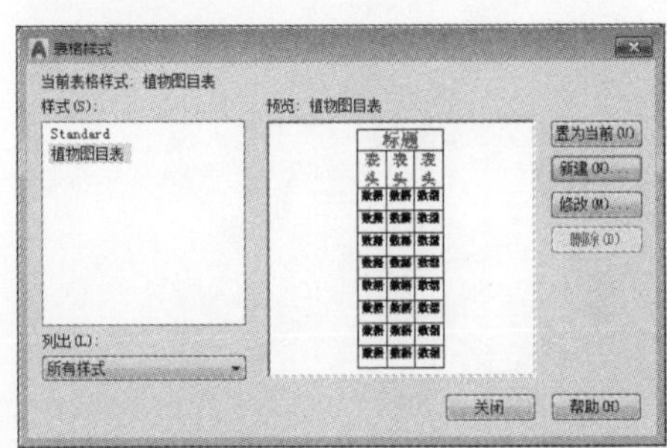

图8-66 关闭对话框

Step 07 执行“绘图>表格”命令，打开“插入表格”对话框，设置列数和列宽等参数，如图8-67所示。

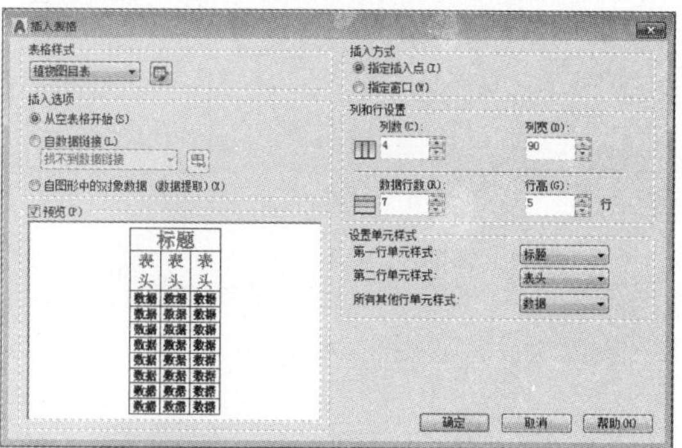

图8-67 设置相关参数

Step 08 单击“确定”按钮，在绘图区中指定插入基点，进入表格编辑状态，如图8-68所示。

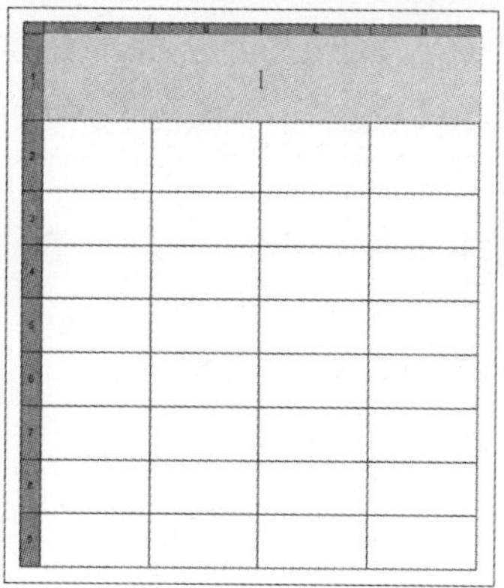

图8-68 插入表格

Step 09 在标题中输入表格标题名称，如图8-69所示。

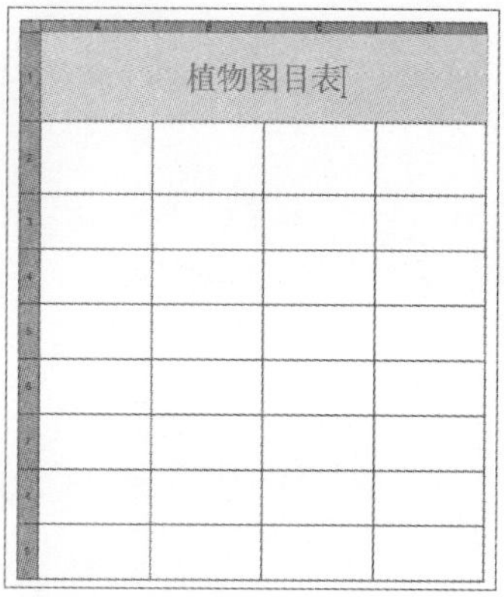

植物图目表			

图8-69 输入标题

Step 10 继续执行当前命令输入表头名称，如图8-70所示。

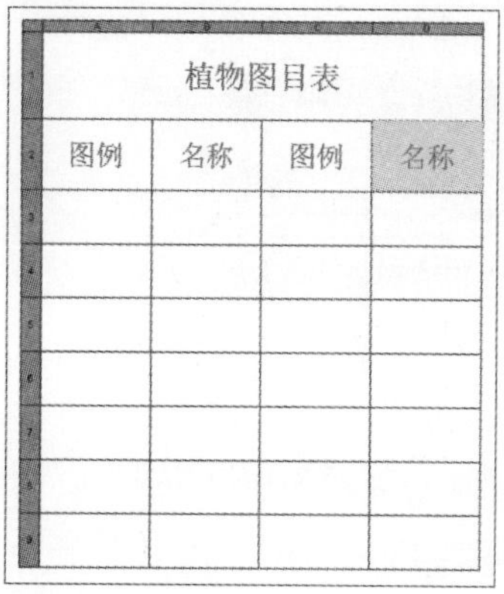

植物图目表			
图例	名称	图例	名称

图8-70 输入表头

Step 11 执行“插入>块”命令，插入植物图例，并输入植物名称，设置对正方式为正中，如图8-71所示。

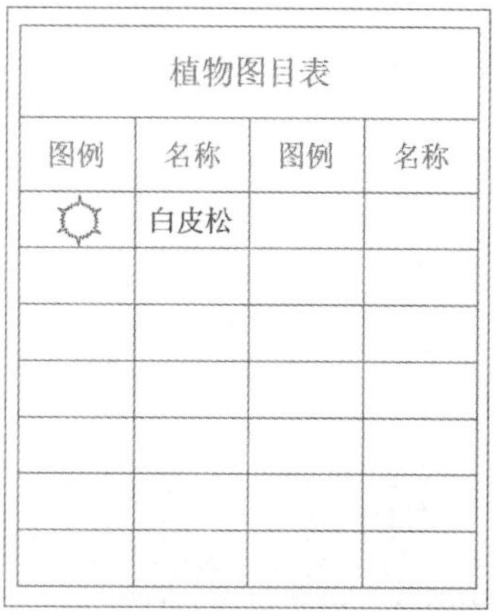

植物图目表			
图例	名称	图例	名称
	白皮松		

图8-71 插入图块

Step 12 按照相同的方法插入植物图例，并输入植物名称，如图8-72所示。

植物图目表			
图例	名称	图例	名称
	白皮松		碧桃
	雪松		连翘
	油松		紫叶樱
	桧柏		五角枫
	云杉		杜仲
	合欢		挂香柳
	毛白杨		太平花

图8-72 完成表格的创建

高手应用秘籍 —— CAD表格其他操作功能介绍

AutoCAD 2019表格除了前面介绍的功能外，还可以使用其他功能进行操作，例如单元格锁定、表格数据格式的设置等，下面将对其操作进行介绍。

1. 单元格锁定

在AutoCAD 2019软件中，若想对表格数据进行锁定，可以通过以下方法进行操作。

Step 01 框选表格中所需单元格，在“表格单元”选项卡的“单元格式”面板中单击“单元锁定”按钮，在其下拉列表中选择“内容已锁定”选项，如图8-73所示。

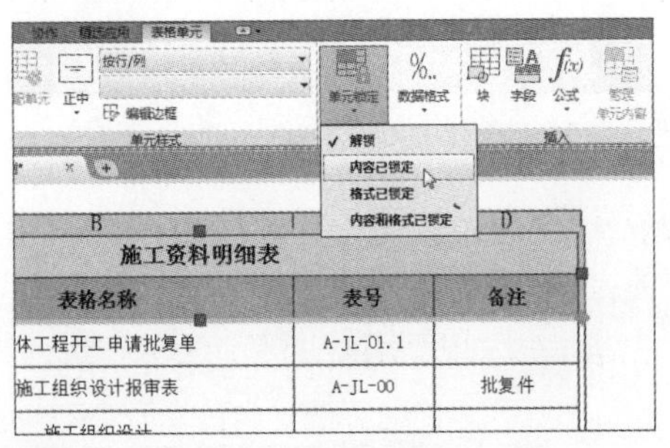

图8-73 选择“内容已锁定”选项

Step 02 将光标移至被锁定的单元格时，光标会显示锁定图标及提示框，如图8-74所示。

	A	B	C	D
1	施工资料明细表			
2	序号	表格名称	表号	备注
3	1	总体工程开工申请批复单	A-JL-01.1	
4	2	施工组织设计报审表	A-JL-00	批复件
5	3	施工组织设计		
6	4	合同协议书		
7	5	承包人质保体系		
8	6	工地实验室建设及验收情况或实验室资质复印件		
9	7	图纸及拆迁情况		
10	8	施工方报验单	A-JL-04	
11	9	路面试验段主要人员一览表	F-3	
12	10	进场设备报验表	A-JL-05	
13	11	临建情况		文字说明
14	12	其他有关情况		图表和文字说明

图8-74 锁定表格内容

除了可以对表格内容进行锁定外，还可以对表格的格式进行锁定，其方法与锁定表格内容的方法相同，选中所需锁定单元格，在“单元锁定”列表中，选中“格式已锁定”选项即可完成锁定操作。在其列表中选择“解锁”选项即可解锁表格。

2. 设置表格数据格式

在AutoCAD表格中，可以对表格中的数据格式进行设置，例如设置日期格式、货币格式、数字格式等，操作方法如下。

Step 01 在表格中框选要设置的单元格，执行“表格单元>单元格式>数据格式”命令，在下拉列表中选择“自定义表格单元格式”选项，如图8-75所示。

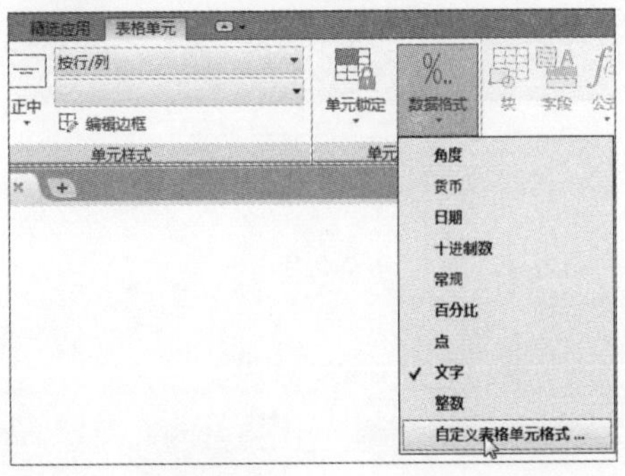

图8-75 选择相关命令

Step 02 在“表格单元格式”对话框中根据需要选择好“数据类型”及“日期格式”选项，单击“确定”按钮，即可完成表格数据格式的设置，如图8-76所示。

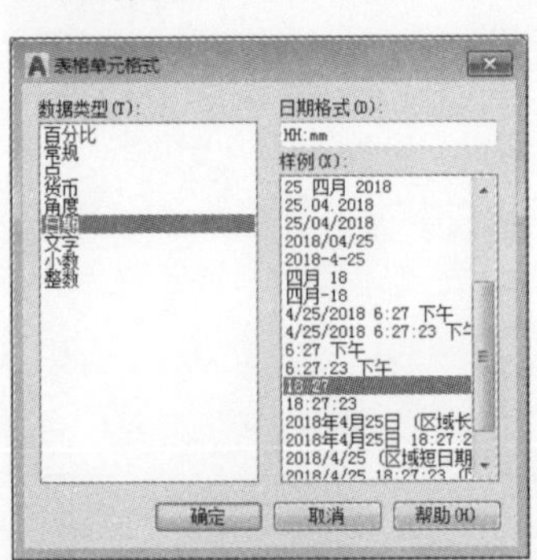

图8-76 设置数据格式

秒杀工程疑惑

在进行CAD操作时，用户经常会遇到各种各样的问题，下面总结一些常见问题进行解答，例如为什么输入的文字是竖排的、插入特殊符号、修改文字样式、控制文字样式以及在绘图区中插入表格等问题。

问　题	解　答
为什么输入的文字是竖排的	Windows系统中文字类型有两种：一种是前面带@的字体，一种是不带的。这两种字体的区别是一个是用于竖排文字，一种用于横排文字。如果这种字体是在文字样式里设置的，输入ST打开“文字样式”对话框，将字体调整为不带@的字体；如果这种字体是在多行文字编辑器里直接设置的，双击文字激活输入多行文字编辑器，选中所有文字，然后在字体下拉列表中选择不带@的字体即可
如何一次性修改同一文字样式的大小	执行“工具>快速选择”命令，打开“快速选择”对话框，在“特性”选项卡中选择“样式”选项，设置完成后单击“确定”按钮，即可选中同一样式的文字，按Ctrl+1组合键打开文字“特性”面板，在其中设置文字高度，即可一次性更改文字样式
如何控制文字显示	通过在命令行输入系统变量QTEXT可以控制文字的显示。在命令行输入命令并按Enter键，根据提示输入ON后再按Enter键，执行“视图>重生成”命令可隐藏文字。再次输入QTEXT命令，根据提示输入OFF并按Enter键，被隐藏的文字将被显示
如何在AutoCAD 2019软件中输入特殊符号	双击要插入的文本内容，在“文字编辑器”选项卡的“插入”选项组中，单击“符号”下拉按钮，选择“其他”选项，在打开的“字符映射表”对话框中，选择满意的特殊符号，单击“选择”按钮，然后再单击“复制”按钮，在文本编辑框中单击鼠标右键，选择“粘贴”选项即可
在创建表格时，为什么设置的行数为6，在绘图区中插入的表格却有8行	这是由于设置的行数是数据行的行数，而表格的标题栏和表头是排除在行数设置范围之外的，而系统默认的表格都是带有标题栏和表头的

Chapter

09

图形标注尺寸的应用

尺寸标注是工程图中的一项重要内容，它描述设计对象各组成部分的大小及相对位置关系，是实际生产的重要依据。图样标注是一项细致而烦琐的工作，AutoCAD提供了一套完整、灵活的标注系统，使用户可以很容易地完成这项任务。在AutoCAD标注系统中有丰富的标注命令，并且可标注的对象也多种多样，此外，还能设置不同的标注格式，从而保证用户能方便、迅速地创建符合行业设计标准的尺寸标注。

01 学完本章您可以掌握如下知识点

1. 尺寸样式的设置 ★
2. 尺寸标注的创建 ★★
3. 引线标注样式的设置 ★★★
4. 引线标注的创建 ★★★

02 本章内容图解链接

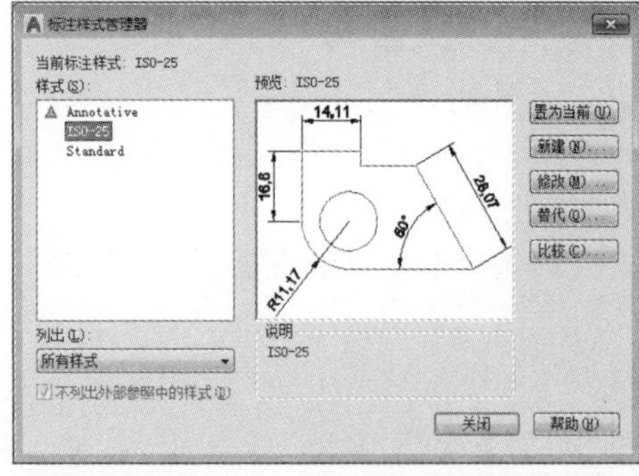

设置尺寸样式

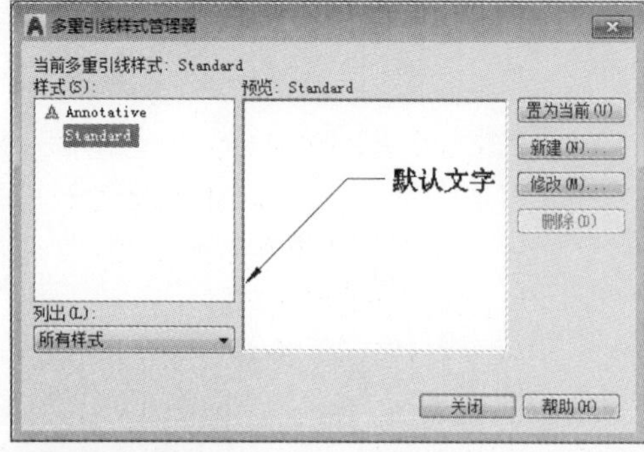

设置多重引线样式

9.1 尺寸标注的要素

当创建一个标注时，AutoCAD会产生一个对象，这个对象以块的形式存储在图形文件中。在AutoCAD中为图形标注尺寸是不可缺少的部分，尺寸标注能够直观地反映出图形的尺寸。

9.1.1 尺寸标注的组成

一个完整的尺寸标注由尺寸界线、尺寸线、尺寸文字、尺寸箭头、中心标记等部分组成，如图9-1所示。

下面对各选项的含义进行介绍。

- 尺寸界线：用于标注尺寸的界限。从图形的轮廓线、轴线或对称中心线引出，有时也可以利用轮廓线代替，用以表示尺寸起始位置。一般情况下，尺寸界线应与尺寸线相互垂直。
- 尺寸线：用于指定标注的方向和范围。对于线性标注，尺寸线显示为一条直线段；对于角度标注，尺寸线显示为一段圆弧。
- 尺寸文字：用于显示测量值的字符串，其中包括前缀、后缀和公差等。在AutoCAD中可以对标注的文字进行替换。尺寸文字可以放在尺寸线上，也可以放在尺寸线之间。
- 尺寸箭头：位于尺寸线两端，用于表明尺寸线的起始位置。在AutoCAD中可以对标注箭头的样式进行设置。
- 中心标记：标记圆或圆弧的中心点位置。

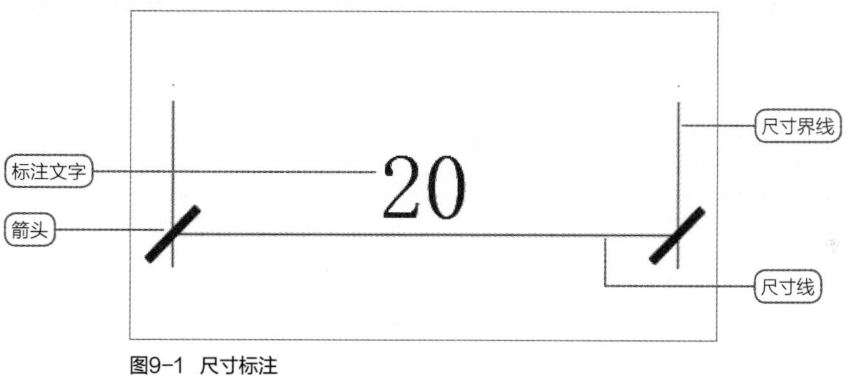

图9-1 尺寸标注

9.1.2 尺寸标注的原则

尺寸标注一般要求对标注的图形对象进行完整、准确、清晰的标注。在进行标注时，不能遗漏尺寸，要全方位反映出标注对象的实际情况。不同行业其标注标准可能有所不同。对于机械行业来说，其尺寸标注要求较为严格。下面以机械制图为例，来介绍其标注原则。

- 图形按照1:1的比例与零件的真实大小是一样的，零件的真实大小应该以图形标注为准，与图形的大小和绘图的精确度无关。
- 图形应以mm（毫米）为单位，不需要标注计量单位的名称和代号，如果采用其他单位，如60°（度）、cm（厘米）、m（米），则需要注明标注单位。
- 图形中标注的尺寸为零件的最终完成尺寸，否则需要另外说明。
- 零件的每一个尺寸只需标注一次，不能重复标注，并且应该标注在最能清晰反映该结构的地方。
- 尺寸标注应该包含尺寸线、箭头、尺寸界线、尺寸文字。

9.2 尺寸标注样式的设置

尺寸标注是图形的测量注释，它可以测量和显示对象的长度、角度等测量值。AutoCAD提供了多种标注样式和多种设置标注格式的方法，可以满足建筑、机械、电子等大多数应用领域的要求。

9.2.1 新建尺寸样式

在标注之前，需要设置标注的样式，这样在标注尺寸时才能够统一。AutoCAD中可以定义不同的标注样式，标注时，用户只需指定某个样式为当前样式，就可以创建相应的标注形式。

AutoCAD系统默认尺寸样式为STANDARD，若对该样式不满意，可以通过“标注样式管理器”对话框进行新尺寸样式的创建。执行“格式>标注样式”命令，打开“标注样式管理器”对话框设置。

实例9-1 下面介绍新建尺寸样式的具操作方法，具体操作如下。

Step 01 执行“格式>标注样式”命令，打开“标注样式管理器”对话框，如图9-2所示。

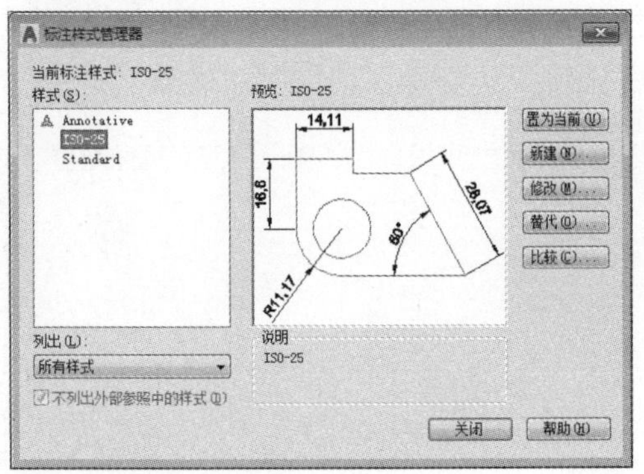

图9-2 “标注样式管理器”对话框

Step 02 单击“新建”按钮，在“创建新标注样式”对话框中输入新样式名称，如图9-3所示。

图9-3 “创建标注样式”对话框

Step 03 单击“继续”按钮，打开“新建标注样式：建筑标注”对话框，切换到“线”选项卡，在“尺寸界线”选项组中设置“超出尺寸线”为10，如图9-4所示。

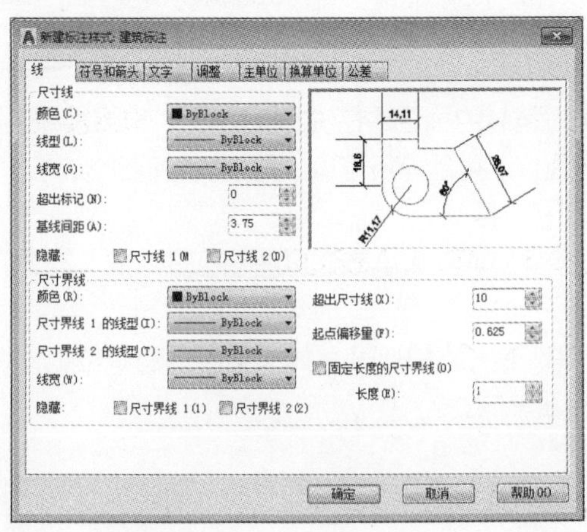

图9-4 设置超出尺寸线

Step 04 在“箭头和符号”选项卡中，设置箭头样式为“建筑标记”，设置“箭头大小”为5，如图9-5所示。

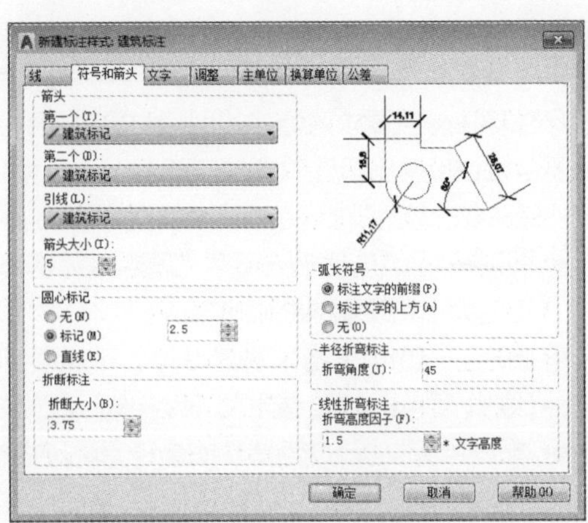

图9-5 设置箭头和符号

Step 05 在“文字”选项卡中，设置“文字高度”为8，如图9-6所示。

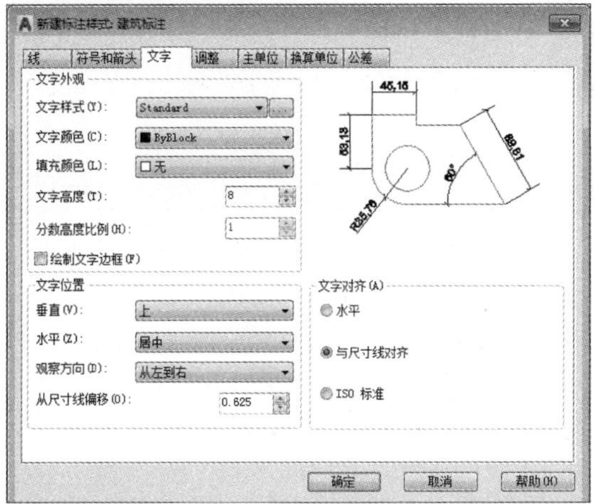

图9-6 设置文字外观

Step 06 在“主单位”选项卡中，设置“精度”为0，如图9-7所示。

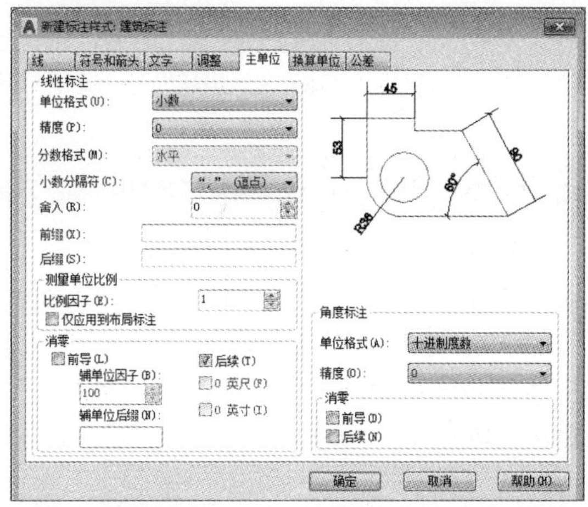

图9-7 设置精度

Step 07 设置完成后，单击“确定”按钮，返回上一层对话框，单击“置为当前”按钮，完成新建尺寸样式的操作，如图9-8所示。

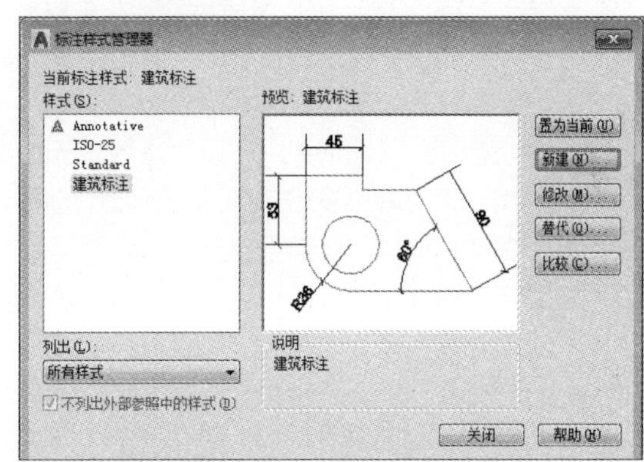

图9-8 完成设置操作

9.2.2 修改尺寸样式

尺寸样式设置好后，若不满意，用户也可以对其进行修改操作。在“标注样式管理器”对话框中，选中所需修改的样式，单击“修改”按钮，在打开的“修改标注样式”对话框中进行设置即可。

1. 修改标注线

若要对标注线进行修改，可以在“修改标注样式”对话框中，切换到“线”选项卡，根据需要对其线颜色、线型、线宽等参数选项进行修改，如图9-9所示。

下面对该选项卡中各选项的含义进行介绍。

- 尺寸线：该选项组主要用于设置尺寸的颜色、线宽、超出标记及基线间距属性。
- 颜色：用于设置尺寸线的颜色。
- 线型：用于设置尺寸线的线型。
- 线宽：用于设置尺寸线的宽度。
- 超出标记：用于调整尺寸线超出界线的距离。
- 基线间距：用于设置以基线方式标注尺寸时，相邻两尺寸线之间的距离。
- 隐藏：该选项用于确定是否隐藏尺寸线及相应的箭头。

- 尺寸界线：该选项组主要用于设置尺寸界线的颜色、线宽、超出尺寸线的长度和起点偏移量，以及隐藏控制等属性。
- 颜色：用于设置尺寸界线的颜色。
- 线宽：用于设置尺寸界线的宽度。
- 尺寸界线1的线型/尺寸界线2的线型：用于设置尺寸界线的线型样式。
- 超出尺寸线：用于确定界线超出尺寸线的距离。
- 起点偏移量：用于设置尺寸界线与标注对象之间的距离。
- 固定长度的尺寸界线：用于将标注尺寸的尺寸界线设置为一样长，尺寸界线的长度可在“长度”文本框中指定。

2. 修改符号和箭头

在“修改标注样式”对话框中，切换到“符号和箭头”选项卡，根据需要可以对箭头样式、箭头大小、圆心标注等参数选项进行修改，如图9-10所示。

下面对该选项卡中各选项的含义进行介绍。

- 箭头：该选项组用于设置标注箭头的外观。
- 第一个/第二个：用于设置尺寸标注中第一个箭头与第二个箭头的外观样式。
- 引线：用于设定快速引线标注时的箭头类型。
- 箭头大小：用于设置尺寸标注中箭头的大小。
- 圆心标记：该选项组用于设置是否显示圆心标记以及标记大小。
- 单击“无”单选按钮：在标注圆弧类的图形时，取消圆心标记功能。
- 单击“标记”单选按钮：显示圆心标记。
- 单击“直线”单选按钮：标注出的圆心标记为中心线。
- 折断标注：该选项组用于设置折断标注的大小。
- 弧长符号：该选项组用于设置弧长标注中圆弧符号的显示。
- 标注文字的前缀：将弧长符号放置在标注文字的前面。
- 标注文字的上方：将弧长符号放置在标注文字的上方。
- 无：不显示弧长符号。
- 半径折弯标注：该选项用于半径标注的显示。半径折弯标注通常在中心点位于页面外部时创建。在“折弯角度”文本框中输入连接半径标注的尺寸界线和尺寸线的横向直线的角度。
- 线性折弯标注：该选项可以设置折弯高度因子的文字高度。

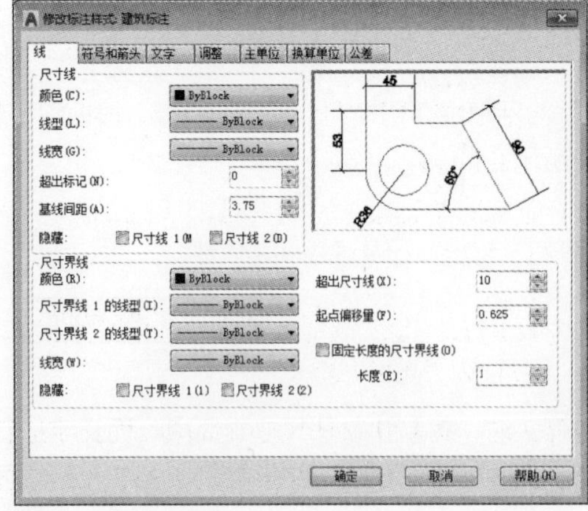

图9-9 “线”选项卡

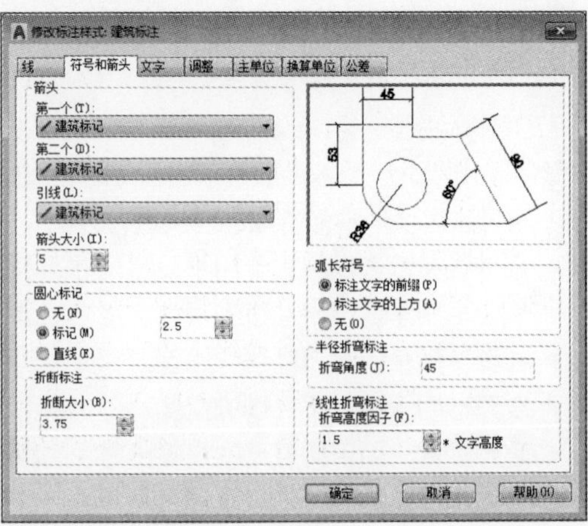

图9-10 “符号和箭头”选项卡

3. 修改尺寸文字

在“修改标注样式”对话框中，切换到“文字”选项卡，可以对文字的外观、位置以及对齐方式进行设置，如图9-11所示。

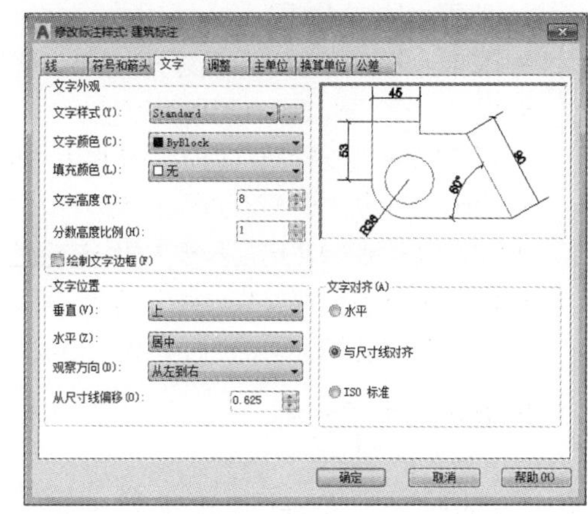

图9-11 “文字”选项卡

下面对该选项卡中各选项的含义进行介绍。

- 文字外观：该选项组用于设置标注文字的格式和大小。
- 文字样式：设置当前标注的文字样式。
- 文字颜色：设置尺寸文本的颜色。
- 填充颜色：设置尺寸文本的背景颜色。
- 文字高度：用于设置尺寸文字的高度，如果选用的文字样式中已经设置了文字高度，此时该选项将不可用。
- 分数高度比例：用于确定尺寸文本中的分数相对于其他标注文字的比例；“绘制文字边框”选项用于给尺寸文本添加边框。
- 文字位置：该选项组用于设置文字的垂直、水平位置及距离尺寸线的偏移量。
- 垂直：用于确定尺寸文本相对于尺寸线在垂直方向上的对齐方式。
- 水平：用于设置标注文字相对于尺寸线和尺寸界线在水平方向的位置。
- 观察方向：用于观察文字的位置的方向的选定。
- 从尺寸线偏移：用于设置尺寸文字与尺寸线之间的距离。
- 文字对齐：该选项组用于设置尺寸文字放在尺寸界线的位置。
- 水平：用于设置尺寸文字为水平放置。
- 与尺寸线对齐：用于设置尺寸文字方向与尺寸方向一致。
- ISO标准：用于设置尺寸文字按ISO标准放置，当尺寸文字在尺寸界线之内时，其文字放置方向与尺寸方向一致，而在尺寸界线之外时将水平放置。

4. 调整

在“修改标注样式”对话框中，切换到“调整”选项卡，可以对尺寸文字、箭头、引线和尺寸线的位置进行调整，如图9-12所示。

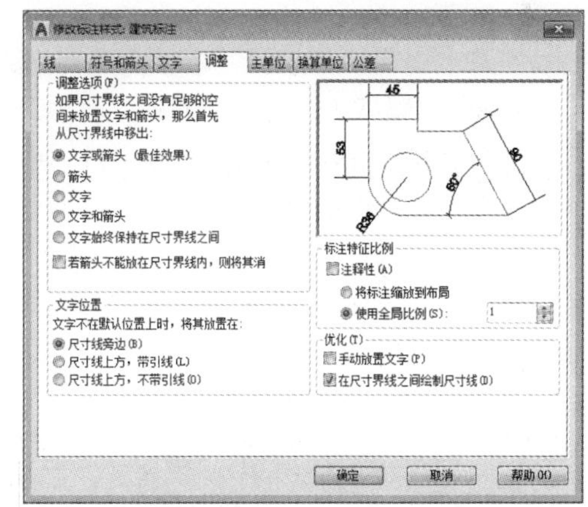

图9-12 “调整”选项卡

下面对该选项卡中各选项的含义进行介绍。

- 调整选项：该选项组用于调整尺寸界线、文字和箭头之间的位置。
- 文字或箭头：该选项表示系统将按最佳布局将文字或箭头移动到尺寸界线外部。当尺寸界线间的距离足够放置文字和箭头时，文字和箭头都放在尺寸界线内，否则将按照最佳效果移动文字或箭头，当尺寸界线间的距离仅能够容纳文字时，将文字放在尺寸界线内，而箭头放在尺寸界线外；当尺寸界线间的距离仅能够容纳箭头时，将箭头放在尺寸界线内，而文字放在尺寸界线外；当尺寸界线间的距离既不够放文字又不够放箭头时，文字和箭头都放在尺寸界线外。

- 箭头：该选项表示AutoCAD尽量将箭头放在尺寸界线内，否则会将文字和箭头都放在尺寸界线外。
- 文字：该选项表示当尺寸界线间距离仅能容纳文字时，系统会将文字放在尺寸界线内，箭头放在尺寸界线外。
- 文字和箭头：该选项表示当尺寸界线间距离不足以放下文字和箭头时，文字和箭头都放在尺寸界线外。
- 文字始终保持在尺寸界线之间：表示系统会始终将文字放在尺寸界限之间。
- 若箭头不能放在尺寸界线内，则将其消：表示当尺寸界线内没有足够的空间，系统则隐藏箭头。
- 文字位置：该选项组用于调整尺寸文字的放置位置。
- 标注特征比例：该选项组用于设置标注尺寸的特征比例，以便于通过设置全局比例因子来增加或减少标注的大小。
- 注释性：将标注特征比例设置为注释性的。
- 将标注缩放到布局：该选项可以根据当前模型空间视口与图纸空间之间的缩放关系设置比例。
- 使用全局比例：该选项可以为所有标注样式设置一个比例，指定大小、距离或间距，此外还包括文字和箭头大小，但并不改变标注的测量值。
- 优化：该选项组用于对文本的尺寸线进行调整。
- 手动放置文字：该选项则忽略标注文字的水平设置，在标注时可以将标注文字放置在用户指定的位置。
- 在尺寸界线之间绘制尺寸线：该选项表示始终在测量点之间绘制尺寸线，同时AutoCAD将箭头放在测量点处。

5. 主单位

在“修改标注样式”对话框中，切换到“主单位”选项卡，可以设置主单位的格式与精度等属性，如图9-13所示。

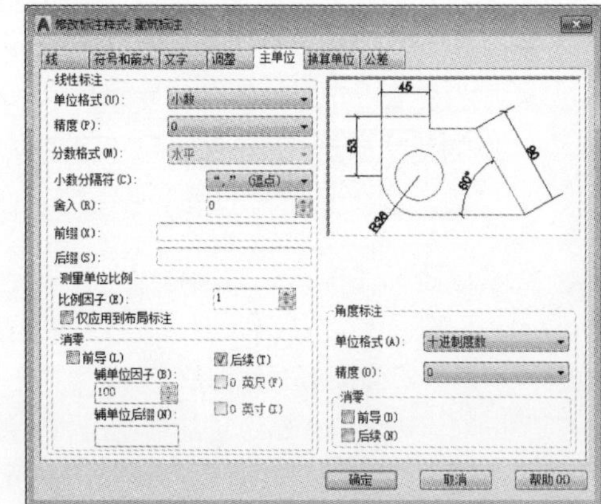

图9-13 “主单位”选项卡

下面对该选项卡中各选项的含义进行介绍。

- 线性标注：该选项组用于设置线性标注的格式和精度。
- 单位格式：该选项用来设置除角度标注之外的各标注类型的尺寸单位，包括“科学”、“小数”、“工程”、“建筑”、“分数”以及“Windows桌面”等选项。
- 精度：该选项用于设置标注文字中的小数位数。
- 小数分隔符：该选项用于设置小数的分隔符，包括“逗点”、“句点”和“空格”3种方式。
- 舍入：该选项用于设置除角度标注以外的尺寸测量值的舍入值，类似于数学中的四舍五入。
- 前缀、后缀：该选项用于设置标注文字的前缀和后缀，在相应的文本框中输入文本符即可。
- 比例因子：该选项可以设置测量尺寸的缩放比例，AutoCAD的实际标注值为测量值与该比例的积。若勾选“仅应用到布局标注”复选框，可以设置该比例关系是否仅适应于布局。
- 消零：该选项区用于设置是否显示尺寸标注中的前导和后续0。
- 角度标注：该选项组用于设置标注角度时采用的角度单位。
- 单位格式：设置标注角度时的单位。

- 精度：设置标注角度的尺寸精度。
- 消零：设置是否消除角度尺寸的前导和后续0。

6. 换算单位

在“修改标注样式”对话框中，切换到“换算单位”选项卡，可以设置换算单位的格式，如图9-14 所示。

下面对该选项卡中各选项的含义进行介绍。

- 显示换算单位：勾选该选项时，其他选项才可用。在“换算单位”选区中设置各选项的方法与设置主单位的方法相同。
- 位置：该选项组可以设置换算单位的位置，包括“主值后”和“主值下”两种方式。
- 主值后：该选项将替换单位尺寸标注放置在主单位标注的后方。
- 主值下：该选项将替换单位尺寸标注放置在主单位标注的下方。

7. 公差

在“修改标注样式”对话框中，切换到“公差”选项卡，可以设置是否标注公差、公差格式以及输入上、下偏差值，如图9-15所示。

下面对该选项卡中各选项的含义进行介绍。

- 公差格式：该选项组用于设置公差的标注方式。
- 方式：用于确定以何种方式标注公差。
- 上偏差、下偏差：用于设置尺寸的上偏差和下偏差。
- 高度比例：用于确定公差文字的高度比例因子。
- 垂直位置：用于控制公差文字相对于尺寸文字的位置，包括“上”、“中”和“下”3种方式。
- 换算单位公差：当标注换算单位时，可以设置换算单位精度和是否消零。
- 公差对齐：该选项组用于设置对齐小数分隔符和对齐运算符。
- 消零：该选项组用于设置是否省略公差标注中的0。

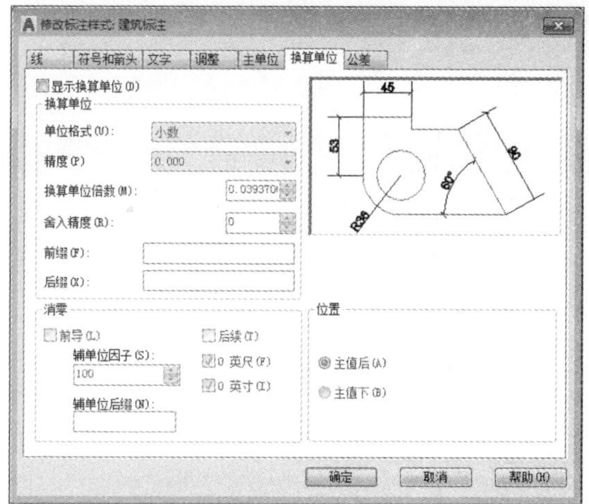

图9-14 “换算单位”选项卡

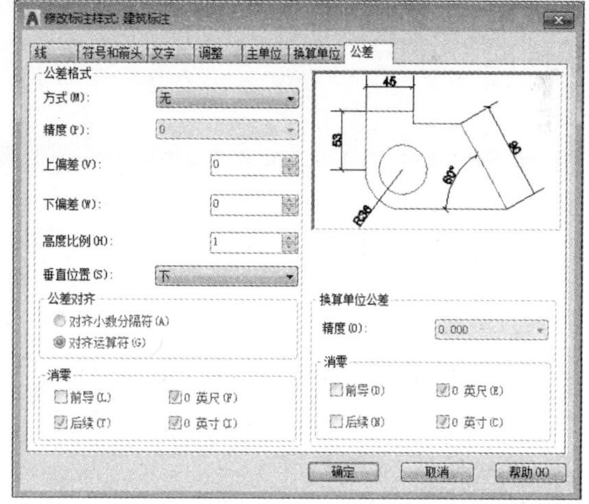

图9-15 “公差”选项卡

9.2.3 删除尺寸样式

若想删除多余的尺寸样式，可以在“标注样式管理器”对话框中进行删除操作。具体操作方法介绍如下。

Step 01 执行“标注样式”命令，打开“标注样式管理器”对话框，在“样式”列表框中，输入要删除的尺寸样式，这里选择“建筑标注”，如图9-16所示。

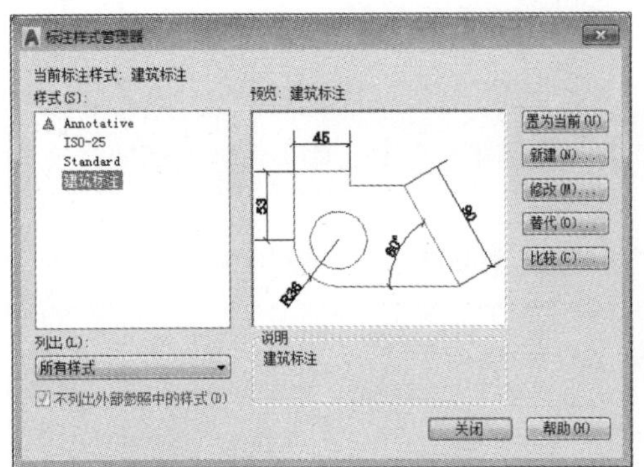

图9-16　选择所需样式

Step 02 单击鼠标右键，在弹出的快捷菜单中选择“删除”选项，如图9-17所示。

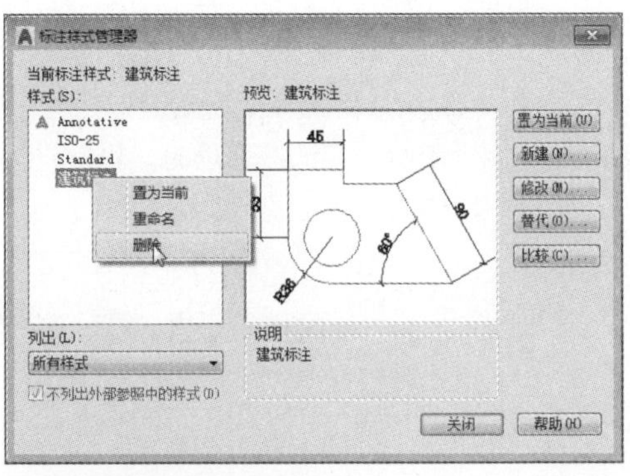

图9-17　选择“删除”选项

Step 03 在打开的系统提示框中，单击“是”按钮，如图9-18所示。

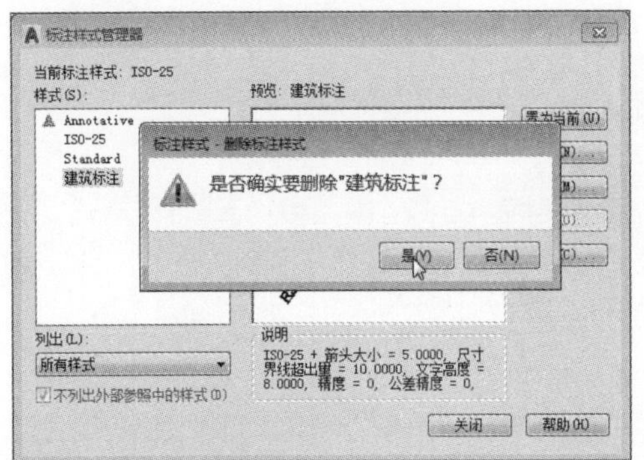

图9-18　确定是否删除

Step 04 返回上一层对话框，此时多余的样式已被删除，如图9-19所示。

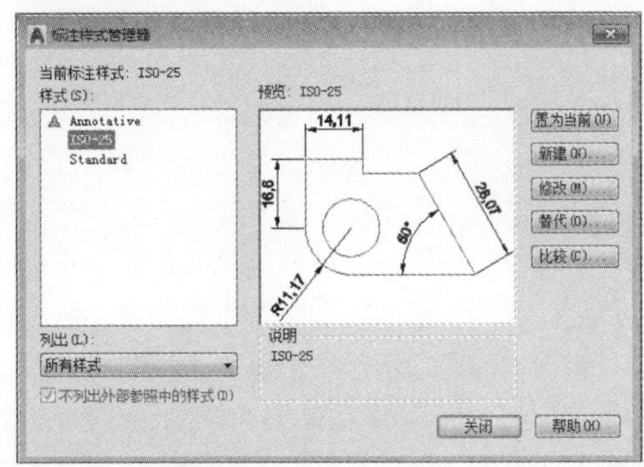

图9-19　完成删除

工程师点拨：管理标注样式

在“标注样式管理器”对话框中，除了可以对标注样式进行编辑修改外，也可以进行重命名、删除和置为当前等管理操作。用户只需右击选中需管理的标注样式，在快捷菜单中选择相应的选项即可。

9.3 基本尺寸标注的应用

AutoCAD软件提供了多种尺寸标注类型，其中包括标注任意两点间的距离、圆或圆弧的半径和直径、圆心位置、圆弧或相交直线的角度等。下面介绍如何创建尺寸标注。

9.3.1 线性标注

线性标注用于标注图形的线型距离或长度，它是最基本的标注类型，可以在图形中创建水平、垂直或倾斜的尺寸标注。执行“标注>线性”命令，根据命令行提示，指定图形的两个测量点，并指定好尺寸线位置即可，如图9-20、图9-21所示。

命令行提示如下：

```
命令：_dimlinear
指定第一个尺寸界线原点或 <选择对象>:                         （捕捉第一测量点）
指定第二条尺寸界线原点：                                     （捕捉第二测量点）
指定尺寸线位置或
[多行文字(M)/文字(T)/角度(A)/水平(H)/垂直(V)/旋转(R)]:        （指定好尺寸线位置）
标注文字 =550
```

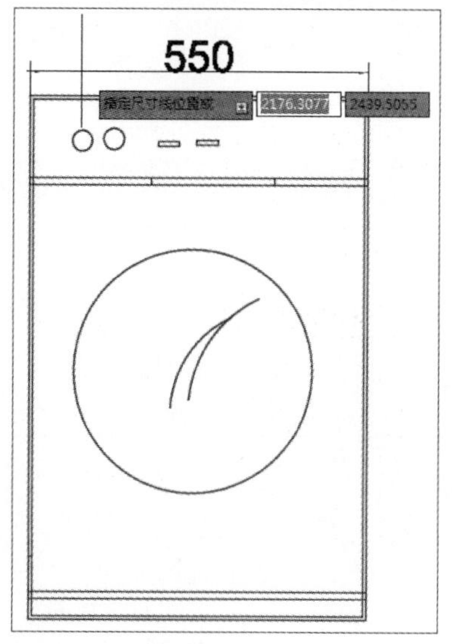

图9-20 捕捉测量点

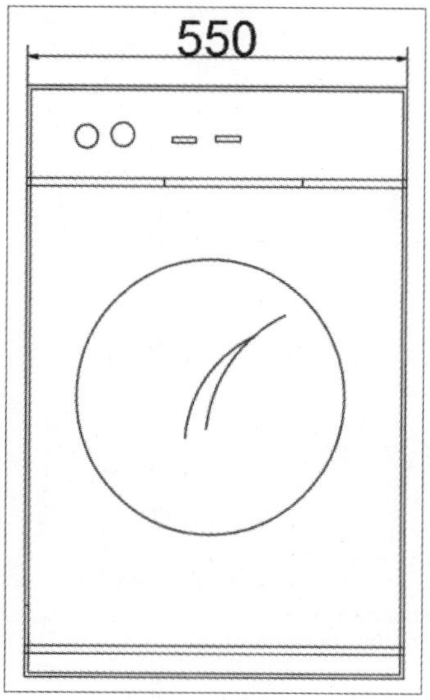

图9-21 指定尺寸线位置

下面对命令行中各选项的含义进行介绍。

- 多行文字：该选项可以通过使用“多行文字”命令来编辑标注的文字内容。
- 文字：该选项可以单行文字的形式输入标注文字。
- 角度：该选项用于设置标注文字方向与标注端点连线之间的夹角。默认为0。
- 水平/垂直：该选项用于标注水平尺寸和垂直尺寸。选择这两个选项时，可以直接确定尺寸线的位置，也可以选择其他选项来指定标注的标注文字内容或者标注文字的旋转角度。
- 旋转：该选项用于放置旋转标注对象的尺寸线。

9.3.2 对齐标注

对齐标注用于创建倾斜向上直线或两点间的距离。执行“标注>对齐”命令，根据命令行提示，捕捉图形两个测量点，指定好尺寸线位置即可，如图9-22、图9-23所示。

命令行提示如下：

```
命令：_dimaligned
指定第一个尺寸界线原点或 <选择对象>:                         （捕捉第一测量点）
指定第二条尺寸界线原点：                                     （捕捉第二测量点）
指定尺寸线位置或
[多行文字(M)/文字(T)/角度(A)]:                               （指定好尺寸线位置）
标注文字 = 332
```

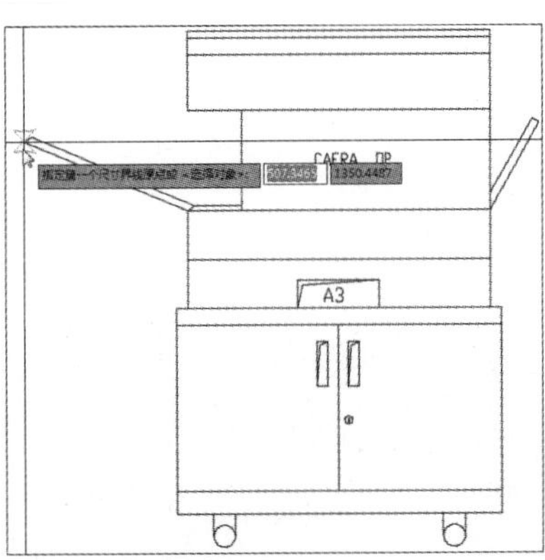

图9-22 指定测量点

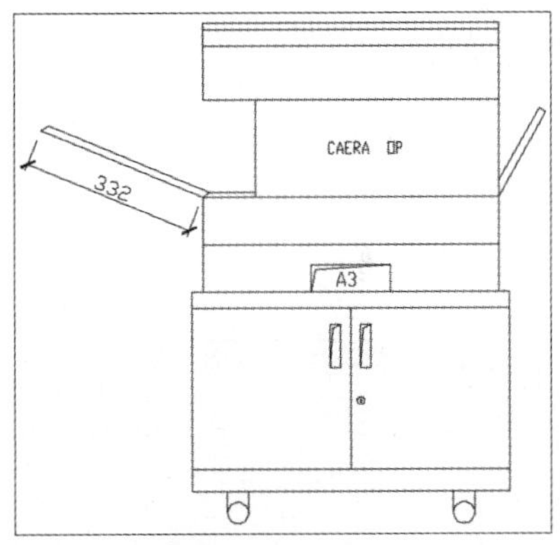

图9-23 完成标注

工程师点拨：线性标注和对齐标注的区别

线性标注和对齐标注都用于标注图形的长度。前者主要用于标注水平和垂直方向的直线长度，而后者主要用于标注倾斜方向上直线的长度。

9.3.3 角度标注

角度标注可以准确测量出两条线段之间的夹角。角度标注默认的方式是选择一个对象，有四种对象可以选择：圆弧、圆、直线和点。执行“标注>角度”命令，根据命令行提示，选中夹角的两条测量线段，指定好尺寸标注位置，即可完成，如图9-24、图9-25所示。

命令行提示如下：

```
命令：_dimangular
选择圆弧、圆、直线或 <指定顶点>:                                  （选择夹角一条测量边）
选择第二条直线：                                                  （选择夹角另一条测量边）
指定标注弧线位置或 [多行文字(M)/文字(T)/角度(A)/象限点(Q)]:        （指定尺寸标注位置）
标注文字 = 120
```

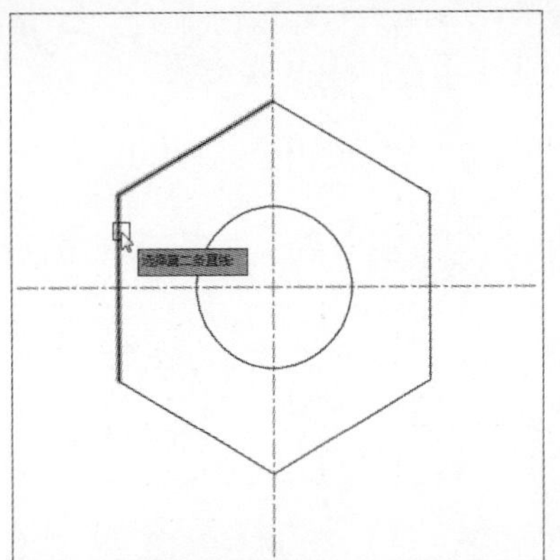

图9-24 选择两条夹角边

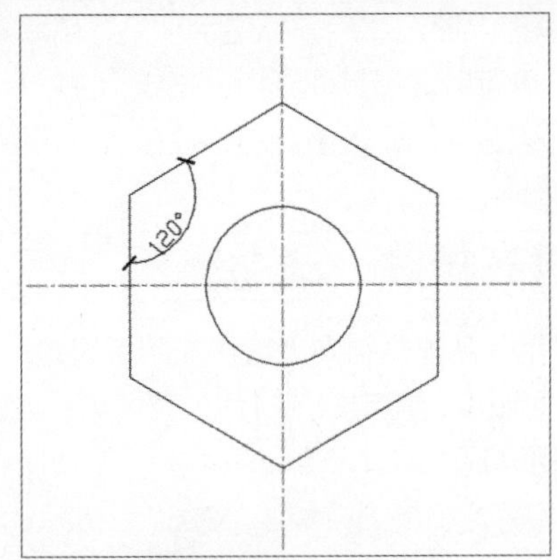

图9-25 完成标注

工程师点拨：角度标注的放置位置

在进行角度标注时，选择尺寸标注的位置很关键，当尺寸标注放置当前测量角度之外，此时所测量的角度为当前角度的补角。

9.3.4 弧长标注

弧长标注主要用于测量圆弧或多段线弧线段的距离。执行“标注>弧线”命令，根据命令行提示，选中所需测量的弧线即可，如图9-26、图9-27所示。

命令行提示如下：

```
命令：_dimarc
选择弧线段或多段线圆弧段：                                        （选择所需测量的弧线）
指定弧长标注位置或 [多行文字(M)/文字(T)/角度(A)/部分(P)/引线(L)]:   （指定尺寸标注位置）
标注文字 = 1258
```

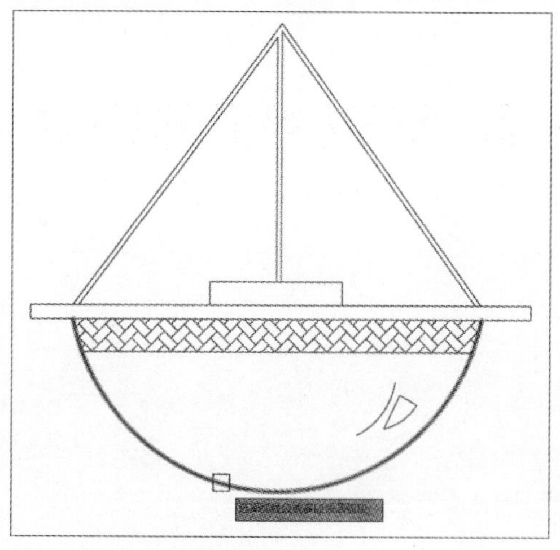

图9-26 选择测量弧线

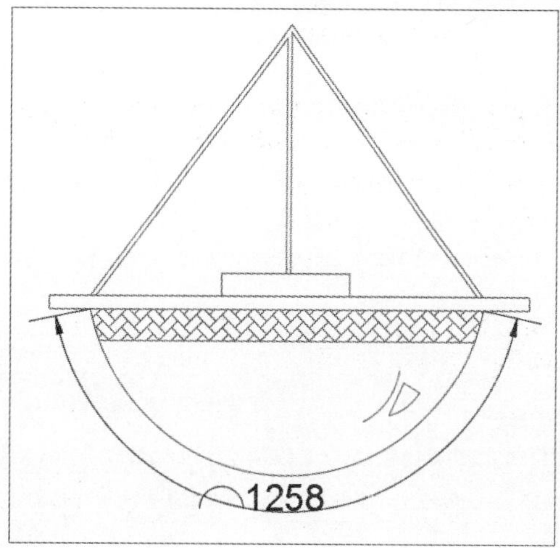

图9-27 完成标注

9.3.5 半径/直径标注

半径标注和直径标注主要用于标注圆或圆弧的半径或直径尺寸。执行“标注>半径/直径”命令，根据命令行提示，选中所需标注圆的圆弧，并指定好尺寸标注位置点即可，如图9-28、图9-29所示。

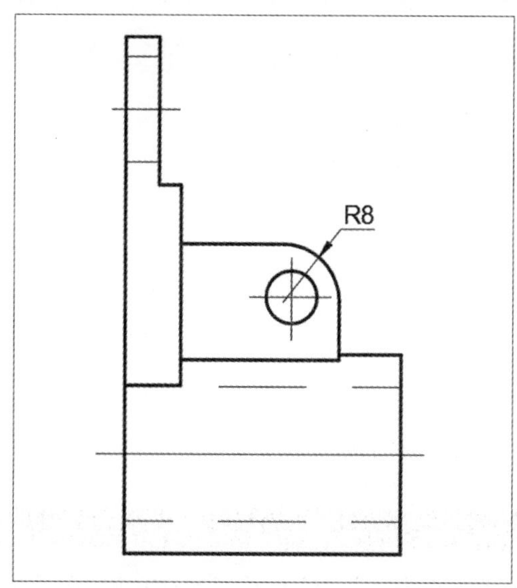

图9-28 半径标注

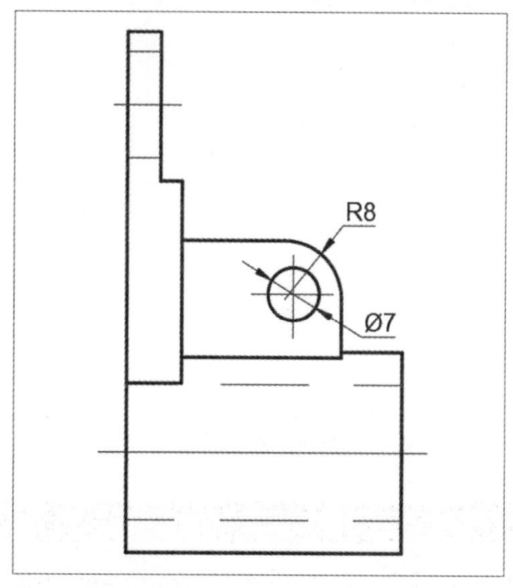

图9-29 直径标注

命令行提示如下：

```
命令：_dimradius
选择圆弧或圆：                                                    （选择圆弧）
标注文字 = 17.5
指定尺寸线位置或 [多行文字(M)/文字(T)/角度(A)]：                  （指定尺寸线位置）
```

工程师点拨：圆弧标注需注意事项

对圆弧进行标注时，半径或直径标注不需要直接沿圆弧进行设置。如果标注位于圆弧末尾之后，则将沿进行标注的圆弧的路径绘制延伸线。

9.3.6 连续标注

连续标注用于绘制一连串尺寸，每个尺寸的第二个尺寸界线的原点是下一个尺寸的第一个尺寸界线的原点，在使用“连续标注”之前要标注的对象必须有一个尺寸标注。执行“标注>连续”命令，选择上一个尺寸界线，依次捕捉剩余测量点，按Enter键完成操作，如图9-30、图9-31所示。

命令行提示如下：

```
命令：_dimcontinue
选择连续标注：                                              （选择上一个标注界线）
指定第二条尺寸界线原点或 [放弃(U)/选择(S)] <选择>：          （依次捕捉下一个测量点）
标注文字 = 2000
指定第二条尺寸界线原点或 [放弃(U)/选择(S)] <选择>：
标注文字 = 750
选择连续标注：*取消*
```

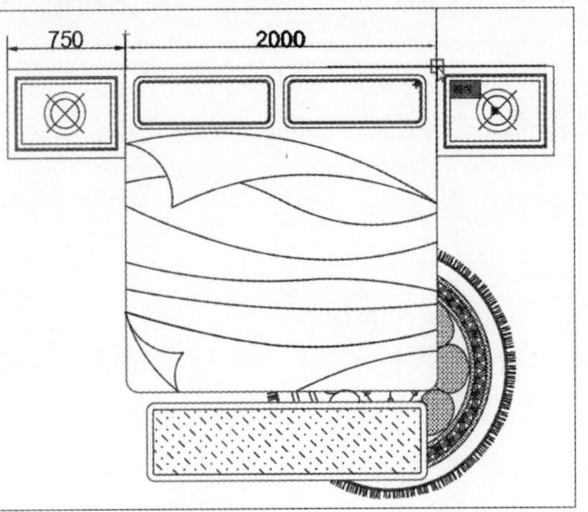

图9-30 选择连续标注

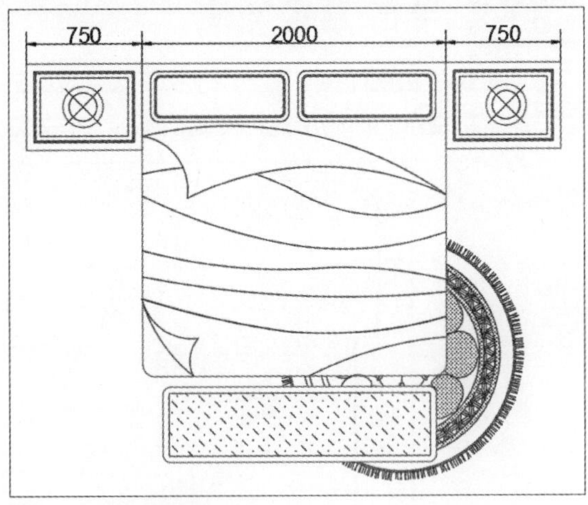

图9-31 完成连续标注

9.3.7 快速标注

快速标注在图形中选择多个图形对象，系统将自动查找所选对象的端点或圆心，并根据端点或圆心的位置快速创建标注尺寸。执行“标注>快速标注”命令，根据命令行提示，选择所要测量的线段，按Enter键并移动鼠标，指定好尺寸线位置即可，如图9-32、图9-33所示。

命令行提示如下：

```
命令：  QDIM
关联标注优先级 = 端点
选择要标注的几何图形：找到 1 个                                        （选择要标注的线段）
选择要标注的几何图形：
指定尺寸线位置或 [连续(C)/并列(S)/基线(B)/坐标(O)/半径(R)/直径(D)/基准点(P)/编辑(E)/设置(T)] <
连续>:                                                                （指定尺寸线位置）
```

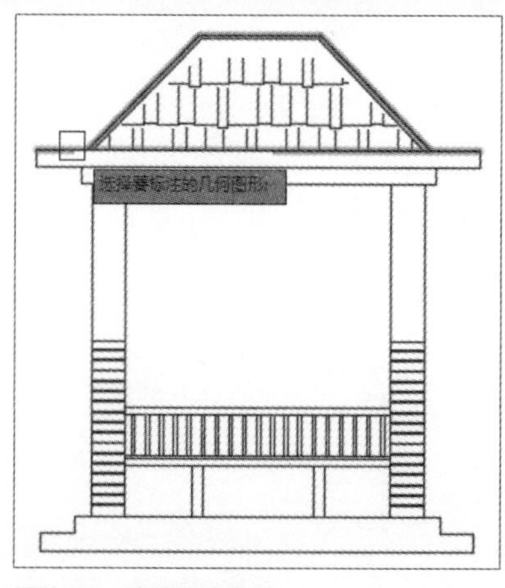

图9-32 选择标注线段

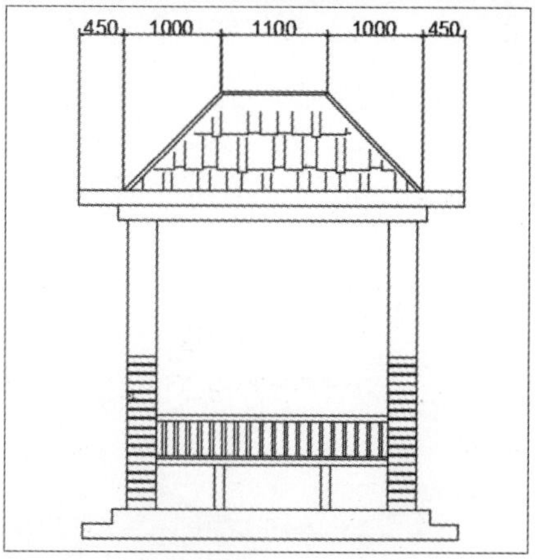

图9-33 完成快速标注

9.3.8 基线标注

基线标注又称为平行尺寸标注，用于多个尺寸标注使用同一条尺寸线作为尺寸界线的情况。执行“标注>基线”命令，选择所需指定的基准标注，然后依次捕捉其他延伸线的原点，按Enter键即可创建出基线标注，如图9-34、图9-35所示。

命令行提示如下：

```
命令：_dimbaseline
选择基准标注：                                                  （选择第一个基准标注界线）
指定第二条尺寸界线原点或 [放弃(U)/选择(S)] <选择>:                  （依次捕捉尺寸测量点）
标注文字 = 1910
指定第二条尺寸界线原点或 [放弃(U)/选择(S)] <选择>:
标注文字 = 2000
```

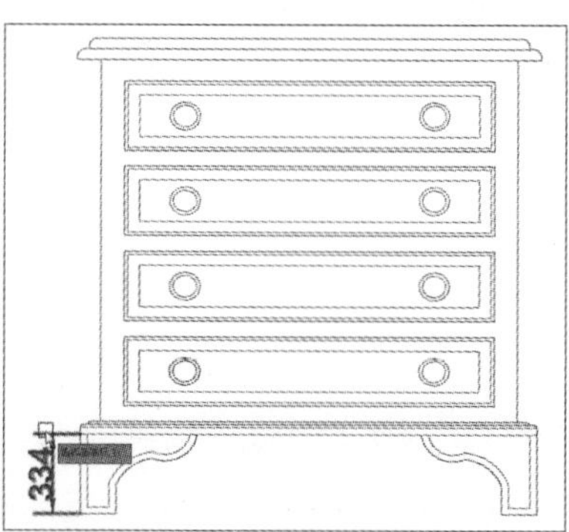

图9-34 选择基准标注界线

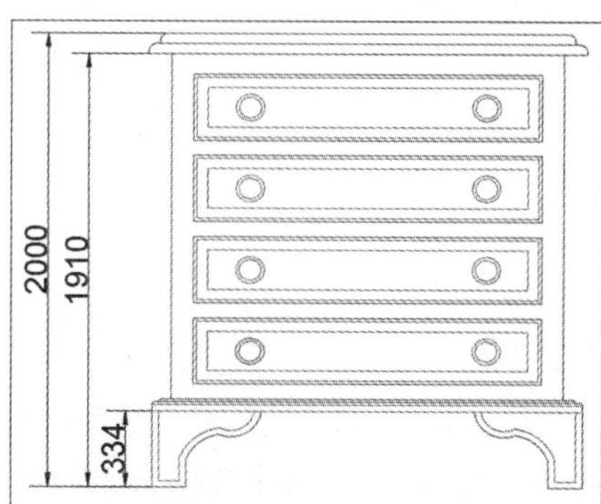

图9-35 完成基线标注

9.3.9 折弯标注

折弯半径标注命令主要用于标注圆弧半径过大、圆心无法在当前布局中进行显示的圆弧。执行“标注>折弯”命令，根据命令行提示，指定所需标注的圆弧，然后指定图示中心位置和尺寸线位置，最后指定折弯位置即可，如图9-36、图9-37所示。

命令行提示如下：

```
命令：_dimjogged
选择圆弧或圆：                                        （选择所需标注的圆弧）
指定图示中心位置：                                    （选择图示中心位置）
标注文字 = 24
指定尺寸线位置或 [多行文字(M)/文字(T)/角度(A)]：      （指定尺寸线位置）
指定折弯位置：                                        （指定折弯位置）
```

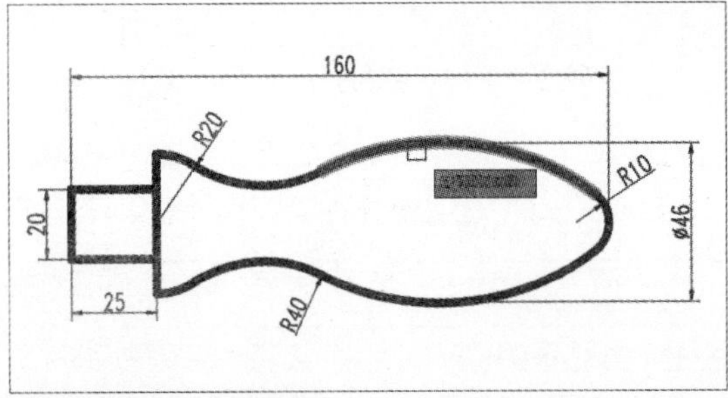

图9-36 指定尺寸线位置

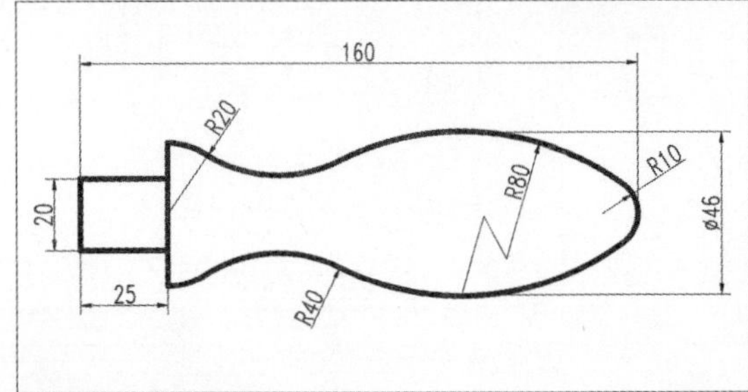

图9-37 完成标注

9.3.10 圆心标记和中心线

圆心标记和中心线是对孔中心和对称轴的尺寸标注参照。中心标记用于在选定圆、圆弧或多边形圆弧的中心处创建关联的十字形标记，如图9-38所示，中心线用于创建与选定直线和多段线关联的指定线型的中心线几何图形，如图9-39所示。在“注释”选项卡的“中心线”面板中，单击“圆心标记”按钮或“中心线”按钮，即可调用这两种功能。

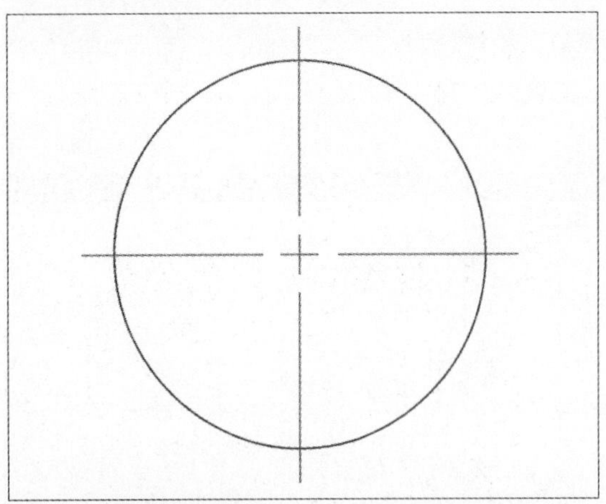

图9-38 圆心标记

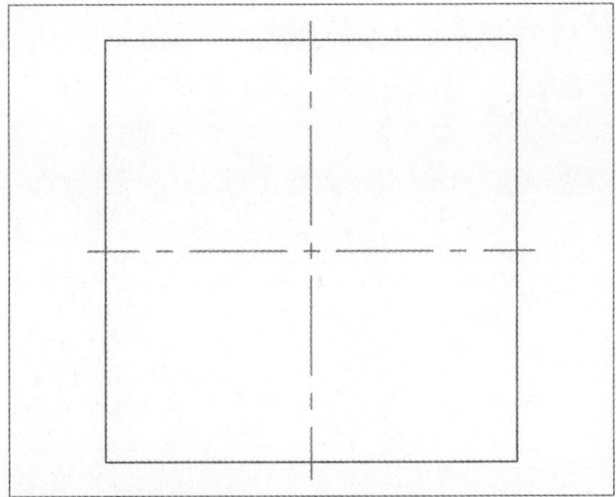

图9-39 中心线标记

这两种图形都是关联对象，如果移动或修改关联对象，圆心标记和中心线将会进行相应的调整。用户可以取消关联圆心标记和中心线，或将其重新关联到选定对象。

单击“中心线”按钮，在选择非平行线时，会在所选直线的假想交点和结束点之间绘制一条中心线，如图9-40、图9-41所示。

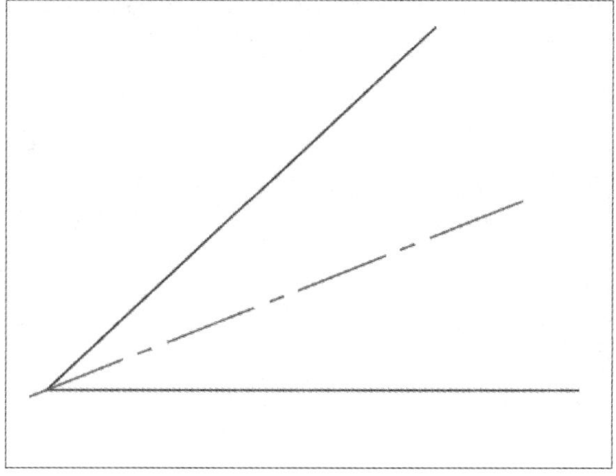

图9-40 中心线标记

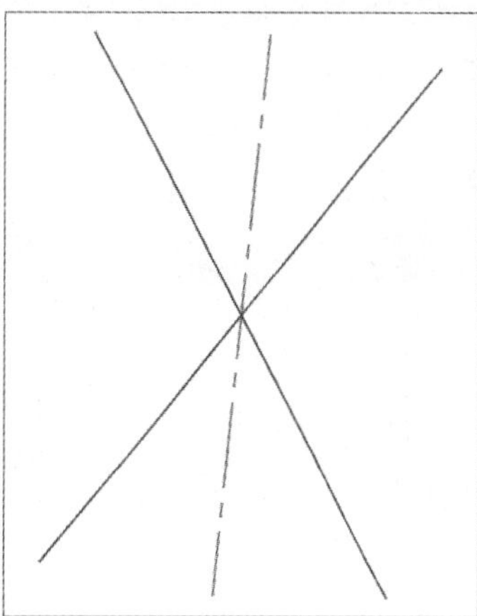

图9-41 中心线标记

9.4 公差标注的应用

对于机械领域来说，公差标注的目的是为了确定机械零件的几何参数，使其在一定的范围内变动，以便达到互换或配合的要求。公差标注分尺寸公差和形位公差。下面分别对其进行简单介绍。

9.4.1 尺寸公差的设置

尺寸公差是指最大极限尺寸减最小极限尺寸之差的绝对值，或上偏差减下偏差之差。它是容许尺寸的变动量。在进行尺寸公差标注时，必须在“标注样式管理器”对话框中设置公差值，然后执行所需标注命令，即可进行公差标注操作。

实例9-2 下面举例介绍公差标注的操作方法，具体操作如下。

Step 01 执行“标注样式”命令，打开“标注样式管理器”对话框，选中一款标注样式，如图9-42所示。

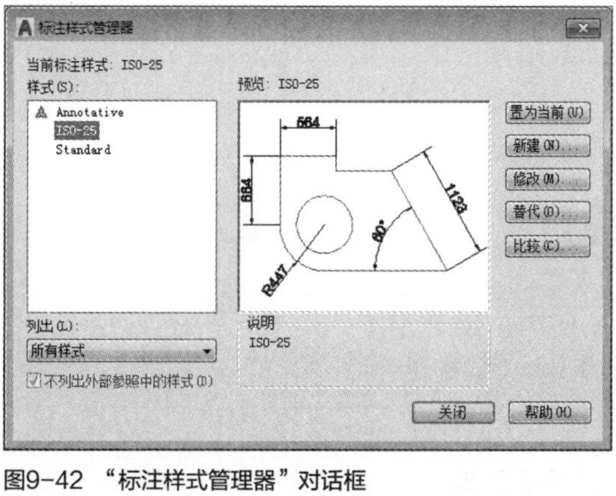

图9-42 “标注样式管理器”对话框

Step 02 单击“新建”按钮，打开“创建新标注样式”对话框，输入新样式名，如图9-43所示。

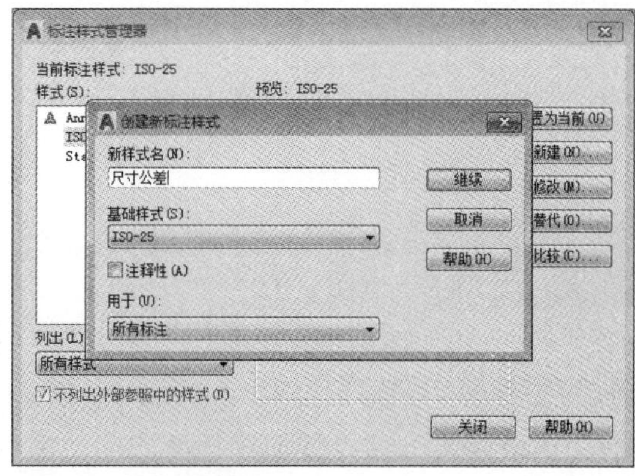

图9-43 输入新样式名

Step 03 单击“继续”按钮，打开“新建标注样式：尺寸标注”对话框，切换到“公差”选项卡，单击“方式”下三角按钮，选择“极限偏差”选项，如图9-44所示。

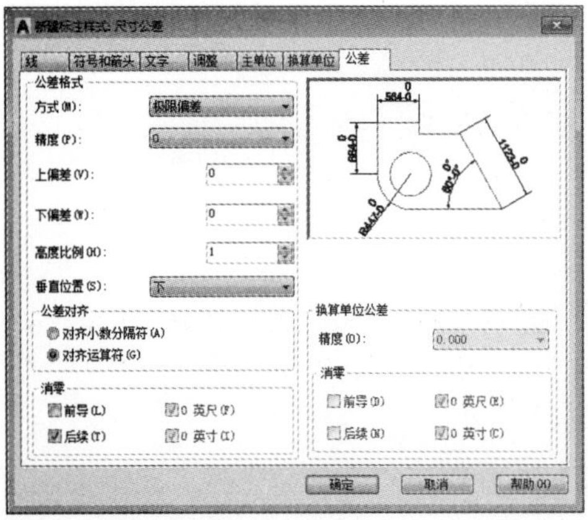

图9-44 选择“极限偏差”选项

Step 04 此时，根据需要将“上偏差”和“下偏差”都设置为0.2，如图9-45所示。

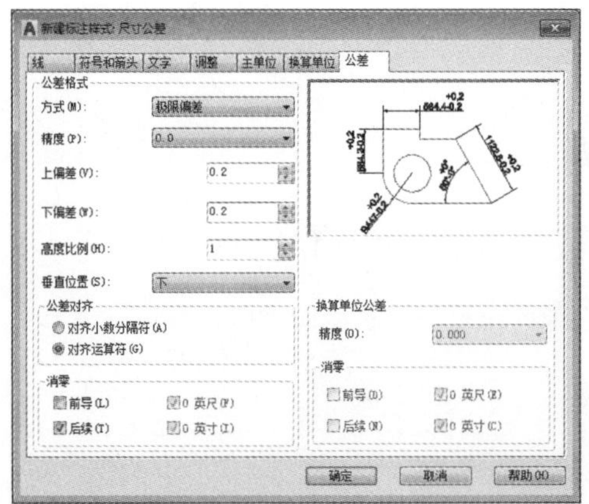

图9-45 设置上、下偏差值

Step 05 单击“确定”按钮，返回上一层对话框，单击“置为当前”按钮，关闭对话框，如图9-46所示。

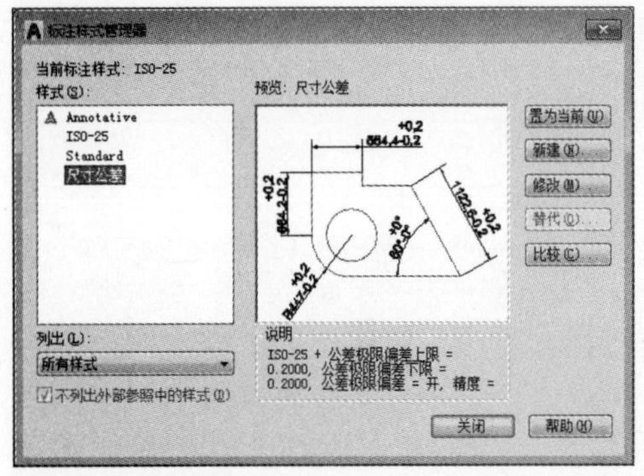

图9-46 置为当前

Step 06 执行“线性”命令，对图形进行标注，完成尺寸公差标注的操作，如图9-47所示。

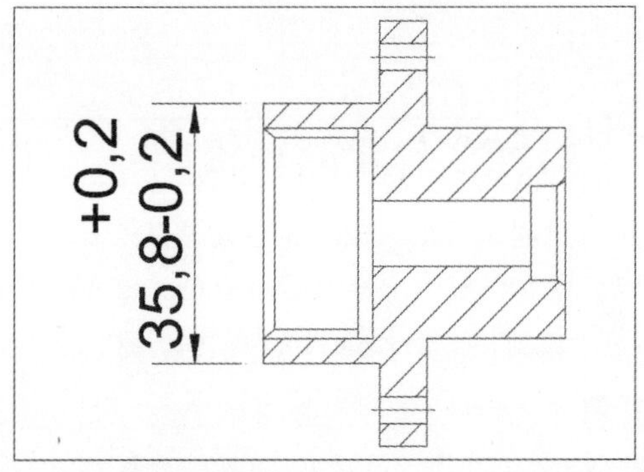

图9-47 尺寸公差标注

9.4.2 形位公差的设置

形位公差表示特征的形状、轮廓、方向、位置和跳动的允许偏差，它包括形状公差和位置公差两种。下面介绍几种常用公差符号，如表9-1所示。

表9-1 形位公差符号图标

符号	含义	符号	含义
⌖	定位	⏥	平坦度
◎	同心/同轴	○	圆或圆度
⌯	对称	—	直线度
//	平行	⌓	平面轮廓
⊥	垂直	⌒	直线轮廓
∠	角	↗	圆跳动

（续表）

符号	含义	符号	含义
⌭	柱面性	⌰	全跳动
∅	直径	Ⓛ	最小包容条件（LMC）
Ⓜ	最大包容条件（MMC）	Ⓢ	不考虑特征尺寸（RFS）
Ⓟ	投影公差		

执行“标注>公差”命令，打开“形位公差”对话框，根据需要指定特征控制框的符号和值，则可进行公差设置。

实例9-3 下面举例介绍形位公差的设置方法。

Step 01 打开所需标注的图形，执行“标注>公差”命令，打开“形位公差”对话框，单击“符号”下方图标框，如图9-48所示。

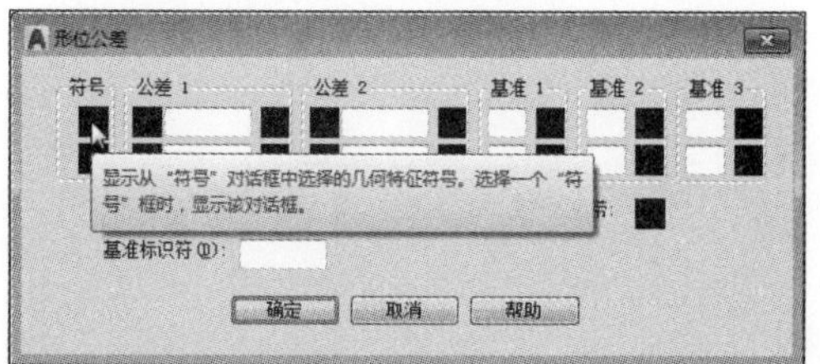

图9-48 单击“符号”图框

Step 02 在“特征符号”对话框中，选择所需标注的特征符号，这里选择“同轴度”符号，如图9-49所示。

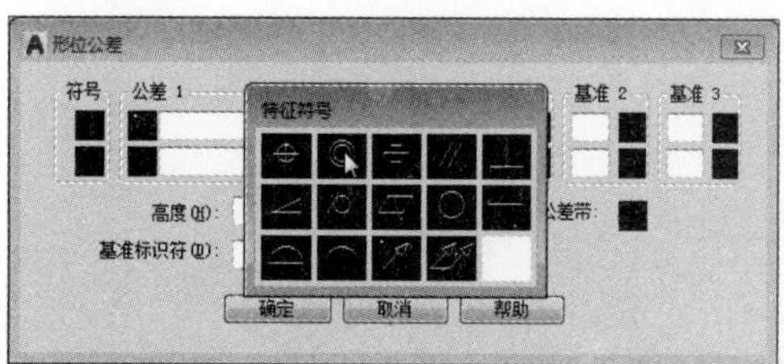

图9-49 选择“特征符号”选项

Step 03 选择完成后，被选中的特征符号将显示在“符号”下方图框中，然后单击“公差1”下方图标框，即可显示直径符号，如图9-50所示。

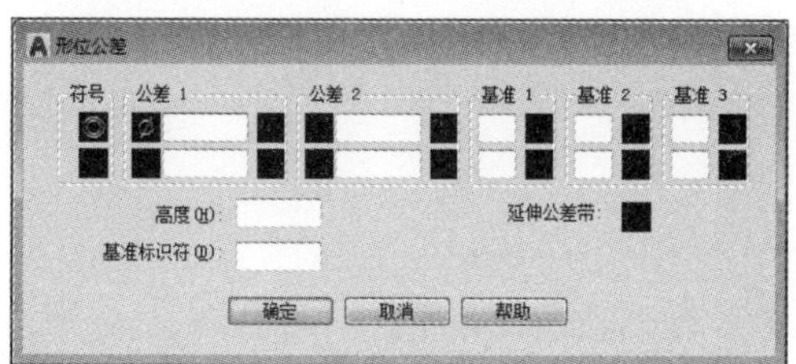

图9-50 单击“公差1”图标框

Step 04 在其后方文本框中输入公差数值，如图9-51所示。

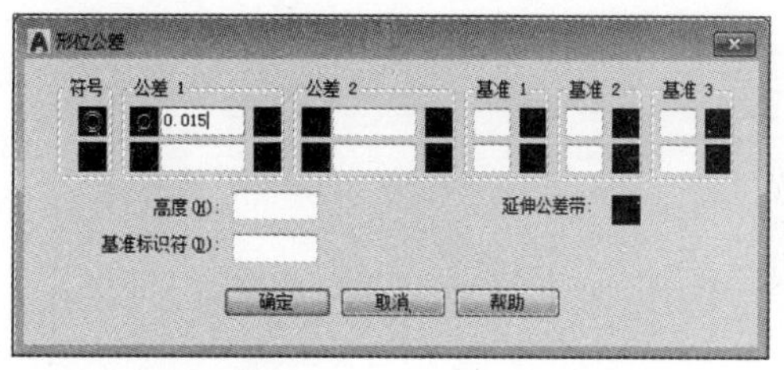

图9-51 输入公差值

Step 05 单击“确定”按钮，在绘图区中指定公差值插入点，完成形位公差的标注，结果如图9-52、图9-53所示。

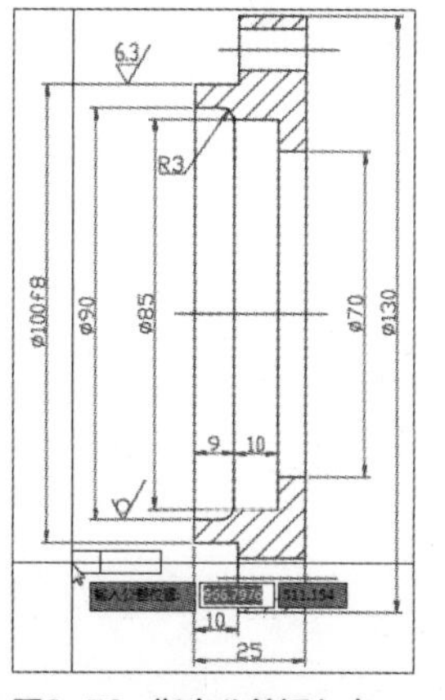

图9-52 指定公差插入点

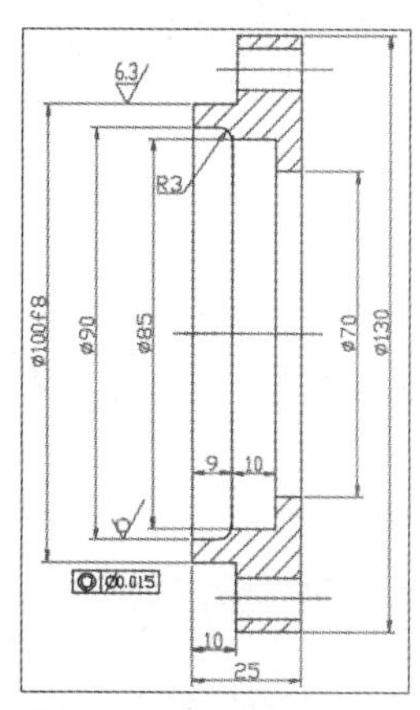

图9-53 完成公差标注

下面对“形位公差”对话框中各选项的含义进行介绍。

- 符号：单击该列的图标框，在打开的“特征符号”对话框中选择合适的特征符号。
- 公差1：用于输入第一个公差值。单击左侧图框，即可添加直径符号；在右侧文本框中可以输入公差值；单击右侧图框，可以添加附加符号。
- 公差2：用于创建第二个公差值。其输入方法与“公差1”相同。
- 基准1、基准2、基准3：用于设置公差基准和相应的包容条件。
- 高度：用于设置投影公差带的值。投影公差带控制固定垂直部分延伸区的高度变化，并以位置公差控制公差精度。
- 投影公差带：单击图标框，可以在投影公差带值的后面插入投影公差带符号。
- 基准标识符：用于创建由参照字母组成的基准标识符号。

9.5 尺寸标注的编辑

尺寸标注创建完毕后，若对该标注不满意，也可以使用各种编辑功能对创建好的尺寸标注进行修改编辑。其编辑功能包括：修改尺寸标注文本、调整标注文字位置、分解尺寸对象等。下面分别对其操作进行介绍。

9.5.1 编辑标注文本

如果要对标注的文本进行编辑，可以使用“编辑标注文字”命令来设置。该命令可以修改一个或多个标注文本的内容、方向、位置以及设置倾斜尺寸线等操作。下面分别对其操作进行介绍。

1. 修改标注内容

若要对当前标注内容进行修改，只需双击所要修改的尺寸标注，在打开的文本编辑框中输入新标注内容，然后单击绘图区空白处即可，如图9-54、图9-55所示。

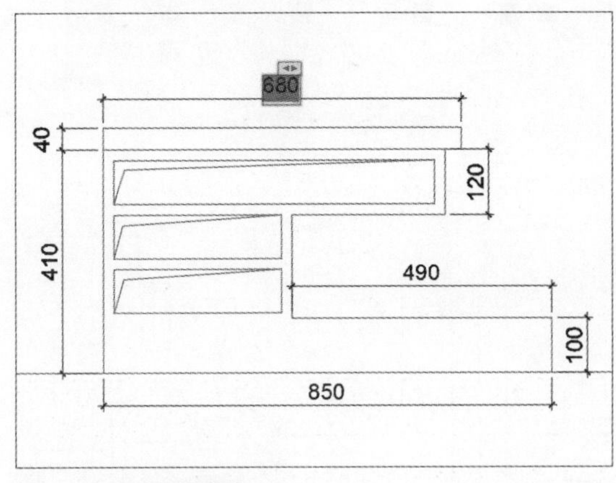

图9-54 双击修改内容

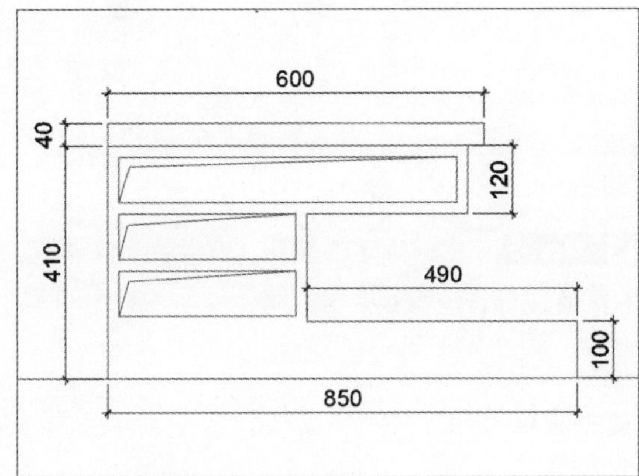

图9-55 完成修改

当进入文本编辑器后，用户也可以对文本的颜色、大小、字体进行修改。

2. 修改标注角度

执行“标注>对齐文字>角度”命令，根据命令行提示，选中需要修改的标注文本，并输入文字角度即可，如图9-56、图9-57所示。

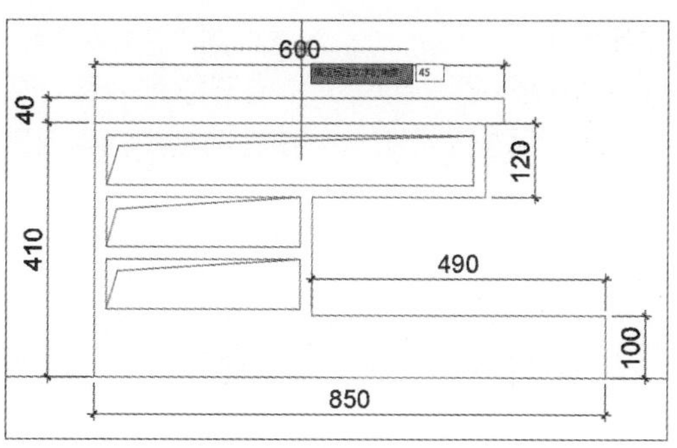

图9-56 输入文字角度

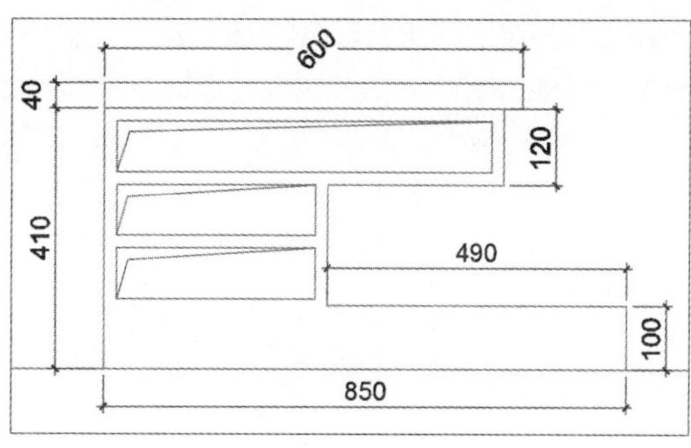

图9-57 完成修改

3. 修改标注位置

执行“标注>对齐文字>左/居中/右”命令，根据命令行提示，选中需要编辑的标注文本即可完成相应的设置，如图9-58、图9-59、图9-60所示。

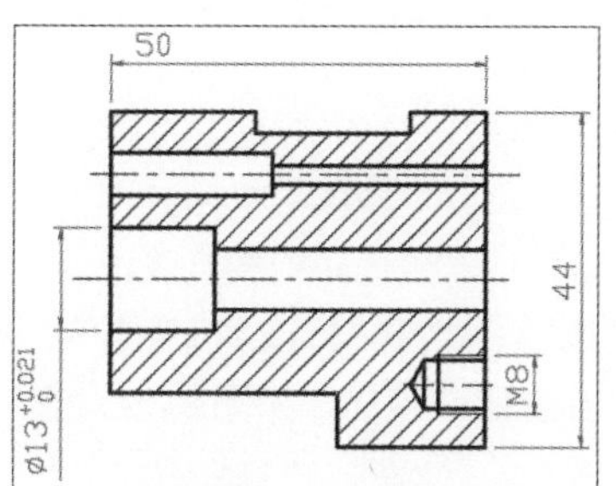

图9-58 左对正

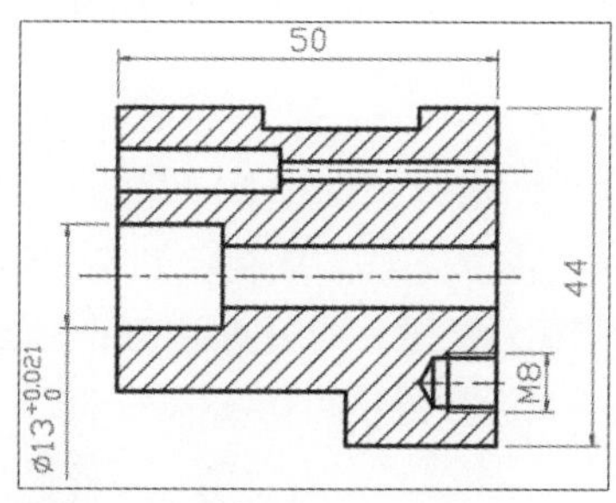

图9-59 居中对正

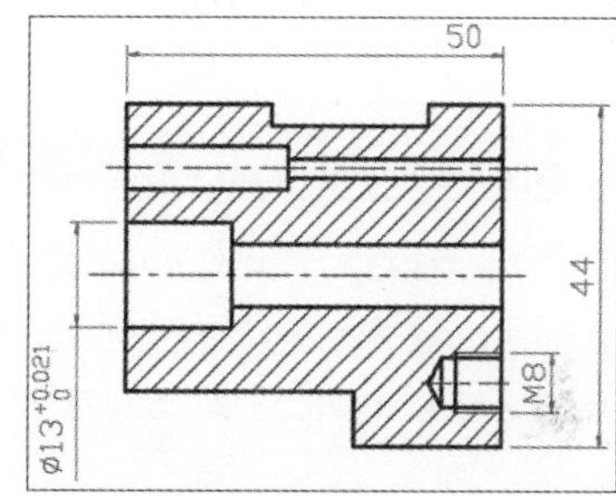

图9-60 右对正

4. 倾斜标注尺寸线

执行“标注>倾斜”命令，根据命令行提示，选中所需设置的标注尺寸线，并输入倾斜角度，按Enter键即可完成修改设置，如图9-61、图9-62所示。

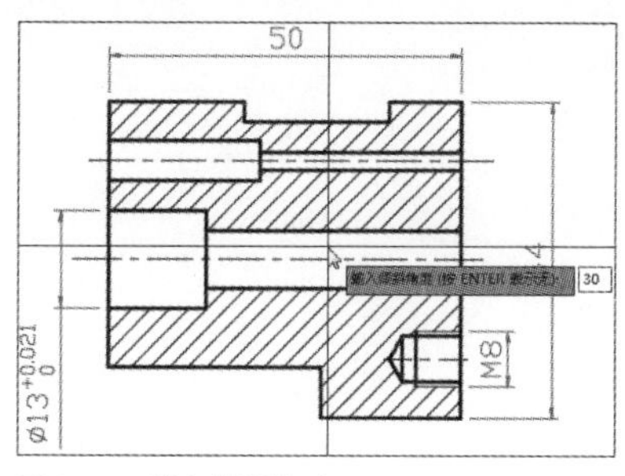

图9-61 输入倾斜角度

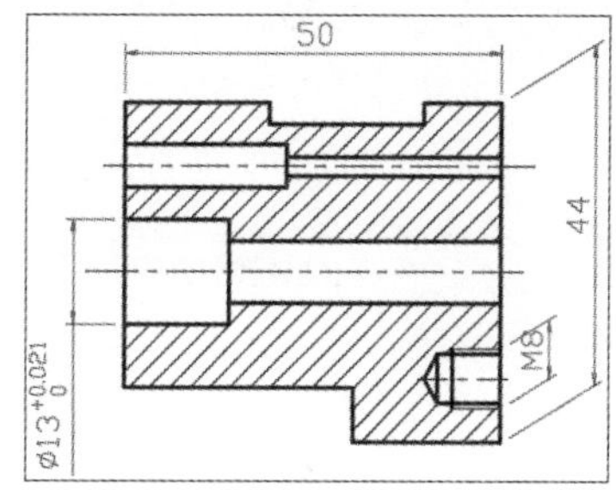

图9-62 完成修改设置

9.5.2 调整标注间距

调整标注间距可以调整平行尺寸线之间的距离，使其间距相等或在尺寸线处相互对齐。执行“标注>标注间距”命令，根据命令行提示，选中基准标注，然后选择要产生间距的尺寸标注，并输入间距值，按Enter键即可完成，如图9-63、图9-64所示。

命令行提示如下：

```
命令：_DIMSPACE
选择基准标注：                                         （选择基准标注）
```

```
选择要产生间距的标注：指定对角点： 找到 4 个          （选择剩余要调整的标注线）
选择要产生间距的标注：                                （按 Enter 键）
输入值或 [自动(A)] <自动>: 8                          （输入调整间距值，按 Enter 键）
```

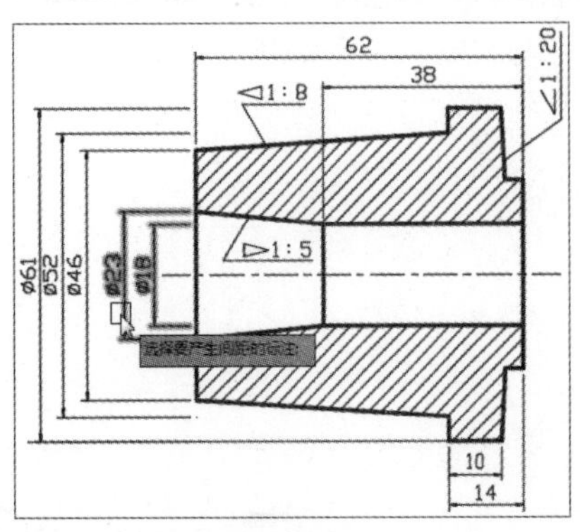

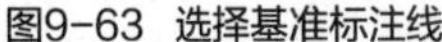
图9-63 选择基准标注线

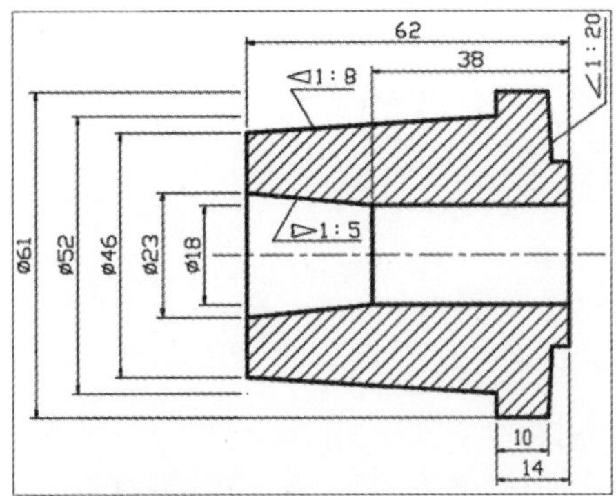

图9-64 完成设置

9.5.3 编辑折弯线性标注

折弯线性标注可以向线性标注中添加折弯线，来表示实际测量值与尺寸界线之间的长度差异，如果显示的标注对象小于被标注对象的实际长度，即可使用该标注形式表示。执行“标注>折弯标注”命令，根据命令行提示，选择需要添加折弯符号的线性标注，按Enter键即可完成，如图9-65、图9-66所示。

命令行提示如下：

```
命令： _DIMJOGLINE
选择要添加折弯的标注或 [删除(R)]:                    （选择需折弯的线性标注）
指定折弯位置 （或按 ENTER 键）:                      （指定折弯点位置）
```

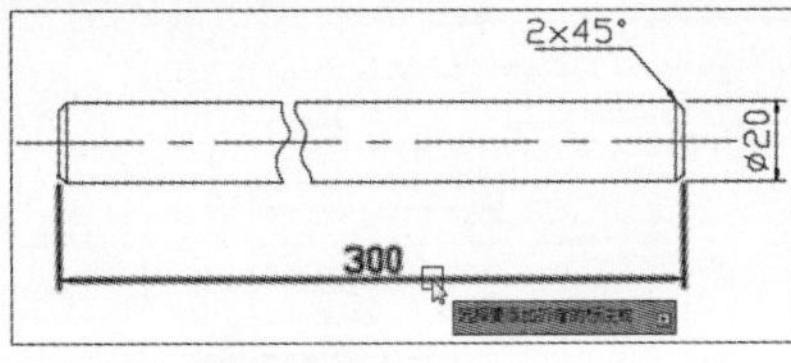

图9-65 选择线性标注

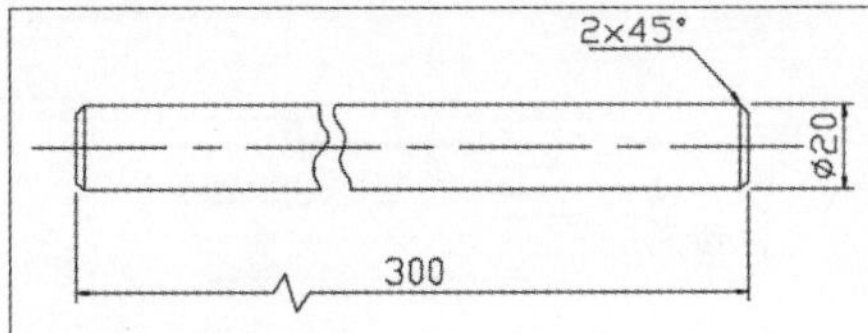

图9-66 完成设置

9.6 引线标注的应用

在CAD制图中，引线标注用于注释对象信息。它是从指定的位置绘制出一条引线来对图形进行标注，常用于对图形中某些特定的对象进行注释说明。在创建引线标注的过程中可以控制引线的形式、箭头的外观形式、尺寸文字的对齐方式。

9.6.1 创建多重引线

在创建多重引线前，通常都需要对多重引线的样式进行创建。系统默认引线样式为Standard。用户可以修改默认的引线样式，也可以新建引线样式。

实例9-4 下面举例介绍创建多重引线的操作方法，具体操作如下。

Step 01 执行“格式>多重引线样式”命令，打开“多重引线样式管理器”对话框，如图9-67所示。

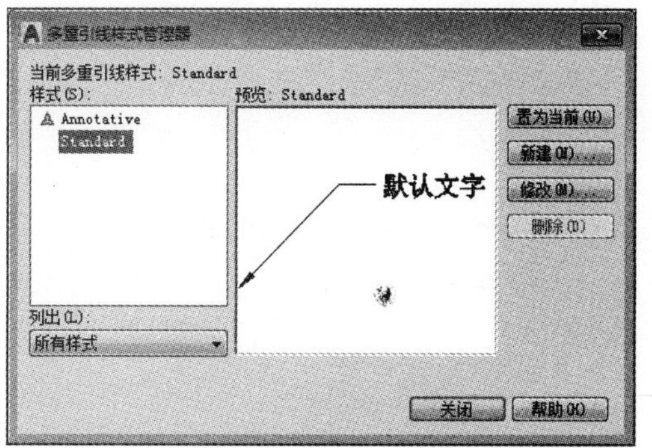

图9-67 “多重引线样式管理器”对话框

Step 02 单击“新建”按钮，在“创建新多重引线样式”对话框中，输入新样式名称，然后单击“继续”按钮，如图9-68所示。

图9-68 输入新样式名称

Step 03 在打开的“修改多重引线样式：引线标注”对话框中，将箭头符号设为“小点”，将其大小设为50，如图9-69所示。

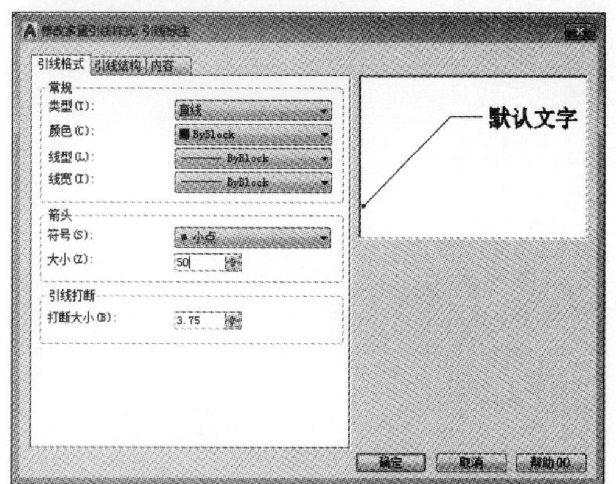

图9-69 设置箭头样式

Step 04 单击“内容”选项卡，将“文字高度”设置为30，如图9-70所示。

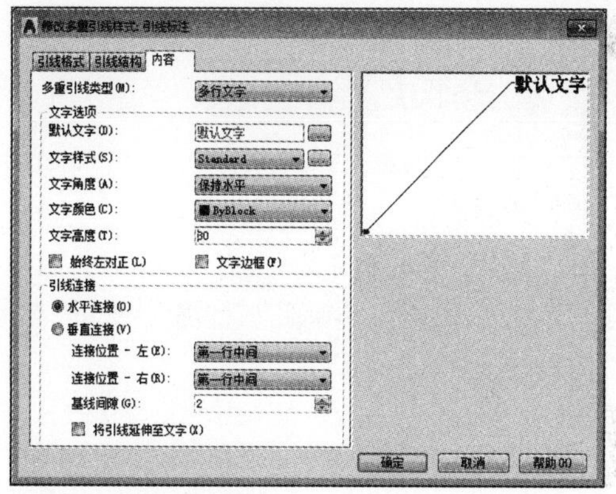

图9-70 设置文字高度

Step 05 单击“确定”按钮，返回上一层对话框，单击“置为当前”按钮，关闭对话框，如图9-71所示。

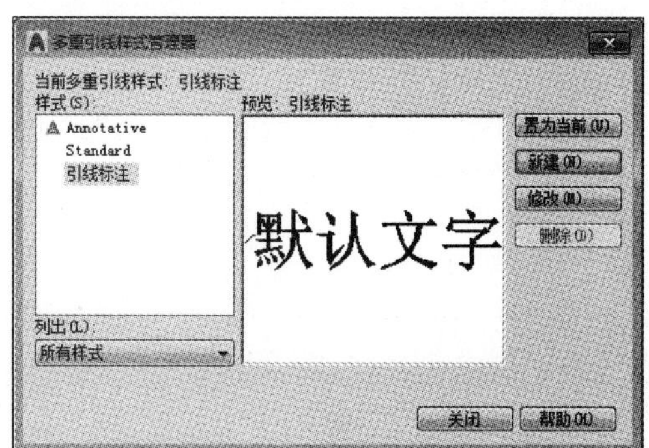

图9-71 置为当前

Step 06 执行“标注>多重引线”命令，指定引线箭头的位置，如图9-72所示。

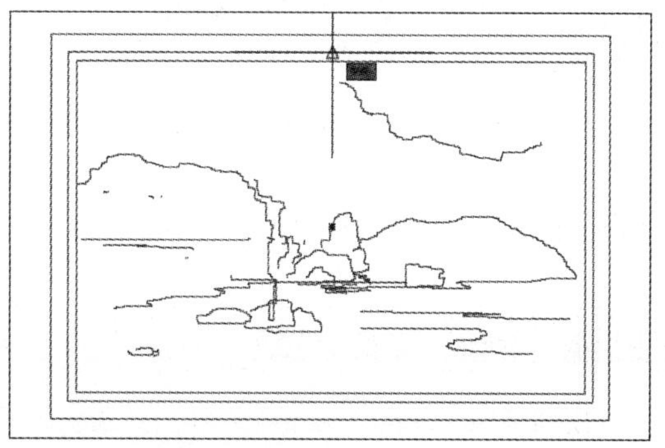

图9-72 指定引线箭头位置

Step 07 移动光标指定引线基线的位置，进入文字编辑状态，如图9-73所示。

图9-73 编辑文字

Step 08 输入文字内容，在绘图区单击鼠标左键退出编辑状态，如图9-74所示。

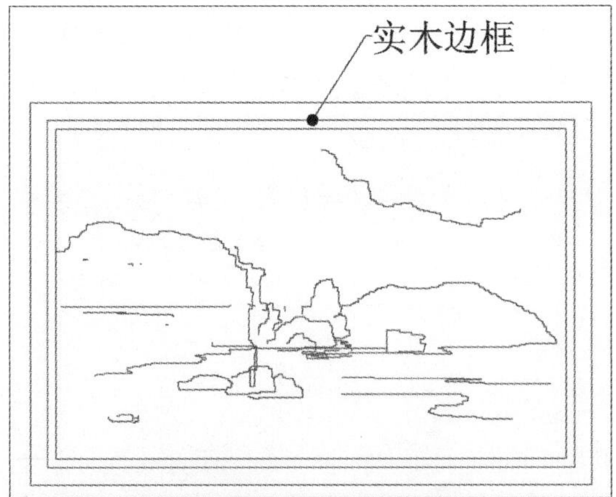

图9-74 完成多重引线标注

工程师点拨：注释性多重引线样式

如果多重引线样式设置为注释性，则无论文字样式或其他标注样式是否设为注释性，其关联的文字或其他注释都将为注释性。

9.6.2 添加/删除引线

在绘图中，如果遇到需要创建同样的引线注释时，只需使用“添加引线”功能即可轻松完成操作。这样既避免了一些重复的操作，又能减少绘图时间。

在“注释”选项卡的“引线”面板中单击“添加引线”按钮，根据命令行提示，选中创建好的引线注释，然后在绘图区中指定其他需注释的位置点即可，如图9-75、图9-76所示。

命令行提示如下：

```
命令：
选择多重引线：                                    （选择共同的引线注释）
找到 1 个
指定引线箭头位置或 [删除引线(R)]:                  （指定好引线箭头位置）
```

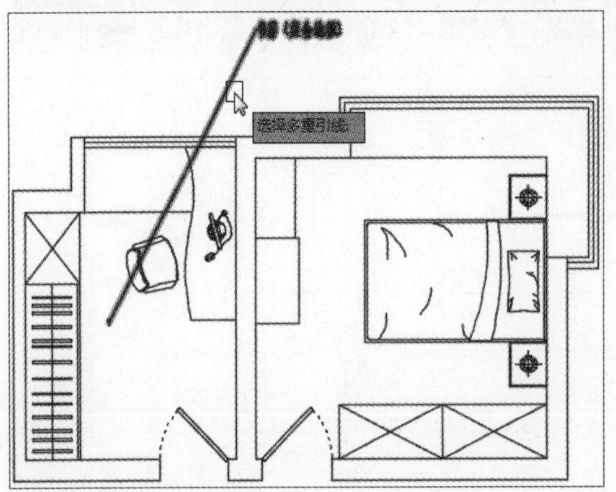

图9-75 选择多重引线

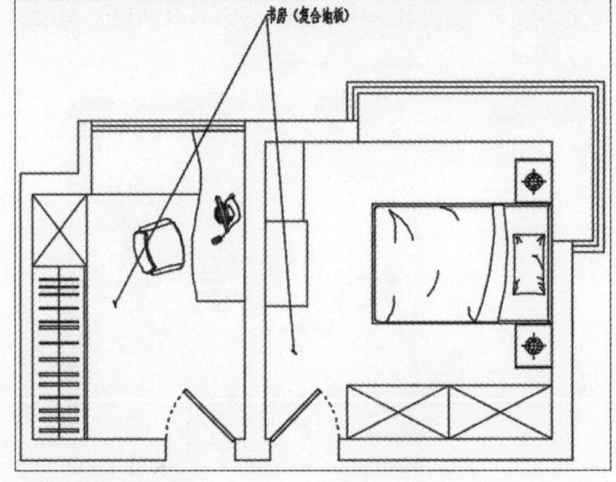

图9-76 添加引线

若想删除多余的引线标注，可以使用“注释>标注>删除引线”命令，根据命令行中的提示，选择需删除的引线，按Enter键即可，如图9-77、图9-78所示。

命令行提示如下：

命令：
选择多重引线：（选择多重引线）
找到 1 个
指定要删除的引线或 [添加引线(A)]：（选择要删除的引线）

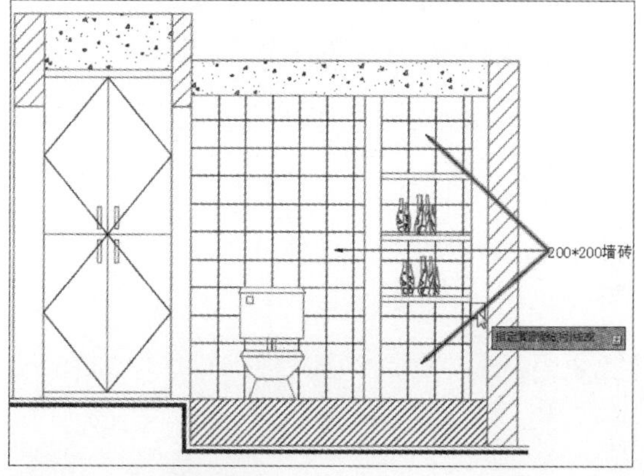

图9-77 选择要删除的引线

图9-78 完成删除操作

9.6.3 对齐引线

有时创建好的引线长短不一，使得画面不太美观。此时可以使用“对齐引线”功能，将这些引线注释进行对齐操作。执行“注释>引线>对齐引线”命令，根据命令行提示，选中所有需对齐的引线标注，然后选择需要对齐到的引线标注，并指定好对齐方向即可，如图9-79、图9-80所示。

命令行提示如下：

命令：_mleaderalign
选择多重引线：指定对角点：找到 5 个
选择多重引线：（选择所有需对齐的引线，按空格键）
当前模式：使用当前间距
选择要对齐到的多重引线或 [选项(O)]：（选择需对齐到的引线）
指定方向：（指定对齐方向）

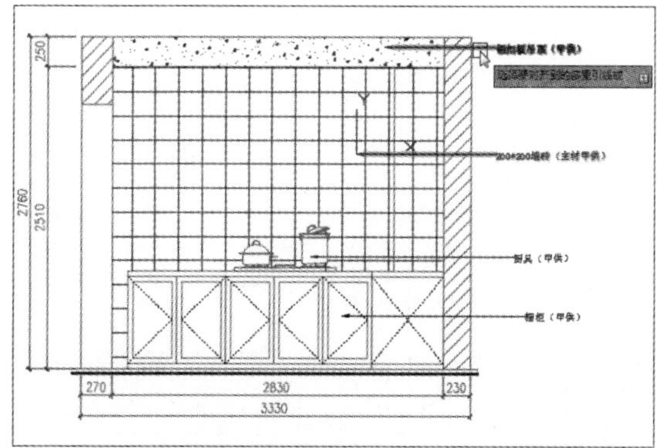

图9-79 选择需要对齐到的引线

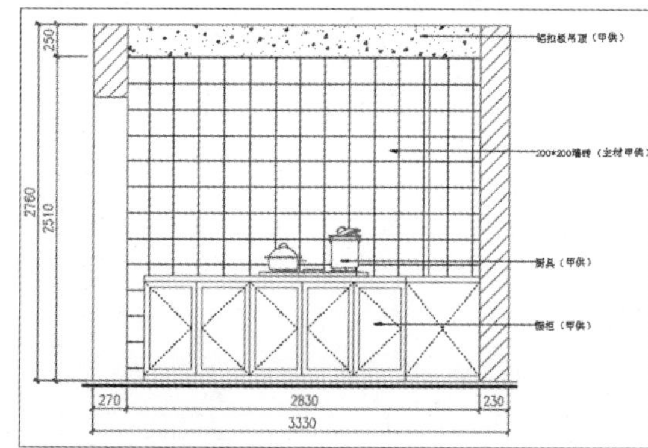

图9-80 完成对齐操作

综合实例 —— 为客厅立面图添加尺寸标注

本章介绍了尺寸标注、引线注释的创建和设置。下面将结合前面所学的知识，为客厅立面图添加尺寸标注，所涉及的命令有设置标注样式、设置多重引线样式等。

Step 01 打开素材文件，如图9-81所示。

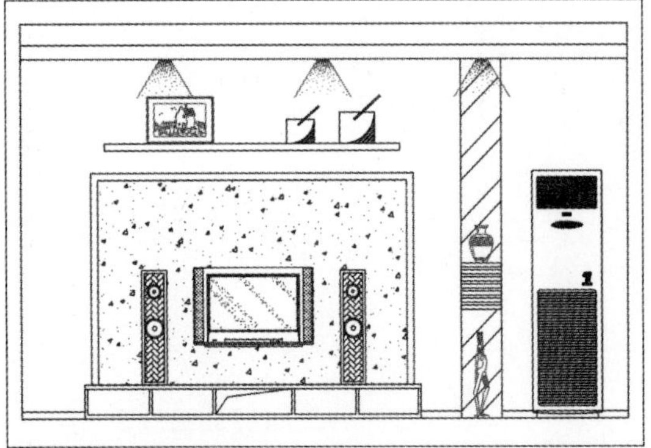

图9-81 打开素材文件

Step 02 执行“标注样式”命令，打开“标注样式管理器”对话框，如图9-82所示。

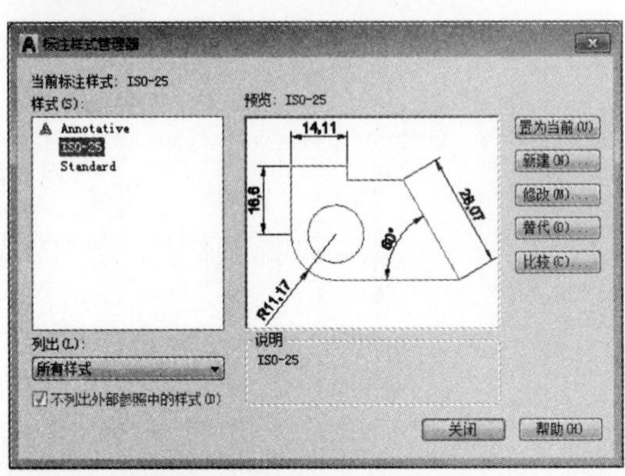

图9-82 “标注样式管理器”对话框

Step 03 单击“新建”按钮，打开“创建新标注样式”管理器对话框，并输入新样式名，如图9-83所示。

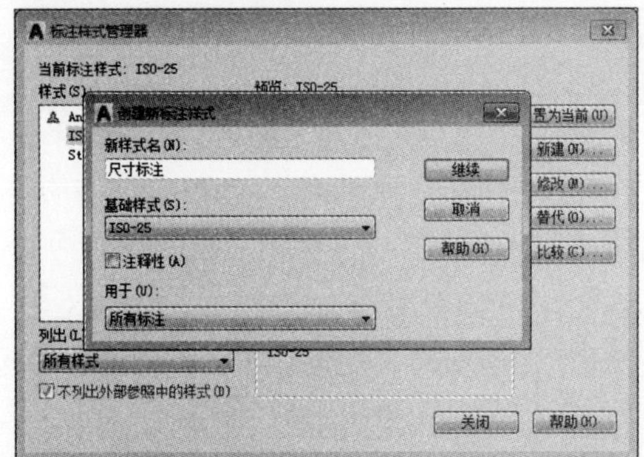

图9-83 输入新样式名

Step 04 单击“继续”按钮，打开“新建标注样式：尺寸标注”对话框，在“线”选项卡中设置“超出尺寸线”为60，如图9-84所示。

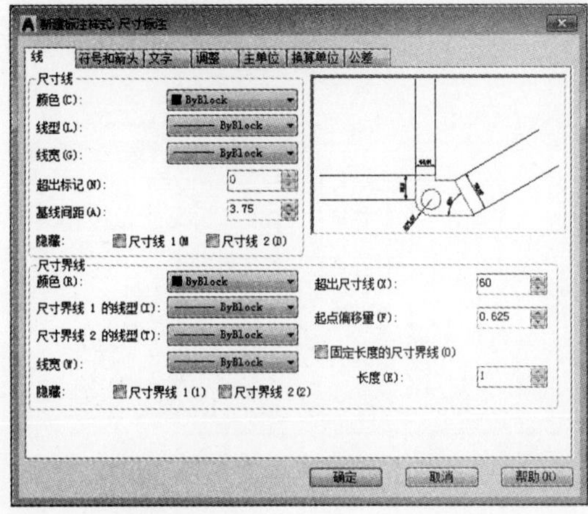

图9-84 设置超出尺寸线

Step 05 在“符号和箭头”选项卡中设置箭头样式为“建筑标记”，箭头大小为60，如图9-85所示。

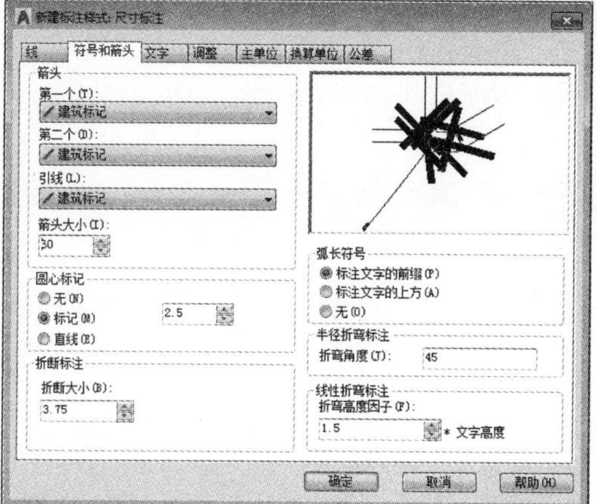

图9-85 设置符号和箭头

Step 06 在“文字”选项卡中设置“文字高度”为100，如图9-86所示。

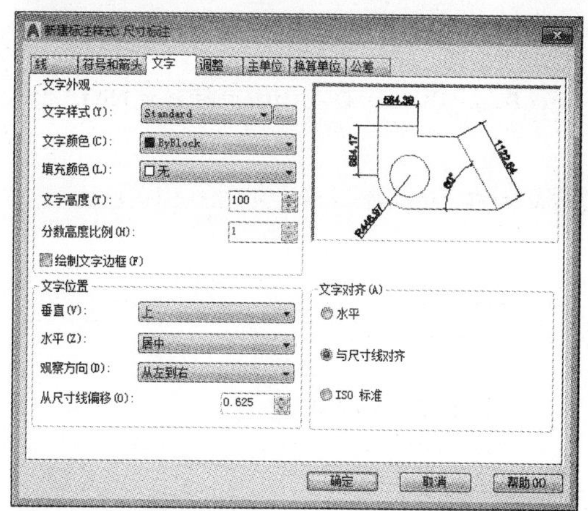

图9-86 设置文字高度

Step 07 在“主单位”选项卡中设置“精度”为0，如图9-87所示。

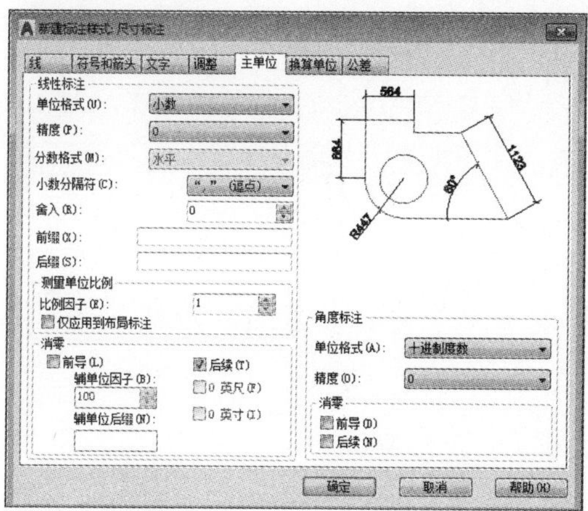

图9-87 设置精度

Step 08 单击“确定”按钮，返回“标注样式管理器”对话框，单击“置为当前”按钮，关闭对话框，如图9-88所示。

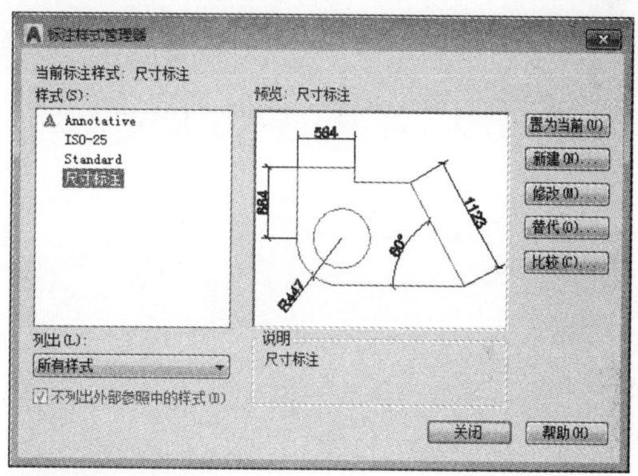

图9-88 置为当前

Step 09 执行“线性”和“连续”命令，对图形进行尺寸标注，如图9-89所示。

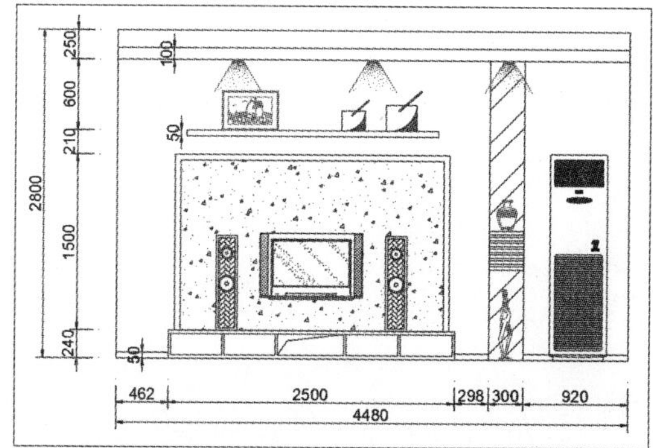

图9-89 尺寸标注

Step 10 执行“多重引线样式”命令，打开“多重引线样式管理器”对话框，如图9-90所示。

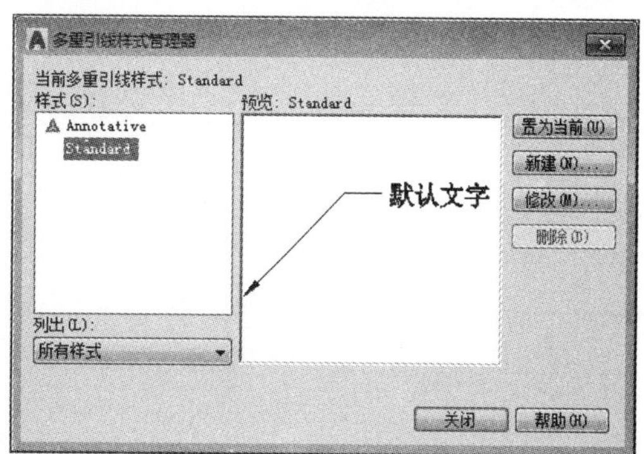

图9-90 “多重引线样式管理器”对话框

Step 11 单击“新建”按钮，打开“创建新多重引线样式”对话框，并输入新样式名称，如图9-91所示。

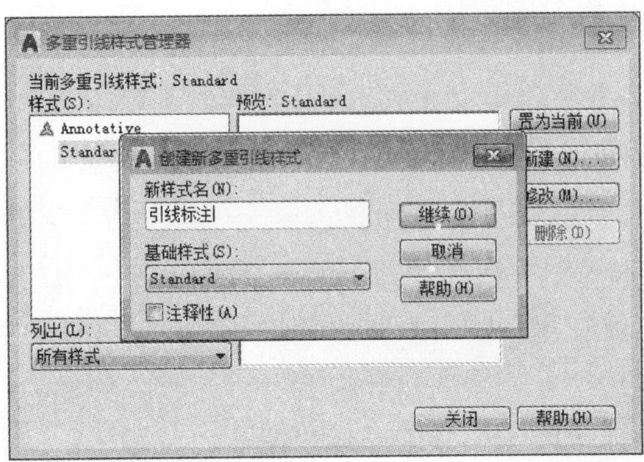

图9-91 输入新样式名

Step 12 单击“继续”按钮，打开“修改多重引线样式：文字注释”对话框，在“引线格式”选项卡中设置箭头符号为“小点”，大小为60，如图9-92所示。

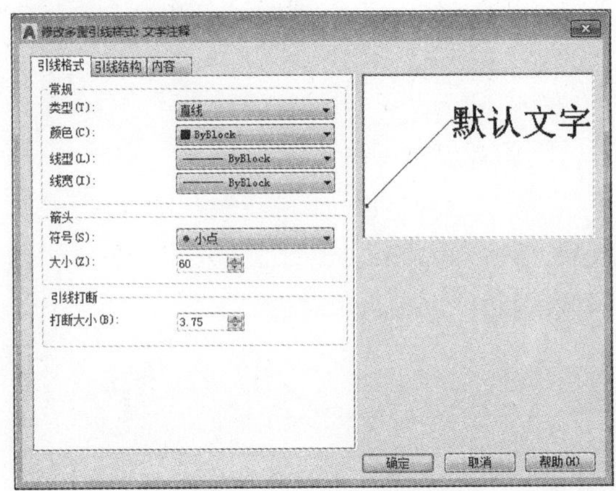

图9-92 设置引线格式

Step 13 在“内容”选项卡中设置“文字高度”为100，如图9-93所示。

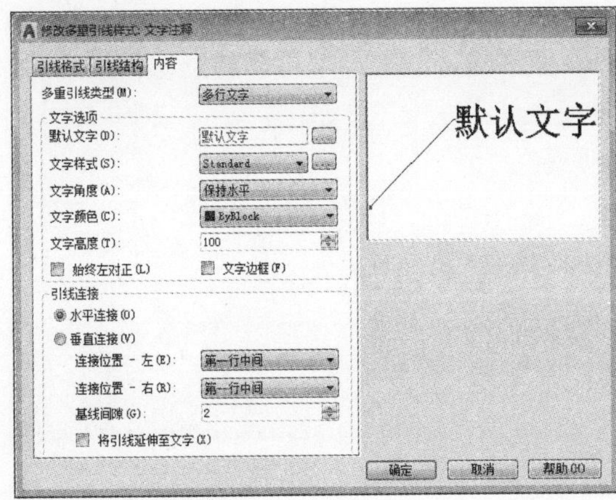

图9-93 设置文字高度

Step 14 单击“确定”按钮，返回上一层对话框，单击“置为当前”按钮，关闭对话框，如图9-94所示。

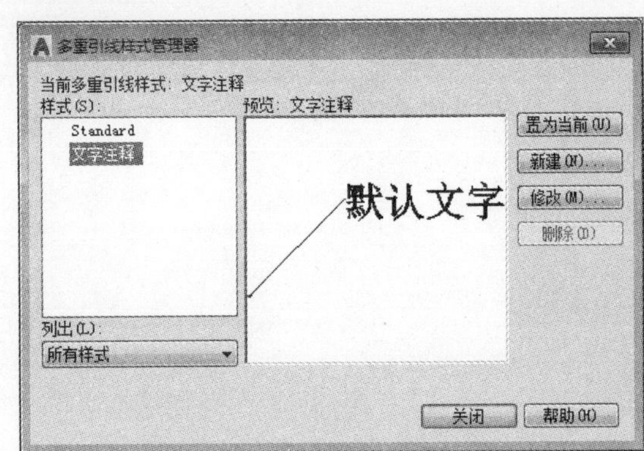

图9-94 置为当前

Step 15 执行“多重引线”命令，对图形进行引线标注，完成客厅尺寸标注，如图9-95所示。

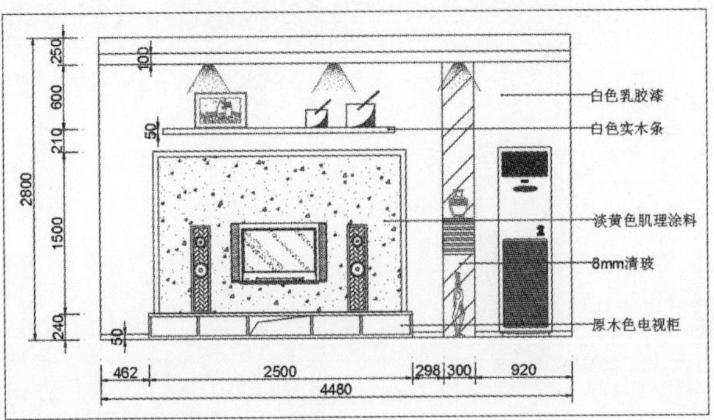

图9-95 完成标注

高手应用秘籍 —— CAD尺寸标注的关联性

尺寸关联性定义几何对象和为其提供距离和角度的标注间的关系。当用户标注的尺寸是按照自动测量的值标注的，而尺寸标注是按照尺寸关联模式标注的，改变被标注对象的大小后，所标注的尺寸也会有相应的变化。

1. 设置尺寸关联模式

通常关联标注分为3种类型：关联标注、无关联标注和分解标注。在命令行中输入“DIMASSOC”，按下Enter键，根据需要选择关联模式类型。其中关联标注变量值为2，无关联标注变量值为1，分解标注变量为0。

命令行提示如下：

```
命令： DIMASSOC
输入 DIMASSOC 的新值 <1>： 1                                  （输入标注变量值）
```

- 关联标注：当与其相关联的图形对象被修改时，其标注尺寸将自动调整测量值。
- 无关联标注：该类型与其测量的图形对象被修改后，其测量值不会发生变化。
- 分解标注：该类型包含单个对象而不是单个标注对象的集合。

2. 重新关联

执行“注释>标注>重新关联标注”命令，根据命令行提示，可以将选定的标注关联或重新关联的对象或对象上的点。

命令行提示如下：

```
命令： _dimreassociate
选择要重新关联的标注 ...
选择对象或 [解除关联(D)]： 找到 1 个                    （选择所要设置关联的尺寸标注）
选择对象或 [解除关联(D)]：
指定第一个尺寸界线原点或 [选择对象(S)] <下一个>：          （选择图形第一个测量点）
指定第二个尺寸界线原点 <下一个>：                          （选择图形第二个测量点）
```

命令行中各选项说明如下。

- 选择对象：重新寻找要关联的图形对象。选择完成后，系统将原尺寸标注改为对所选对象的标注，并建立关联关系。
- 指定尺寸界线第一、二个原点：指定尺寸线原点。该点可与原尺寸是相同一点，也可以是不相同的点。

秒杀工程疑惑

在进行CAD操作时，用户经常会遇到各种各样的问题，下面总结一些常见问题进行解答，例如标注与图有一定距离、创建标注样式模板、尺寸箭头的位置等问题。

问　题	解　答
怎样才能使标注与图有一定的距离	设置尺寸界线的起点偏移量就可以使标注与图产生距离。执行“格式>标注样式”命令，打开“标注样式管理器”对话框，选择需要修改的标注样式，并在“预览”选项框右侧单击“修改”按钮，在“线”选项卡中设置起点偏移量，并单击“确定”按钮即可
创建标注样式模板有什么用	在进行标注时，为了统一标注样式和显示状态，用户需要新建一个图层为标注图层，然后设置该图层的颜色、线型和线宽等，图层设置完成后，再继续设置标注样式，为了避免重复进行设置，可以将设置好的图层和标注样式保存为模板文件，在下次新建文件的时候可以直接调用该模板文件
为什么绘制的尺寸箭头是在外面的，而不是在里面	这是因为在进行尺寸标注时，系统会自动根据标注的长度、箭头大小、文字大小等参数来确定箭头的位置。如果想将当前箭头翻转，可进行以下操作： ● 选中要修改的尺寸标注。 ● 单击鼠标右键，在快捷菜单中选择“翻转箭头”选项即可
为什么标注中会有尾巴（0）	如果标注为100mm，但实际在图形当中标出的是100.00或100.000等，出现这种情况时，可以将“dimzin”系统变量设定为8，此时尺寸标注中的默认值就不会带尾零了，直接输入此命令进行修改即可

Chapter

10

图形的输出与发布

当图纸设计完成后，便可以将其打印出来，或者将信息传送给其他应用程序。同时，为了适应互联网的快速发展，使用户能够快速有效地共享设计信息，AutoCAD中的Internet功能可以将图纸通过Internet实现发布，进行共享。通过本章的学习，用户可以了解到布局空间的创建及设置、图纸的打印、发布等操作，以及掌握CAD出图时的各种需求。

01 学完本章您可以掌握如下知识点

1. 图纸的输入与输出	★
2. 打印图纸	★★
3. 布局空间的设置	★★
4. 网络的应用	★★★

02 本章内容图解链接

输入图纸

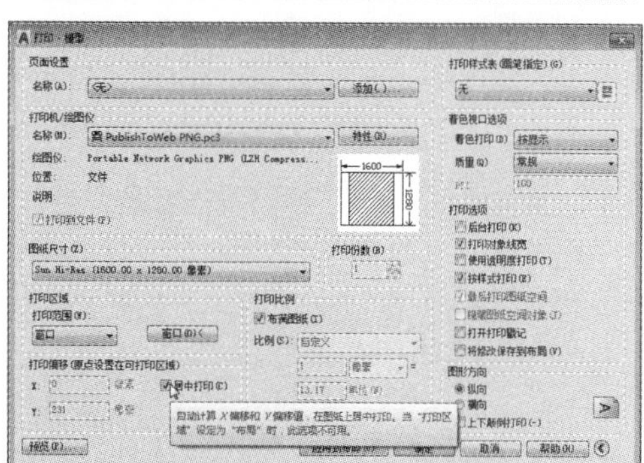

设置打印参数

10.1 图纸的输入与输出

通过AutoCAD提供的输入和输出功能，不仅可以将在其他应用软件中处理好的数据导入到AutoCAD中，还可以将在AutoCAD中绘制好的图形输出成其他格式的图形。

10.1.1 插入OLE对象

在进行绘图时，可以根据需要选择插入其他软件的数据，也可以借助其他应用软件在CAD软件中进行处理操作。

实例10-1 下面对插入OLE对象的操作方法进行介绍，具体操作步骤如下。

Step 01 执行“插入>OLE对象”命令，打开“插入对象”对话框。在“对象类型”列表框中，选择所需应用程序选项，这里选择“Microsoft Word文档”选项，如图10-1所示。

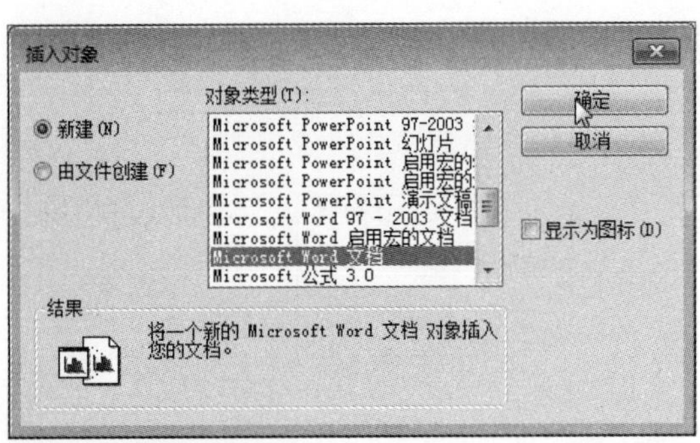

图10-1 选择应用程序

Step 02 单击“确定”按钮，系统自动启动Word应用程序，在打开的Word软件中，输入文本内容并插入所需图片，如图10-2所示。

图10-2 输入文本并插入图片

Step 03 设置好后，关闭Word应用程序，此时在CAD绘图区中会显示相应的操作内容，效果如图10-3所示。

默认情况下，未打印的OLE对象显示有边框。OLE对象都是不透明的，打印的结果也是不透明的，它们覆盖了其背景中的对象。

除了以上方法外，用户还可以使用其他两种方法进行操作。

- 从现有文件中复制或剪切信息，并将其粘贴到图形中。
- 输入一个在其他应用程序中创建的现有文件。

图10-3 完成操作

10.1.2 输入图纸

用户可以根据需要将不同格式的文件输入到CAD软件中，执行“文件>输入”命令，打开“插入WMF”对话框，如图10-4所示。根据文件格式和路径选择文件，并单击“打开”按钮即可输入。在“文件类型”下拉列表框中可以看到，系统允许输入图元文件、ACIS及3D Studio等图形格式的文件，如图10-5所示。

图10-4 打开“插入WMF”对话框

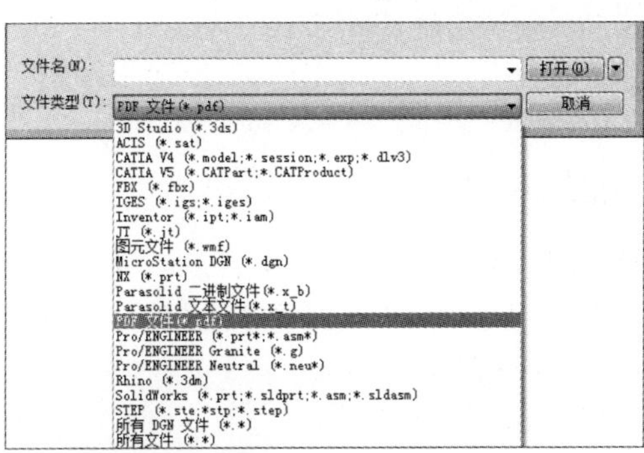

图10-5 选择文件类型

10.1.3 输出图纸

用户可以根据需要将CAD图形输出为其他格式，如位图（*.bmp）等，下面介绍具体的操作方法。打开指定文件，在命令行中输入“EXP”并按Enter键，打开“输出数据”对话框，如图10-6所示。在“文件类型”下拉列表中，选择需要的文件类型，如图10-7所示。设置好保存路径与文件名，单击“保存”按钮。此时用户只需启动相关的应用程序便可打开输出的文件。

图10-6 “输出数据”对话框

图10-7 选择输出类型

10.2 打印图纸

图纸设计的最后一步是出图打印，通常意义上的打印是把图形打印在图纸上，在AutoCAD中用户也可以生成一份电子图纸，以便在互联网上访问。打印图形的关键之一是打印比例。图样是按1:1的比例绘制的，输出图形时，需考虑选用多大幅面的图纸及图形的缩放比例，有时还要调整图形在图纸上的位置和方向。

10.2.1 设置打印样式

打印样式用于修改图形的外观。选择某种打印样式后，图形中的每个对象或图层都具有该打印样式的属性。

实例10-2 下面对设置打印样式的操作方法进行介绍，具体操作如下。

Step 01 执行“文件>打印样式管理器”命令，在资源管理器中选择“添加打印样式表向导”图标，如图10-8所示。

图10-8 资源管理器列表

Step 02 在“添加打印样式表”对话框中单击“下一步”按钮，如图10-9所示。

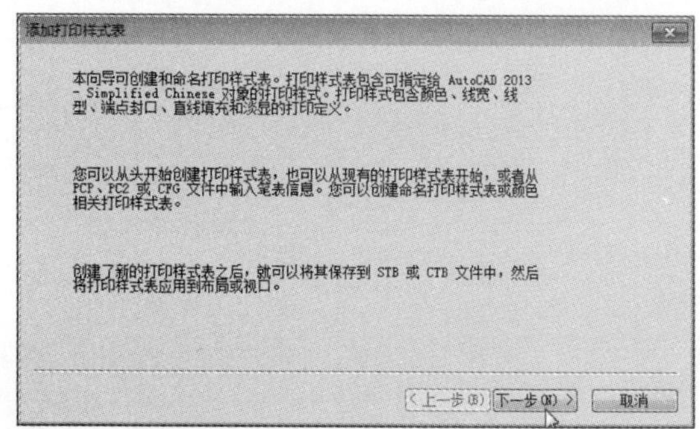

图10-9 “添加打印样式表”对话框

Step 03 在“添加打印样式表-开始”对话框中，单击“下一步”按钮，如图10-10所示。

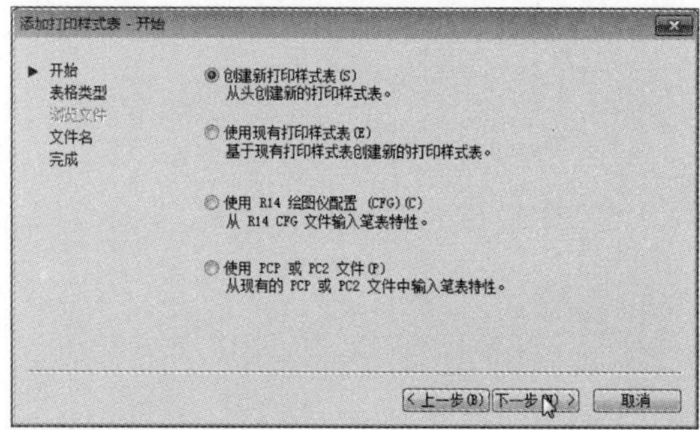

图10-10 “开始“对话框

Step 04 在“添加打印样式表-选择打印样式表”对话框中，单击“下一步”按钮，如图10-11所示。

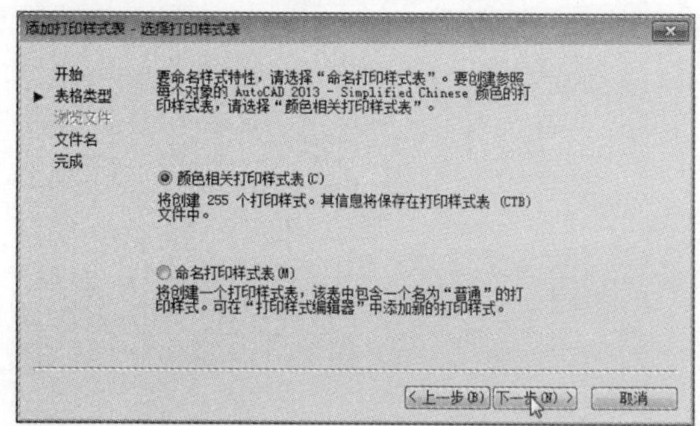

图10-11 “选择打印样式表”对话框

Step 05 在“添加打印样式表-文件名”对话框中，输入文件名，单击“下一步”按钮，如图10-12所示。

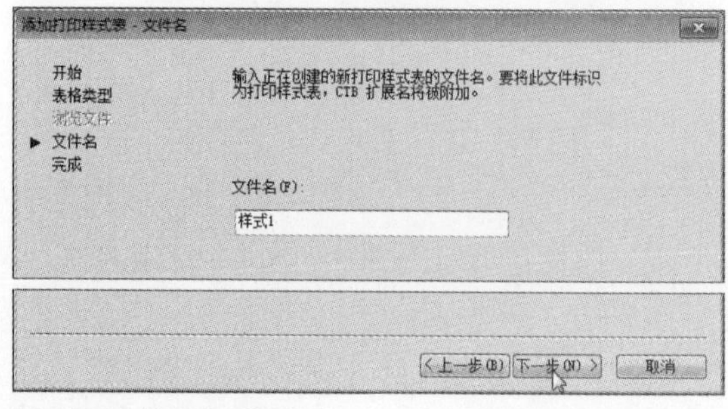

图10-12 输入文件名

Step 06 在“添加打印样式表-完成”对话框中，单击“完成”按钮，完成打印样式的设置，如图10-13所示。

工程师点拨：“打印样式表”选项不显示

在“打印-模型”对话框中，默认“打印样式”选项为隐藏。若要对其选项进行操作，只需单击“更多选项”按钮，然后在展开的扩展列表框中即可显示“打印样式表”选项。

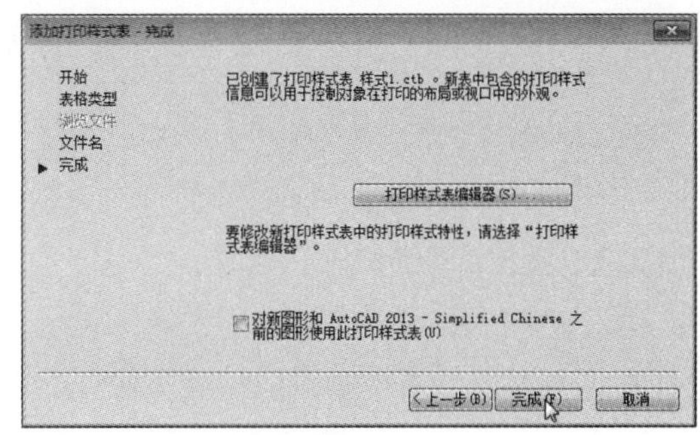

图10-13 完成打印样式设置

若要对设置好的打印样式进行编辑修改，可以执行“文件>打印”命令，打开“打印-模型”对话框，在“打印样式表”下拉列表中选择要编辑的样式列表，如图10-14所示。随后单击右侧的“编辑”按钮，在“打印样式表编辑器”对话框中，根据需要进行相关修改即可，如图10-15所示。

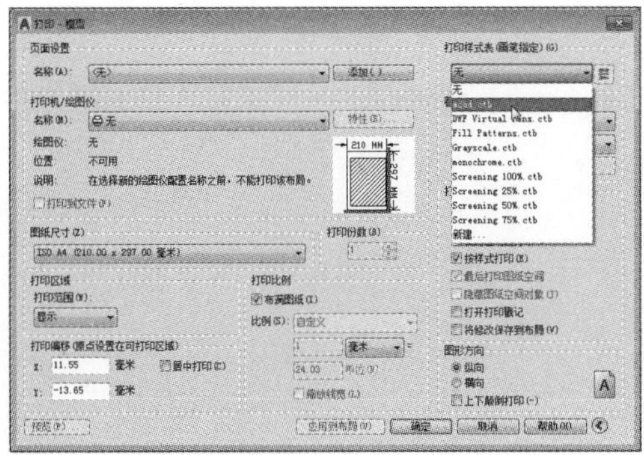

图10-14 选择打印样式选项

图10-15 修改打印样式

10.2.2 设置打印参数

执行“应用程序菜单>打印>打印”命令，打开“打印-模型”对话框，在此可以对其中一些相关打印参数进行设置。

实例10-3 下面举例介绍设置打印参数的操作方法，具体操作步骤如下。

Step 01 执行“打印”命令，打开“打印-模型”对话框，在“打印机/绘图仪”选项组中，单击“名称”选项，选择打印机型号，如图10-16所示。

Step 02 在“图纸尺寸”选项组中，选择要打印的图纸尺寸，这里选择A4，如图10-17所示。

图10-16 选择打印机型号

图10-17 选择图纸尺寸

Step 03 在“打印区域”选项组中，单击“打印范围”下拉按钮，选择打印的方式，这里选择“窗口”选项，如图10-18所示。

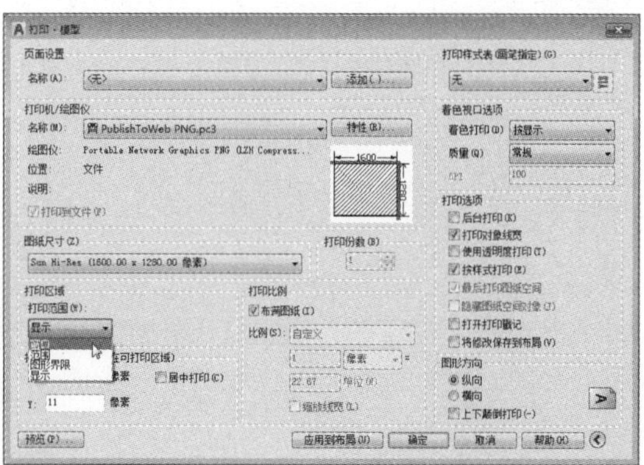

图10-18 设置打印范围

Step 04 在绘图区中，使用光标框选出需打印的范围，如图10-19所示。

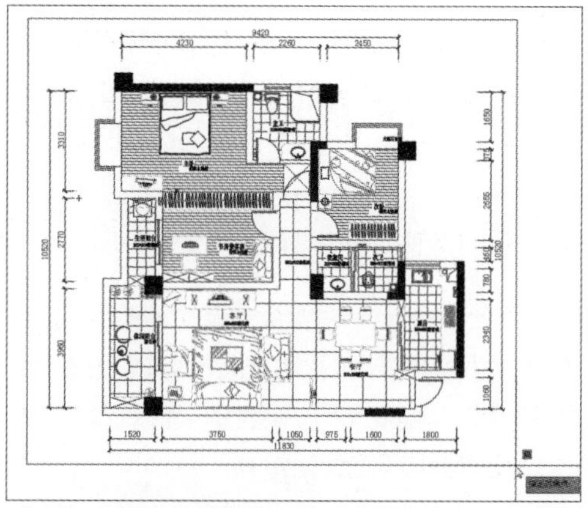

图10-19 框选打印区域

Step 05 返回对话框，勾选“打印偏移”选项组中的“居中打印”复选框，如图10-20所示。

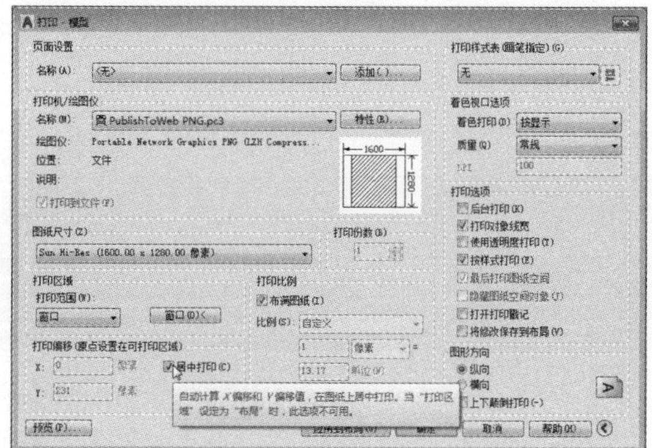

图10-20 设置居中打印

Step 06 单击“预览”按钮，在预览模式中可以查看到打印预览效果，按Esc键退出预览模式，返回当前对话框，单击“确定”按钮即可进行打印，如图10-21所示。

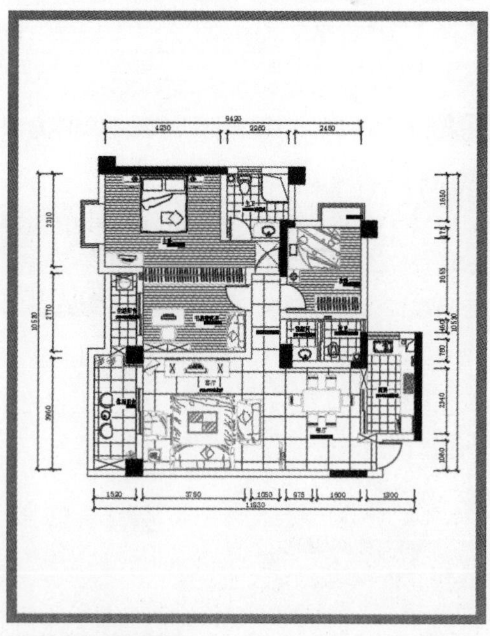

图10-21 打印预览

工程师点拨：设置打印参数需注意事项

在进行打印参数设定时，用户应根据与电脑连接的打印机的类型来综合考虑打印参数的具体值，否则将无法实施打印操作。

10.3 布局空间打印图纸

在AutoCAD软件中，布局空间用于设置在模型空间中图形的不同视图，主要是为了在输出图形时进行布置。在布局空间中可以查看打印的实际情况，还可以根据需要创建布局。每个布局都保存在各自的“布局”选项卡中，可以与不同的页面设置相关联。

10.3.1 创建新布局空间

在单个图形中，可以创建255个布局空间，而系统默认的布局空间为两个。若想创建更多的布局，可以执行“插入>布局>新建布局”命令，根据命令行提示，输入布局名称即可，如图10-22、图10-23所示。

命令行提示如下：

```
命令：_layout
输入布局选项 [复制(C)/删除(D)/新建(N)/样板(T)/重命名(R)/另存为(SA)/设置(S)/?] <设置>：_new
输入新布局名 <布局3>：立面图                                        （输入新布局名称）
```

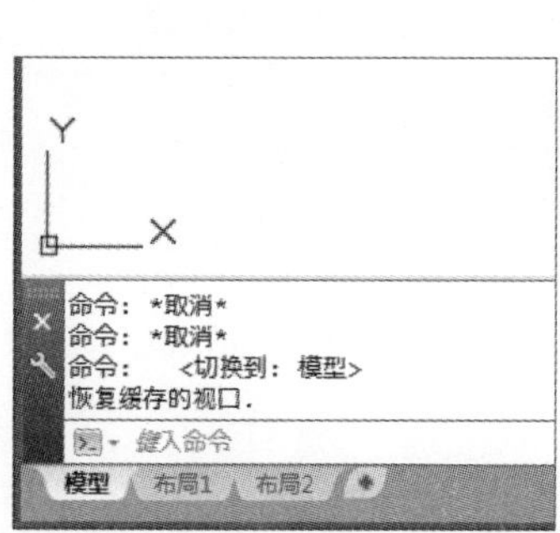

图10-22　默认布局模式

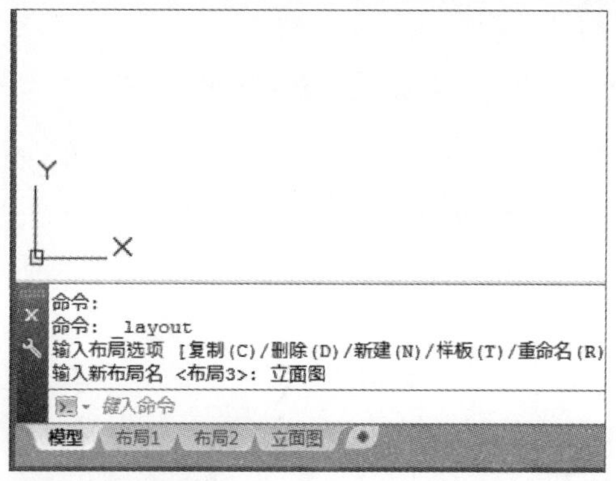

图10-23　新建布局

除了上述直接新建方法外，还可以从样板文件中进行创建。执行“插入>布局>来自样板的布局”命令，打开“从文件选择样板”对话框，如图10-24所示。选择所需图形样板文件，单击“打开”按钮，在“插入布局”对话框中，选择所需布局样板，即可实现样板布局的创建，如图10-25所示。

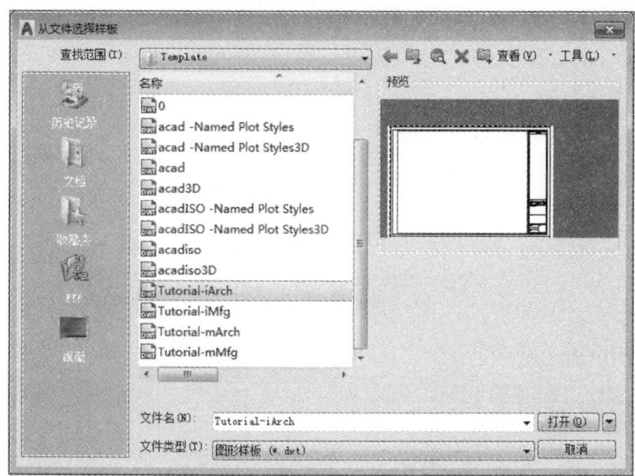

图10-24　选择样板文件

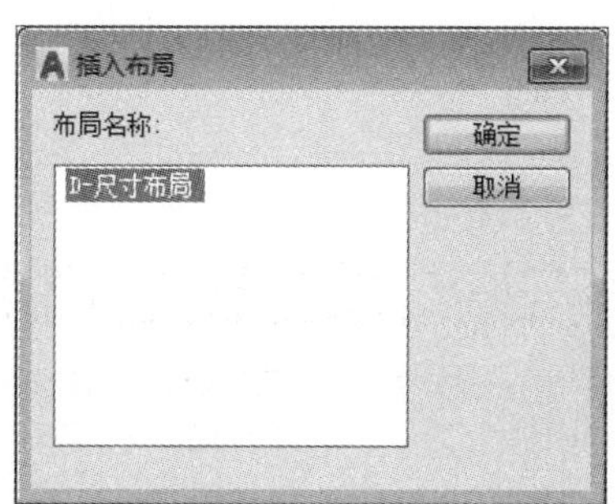

图10-25　创建样板布局

10.3.2 布局页面打印设置

页面设置可以对新建布局或已建好的布局进行图纸大小和绘图设备的设置，是打印设备和其他影响最终输出外观和格式的设置集合，用户可以修改这些设置将其应用到其他布局中。

新布局创建完成后，若想对其页面进行设置，可以执行“文件>页面设置管理器”命令，在打开的“页面设置管理器”对话框中，选择所需布局名称，单击“修改”按钮，在打开的“页面设置”对话框中，根据需要进行相关设置即可，如图10-26、图10-27所示。

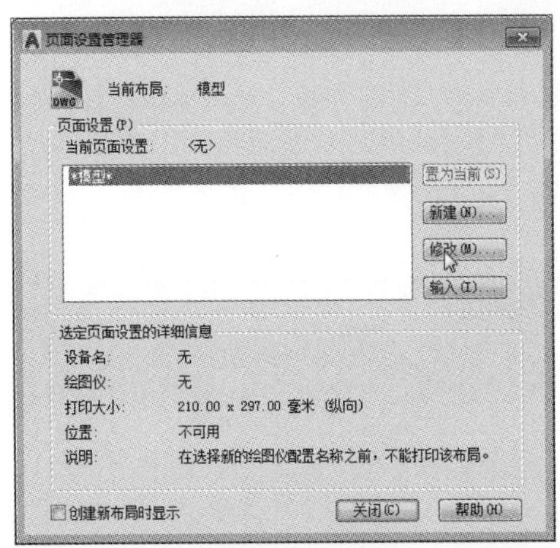

图10-26 “页面设置管理器”对话框

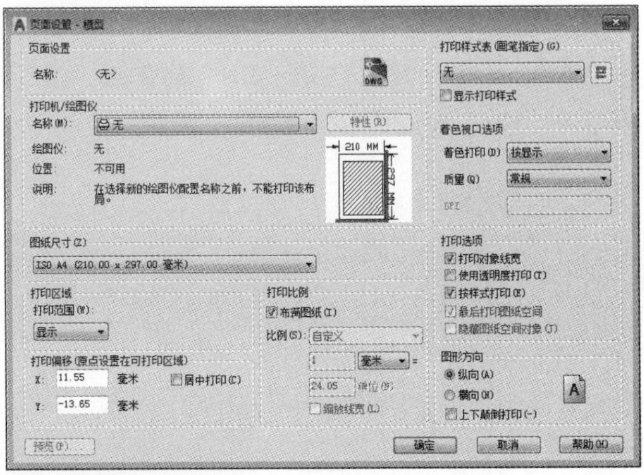

图10-27 修改页面设置

下面对“页面设置管理器”对话框中各选项的含义进行介绍。

- 当前布局：该选项显示出要设置的当前布局名称。
- 页面设置：该选项组主要是对当前页面进行创新、修改以及从其他图纸中输入设置。
- 置为当前：该按钮是将所选页面设置为当前页面设置。
- 新建：单击该按钮则可打开“新建页面设置”对话框。
- 修改：单击该按钮则可打开“页面设置”对话框，并从中对所需的选项参数进行设置。
- 输入：单击该按钮，可打开“从文件选择页面设置”对话框，从中选择一个或多个页面设置，单击“打开”按钮，在“输入页面设置”对话框中单击“确定”按钮即可。
- 选定页面设置的详细信息：该选项组主要显示所选页面设置的详细信息。
- 创建新布局时显示：勾选该复选框，用来指定当选中新的布局选项卡或创建新的布局时，是否显示“页面设置”对话框。

10.4 创建与编辑布局视口

在AutoCAD中可以在布局空间创建多个视口，以方便从各不同角度查看图形。而在新建的视口中，用户可以根据需要设置视口的大小，也可以将其移动至布局任何位置。

10.4.1 创建布局视口

系统默认情况下，在布局空间中只显示一个视口。如果用户想创建多个视口，就需要进行简单的设置，下面对其具体操作进行介绍。

实例10-4 下面通过实例介绍创建布局视口的操作方法，具体操作如下。

Step 01 打开所需设置的图形文件，单击命令行下方“布局1”按钮，打开相应的布局空间，如图10-28所示。

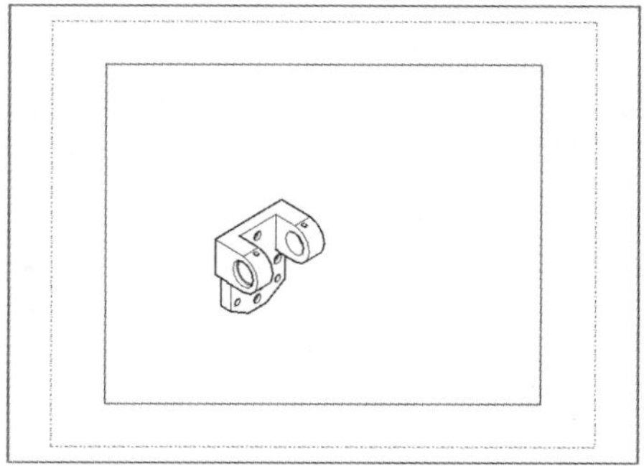

图10-28 打开布局空间并选中视口

Step 02 选中视口边框，按Delete键将其删除，如图10-29所示。

图10-29 删除视口

Step 03 在“布局”选项卡的“布局视口”面板中单击“矩形”按钮，在布局空间指定视口起点，按住鼠标左键框选出视口范围，如图10-30所示。

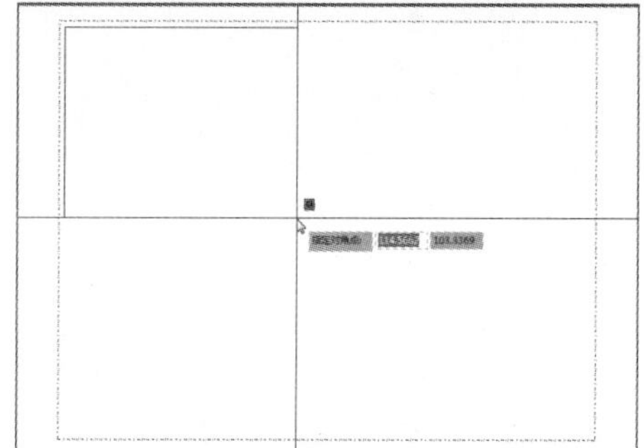

图10-30 框选视口范围

Step 04 视口范围框选完成后，放开鼠标左键，即可完成视口的创建。此时，在该视口中会显示当前图形，如图10-31所示。

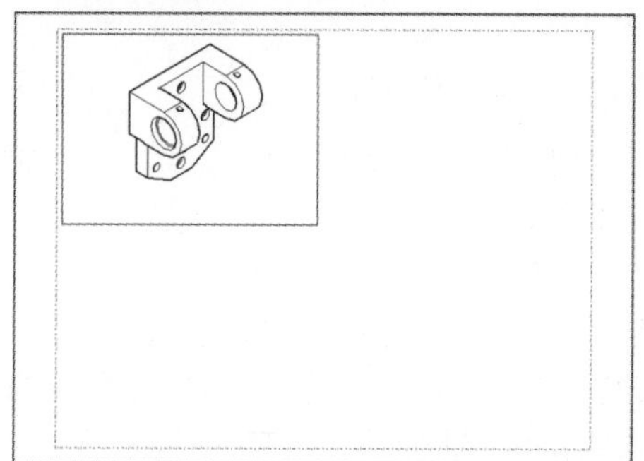

图10-31 创建视口

Step 05 再次执行“矩形”命令，完成其他视口的创建，并调整视图，如图10-32、图10-33所示。

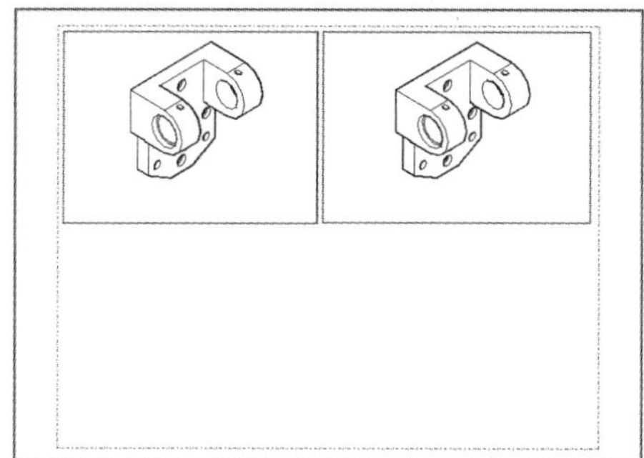

图10-32 创建第二个视口

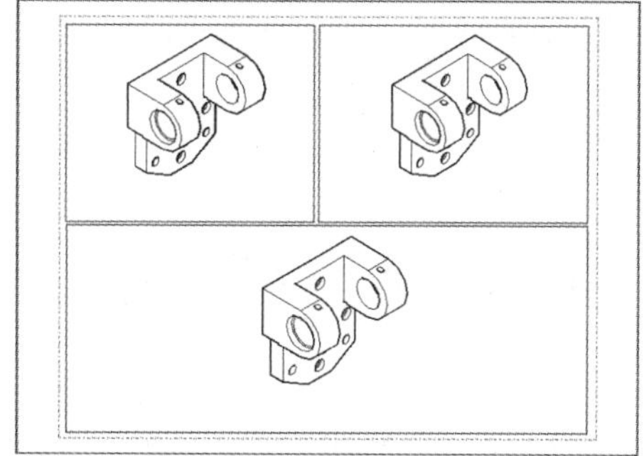

图10-33 创建第三个视口

工程师点拨：其他创建布局视口的方法

除了上述方法创建视口外，用户也可以执行“视图>视口”命令，在打开的列表中选择需要的视口，在布局空间框选视口范围，即可创建新视口。

10.4.2 设置布局视口

布局视口创建完成后，可以根据需要对该视口进行一系列的设置操作，例如视口的锁定、剪裁、显示等。但对布局视口进行设置或编辑时，需要在“图纸”模式下才可以进行，否则将无法设置。

1. 视口对象的锁定

如果想要对布局空间中某个视口对象进行锁定，可以按照如下操作进行。

Step 01 在状态栏中单击“图纸”按钮，启动图纸模式，此时在布局中被选中的视口边框会加粗显示，如图10-34所示。

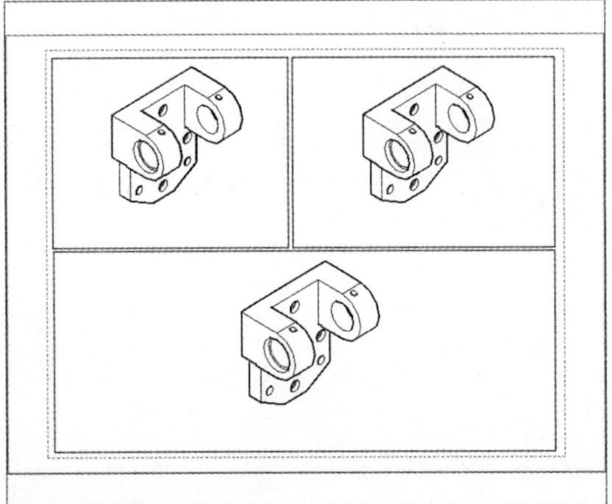

图10-34 启动“图纸”模式

Step 02 在“布局”选项卡的“布局视口”面板中单击“锁定”按钮，选择要锁定的视口边框，被选中的边框以高亮显示，如图10-35所示。

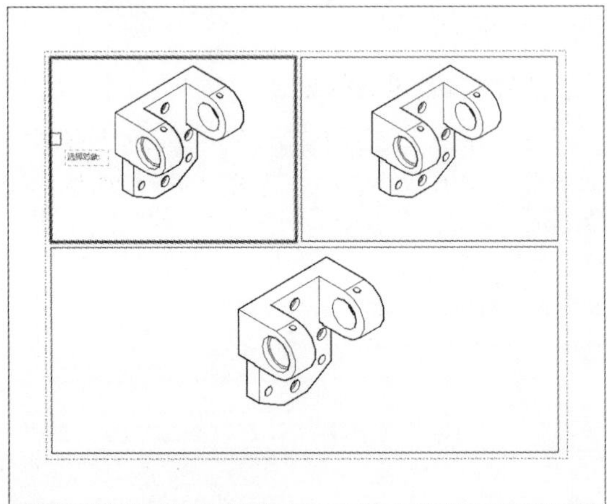

图10-35 选择锁定的视口

Step 03 选择完成后，按Enter键即可锁定该视口，用户不可以对当前视口进行缩放。

若想取消锁定，只需在“布局”选项卡的“布局视口”面板中单击“解锁”按钮，并选中要解锁的视口边框，按Enter键即可。

2. 视口对象的显示

如果想在多个视口中显示不同的视图角度，可以按照以下操作进行设置。

Step 01 双击视口进入可编辑状态，如图10-36所示。

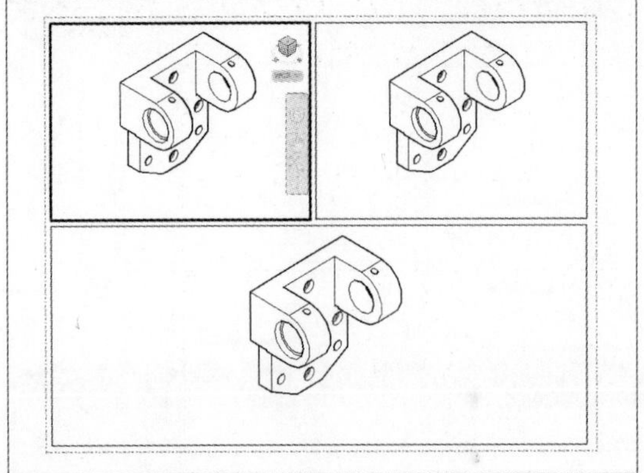

图10-36 选择视口

Step 02 在左上角单击“视图控件”按钮，在展开的列表中选择“俯视”选项，如图10-37所示。

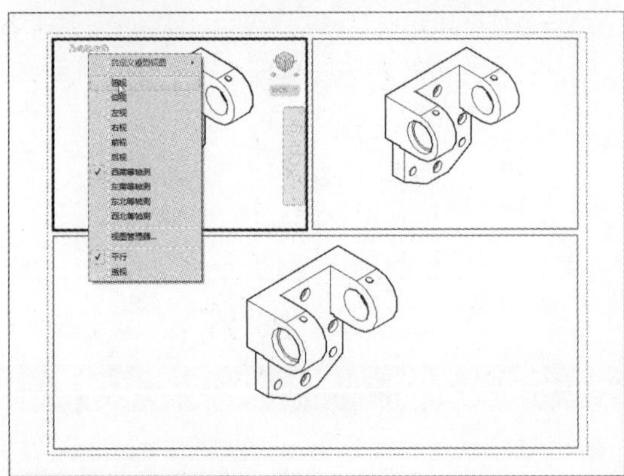

图10-37 选择视图角度

Step 03 选择完成后，被选中的视口已发生相应的变化，如图10-38所示。

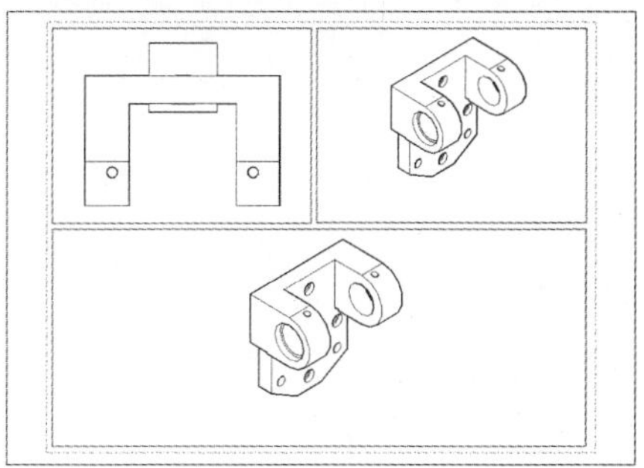

图10-38 俯视图显示

Step 04 继续执行当前命令，完成剩余视口视角的更换，如图10-39所示。

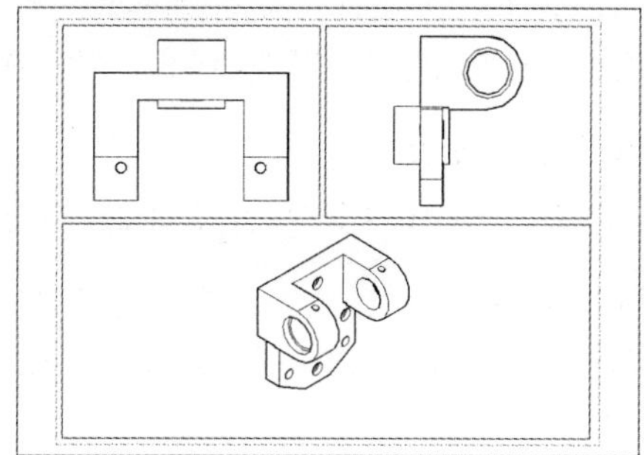

图10-39 视口的显示

3. 视口边界的剪裁

在“布局”选项卡的“布局视口”面板中单击“剪裁”按钮，选中需要剪裁的视口边框，并根据需要绘制剪裁的边线，完成后按Enter键即可。此时，在剪裁界线之外的图形对象会隐藏，如图10-40、图10-41所示。

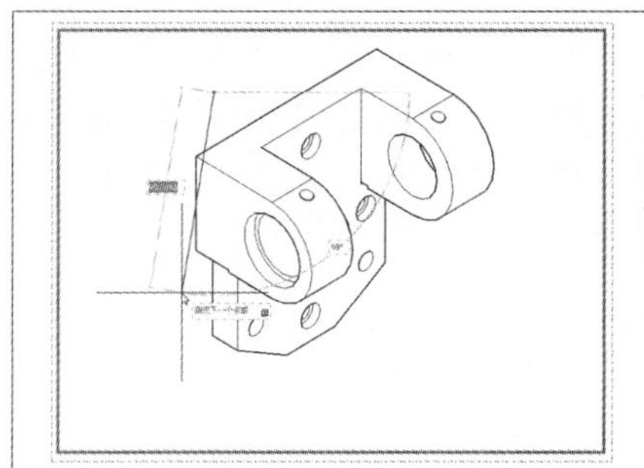

图10-40 绘制裁剪边界

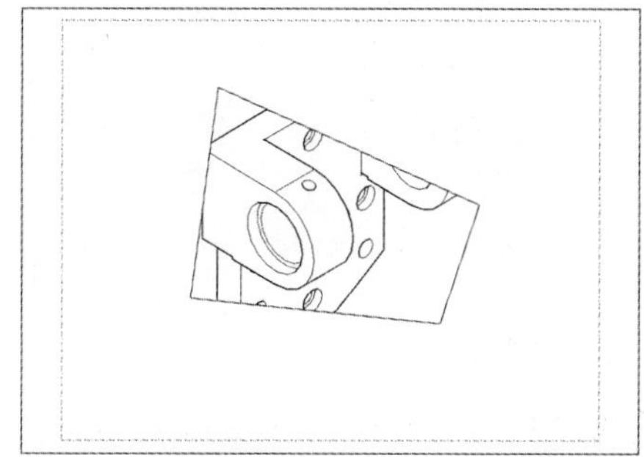

图10-41 完成裁剪

工程师点拨：视口裁剪显示设置

执行“剪裁”命令，只是对视口形状进行裁剪操作，对于实际的图形对象则没有任何影响，只不过在裁剪边线之外所显示的图形会被隐藏。用户只需对图形对象进行缩放操作即可查看到全部图形。

4. 视口对象的编辑

在布局视口中，可以针对当前图形进行编辑操作，其操作与在“模型”模式下相同。若在一个视口中，对图形进行编辑后，其他几个视口都会随之发生变化，如图10-42、图10-43所示。

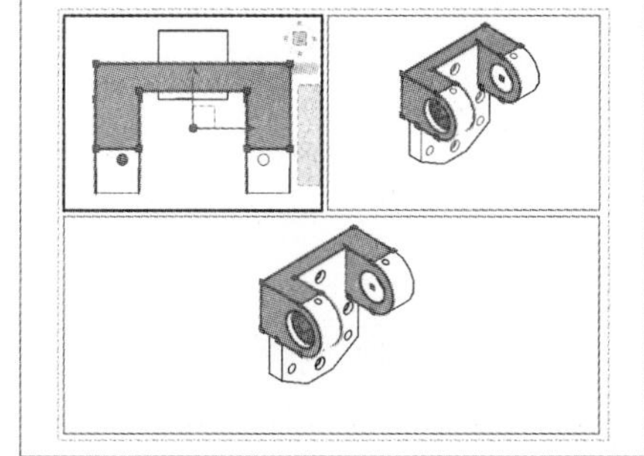

图10-42 选中图形

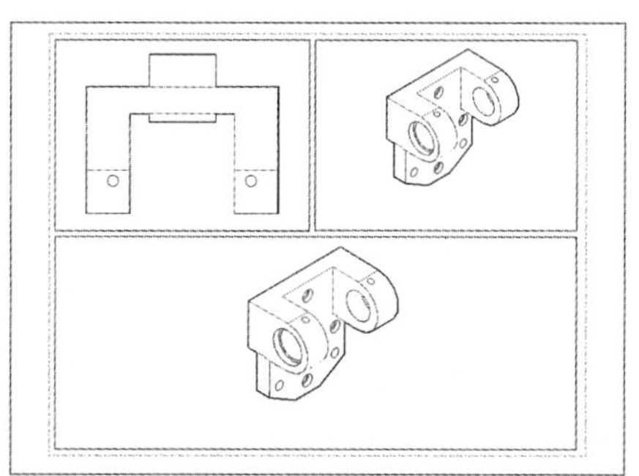

图10-43 改变墙体颜色

10.5 网络的应用

在AutoCAD中可以在Internet上预览建筑图纸、为图纸插入超链接、将图纸以电子形式进行打印，并将设计好的图纸发布到Web供用户浏览等。

10.5.1 在Internet上使用图形文件

AutoCAD中的“输入”和“输出”命令可以识别任何指向AutoCAD文件的有效URL路径。因此用户可以使用CAD在Internet上执行打开和保存文件的操作。

Step 01 执行“菜单浏览器>打开”命令，打开“选择文件”对话框，单击“工具”下拉按钮，从中选择“添加/修改FTP位置”选项，如图10-44所示。

Step 02 在“添加/修改FTP位置”对话框中，根据需要设置FTP站点名称、登录名及密码，依次单击“添加”和“确定”按钮，如图10-45所示。

图10-44 选择相关选项

图10-45 设置相关操作

Step 03 设置完成后，返回至“选择文件”对话框，在左侧列表中选择FTP选项，然后在右侧列表框中双击FTP站点并选择文件，最后单击“打开”按钮即可。

10.5.2 超链接管理

超链接就是将AutoCAD中的图形对象与其他数据、信息、动画、声音等建立链接关系。利用超链接可以实现由当前图形对象到关联图形文件的跳转，其链接的对象可以是现有的文件或Web页，也可以是电子邮件地址等。

1. 链接文件或网页

执行“插入>超链接”命令，在绘图区中选择要进行链接的图形对象，按空格键，打开“插入超链接”对话框，如图10-46所示。

单击“文件”按钮，打开“浏览Web-选择超链接”对话框，如图10-47所示。在此选择要链接的文件并单击“打开”按钮，返回到上一层对话框，单击“确定”按钮完成链接操作。

在带有超链接的图形文件中，将光标移至带有链接的图形对象上时，光标右侧会显示超链接符号，并显示链接文件名称。此时，按住Ctrl键并单击该链接对象，即可按照链接网址切转到相关联的文件中。

下面对“插入超链接”对话框中各选项的含义进行介绍。

- 显示文字：用于指定超链接的说明文字。
- 现有文件或Web页：用于创建到现有文件或Web页的超链接。
- 键入文件或Web页名称：用于指定要与超链接关联的文件或Web页面。
- 最近使用的文件：显示最近链接过的文件列表，可以从中选择链接。
- 浏览的页面：显示最近浏览过的Web页面列表。
- 插入的链接：显示最近插入的超级链接列表。
- 文件：单击该按钮，在“浏览Web-选择超链接”对话框中，指定与超链接相关联的文件。
- Web页：单击该按钮，在“浏览Web”对话框中，指定与超链接相关联的Web页面。
- 目标：单击该按钮，在“选择文档中的位置”对话框中，选择链接到图形中的命名位置。
- 路径：显示与超链接关联的文件的路径。
- 使用超链接的相对路径：用于为超级链接设置相对路径。
- 将DWG超链接转换为DWF：用于转换文件的格式。

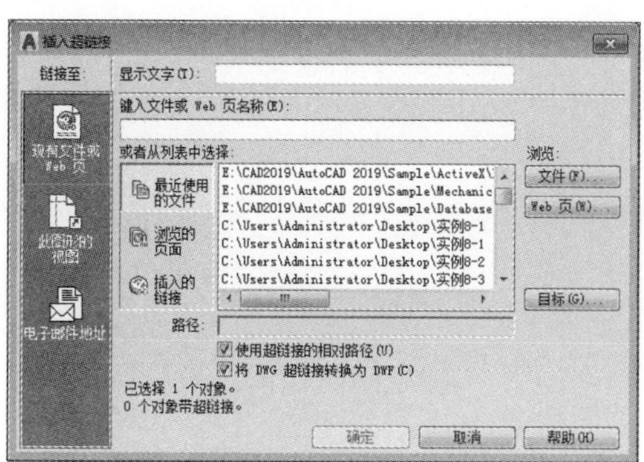

图10-46 “插入超链接”对话框

图10-47 选择需链接的文件

2. 链接电子邮件地址

执行“插入>超链接”命令，在绘图区中选中要链接的图形对象，按空格键，在“插入超链接”对话框中，单击左侧“电子邮件地址”选项卡，如图10-48所示。然后在“电子邮件地址”文本框中输入邮件地址，并在“主题”文本框中输入邮件消息主题内容，单击“确定”按钮即可，如图10-49所示。

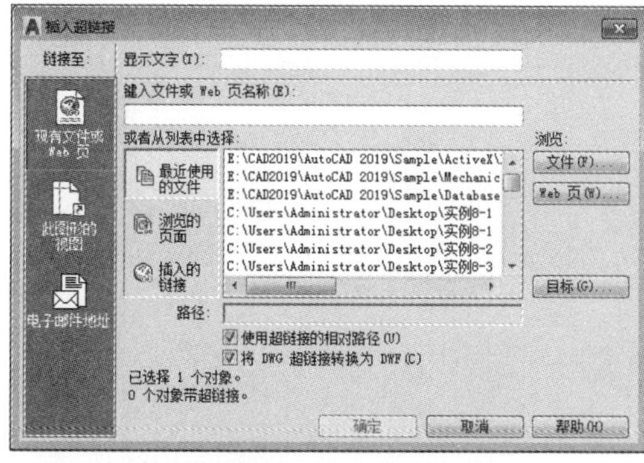

图10-48 选择“电子邮件地址”选项卡

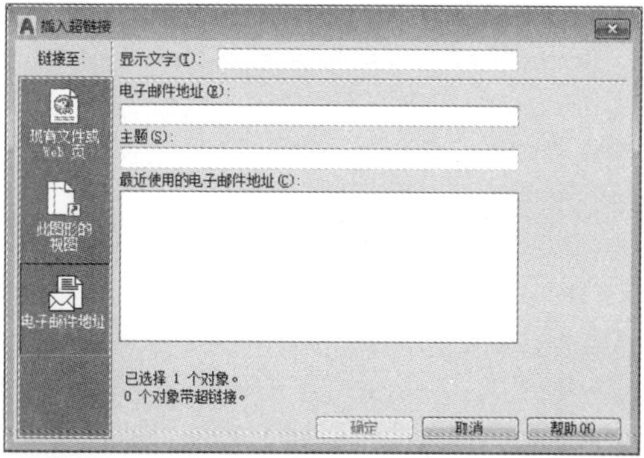

图10-49 输入邮件相关内容

在打开电子邮件超链接时，默认电子邮件应用程序将创建新的电子邮件消息。在此填好邮件地址和主题，最后输入消息内容并通过电子邮件发送。

10.5.3 电子传递设置

在将图形发送给其他人时，常见的一个问题是忽略了图形的相关文件，如字体和外部参照。在某些情况下，没有这些关联文件接受者将无法使用原来的图形。使用电子传递功能，可以自动生成包含设计文档及其相关描述文件的数据包，将数据包粘贴到E-mail的附件中进行发送，这样就能大大简化发送操作，并且保证了发送的有效性。

用户可以将传递集在Internet上发布或作为电子邮件附件发送给其他人，系统会自动生成一个报告文件，其中包括传递集的文件和必须对这些文件所做的处理的详细说明，也可以在报告中添加注释或指定传递集的口令保护。用户可以指定一个文件夹来存放传递集中的各个文件，也可以创建自解压执行文件或Zip文件。

综合实例 —— 打印输出箱体零件模型

本章介绍了图形输入与输出操作。下面将结合前面所学的知识，对客厅平面图纸进行打印并进行超链接操作。其中涉及的命令有打印参数的设置和新建布局视口的设置。

Step 01 打开素材文件，如图10-50所示。

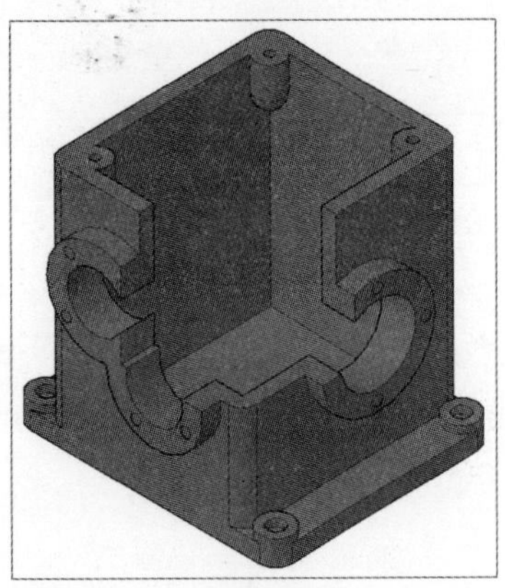

图10-50 打开素材文件

Step 02 单击“布局1”按钮，进入布局空间，如图10-51所示。

图10-51 布局空间

Step 03 删除原有的视口边框，执行“视图>视口>四个视口”命令，在绘图区中创建新视口，如图10-52所示。

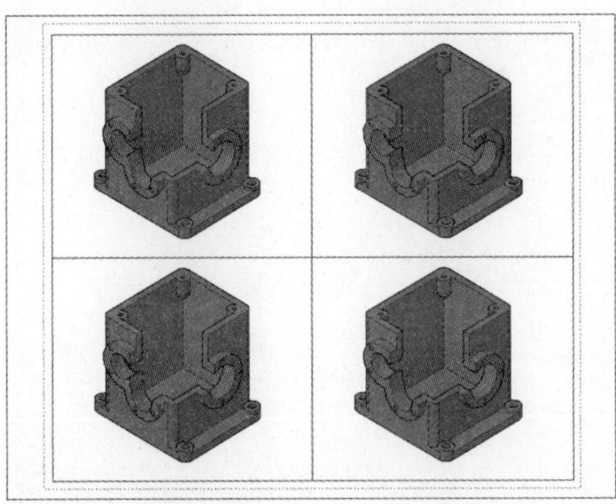

图10-52 创建视口

Step 04 双击视口进入编辑状态，如图10-53所示。

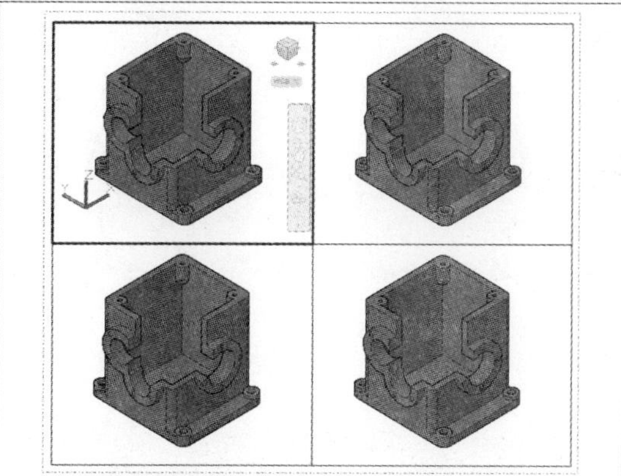

图10-53 进入编辑状态

Step 05 设置视图样式控件为俯视，如图10-54所示。

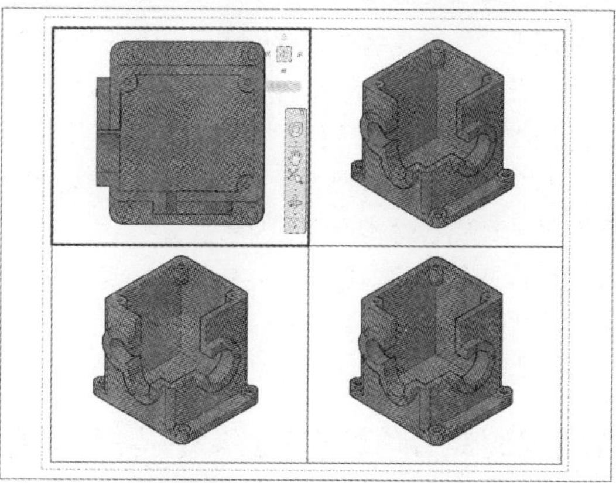

图10-54 设置视图样式

Step 06 按照相同的方法，设置视图样式，如图10-55所示。

图10-55 继续设置视图样式

Step 07 执行“文件>打印”命令，打开“打印-布局1”对话框，设置打印机名称，如图10-56所示。

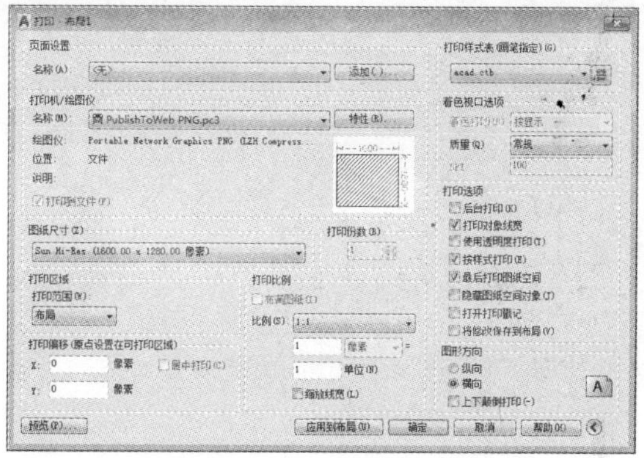

图10-56 设置打印机名称

Step 08 根据需要设置图纸尺寸，设置“打印范围”为“窗口”，如图10-57所示。

图10-57 设置打印范围

Step 09 在绘图区中框选打印范围，如图10-58所示。

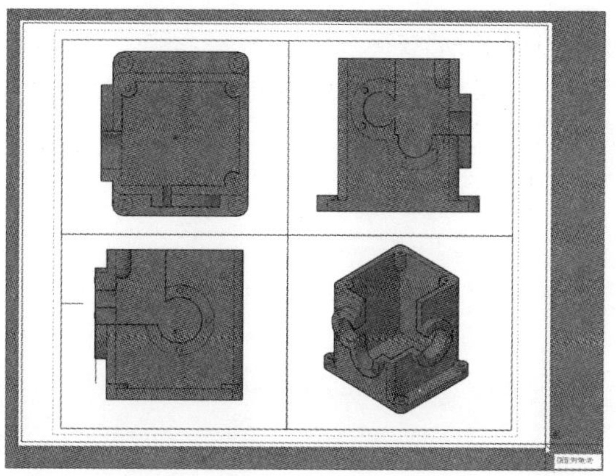

图10-58 框选打印范围

Step 10 返回到“打印-布局1”对话框，分别勾选“居中打印”和“布满图纸”选项，如图10-59所示。

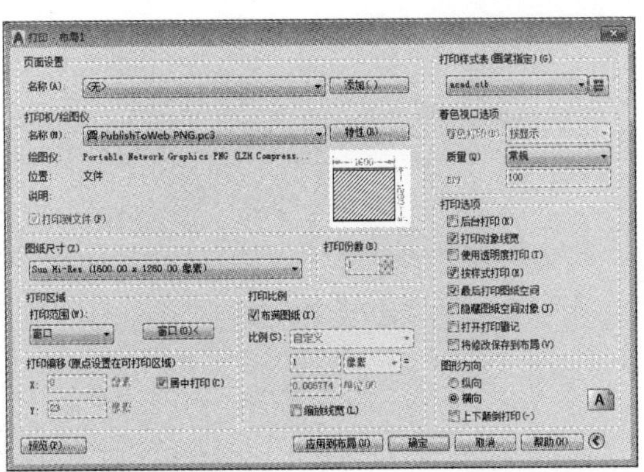

图10-59 设置参数

Step 11 单击“预览”按钮，即可查看预览效果，再单击“打印”按钮，即可对图纸进行打印输出，如图10-60所示。

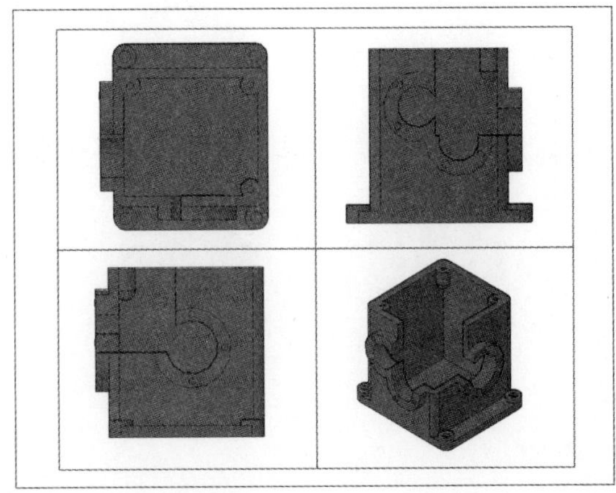

图10-60 预览效果

高手应用秘籍 —— CAD图形的发布

使用CAD软件用户可以在网上发布自己的设计作品，以方便和更多人进行交流学习。下面介绍图形发布的具体操作。

Step 01 打开要发布的图形文件，执行“文件>网上发布”命令，在“网上发布-开始”对话框中，单击“创建新Web页”单选按钮，单击“下一步”按钮，如图10-61所示。

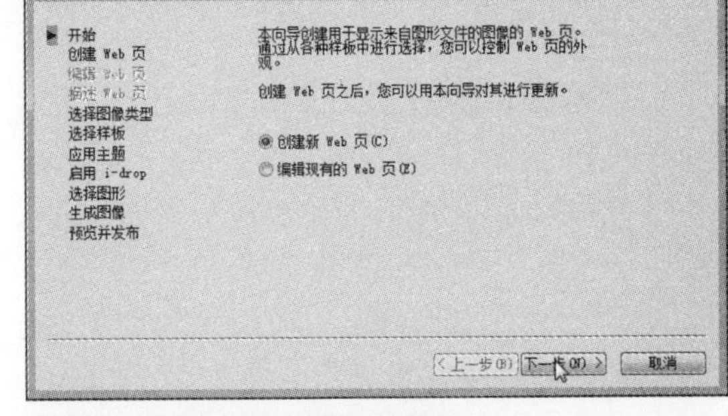

图10-61 “网上发布-开始”对话框

Step 02 在“创建Web页”对话框中输入图纸名称，单击“下一步”按钮，在“网上发布-选择图像类型”对话框中设置图像类型和图像大小，单击“下一步”按钮，如图10-62所示。

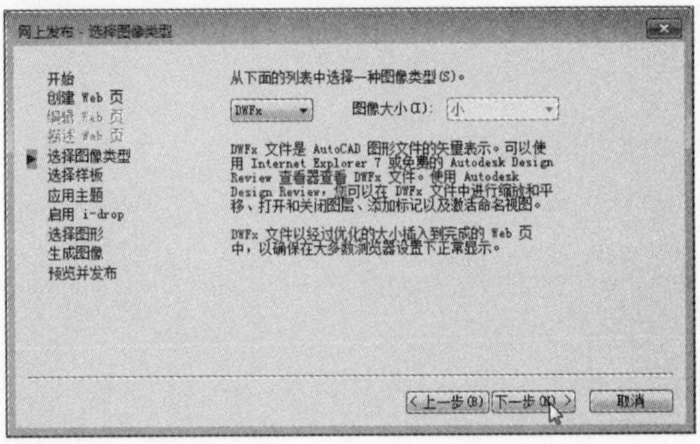

图10-62 创建Web页

Step 03 在“网上发布-选择样板”对话框中选择一个样板，单击“下一步”按钮，在“网上发布-应用主题”对话框中选择一个主题模式，单击“下一步”按钮，在“网上发布-启用i-drop”对话框中勾选“启用i-drop”复选框，单击“下一步”按钮，如图10-63所示。

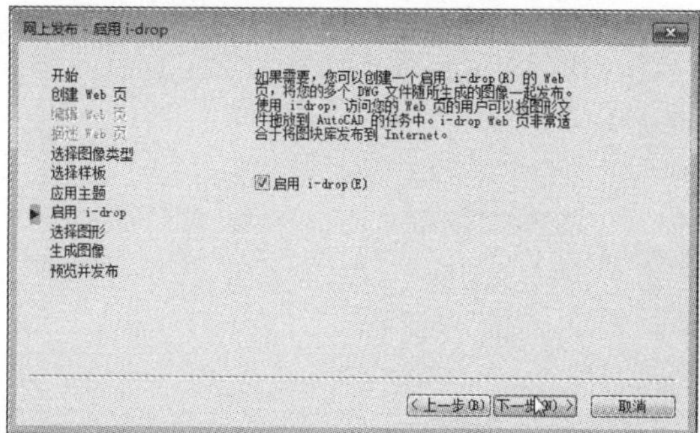

图10-63 设置图形类型和大小

Step 04 在“网上发布-选择图形”对话框中单击“添加”按钮，单击“下一步”按钮。在打开的对话框中单击“重新生成已修改图形的图像”单选按钮，再单击“下一步”按钮，如图10-64所示。

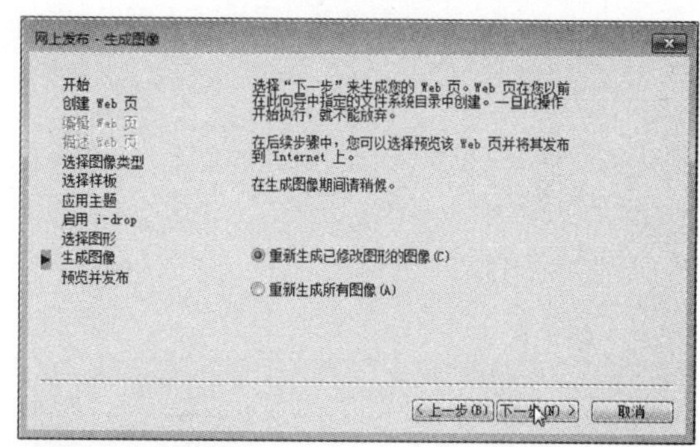

图10-64 选择样板

Step 05 在“网上发布-预览并发布”对话框中单击“预览”按钮，然后单击“立即发布”按钮，在“发布Web”对话框中设置发布文件位置，单击“保存”按钮，如图10-65所示。

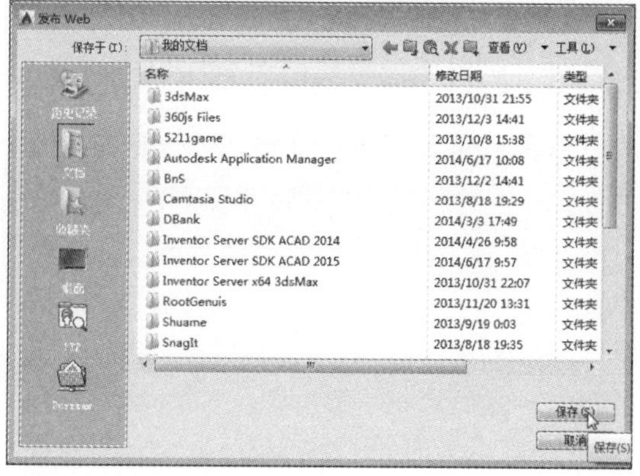

图10-65 保存发布文件位置

Step 06 保存后，会弹出“AutoCAD”提示框，提示“发布成功完成”，如图10-66所示。

图10-66 完成发布

秒杀工程疑惑

在进行CAD操作时，用户经常会遇到各种各样的问题，下面总结一些常见问题进行解答，例如打印设置、打印文件格式、图纸出图比例等问题。

问　题	解　答
在打印图纸时，为什么打印出来的线条全是灰色的	AutoCAD默认的打印颜色是灰色，但用户可以设置打印样式来修改。在“打印-模型”对话框中，单击“打印样式表”下拉列表框，设置打印样式为“monochrome.ctb”，然后单击“打印样式表”选项组中的“编辑”按钮，在弹出的“打印样式表编辑器”对话框中框选所有颜色，将其设置为需要打印的颜色，这样设置后就可以打印出其他颜色了
什么是DXF文件格式	DXF文件为图形交换文件，是一种ASCII文本文件，它包含对应的DWG文件的全部信息，它不是ASCII码形式，可读性差，但采用这种格式形成图形速度快。不同类型的计算机，其DWG文件也是不可交换的。AutoCAD提供了DXF类型文件，其内部为ASCII码，这样不同类型的计算机通过交换DXF文件来达到交换图形的目的，由于DXF文件可读性好，用户可以方便地对它进行修改、编程，来达到从外部图形进行编辑操作的目的
CAD绘图时是按照1:1的比例还是由出图的纸张大小决定的	在AutoCAD里，图形是按“绘图单位”来画的，一个绘图单位就是在图上画1的长度。在出图时有一个打印尺寸和绘图单位的比值关系，打印尺寸按毫米计，如果打印时按1:1来出图，则一个绘图单位将打印出1mm，在规划图中，如果使用1:1000的比例，则可以在绘图时用1表示1m，打印时用1:1出图就行了。实际上，为了数据便于操作，往往用1个绘图单位来表示使用的主单位，比如，规划图主单位为是米，机械、建筑和结构主单位为毫米，在打印时需要注意

Chapter

11

三维绘图环境的设置

使用AutoCAD不仅可以绘制二维平面图形，还可以绘制三维实体模型。与绘制二维图形一样，在绘制三维实体模型之前需要设置绘图环境。本章将详细介绍三维绘图环境的设置操作，主要涉及三维坐标系的设置、三维视图样式的设置以及三维动态显示的设置等知识。通过本章的学习，用户可以掌握三维建模的基本操作。

01 学完本章您可以掌握如下知识点

1. 三维建模坐标系设置	★★
2. 三维视点的设置	★★
3. 三维视图样式的设置	★★★
4. 三维动态的显示设置	★★★

02 本章内容图解链接

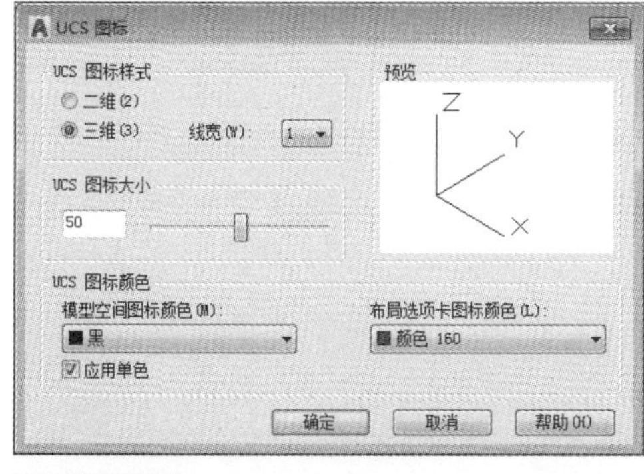

UCS坐标设置

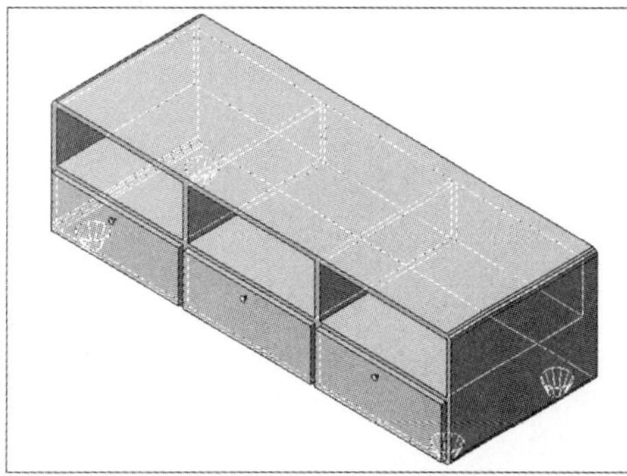
自定义视觉样式

11.1 三维建模的要素

绘制三维图形最基本的要素为三维坐标和三维视图。通常在创建实体模型时，需要使用三维坐标设置功能；在查看模型各角度造型是否完善时，需要使用到三维视图功能。总之，这两个基本要素缺一不可。

11.1.1 创建三维坐标系

在绘制三维模型之前，需要调整好当前的绘图坐标。在AutoCAD中三维坐标可分为两种：世界坐标系和用户坐标系。其中，世界坐标系为系统默认坐标系，它的坐标原点和方向是固定不变的；用户坐标系可以根据绘图需求改变坐标原点和方向，使用起来较为灵活。

1. 世界坐标系

世界坐标系表示方法包括直角坐标、圆柱坐标以及球坐标3种类型。

（1）直角坐标

该坐标又称为笛卡尔坐标，用X、Y、Z三个正交方向的坐标值来确定精确位置，直角坐标可分为两种输入方法：绝对坐标值和相对坐标值。

- 绝对坐标值的输入形式是：X，Y，Z。用户可以直接输入X、Y、Z三个坐标值，并用逗号将其隔开，例如30，60，50。其对应的坐标值为：X为30，Y为60，Z为50。
- 相对坐标值的输入形式是：@X，Y，Z。其中输入的点的坐标表示该点与上一点之间的距离，在输入点坐标前需要添加“@”相对符号。例如@30，60，50，该坐标点表示相对于上一点的X、Y、Z三个坐标值的增量分别为30，60，50。

（2）圆柱坐标

用圆柱坐标确定空间一点的位置时，需要指定该点在XY平面内的投影点与坐标系原点的距离、投影点与X轴的夹角以及该点的Z坐标值。绝对坐标值的输入形式为：XY平面距离<XY平面角度，Z坐标；相对坐标值的输入形式是：@XY平面距离<XY平面角度，Z坐标。

（3）球坐标

用球坐标确定空间一点的位置时，需要指定该点与坐标原点的距离，该点和坐标系原点的连线在XY平面上的投影与X轴的夹角，该点和坐标系原点的连线与XY平面形成的夹角；绝对坐标值的输入形式是：XYZ距离<平面角度<与XY平面的夹角；相对坐标值的输入形式是：@XYZ距离<与XY平面的夹角。

2. 用户坐标系

顾名思义，用户坐标系是用户自定义的坐标系，该坐标系的原点可以指定空间任意一点，同时可以采用任意方式旋转或倾斜其坐标轴。在命令行中输入UCS按Enter键，根据命令行提示，指定X、Y、Z轴方向，即可完成设置，如图11-1、图11-2、图11-3所示。

命令行提示如下：

```
命令： UCS
当前 UCS 名称： *世界*
指定 UCS 的原点或 [面(F)/命名(NA)/对象(OB)/上一个(P)/视图(V)/世界(W)/X/Y/Z/Z 轴(ZA)] <世界>:
指定 X 轴上的点或 <接受>:  <正交 开>
指定 XY 平面上的点或 <接受>:
```

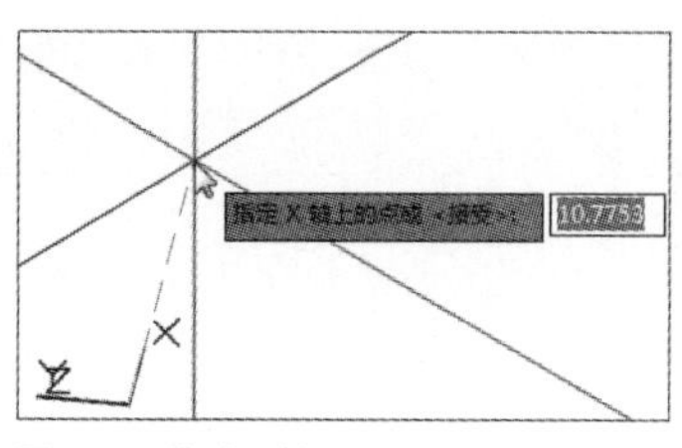

图11-1 指定X轴

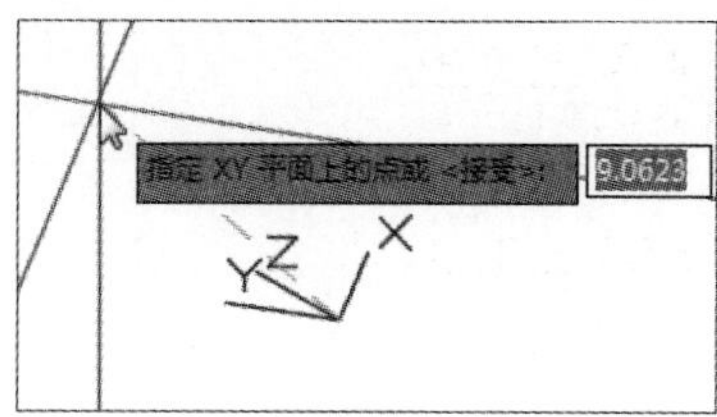

图11-2 指定XY平面

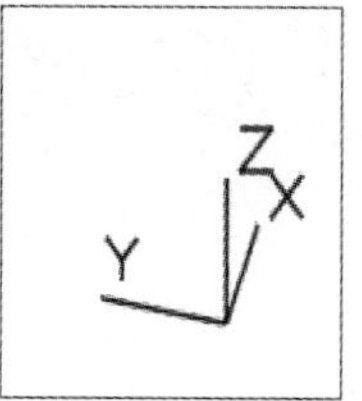

图11-3 完成坐标系的创建

下面对命令行中各选项的含义进行介绍。

- 指定UCS的原点：使用一点、两点或三点定义一个新的UCS。
- 面：用于将UCS与三维对象的选定面对齐，UCS的X轴将与找到的第一个面上的最近边对齐。
- 命名：按名称保存并恢复通常使用的UCS坐标系。
- 对象：根据选定的三维对象定义新的坐标系。
- 视图：以平行于屏幕的平面为XY平面建立新的坐标系，UCS原点保持不变。
- 世界：将当前用户坐标系设置为世界坐标系。
- X/Y/Z：绕指定的轴旋转当前UCS坐标系。
- Z轴：用指定的Z轴正半轴定义新的坐标系。

在AutoCAD中，可以根据需要对用户坐标系特性进行设置。执行“视图>显示>UCS图标>特性”命令，打开“UCS图标”对话框，如图11-4所示。从中可以对坐标系的图标颜色、大小以及线宽选项进行设置，如图11-5所示。

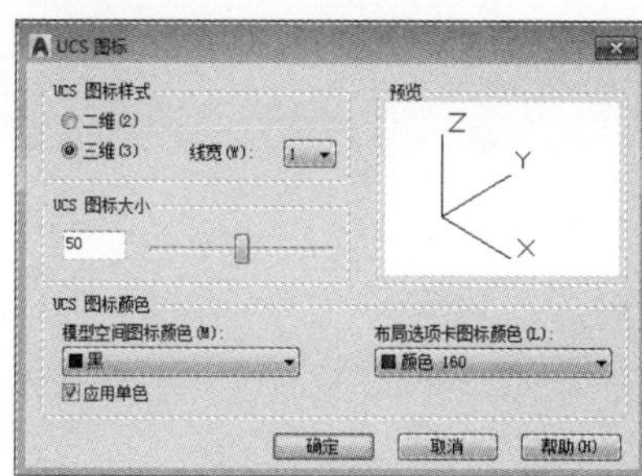

图11-4 “UCS图标”对话框

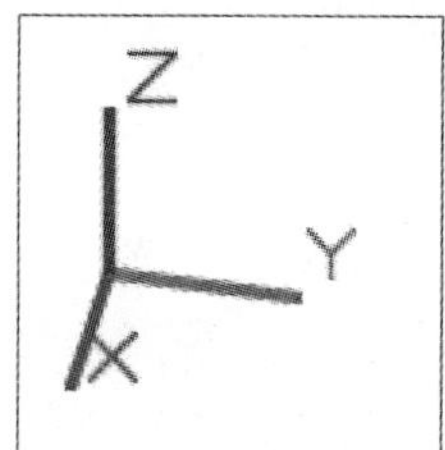

图11-5 设置坐标系效果

如果想要对用户坐标系进行管理设置，在“常用”选项卡的“坐标”面板中，单击右下角的箭头，打开“UCS”对话框。可以根据需要对当前UCS进行命名、保存、重命名以及UCS其他设置操作。其中“命名UCS”选项卡、“正交UCS”选项卡和“设置”选项卡的介绍如下。

- “命名UCS”选项卡：该选项卡主要用于显示已定义的用户坐标系的列表，并设置当前的UCS，如图11-6所示。其中，“当前UCS”用于显示当前UCS的名称；UCS名称列表列出了当前图形中已定义的用户坐标系；单击“置为当前”按钮，将被选UCS设置为当前使用；单击“详细信息”按钮，在“UCS详细信息”对话框中显示UCS的详细信息，如图11-7所示。

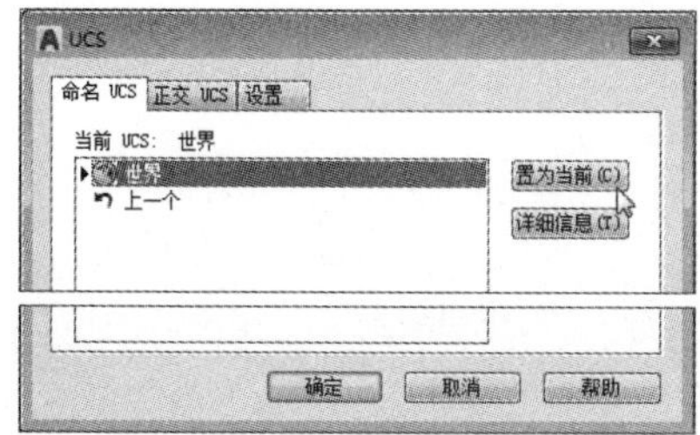

图11-6 “命名UCS”选项卡

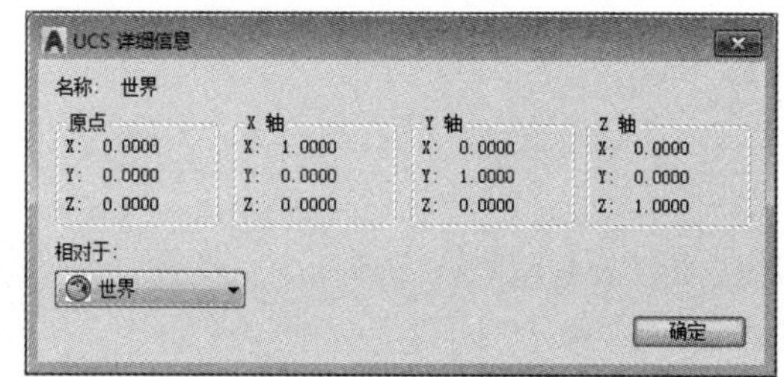

图11-7 “UCS详细信息”对话框

- “正交UCS”选项卡：该选项卡可用于将当前UCS改变为6个正交UCS中的一个，如图11-8所示。其中“当前UCS”列表框中显示了当前图形中的6个正交坐标系；“相对于”列表框用来指定所选正交坐标系相对于基础坐标系的方位。
- “设置”选项卡：该选项卡用于显示和修改UCS图标设置以及保存到当前视口中。其中“UCS图标设置”选项组可以指定当前UCS图标的设置；“UCS设置”选项组可以指定当前UCS设置，如图11-9所示。

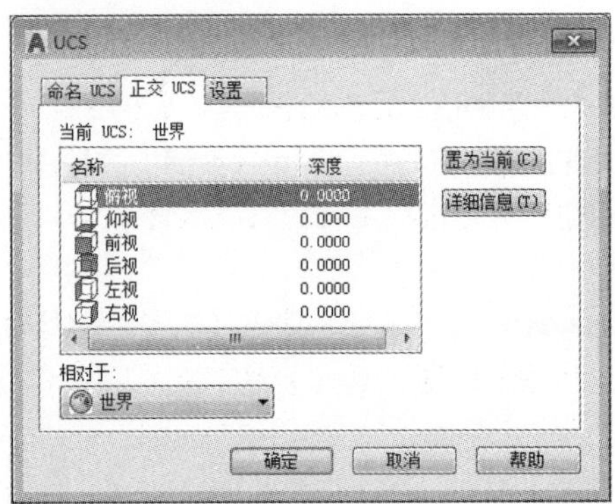

图11-8 “正交UCS”选项卡

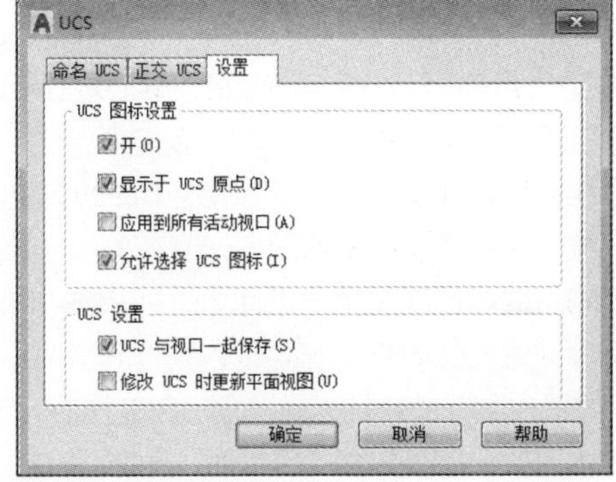

图11-9 “设置”选项卡

11.1.2 设置三维视点

使用三维视点有助于用户从各个角度查看绘制的三维模型。AutoCAD软件提供了多个特殊三维视点，如俯视、左视、右视、仰视、西南等轴测等，当然也可以自定义三维视点来查看模型。

1. 自定义三维视点

用户可以使用以下两种方法根据绘图需要创建三维视点。一种是利用“视点”命令进行设置，另一种是利用“视点预设”对话框进行设置。

（1）使用“视点”命令设置

“视点”命令用于设置窗口的三维视图的查看方向，使用该方法设置视点是相对于世界坐标系而言的。执行“视图>三维视图>视点”命令，在绘图区中会显示坐标球和三轴架，如图11-10所示。将光标移至坐标球上，指定好视点位置，即可完成视点的设置。在移动光标时，三轴架会随着光标的移动而发生变化，如图11-11所示。

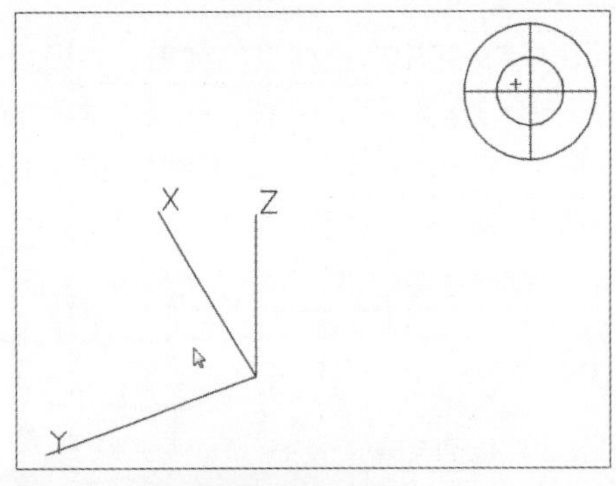

图11-10 移动光标指定视点位置

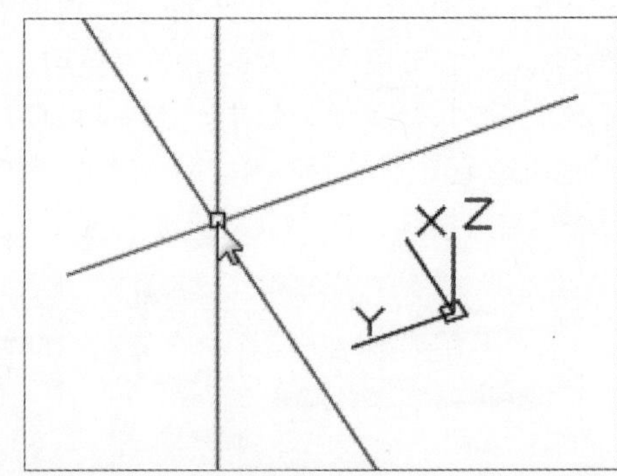

图11-11 完成视点的定位

用户也可以在命令行中输入VPIONT后按Enter键，直接输入X、Y、Z坐标值，再次按Enter键，同样也可以完成视点设置。

命令行提示如下：

```
命令： VPOINT
当前视图方向：  VIEWDIR=0.0000,0.0000,1.0000
指定视点或 [旋转(R)] <显示指南针和三轴架>: 20,50,80                    输入三维坐标点
正在重生成模型。
```

下面对命令行中各选项的含义进行介绍。

- 指定视点：使用输入的X、Y、Z三点坐标创建视点方向。
- 旋转：用于指定视点与原点的连线在XY平面的投影与X轴正方向的夹角，以及视点与原点的连线与XY平面的夹角。
- 显示指南针和三轴架：如果不输入坐标点，直接按Enter键，会显示坐标球和三轴架，用户只需在坐标球中指定视点即可。

（2）使用“视点预设”命令设置

执行“视图>三维视图>视点预设”命令，在“视点预设”对话框中，根据需要选择相关参数选项，即可完成操作，如图11-12所示。

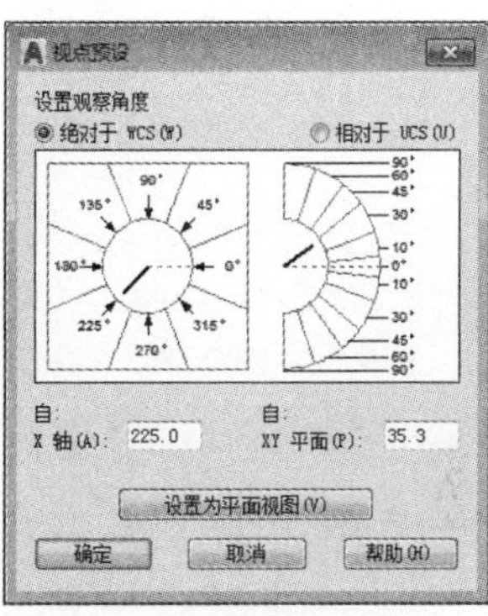

图11-12 “视点预设”对话框

“视点预设”对话框中各选项的含义如下。

- 绝对于WCS：表示相对于世界坐标设置查看方向。
- 相对于UCS：表示相对于当前UCS设置查看方向。
- 自X轴：设置视点和相应坐标系原点连线在XY平面内与X轴的夹角。
- 自XY平面：设置视点和相应坐标系原点连线与XY平面的夹角。
- 设置为平面视图：设置查看角度以相对于选定坐标系显示的平面视图。

2. 设置特殊三维视点

在默认的情况下，系统提供了10种三维视点，在绘制图形时，这些三维视点也经常被用到。执行“视图>三维视图”命令，在视图下拉列表中，根据实际情况选择相应的视点选项。

- 俯视：该视点是从上往下查看模型，常以二维形式显示，如图11-13所示。
- 仰视：该视点是从下往上查看模型，常以二维形式显示。
- 左视：该视点是从左往右查看模型，常以二维形式显示，如图11-14所示。
- 右视：该视点是从右往左查看模型，常以二维形式显示。

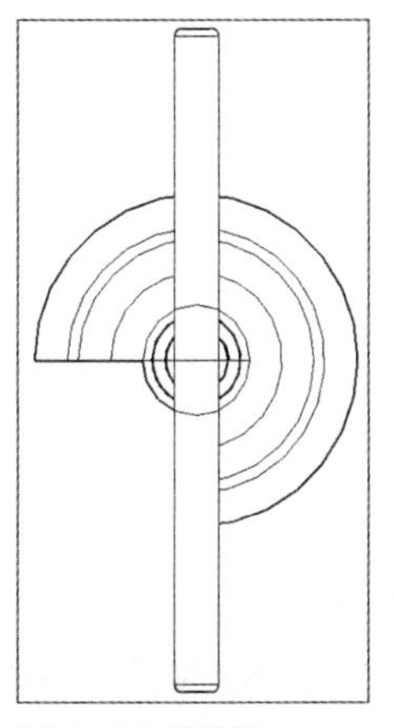
图11-13 俯视图

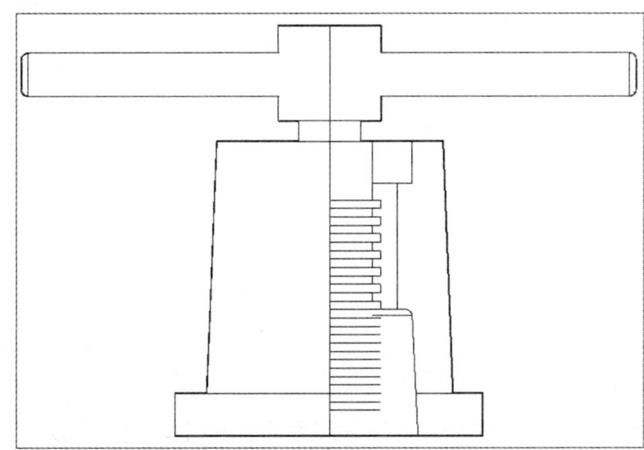
图11-14 左视图

- 前视：该视点是从前往后查看模型，常以二维形式显示，如图11-15所示。
- 后视：该视点是从后往前查看模型，常以二维形式显示。
- 西南等轴测：该视点是从西南方向以等轴测方式查看模型，如图11-16所示。
- 东南等轴测：该视点从东南方向以等轴测方式查看模型。

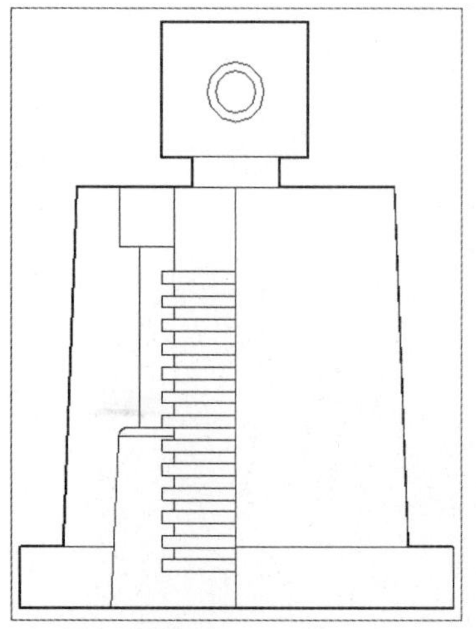

图11-15 前视图

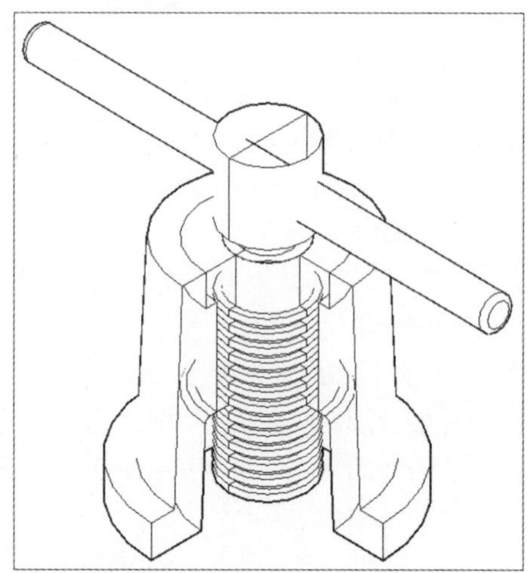

图11-16 西南视图

- 东北等轴测：该视点从东北方向以等轴测方式查看模型，如图11-17所示。
- 西北等轴测：该视点从西北方向以等轴测方式查看模型，如图11-18所示。

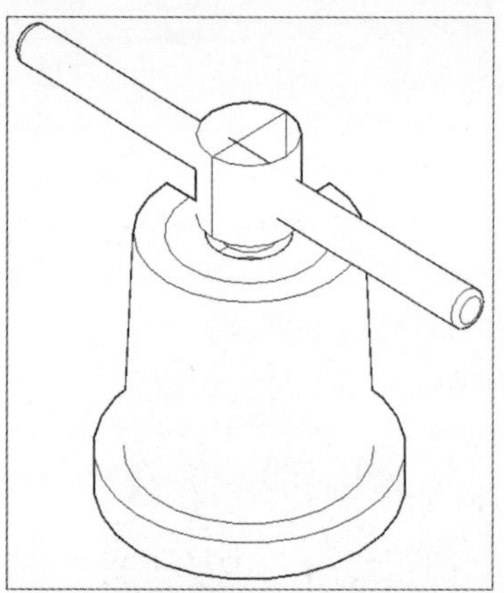

图11-17 东北视图

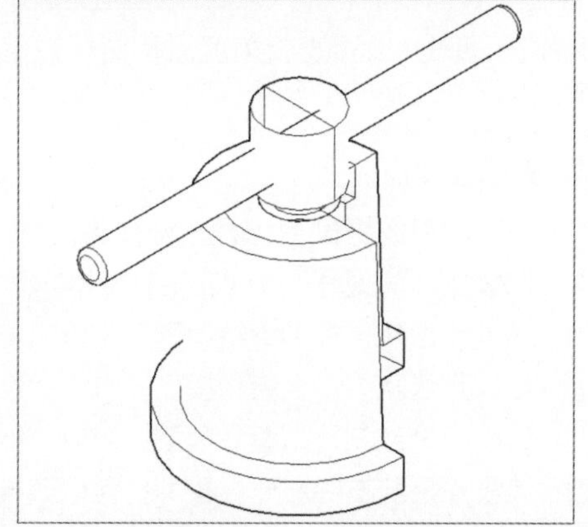

图11-18 西北视图

工程师点拨：切换视点调整模型位置

在三维绘图环境中对模型位置进行移动时，需要来回切换视点查看模型移动情况。因为在当前视点中，将模型移动到合适的位置后，如果切换至另一个视点，此时该模型也许会在其他位置。所以，准确移动模型，需要来回切换视点观察才可以。

11.2 三维视觉样式的设置

通过选择不同的视觉样式可以观察模型不同的显示效果，AutoCAD软件提供了10种视觉样式。当然用户也可以自定义视觉样式，运用视觉样式管理功能，将自定义的样式运用到三维模型中。

11.2.1 视觉样式的种类

AutoCAD的10种视觉样式分别为二维线框、概念、隐藏、真实、着色、带边缘着色、灰度、勾画、线框和X射线。用户可以根据需要来选择视觉样式，从而能够更清楚地查看三维模型。执行“视图>视觉样式”命令，在下拉列表中即可切换样式种类。

- 二维线框样式：二维线框样式是以单纯的线框模式来表现当前模型效果，该样式是三维视觉的默认显示样式，如图11-19所示。
- 概念样式：概念样式是将模型背后不可见的部分进行遮挡，以灰色面显示，从而形成比较直观的立体模型样式，如图11-20所示。

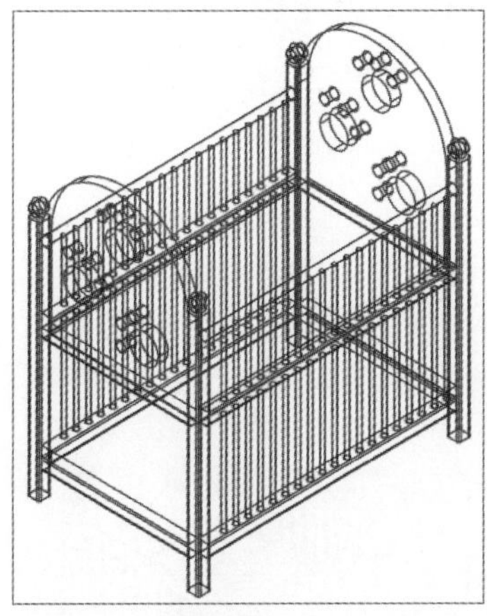

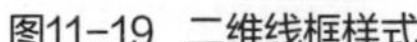
图11-19 二维线框样式

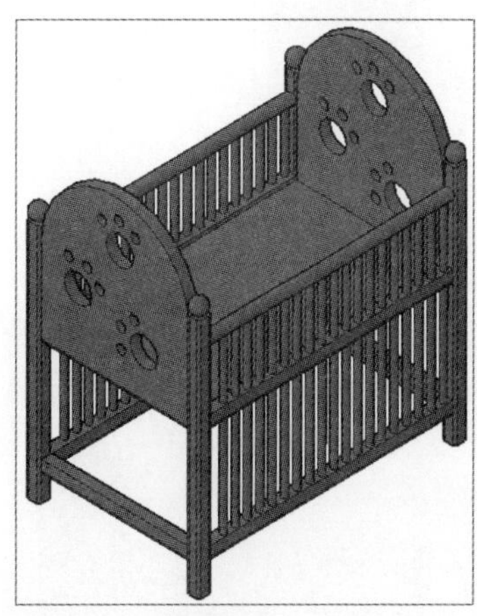

图11-20 概念样式

- 隐藏样式：该视觉样式与概念样式相似，概念样式是以灰度显示，隐藏样式则是以白色显示，如图11-21所示。
- 真实样式：真实样式是在概念样式基础上添加了简略的光影效果，能显示当前模型的材质贴图，如图11-22所示。

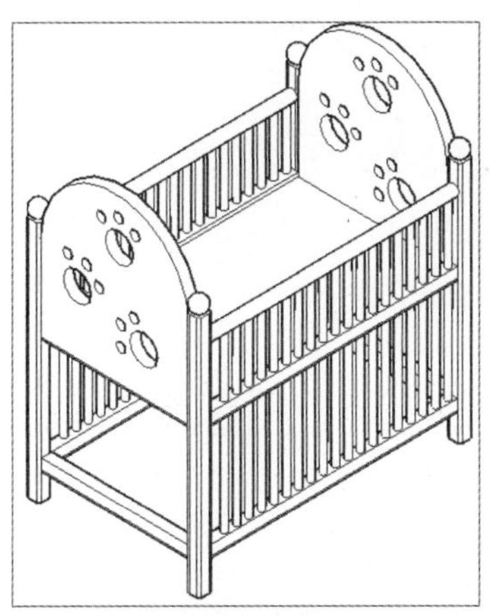

图11-21 隐藏样式

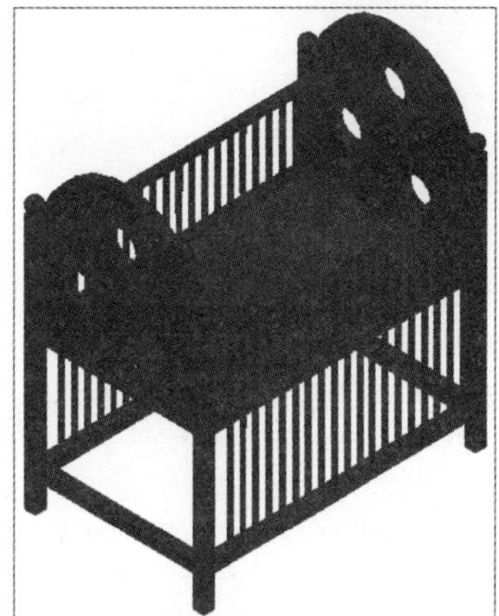

图11-22 真实样式

工程师点拨：视觉样式与灯光的关联

视觉样式只是在视觉上产生了变化，实际上模型并没有改变。在概念视觉样式下移动模型对象可以发现，跟随视点的两个平行光源将会照亮面。这两盏默认光源可以照亮模型中的所有面，以便从视觉上辨别这些面。

- 着色样式：该样式是将当前模型表面进行平滑着色处理，不显示贴图样式，如图11-23所示。
- 带边缘着色样式：该样式是在着色样式的基础上，添加了模型线框和边线，如图11-24所示。

图11-23 着色样式

图11-24 带边缘着色样式

- 灰度样式：该样式是在概念样式的基础上，添加了平滑灰度着色效果，如图11-25所示。
- 勾画样式：该样式是用延伸线和抖动边修改器来显示当前模型手绘图的效果，如图11-26所示。

图11-25 灰度样式

图11-26 勾画样式

- 线框样式：该样式与二维线框样式相似，只不过二维线框样式常常用于二维或三维空间，两者都可以显示，而线框样式只能在三维空间中显示，如图11-27所示。
- X射线样式：该样式在线框样式的基础上，更改面的透明度使整个模型变成半透明状态，并略带光影和材质，如图11-28所示。

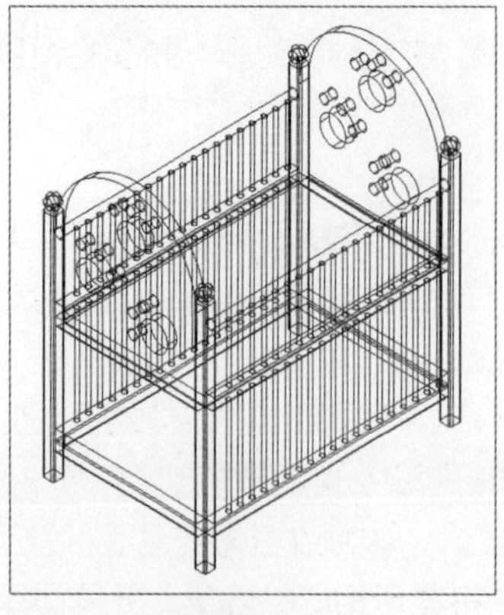
图11-27 线框样式

图11-28 X射线样式

11.2.2 视图样式管理器的设置

除了使用系统自带的几种视觉样式外，用户可以通过“视觉样式管理器”选项板中自定义视觉样式。视觉样式管理器主要显示了在当前模型中可用的视觉样式。执行“视图>视觉样式>视觉样式管理器”命令，即可打开“视觉样式管理器”选项板，如图11-29所示。

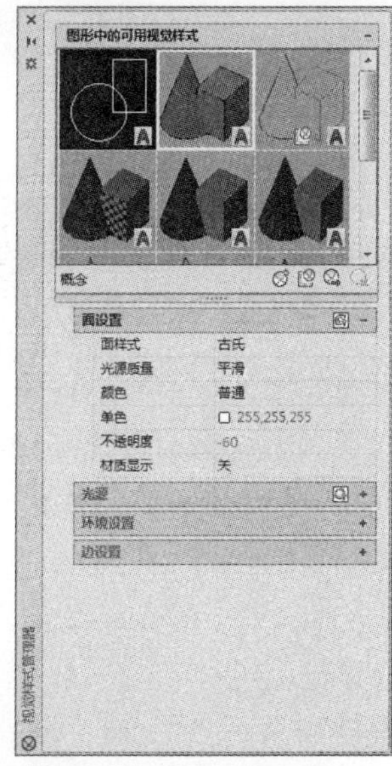

图11-29 视觉样式管理器

1. 视觉样式的设置

“视觉样式管理器”针对模型的四个方面进行设置，包括面设置、光源、环境设置和边设置。

（1）面设置

该选项组用于定义模型面上的着色情况。由于有着各种不同视觉样式，“面设置”选项也会有所不同。在“面设置”选项组中，可以对“面样式”、“光源质量”、“颜色”、“单色”、“不透明度”以及“材质显示”几项参数进行设置。

- 面样式：该选项可以对当前模型的视觉样式进行选择。其中包括“真实”、“古氏”和“无”3种样式。用户可以选择一种作为基础样式。
- 光源质量：该选项主要对当前模型的光源平滑度进行选择。其中有“镶嵌面”、“平滑”和“最平滑”3种选项可供选择。“镶嵌面”光源会为每个面计算一种颜色，对象将显示得更加平滑；“平滑”光源通过将多边形各面顶点之间的颜色计算为渐变色，可以使多边形各面之间的边变得平滑，从而使对象具有平滑的外观。
- 颜色：该选项可以选择填充颜色的样式。有4种选项可供选择，其中包括“普通”、“单色”、“明”和“降饱和度”。
- 单色：该选项可以选择填充的颜色。需要注意的是，当“颜色”设为“单色”或“明”时，该选项才可用，否则不可用。
- 不透明度：该选项可以对模型透明度进行设置。
- 材质显示：该选项可以选择是否显示当前模型的材质。

（2）光源

该选项组用于模型光照的亮度和阴影设置。

- 亮显强度：该选项用于设置模型光照强度和反光度。该选项只能在“着色”和“带边缘着色”两种视觉样式下可用。
- 阴影显示：该选项用于模型阴影的设置。其中“映射对象阴影”是模型投射到其他对象上的阴影；“地面阴影”是模型投射到地面上的阴影；“无”是无阴影。

（3）环境设置

该选项组可以使用颜色、渐变色填充、图像或阳光与天光作为任何模型的背景，即使其不是着色对象。背景选项用于是否显示环境背景。需注意的是，要使用背景需要创建一个带有背景的命名视图。

（4）边设置

该选项组中的选项是根据不同的视觉样式而设定的。不同类型的边样式可以使用不同的颜色和线型来显示。用户还可以添加特效效果，例如对边缘的抖动和外伸。

在着色模型或线框模型中，将边模式设置为“素线”，边修改器将被激活，分别设置外伸的长度和抖动的程度后，单击“外伸边”和“抖动边”按钮，将显示相应的效果。外伸边是将模型的边沿四周外伸，抖动边将边进行抖动，看上去就像是用铅笔绘制的草图。

工程师点拨："二维线框"视觉样式选项组介绍

在"视觉样式管理器"面板中，若选择"二维线框"视觉样式后，会显示"二维线框选项"、"二维隐藏-被阻挡线"、"二维隐藏-相交边"、"二维隐藏-其他"以及"显示精度"这5组选项。它与其他视觉样式的选项组不一样。

2. 视觉样式的管理

在"视觉样式管理器"选项板中，单击"创建新的视觉样式"按钮，在"创建新的视觉样式"对话框中，输入新样式名称，单击"确定"按钮，如图11-30所示。此时在"视觉样式管理器"选项板的样式浏览区域中，可以显示新创建的样式，如图11-31所示。

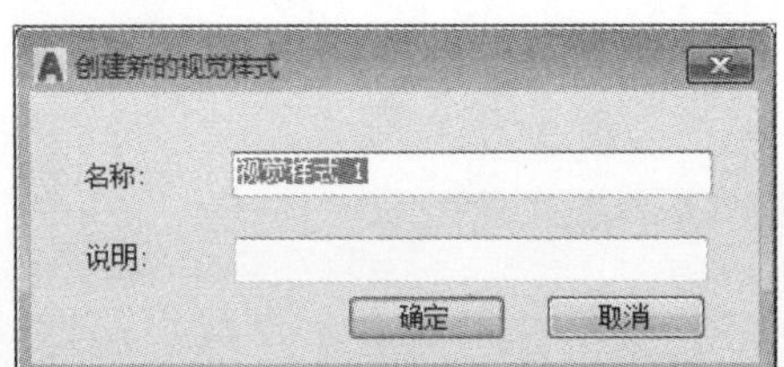

图11-30　输入新的视觉样式名称

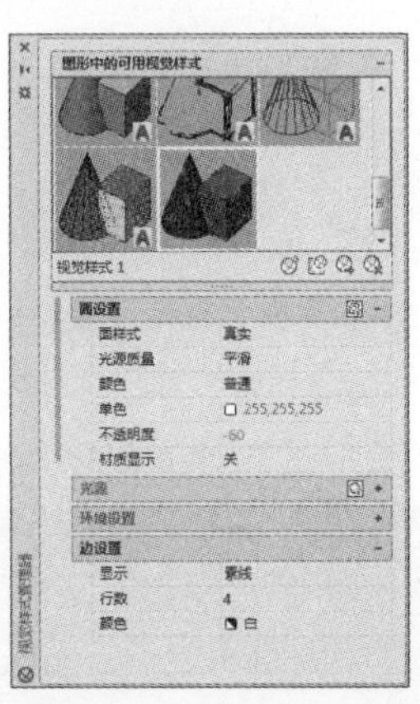

图11-31　完成新的视觉样式的创建

如果想删除多余的样式，可以在样式浏览视图中选择要删除的视觉样式并单击鼠标右键，在快捷菜单中选择"删除"选项即可，如图11-32、图11-33所示。

如果想将选定的视觉样式应用于当前视口，可以在该选项板中单击"将选定样式应用于当前视口"按钮。同样地，选择所需的样式，单击鼠标右键，在快捷菜单中选择"应用于当前视口"选项，也可完成操作，如图11-34所示。

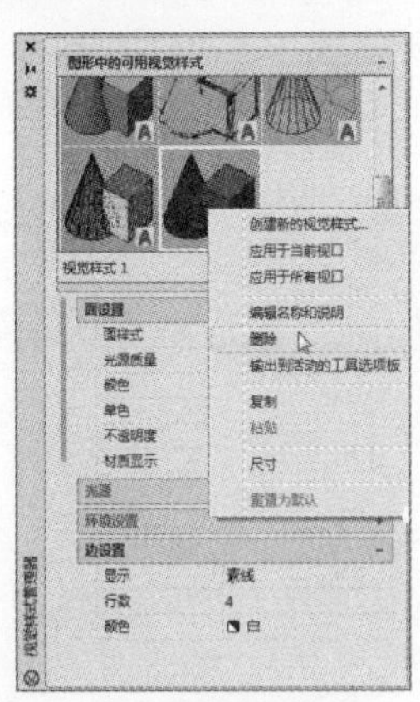

图11-32　删除视觉样式

图11-33　完成删除操作

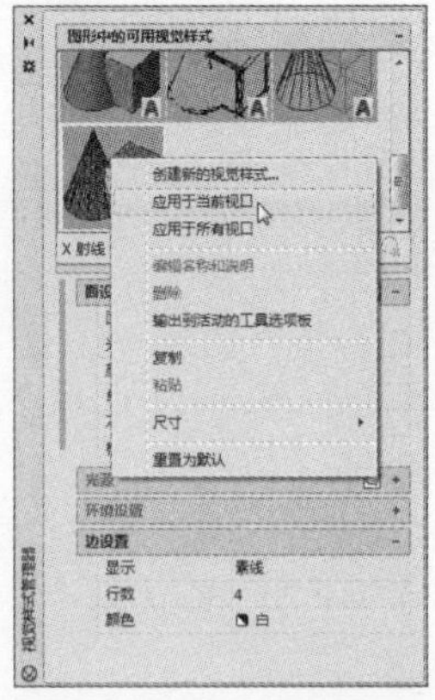

图11-34　应用于当前视口

工程师点拨：无法删除的视觉样式

在进行视觉样式删除操作时需注意，系统自带的10种视觉样式以及应用于当前视口的样式是无法删除的。

11.3 三维动态的显示设置

AutoCAD软件中的三维动态显示功能是一个很实用的工具。使用这些动态显示工具能够更好地观察三维模型，从而方便用户对模型进行编辑修改。

11.3.1 使用相机

在AutoCAD软件中，除了前面介绍的几种视点外，也可以使用相机功能对当前模型任意一个角度进行查看。通常相机功能与运动路径动画功能一起使用。

实例11-1 下面举例介绍其操作方法。

Step 01 打开素材文件，执行“视图>创建相机”命令，指定好相机位置，如图11-35所示。

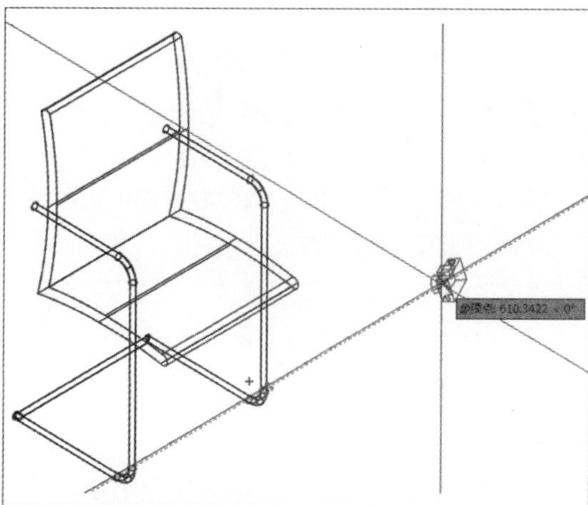

图11-35 指定相机位置

Step 02 根据命令行提示指定视点位置，如图11-36所示。

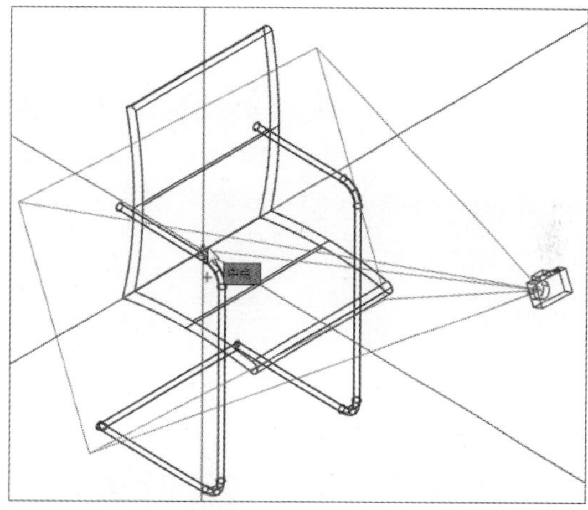

图11-36 指定视点位置

Step 03 在打开的快捷菜单中选择“高度”选项，如图11-37所示。

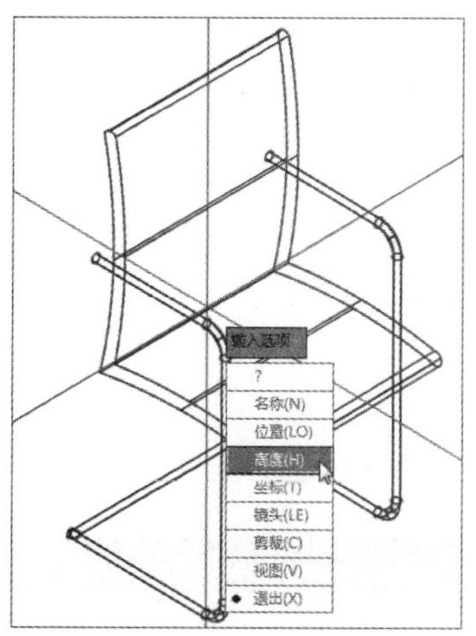

图11-37 选择“高度”选项

Step 04 根据命令行提示，输入相机高度值，这里输入400，如图11-38所示。按两次Enter键，完成相机的创建操作。

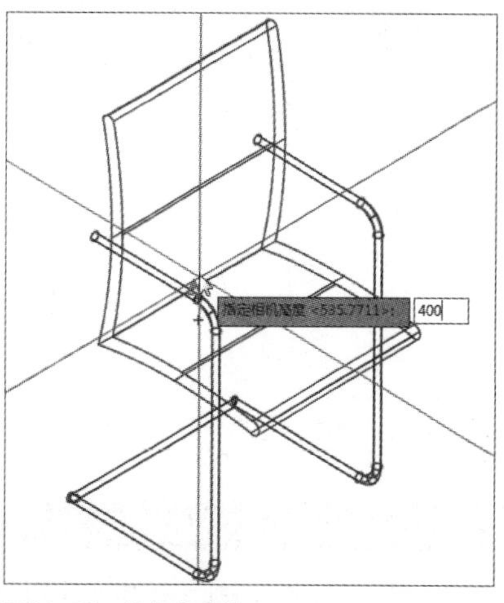

图11-38 输入高度值

Step 05 选中相机图标，会打开“相机预览”窗口，将当前视图样式切换至俯视图，选中相机，并按住鼠标左键不放，拖动鼠标至满意位置，此时在“相机预览”对话框中可以查看调整的结果，如图11-39所示。

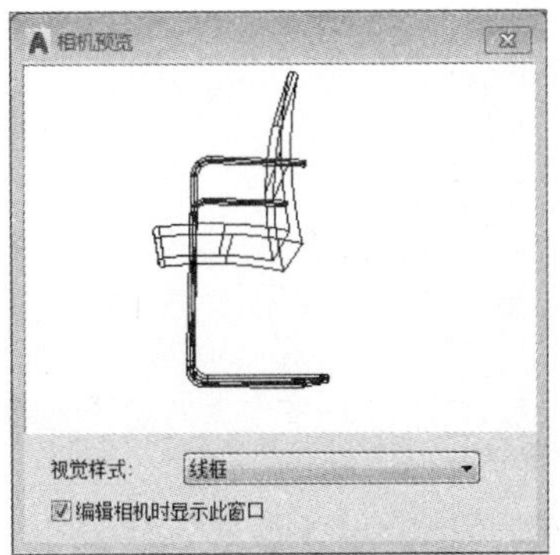

图11-39 “相机预览”对话框

Step 06 将当前视图切换至左视图，选中相机将其调整至合适角度，如图11-40所示。

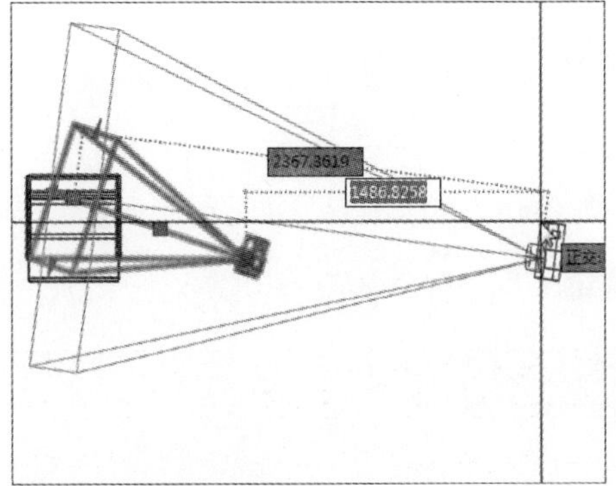

图11-40 调整相机视角

Step 07 在“相机预览”窗口中，将“视觉样式”设为“隐藏”，如图11-41所示。

图11-41 “隐藏”视觉样式

Step 08 将视图设为西南等轴测图。在命令行中输入UCS命令后，按两次Enter键，将其设为默认坐标。执行“圆”命令，以座椅底部中心点为圆心，绘制半径为2000的圆形，如图11-42所示。

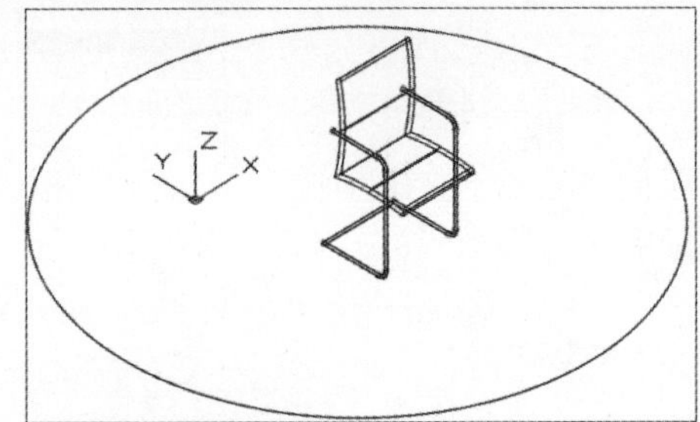

图11-42 绘制圆形路径

Step 09 执行“视图>运行路径动画”命令，在“运动路径动画”对话框中，单击“相机链接至路径”按钮，在绘图区中选择圆形路径，在“路径名称”对话框中输入路径名，单击“确定”按钮，如图11-43所示。

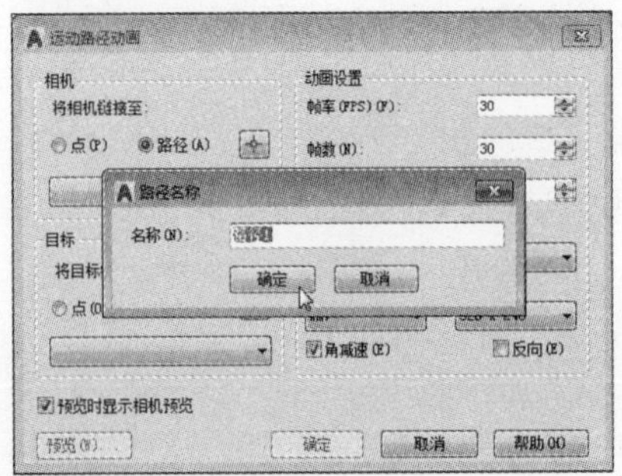

图11-43 设置路径名称

Step 10 在“将目标链接至”选项组中单击“点”单选按钮，然后在绘图区指定视点位置，根据提示为点命名，如图11-44所示。

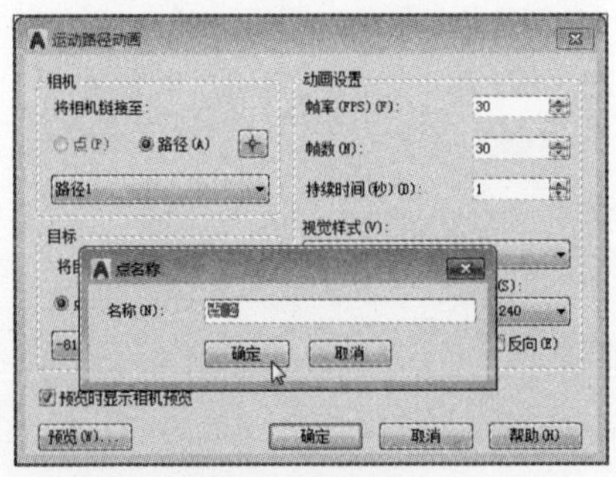

图11-44 设置视点位置及名称

Step 11 将“持续时间”数值设为5，单击“预览”按钮即可预览当前动画，如图11-45所示。单击“确定”按钮，将其保存为运动动画短片。

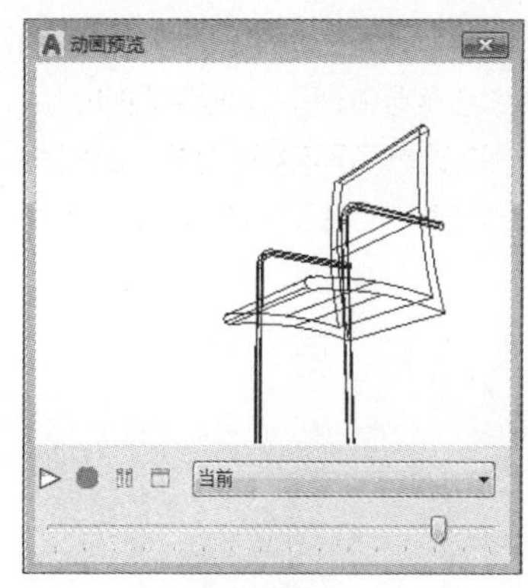

图11-45 预览动画效果

11.3.2 使用动态观察器

三维动态观察器在绘制三维模型中常常被用到，用户可以使用观察器对该模型进行查看。动态观察器提供了3种动态观察模式，分别为“受约束的动态观察”、“自由动态观察”以及“连续动态观察”。

- 受约束的动态观察：执行“视图>动态观察>受约束的动态观察”命令，按住鼠标左键，移动鼠标，此时模型会随着鼠标移动而发生变化。当鼠标停止移动后，该模型也会停止在某个视角不动。
- 自由动态观察：执行“视图>动态观察>自由动态观察”命令，在绘图区会显示一个圆球的空间。按住鼠标左键，移动光标可以拖动该模型旋转，当光标移至圆球不同部位时，可以使用不同的方式旋转模型，如图11-46所示。
- 连续动态观察：执行“视图>动态观察>连续动态观察”命令，可以连续查看模型运动的情况。用户只需按住鼠标左键，向某方向移动，指定旋转方向后释放鼠标，此时该模型将自动在自由状态下进行旋转。如果鼠标移动速度慢，其模型旋转速度也慢。反之，鼠标移动速度快，其模型旋转速度也快。最后按Esc键即可退出动态观察模式。

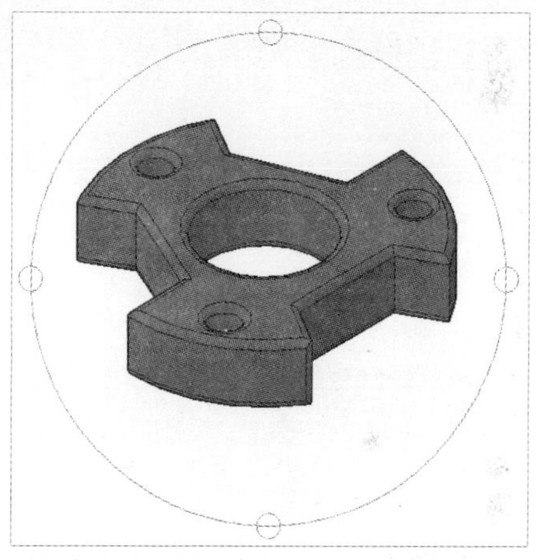

图11-46 自由动态观察

11.3.3 使用漫游与飞行

在AutoCAD中，用户可以在漫游或飞行模式下通过键盘和鼠标来控制视图显示。使用漫游功能查看模型时，其视平面将沿着XY平面移动；而使用飞行功能时，其视平面将不受XY平面约束。

执行“视图>漫游和飞行”命令，在级联菜单中选择“漫游”选项，在打开的提示框中单击“修改”按钮，打开“定位器”面板，将光标移至缩略视图上，光标会变换成手形，此时用户可以对视点位置及目标视点位置进行调整，如图11-47所示。调整好后，利用鼠标滚轮上下滚动，或使用键盘的方向键，即可对当前模型进行漫游操作。

“飞行”功能操作与“漫游”操作相同，二者的区别在于查看模型的角度不一样。

执行“视图>漫游和飞行>漫游和飞行设置”命令，在打开的“漫游和飞行设置”对话框中，用户可以对定位器、漫游/飞行步长以及每秒步数进行设置，如图11-48所示。其中“漫游/飞行步长”和“每秒步数”数值越大，视觉滑行的速度越快。

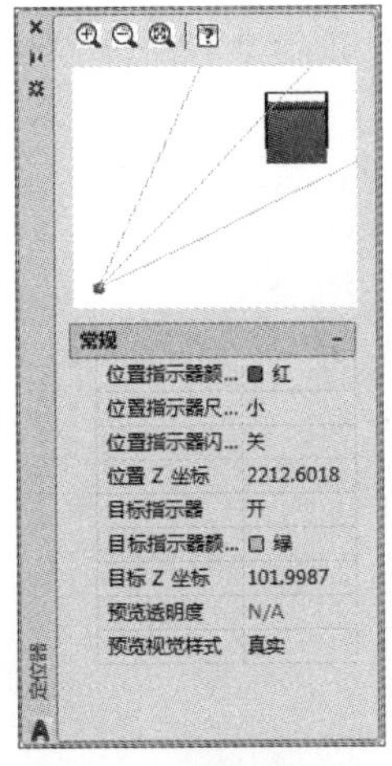

图11-47 设置定位器

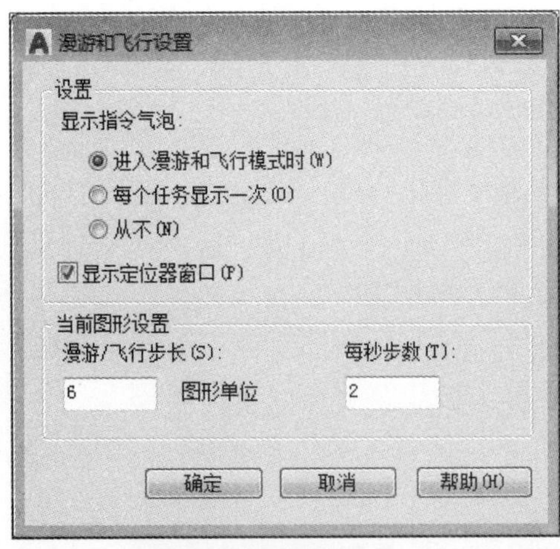

图11-48 设置漫游和飞行参数

综合实例 —— 创建并保存新视觉样式

本章简单介绍了视图样式管理器的功能。下面将以创建“单色透视”视图样式为例，来介绍如何在视图样式管理器中新建和保存视图样式的操作。

Step 01 打开素材文件，在“常用”选项卡的“视图”面板中，单击“视觉样式”下三角按钮，在展开的样式列表中选择“视觉样式管理器”选项，如图11-49所示。

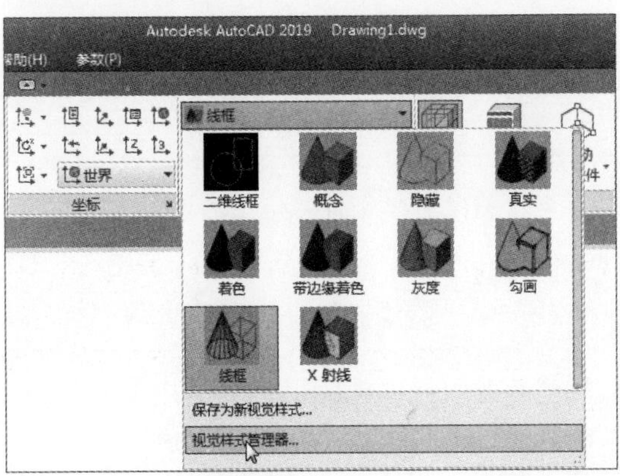

图11-49 选择“视觉样式管理器”选项

Step 02 在“视觉样式管理器”选项板中，单击“创建新的视觉样式”按钮，如图11-50所示。

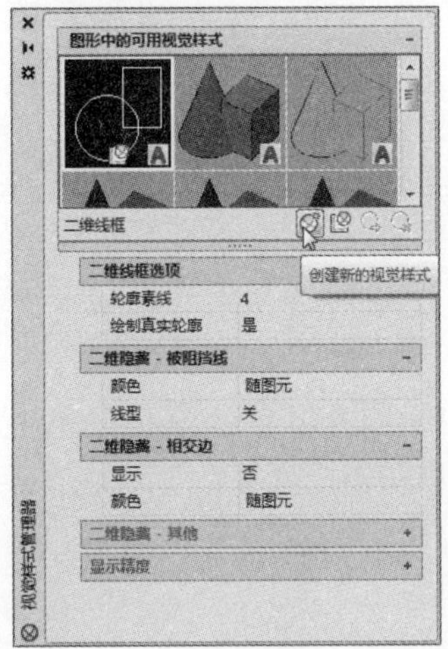

图11-50 单击“创建新的视觉样式”按钮

Step 03 在“创建新的视觉样式”对话框中，输入新样式名称，单击“确定”按钮，如图11-51所示。

创建新的视觉样式

名称: 单色透视

说明:

确定 取消

图11-51 输入新样式名称

Step 04 此时在该选项板中的“图形中的可用视觉样式”列表中，已显示刚创建的视觉样式，如图11-52所示。

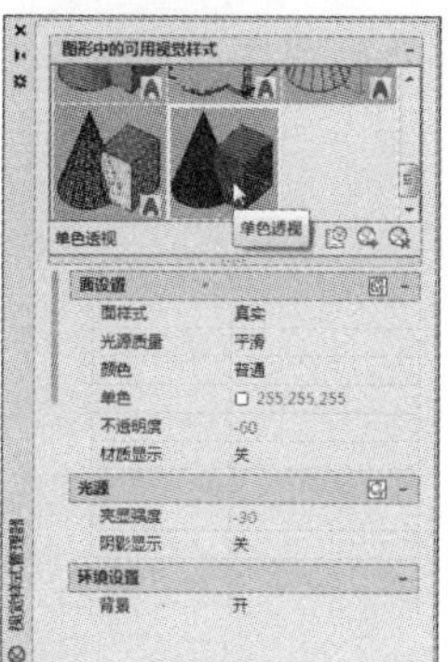

图11-52 显示新样式

Step 05 在该选项板的“面设置”选项组中，将“面样式”设为“古氏”选项，将“颜色”设为“单色”选项，如图11-53所示。

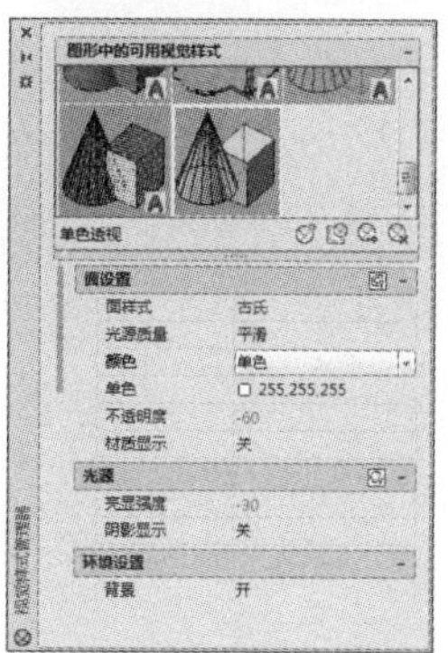

图11-53 设置“面”参数

Step 06 在“边设置”选项组中，将“显示”设为“镶嵌面边”。在“被阻挡边”选项组中，将“线型”设为“点”。在“轮廓边”选项组中，将“宽度”设为8，如图11-54所示。

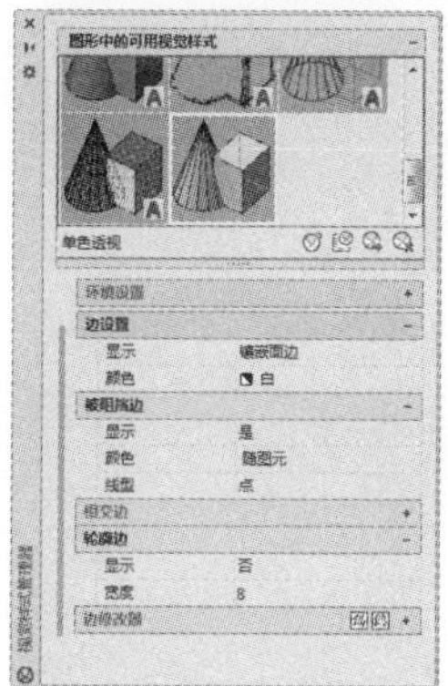

图11-54 设置其他参数

Step 07 设置完成后，此时新建样式也随之发生变化。关闭“视觉样式管理器”选项板。再次单击“视图样式”下三角按钮，在其下拉列表中选择“单色透视”样式，将其设为当前样式，然后再选择“保存为新视觉样式”选项，如图11-55所示。

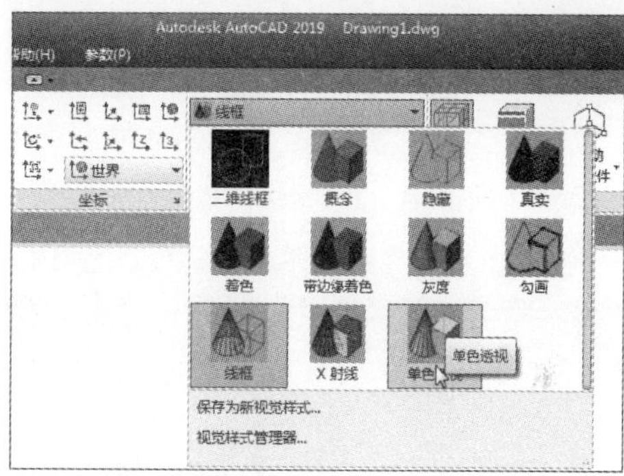

图11-55 保存新视觉样式

Step 08 在命令行中根据提示输入保存名称，这里输入“单色透视”字样，如图11-56所示。

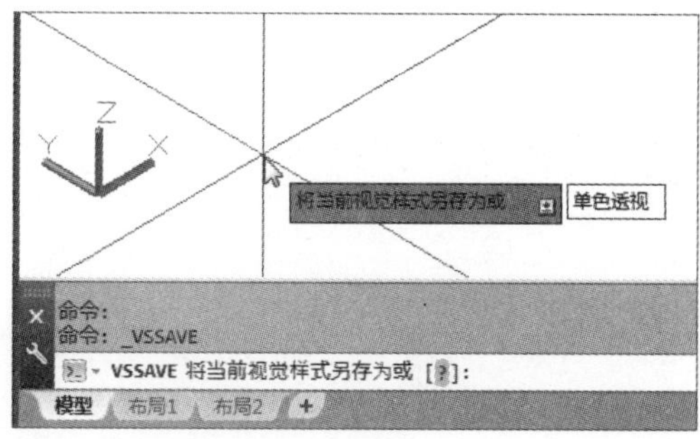

图11-56 设置新视觉样式名称

Step 09 按Enter键，在快捷列表中选择“是（Y）”选项，完成保存操作。再次单击“视图样式”下三角按钮，在列表中选择“单色透视”视图样式，效果如图11-57所示。

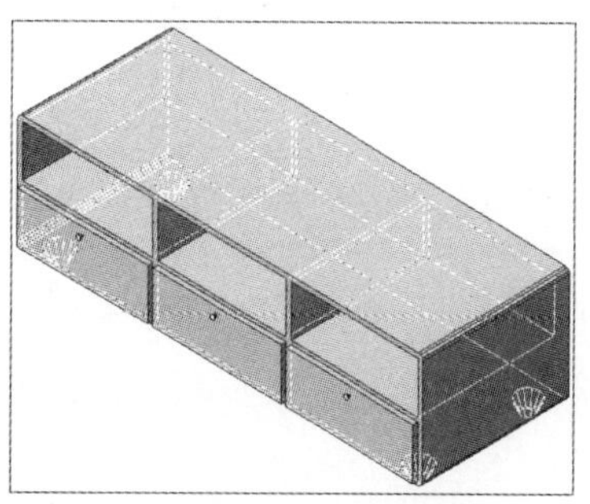

图11-57 “单色透视”视图样式

高手应用秘籍 —— 导航控制盘的介绍

导航控制盘用于更改模型的方向和视图。通过查看模型的各角度，来对模型的局部进行调整。在AutoCAD软件中，用户可以使用ViewCube、SteeringWheels和ShowMotion这3种导航控制盘进行观察操作。下面分别对其功能进行简单介绍。

1. ViewCube导航控制盘

ViewCube导航控制盘是启动三维模型显示的三维导航工具。通过该导航盘，用户可以在标准视图和等轴测视图间切换。在默认情况下，该导航盘以半透明状态显示在绘图区右上角位置。将光标移至导航盘上方时，ViewCube将变为活动状态。使用鼠标单击或拖拽的方法，可以切换到可用预设视图，如图11-58、图11-59所示。

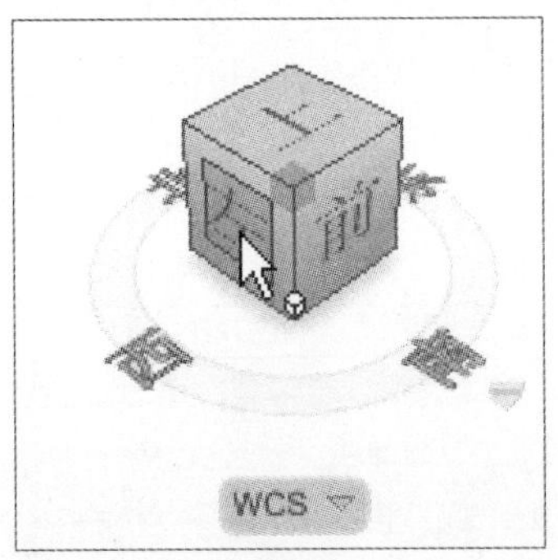

图11-58 单击ViewCube导航盘切换视图　图11-59 使用鼠标拖拽切换视图

ViewCube导航盘中，为用户提供了26个视图区域，这26个视图区域按类别来划分，可分为角、边和面三组。而这26个视图区域中有6个代表模型的正交视图，即上、下、前、后、左、右。通过单击ViewCube导航盘上的任意一面即可切换至对应的正交视图，如图11-60、图11-61所示。

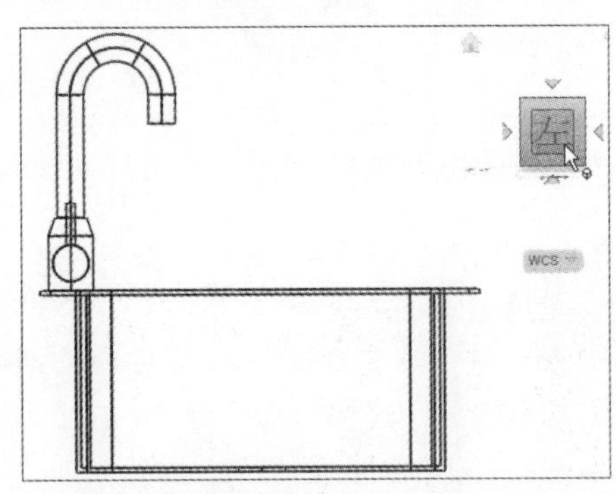

图11-60 左视图显示状态

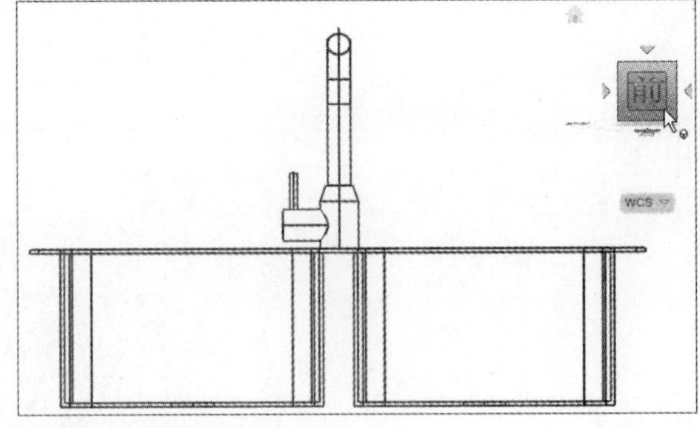

图11-61 前视图显示状态

在ViewCube导航盘中，单击鼠标右键，系统将打开ViewCube快捷菜单。在该菜单中用户可以对ViewCube的方向定义、当前视图模式的切换以及ViewCube的设置进行操作。

2. SteeringWheels导航控制盘

SteeringWheels导航控制盘将多个常用导航工具结合到一个单一界面中，从而为用户节省了时间。默认情况下，SteeringWheels控制盘是关闭的，若要启动，只需在绘图区中任意处单击鼠标右键，在快捷菜单中选择“SteeringWheels”选项即可。

在该控制盘上，每个图标按钮代表一种导航工具，用户可以用不同的方式来对当前模型进行平移、缩放、动态观察等操作，如图11-62所示。

单击该控制盘右下方的下三角按钮，可显示控制板的不同类别，例如“查看对象控制盘”、“巡视建筑控制盘”、“全导航控制盘”等，如图11-63所示为查看对象控制盘。

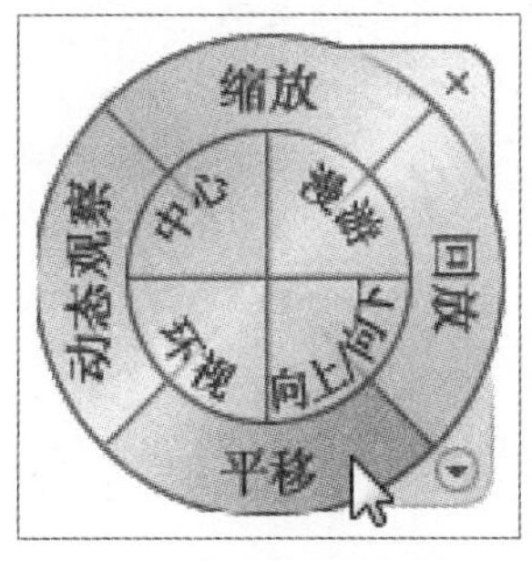

图11-62 默认SteeringWheels导航盘

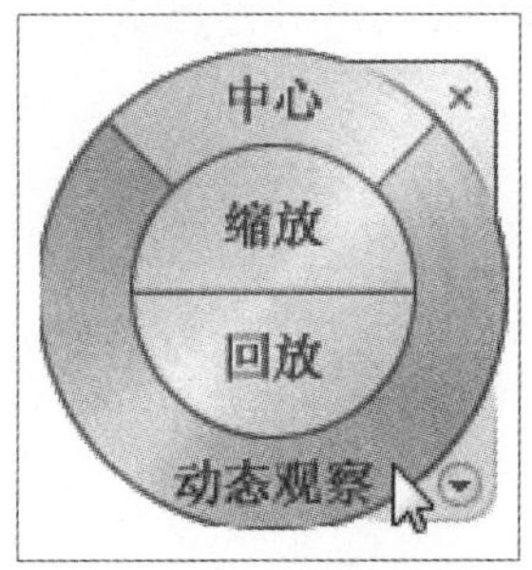

图11-63 查看对象控制盘

将光标移至控制盘上的任意图标按钮上时，系统会显示该按钮的使用提示，用户可以根据该提示进行操作。

3. ShowMotion导航控制盘

ShowMotion导航控制盘是用于创建和播放相机动画的屏幕显示。使用ShowMotion控制盘可以向捕捉到的相机位置添加移动和转场等元素。

单击绘图区右侧导航工具栏中的“ShowMotion”图标按钮，打开ShowMotion工具栏，单击“新建快照”按钮，在“新建视图/快照特性”对话框中，设置视图名称、类型和转场等，单击“确定”按钮，如图11-64所示。设置完成后，即可按照所设置的参数创建一个电影式快照，单击ShowMotion工具栏中的“播放”按钮播放快照，如图11-65所示。

在快照预览图上，单击鼠标右键，在打开的快捷菜单中可以对其进行重命名、删除等操作，如图11-66所示。

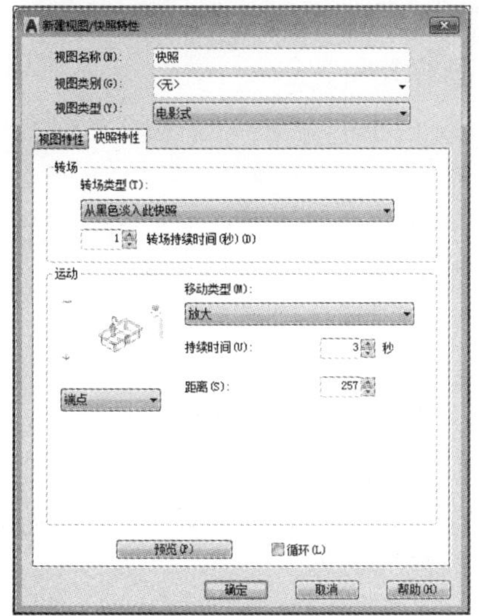

图11-64 “新建视图/快照特性”对话框

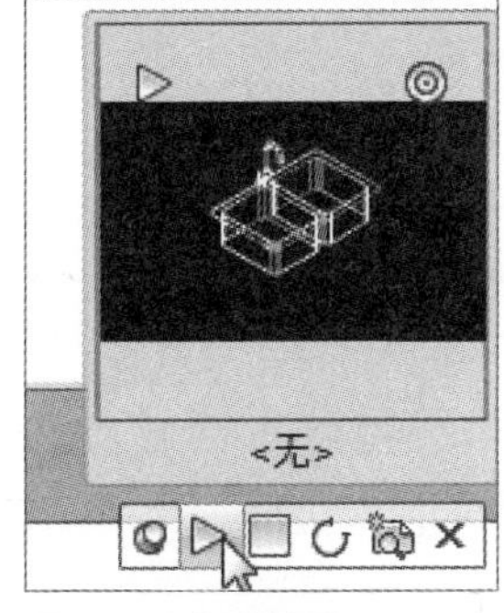

图11-65 播放快照

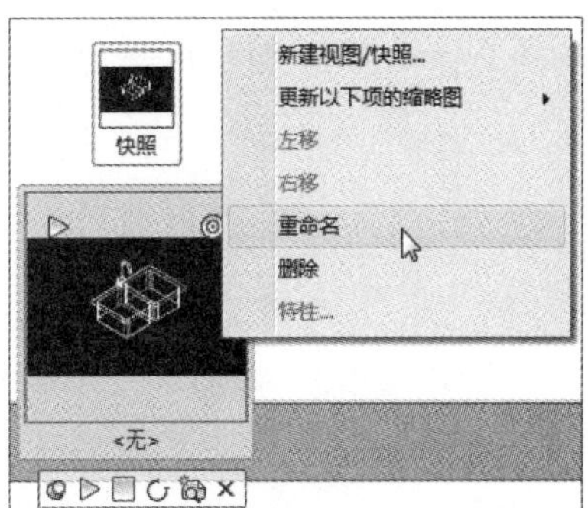

图11-66 右键菜单操作

秒杀工程疑惑

在进行CAD操作时，用户经常会遇到各种各样的问题，下面总结一些常见问题进行解答，例如三维消隐与隐藏的区别、三维坐标的设置、三维模型轮廓显示等问题。

问　题	解　答
菜单栏中的“消隐”与视图样式中的“隐藏”有什么区别	“消隐”在CAD三维绘图中才会用到，为了加快AutoCAD对实体的处理速度，对实体看不到的面可以进行消隐，简而言之就是暂时隐藏不可见的线和面，若进行视图缩放后，则取消消隐模式。对单个图形可以局部隐藏，使之不显示在视图中，直到需要时才显示出来
如何设置三维坐标	执行“工具>新建UCS”命令，在展开的级联菜单中根据需要选择相应的坐标即可。 当然也可手动设置：在命令行中输入UCS按Enter键，在绘图区域中指定好坐标原点，然后指定好X与Y轴的方向即可完成坐标设置
三维模型在显示时，如何让轮廓边缘不显示	系统默认的三维视觉样式是带有线型显示的，看起来像是轮廓线，如果想将其关闭，其具体操作方法如下： 首先在视觉样式中将模型样式设置为“真实”，模型边缘将显示线型； 然后在绘图区左上方单击“视觉样式控件”，在下拉菜单中选择“视觉样式管理器”； 接着在“视觉样式管理器”中选择“真实”； 最后在“轮廓边”卷展栏中设置显示模式为“否”，三维模型将隐藏线轮廓
哪些二维绘图中的命令在三维绘图中同样可以使用	二维命令只能在X、Y面上或与该坐标面平行的平面上作图，例如“圆及圆弧”、“椭圆和圆环”、“多线及多段线”、“多边形和矩形”及“文字及尺寸标注”等。在使用这些命令时需弄清是在哪个平面上工作，其中“镜像”、“阵列”和“旋转”在三维空间有不同的操作方法
如何局部打开三维模型中的部分模型	AutoCAD中提供了局部打开图形的功能，执行“文件>打开”名令，打开“选择文件”对话框，选择文件名称后，单击“打开”按钮右侧的下三角形按钮，在弹出的列表中选择“局部打开”选项，此时弹出“局部打开”对话框，勾选需要打开的图层并单击“打开”按钮，即可局部打开图层

Chapter

12

三维模型的绘制

在工程设计和绘图过程中，三维模型应用越来越广泛。AutoCAD可以利用3种方式来创建三维模型，即线架模型方式、曲面模型方式和实体模型方式。本章节将介绍一些基本三维实体的绘制方法，如长方体、球体、圆柱体、多段体等，另外也介绍了如何运用布尔运算命令，对基本三维实体进行简单编辑操作。

01 学完本章您可以掌握如下知识点

1. 三维基本实体的绘制 ★★
2. 二维图形拉伸成三维实体 ★★★
3. 布尔运算 ★★★

02 本章内容图解链接

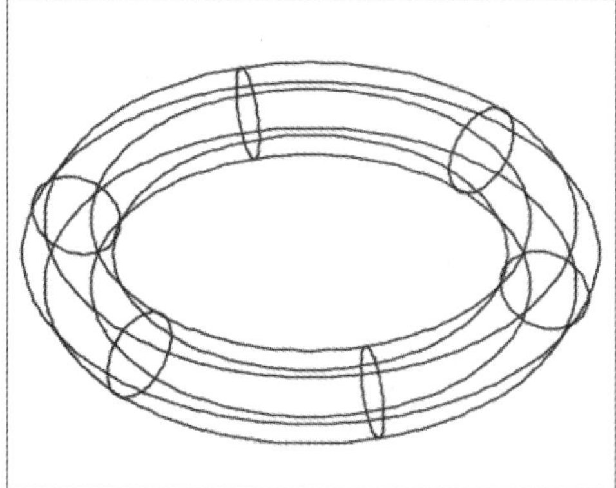

圆环模型

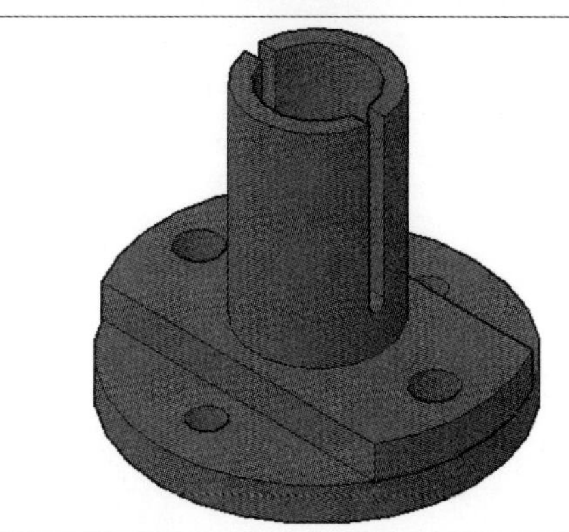

传动轴套模型

12.1 三维基本实体的绘制

实体模型是常用的三维模型，AutoCAD软件中基本实体包括长方体、圆柱体、球体、圆锥体、圆环体、多段体和楔体。下面介绍三维基本实体的创建操作。

12.1.1 长方体的绘制

长方体命令可以绘制实心长方体或立方体。在“常用”选项卡的“建模”面板中，单击“长方体”按钮，根据命令行提示，创建长方体底面起点，输入底面长方形长度和宽度，然后移动光标至合适位置，输入长方体高度值即可完成创建，如图12-1、图12-2所示。

命令行提示如下：

命令：_box	执行“长方体”命令
指定第一个角点或 [中心(C)]:	指定长方体底面起点
指定其他角点或 [立方体(C)/长度(L)]: l	输入L按Enter键，指定长度
指定长度 <500.0000>: <正交 开> 100	根据需要开启正交模式，输入长度值
指定宽度 <3.0000>: 200	输入宽度值
指定高度或 [两点(2P)] <-3.0000>: 300	输入高度值

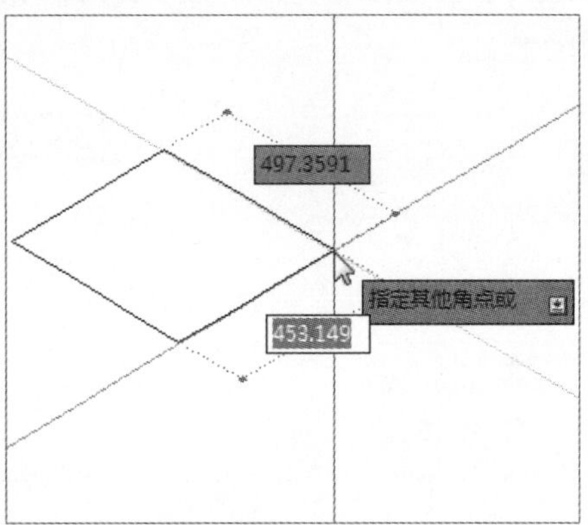

图12-1 绘制底面长方形

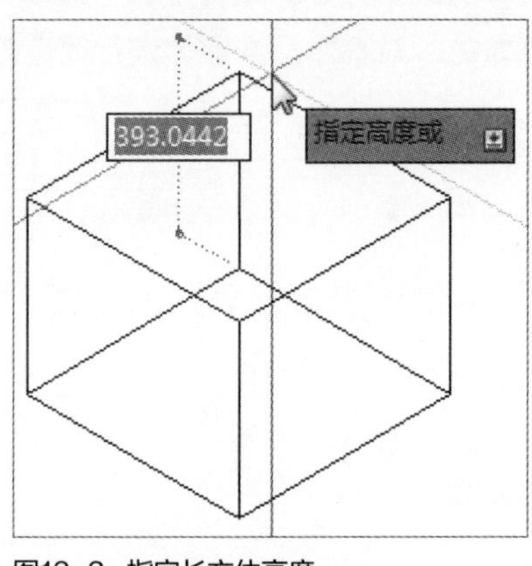

图12-2 指定长方体高度

若要绘制立方体，同样单击“长方体”按钮，指定底面长方形起点，根据命令行提示，输入C并指定好立方体一条边的长度值即可完成，如图12-3、图12-4所示。

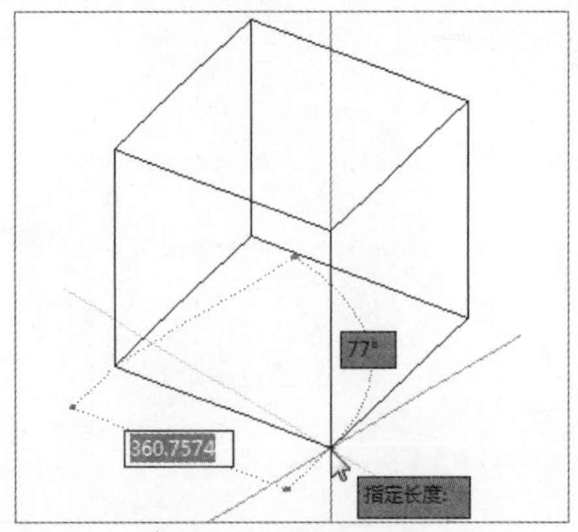

图12-3 指定立方体一条边长度

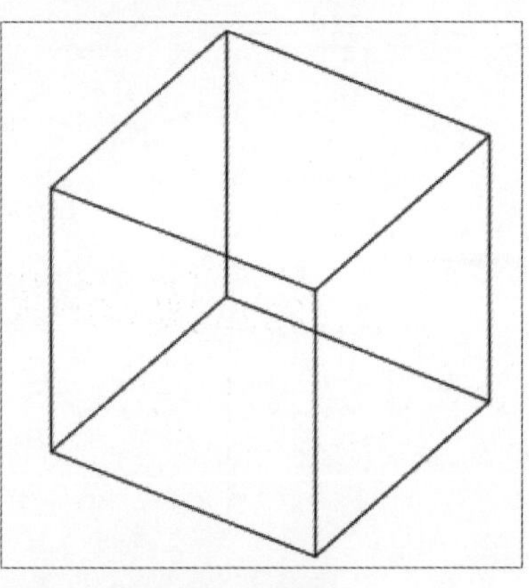

图12-4 完成立方体的绘制

下面对命令行中各选项的含义进行介绍。

- 角点：指定长方体的角点位置。输入另一角点的数值，可以确定长方体。
- 立方体：创建一个长、宽、高相等的长方体。通常在指定底面长方体起点后，输入C即可启动立方体命令。
- 长度：输入长方体长、宽、高的数值。
- 中心点：使用中心点功能创建长方体或立方体。

12.1.2 圆柱体的绘制

在“常用”选项卡的“建模”面板中，单击“圆柱体”按钮，根据命令行提示，指定圆柱体底面圆心点和底面圆半径，然后指定圆柱体高度值即可完成创建，如图12-5、图12-6所示。

命令行提示如下：

```
命令： _cylinder
指定底面的中心点或 [ 三点 (3P)/ 两点 (2P)/ 切点、切点、半径 (T)/ 椭圆 (E)]:        指定底面圆心点
指定底面半径或 [ 直径 (D)] <147.0950>: 400                                      输入底面圆半径值
指定高度或 [ 两点 (2P)/ 轴端点 (A)] <261.9210>:600                              输入圆柱体高度值
```

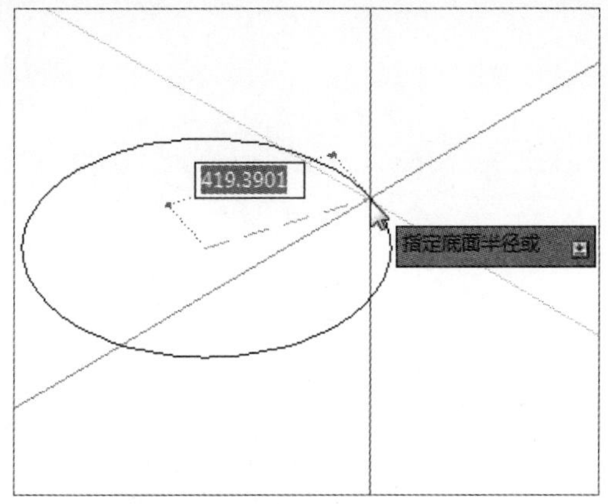

图12-5 指定底面圆心点和半径

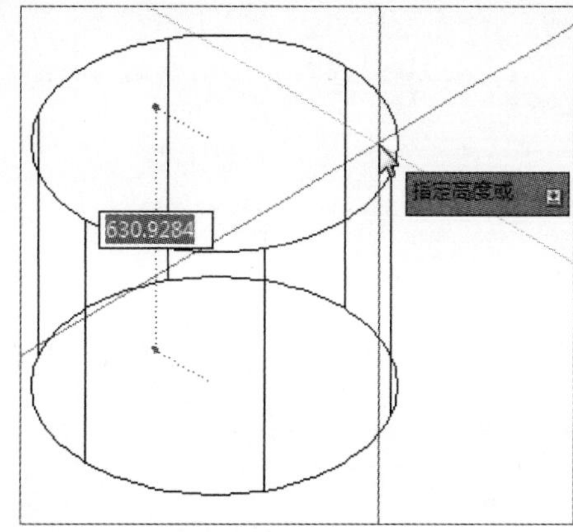

图12-6 指定圆柱体高度

绘制椭圆体的方法与圆柱体相似。同样执行“圆柱体”命令，在命令行中输入E后按Enter键，执行“椭圆”命令，根据命令行提示，指定底面椭圆的长半轴和短半轴长度，输入椭圆柱高度值，即可完成椭圆柱的绘制，如图12-7、图12-8所示。

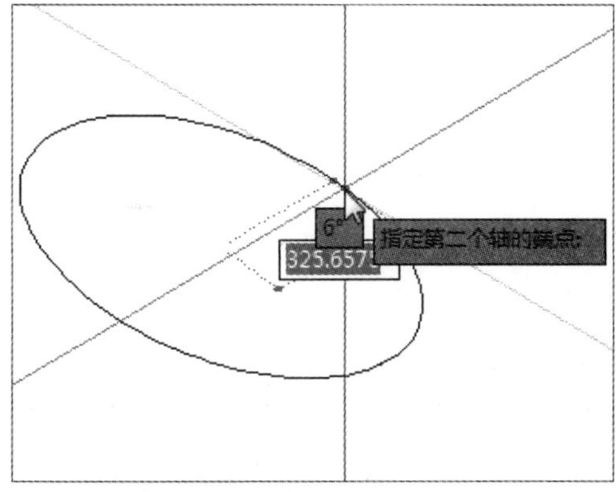

图12-7 绘制底面椭圆形

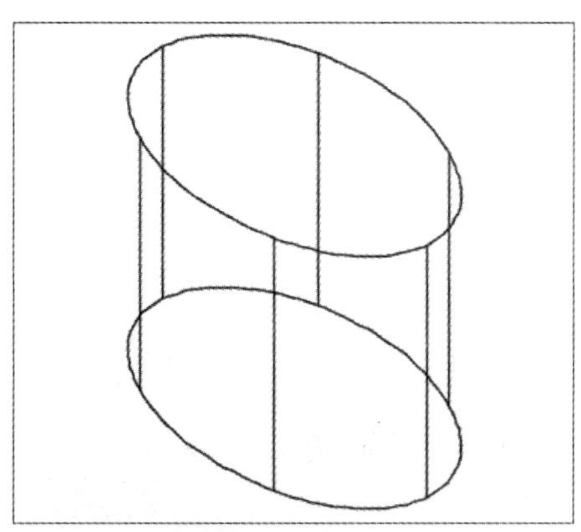

图12-8 完成椭圆柱的绘制

下面对命令行中各选项的含义进行介绍。

- 中心点：指定圆柱体底面圆心点。
- 三点：通过两点指定圆柱底面圆，第三点指定圆柱体高度。
- 两点：通过指定两点来定义圆柱底面直径。
- 相切、相切、半径：定义具有指定半径，且与两个对象相切的圆柱体底面。
- 椭圆：指定圆柱体的椭圆底面。
- 直径：指定圆柱体的底面直径。
- 轴端点：指定圆柱体轴的端点位置。此端点是圆柱体的顶面中心点，轴端点位于三维空间的任何位置，轴端点定义了圆柱体的长度和方向。

12.1.3 楔体的绘制

楔体是一个三角形的实体模型，其绘制方法与长方形相似。在“建模”面板中单击“楔体”按钮，根据命令行提示，指定楔体底面方形起点，输入方形长、宽值，然后指定楔体高度值即可完成绘制，如图12-9、图12-10所示。

命令行提示如下：

```
命令：_wedge
指定第一个角点或 [中心(C)]:                                    指定底面方形起点
指定其他角点或 [立方体(C)/长度(L)]: @400,700                     输入方形的长、宽值
指定高度或 [两点(2P)] <216.7622>:200                            输入高度值
```

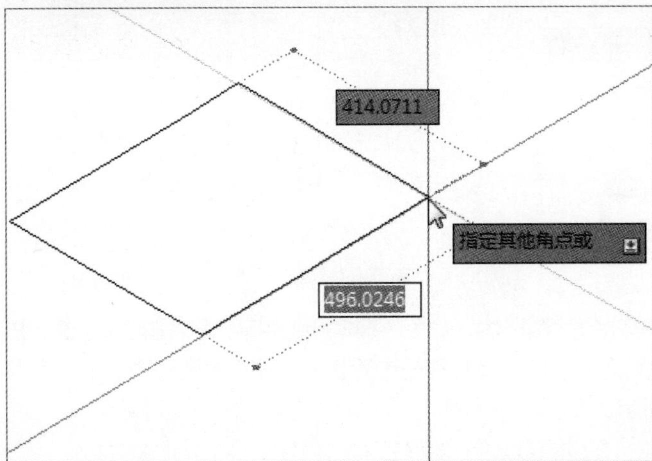

图12-9 绘制底面方形

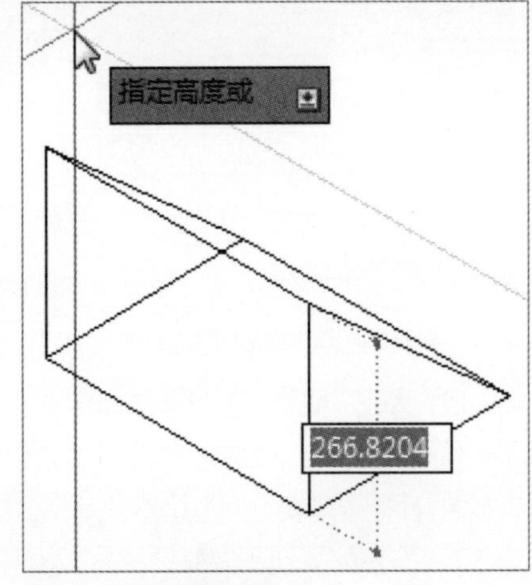

图12-10 指定楔体高度

12.1.4 球体的绘制

执行“绘图>建模>球体”命令，根据命令行提示，指定圆心和球半径值即可完成绘制，如图12-11所示。

命令行提示如下：

```
命令：_sphere
指定中心点或 [三点(3P)/两点(2P)/切点、切点、半径(T)]:              指定圆心点
指定半径或 [直径(D)] <200.0000>: 200                            输入球半径值
```

下面对命令行各选项的含义进行介绍。

- 中心点：指定球体的中心点。
- 三点：通过在三维空间的任意位置指定三个点来定义球体的圆周。三个点也可以定义圆周平面。
- 两点：通过在三维空间的任意位置指定两点定义球体的圆周。
- 相切、相切、半径：通过指定半径定义可以与两个对象相切的球体。

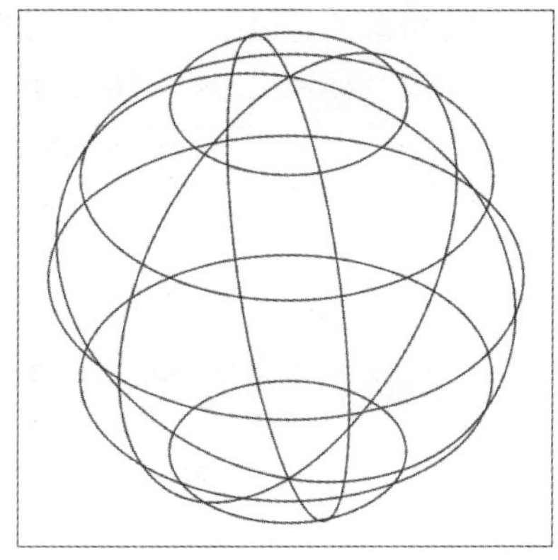

图12-11 绘制球体

12.1.5 圆环的绘制

圆环体由两个半径值定义，一是圆环的半径，另一个是从圆环体中心到圆管中心的距离。执行“绘图>建模>圆环体◎”命令，根据命令行提示，指定圆环中心点，输入圆环半径值，然后输入圆管半径值即可完成，如图12-12、图12-13所示。

命令行提示如下：

```
命令：_torus
指定中心点或 [三点(3P)/两点(2P)/切点、切点、半径(T)]:          指定圆环中心点
指定半径或 [直径(D)] <200.0000>:                               指定圆环半径值
指定圆管半径或 [两点(2P)/直径(D)] <100.0000>: 50               指定圆管半径值
```

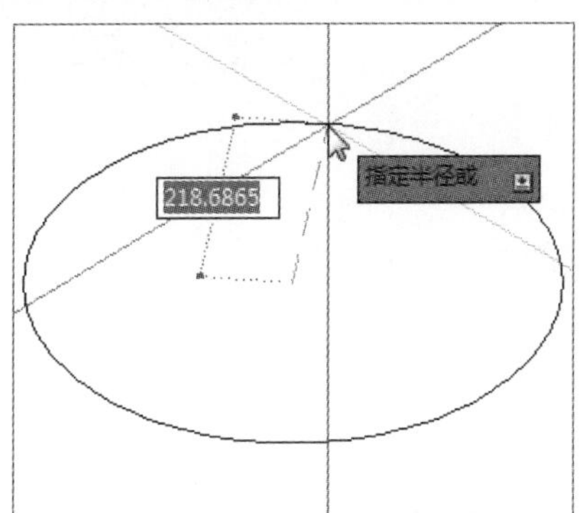

图12-12 指定圆环半径值

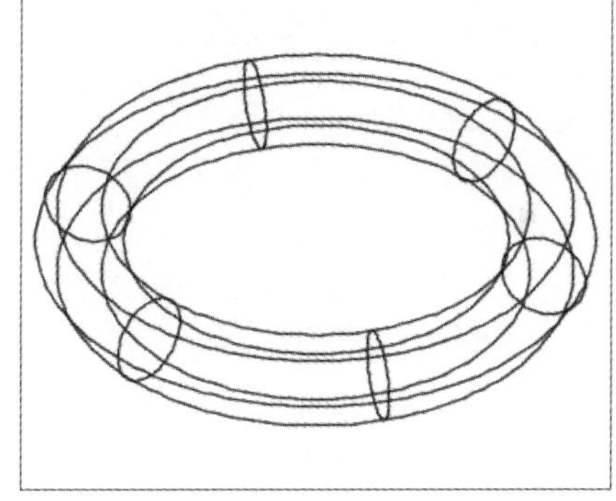

图12-13 指定圆管半径值

12.1.6 棱锥体的绘制

棱锥体是由多个倾斜至一点的面组成，棱锥体可由3~32个侧面组成。执行“绘图>建模>棱锥体◬”命令，根据命令行提示，指定好棱锥底面中心点，输入底面半径值或内接圆值，然后输入棱锥体高度值即可，如图12-14、图12-15所示。

命令行提示如下：

```
命令：_pyramid
 4 个侧面  外切
指定底面的中心点或 [边(E)/侧面(S)]:                           指定底面中心点
```

```
指定底面半径或 [内接(I)] <113.1371>:100                                  输入底面半径值
指定高度或 [两点(2P)/ 轴端点(A)/ 顶面半径(T)] <100.0000>:                 输入棱锥体高度值
```

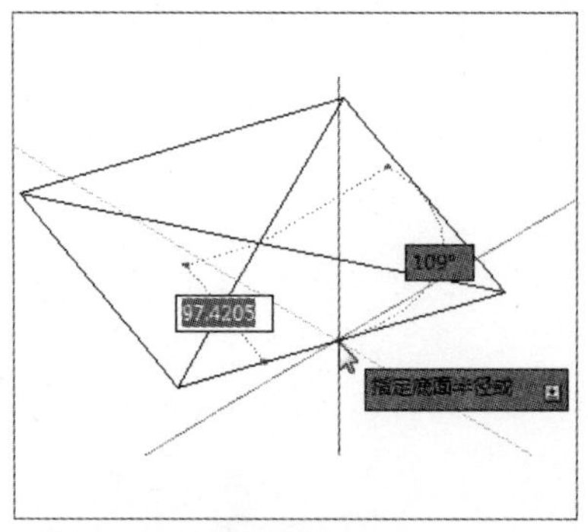

图12-14 绘制棱锥底面图形

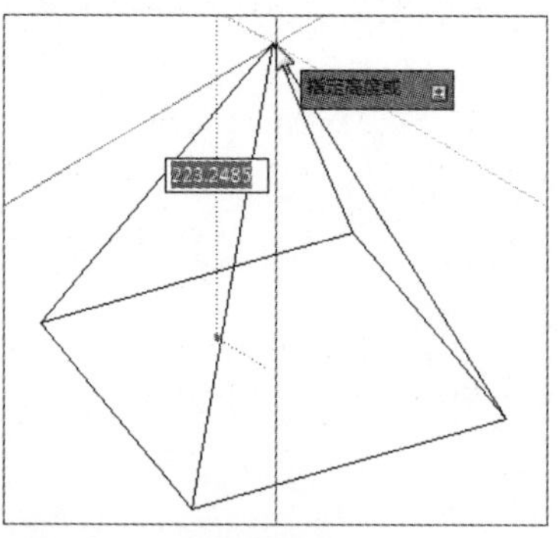

图12-15 指定棱锥高度

AutoCAD软件中棱锥体默认的侧面数为4，若想增加棱锥面，可在命令行中输入S按Enter键，输入侧面数，然后再指定棱锥底面半径和高度值即可完成多面棱锥体的绘制，如图12-16、图12-17所示。

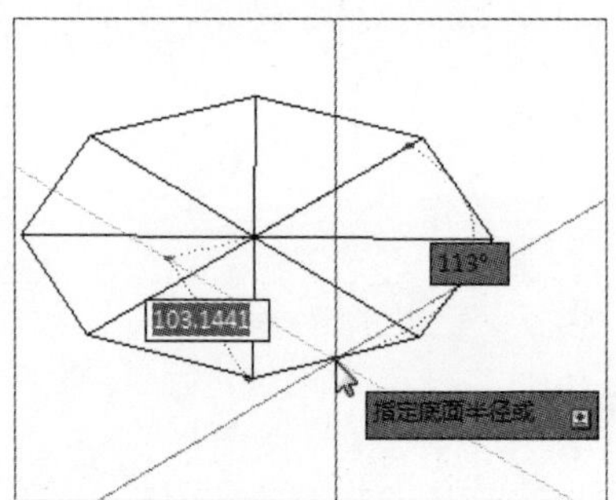

图12-16 输入棱锥侧面数

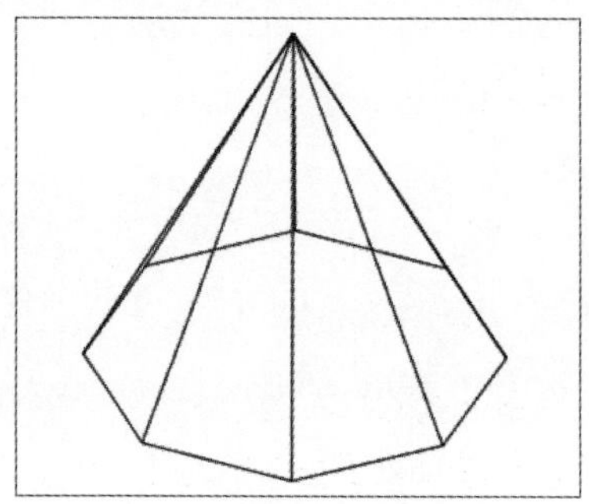

图12-17 完成多面棱锥体的绘制

下面对命令行各选项的含义进行介绍。

- 边：通过拾取两点，指定棱锥面底面一条边的长度。
- 侧面：指定棱锥面的侧面数。默认为4，取值范围为3~32。
- 内接：指定棱锥体底面内接于棱锥体的底面半径。
- 两点：将棱锥体的高度指定为两个指定点之间的距离。
- 轴端点：指定棱锥体轴的端点位置，该端点是棱锥体的顶点。轴端点可位于三维空间任意位置，轴端点定义了棱锥体的长度和方向。
- 顶面半径：指定棱锥体的顶面半径，并创建棱锥体平截面。

12.1.7 多段体的绘制

绘制多段体与绘制多段线的方法相同。默认情况下，多段体始终带有一个矩形轮廓，可以指定轮廓的高度和宽度。通常如果绘制三维墙体，就需要使用该命令。执行“绘图>建模>多段体”命令，根据命令行提示，设置好多段体高度、宽度以及对正方式，然后指定多段体起点并指定下一点，即可完成多段体的绘制，如图12-18、图12-19所示。

命令行提示如下：

```
命令: _Polysolid 高度 = 80.0000, 宽度 = 5.0000, 对正 = 居中
指定起点或 [对象(O)/ 高度(H)/ 宽度(W)/ 对正(J)] <对象>: h
```

```
指定高度 <80.0000>: 200
高度 = 200.0000, 宽度 = 5.0000, 对正 = 居中
指定起点或 [对象(O)/高度(H)/宽度(W)/对正(J)] <对象>: w
指定宽度 <5.0000>: 20
高度 = 200.0000, 宽度 = 20.0000, 对正 = 居中
指定起点或 [对象(O)/高度(H)/宽度(W)/对正(J)] <对象>:
指定下一个点或 [圆弧(A)/放弃(U)]:  <正交 开> 250
指定下一个点或 [圆弧(A)/放弃(U)]: 250
指定下一个点或 [圆弧(A)/闭合(C)/放弃(U)]: 250
指定下一个点或 [圆弧(A)/闭合(C)/放弃(U)]:
```

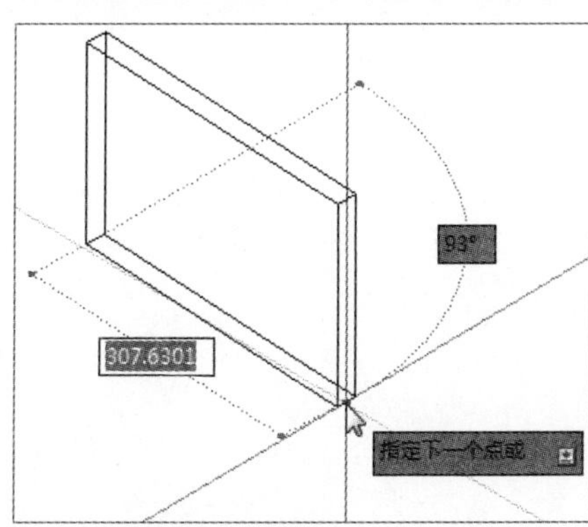

图12-18 指定多段体起点

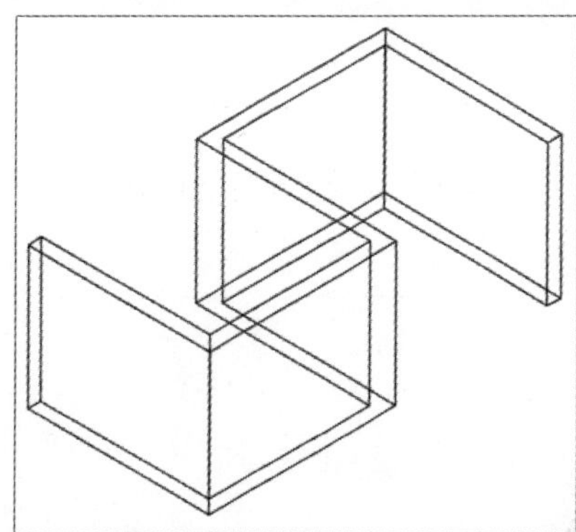

图12-19 绘制多段体

下面对命令行各选项的含义进行介绍。

- 对象：指定要转换为多段体的对象，该对象可以是直线、圆弧、二维多段线以及圆等。
- 高度：指定多段体高度值。
- 宽度：指定多段体的宽度。
- 对正：使用命令定义轮廓时，可将多段体的宽度和高度设置为左对正、右对正或居中。对正方式由轮廓的第一条线段的起始方向决定。
- 圆弧：将弧线添加到实体中。圆弧的默认起始方向与上次绘制的线段相切。

工程师点拨：多段体与拉伸多段体的区别

多段体与拉伸多段体的不同之处在于，拉伸多段体时会丢失所有的宽度特性，而多段体则保留其直线段的宽度。

12.2 二维图形生成三维实体

除了使用基本三维命令绘制三维实体模型外，还可以使用拉伸、放样、旋转、扫掠等命令，将二维图形转换生成三维实体模型。

12.2.1 拉伸实体

拉伸命令可以将绘制的二维图形沿着指定的高度或路径进行拉伸，从而将其转换成三维实体模型。拉伸的对象可以是封闭的多段线、矩形、多边形、圆、椭圆以及封闭样条曲线等。

在“常用”选项卡的“建模”面板中，单击“拉伸”按钮，根据命令行提示，选择拉伸的对象，指定拉伸高度值即可完成拉伸操作，如图12-20、图12-21所示。

命令行提示如下：

```
命令：_extrude
当前线框密度： ISOLINES=4，闭合轮廓创建模式 = 实体
选择要拉伸的对象或 [模式(MO)]：_MO 闭合轮廓创建模式 [实体(SO)/曲面(SU)] <实体>：_SO
选择要拉伸的对象或 [模式(MO)]：找到 1 个                    选择需要拉伸的图形
选择要拉伸的对象或 [模式(MO)]：
指定拉伸的高度或 [方向(D)/路径(P)/倾斜角(T)/表达式(E)] <100.0000>：300
                                          输入高度值按 Enter 键完成操作
```

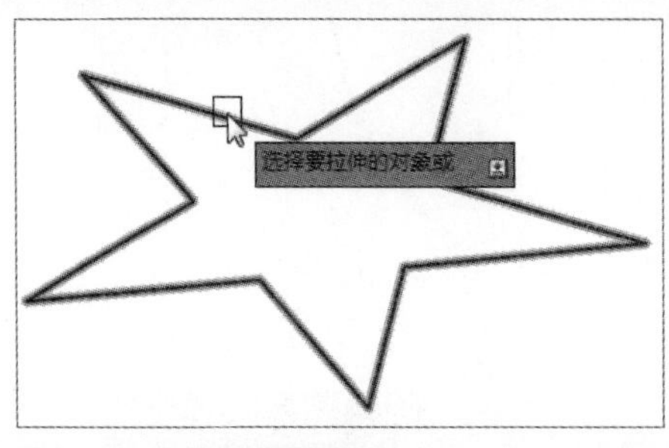

图12-20 选择拉伸的图形

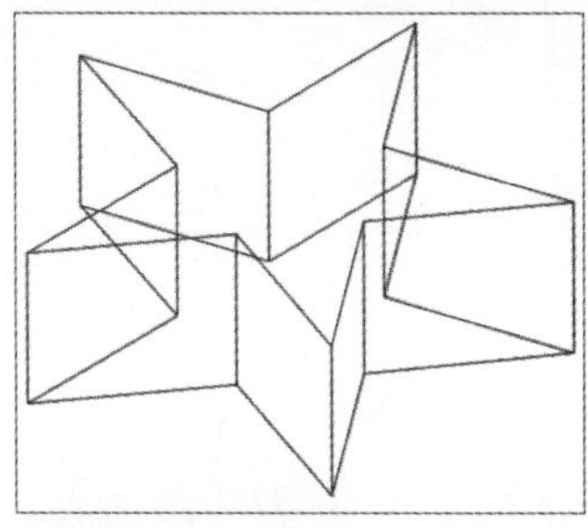

图12-21 拉伸效果

如果需要按照路径进行拉伸的话，只需在选择所需拉伸的图形后，输入P并按Enter键，根据命令行提示，选择拉伸路径即可完成，如图12-22、图12-23所示。

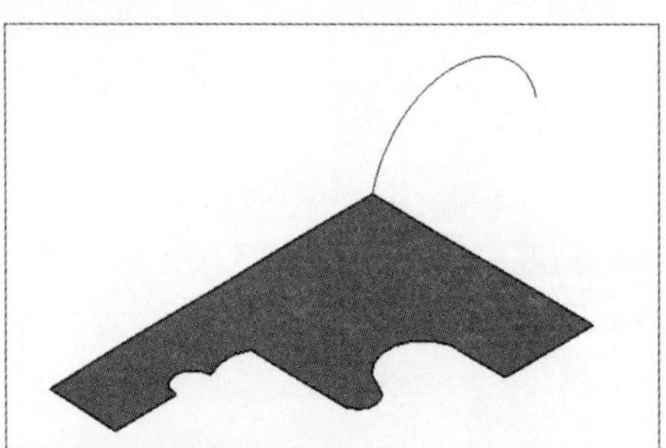

图12-22 选择“路径”选项

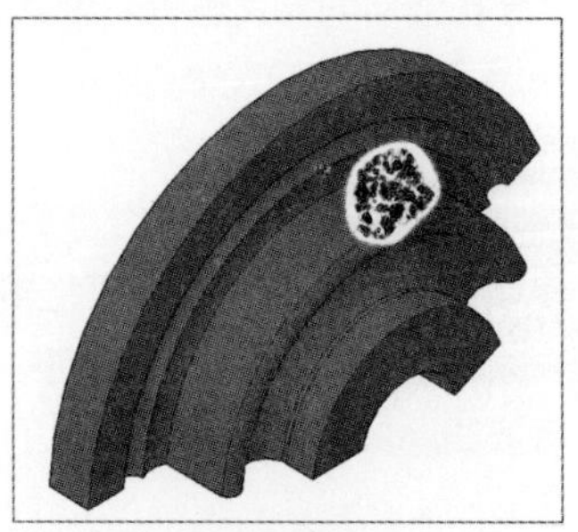

图12-23 选择拉伸路径完成操作

下面对命令行各选项的含义进行介绍。

- 拉伸高度：指定拉伸高度值。在此如果输入负数值，其拉伸对象将沿着Z轴负方向拉伸；如果输入正数值，拉伸对象将沿着Z轴正方向拉伸。如果所有对象处于同一平面上，则将沿该平面的法线方向拉伸。
- 方向：通过指定的两点指定拉伸的长度和方向。
- 路径：选择基于指定曲线对象的拉伸路径。拉伸的路径可以是开放的，也可以是封闭的。
- 倾斜角：如果为倾斜角指定一个点而不是输入值，则必须拾取第二个点。用于拉伸的倾斜角是两个指定点间的距离。

工程师点拨：拉伸对象需注意事项

若在拉伸时倾斜角或拉伸高度较大，将导致拉伸对象或拉伸对象的一部分在达到拉伸高度之前就已经聚集到一点，此时则无法拉伸对象。

12.2.2 旋转实体

旋转命令是通过绕轴旋转二维对象来创建三维实体。执行“绘图>建模>旋转”命令，根据命令行提示，选择要旋转的图形，并选择旋转轴，然后输入旋转角度即可完成。

实例12-1 下面以创建酒杯模型为例，介绍旋转实体的操作方法，具体步骤如下。

Step 01 在左视图绘制一条直线和一条二维曲线，如图12-24所示。

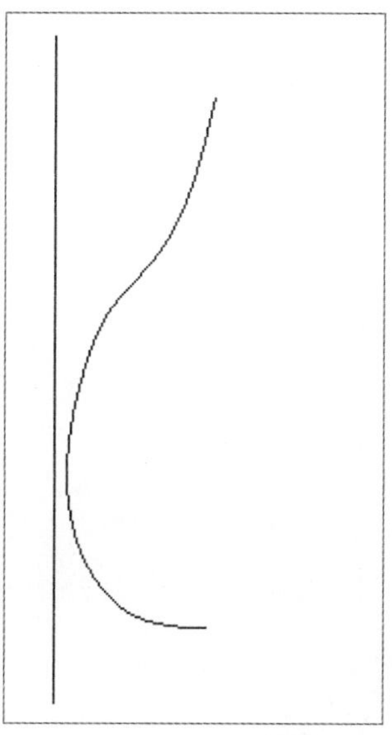

图12-24 绘制直线和二维曲线

Step 02 执行“常用>建模>旋转”命令，根据提示选择需要旋转的对象，如图12-25所示。

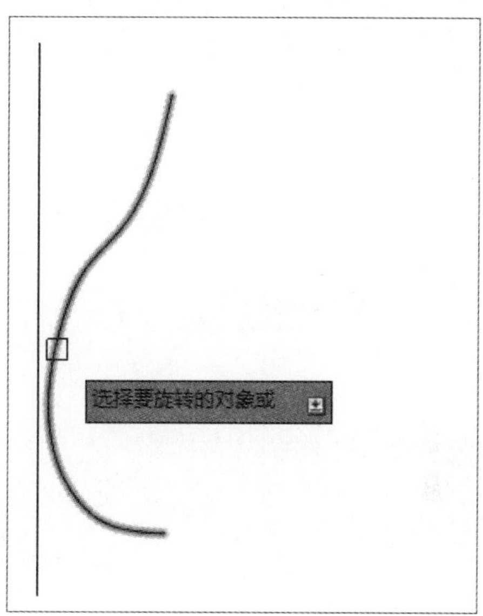

图12-25 选择旋转对象

Step 03 按Enter键后根据提示指定轴起点，如图12-26所示。

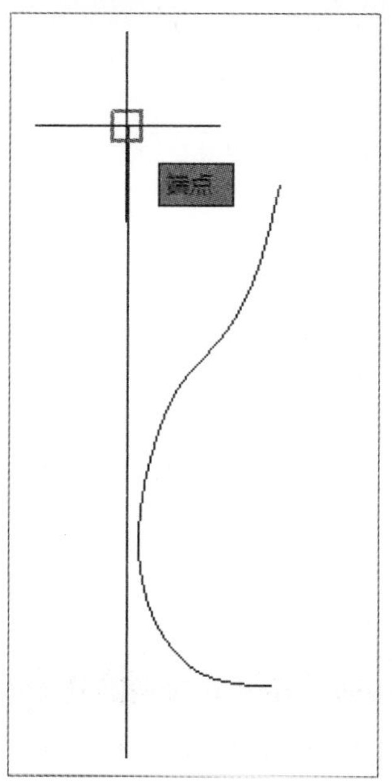

图12-26 指定轴起点

Step 04 再指定轴端点，如图12-27所示。

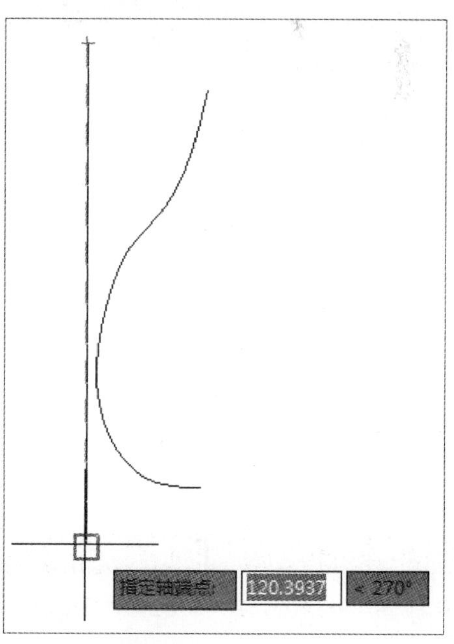

图12-27 指定轴端点

Step 05 根据提示设置旋转角度为360°，如图12-28所示。

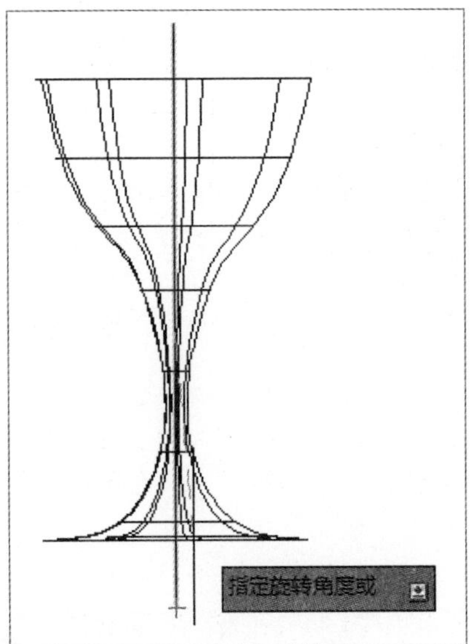

图12-28 输入旋转角度

Step 06 观察创建旋转实体的效果，如图12-29所示。

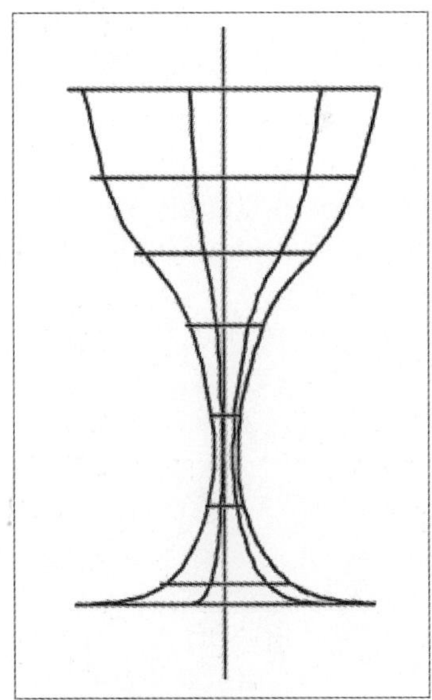

图12-29 完成旋转操作

Step 07 将视图切换到西南等轴测视图，如图12-30所示。

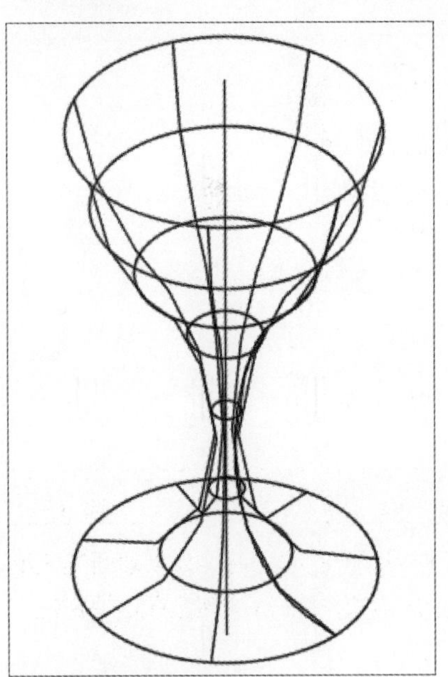

图12-30 西南等轴测视图

Step 08 设置视觉样式为“概念”，酒杯模型效果如图12-31所示。

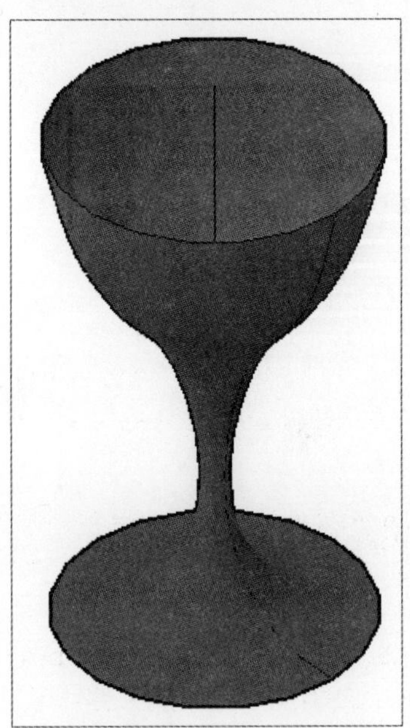

图12-31 概念视觉样式

12.2.3 放样实体

使用放样命令可以在两个或两个以上的横截面轮廓来生成三维实体模型。在“常用”选项卡的“建模”面板中，单击“放样”按钮，根据命令行提示，选中所有横截面轮廓并按Enter键即可完成操作，如图12-32、图12-33所示。

命令行提示如下：

```
命令：_loft
当前线框密度： ISOLINES=4，闭合轮廓创建模式 = 实体
按放样次序选择横截面或 [点(PO)/合并多条边(J)/模式(MO)]: _MO 闭合轮廓创建模式 [实体(SO)/曲面(SU)]
<实体>: _SO
按放样次序选择横截面或 [点(PO)/合并多条边(J)/模式(MO)]: 找到 1 个            依次选择横截面图形
按放样次序选择横截面或 [点(PO)/合并多条边(J)/模式(MO)]: 找到 1 个，总计 2 个
按放样次序选择横截面或 [点(PO)/合并多条边(J)/模式(MO)]: 找到 1 个，总计 3 个
按放样次序选择横截面或 [点(PO)/合并多条边(J)/模式(MO)]: 选中了 3 个横截面
输入选项 [导向(G)/路径(P)/仅横截面(C)/设置(S)] <仅横截面>:              按 Enter 键完成操作
```

下面对命令行中各选项的含义进行介绍。

- 导向：指定控制放样实体或曲面形状的导向曲线。导向曲线可以是直线或曲线，可以通过将其他线框信息添加至对象来进一步定义实体或曲面的形状。当与每个横截面相交，并始于第一个横截面，止于最后一个横截面的情况下，导向线才能正常工作。
- 路径：指定放样实体或曲面的单一路径，路径曲线必须与横截面的所有平面相交。
- 仅横截面：选择该选项，可以在“放样设置”对话框中控制放样曲线在其横截面处的轮廓。

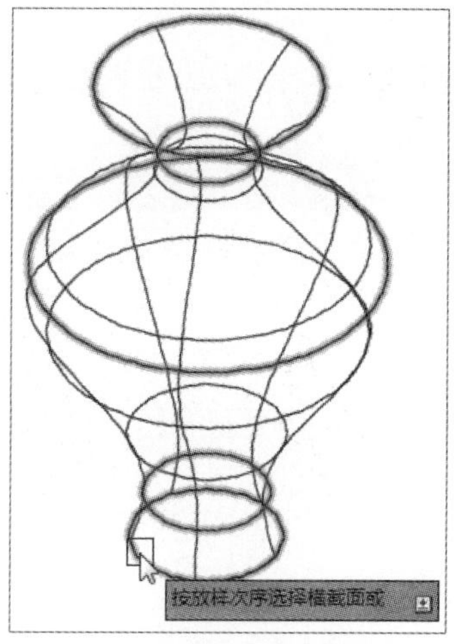

图12-32 依次选择横截面轮廓

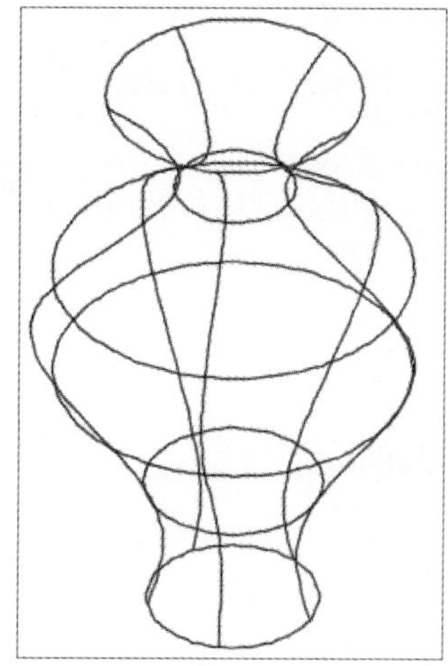
图12-33 完成放样操作

12.2.4 扫掠实体

扫掠命令可以通过沿开放或闭合的二维或三维路径，扫掠开放或闭合的平面曲线来创建新的三维实体。在“建模”面板中，单击“扫掠”按钮，选中要扫掠的图形对象，按Enter键选择扫掠路径，即可完成扫掠操作，如图12-34、图12-35所示。

命令行提示如下：

```
命令：_sweep
当前线框密度： ISOLINES=4，闭合轮廓创建模式 = 实体
选择要扫掠的对象或 [模式(MO)]: _MO 闭合轮廓创建模式 [实体(SO)/曲面(SU)] <实体>: _SO
选择要扫掠的对象或 [模式(MO)]: 找到 1 个
选择要扫掠的对象或 [模式(MO)]:                                    (选择需扫掠的对象)
选择扫掠路径或 [对齐(A)/基点(B)/比例(S)/扭曲(T)]:                    (选择要扫掠路径)
```

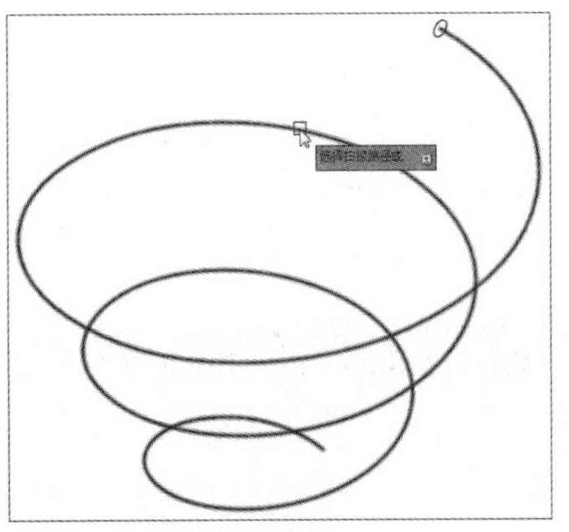

图12-34 选择要扫掠的对象

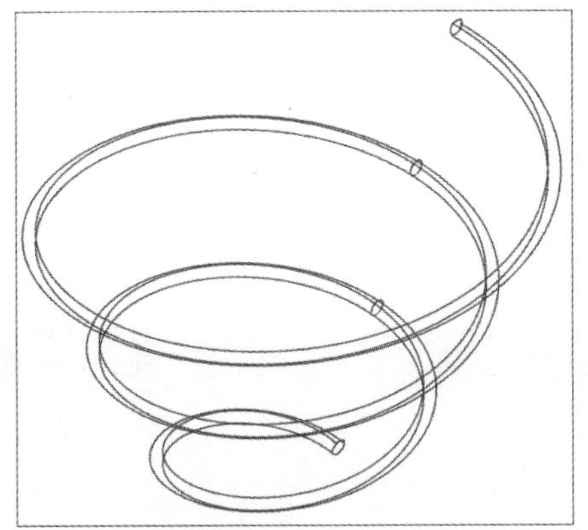
图12-35 选择扫掠路径

下面对命令行各选项的含义进行介绍。

- 对齐：指定是否对齐轮廓以使其作为扫掠路径切向的法线。
- 基点：指定要扫掠对象的基点，如果该点不在选定对象所在的平面上，则该点将被投影到该平面上。
- 比例：指定比例因子以进行扫掠操作，从扫掠路径开始到结束，比例因子将统一应用到扫掠的对象上。
- 扭曲：设置正被扫掠的对象的扭曲角度。扭曲角度指定沿扫掠路径全部长度的旋转量。

工程师点拨：曲面和实体的生成

在进行扫掠操作时，可以扫掠多个对象，但这些对象都必须位于同一个平面中，如果沿一条路径扫掠闭合的曲线，则生成实体，如果沿一条路径扫掠开放的曲线，则生成曲面。

12.2.5 按住并拖动实体

按住并拖动命令是通过选中对象的一个面域，对其进行拉伸操作。在“建模”面板中单击“按住并拖动”按钮，选中所需的面域，移动光标确定拉伸方向，输入拉伸距离即可完成操作，如图12-36、图12-37所示。

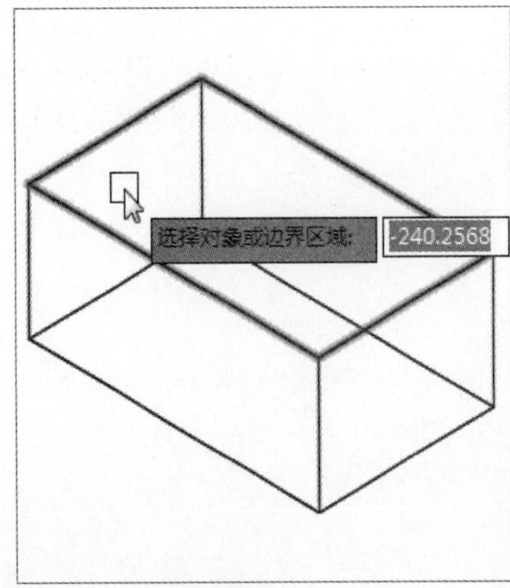

图12-36 选择需拉伸面域

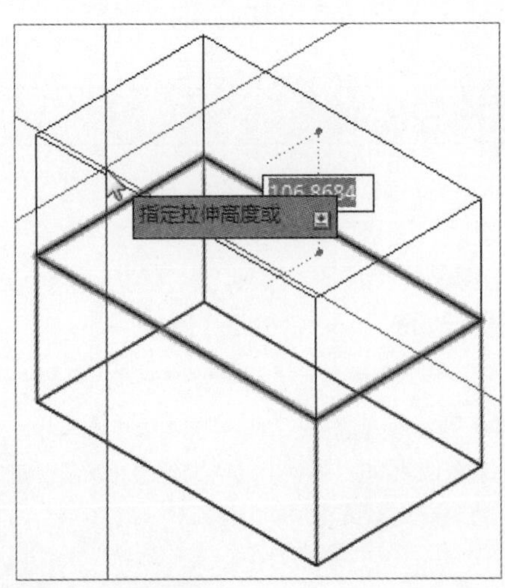

图12-37 完成操作

命令行提示如下：

```
命令：_presspull
选择对象或边界区域：                                        选择需要拉伸的面域
指定拉伸高度或 [多个(M)]:150              移动光标，指定拉伸方向，并输入拉伸值
已创建 1 个拉伸
```

工程师点拨："按住并拖动"命令与"拉伸"命令的区别

该命令与拉伸操作相似。但"拉伸"命令只能限制在二维图形上操作，而"按住并拖动"命令无论是在二维或三维图形上都可以进行拉伸。需要注意的是，"按住并拖动"命令操作对象是一个封闭的面域。

12.3 布尔运算

前面已经讲述了如何生成基本三维实体及由二维对象转换得到三维实体的方法。若将这些简单实体放在一起，然后进行布尔运算就能构建复杂的三维模型。布尔运算包括并集、差集和交集运算，本节对其相关知识进行介绍。

12.3.1 并集操作

并集运算可以将两个或多个实体合并在一起形成新的单一实体，操作对象既可以是相交的，也可以是分离开的。执行"并集"命令，选中所需并集的实体模型，按Enter键即可完成操作，如图12-38、图12-39所示。用户可以通过以下方式调用并集命令。

- 执行"修改>实体编辑>并集"命令。
- 在"常用"选项卡"实体编辑"面板中单击"并集"按钮。
- 在"实体"选项卡"布尔值"面板中单击"并集"按钮。
- 在命令行中输入UNION命令并按Enter键。

命令行提示如下：

```
命令：_union
选择对象：找到 1 个
选择对象：找到 1 个，总计 2 个                        选择所有需要合并的实体图形
选择对象：                                          按 Enter 键完成并集操作
```

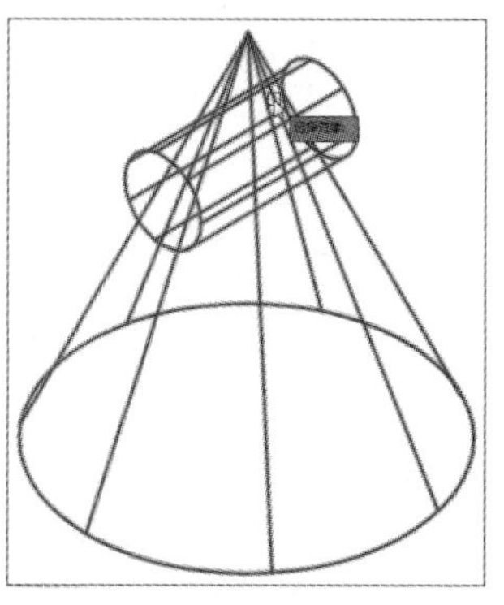

图12-38 选择合并图形对象

图12-39 完成合并操作

12.3.2 差集操作

差集运算可以将实体构成的一个选择集从另一个选择集中减去。首先选择被减对象，构成第一选择集，然后再选择要减去的对象，构成第二选择集，操作结果是第一选择集减去第二选择集后形成的新对象。执行“差集”命令，选择要从中减去的实体对象，然后再选择要减去的实体对象，按Enter键即可完成差集操作，如图12-40、图12-41所示。可以通过以下方式调用差集命令。

- 执行“修改>实体编辑>差集”命令。
- 在“常用”选项卡“实体编辑”面板中单击“差集”按钮。
- 在“实体”选项卡“布尔值”面板中单击“差集”按钮。
- 在命令行中输入SUBTRACT命令并按Enter键。

命令行提示如下：

```
命令： _subtract 选择要从中减去的实体、曲面和面域 ...
选择对象： 找到 1 个                                    选择要从中减去的模型
选择对象：  选择要减去的实体、曲面和面域 ...
选择对象： 找到 1 个                                    选择要减去的模型
选择对象：                                              按 Enter 键完成差集操作
```

图12-40 选择要减去的实体模型

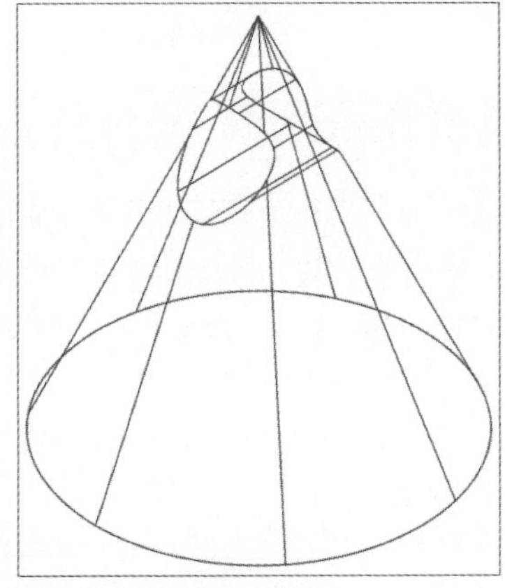

图12-41 完成差集操作

工程师点拨：执行差集命令需注意事项

执行“差集”的两个面域必须位于同一个平面上。但是，通过在不同的平面上选择面域集，可以同时执行多个差集操作，系统会在每个平面上分别生成减去的面域。如果没有选定的共面面域，则该面域将被拒绝。

12.3.3 交集操作

交集是从两个或两个以上重叠实体或面域的公共部分创建复合实体或二维面域，并保留两组实体对象的相交部分。执行“交集”命令，选中要进行交集的实体对象，按Enter键即可完成交集操作，如图12-42、图12-43所示。可以通过以下方式调用交集命令。

- 执行“修改>实体编辑>交集”命令。
- 在“常用”选项卡“实体编辑”面板中单击“交集”按钮。
- 在“实体”选项卡“布尔值”面板中单击“交集”按钮。
- 在命令行中输入INTERSECT命令并按Enter键。

命令行提示如下：

```
命令： _intersect
选择对象： 指定对角点： 找到 2 个                    选择要进行交集的实体对象
选择对象：                                      按 Enter 键完成交集操作
```

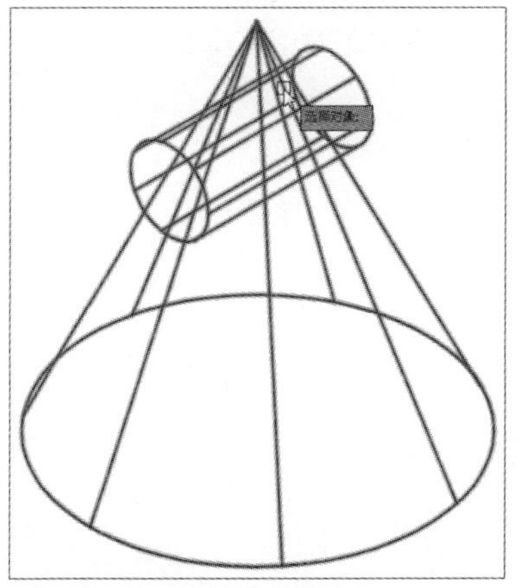

图12-42 选择要交集的对象

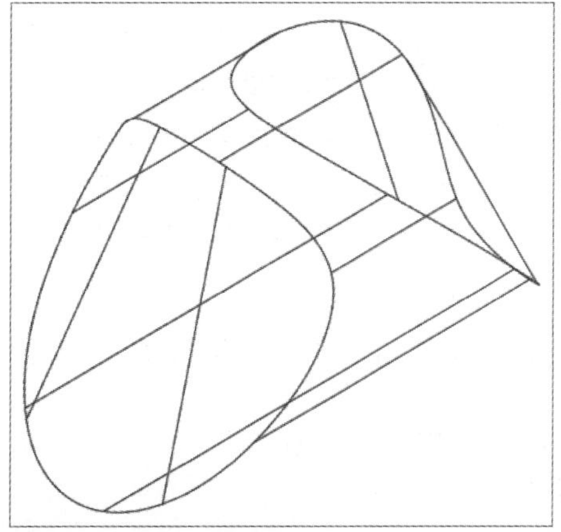

图12-43 完成交集操作

综合实例 —— 创建传动轴套模型

本章介绍了三维基本模型的绘制以及布尔运算的运用。下面将结合前面所学的知识来绘制轴盖模型，其中涉及的三维命令有拉伸、面域、布尔运算等。

Step 01 执行“构造线”命令，绘制两条互相垂直的辅助线，如图12-44所示。

图12-44 绘制构造线

Step 02 执行“偏移”命令，将垂直方向的构造线分别向左右各偏移140mm，如图12-45所示。

图12-45 偏移线段

Step 03 执行“圆”命令，捕捉构造线的交点，绘制半径为200mm和20mm的圆图形，如图12-46所示。

Step 04 删除构造线，将视图控件转化为西南等轴测视图，将视觉样式控件转化为“概念”，执行“拉伸”命令，将图形向上拉伸40mm，如图12-47所示。

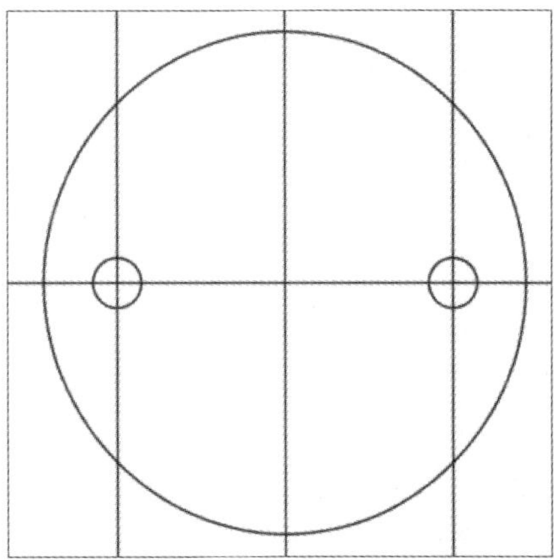
图12-46 绘制圆

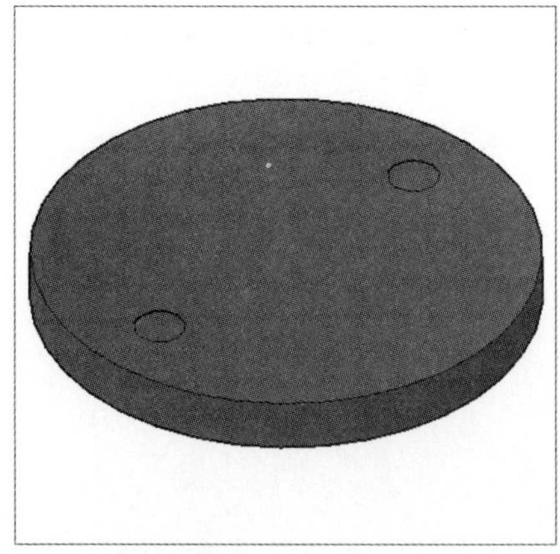
图12-47 拉伸实体

Step 05 执行“差集”命令，将两个小圆柱体从大圆柱体中减去，如图12-48所示。

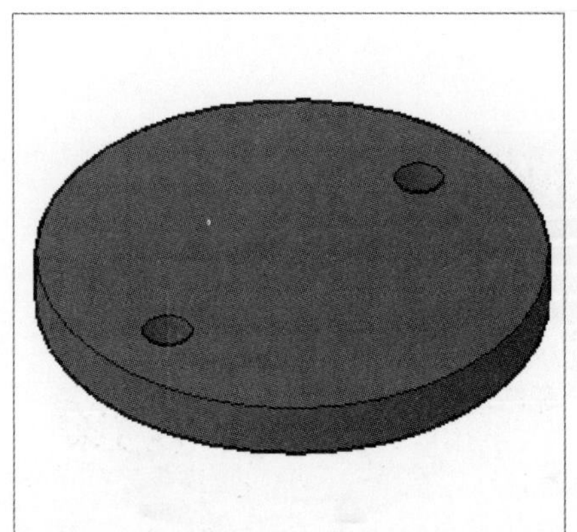
图12-48 差集操作

Step 06 将视图控件转化为俯视图，将视觉样式控件转化为“二维线框”，执行“构造线”命令，绘制两条垂直的构造线，如图12-49所示。

图12-49 绘制构造线

Step 07 执行“偏移”命令，将垂直方向的构造线分别向左右各偏移100mm，水平方向的构造线分别向上下各偏移150mm，如图12-50所示。

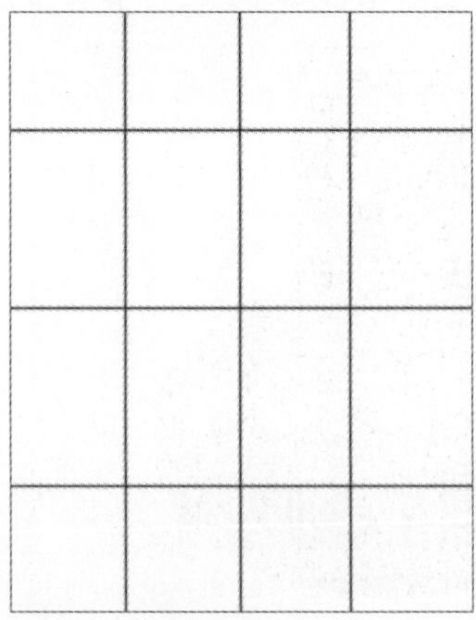
图12-50 偏移线段

Step 08 执行“圆”命令，捕捉构造线的交点，绘制半径为200mm和25mm的圆图形，如图12-51所示。

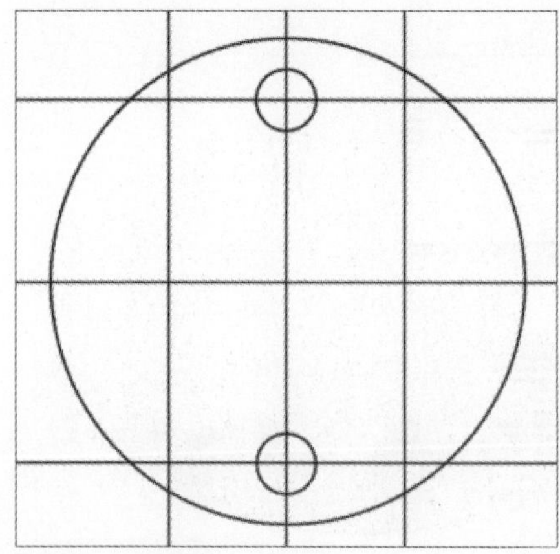
图12-51 绘制圆

Step 09 执行“修剪”命令，修剪删除掉多余的线段，如图12-52所示。

图12-52 修剪图形

Step 10 执行“面域”命令，将弧线和直线组成的区域创建为面域。将视图控件转化为西南等轴测视图，如图12-53所示。

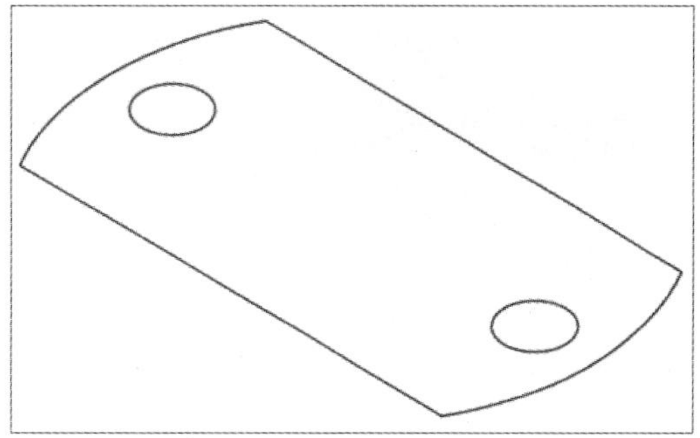

图12-53 设置视图

Step 11 将视觉样式控件转化为“概念”，执行“拉伸”命令，将图形向上拉伸40mm，如图12-54所示。

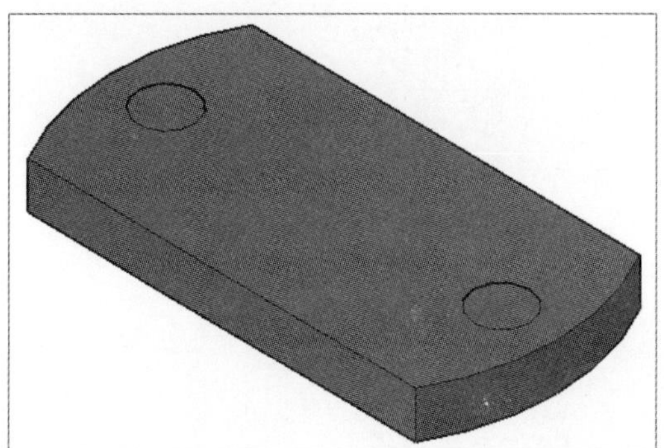

图12-54 拉伸实体

Step 12 执行“差集”命令，将两个小圆柱体从实体中减去，如图12-55所示。

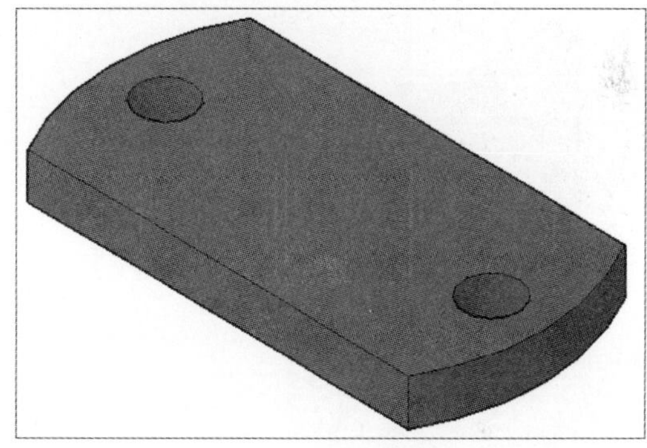

图12-55 差集操作

Step 13 然后将刚绘制的实体移动至前面绘制的圆柱实体上，如图12-56所示。

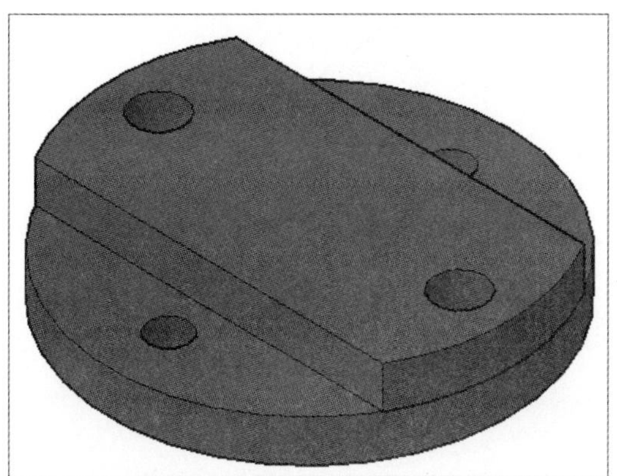

图12-56 移动实体

Step 14 执行“圆柱体”命令，捕捉实体顶面的中心，绘制半径为60mm和80mm，高为250mm的圆柱体，如图12-57所示。

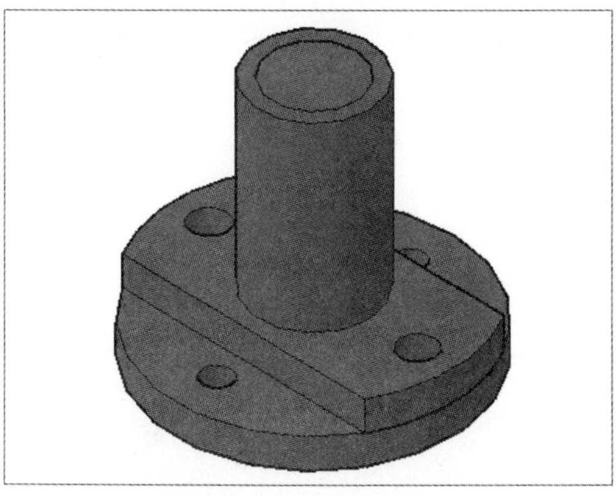

图12-57 绘制圆柱体

Step 15 执行“差集”命令，将刚绘制的两个圆柱体进行差集操作，如图12-58所示。

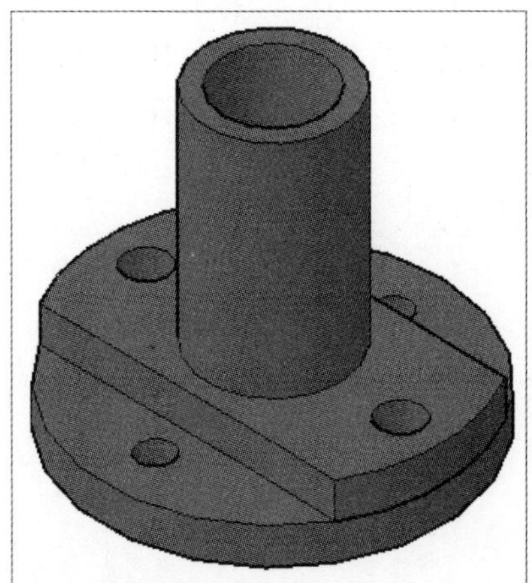

图12-58 差集操作

Step 16 执行“矩形”、“圆角”命令，绘制长200mm、宽20mm的矩形图形，再设置圆角半径为10mm，效果如图12-59所示。

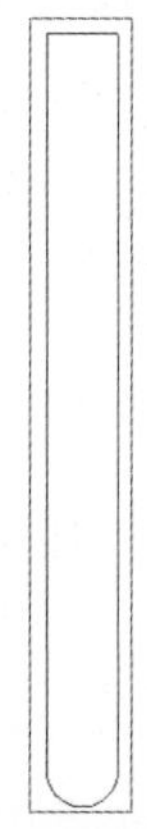

图12-59 绘制图形

Step 17 执行“拉伸”命令，将修剪后的图形拉伸200mm，如图12-60所示。

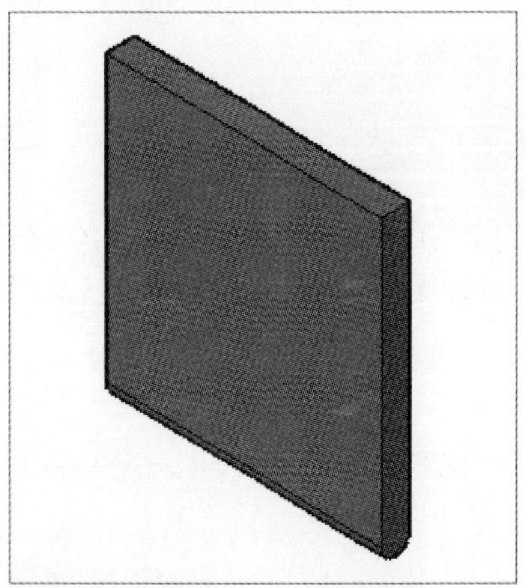

图12-60 拉伸实体

Step 18 执行“移动”命令，将刚绘制出来的实体移动到圆柱体上，如图12-61所示。

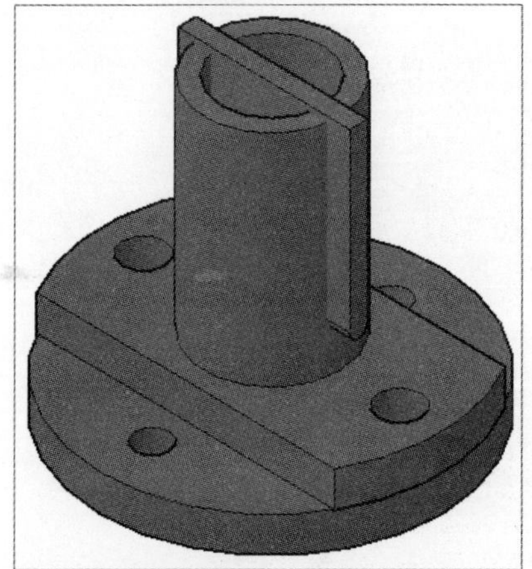

图12-61 移动实体

Step 19 执行“差集”命令，将刚绘制的模型与实体进行差集操作，完成传动轴套模型的绘制，如图12-62所示。

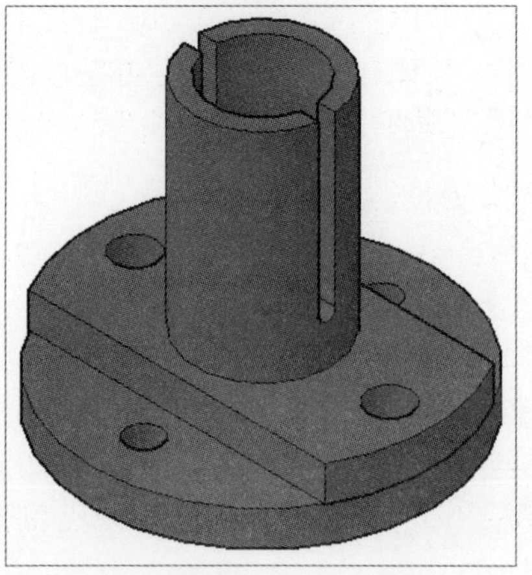

图12-62 完成绘制

高手应用秘籍 —— 轴测图功能介绍

轴测图是一种单面投影图，在一个投影面上能同时反映出物体三个坐标面的形状，并接近于人们的视觉习惯，形象、逼真，富有立体感。但是轴测图一般不能反映出物体各表面的实形，因而度量性差，同时作图较复杂，因此常把轴测图作为辅助图样来说明机器的结构、安装、使用等情况，在设计中，可以用轴测图帮助构思、想象物体的形状，以弥补正投影图的不足。

1. 轴测图的概念

用平行投影法将物体连同确定该物体的直角坐标系一起沿不平行于任一坐标平面的方向投射到一个投影面上，所得到的图形称作轴测图，如图12-63所示。

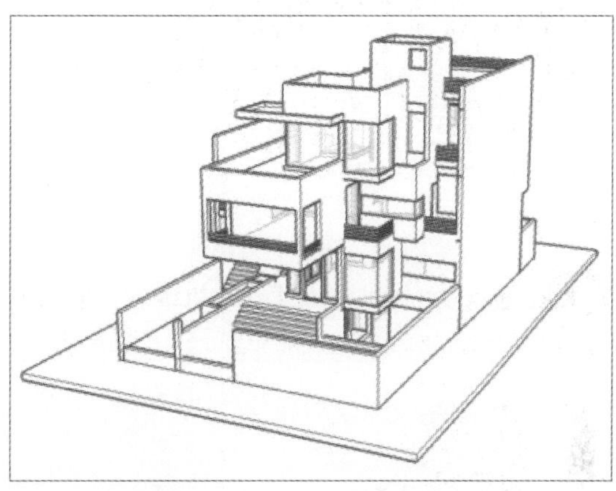

图12-63 轴测视图

轴测投影属于单面平行投影，它能同时反映立体的正面、侧面和水平面的形状，因而立体感较强，在工程设计和工业生产中常用作辅助图样。

一般采用正投影法绘制物体的投影图，即多面正投影图，它能完整、准确地反映物体的形状和大小，且作图简单，但立体感不强，只有具备一定读图能力的人才能看懂，有时还需采用一种立体感较强的图来表达物体，即轴测图。轴测图是用轴测投影的方法画出来的富有立体感的图形，它接近人们的视觉习惯，但不能确切地反映物体真实的形状和大小，并且作图较正投影复杂，因而在生产中它作为辅助图样用来帮助人们读懂正投影视图。

2. 轴测图的形成

轴测图是把空间物体和确定其空间位置的直角坐标系按平行投影法沿不平行于任何坐标面的方向投影到单一投影面上所得的图形。

轴测图具有平行投影的所有特性。

- 平行性：物体上互相平行的线段，在轴测图上仍互相平行。
- 定比性：物体上两平行线段或同一直线上的两线段长度之比，在轴测图上保持不变。
- 实形性：物体上平行轴测投影面的直线和平面，在轴测图上反映实长和实形。

当投射方向S垂直于投影面时，形成正轴测图；当投射方向S倾斜于投影面时，形成斜轴测。

3. 轴测图的特性

由于轴测图是通过平行投影法形成的，所以在原物体和轴测图之间必然保持如下关系。

- 若空间两直线互相平行，则在轴测图上仍互相平行。
- 凡是与坐标轴平行的线段，在轴测图上必平行于相应的轴测轴，且其伸缩系数与相应的轴向伸缩系数相同。

凡是与坐标轴平行的线段，都可以沿轴向进行作图和测量，“轴测”一词就是“沿轴测量”的意思。而空间不平行于坐标轴的线段在轴测图上的长度不具备上述特性。

秒杀工程疑惑

在进行CAD操作时，用户经常会遇到各种各样的问题，下面总结一些常见问题进行解答，例如拉伸命令的设置、扫掠命令的使用、差集命令的操作等问题。

问　题	解　答
为什么拉伸的图形不是实体	应用拉伸命令时如果想获得实体，必须保证拉伸图形是整体的一个图形（例如矩形、圆、多边形等），否则拉伸出的是片体。拉伸命令系统默认输出结果为实体，即便截面为封闭的，执行“拉伸”命令后，在命令行输入MO后按Enter键，再根据提示输入SU命令并按Enter键，封闭的界面也可以拉伸成片体。另外，利用线段绘制的封闭图形，拉伸出的图形也是片体，如果需要将线段的横截面设置为面，为线段创建面域即可
使用扫掠命令后，为什么生成的对象不是实体而是片状体	在执行扫掠命令前，如果被扫掠的对象是开放的曲线，此时扫掠的结果是片状体。而如果被扫掠的对象是闭合的图形，例如圆形、多边形、面域之类的图形，其扫掠结果才会显示为实体
为何使用多段体命令无法一次性绘制一个封闭的区域	在CAD三维建模中，如果想要一次性绘制一个闭合的多段体，在需要闭合处输入C按Enter键即可自动闭合。因为在使用多段体命令闭合区域时，系统会提示“实体无法自交”信息，所以只有输入闭合命令才可以
为什么在进行差集操作后模型没有发生变化	通常两个以上实体重叠在一起进行“差集”操作时，需要先将要修剪的实体全部选中，或进行并集操作。而如果单个实体修剪时，则直接进行“差集”命令即可
想要在圆柱体下方绘制一个圆环体，为何捕捉不到圆柱体的底面圆心点	在捕捉实体底面中点或其他点时，如果被当前面所遮挡，从而无法进行捕捉，此时只需按F6键，关闭动态UCS功能，即可轻松捕捉实体底面任何点
进行差集运算时，为什么总是提示“未选择实体或面域”	执行差集命令后，根据提示选择实体对象，按Enter键后再选择减去的实体，再次按Enter键即可。若操作方法正确，则需要查看这些实体是否相互孤立，而不是一个组合实体，将需要的实体合并在一起后，再次进行差集运算即可实现差集效果
如何对直线或圆弧命令绘制的封闭图形进行拉伸操作	使用直线或圆弧命令绘制的封闭图形是无法直接进行拉伸的。用户需要先执行“面域”命令，将封闭的图形转换为面域，然后再使用拉伸命令即可进行拉伸操作

Chapter

13

三维模型的编辑

创建的三维对象有时满足不了用户的要求，这时需要对三维对象进行编辑操作，在二维平面图中的命令有一些也能适用在三维对象中，如移动、复制等。但有些操作需要用于实体及表面模型，因此AutoCAD提供了专门用于三维空间中三维移动、三维旋转、三维镜像、三维阵列以及三维对齐等，使用这些命令可以更加灵活地绘制三维图形。

01 学完本章您可以掌握如下知识点

1. 编辑三维模型 ★★
2. 编辑三维实体 ★★
3. 更改三维模型 ★★★

02 本章内容图解链接

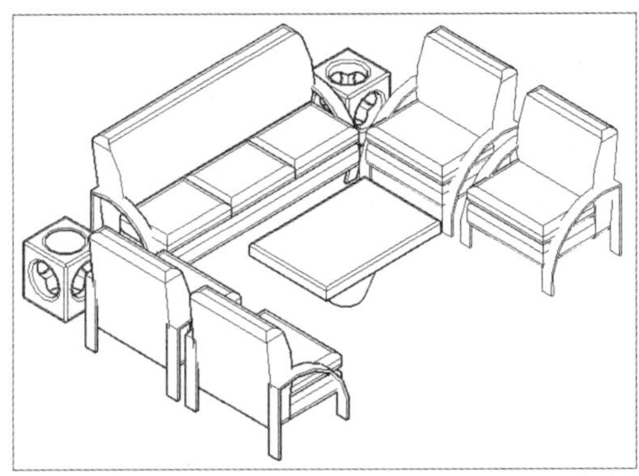

三维镜像效果

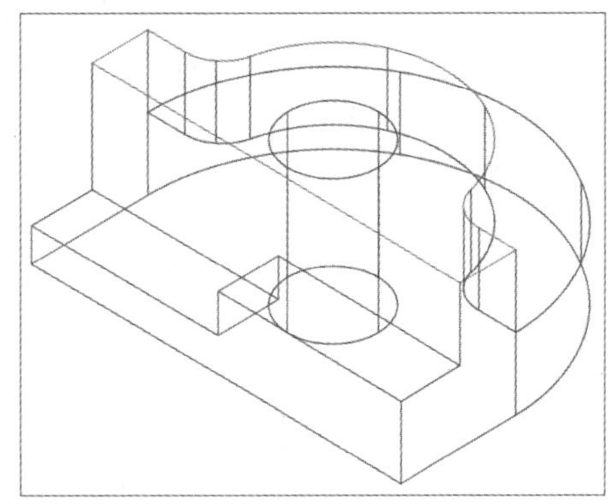

着色边效果

13.1 三维模型的编辑

与二维图形的操作一样，用户也可以对三维曲面、实体进行操作。对于二维图形的许多操作命令同样适合于三维图形，如三维移动、三维旋转、三维对齐、三维镜像等。

13.1.1 三维移动

用户可以使用三维移动命令在三维空间中移动对象，操作方法与二维空间一样，只不过当通过输入距离来移动对象时，必须输入沿X、Y、Z轴的距离值。

在AutoCAD中提供了专门用来在三维空间中移动对象的三维移动命令，该命令还能移动实体的面、边及顶点等子对象（按住Ctrl键可以选择子对象）。三维移动比二维移动更形象、直观。在“常用”选项卡的“修改”面板中，单击“三维移动”按钮，根据命令行提示，选中所需移动的三维对象，指定移动基点和位移的第二个点，或输入移动距离即可完成移动操作如图13-1、图13-2所示。

命令行提示如下：

命令：_3dmove	执行“三维移动”命令
选择对象：找到 1 个	选择需要移动的对象
选择对象：	按 Enter 键完成对象选择
指定基点或 [位移(D)] <位移>:	指定位移基点
指定第二个点或 <使用第一个点作为位移>：正在重生成模型。	指定位移第二个点完成移动操作

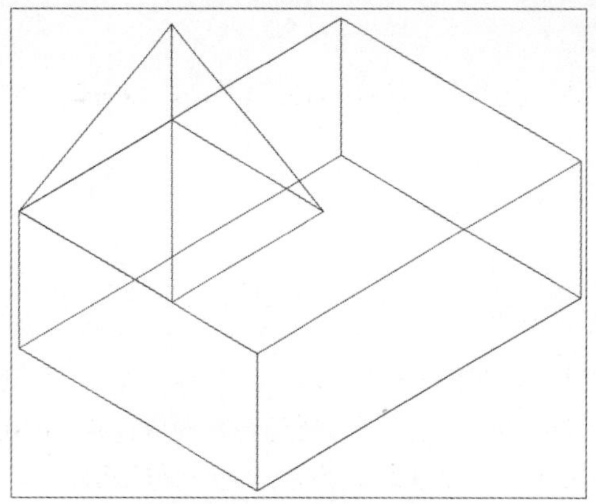

图13-1 选择要移动的三维模型

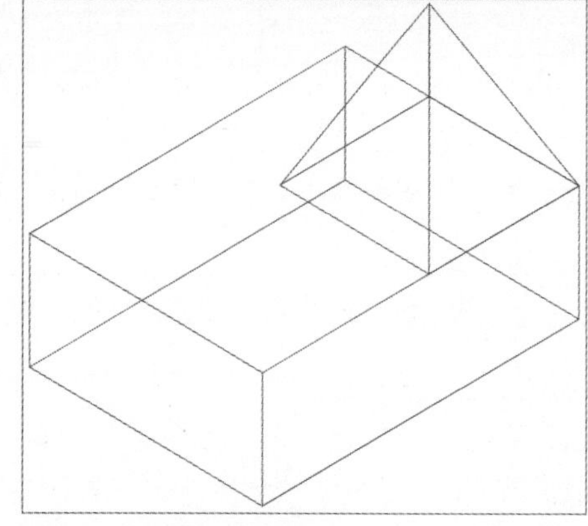

图13-2 指定新位置基点

13.1.2 三维旋转

使用旋转命令仅能使对象在XY平面内旋转，其旋转轴只能是Z轴。三维旋转命令能使对象绕三维空间中的任意轴按照指定的角度进行旋转，在旋转三维对象之前需要定义一个点为三维对象的基准点。在“常用”选项卡的“修改”面板中，单击“三维旋转”按钮，根据命令行提示，选中所需对象，指定旋转基点和旋转轴，然后输入旋转角度，即可完成操作，如图13-3、图13-4所示。

命令行提示如下：

命令：_3drotate	执行“三维旋转”命令
UCS 当前的正角方向： ANGDIR=逆时针 ANGBASE=0	
选择对象：找到 1 个	选择需要旋转的对象

选择对象：	按 Enter 键完成对象的选择
指定基点：	指定一点为旋转基点
拾取旋转轴：	指定旋转轴
指定角的起点或键入角度： 45	指定旋转角度
正在重生成模型。	按 Enter 键完成对象的旋转操作

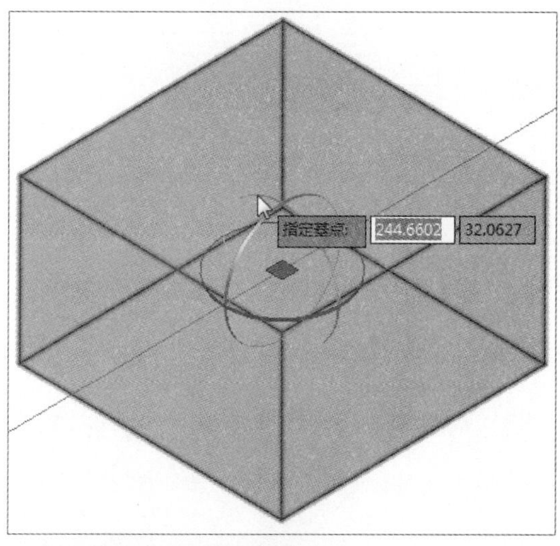

图13-3 指定旋转基点和旋转轴

图13-4 完成旋转

下面对命令行中各选项的含义进行介绍。

- 指定基点：指定该三维模型的旋转基点。
- 拾取旋转轴：选择三维轴，并以该轴进行旋转。这里三维轴为X轴、Y轴和Z轴，其中X轴为红色，Y轴为绿色，Z轴为蓝色。
- 角的起点或键入角度：输入旋转角度值。

13.1.3 三维对齐

三维对齐是指在三维空间中将两个对象与其他对象对齐，可以为源对象指定一个、两个或三个点，然后为目标对象指定一个、两个或三个点，其中源对象的目标点要与目标对象的点相对应。在“常用”选项卡的“修改”面板中单击“三维对齐”按钮，根据命令行提示进行操作即可。

命令行提示如下：

命令： _3dalign	执行“三维对齐”命令
选择对象： 指定对角点： 找到 1 个	选择要对其的对象
选择对象：	按 Enter 键完成对象选择
指定源平面和方向 ...	
指定基点或 [复制 (C)]:	选择要对齐的基点
指定第二个点或 [继续 (C)] <C>:	按 Enter 键完成选择
指定目标平面和方向 ...	
指定第一个目标点：	指定对象对齐目标点
指定第二个目标点或 [退出 (X)] <X>:	按 Enter 键完成对齐操作

执行“三维对齐”命令后，选中棱锥体，依次指定点A、点B、点C，然后再依次指定目标点1、2、3，即可按要求将两实体对齐，如图13-5、图13-6所示。

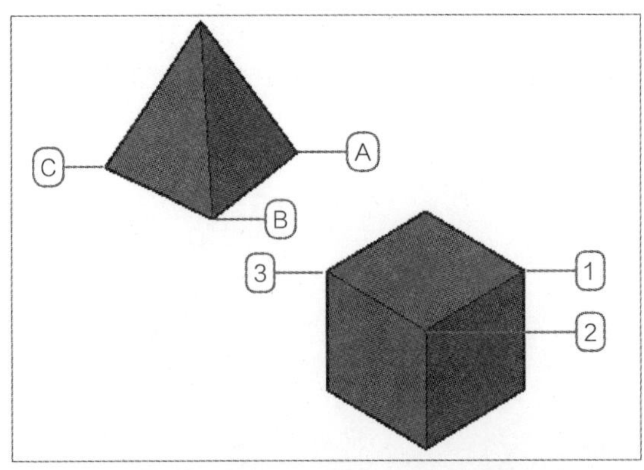

图13-5 选择图形对象指定对齐点

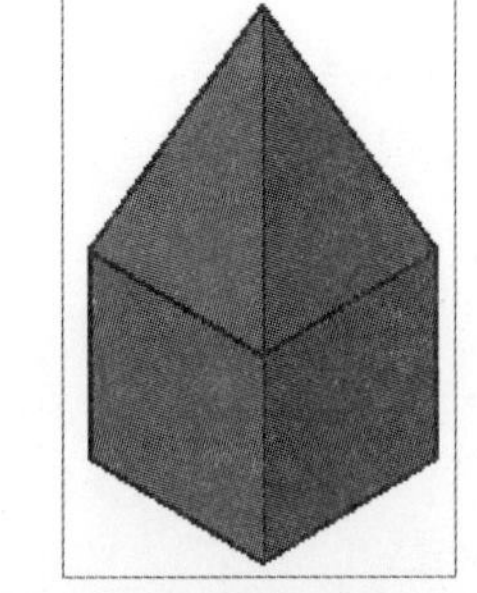
图13-6 对齐效果

工程师点拨：不同数量对齐点对移动源对象的影响

使用三维对齐时，用户不必指定所有的三对对齐点。以下说明提供不同数量的对齐点时，AutoCAD如何移动源对象。

- 如果仅指定一对对齐点，AutoCAD就把源对象由第一个源点移动到第一个目标点处。
- 若指定两对对齐点，则AutoCAD移动源对象后，会使两个源点的连线与两个目标点的连线重合，并使第一个源点与第一个目标点重合。
- 若用户指定三对对齐点，那么操作结束以后，三个源点定义的平面将与三个目标点定义的平面重合。选择的第一个源点会移动到第一个目标点的位置，前两个源点的连线与前两个目标点的连线重合。第三个目标点的选取顺序若与第三个源点的选取顺序一致，则两个对象平行对齐，反之则相对对齐。

13.1.4 三维镜像

三维镜像是将选择的三维对象沿指定的面进行镜像。镜像平面可以是已经创建的面，如实体的面和坐标轴上的面，也可以通过三点创建一个镜像平面。在“常用”选项卡的“修改”面板中单击“三维镜像”按钮，根据命令行提示，选中镜像平面和平面上的镜像点，即可完成镜像操作。

实例13-1 下面举例介绍三维镜像，具体操作方法介绍如下。

Step 01 打开素材文件，执行“三维镜像”命令，根据命令行提示，选择需要镜像的对象，如图13-7所示。

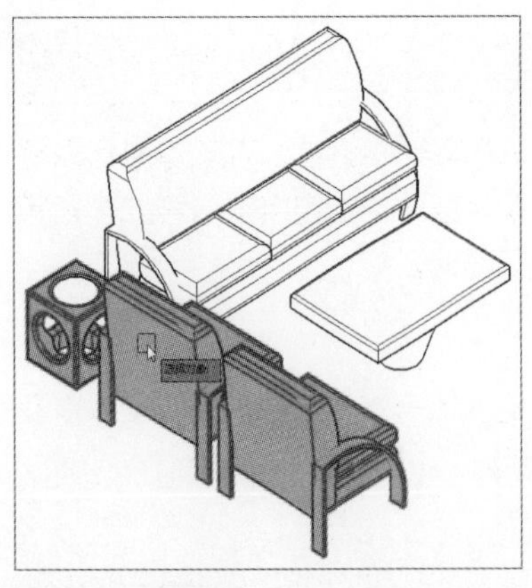
图13-7 选择对象

Step 02 按Enter键完成对象的选择。根据命令行提示，指定镜像平面的第一个点，由于是沙发组合图形，所以此处以茶几平面的中点为第一点，如图13-8所示。

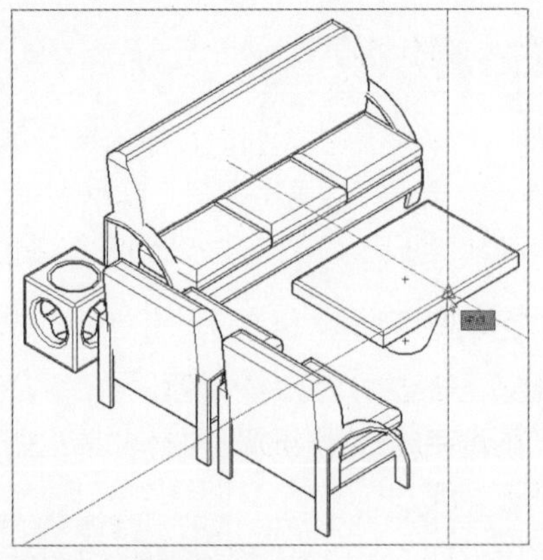
图13-8 指定第一个点

Step 03 此时按F8键开启正交模式，捕捉相互垂直的两条线作为镜像平面。三点指定完成后弹出提示，如图13-9所示。

Step 04 按Enter键，选择“否”选项即可完成三维镜像的操作，效果如图13-10所示。

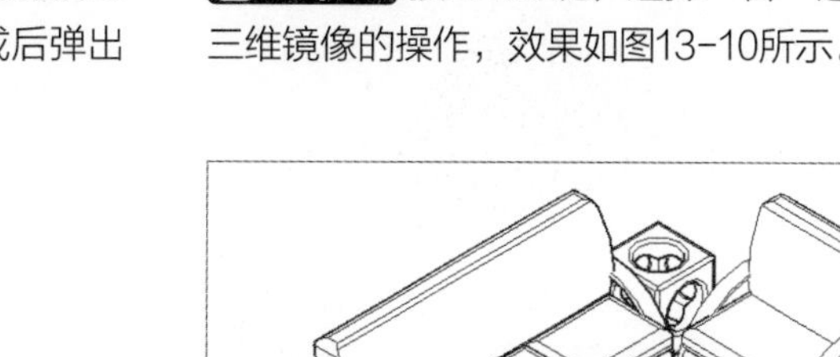

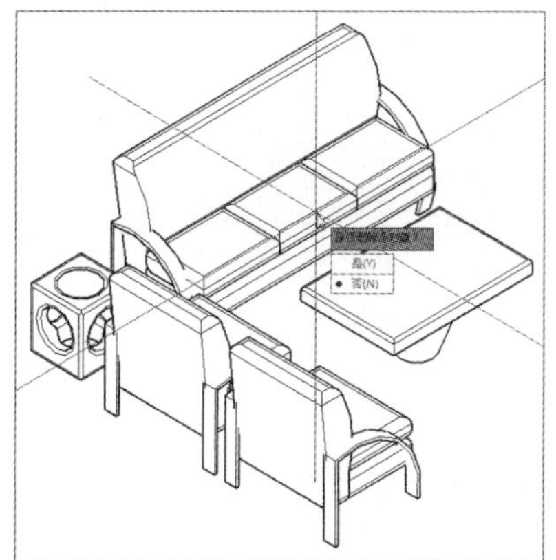

图13-9 命令提示

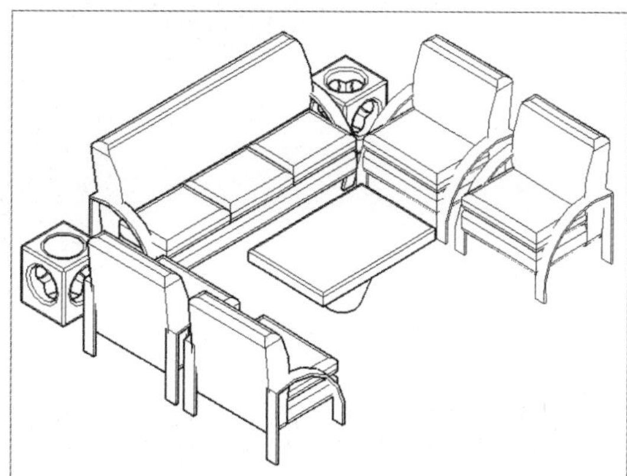

图13-10 完成镜像操作

命令行提示如下：

```
命令：_mirror3d                                                        执行“三维镜像”命令
选择对象：指定对角点：找到 5 个                                        选择需要镜像的对象
选择对象：                                                             按 Enter 键完成选择
指定镜像平面（三点）的第一个点或                                        指定第一个点
  [对象(O)/最近的(L)/Z 轴(Z)/视图(V)/XY 平面(XY)/YZ 平面(YZ)/ZX 平面(ZX)/三点(3)] <三点>：在
镜像平面上指定第二点：在镜像平面上指定第三点：                          指定镜像平面上的三点
是否删除源对象？[是(Y)/否(N)] <否>：N                                  输入 N 按 Enter 键完成镜像操作
```

下面对命令行中各选项的含义进行介绍。

- 对象：选择需要镜像的三维模型。
- 三点：通过三个点定义镜像平面。
- 最近的：使用上次执行的三维镜像命令的设置。
- Z轴：根据平面上的一点和平面法线上的一点定义镜像平面。
- 视图：将镜像平面与当前视口中通过指定点的视图平面对齐。
- XY、YZ、ZX平面：将镜像平面与一个通过指定点的标准平面（XY、YZ、ZX）对齐。

13.1.5 三维阵列

三维阵列可以将三维实体对象按矩形阵列或环形阵列的方式来创建多个副本。环形阵列可以将选择的对象绕一个点进行旋转生成多个实体对象。旋转轴的正方向是从第一个指定点指向第二个指定点，沿该方向伸出大拇指，则其他4个手指的弯曲方向就是旋转角的正方向。

1. 三维矩形阵列

执行“修改>三维操作>三维阵列”命令，根据命令行提示，输入相关的行数、列数、层数以及各个间距值，即可完成三维矩形阵列操作，如图13-11、图13-12所示。

命令行提示如下：

```
命令：_3darray                                                         执行“三维阵列”命令
```

选择对象： 指定对角点： 找到 5 个	选择阵列对象
选择对象：	按 Enter 键完成对象选择
输入阵列类型 [矩形(R)/环形(P)] <矩形>:R	输入 R 选择矩形阵列类型
输入行数 (---) <1>: 2	输入 2 指定行数
输入列数 (|||) <1>: 3	输入 3 指定列数
输入层数 (...) <1>: 2	输入 2 指定层数
指定行间距 (---): 800	输入 800 指定行间距
指定列间距 (|||): 1500	输入 1500 指定列间距
指定层间距 (...): 500	输入 500 指定层间距，按 Enter 键完成三维阵列操作

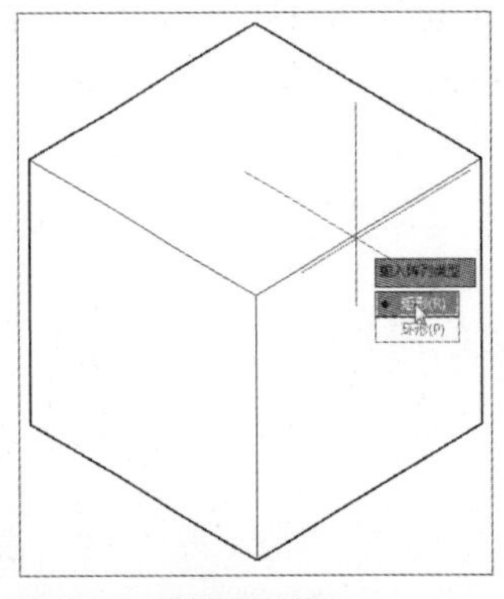

图13-11 选择阵列类型

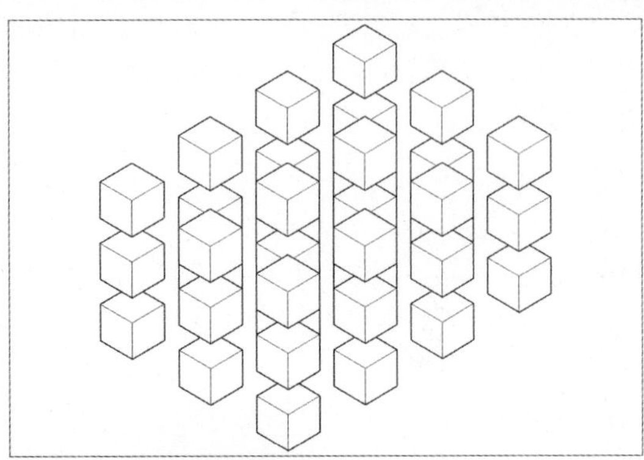

图13-12 矩形阵列效果

2. 三维环形阵列

使用三维环形阵列命令，需要指定阵列项目数、阵列角度以及阵列中心，指定旋转轴之后即可完成三维环形阵列操作，如图13-13、图13-14所示。

命令行提示如下：

命令： _3darray	执行“三维阵列”命令
选择对象： 指定对角点： 找到 5 个	选择阵列对象
选择对象：	按 Enter 键完成对象选择
输入阵列类型 [矩形(R)/环形(P)] <矩形>:P	输入 P 选择环形阵列类型
输入阵列中的项目数目： 3	输入 3 指定项目数目
指定要填充的角度 (+=逆时针， -=顺时针) <360>:	按 Enter 键默认角度为 360
旋转阵列对象？ [是(Y)/否(N)] <Y>: N	输入 N 选择“否”选项
指定阵列的中心点：	指定中心点
指定旋转轴上的第二点：	指定旋转轴后即可完成阵列操作

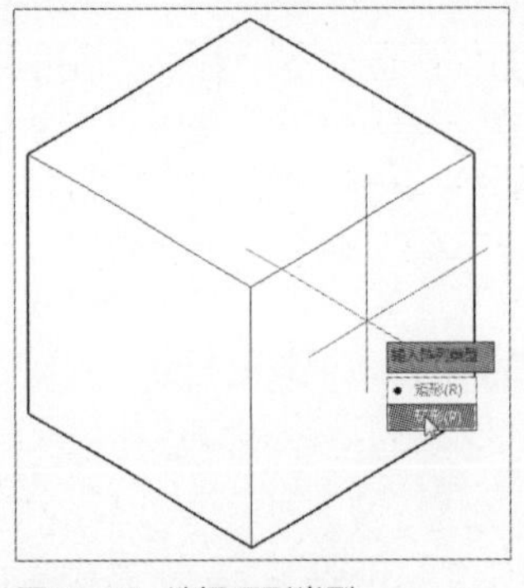

图13-13 选择环形类型

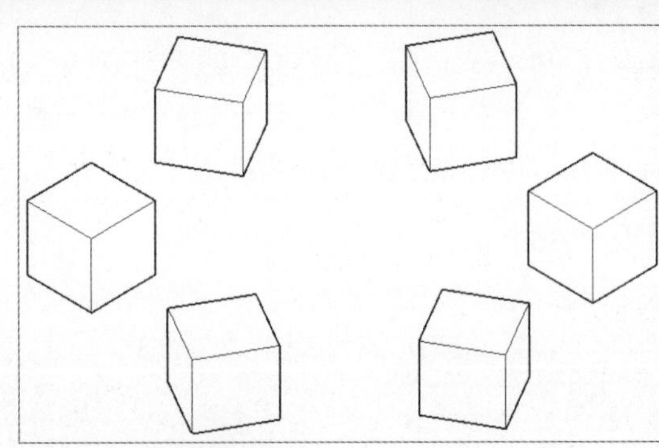

图13-14 环形阵列效果

13.2 编辑三维实体边和面

在AutoCAD软件中，用户还可以对三维实体边进行编辑，例如“复制边”、“着色边”、“压印边”、“移动面”、“删除面”等。下面分别对其操作进行介绍。

13.2.1 复制边

复制边用于复制三维模型的边，其操作对象包括直线、圆弧、圆、椭圆以及样条曲线。在“常用”选项卡的“实体编辑”面板中，单击“复制边”按钮，根据命令行提示，选择要复制的模型边并指定复制基点，然后指定位移第二点，按两次Enter键即可完成操作，如图13-15、图13-16所示。

命令行提示如下：

```
命令： _solidedit                                                        执行“复制边”命令
实体编辑自动检查： SOLIDCHECK=1
输入实体编辑选项 [面(F)/边(E)/体(B)/放弃(U)/退出(X)] <退出>: _edge
输入边编辑选项 [复制(C)/着色(L)/放弃(U)/退出(X)] <退出>: _copy
选择边或 [放弃(U)/删除(R)]:                                              选择需要复制的边
选择边或 [放弃(U)/删除(R)]:                                          按 Enter 键完成边的选择
指定基点或位移：                                                            指定复制基点
指定位移的第二点：                                                          指定位移第二点
输入边编辑选项 [复制(C)/着色(L)/放弃(U)/退出(X)] <退出>:
实体编辑自动检查： SOLIDCHECK=1
输入实体编辑选项 [面(F)/边(E)/体(B)/放弃(U)/退出(X)] <退出>:          按两次 Enter 键完成复制操作
```

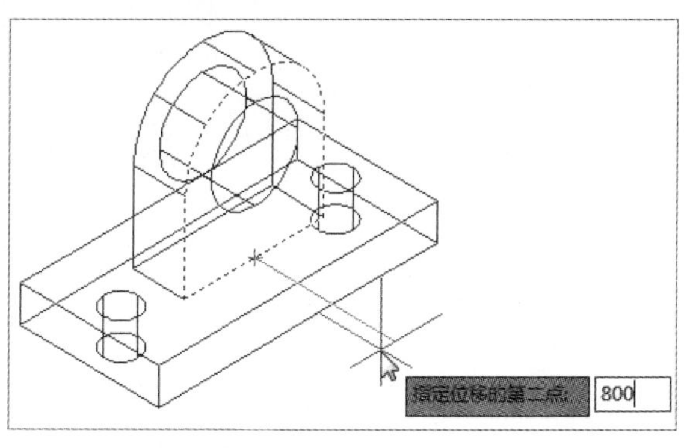

图13-15 指定位移第二点

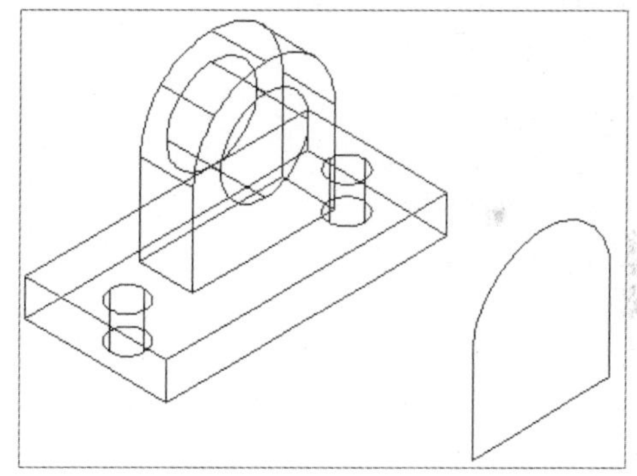
图13-16 完成复制边操作

13.2.2 着色边

着色边主要用于更改模型边线的颜色。在“实体编辑”面板中单击“着色边”按钮，根据命令行提示，选择需要更改模型边线，在“选择颜色”对话框中指定所需的颜色，然后按两次Enter键即可完成操作，如图13-17、图13-18所示。

命令行提示如下：

```
命令： _solidedit                                                        执行“着色边”命令
实体编辑自动检查： SOLIDCHECK=1
输入实体编辑选项 [面(F)/边(E)/体(B)/放弃(U)/退出(X)] <退出>: _edge
```

输入边编辑选项 [复制(C)/着色(L)/放弃(U)/退出(X)] <退出>: _color
选择边或 [放弃(U)/删除(R)]: 选择需要着色的边
选择边或 [放弃(U)/删除(R)]: 按 Enter 键完成边的选择
输入边编辑选项 [复制(C)/着色(L)/放弃(U)/退出(X)] <退出>: 选择所需颜色单击“确定”按钮
实体编辑自动检查: SOLIDCHECK=1
输入实体编辑选项 [面(F)/边(E)/体(B)/放弃(U)/退出(X)] <退出>: 按两次 Enter 键完成着色操作

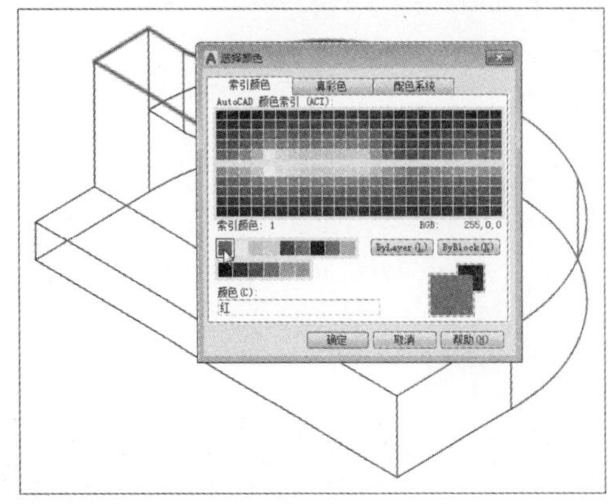

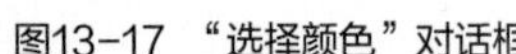
图13-17 “选择颜色”对话框

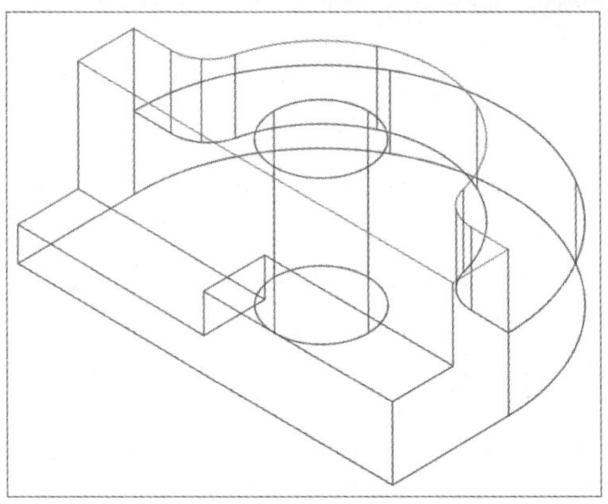

图13-18 完成边着色操作

工程师点拨:“着色面”功能的用法

着色面与着色边的用法相似，都是对选中的实体面或实体边进行着色。选中所需着色的面，执行“着色面”命令，在打开的颜色面板中，选择所需颜色即可。

13.2.3 压印边

压印边是在选定的图形对象上压印一个图形对象。压印对象包括圆弧、圆、直线、二维和三维多段线、椭圆、样条曲线、面域和三维实体。在“实体编辑”面板中单击“压印边”按钮，根据命令行提示，分别选择三维实体和需要压印图形对象，然后选择是否删除源对象即可，如图13-19、图13-20所示。

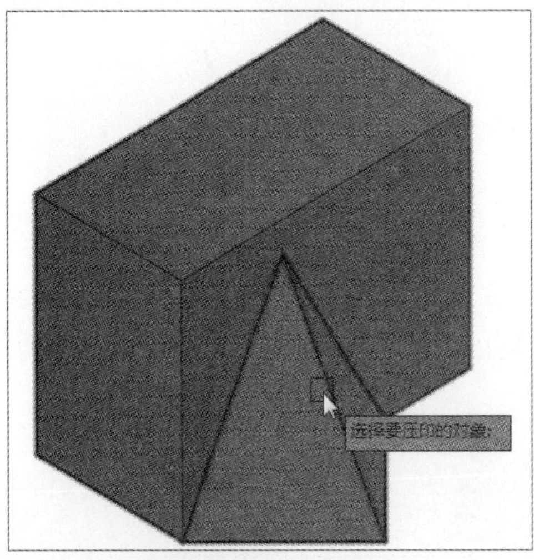

图13-19 选择压印图形对象

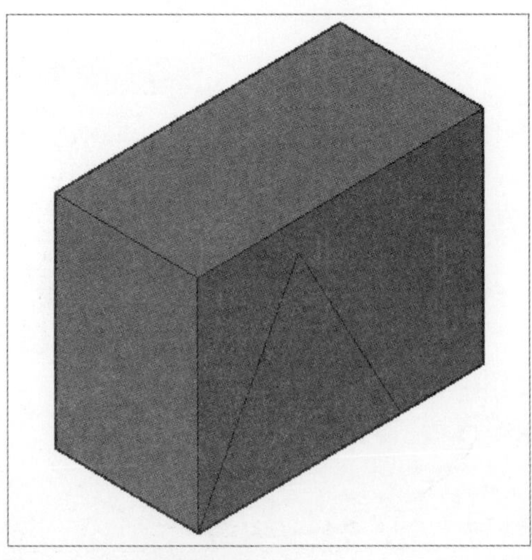

图13-20 完成压印边操作

命令行提示如下：

命令：_imprint	执行"压印"命令
选择三维实体或曲面：	选择三维实体
选择要压印的对象：	选择对象
是否删除源对象 [是(Y)/否(N)] <N>: y	输入 Y 删除源对象
选择要压印的对象：	按两次 Enter 键完成压印操作

13.2.4 拉伸面

拉伸面是将选定的三维模型面拉伸到指定的高度或沿路径拉伸。一次可以选择多个面进行拉伸。在"实体编辑"面板中单击"拉伸面"按钮，执行"拉伸面"命令后，根据命令行提示，选择要拉伸的实体面并按Enter键，指定拉伸高度和倾斜角度，即可对实体面进行拉伸，如图13-21、图13-22所示。

命令行提示如下：

命令：_solidedit	执行"拉伸面"命令
实体编辑自动检查：　SOLIDCHECK=1	
输入实体编辑选项 [面(F)/边(E)/体(B)/放弃(U)/退出(X)] <退出>: _face	
输入面编辑选项	
[拉伸(E)/移动(M)/旋转(R)/偏移(O)/倾斜(T)/删除(D)/复制(C)/颜色(L)/材质(A)/放弃(U)/退出(X)] <退出>: _extrude	
选择面或 [放弃(U)/删除(R)]: 找到 2 个面。	选择需要拉伸的面
选择面或 [放弃(U)/删除(R)/全部(ALL)]:	按 Enter 键完成选择
指定拉伸高度或 [路径(P)]: 500	输入 500 指定拉伸高度
指定拉伸的倾斜角度 <30>: 30	输入 30 指定倾斜角度
已开始实体校验。	按 Enter 键完成操作
已完成实体校验。	
输入面编辑选项	
[拉伸(E)/移动(M)/旋转(R)/偏移(O)/倾斜(T)/删除(D)/复制(C)/颜色(L)/材质(A)/放弃(U)/退出(X)] <退出>:	

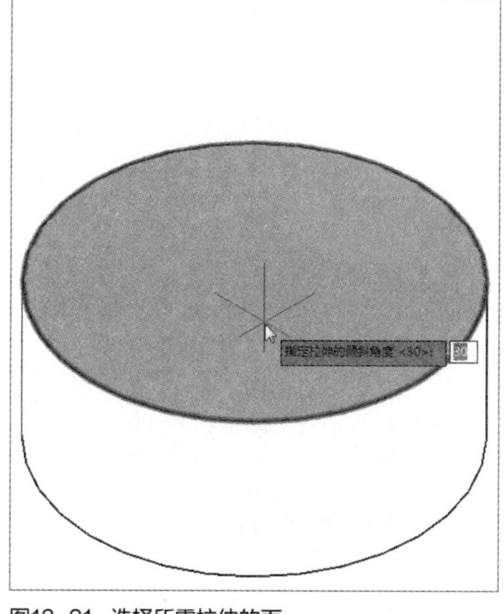

图13-21 选择所需拉伸的面

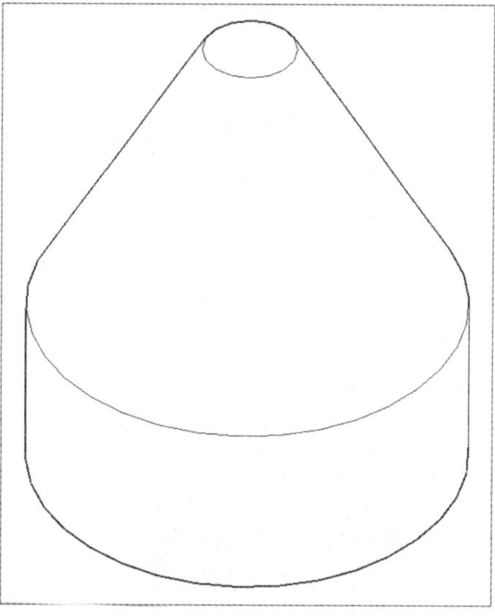

图13-22 完成拉伸面操作

13.2.5 移动面

移动面是将选定的面沿着指定的高度或距离进行移动，当然一次也可以选择多个面进行移动。在“常用”选项卡的“实体编辑”面板中单击“移动面”按钮，根据命令行提示，选择需要移动的三维实体面，指定移动基点，再指定新基点即可，如图13-23、图13-24所示。

命令行提示如下：

```
命令：_solidedit                                                    指定“移动面”命令
实体编辑自动检查： SOLIDCHECK=1
输入实体编辑选项 [面(F)/边(E)/体(B)/放弃(U)/退出(X)] <退出>: _face
输入面编辑选项
[拉伸(E)/移动(M)/旋转(R)/偏移(O)/倾斜(T)/删除(D)/复制(C)/颜色(L)/材质(A)/放弃(U)/退出(X)] <退出>:
_move
选择面或 [放弃(U)/删除(R)]: 找到 2 个面。                              选择需要移动的面
选择面或 [放弃(U)/删除(R)/全部(ALL)]:                                按 Enter 键完成选择
指定基点或位移：                                                     指定位移第一点
指定位移的第二点：                                                   指定位移第二点
已开始实体校验。
已完成实体校验。
输入面编辑选项
[拉伸(E)/移动(M)/旋转(R)/偏移(O)/倾斜(T)/删除(D)/复制(C)/颜色(L)/材质(A)/放弃(U)/退出(X)] <退出>:
实体编辑自动检查： SOLIDCHECK=1
输入实体编辑选项 [面(F)/边(E)/体(B)/放弃(U)/退出(X)] <退出>:         按三次 Enter 键完成移动操作
```

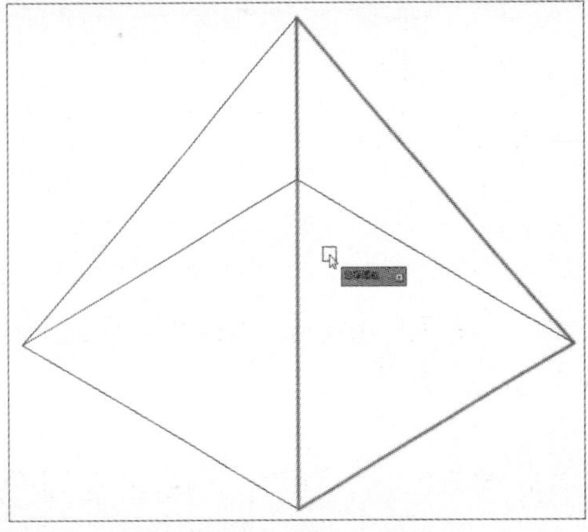

图13-23 选择所需移动的面

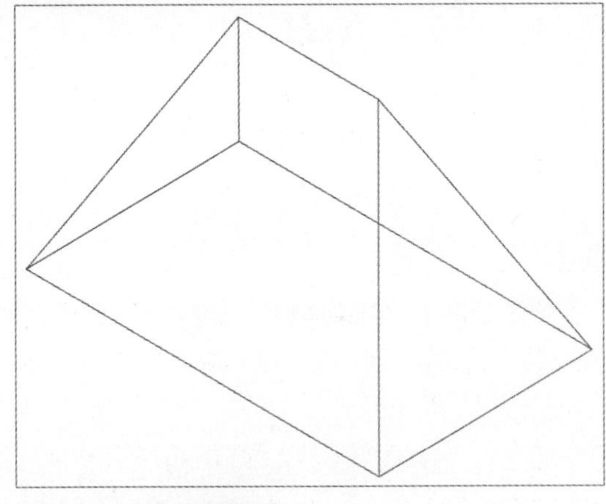

图13-24 完成移动面操作

13.2.6 偏移面

偏移面是按指定距离或通过指定的点，对面进行偏移。如果值为正值，则增大实体体积，如果是负值，则缩小实体体积。单击“偏移面”按钮，根据命令行提示，选择要偏移的面，输入偏移距离即可完成操作，如图13-25、图13-26所示。

命令行提示如下：

```
命令：_solidedit                                                    执行“偏移面”命令
实体编辑自动检查： SOLIDCHECK=1
```

```
输入实体编辑选项 [面(F)/边(E)/体(B)/放弃(U)/退出(X)] <退出>: _face
输入面编辑选项
[拉伸(E)/移动(M)/旋转(R)/偏移(O)/倾斜(T)/删除(D)/复制(C)/颜色(L)/材质(A)/放弃(U)/退出(X)] <退出>:
_offset
选择面或 [放弃(U)/删除(R)]: 找到一个面。                                选择要偏移的面
选择面或 [放弃(U)/删除(R)/全部(ALL)]:                                  按Enter键完成选择
指定偏移距离: -50                                                      输入-50指定偏移距离
已开始实体校验。
已完成实体校验。
输入面编辑选项
[拉伸(E)/移动(M)/旋转(R)/偏移(O)/倾斜(T)/删除(D)/复制(C)/颜色(L)/材质(A)/放弃(U)/退出(X)] <退出>:
实体编辑自动检查: SOLIDCHECK=1
输入实体编辑选项 [面(F)/边(E)/体(B)/放弃(U)/退出(X)] <退出>:          按三次Enter键完成偏移操作
```

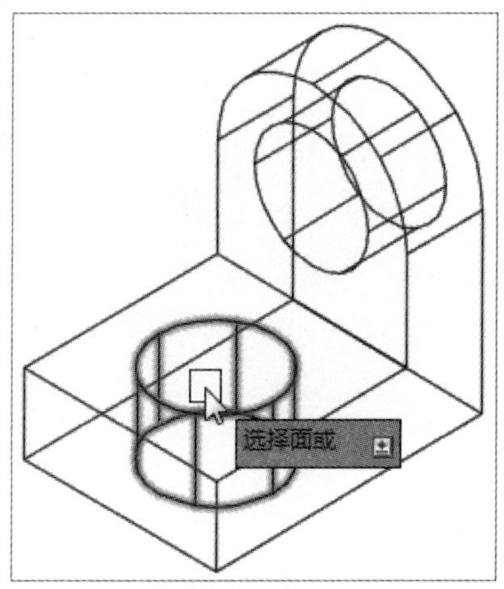

图13-25 选择偏移的面

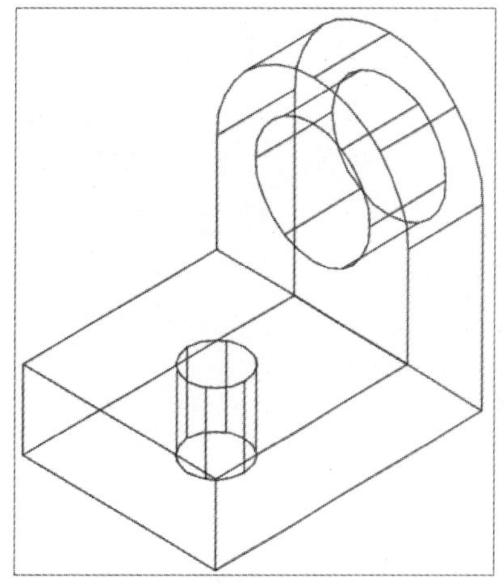
图13-26 完成偏移面操作

13.2.7 旋转面

旋转面是将选中的实体面按照指定轴进行旋转。单击“旋转面”按钮，根据命令行提示，选择所需的实体面和旋转轴，然后输入旋转角度即可完成旋转，如图13-27、图13-28所示。

命令行提示如下：

```
命令: _solidedit                                                       执行“旋转面”命令
实体编辑自动检查: SOLIDCHECK=1
输入实体编辑选项 [面(F)/边(E)/体(B)/放弃(U)/退出(X)] <退出>: _face
输入面编辑选项
[拉伸(E)/移动(M)/旋转(R)/偏移(O)/倾斜(T)/删除(D)/复制(C)/颜色(L)/材质(A)/放弃(U)/退出(X)] <退出>:
_rotate
选择面或 [放弃(U)/删除(R)]: 找到一个面。                                选择所需旋转的面
选择面或 [放弃(U)/删除(R)/全部(ALL)]:                                  按Enter键完成选择
指定轴点或 [经过对象的轴(A)/视图(V)/x 轴(X)/y 轴(Y)/z 轴(Z)] <两点>:    指定轴的第一点
在旋转轴上指定第二个点:                                                 指定轴的第二点
指定旋转角度或 [参照(R)]: 45                                           输入45指定旋转角度并按Enter键
已开始实体校验。
```

```
已完成实体校验。
输入面编辑选项
[拉伸(E)/移动(M)/旋转(R)/偏移(O)/倾斜(T)/删除(D)/复制(C)/颜色(L)/材质(A)/放弃(U)/退出(X)] <退出>:
实体编辑自动检查： SOLIDCHECK=1
输入实体编辑选项 [面(F)/边(E)/体(B)/放弃(U)/退出(X)] <退出>:        按三次 Enter 键完成旋转操作
```

图13-27 选择所需旋转的面

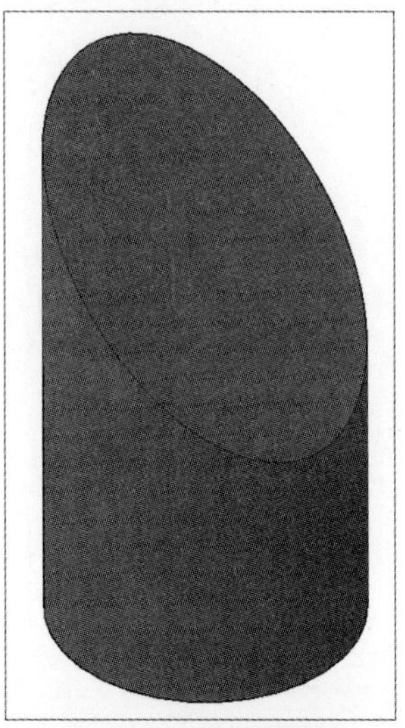

图13-28 完成旋转面操作

13.2.8 倾斜面

倾斜面是按照角度对指定的实体面进行倾斜操作。倾斜角的旋转方向由选择基点和第二点的顺序决定。在“常用”选项卡的“实体编辑”面板中，单击“倾斜面”按钮，根据命令行提示，选中所需倾斜面，指定倾斜轴两个基点，然后输入倾斜角度即可完成倾斜操作，如图13-29、图13-30所示。

命令行提示如下：

```
命令：_solidedit                                                    执行“倾斜面”命令
实体编辑自动检查： SOLIDCHECK=1
输入实体编辑选项 [面(F)/边(E)/体(B)/放弃(U)/退出(X)] <退出>: _face
输入面编辑选项
[拉伸(E)/移动(M)/旋转(R)/偏移(O)/倾斜(T)/删除(D)/复制(C)/颜色(L)/材质(A)/放弃(U)/退出(X)] <退出>:
_taper
选择面或 [放弃(U)/删除(R)]: 找到一个面。                              选择需要倾斜的面
选择面或 [放弃(U)/删除(R)/全部(ALL)]:                                按 Enter 键完成选择
指定基点：                                                          指定倾斜轴第一点
指定沿倾斜轴的另一个点：                                            指定倾斜轴第二点
指定倾斜角度： 45                                    输入 45 指定倾斜角度并按 Enter 键
已开始实体校验。
已完成实体校验。
输入面编辑选项
[拉伸(E)/移动(M)/旋转(R)/偏移(O)/倾斜(T)/删除(D)/复制(C)/颜色(L)/材质(A)/放弃(U)/退出(X)] <退出>:
实体编辑自动检查： SOLIDCHECK=1
输入实体编辑选项 [面(F)/边(E)/体(B)/放弃(U)/退出(X)] <退出>:            按三次 Enter 键完成操作
```

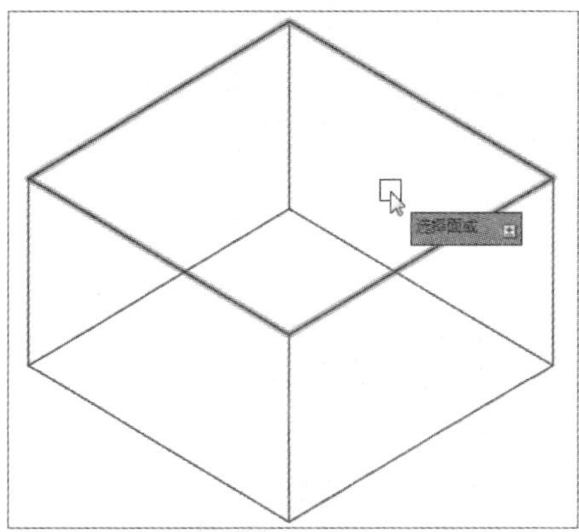

图13-29 选择需要倾斜的面

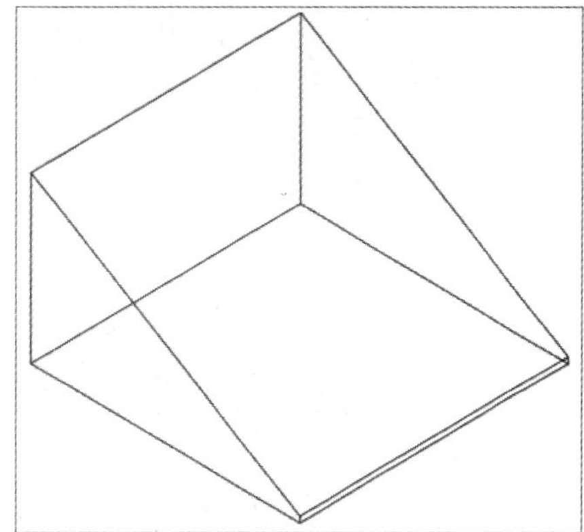

图13-30 完成倾斜面操作

13.2.9 删除面

删除面是删除实体的圆角或倒角面，使其恢复至原来基本实体模型。单击“删除面”按钮，选择要删除的倒角面，按Enter键即可完成删除操作，如图13-31、图13-32所示。

命令行提示如下：

```
命令：_solidedit                                                    执行“删除面”命令
实体编辑自动检查： SOLIDCHECK=1
输入实体编辑选项 [面(F)/边(E)/体(B)/放弃(U)/退出(X)] <退出>: _face
输入面编辑选项
[拉伸(E)/移动(M)/旋转(R)/偏移(O)/倾斜(T)/删除(D)/复制(C)/颜色(L)/材质(A)/放弃(U)/退出(X)] <退出>:
_delete
选择面或 [放弃(U)/删除(R)]: 找到一个面。                              选择需要删除的面
选择面或 [放弃(U)/删除(R)/全部(ALL)]:                                按Enter键完成选择
已开始实体校验。
已完成实体校验。
输入面编辑选项
[拉伸(E)/移动(M)/旋转(R)/偏移(O)/倾斜(T)/删除(D)/复制(C)/颜色(L)/材质(A)/放弃(U)/退出(X)] <退出>:
实体编辑自动检查： SOLIDCHECK=1
输入实体编辑选项 [面(F)/边(E)/体(B)/放弃(U)/退出(X)] <退出>:              按三次Enter键完成操作
```

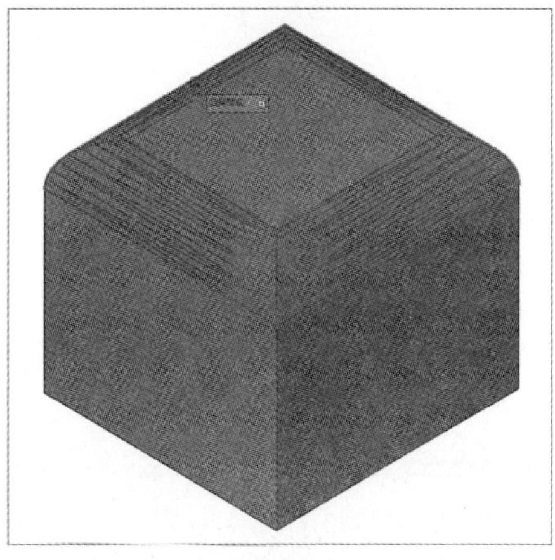

图13-31 选择需要删除的面

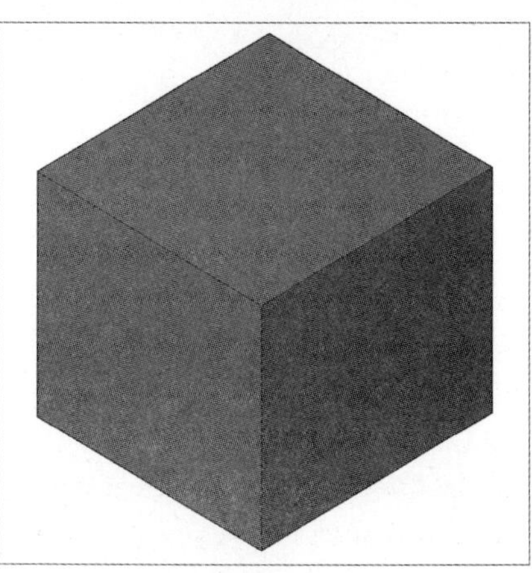

图13-32 完成删除面操作

13.3 三维对象的修改

在对三维实体进行编辑时，不仅可以对三维实体对象进行编辑，还可以对三维实体进行剖切、抽壳、圆角边或倒角边操作。下面对其操作进行介绍。

13.3.1 剖切

该命令通过剖切现有实体来创建新实体，可以通过多种方式定义剪切平面，包括制定点或者选择某个曲面或平面对象。

使用“剖切”命令剖切实体时，可以保留剖切实体的一半或全部，剖切后的实体保留原实体的图层和颜色特性。在“常用”选项卡的“实体编辑”面板中，单击“剖切”按钮，根据命令行提示，选择要剖切的对象和剖切平面，指定剖切点，按Enter键即可完成操作，如图13-33、图13-34所示。

命令行提示如下：

命令： _slice	执行“剖切”命令
选择要剖切的对象： 找到 1 个	选择要剖切的对象
选择要剖切的对象：	按 Enter 键完成对象的选择
指定切面的起点或 [平面对象(O)/曲面(S)/z 轴(Z)/视图(V)/xy(XY)/yz(YZ)/zx(ZX)/三点(3)] <三点>: 指定切面的起点	
指定平面上的第二个点：	指定切面的第二个点
在所需的侧面上指定点或 [保留两个侧面(B)] <保留两个侧面>:	选择要保留侧面上的点

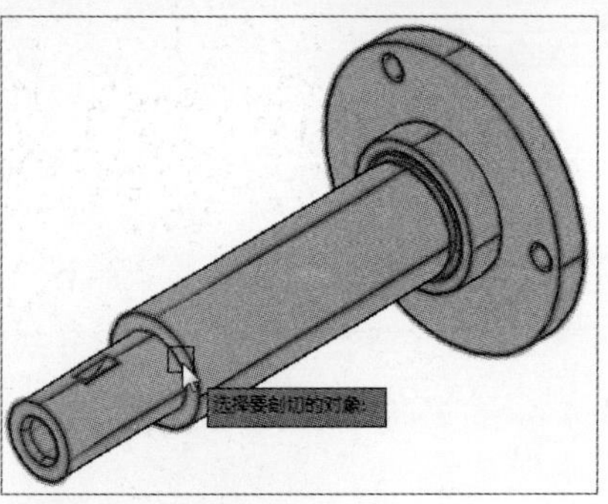

图13-33 选择剖切的实体

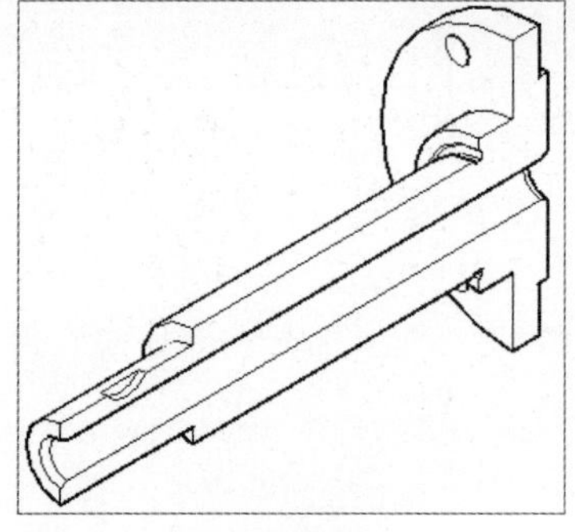
图13-34 完成剖切实体

下面对命令行中各选项的含义进行介绍。

- 平面对象：将剖切面与圆、椭圆、圆弧、椭圆弧等图形对齐进行剖切。
- 曲面：将剖切面与曲面对齐进行剖切。
- Z轴：通过平面上指定的点和Z轴上指定的一点来确定剖切平面进行剖切。
- 视图：将剖切面与当前视口的视图平面对齐进行剖切。
- XY、YZ、ZX：将剖切面与当前UCS的XY、YZ、ZX平面对齐进行剖切。
- 三点：用三点确定剖切面进行剖切。

13.3.2 抽壳

使用该命令可以将三维实体转换为中空薄壁或壳体。将实体对象转换为壳体时，可以通过将现有面朝其原始位置的内部或外部偏移来创建新面。在“实体编辑”面板中单击“抽壳”按钮，根据命令行提示，选择要抽壳的实体和要删除的实体面，然后指定抽壳距离值即可完成抽壳操作，如图13-35、图13-36所示。

命令行提示如下：

```
命令：_solidedit                                                    执行“抽壳”命令
实体编辑自动检查：  SOLIDCHECK=1
输入实体编辑选项 [面(F)/边(E)/体(B)/放弃(U)/退出(X)] <退出>: _body
输入体编辑选项
[压印(I)/分割实体(P)/抽壳(S)/清除(L)/检查(C)/放弃(U)/退出(X)] <退出>: _shell
选择三维实体：                                                      选择三维实体对象
删除面或 [放弃(U)/添加(A)/全部(ALL)]: 找到一个面，已删除 1 个。         选择要删除的面
删除面或 [放弃(U)/添加(A)/全部(ALL)]:                            按Enter键完成面的选择
输入抽壳偏移距离： 50                                          输入50指定抽壳偏移距离
已开始实体校验。
已完成实体校验。
输入体编辑选项
[压印(I)/分割实体(P)/抽壳(S)/清除(L)/检查(C)/放弃(U)/退出(X)] <退出>:
实体编辑自动检查：  SOLIDCHECK=1
输入实体编辑选项 [面(F)/边(E)/体(B)/放弃(U)/退出(X)] <退出>:        按三次Enter键完成操作
```

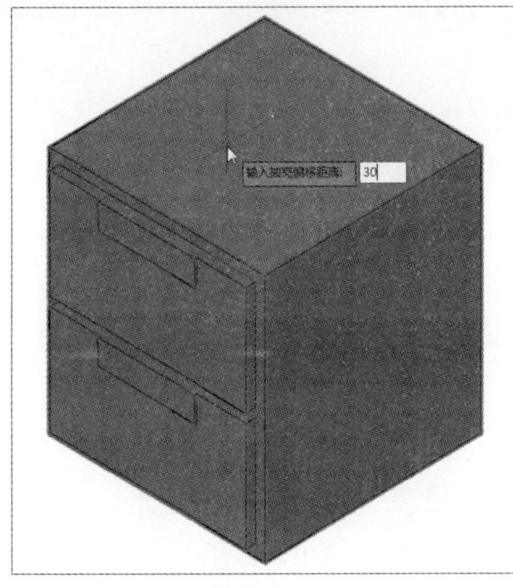

图13-35 选择抽壳的面

图13-36 完成抽壳操作

13.3.3 圆角边

在三维空间中既可以使用圆角命令对二维图形进行圆角操作，也可以使用“圆角边”命令对三维实体进行圆角操作。在“实体”选项卡的“实体编辑”面板中单击“圆角边”按钮，根据命令行提示，选择进行圆角的实体边，指定圆角的半径，选择其他边，或者按Enter键完成圆角边操作，如图13-37、图13-38所示。

命令行提示如下：

```
命令：_FILLETEDGE                                                执行“圆角边”命令
半径 = 20.0000                                                     默认半径为20
选择边或 [链(C)/环(L)/半径(R)]:                                    选择进行圆角的边
```

选择边或 [链(C)/环(L)/半径(R)]: R	输入 R 设置圆角半径
输入圆角半径或 [表达式(E)] <20.0000>: 10	输入 10 指定圆角半径
选择边或 [链(C)/环(L)/半径(R)]:	选择进行圆角的其他边
选择边或 [链(C)/环(L)/半径(R)]:	
选择边或 [链(C)/环(L)/半径(R)]:	
选择边或 [链(C)/环(L)/半径(R)]:	
已选定 4 个边用于圆角。	按 Enter 键完成其他边的选择并完成圆角边操作
按 Enter 键接受圆角或 [半径(R)]:	再次按 Enter 键退出命令

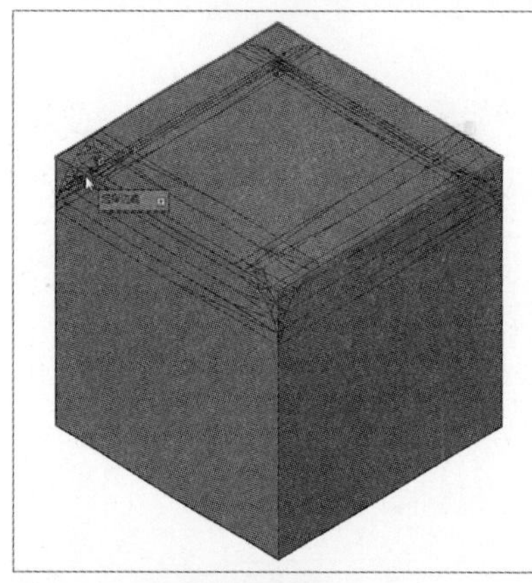
图13-37 选择边

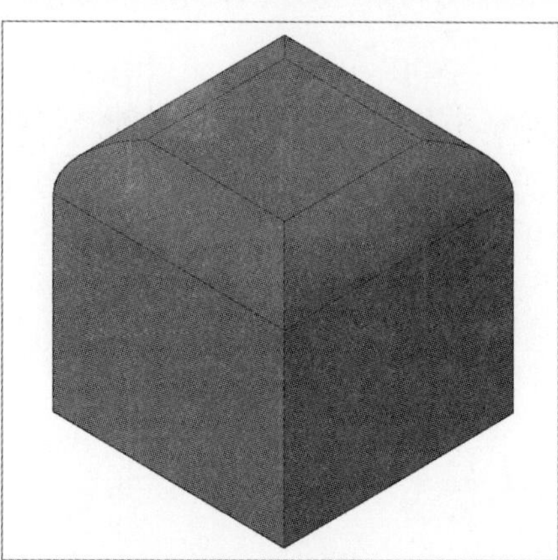
图13-38 圆角边效果

13.3.4 倒角边

在“实体”选项卡的“实体编辑”面板中单击“倒角边”按钮，根据命令行提示，选择进行倒角的实体边，指定倒角的两个距离，选择其他边，或者按Enter键完成倒角边操作，如图13-39、图13-40所示。

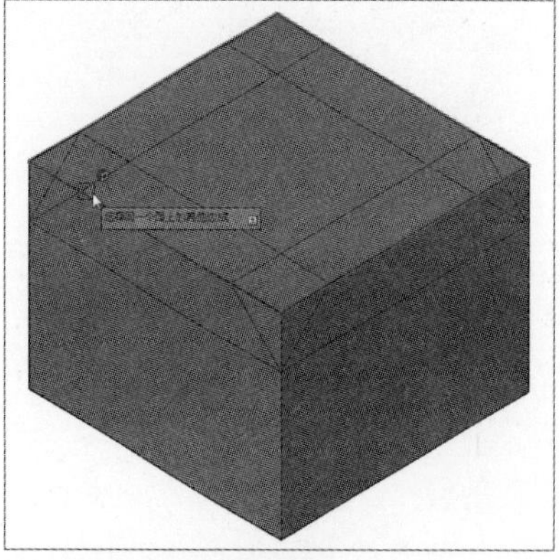
图13-39 指定距离值

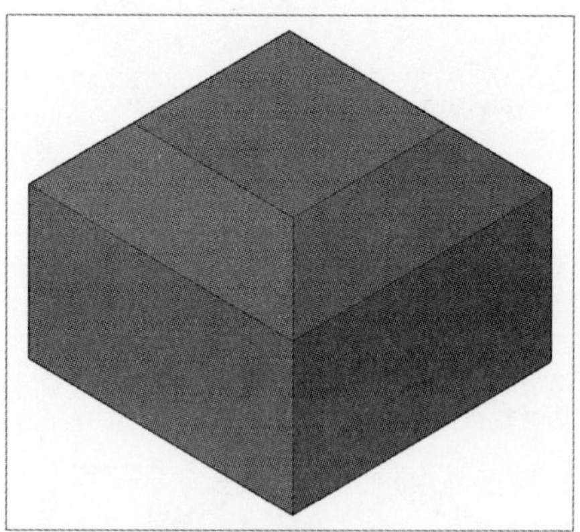
图13-40 完成倒角边操作

命令行提示如下：

命令：_CHAMFEREDGE 距离 1 = 1.5000，距离 2 = 1.5000	执行“倒角边”命令
选择一条边或 [环(L)/距离(D)]:	选择进行倒角的边
选择同一个面上的其他边或 [环(L)/距离(D)]: d	输入 D 指定倒角的距离
指定距离 1 或 [表达式(E)] <1.5000>: 30	输入 30 指定距离 1

指定距离 2 或 [表达式(E)] <1.5000>: 10	输入 10 指定距离 2 按 Enter 键完成距离的设置
选择同一个面上的其他边或 [环(L)/距离(D)]:	选择需要倒角的其他边
选择同一个面上的其他边或 [环(L)/距离(D)]:	
选择同一个面上的其他边或 [环(L)/距离(D)]:	
选择同一个面上的其他边或 [环(L)/距离(D)]:	
选择同一个面上的其他边或 [环(L)/距离(D)]:	按 Enter 键完成其他边的选择并完成倒角边操作
按 Enter 键接受倒角或 [距离(D)]: 按 Enter 键	再次按 Enter 键退出命令

综合实例 —— 绘制水槽模型

本章主要介绍了三维模型的编辑操作。下面结合前面所学的知识来绘制厨房水槽模型，所涉及的三维命令有拉伸、差集、抽壳、三维镜像、三维旋转等。

Step 01 将当前视图设为俯视图。执行“矩形”、“偏移”和“修剪”命令，绘制出水槽平面图，如图13-41所示。

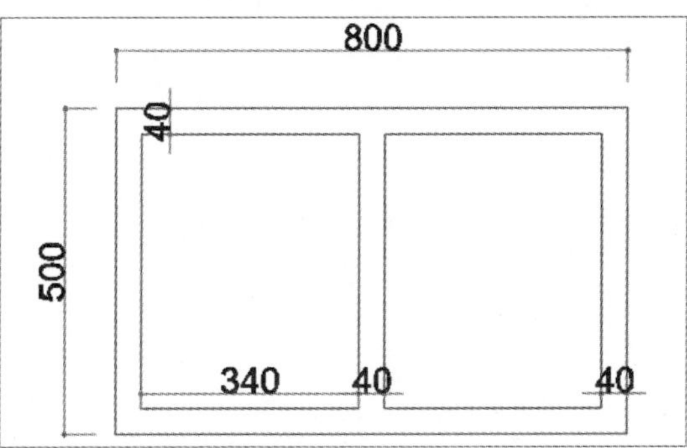

图13-41 绘制水槽平面图

Step 02 将当前视图控件设为西南等轴测视图，视觉控件设为“概念”，执行“拉伸”命令，将3个长方形向上拉伸，拉伸高度为5mm，如图13-42所示。

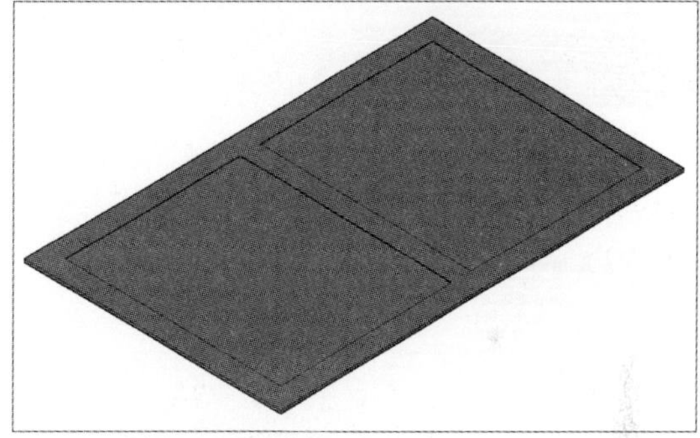

图13-42 拉伸图形

Step 03 执行“差集”命令，将两个小长方体从大长方体中减去，如图13-43所示。

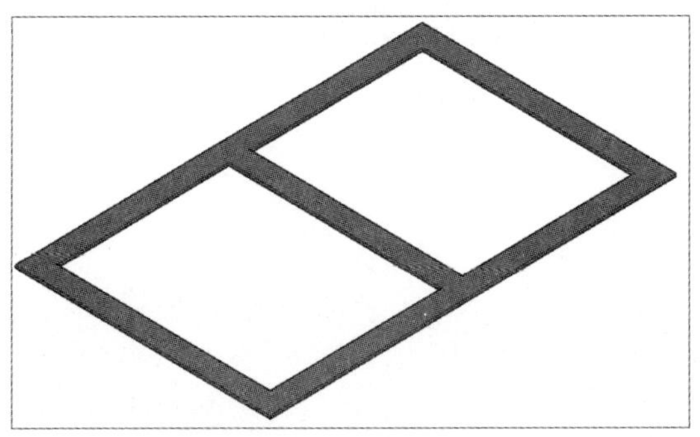

图13-43 执行差集操作

Step 04 将视图控件设为二维线框样式。执行“圆角”命令，设置圆角半径为40mm，选择长方体四条边，进行圆角操作，如图13-44所示。

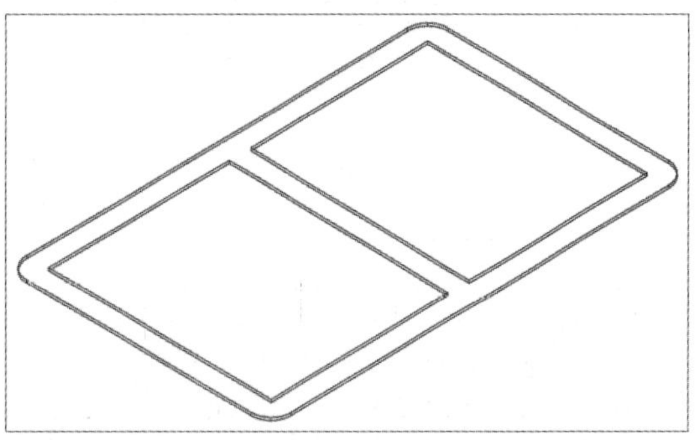

图13-44 圆角操作

Step 05 执行“长方体”命令，绘制尺寸为460×380×200的长方体，将其移至小长方体下方合适位置，如图13-45所示。

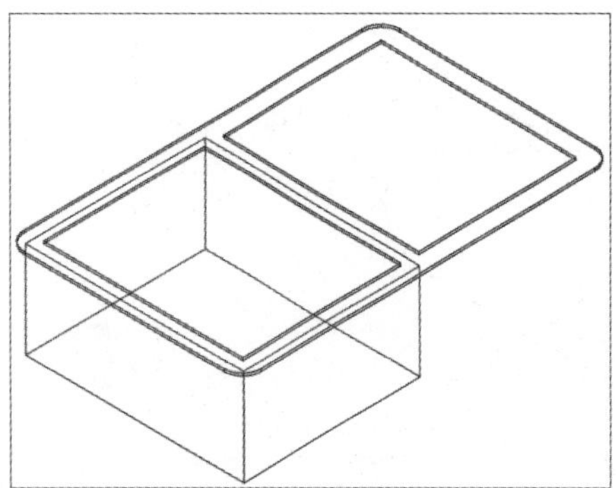

图13-45 绘制长方体

Step 06 执行“抽壳”命令，选中刚绘制的长方体顶面，按Enter键，设置偏移距离为20mm，按两次Enter键，完成抽壳操作，效果如图13-46所示。

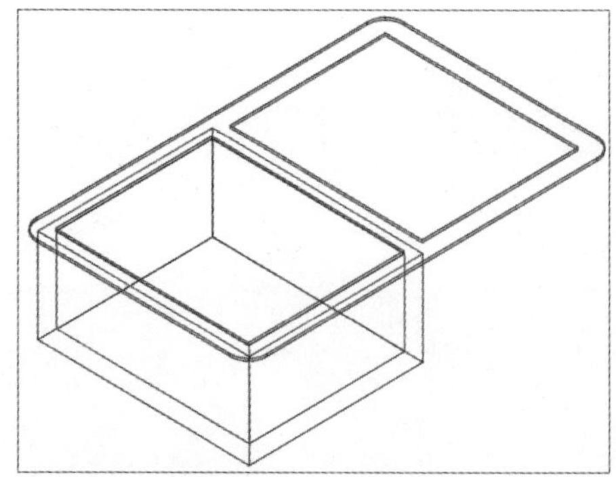

图13-46 抽壳长方体

Step 07 执行“三维镜像”命令，将抽壳后的长方体以YZ为镜像平面，以水槽平面中点为镜像点进行镜像操作，如图13-47所示。

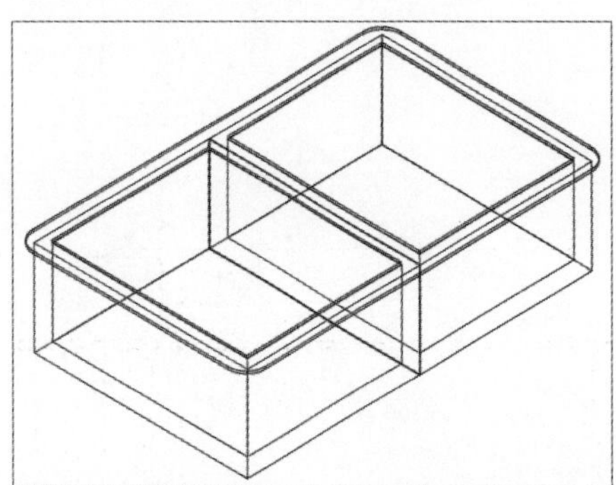

图13-47 镜像长方体

Step 08 执行“圆角边”命令，设置圆角半径为40mm，对模型进行圆角边操作，效果如图13-48所示。

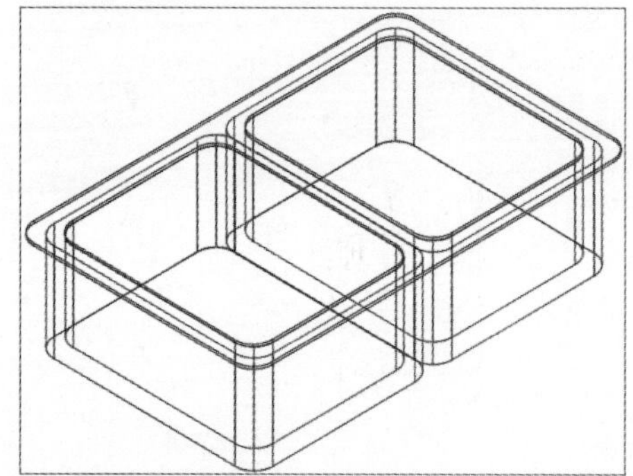

图13-48 圆角边操作

Step 09 执行“并集”命令，对所有模型进行合并操作。执行“圆柱体”命令，绘制一个底面直径为55mm、高为50mm的圆柱体，放置在水槽中间位置，如图13-49所示。

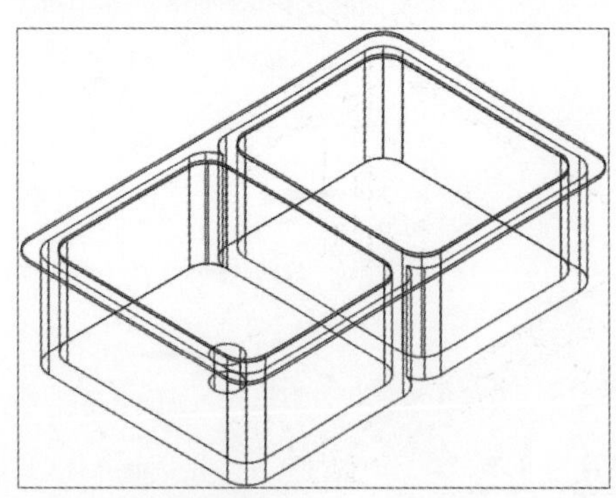

图13-49 绘制圆柱体

Step 10 执行“三维镜像”命令，同样以YZ为镜像平面，以水槽平面中点为镜像点，对圆柱体进行镜像操作，如图13-50所示。

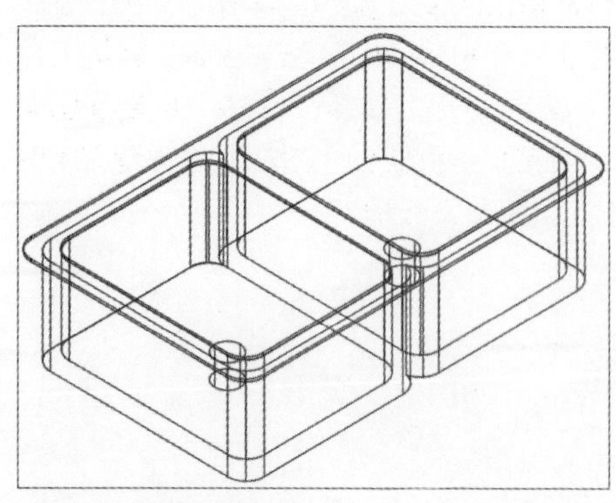

图13-50 镜像圆柱体

Step 11 执行“差集”命令，将两圆柱体从水槽中减去，完成下水口的绘制，如图13-51所示。

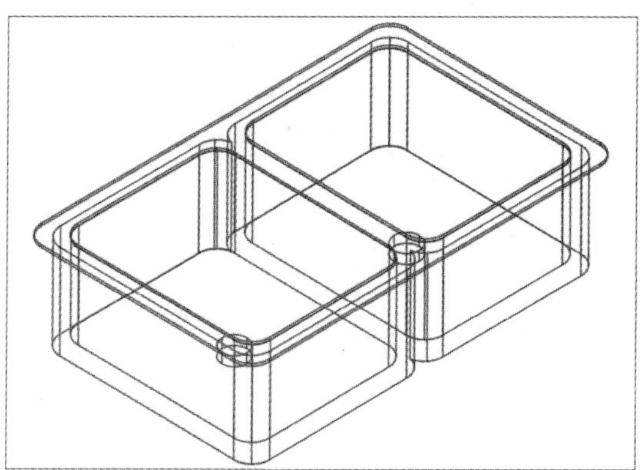

图13-51 差集操作

Step 12 执行“圆柱体”命令，在水槽平面合适位置绘制底面半径为25mm、高60mm的圆柱体，如图13-52所示。

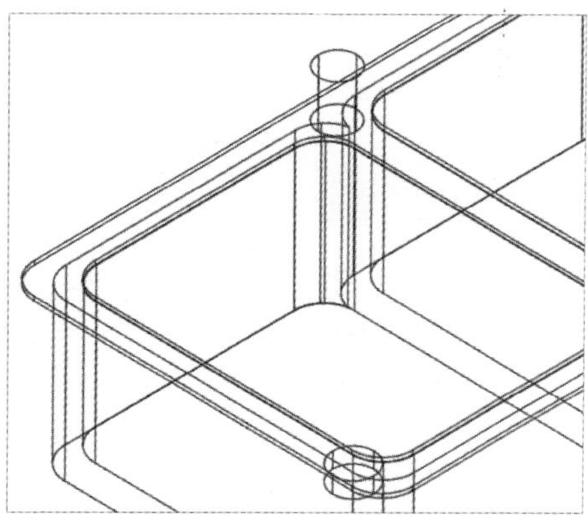

图13-52 绘制圆柱体

Step 13 继续执行当前命令，捕捉刚绘制的圆柱体底面圆心，绘制底面半径为20mm、高为60mm的圆柱体。然后执行“三维旋转”命令，捕捉小圆柱底面圆心，以Y轴为旋转轴，进行旋转，旋转角度为90°，如图13-53所示。

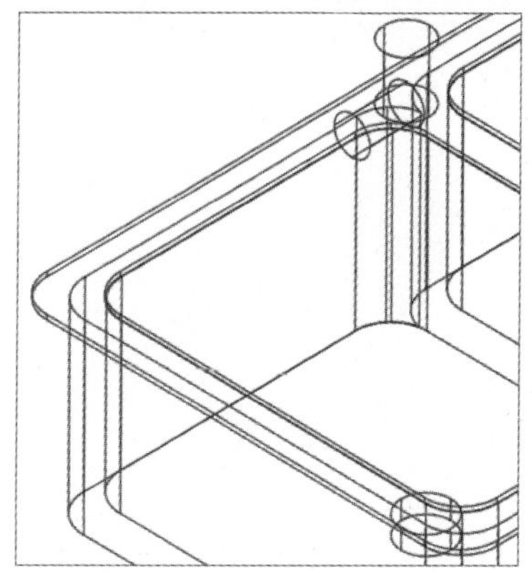

图13-53 旋转圆柱体

Step 14 切换前视图，调整旋转后圆柱体的位置，如图13-54所示。

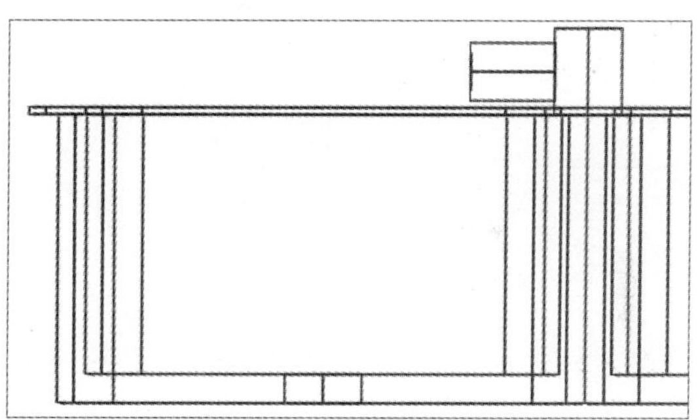

图13-54 调整圆柱体

Step 15 将视图设置为西南等轴测视图。在命令行中输入UCS命令后按两次Enter键，将其设为默认坐标。再次执行“圆柱体”命令，绘制底面半径为5mm、高为50mm的圆柱体，将其放置在模型合适位置处，如图13-55所示。

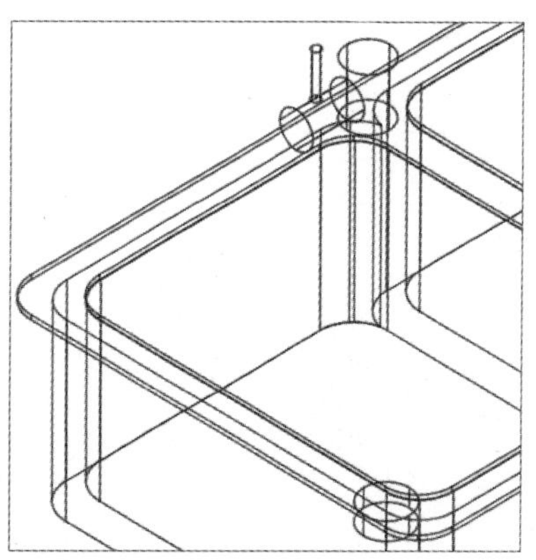

图13-55 绘制圆柱体

Step 16 执行“圆”命令，绘制一个半径为25mm的圆图形。执行“拉伸”命令，将该圆形以倾斜20°角向上拉伸，拉伸高度为20mm，如图13-56所示。

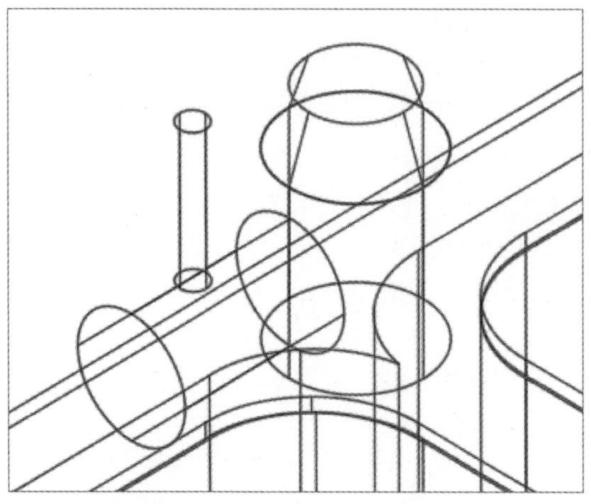

图13-56 拉伸圆形

Step 17 将当前视图设为左视图。执行“多段线”命令，绘制水管轮廓线，如图13-57所示。

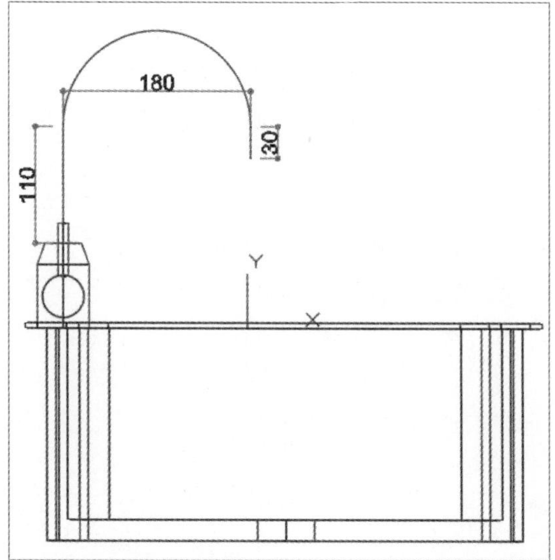

图13-57 绘制水管轮廓线

Step 18 将视图设为西南等轴测图，将坐标设为默认坐标，调整多段线位置。执行“圆”命令，在多段线端点处绘制半径为15mm的圆图形，如图13-58所示。

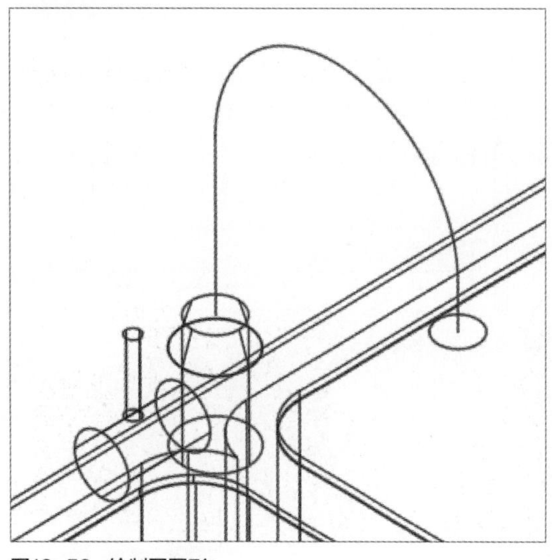

图13-58 绘制圆图形

Step 19 执行“扫掠”命令，将水管轮廓线拉伸成实体模型。单击“并集”按钮，对所有实体模型进行合并操作，然后将视觉样式设为“概念”，效果如图13-59所示。

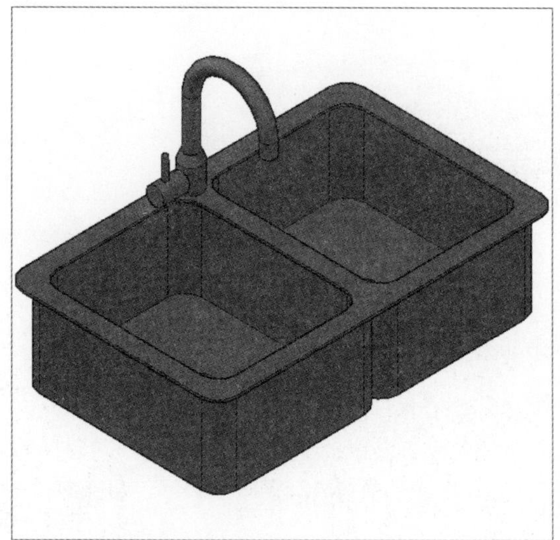

图13-59 最终结果

 高手应用秘籍 —— AutoCAD三维小控件的用法

控件，通俗来说就像我们平时用的小工具一样，是指对数据和方法的封装，可以有其自己的属性和方法。属性是控件数据的简单访问者，而方法是控件的一些简单而可见的功能。控件的开发是一个复杂的过程，但是有了这些控件能极大地提高绘图效率。

在AutoCAD中，小控件可以帮助用户沿三维轴或平面移动、旋转或缩放对象。在目前的版本中，选择视图中具有三维视觉样式的对象或子对象时，会自动显示小控件。由于小控件沿特定平面或轴约束所作的修改，因此，它们有助于确保获得更理想的结果。可以指定选定对象后要显示的小控件，也可以禁止显示小控件。无论何时选择三维视图中的对象，均会显示默认小控件。可以选择功能区上的其他默认值，也可以更改DEFAULTGIZMO系统变量的值。其控件功能随系统变量值（DEFAULTGIZMO）的变化而变化如下。

- 值为0时，默认情况下，在三维视觉样式中选定某个对象后，将显示三维移动小控件。
- 值为1时，默认情况下，在三维视觉样式中选定某个对象后，将显示三维旋转小控件。
- 值为2时，默认情况下，在三维视觉样式中选定某个对象后，将显示三维缩放小控件。
- 值为3时，默认情况下，在三维视觉样式中选定某个对象后，不显示任何小控件。

在“常用”选项卡的“选择”面板中，单击“移动小控件”按钮，然后在绘图区域中选择图形对象，将光标悬停在小控件上，轴呈亮显，通过三维移动小控件可以将选定对象限制为沿X、Y或Z轴移动，或在指定平面上移动，如图13-60所示。

在“选择”面板中单击“旋转小控件”按钮，选择图形对象后，将光标悬停在小控件上，直至轴线以红色亮显，旋转路径以黄色亮显。通过三维旋转小控件可以将选定对象限制为绕X、Y或Z轴旋转，如图13-61所示。

执行“缩放小控件”命令，选择需要缩放的对象后，将光标悬停在小控件上，在亮显轴之间的实心区域调整对象大小。亮显轴之间的双线以指定沿平面调整大小，亮显轴以指定沿轴调整大小。通过三维缩放小控件，可以统一沿X、Y或Z轴或指定的平面调整选择的对象的大小，如图13-62所示。

而“无小控件”命令，则在三维视觉样式中选择某个对象后，不显示任何小控件。

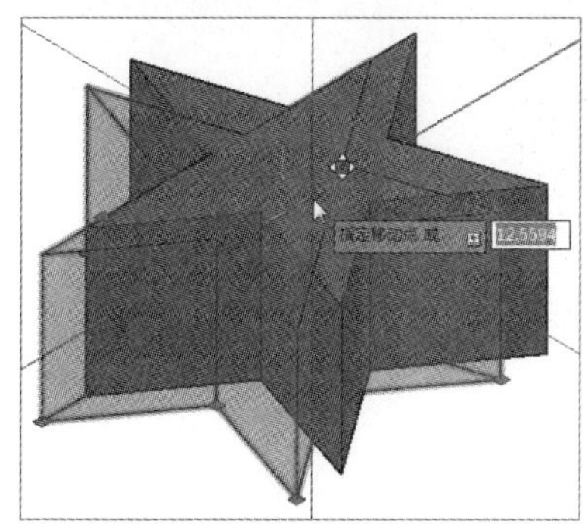

图13-60 移动对象

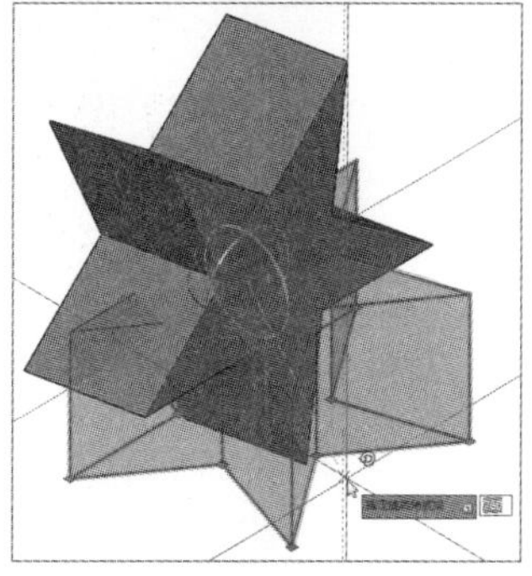

图13-61 旋转对象

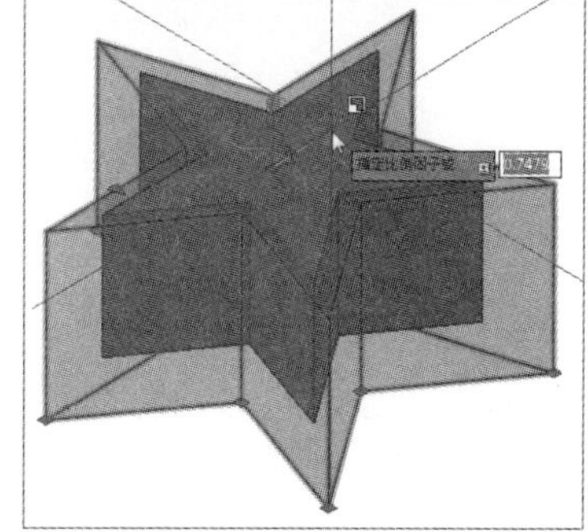

图13-62 缩放对象

秒杀工程疑惑

在进行CAD操作时，用户经常会遇到各种各样的问题，下面总结一些常见问题进行解答，例如检验三维实体对象的方法、局部打开三维模型、三维镜像与二维镜像的区别、实体剖切显示设置以及三维实体尺寸标注等问题。

问　题	解　答
怎样检验模型是否是三维实体对象	单看模型的外观很难判断物体的类型，利用“选项”对话框可以设置工具提示。执行“选项”命令，在弹出的对话框中打开“显示”对话框，在“窗口元素”选项组中勾选“显示鼠标悬停工具提示”复选框，单击“确定”按钮，此时将光标停留在物体表面数秒后，即可显示工具提示
如何局部打开三维模型中的部分模型	AutoCAD中提供了局部打开图形的功能，执行“文件>打开”名令，打开“选择文件”对话框，选择文件名称后，单击“打开”按钮右侧的下三角按钮，在弹出的列表中选择“局部打开”选项，此时弹出“局部打开”对话框，勾选需要打开的图层并单击“打开”按钮，即可局部打开模型
在AutoCAD中，三维镜像与二维镜像有什么区别	二维镜像是在一个平面内完成的，其镜像介质是一条线，而三维镜像是在一个立体空间内完成的，其镜像介质是一个面，所以在进行三维镜像时，必须指定面上的三个点，并且这三个点不能处于同一直线上
为什么剖切实体后，没有显示剖切面	通常在执行剖切操作时，都会选中所要保留的实体侧面，这样才能显示剖切效果。如果不选择保留侧面，系统只显示实体剖切线，而不会显示剖切效果
如何正确标注三维实体尺寸	在进行标注三维实体时，若使用透视图进行标注，则标注的尺寸很容易被物体掩盖，且不容易指定需要的端点。在这种情况下，我们可以分别在顶视图、前视图和右视图上进行标注，并查看三维模型各部分的尺寸
如何在三维视图中，绘制直线	在三维视图中，用户可以直接使用二维直线命令来绘制直线，需注意的是，在绘制直线前要确定好直线的方向，因此需要先设置好坐标点及坐标方向，才能绘制正确的线段

Chapter

14

三维模型的渲染

渲染是用一种近似真实的图像方式来表达三维模型，利用AutoCAD提供的渲染功能，用户能在模型中添加多种类型的光源，如模拟太阳光或在室内添加灯光。用户也可以给三维模型附加材质特性，如钢、塑料、玻璃等，并能在场景中加入背景图片及各种风景实体（树木、人物等），此外，还可以把渲染图像以多种文件格式输出。渲染的对象可以使设计者更容易表达设计思想。

01 学完本章您可以掌握如下知识点

1. 材质贴图的创建与设置	★★
2. 基本光源的创建与应用	★★
3. 渲染设置	★★★

02 本章内容图解链接

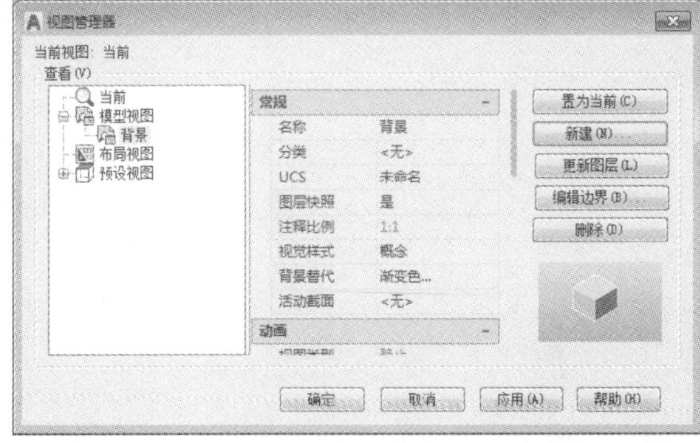

设置渲染背景

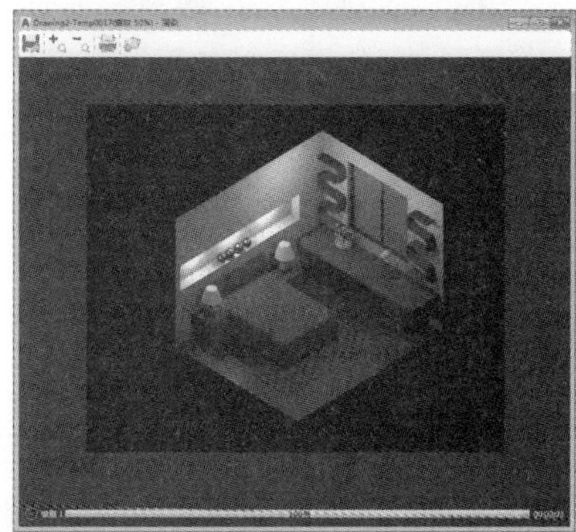

绘制并渲染卧室模型

14.1 材质的创建与设置

在对模型进行渲染前，需要对其添加合适的材质贴图。在AutoCAD中，执行“材质”命令，可将材质附着到模型对象上，并且可以对创建的材质进行修改编辑，例如材质纹理、颜色、透明度等。

14.1.1 材质概述

在AutoCAD软件中，执行“视图>渲染>材质编辑器”命令，打开“材质编辑器”选项板，在该选项板中可以对材质进行创建或编辑，如图14-1所示。

“材质编辑器”选项板是由不同选项组组成的，其中包括常规、反射率、透明度、剪切、自发光、凹凸以及染色等，下面对这些选项组进行简单说明。

1. 外观

在该选项卡中，显示了图形中可用的材质样例以及创建和编辑材质的各选项。系统默认材质名称为Global。

- 常规：单击该选择组左侧下三角按钮，在扩展列表中可以对材质的常规特性进行设置，如“颜色”和“图像”。单击“颜色”下三角按钮，在其列表中可以选择颜色的着色方式；单击“图像”下三角按钮，在其列表中可以选择材质的漫射颜色贴图。
- 反射率：在该选项组中，可以对材质的反射特性进行设置。
- 透明度：在该选项组中，可以对材质的透明度特性进行设置，完全不透明的实体对象不允许光穿过其表面，不具有不透明性的对象是透明的。
- 剪切：在该选项组中，可以设置剪切特性。
- 自发光：在该选项组中，可以对材质的自发光特性进行设置。当设置的数值大于0时，可使对象自身显示为发光而不依赖图形中的光源。选择自发光时，亮度不可用。
- 凹凸：在该选择组中，可以对材质的凹凸特性进行设置。
- 染色：在该选项组中，可以对材质进行外观染色。
- 创建复制材质：单击该按钮，在打开的列表中可以选择创建材质的基本类型选项，如图14-2所示。

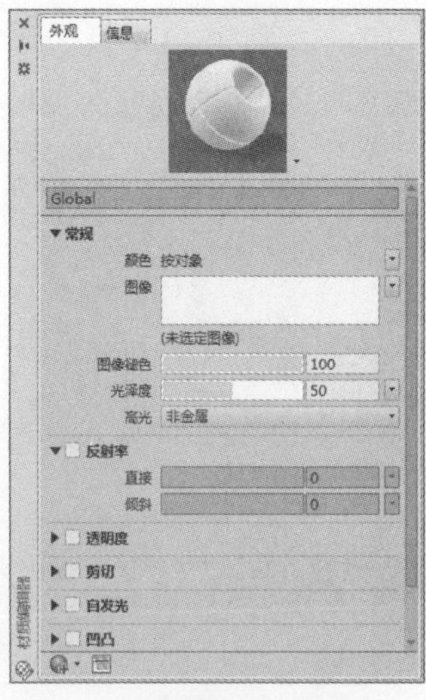

图14-1 “材质编辑器”选项卡

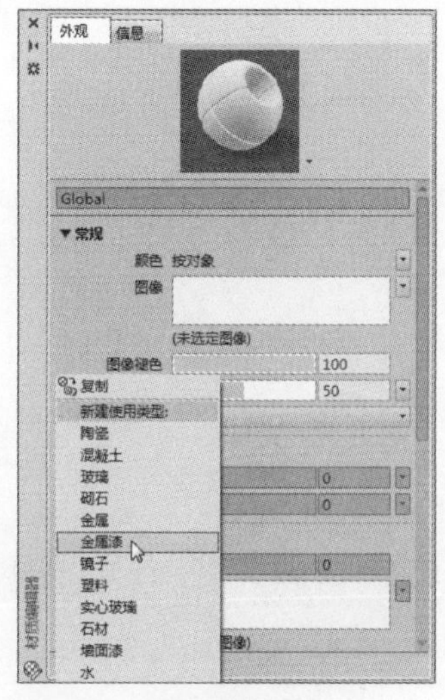

图14-2 创建或复制材质

- 打开/关闭材质浏览器：单击该按钮，打开“材质浏览器”选项板，在该选项板中可以选择系统自带的材质贴图，如图14-3所示。

2. 信息

在该选项卡中，显示了当前图形材质的基本信息，如图14-4所示。

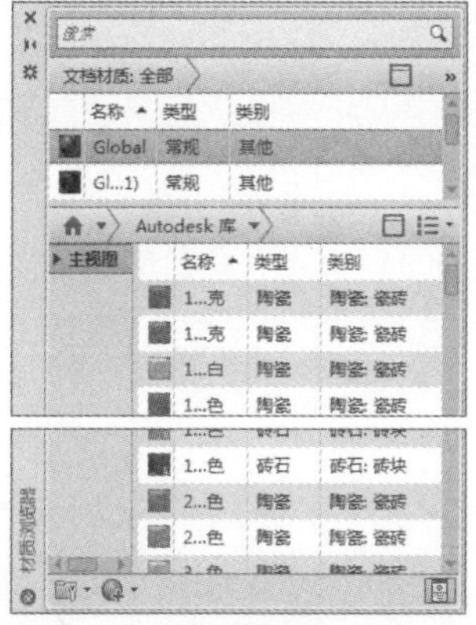
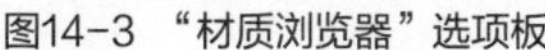

图14-3 “材质浏览器”选项板

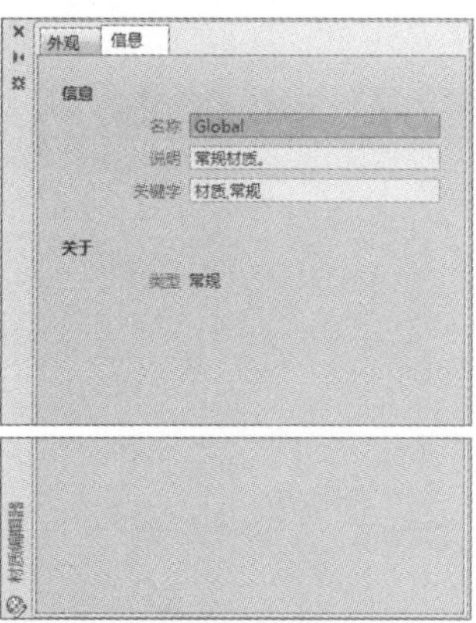

图14-4 “信息”选项卡

14.1.2 创建新材质

在AutoCAD软件中，可以通过两种方式进行材质的创建：一种是使用系统自带的材质进行创建，另一种是创建自定义材质。

1. 使用自带材质创建

在“可视化”选项卡的“材质”面板中，单击“材质浏览器”按钮，打开“材质浏览器”选项板，单击“主视图”折叠按钮，选择“Autodesk库”选项，在右侧材质缩略图中双击所需材质的编辑按钮，如图14-5所示，在“材质编辑器”选项板中，单击“添加到文档并编辑”按钮，即可进入材质名称编辑状态，输入该材质的名称即可，如图14-6所示。

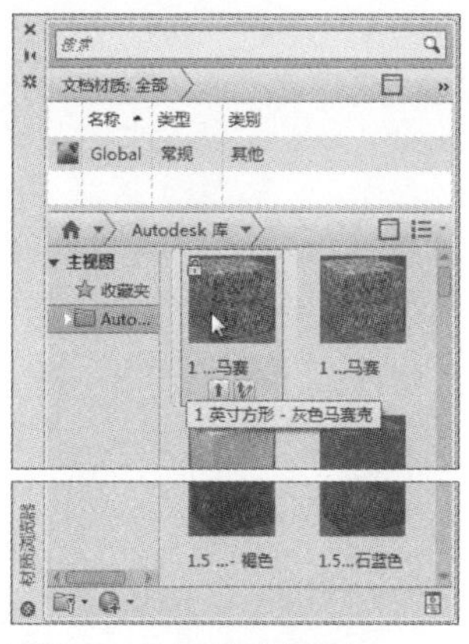

图14-5 选择所需材质图

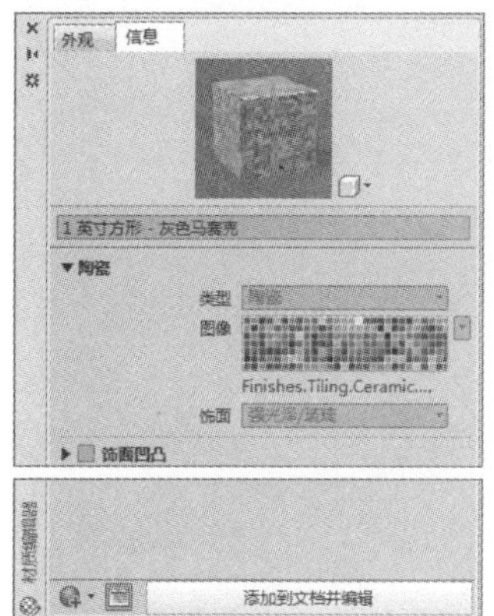

图14-6 创建材质名称

工程师点拨：Autodesk库显示设置

在“材质浏览器”选项板中，单击“更改您的视图”下三角按钮，在打开的列表中根据需要设置材质缩略图显示效果。例如“查看类型”、“排列”、“缩略图大小”等。

2. 自定义新材质

用户如果想自定义新材质，那么可以按照下面介绍的方法进行操作。

实例14-1 下面举例介绍如何自定义新材质，具体操作如下。

Step 01 执行"视图>渲染>材质编辑器"命令，打开"材质编辑器"选项板，单击"创建或复制材质"按钮，选择"新建常规材质"选项，如图14-7所示。

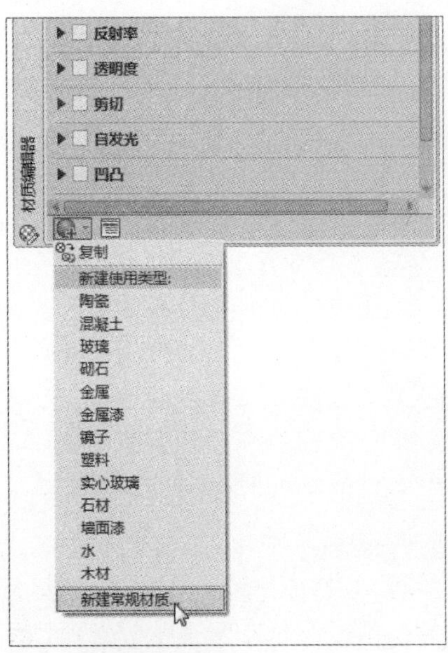

图14-7 新建常规材质

Step 02 在名称文本框中输入材质新名称，单击"颜色"下三角按钮，选择"按对象着色"选项，如图14-8所示。

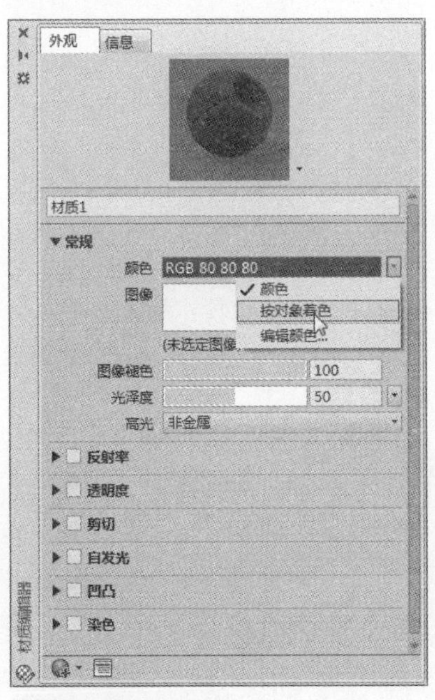

图14-8 输入材质名称

Step 03 单击"图像"文本框，在"材质编辑器打开文件"对话框中，选择需要的材质图像，如图14-9所示。

图14-9 选择所需材质

Step 04 单击"打开"按钮，在"材质编辑器"选项板中，将加载选择好的材质，如图14-10所示。

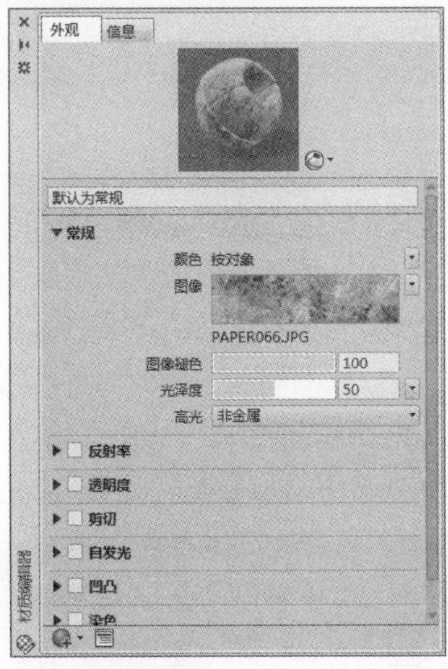

图14-10 加载材质

Step 05 双击添加的图像，在“纹理编辑器-COLOR”选项板中，可以对材质的位置、比例等选项进行设置，如图14-11所示。

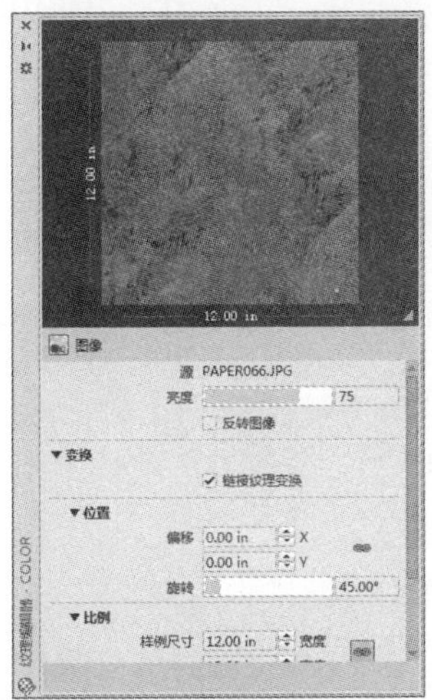

图14-11 设置材质图参数

Step 06 设置完成后，关闭该选项板，此时在“材质编辑器”选项板中会显示自定义新材质，如图14-12所示。

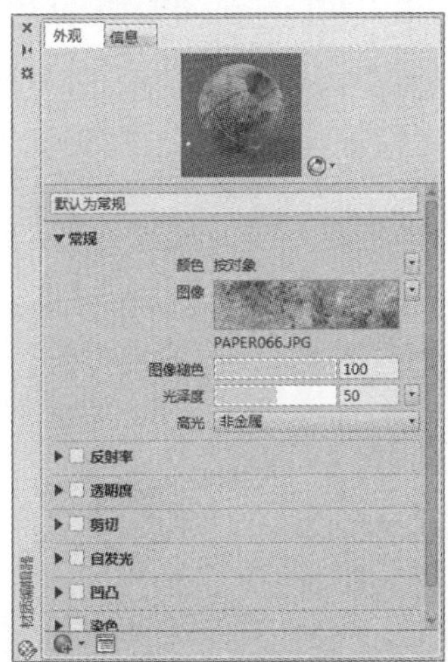

图14-12 完成自定义新材质

14.1.3 赋予材质

材质创建好后，可以通过两种方法将创建好的材质赋予给实体模型：一种是采用直接拖拽的方法赋予材质，另一种是通过右键菜单赋予材质。下面对其具体操作进行介绍。

- 使用鼠标拖拽方法操作：执行“视图>渲染>材质浏览器”命令，在“材质浏览器”对话框的“Autodesk库”中，选择需要的材质缩略图，按住鼠标左键，将该材质拖至模型合适位置后释放鼠标即可，如图14-13所示。
- 使用右键菜单方法操作：在“视图”选项卡的“选项板”面板中单击“材质浏览器”按钮，选择要赋予材质的模型，在“材质浏览器”选项板中，右击所需的材质图，在打开的快捷菜单中选择“指定给当前选择”选项即可，如图14-14所示。

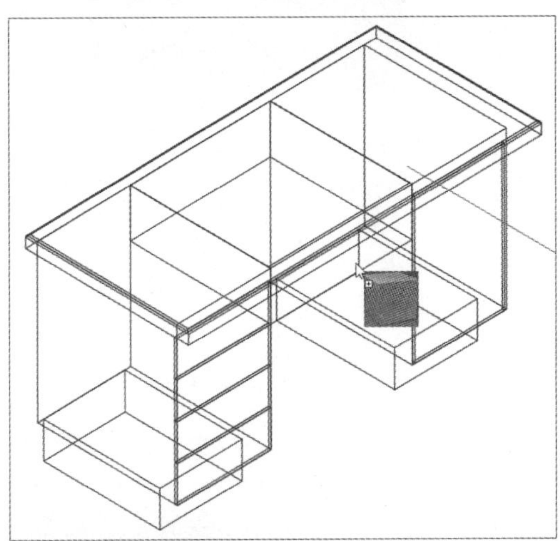

图14-13 使用鼠标拖拽操作

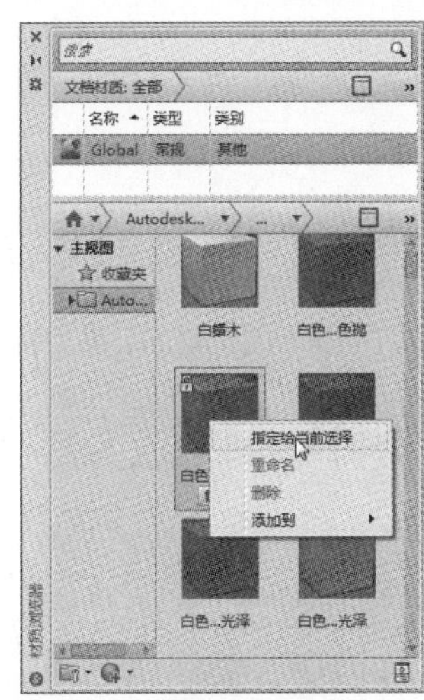

图14-14 右键菜单操作

材质赋予到实体模型后，执行“视图>视觉样式>真实”命令，即可查看赋予材质后的效果。

14.1.4 设置材质贴图

有时在执行完材质贴图操作后，发现当前材质不够满意，此时可以对其进行修改编辑。

实例14-2 下面以办公桌材质为例，介绍设置材质贴图的方法，具体操作如下。

Step 01 打开素材文件，如图14-15所示。

图14-15 打开素材文件

Step 02 在“视图”选项卡的“选项板”面板中，单击“材质浏览器”按钮，在打开的选项板中，选中所要修改的材质，单击下方的“将材质添加到文档中，并在编辑器中显示”按钮，如图14-16所示。

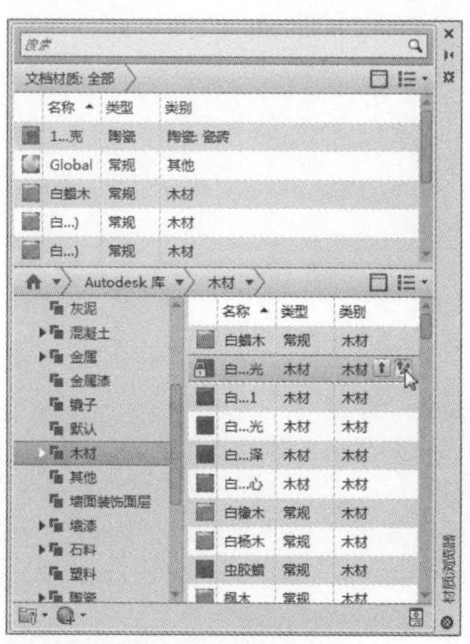

图14-16 选择需要编辑的材质

Step 03 在打开的“材质编辑器”选项板中，单击“图像”文本框，如图14-17所示。

图14-17 “材质编辑器”选项板

Step 04 打开“纹理编辑器-IMAGE”选项板，如图14-18所示。

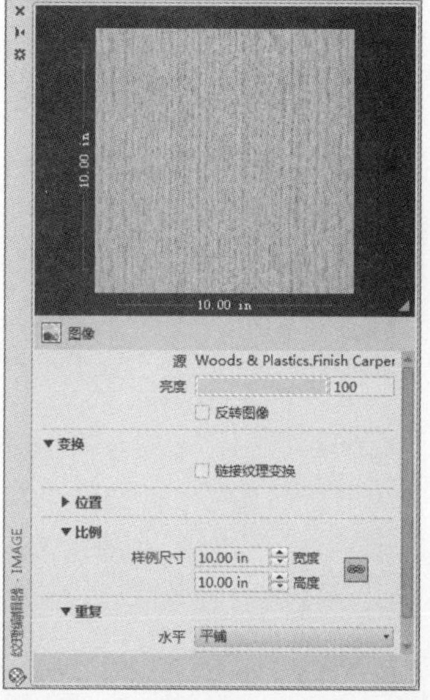

图14-18 “纹理编辑器-IMAGE”选项板

Step 05 在“纹理编辑器-IMAGE”选项板的“比例”选项组中，根据需要设置纹理比例值等参数，如图14-19所示。

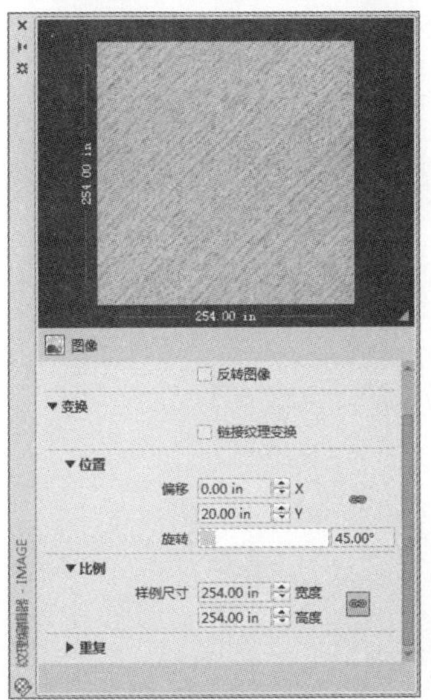

图14-19 设置纹理比例参数

Step 06 在“图像”选项组中，可以调整材质亮度参数，如图14-20所示。

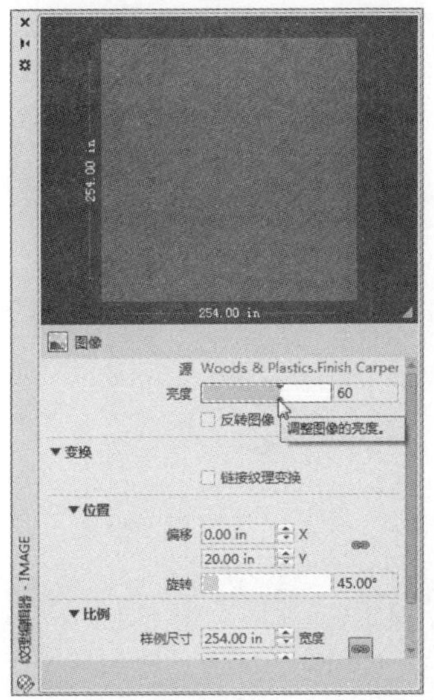

图14-20 设置材质亮度

Step 07 勾选“染色”复选框，单击“染色”色块，打开“选择颜色”对话框，从中调整着色颜色，单击“确定”按钮，即可完成材质着色的设置，效果如图14-21所示。

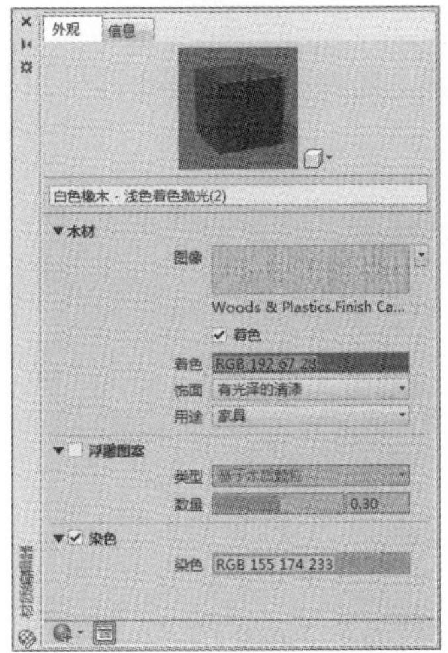

图14-21 修改染色参数

Step 08 修改后的材质效果如图14-22所示。

图14-22 修改后效果

14.2 基本光源的应用

光源的设置是进行模型渲染操作中不可缺少的一步。光源对渲染效果有着重要的作用，其设置会直接影响渲染效果，适当地调整光源，可以使实体模型更具真实感。

14.2.1 光源的类型

在AutoCAD软件中，光源的类型有4种：点光源、聚光灯、平行光以及光域网灯光。若没有指定光源的类型，系统会使用默认光源，该光源没有方向、阴影，并且模型各个面的灯光强度都是一样的，因此其效果远不如添加光源后的效果，如图14-23、图14-24所示。

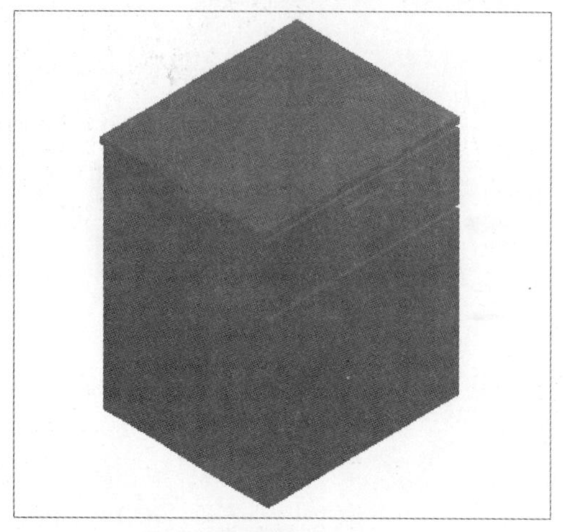
图14-23 系统默认光源效果

图14-24 阳光状态效果

1. 点光源

该光源从其所在位置向四周发射光线，它与灯泡发出的光源类似，是从一点向各个方向发射的光源。点光源不以一个对象为目标，根据点光线的位置，模型将产生较为明显的阴影效果，使用点光源可以达到基本的照明效果，如图14-25所示。

2. 聚光灯

聚光灯发射定向锥形光。它与点光源相似，也是从一点发出，但点光源的光线没有可指定的方向，而聚光灯的光线是可以沿着指定的方向发射出锥形光束。像点光源一样，聚光灯也可以手动设置为强度随距离而衰减。但是，聚光灯的强度始终还是根据相对于聚光灯的目标矢量的角度衰减。此衰减由聚光灯的聚光角角度和照射角角度控制。聚光灯可用于亮显模型中的特定特征和区域，如图14-26所示。

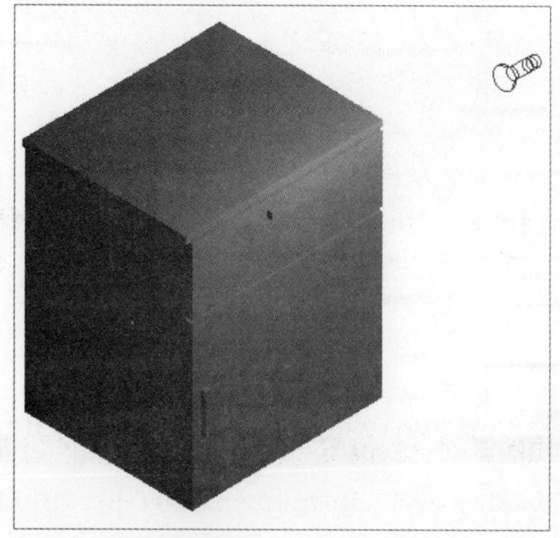
图14-25 点光源设置

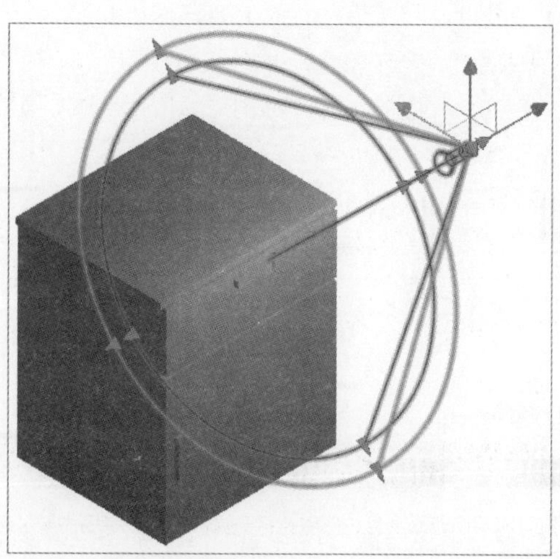
图14-26 聚光灯设置

3. 平行光

平行光源仅向一个方向发射统一的平行光光线。它需要指定光源的起始位置和发射方向，从而定义光线的方向，如图14-27所示。平行光的强度并不随着距离的增加而衰减；对于每个照射的面，平行光的亮度都与其在光源处相同，在照亮对象或照亮背景时，平行光很有用。

4. 光域网灯光

光域网光源是具有现实中的自定义光分布的光度控制光源。它同样也需指定光源的起始位置和发射方向。光域网是灯光分布的三维表示。它将测角图扩展到三维，以便同时检查照度对垂直角度和水平角度的依赖性。光域网的中心表示光源对象的中心。

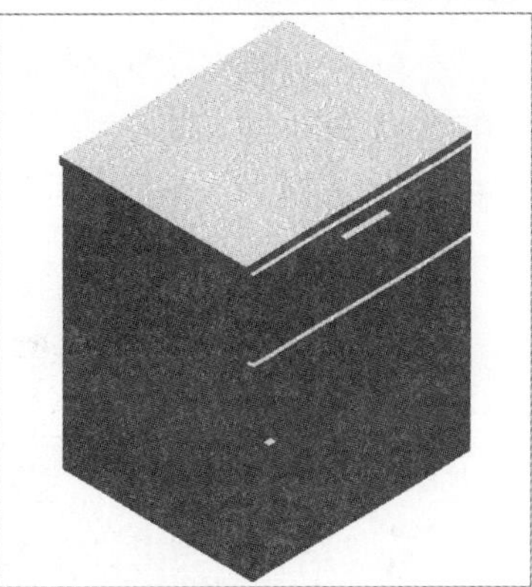

图14-27 平行光

14.2.2 创建光源

对光源类型有所了解后，可以根据需要创建合适的光源。执行“视图>渲染>光源”命令，在光源列表中，根据需要选择合适的光源类型，并根据命令提示，设置好光源位置及光源基本特性即可。

命令行提示如下：

```
命令：_spotlight
指定源位置 <0,0,0>:                                                    指定光源起始位置
指定目标位置 <0,0,-10>:                                                指定光源目标位置
输入要更改的选项 [名称(N)/强度因子(I)/状态(S)/光度(P)/阴影(W)/衰减(A)/过滤颜色(C)/退出(X)] <退
出>:                                                      根据需要，设置相关光源基本属性
```

下面对光源基本属性选项的含义进行介绍。

- 名称：指定光源名称。该名称可以使用大小写英文字母、数字、空格等多个字符。
- 强度因子：设置光源灯光强度或亮度。
- 状态：打开和关闭光源。若没有启用光源，则该设置不受影响。
- 光度：测量可见光源的照度。当Lightingunits系统变量设为1或2时，该光度可用。而照度是指对光源沿特定方向发出的可感知能量的测量。
- 阴影：该选项包含多个属性参数，其中“关”表示关闭光源阴影的显示和计算；“强烈”表示显示带有强烈边界的阴影；“已映射柔和”表示显示带有柔和边界的真实阴影；“已采样柔和”表示显示真实阴影和基于扩展光源的柔和阴影。
- 衰减：该选项同样包含多个属性参数，其中“衰减类型”控制光线如何随着距离增加而衰减，对象距点光源越远则越暗；“使用界线衰减起始界限”指定是否使用界限；“衰减结束界限”则指定一点，光线的亮度相对于光源中心的衰减于该点结束。没有光线投射在此点之外，光线的效果很微弱，以致计算将浪费处理时间的位置处，设置结束界限提高性能。
- 过滤颜色：控制光源的颜色。

工程师点拨：关闭系统默认光源

在执行光源创建命令后，系统会打开提示框，此时用户需关闭默认光源，否则系统会默认保持默认光源处于打开状态，从而影响渲染效果。

14.2.3 设置光源

光源创建完毕后，为了使图形渲染得更为逼真，通常都需要对创建的光源进行多次设置，使其达到真实的灯光效果，在此用户可以通过对“光源列表”或“地理位置”两种方法对当前光源属性进行适当修改。

1. 光源列表的查看

在“可视化”选项卡的“光源”面板中单击↘按钮，打开“模型中的光源”选项板。该选项板中，按照光源名称和类型列出了当前图形中的所有光源。选中任意光源名称后，在图形中相应的灯光将一起被选中。右击光源名称，从弹出的快捷菜单中根据需要可以对该光源执行删除、特性、轮廓显示操作，如图14-28所示。

在右键菜单中，选择“特性”选项，打开“特性”选项板，可以根据需要对光源基本属性进行修改设置，如图14-29所示。

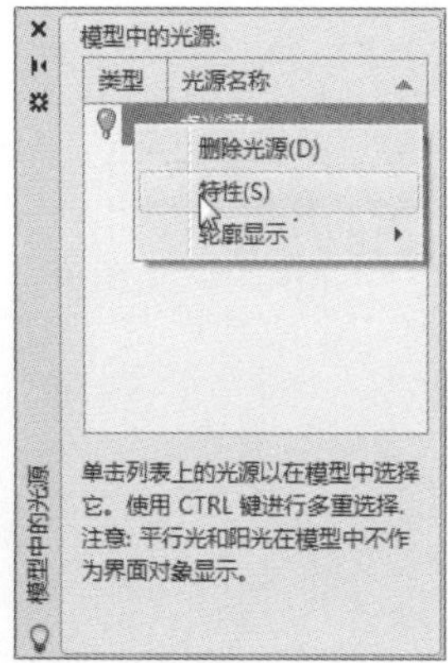

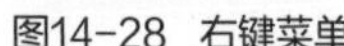
图14-28 右键菜单

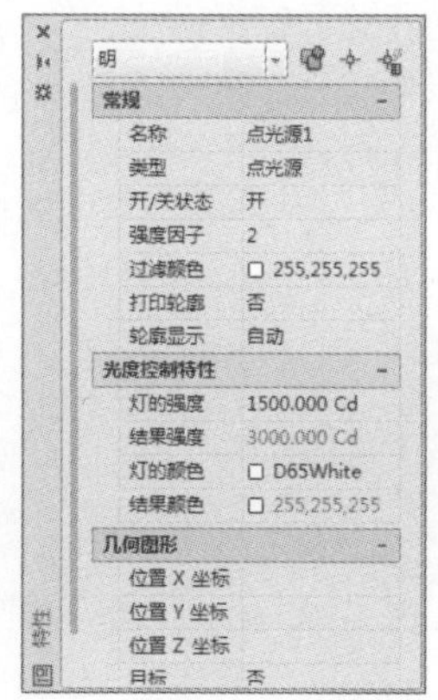

图14-29 “特性”选项板

2. 地理位置的设置

由于某些地理环境会对照射的光源产生一定的影响，所以在AutoCAD软件中，用户可以为模型指定合适的地理位置、日期和当日时间。需要注意的是，在使用该功能前，用户需登录Autodesk 360才可实施。登录Autodesk 360，在“阳光和位置”面板中单击“设置位置”按钮，在下拉列表中选择“从地图”选项，打开“地理位置”对话框，在该对话框的搜索文本框中输入搜索内容即可显示地理位置，如图14-30所示，滚动鼠标中键，放大地图，可继续指定更具体的位置。

图14-30 指定搜索位置

14.3 三维模型的渲染

渲染是创建三维模型的最后一道工序，利用AutoCAD中的渲染器可以生成真实准确的模拟光照效果，包括光线跟踪反射、折射和全局照明。而渲染的最终目的是通过多次渲染测试，创建出一张真实照片级的演示图像。

14.3.1 渲染基础

执行“视图>渲染>高级渲染设置”命令，打开“渲染预设管理器”选项板，用户可以对渲染的位置、渲染大小、渲染精确性等参数进行设置。

当用户指定一组渲染设置时，可以将其保存为自定义预设，以便能够快速地重复使用这些设置。使用标准预设作为基础，用户可以尝试各种设置并查看渲染图形的外观，如果得到满意的效果，即可创建为自定义预设。下面对各选项的含义进行介绍。

- 渲染位置：可以根据需要选择不同的渲染位置，如图14-31所示。
- 渲染大小：可以选择或设置尺寸大小，指定渲染图像的输出尺寸和分辨率。选择“更多输出设置”以显示“渲染到尺寸输出设置”对话框，并指定自定义输出尺寸，如图14-32所示。

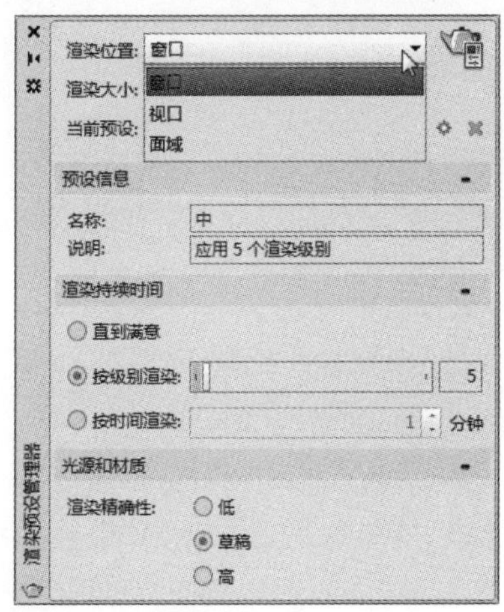

图14-31 渲染位置

图14-32 设置尺寸大小

- 当前预设：显示并设置当前渲染预设的质量要求，如图14-33所示。
- 创建副本：复制选定的渲染预设，可以将当前渲染预设多次编辑或使用。可以将复制的渲染预设名称以及后缀“-CopyN”附加到该名称，以便为该新的自定义渲染预设创建唯一名称。N所表示的数字会递增，直到创建唯一名称。
- 渲染持续时间：控制渲染器为创建最终渲染输出而执行的迭代时间或层级数。增加时间或层级数可以提高渲染图像的质量。该选项组分为三个选项，“直到满意”、“按级别渲染”和“按时间渲染”选项，可以根据当前需要设置渲染的方式。

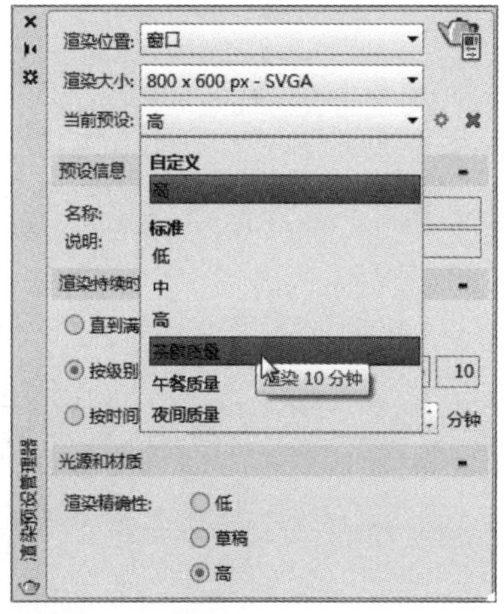

图14-33 当前预设

- 光源和材质：控制用于渲染图像的光源和材质计算的准确度。该选项组用于设置渲染精确性，分为低、草稿、高3种。

工程师点拨：三种渲染精度

低：简化光源模型，渲染速度最快，但最不真实。全局照明、反射和折射处于禁用状态。
草稿：基本光源模型，具有平衡性能和真实感。全局照明处于启用状态，反射和折射处于禁用状态。
高：高级光源模型，渲染较慢但更为真实。全局照明、反射和折射处于启用状态。

14.3.2 渲染等级

执行渲染命令时用户可以根据需要对渲染的过程进行详细的设置。AutoCAD软件提供给用户7种渲染等级，如图14-34所示。渲染等级越高，其图像越清晰，但渲染时间越长。下面分别对这7种渲染等级进行简单说明。

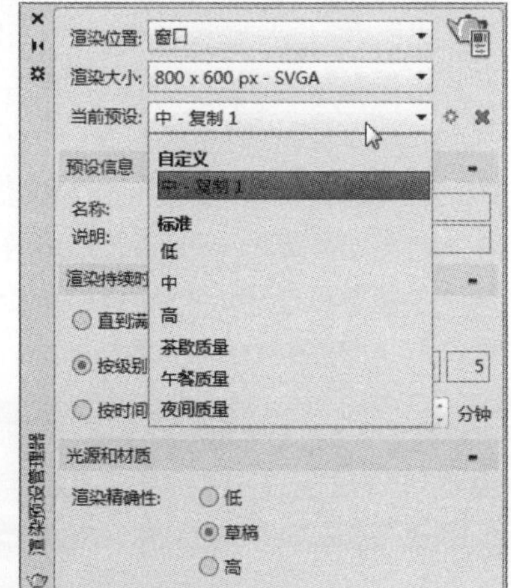

图14-34 渲染等级

- 低：使用该等级渲染模型时，渲染精度较低，光线跟踪深度是为3的单个渲染迭代。渲染后效果不会显示阴影、材质和光源，而是会自动使用一个虚拟的平行光源，其渲染速度较快，比较适用于一些简单模型的渲染。
- 中：使用该等级进行渲染时，使用材质与纹理过滤功能渲染，但不会使用阴影贴图，与较低等级相比，提高了质量，光线跟踪深度是5且执行五次渲染迭代。该等级为AutoCAD默认渲染等级。
- 高：使用该等级进行渲染时，会根据光线跟踪产生折射、反射和阴影。该等级渲染出的图像较为精细，质量要好得多，但其渲染速度相对较慢。在渲染质量方面，与中等级预设相符，但渲染迭代为10，光线跟踪深度为7。
- 茶歇质量：该等级渲染出的图形颇有茶歇的感觉。茶歇质量精度为低等级的话，渲染持续时间超过10分钟。
- 午餐质量：该等级渲染提高了质量和精度，高于茶歇质量渲染预设。其低等级渲染精度和光线跟踪深度为5，渲染持续时间超过60分钟。
- 夜间质量：该等级渲染为AutoCAD中最高质量渲染的等级，应用于最终渲染。其光线跟踪深度为7，需要12个小时来处理。
- 自定义：如果需要存在一个或多个渲染预设，可以进行自定义渲染预设。

工程师点拨：“渲染预设管理器”选项板

除了执行菜单栏命令，在“可视化”选项卡的“渲染”面板中，单击“渲染”按钮 也可以打开“渲染预设管理器”选项板。

14.3.3 设置渲染背景

在AutoCAD中默认渲染后的背景为黑色。为了使模型有更好的显示效果，可以对渲染后的背景颜色进行更改。

实例14-3 下面对设置渲染背景的操作方法进行介绍，具体操作如下。

Step 01 在“可视化”选项卡的“命名视图”面板中，单击“视图管理器”按钮，打开“视图管理器”对话框，单击“新建”按钮，如图14-35所示。

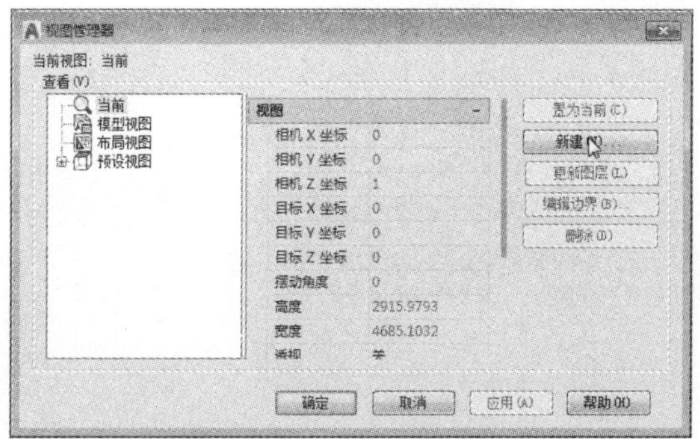

图14-35 新建视图

Step 02 在“新建视图/快照特性”对话框中，输入视图名称，单击“背景”下拉按钮，选择背景颜色，这里选择“渐变色”选项，如图14-36所示。

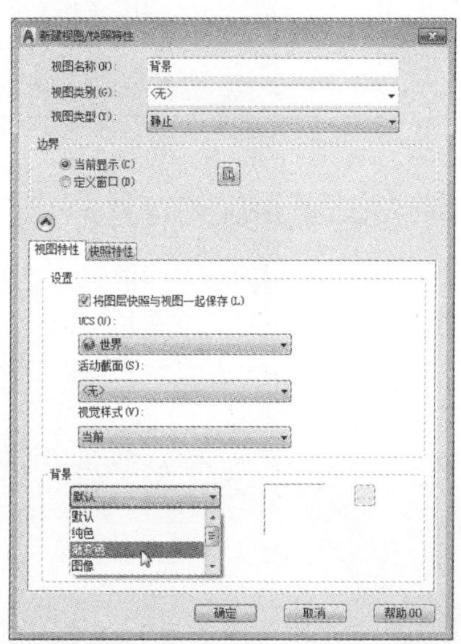

图14-36 选择“渐变色”选项

Step 03 打开“背景”对话框，根据需要设置渐变颜色，如图14-37所示。

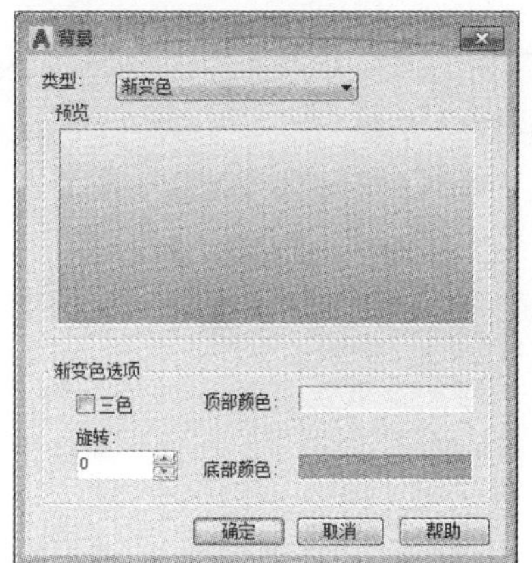

图14-37 设置背景颜色

Step 04 设置好后依次单击“确定”按钮，返回“视图管理器”对话框，如图14-38所示。依次单击“置为当前”、“应用”按钮，关闭该对话框，完成渲染背景色的设置操作。

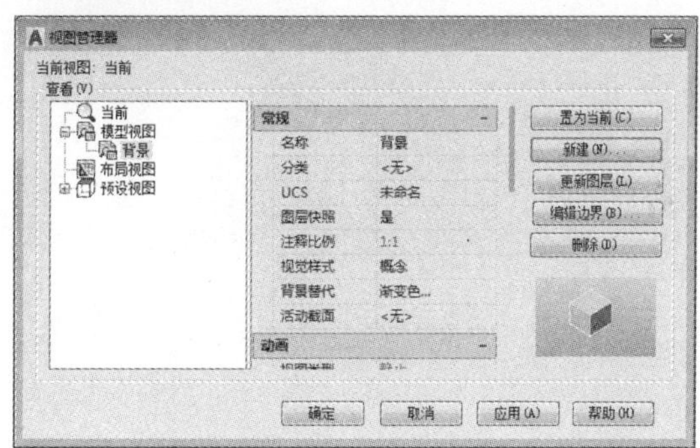

图14-38 完成设置

14.3.4 渲染模型

对材质、贴图等进行设置，将其应用到实体中后，可以通过渲染查看即将生成的产品的真实效果，渲染时可以选择渲染的位置和方式，在AutoCAD 2019中，有“窗口”、“视口”和“面域”3种渲染位置。渲染是运用几何图形、光源和材质将三维实体渲染为最具真实感的图像。

1. 窗口渲染

在“渲染”面板中单击“渲染到尺寸”按钮，在“可视化”选项卡的“渲染”面板中单击“渲染到尺寸”按钮，即可对当前模型进行渲染，如图14-39所示。在“渲染”窗口中，用户可以读取到当前渲染模型的一些相关信息，例如材质参数、阴影参数、光源参数以及占用的内存等。

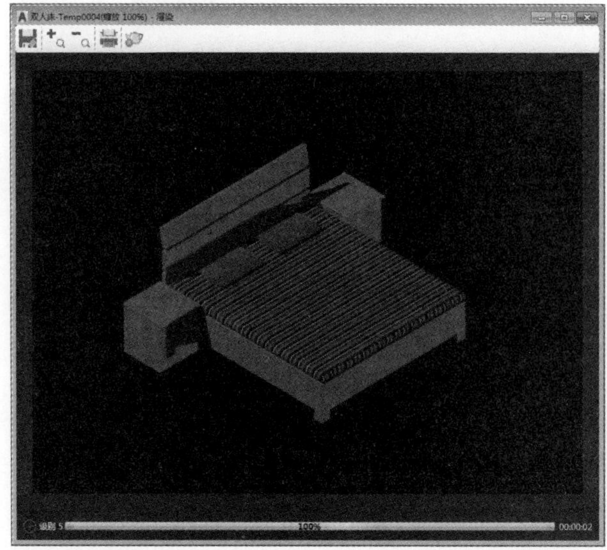

图14-39 窗口渲染

2. 视口渲染

在“可视化”选项卡的“渲染”面板中单击“在视口中渲染”按钮，开始渲染时，绘图区所在视口便开始进行渲染，如图14-40所示。

3. 面域渲染

在“可视化”选项卡的“渲染”面板中单击“在面域中渲染”按钮，在绘图区域中，按住鼠标左键，框选出所需的渲染窗口，放开鼠标，即可进行渲染，如图14-41所示。

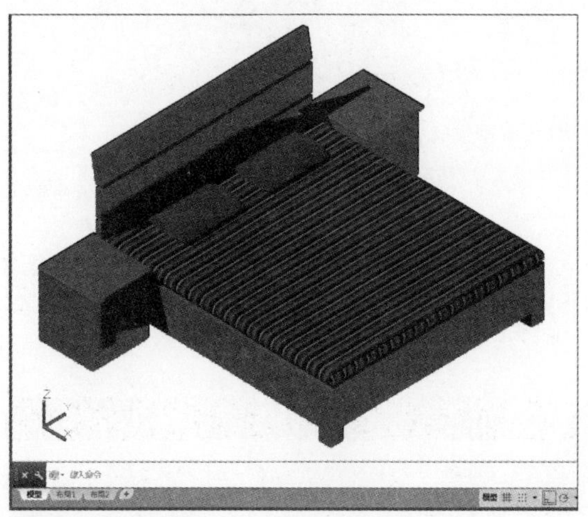

图14-40 视口渲染

图14-41 面域渲染

14.3.5 渲染出图

模型渲染完毕后，可以将渲染的结果保存为图片文件，以便做进一步处理。CAD渲染输出的格式包括Bmp、Tga、Tif、Jpg、Png，用户可以根据需要选择相应的图片格式输出。

实例14-4 下面介绍渲染出图的操作方法，具体操作如下。

Step 01 打开所需渲染的模型，执行“渲染”命令，渲染该模型，如图14-42所示。

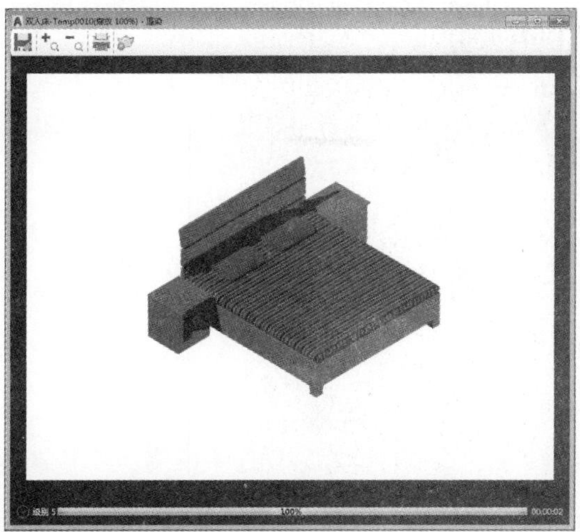

图14-42 渲染模型

Step 02 单击“保存”按钮，打开“渲染输出文件”对话框，设置文件类型为PNG，并输入文件名称，如图14-43所示。

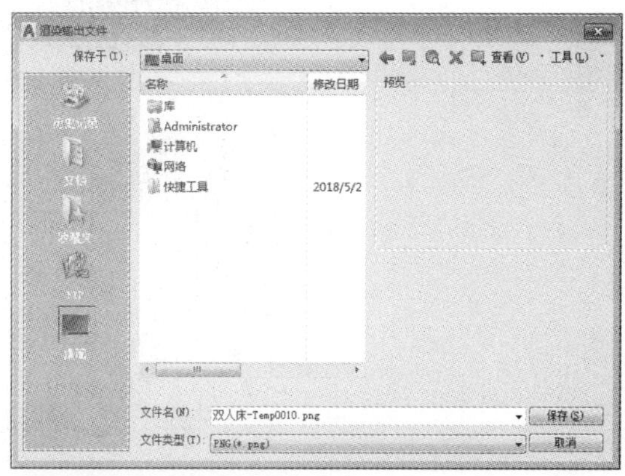

图14-43 “渲染输出文件”对话框

Step 03 单击“保存”按钮，在打开的“PNG图像选项”对话框中设置图像选项，单击“确定”按钮，如图14-44所示。

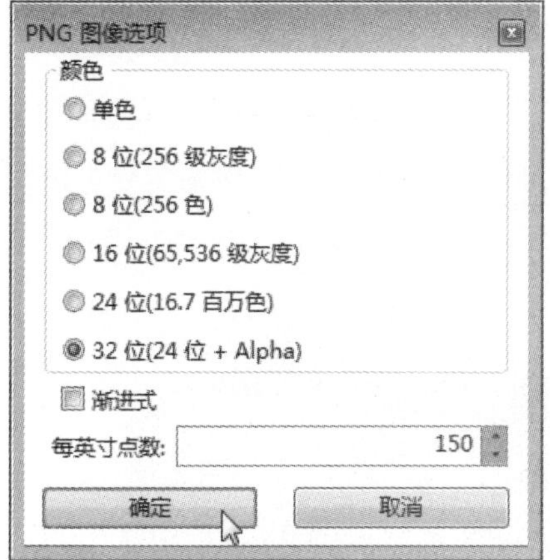

图14-44 “PNG图像选项”对话框

Step 04 打开输出的图像，效果如图14-45所示。

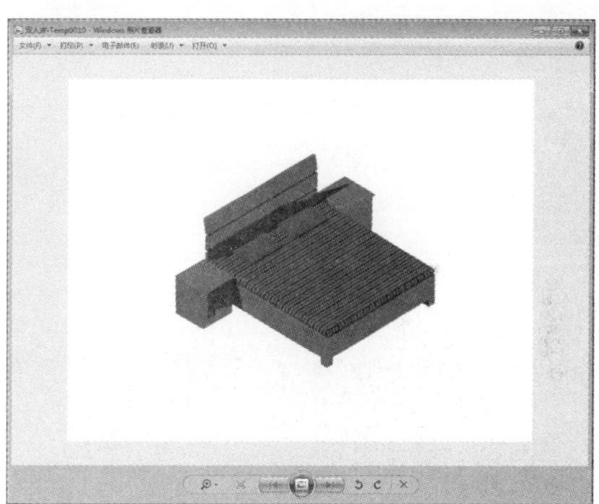

图14-45 查看输出图像的效果

工程师点拨：适当添加多个光源

在AutoCAD软件中，如果使用一个光源照亮模型，其渲染结果会显得有点生硬。这是因为模型的背光面和亮光面黑白太过鲜明而造成的。此时不妨在模型背光面适当添加一个光源，并调整好光源位置，这样渲染出的画面会生动许多。但需要注意的是，如果添加了多个光源，就必须分清楚哪些光源为主光源，哪些为次光源。通常主光源强度因子较高，而次光源的强度因子较低。把握好主、次光源之间的参数及位置，是图形渲染的关键步骤之一。

综合实例 —— 绘制卧室模型并进行渲染

本章主要介绍了三维实体模型的渲染操作。下面将结合前面所学的知识来绘制卧室模型并进行渲染，其中涉及的命令有长方体、差集、材质贴图及渲染等。

Step 01 执行“长方体”命令，绘制长为3800mm、宽为3200mm、高为50mm的长方体，如图14-46所示。

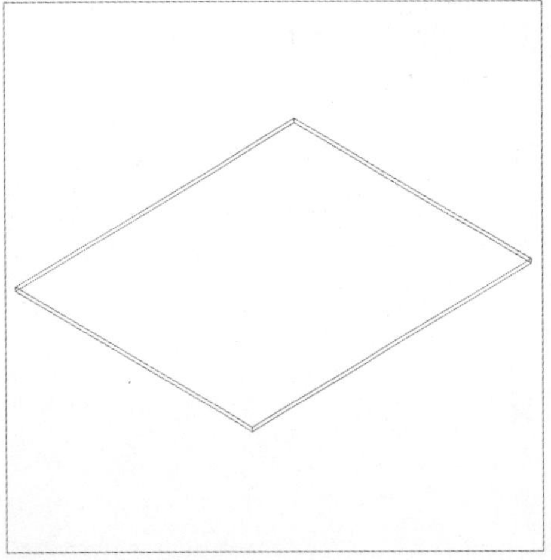

图14-46 绘制长方体

Step 02 继续执行当前命令，绘制3800×240×2600、240×3200×2600、300×1500×1 400的长方体，如图14-47所示。

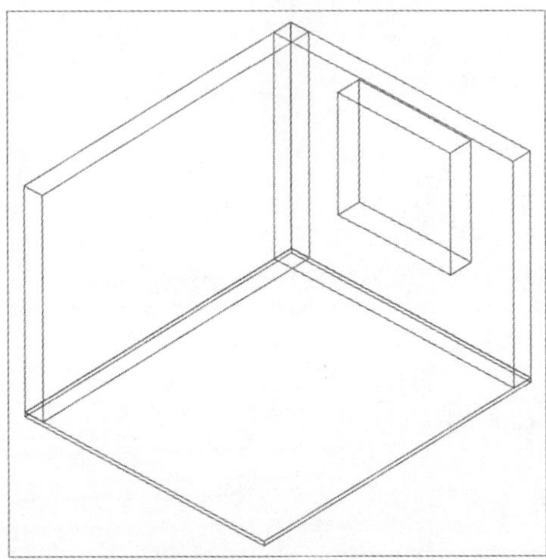

图14-47 绘制长方体

Step 03 将视图转换为“概念”，执行“差集”命令，将300×1500×1400的长方体从实体中减去，如图14-48所示。

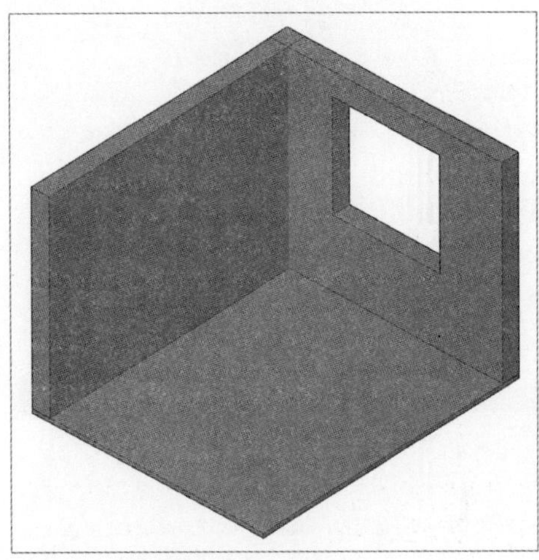

图14-48 差集操作

Step 04 按照相同的方法，绘制2900×200×500的长方体，并将其进行“差集”操作，如图14-49所示。

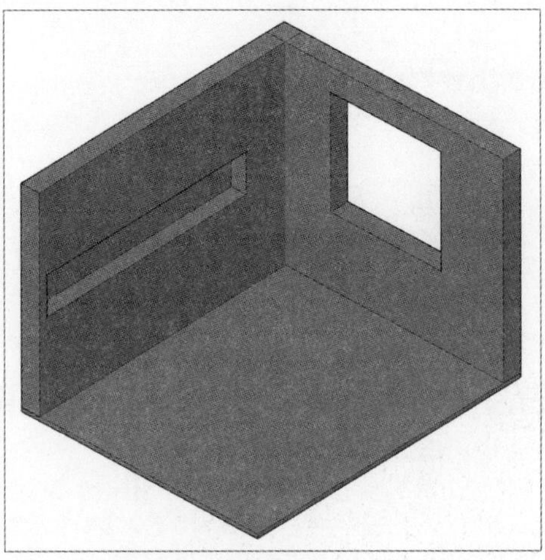

图14-49 差集操作

Step 05 执行“长方体”命令，绘制1500×100×1400的长方体，并执行“抽壳”命令，设置偏移距离为50mm，如图14-50所示。

Step 06 执行“长方体”命令，绘制50×50×1300、700×20×1300的长方体，绘制出窗户模型，将其放在图中合适位置，如图14-51所示。

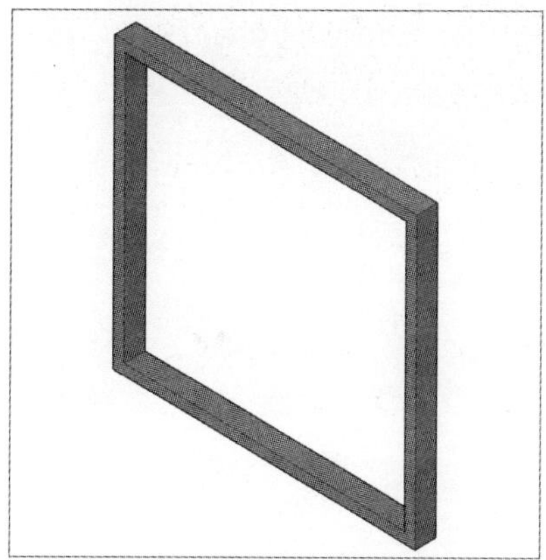
图14-50 抽壳操作

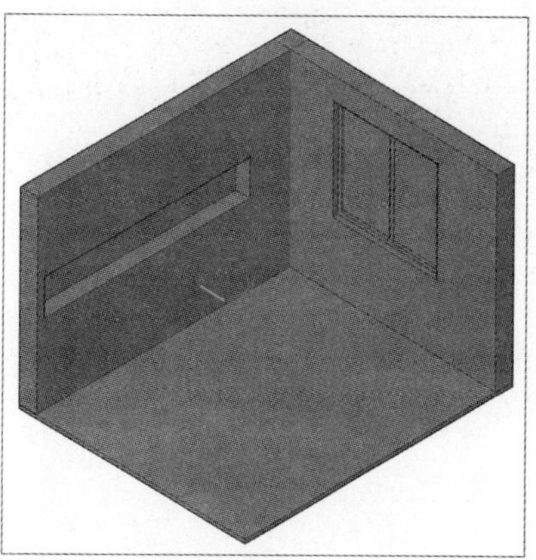
图14-51 绘制窗户模型

Step 07 执行“长方体”、“圆柱体”命令，绘制650×2880×150的长方体和半径为50mm、高为600mm的圆柱体，如图14-52所示。

Step 08 执行“圆角边”命令，设置圆角半径为75mm，对刚刚绘制的长方体进行圆角边操作，如图14-53所示。

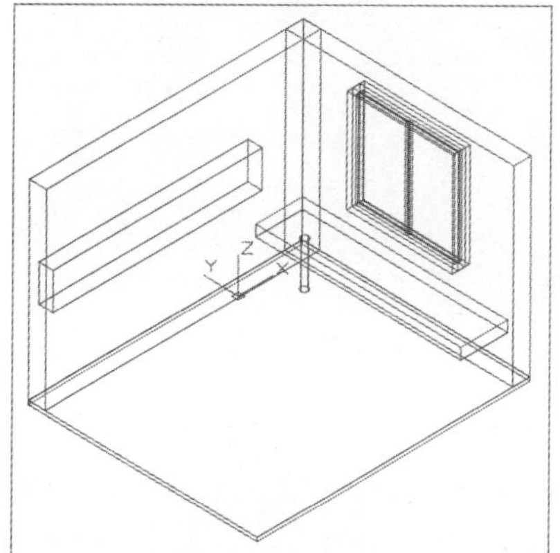
图14-52 绘制几何体

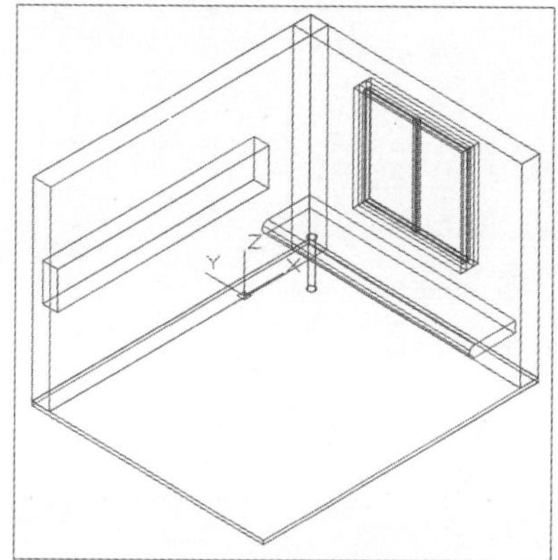
图14-53 圆角边操作

Step 09 执行“插入>块”命令，插入床、床头柜等模型，如图14-54所示。

Step 10 执行“材质浏览器”命令，打开“材质浏览器”选项板，选择壁纸材质，如图14-55所示。

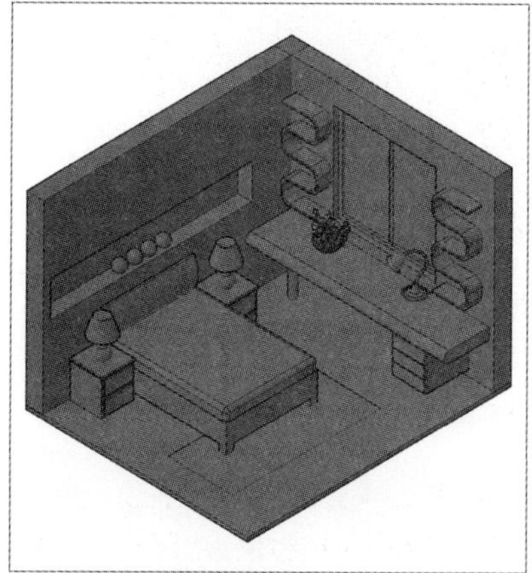
图14-54 插入模型

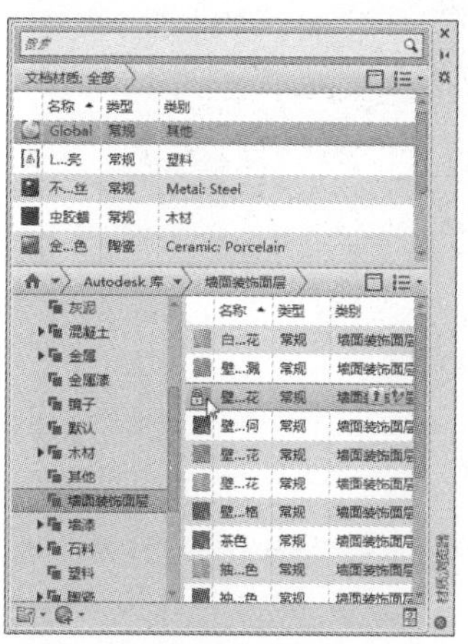

图14-55 选择壁纸材质

Step 11 将选择好的材质赋予给墙体模型，继续选择地面材质，如图14-56所示。

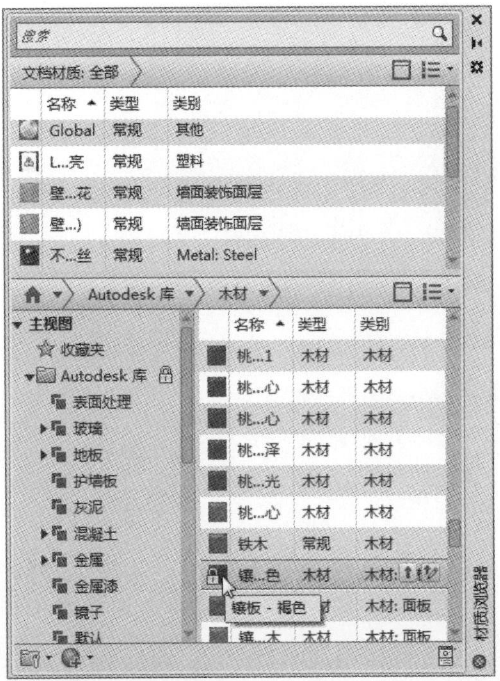

图14-56 选择地面材质

Step 12 将选择好的材质赋予地面模型，继续选择玻璃材质，如图14-57所示。

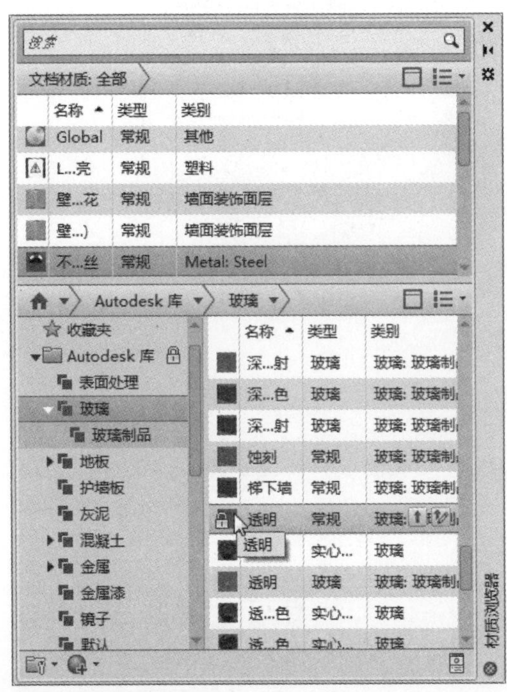

图14-57 选择玻璃材质

Step 13 将视觉控件转换为“真实”，效果如图14-58所示。

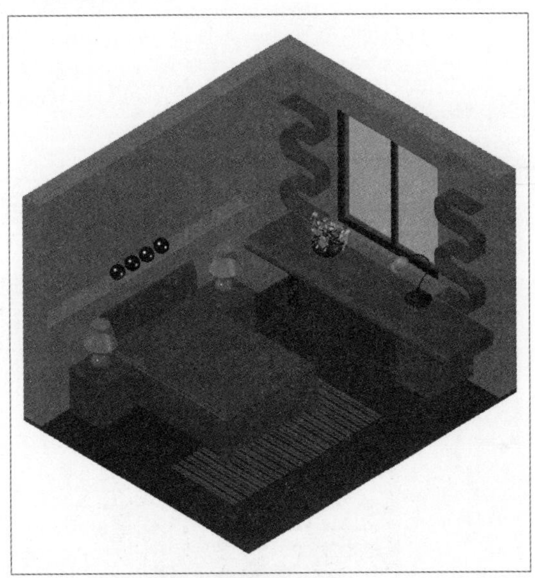

图14-58 转换视觉效果

Step 14 执行“点光源”命令，创建点光源，并设置其特性，如图14-59所示。

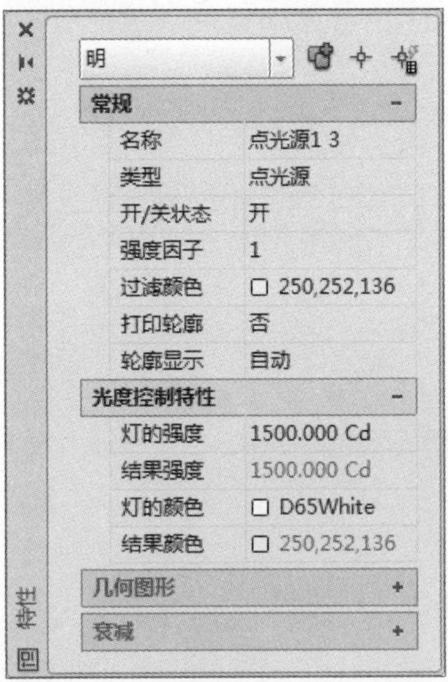

图14-59 设置点光源特性

Step 15 对创建好的点光源进行复制，放在图中合适位置，并设置复制后的点光源灯的强度为600，如图14-60所示。

Step 16 执行“高级渲染设置”命令，打开“渲染预设管理器”选项板，设置渲染参数，如图14-61所示。

图14-60 复制点光源

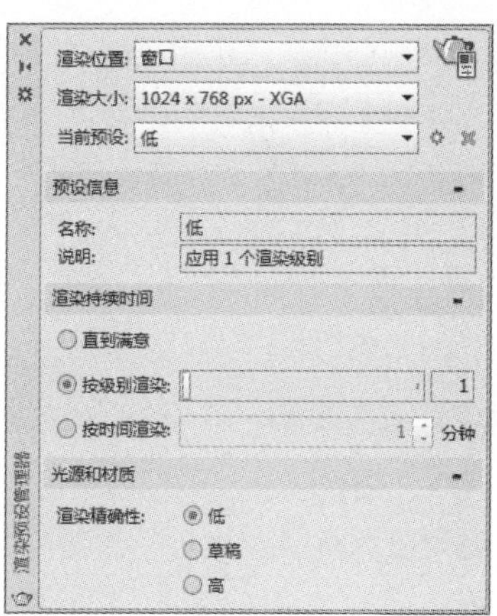

图14-61 设置渲染参数

Step 17 单击“渲染”按钮，即可进行模型的渲染，至此，完成卧室模型的绘制与渲染，如图14-62所示。

Step 18 单击“保存”按钮，打开“渲染输出文件”对话框，设置文件名与文件类型，如图14-63所示。

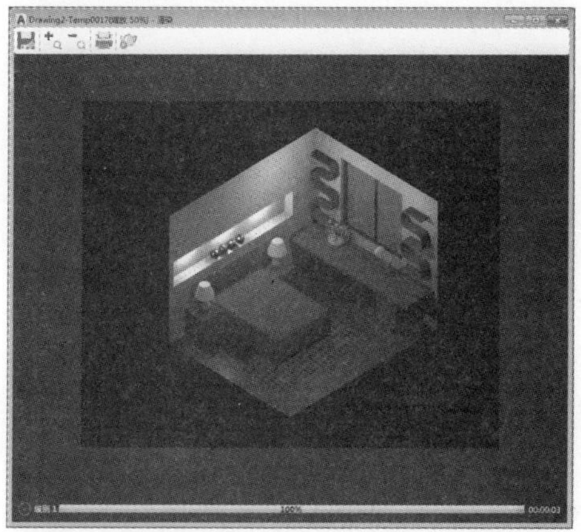

图14-62 渲染效果

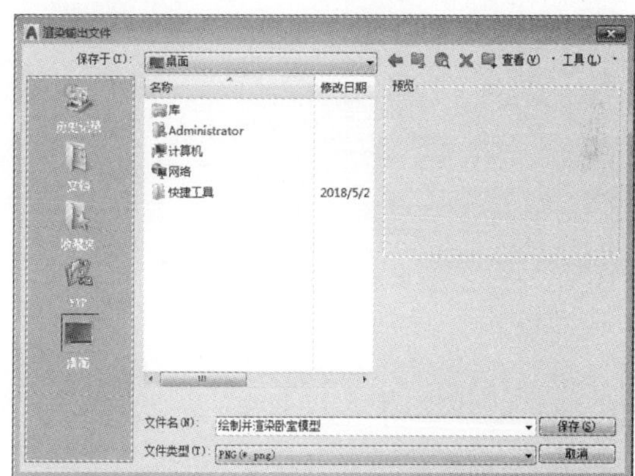

图14-63 输出文件

Step 19 单击“保存”按钮，打开“PNG图像选项”对话框，根据需要设置颜色参数，如图14-64所示。

Step 20 单击“确定”按钮，保存图像，打开输出的图像，效果如图14-65所示。

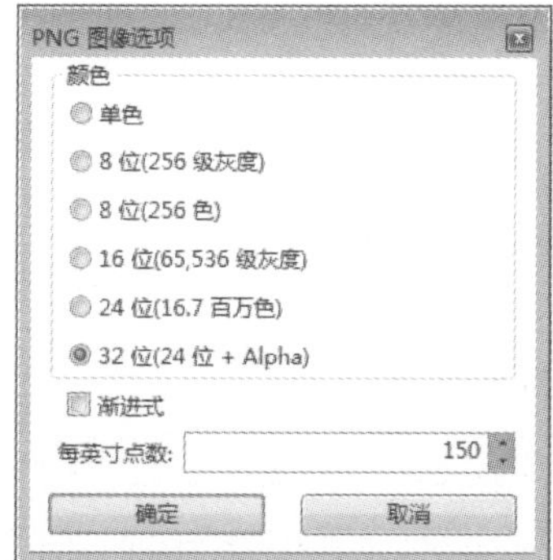

图14-64 设置颜色参数

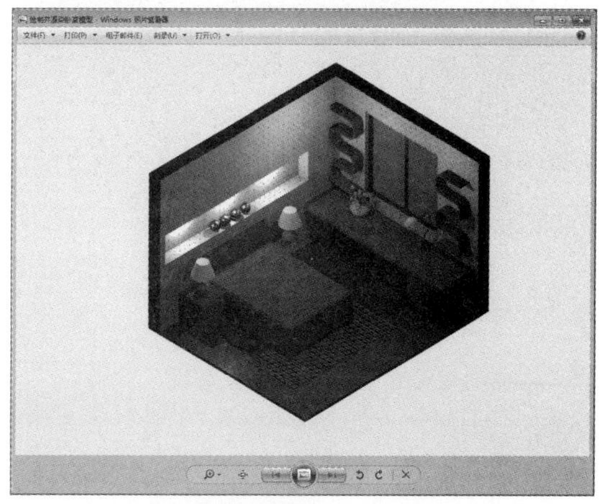

图14-65 查看输出图像的效果

高手应用秘籍 —— 自定义AutoCAD材质库

在对三维模型进行材质贴图时，除了可以使用Autodesk库中默认的材质贴图外，还可以自行添加自己喜爱的材质贴图，下面介绍具体操作方法。

Step 01 单击“材质浏览器”按钮，打开“材质浏览器”选项板，在面板左下角单击“创建、打开并编辑用户定义的库”按钮，在打开的列表中选择“创建新库”选项，如图14-66所示。

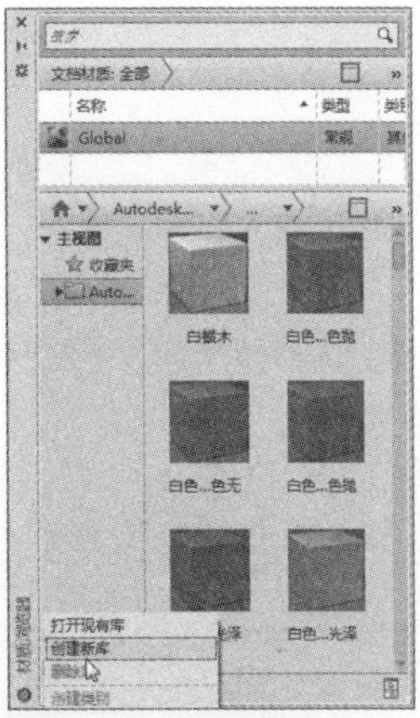

图14-66 创建新库

Step 02 即可在库列表中创建新库，命名为“新贴图”，单击“确定”按钮，完成新库的创建，如图14-67所示。

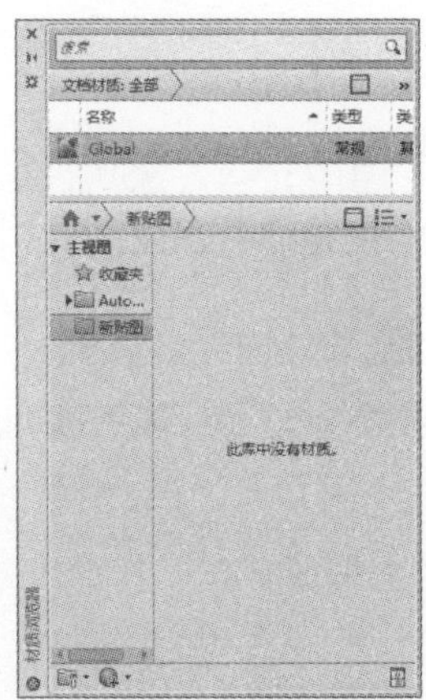

图14-67 完成新库的创建

Step 03 在“文档材质”列表中，选择材质贴图选项，单击鼠标右键，在打开的快捷菜单中选择“添加到>新贴图”命令，如图14-68所示。

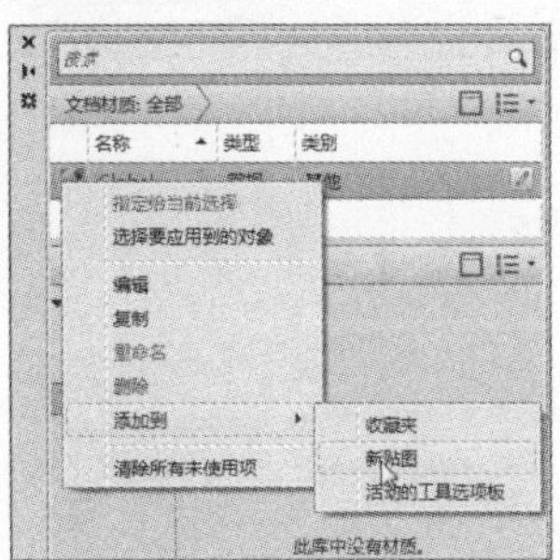

图14-68 添加命令

Step 04 选择完成后，被选中的材质图已添加至自定义的图库中，如图14-69所示。

图14-69 添加材质

Step 05 在该材质库中，右击添加的材质贴图，在快捷菜单中选择“重命名”选项，即可重命名该材质，如图14-70所示。

图14-70 重命名材质

工程师点拨：删除材质贴图

若想将该材质删除，只需在右键菜单中选择“删除”选项，即可快速删除。

秒杀工程疑惑

在进行CAD操作时，用户经常会遇到各种各样的问题，下面总结一些常见问题进行解答，例如材质效果无法显示、添加光源后渲染窗口漆黑、Lightingunits系统变量的作用、无法保存渲染效果等问题。

问　题	解　答
为什么在赋予了地板材质后，其材质没有地板的纹理	这是因为材质的比例太小，形成材质纹理过密而造成的，只需进行以下操作即可正常显示： 首先执行“材质浏览器”命令，打开相应的面板； 然后在“文档材质”列表中选中地板材质，并单击材质后的编辑按钮； 接着在“材质编辑器”面板中，单击“图像”后的地板图案，在“纹理编辑器”面板的“比例”选项组中，调整好“样例尺寸”的“宽度”和“高度”数值即可。 其数值越大，材质纹理越疏松，反之则越紧密
为什么添加了光源后，在进行渲染时，其渲染窗口一片漆黑	这是由于添加的光源位置不对而造成的，此时只需调整好光源的位置即可。在三维视图中，调整光源位置，需要结合其他视图一起调整，例如俯视图、左视图、三维视图，这样才能将光源调整到最好的状态
为什么渲染后的效果无法保存？打印的时候是否能打印出渲染效果	AutoCAD中的渲染效果会在执行任何命令时消失，但不是真正意义上的消失，当再次执行渲染命令时又会出现先前设置好的渲染效果。不可以在渲染状态下进行图形修改，只有在非渲染状态下才可以修改图形。 渲染的效果如果直接打印的话，打印出的是渲染之前的效果，渲染效果只有通过渲染输出后才能进行打印
Lightingunits系统变量的作用是什么	Lightingunits系统变量控制是使用常规光源还是使用光度控制光源，并指示当前的光学单位。其变量值为0、1、2。其中0为未使用光源单位并启用标准光源；1为使用美制光学单位并启用光度控制光源；2为使用国际光源单位并启用光度

Chapter

15

居室空间施工图的绘制

本章以两居室家装空间室内设计为例，详细讲述了家装建筑室内设计施工图的绘制过程。在讲述过程中，带领读者完成两居室家装施工图的绘制，并掌握有关家装空间设计的相关知识与技巧。本章中包括两居室原始户型、平面布置、顶棚布置施工图的绘制，尺寸文字的标注等内容。

01 学完本章您可以掌握如下知识点

1. 居室原始户型图的绘制　★★
2. 居室平面布置图的绘制　★★
3. 卧室立面图的绘制　★★★

02 本章内容图解链接

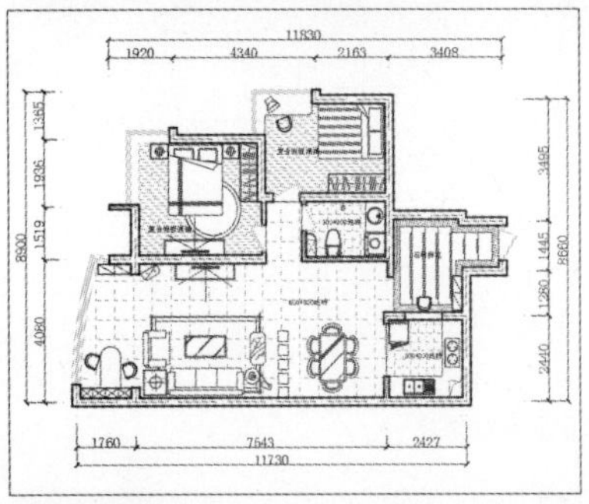

居室平面图

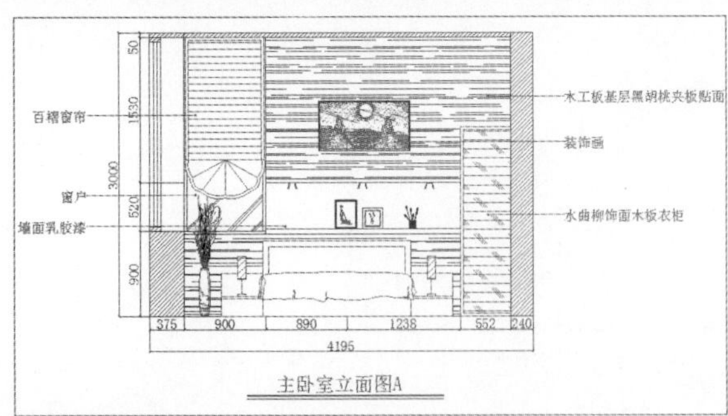

卧室立面图

15.1 绘制居室平面图

室内平面图是施工图纸中必不可少的一项内容。它能够反映出在当前户型中，各空间布局以及家具摆放是否合理，并能从中了解各空间的功能和用途。

15.1.1 绘制居室原始户型图

户型图的设计是整个室内施工图中很重要的一步，是平面布置图的依据，后续所有设计图纸都是根据原始户型图来完成的，所以户型图必须准确、完整、清晰。具体操作步骤介绍如下。

Step 01 执行“图层”命令，新建“轴线”、“墙体”、“门窗”等图层，设置图层特性，并将“轴线”图层置为当前层，如图15-1所示。

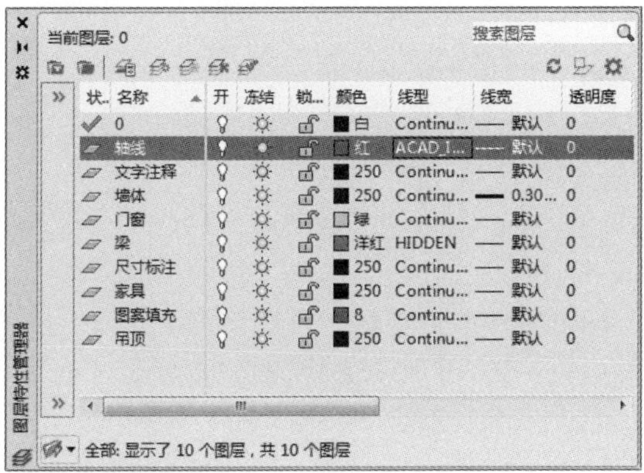

图15-1 创建图层

Step 02 执行“直线”、“偏移”、“修剪”命令，绘制直线并进行偏移操作，再对图形进行修剪操作，如图15-2所示。

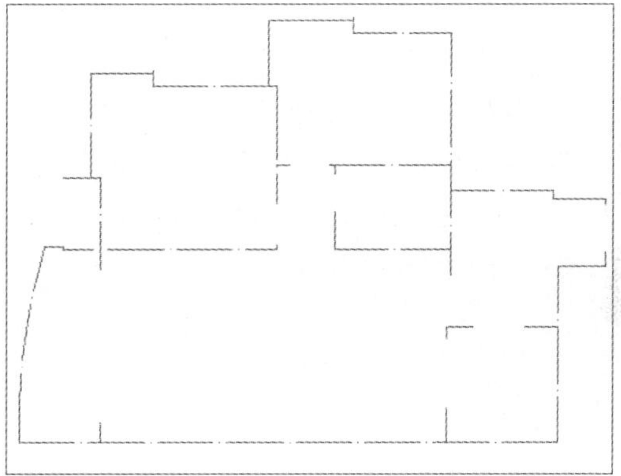

图15-2 绘制轴线

Step 03 设置“墙体”图层为当前层，执行“多线样式”命令，打开“多线样式”对话框，如图15-3所示。

图15-3 “多线样式”对话框

Step 04 单击“修改”按钮，在打开的“修改多线样式”对话框中，勾选直线的“起点”和“端点”复选框，如图15-4所示。

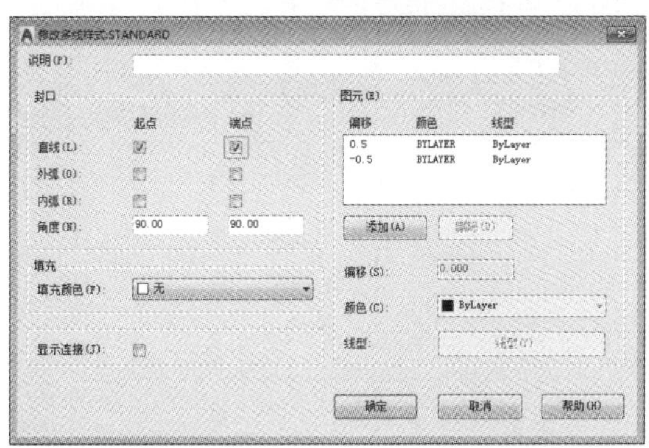

图15-4 设置多线样式

Step 05 单击“确定”按钮，返回上一层对话框，预览多线效果，单击“确定”按钮，关闭对话框，如图15-5所示。

Step 06 在命令行中输入“ML”后按Enter键，设置比例为240，对正选择无，然后沿着轴线方向绘制外墙体线，如图15-6所示。

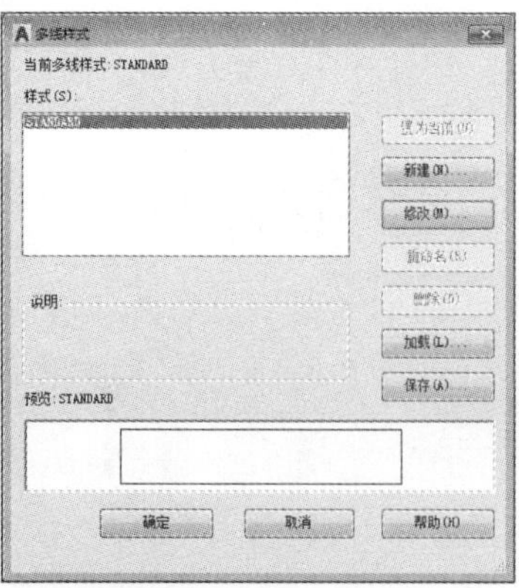

图15-5 预览多线效果

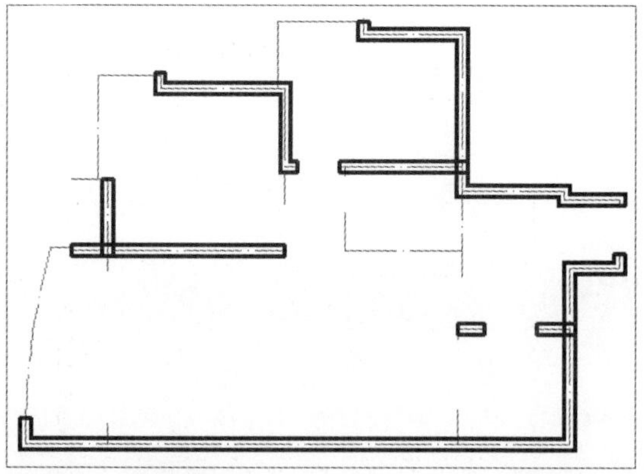

图15-6 绘制墙体多线

Step 07 双击多线，打开“多线编辑工具”对话框，选择需要的修剪工具，如图15-7所示。

图15-7 多线编辑工具

Step 08 在绘图区中，选择两条相交的多线，即可对多线进行编辑，如图15-8所示。

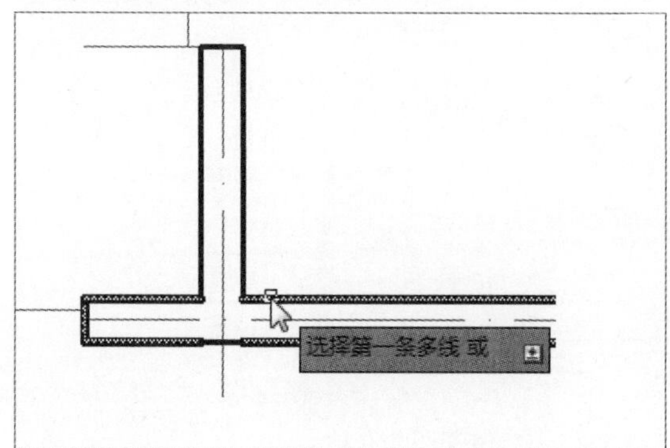

图15-8 编辑多线

Step 09 按照相同的方法，对其余相交的多线进行修剪，如图15-9所示。

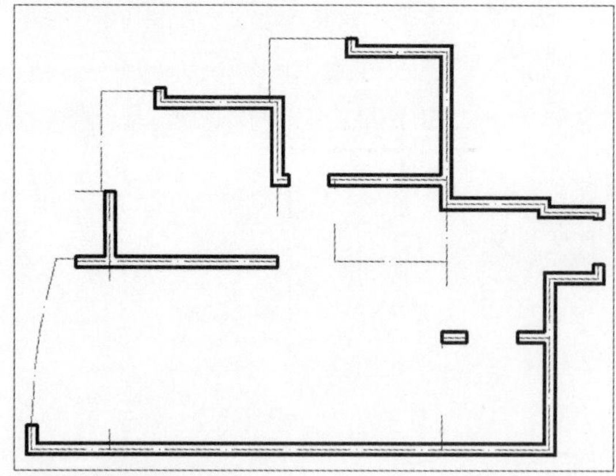

图15-9 编辑其他多线

Step 10 执行“多线”命令，设置比例为140，对正选择无，然后沿着内墙轴线绘制内墙体线，如图15-10所示。

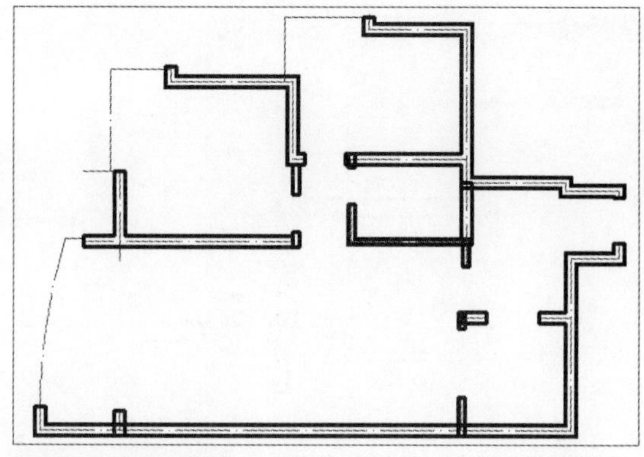

图15-10 绘制内墙线

Step 11 双击多线，在打开的“多线编辑工具”对话框中，选择需要的工具，对相交多线进行编辑操作，并设置“门窗”图层为当前层，如图15-11所示。

Step 12 执行“多线样式”命令，打开“多线样式”对话框，单击“新建”按钮，在打开的“创建新的多线样式”对话框中输入新样式名，如图15-12所示。

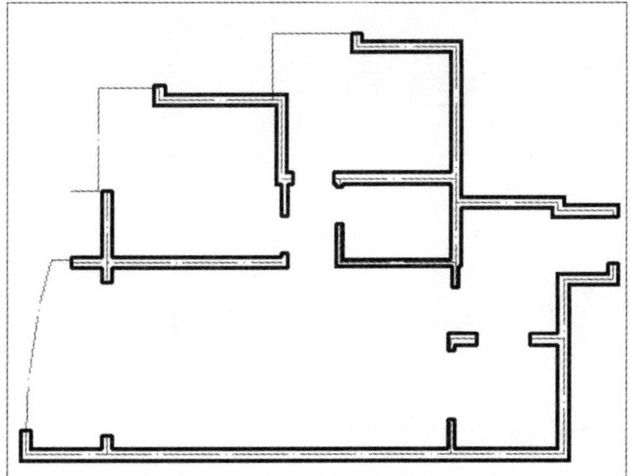

图15-11 编辑多线

图15-12 输入新样式名

Step 13 单击“继续”按钮，在打开的“新建多线样式：窗”对话框中设置图元参数，如图15-13所示。

Step 14 依次单击“确定”、“置为当前”按钮，关闭对话框，执行“多线”命令，绘制飘窗图形，如图15-14所示。

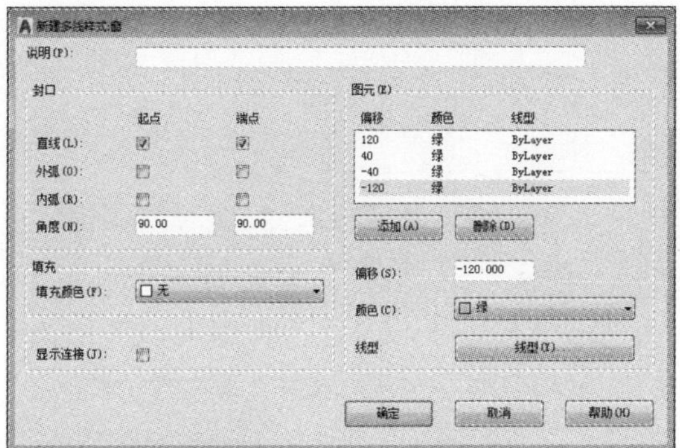

图15-13 设置图元参数

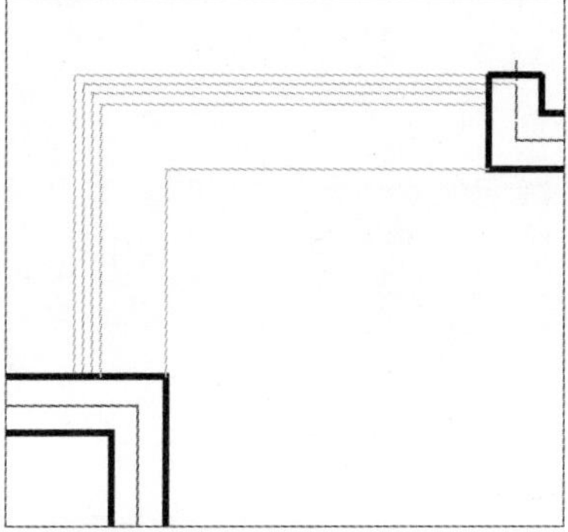

图15-14 绘制飘窗图形

Step 15 按照同样的方法，绘制另一侧飘窗图形，如图15-15所示。

Step 16 执行“多段线”、“偏移”和“修剪”命令，沿轴线向左右两侧依次偏移40mm、80mm，绘制阳台窗户图形，如图15-16所示。

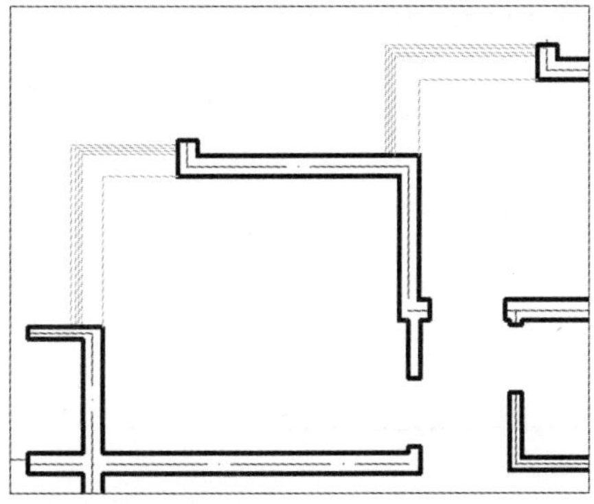

图15-15 绘制飘窗图形

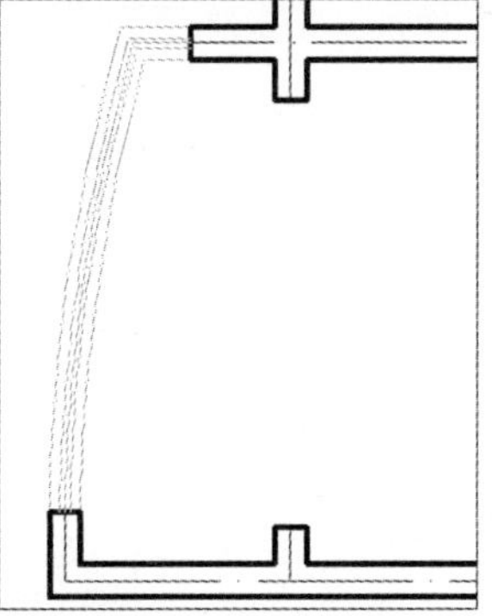

图15-16 绘制阳台窗户图形

Step 17 执行“矩形”命令，绘制长800mm、宽40mm和长200mm、宽40mm的矩形，并对其进行旋转，放到进户门洞位置，如图15-17所示。

Step 18 执行“弧线”命令，绘制开门弧线，完成进户门图形的绘制，如图15-18所示。

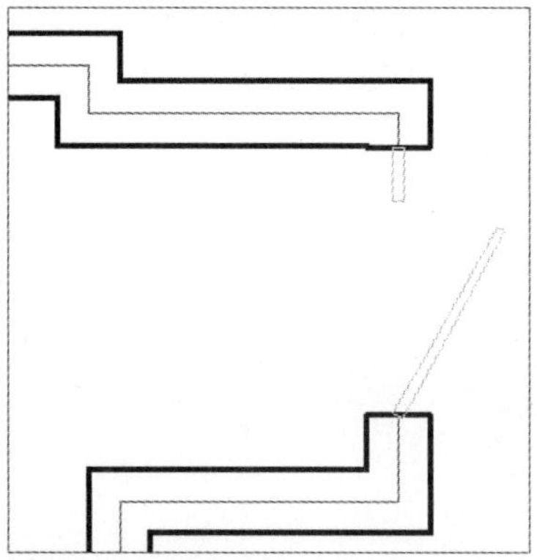

图15-17　绘制矩形

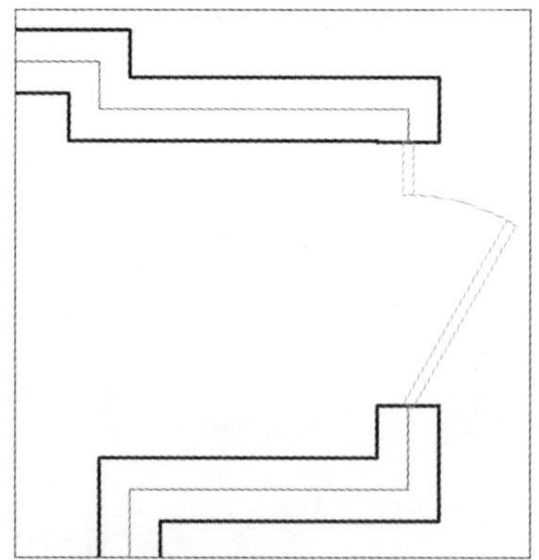

图15-18　绘制进户门

Step 19 按照相同的方法，绘制其余门图形，如图15-19所示。

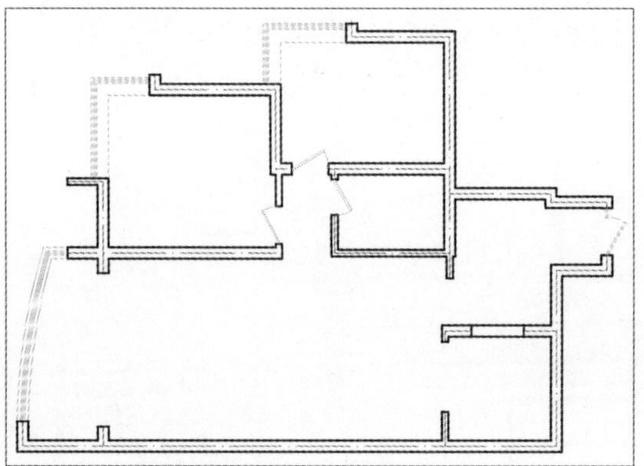

图15-19　绘制其余门图形

Step 20 设置“梁”图层为当前层，执行“直线”、“偏移”命令，绘制梁图形，如图15-20所示。

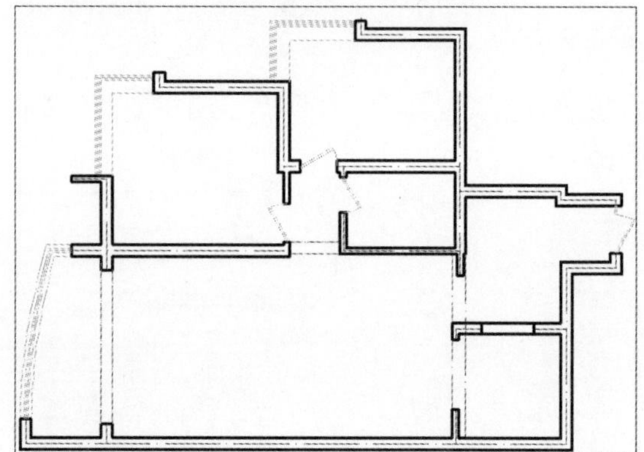

图15-20　绘制梁图形

Step 21 执行“插入>块”命令，将地漏、下水管、排污管等图块调入图形合适位置，如图15-21所示。

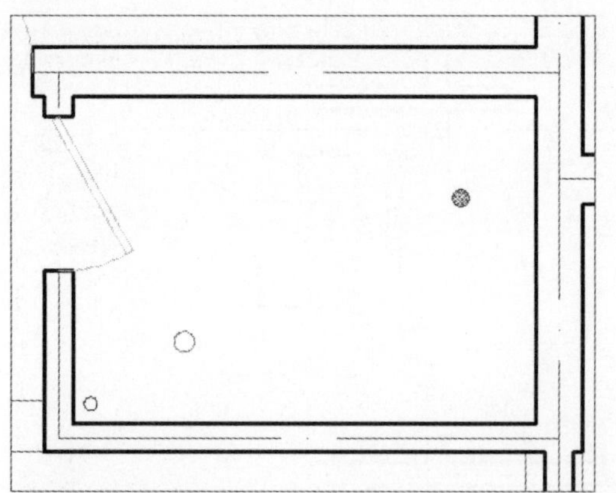

图15-21　插入图块

Step 22 执行“直线”命令，绘制厨房烟道轮廓，如图15-22所示。

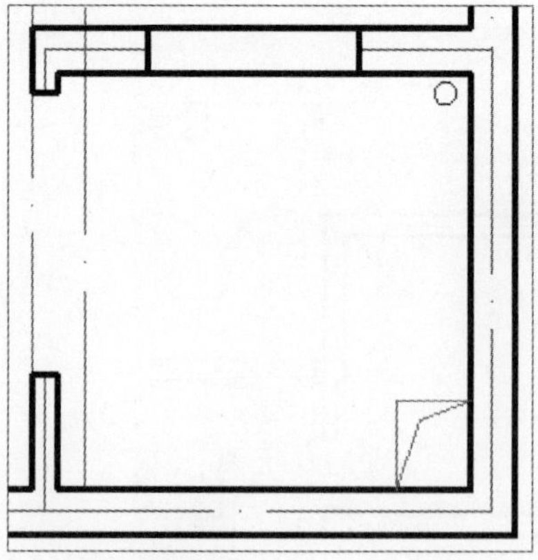

图15-22　绘制烟道

Step 23 设置“尺寸标注”图层为当前层，执行“标注样式”命令，打开“标注样式管理器”对话框，如图15-23所示。

Step 24 单击“修改”按钮，在“线”选项卡中设置超出尺寸线、起点偏移量等参数，如图15-24所示。

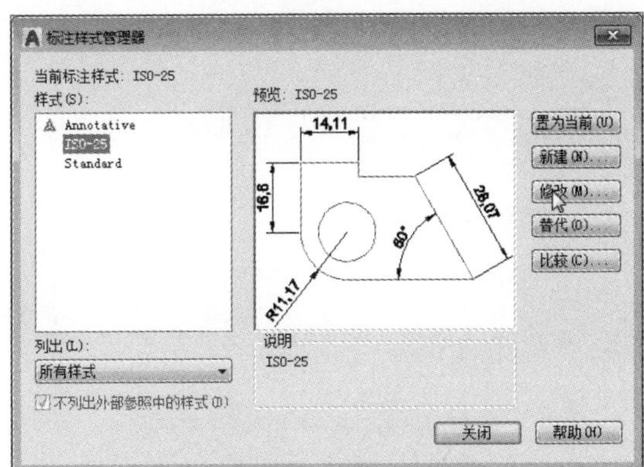

图15-23 “标注样式管理器”对话框

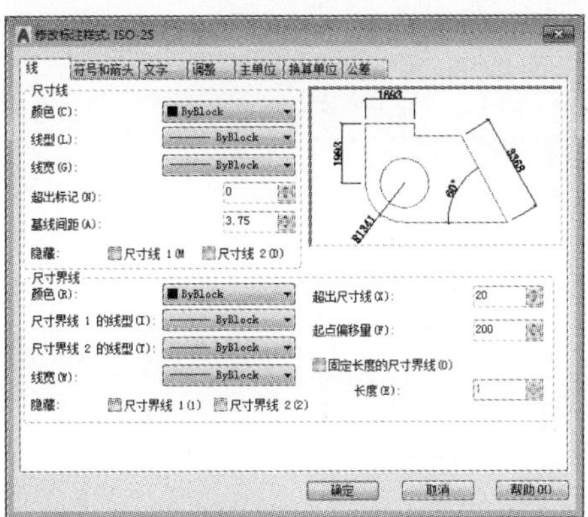

图15-24 “线”选项卡

Step 25 在“符号和箭头”选项卡中设置箭头样式和大小，如图15-25所示。

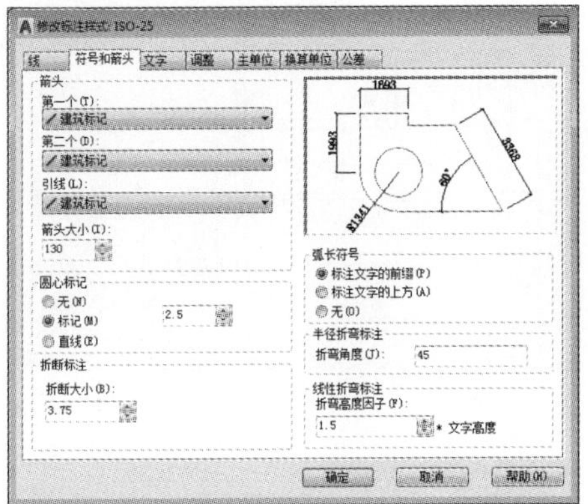

图15-25 “符号和箭头”选项卡

Step 26 在“文字”选项卡中设置“文字高度”为300，如图15-26所示。

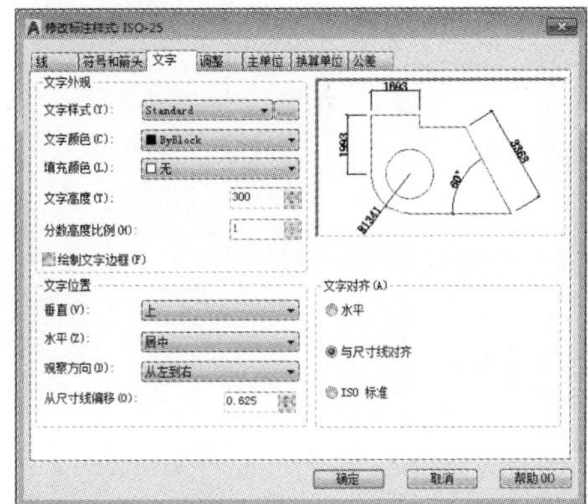

图15-26 “文字”选项卡

Step 27 在“主单位”选项卡中设置“精度”为0，如图15-27所示。

Step 28 单击“确定”按钮，返回上一层对话框，单击“置为当前”按钮，关闭对话框，完成标注样式的设置，如图15-28所示。

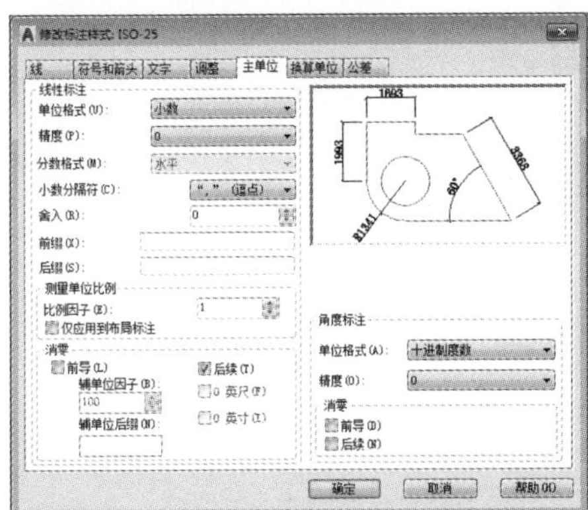

图15-27 “主单位”选项卡

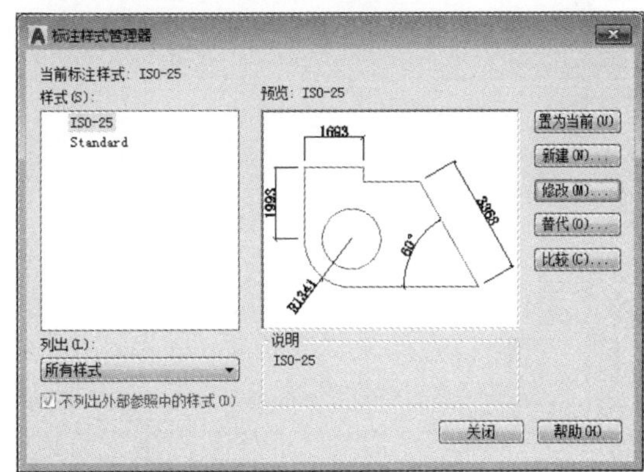

图15-28 设置标注样式

Step 29 执行“线性”、“连续”标注命令，对图形进行尺寸标注，如图15-29所示。

Step 30 设置“文字注释”层为当前层，执行“多行文字”命令，对图形进行文字注释，如图15-30所示。

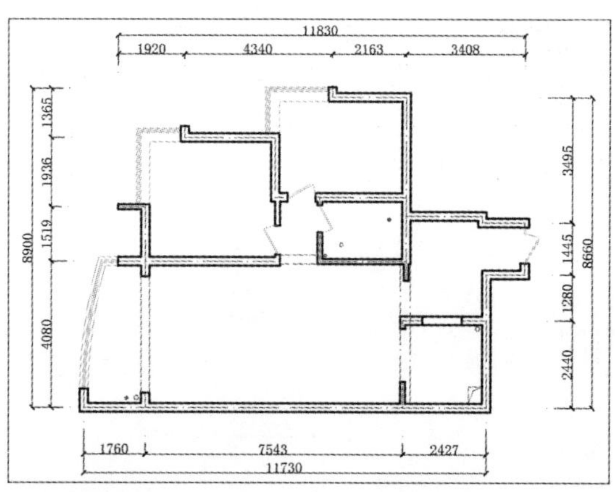

图15-29 添加尺寸标注

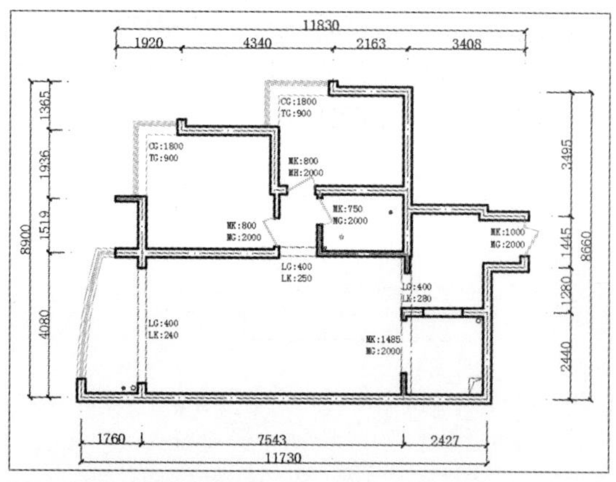

图15-30 添加文字注释

Step 31 执行“多段线”、“文字注释”命令，绘制标高符号，完成居室原始户型图的绘制，如图15-31所示。

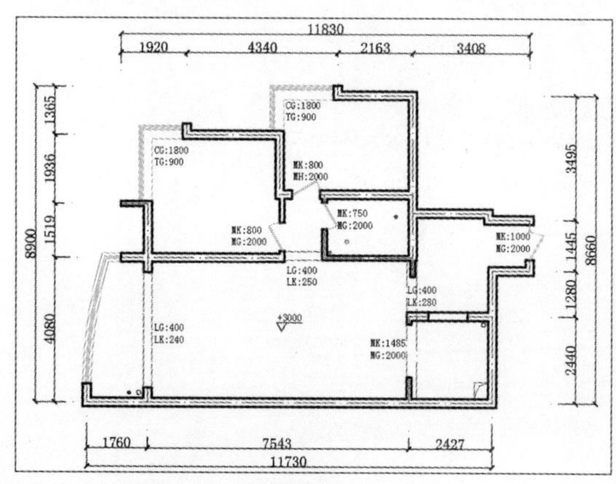

图15-31 完成原始户型图的绘制

15.1.2 绘制居室平面布置图

下面介绍绘制室内平面布置图的方法与技巧，在讲述过程中，将介绍一般家庭空间中客厅、餐厅、卧室等主要空间的布置原理与平面图的绘制方法。具体操作步骤介绍如下。

Step 01 复制居室原始户型图，删除图纸中的文字注释及水管、地漏等图形，如图15-32所示。

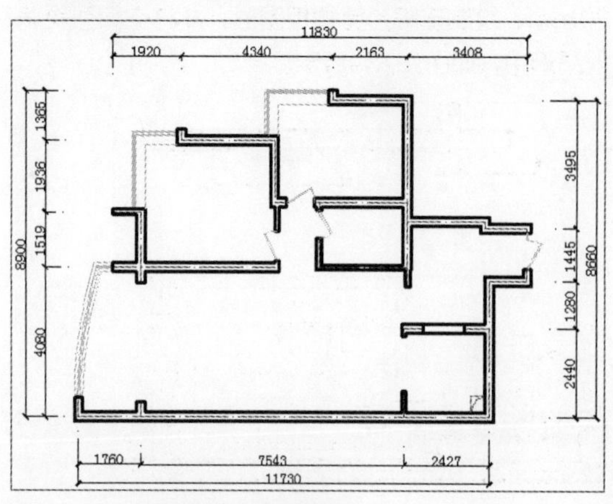

图15-32 复制并删除不需要的图形

Step 02 设置“家具”图层为当前层，执行“矩形”命令，绘制长为300mm、宽为1000mm的矩形，作为鞋柜放置在进户门的合适位置，如图15-33所示。

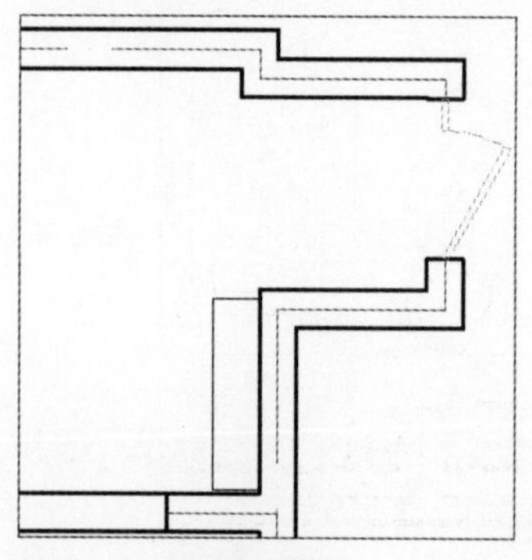

图15-33 绘制矩形鞋柜

Step 03 执行“偏移”命令，将鞋柜轮廓向内偏移20mm，执行“直线”命令，绘制鞋柜上的斜线，并更改其线型，如图15-34所示。

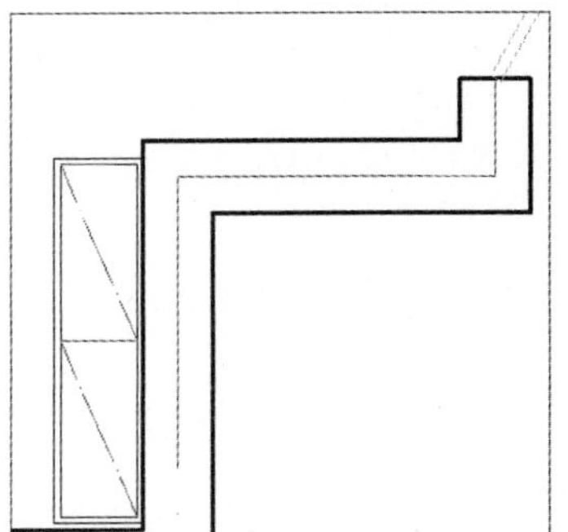

图15-34 偏移并绘制斜线

Step 04 执行“矩形”命令，绘制长为90mm、宽为1380mm的矩形图形，作为入户造型墙平面。执行“插入块”命令，将休闲椅图块放置在鞋柜合适位置，如图15-35所示。

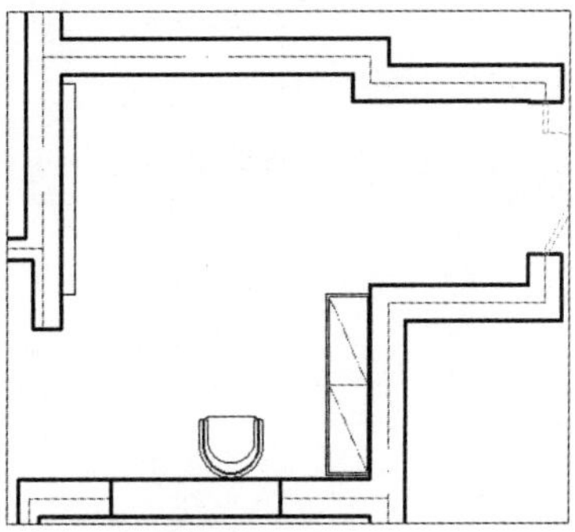

图15-35 绘制造型墙

Step 05 执行“插入>块”命令，将沙发、电视机图块放置在客厅合适位置，如图15-36所示。

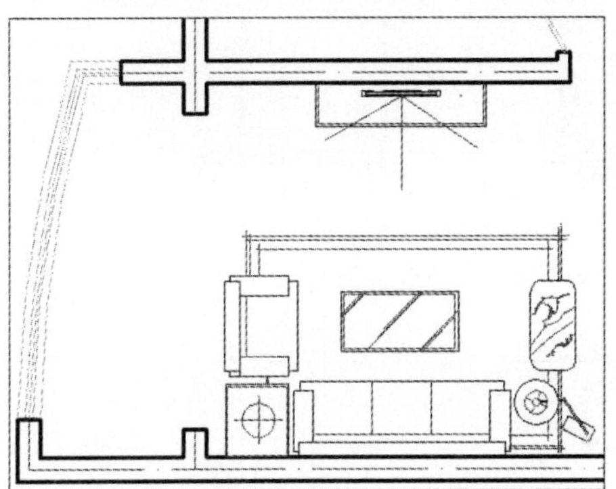

图15-36 插入图块

Step 06 执行“矩形”、“偏移”和“直线”命令，绘制长为1500mm、宽为320mm的矩形图形，并向内偏移20mm绘制出书柜图形，将其放置在阳台合适位置，如图15-37所示。

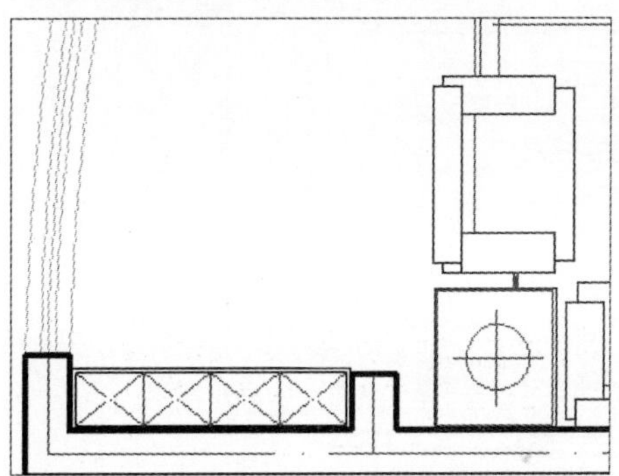

图15-37 绘制书柜

Step 07 执行“多段线”和“圆弧”命令，绘制长为900mm、半径为300mm的写字台，并插入电脑等图块，如图15-38所示。

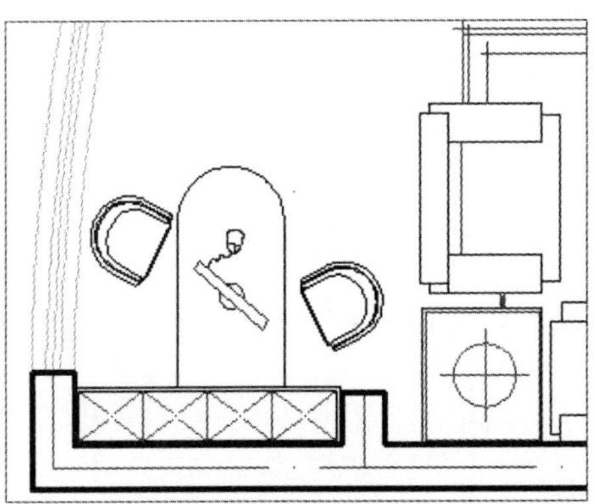

图15-38 绘制写字台并插入图块

Step 08 执行“矩形”、“偏移”命令，绘制长为1000mm、宽为300mm的矩形，向内偏移20mm，绘制出阳台储物柜图形，并将空调图块调入图形中，如图15-39所示。

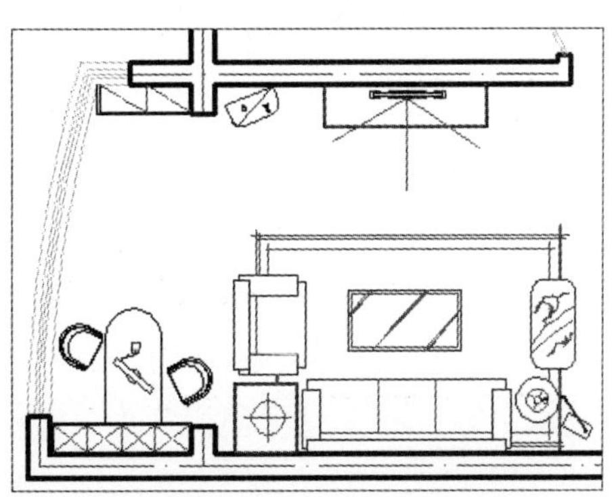

图15-39 绘制阳台储物柜并插入空调图块

Step 09 将餐桌图块调入图形合适位置，并执行“矩形”命令，绘制300mm×300mm的矩形并复制作为餐厅隔断，间距为150mm，如图15-40所示。

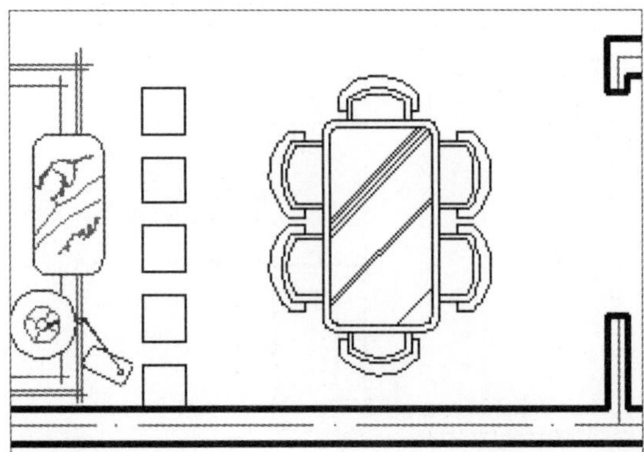

图15-40 绘制隔断

Step 10 执行“多段线”和“偏移”命令，绘制厨房橱柜图形，如图15-41所示。

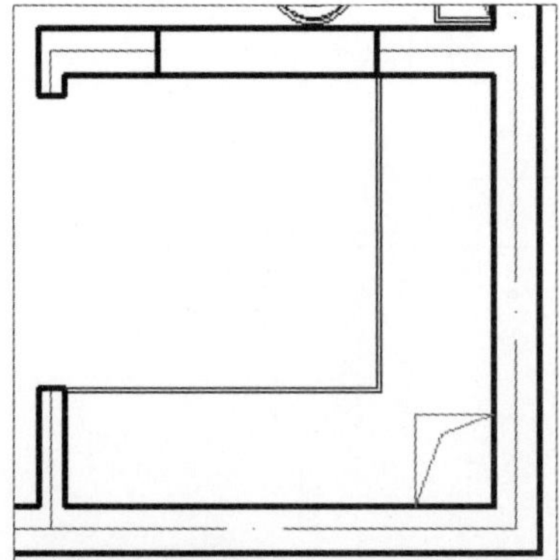

图15-41 绘制橱柜

Step 11 将洗菜池、燃气灶、冰箱等图块调入厨房合适位置，如图15-42所示。

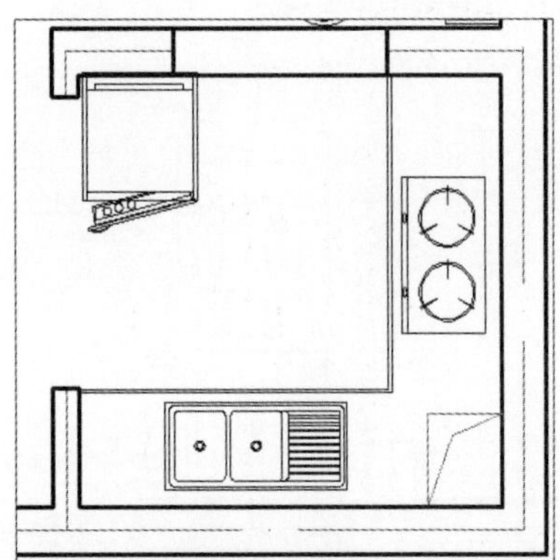

图15-42 调入图块

Step 12 将“门窗”图层设为当前层，执行“矩形”命令，绘制长为30mm、宽为750mm的厨房门图形，如图15-43所示。

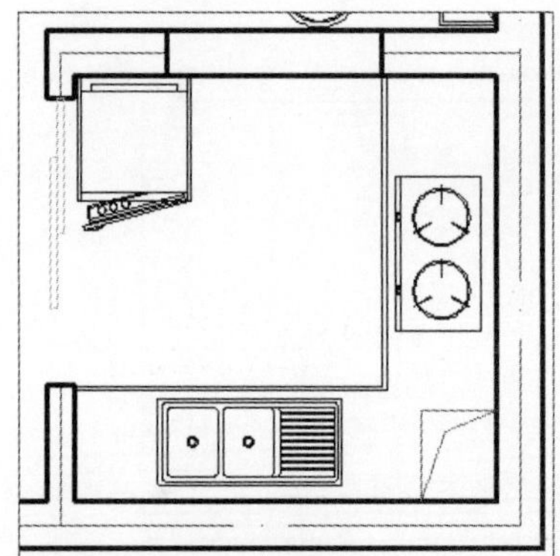

图15-43 绘制厨房门

Step 13 插入双人床、衣柜、电视机等图块放在卧室区域，如图15-44所示。

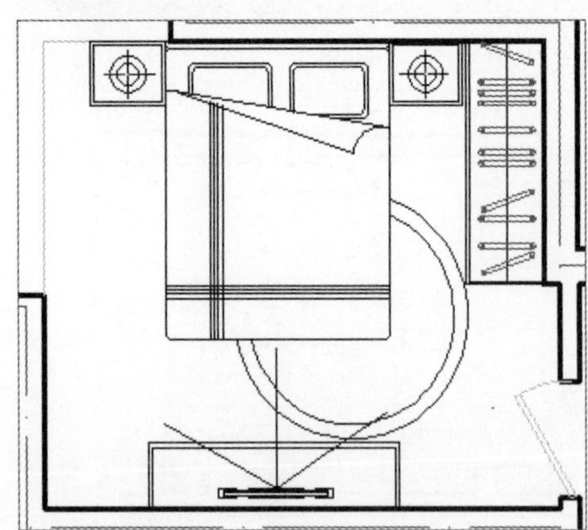

图15-44 插入图块

Step 14 执行“多段线”命令，绘制写字台轮廓线，并将电脑、座椅等图块调入图形中，如图15-45所示。

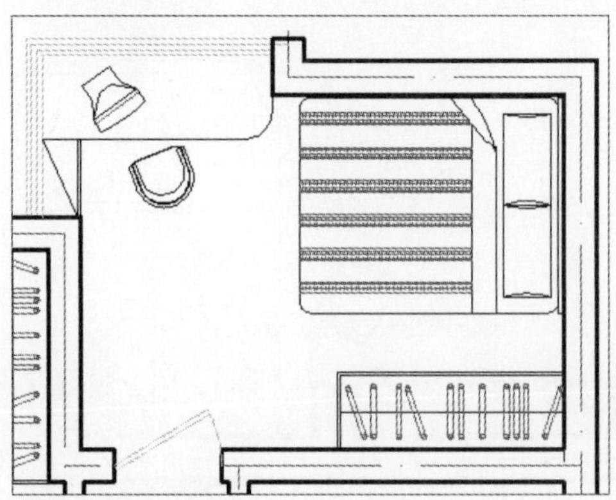

图15-45 插入图块

Step 15 执行“直线”命令，绘制入户门地砖压边线，如图15-46所示。

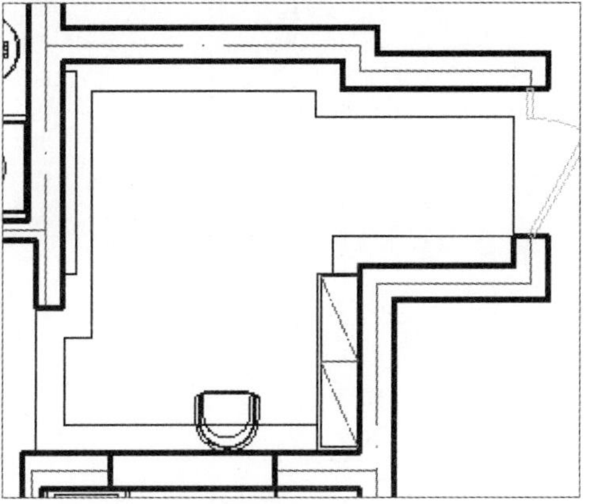

图15-46 绘制地砖压边线

Step 16 执行“偏移”和“修剪”命令，绘制地砖花纹轮廓线，如图15-47所示。

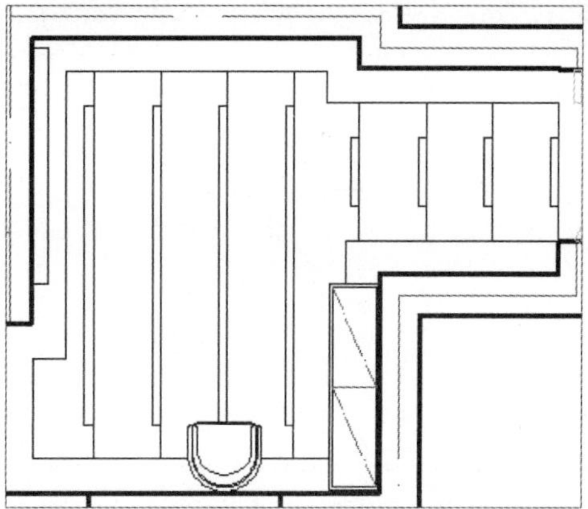

图15-47 绘制地砖花纹

Step 17 执行“图案填充”命令，选择图案为AR-CONC，设置比例为0.5，对入户地砖进行填充，如图15-48所示。

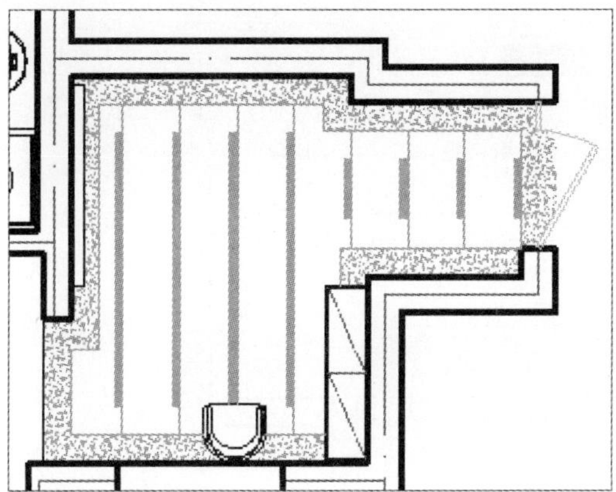

图15-48 填充图形

Step 18 继续执行当前命令，选择图案为ANGLE，设置比例为30，对厨房地面进行填充，如图15-49所示。

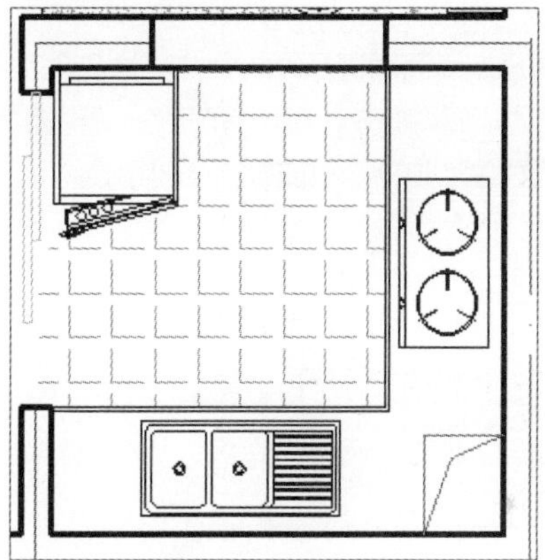

图15-49 填充厨房区域

Step 19 继续执行当前命令，选择图案为ANSI37，设置比例为200，对客厅和阳台地面进行填充，如图15-50所示。

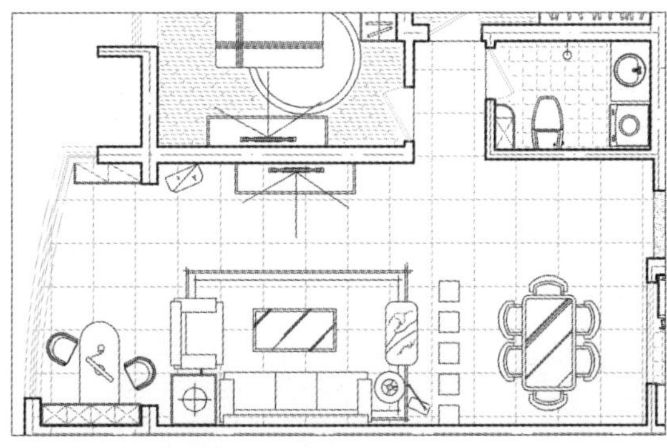

图15-50 填充客厅、阳台区域

Step 20 按照同样填充方法，选择图案为DOLMIT，设置比例为15，对卧室区域进行填充，如图15-51所示。

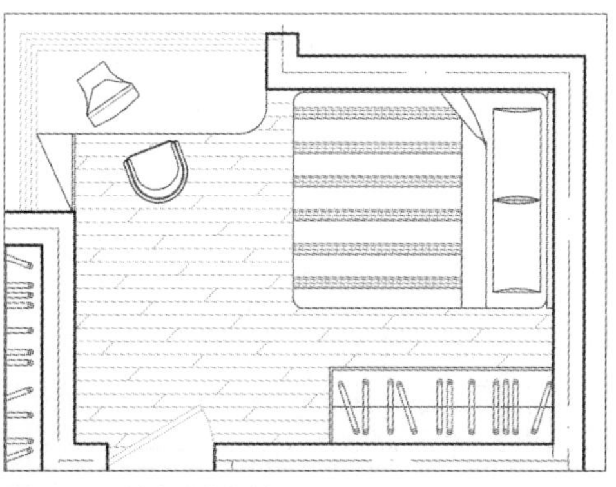

图15-51 填充卧室区域

Step 21 将“文字注释”层设置为当前层，执行“多行文字”命令，输入地面材质内容。至此居室平面布置图已全部绘制完毕，如图15-52所示。

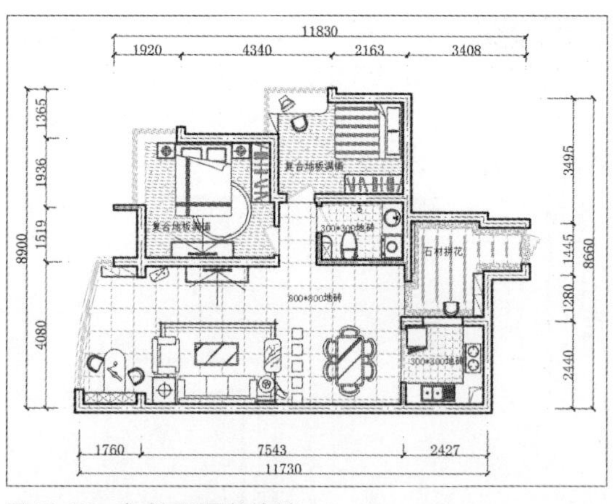

图15-52 完成平面图的绘制

15.1.3 绘制居室顶棚布置图

顶棚图也是施工图纸中的重要图纸之一，它能够反映出住宅顶面造型的效果。顶面图通常是由顶面造型线、灯具图块、顶面标高、吊顶材料注释及灯具列表等几种元素组成。本节介绍顶面设计原理与绘制方法。

Step 01 对居室平面图进行复制，并删除多余家具图块，执行“矩形”命令，对所有门洞进行封闭，设置“吊顶”图层为当前层，如图15-53所示。

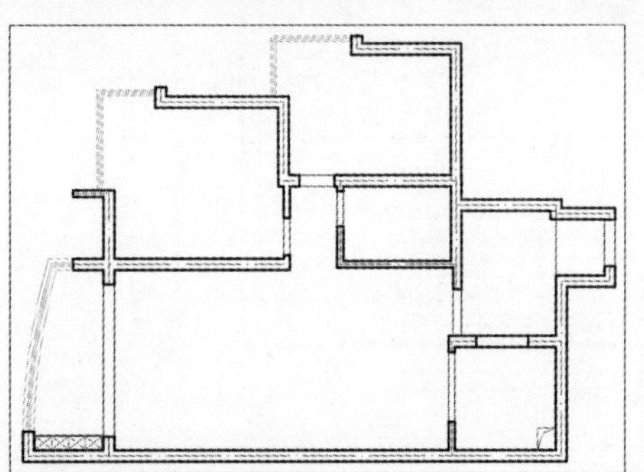

图15-53 复制平面图并删除多余图形

Step 02 执行“偏移”命令，将玄关顶面矩形依次向内偏移300mm和50mm，删除多余的矩形，如图15-54所示。

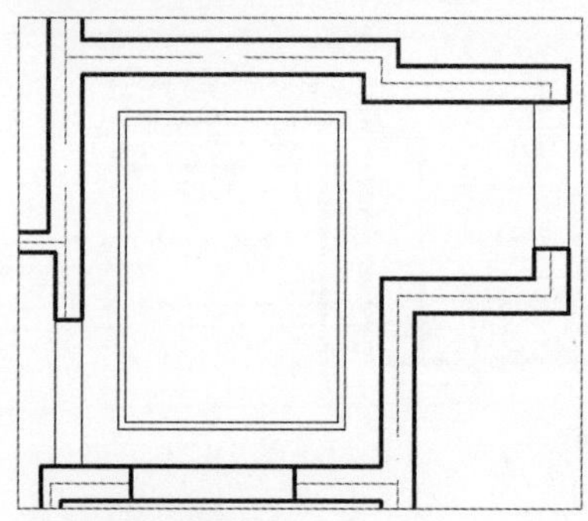

图15-54 偏移图形

Step 03 选择外侧的矩形，将其线型设为虚线，颜色为红色，如图15-55所示。

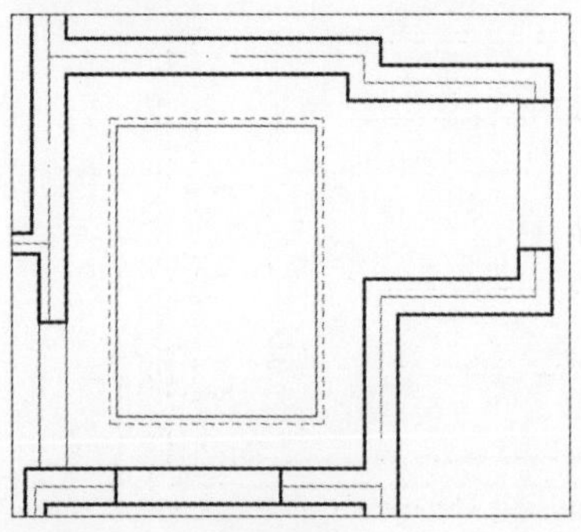

图15-55 修改图形特性

Step 04 执行“直线”和“修剪”命令，绘制客厅及餐厅吊顶轮廓线，如图15-56所示。

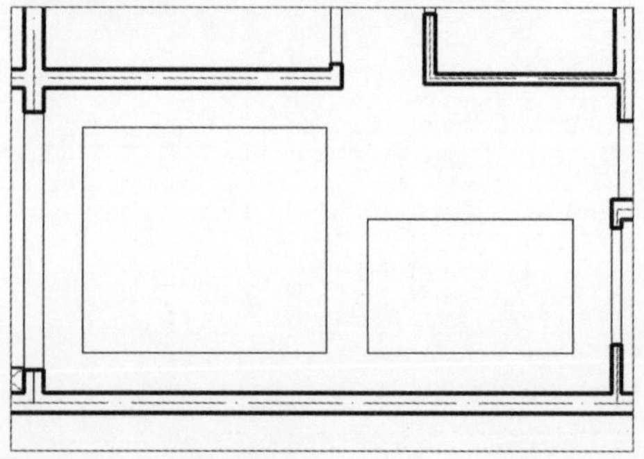

图15-56 绘制吊顶轮廓

Step 05 执行“偏移”命令，将客厅吊顶线再次向内偏移200mm和50mm。执行“修剪”命令，对其进行修剪，并执行“特性匹配”命令，绘制出客厅灯带图形，如图15-57所示。

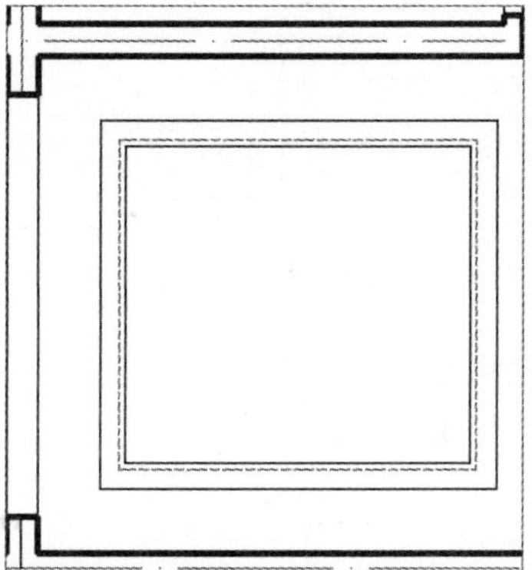

图15-57　特性匹配操作

Step 06 执行“偏移”命令，将餐厅吊顶线向内偏移400mm，如图15-58所示。

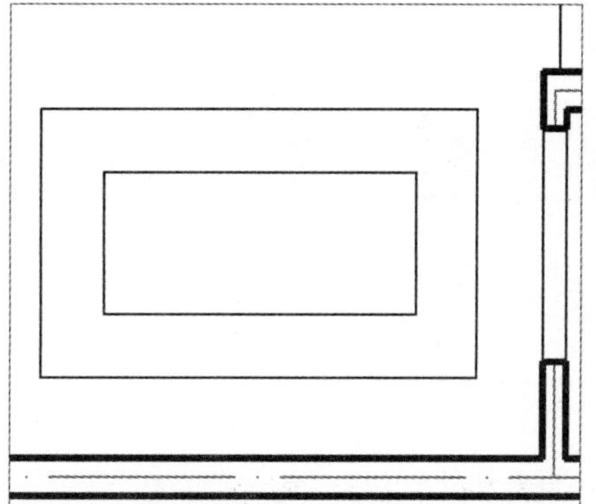

图15-58　偏移图形

Step 07 执行“定数等分”命令，将偏移后的线段等分成3份，并绘制等分线，如图15-59所示。

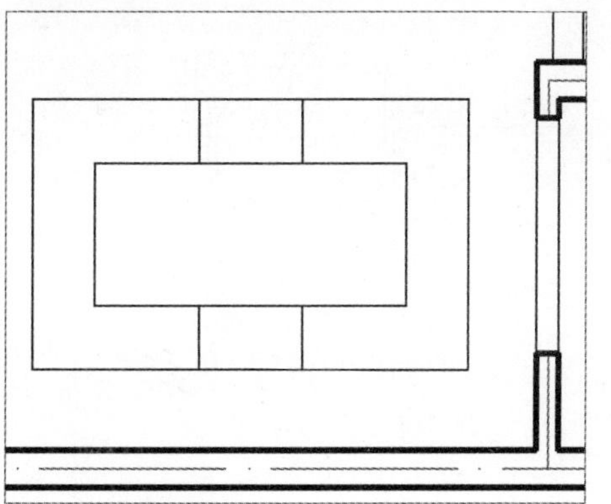

图15-59　定数等分

Step 08 执行“偏移”命令，将等分线向两侧各偏移100mm，如图15-60所示。

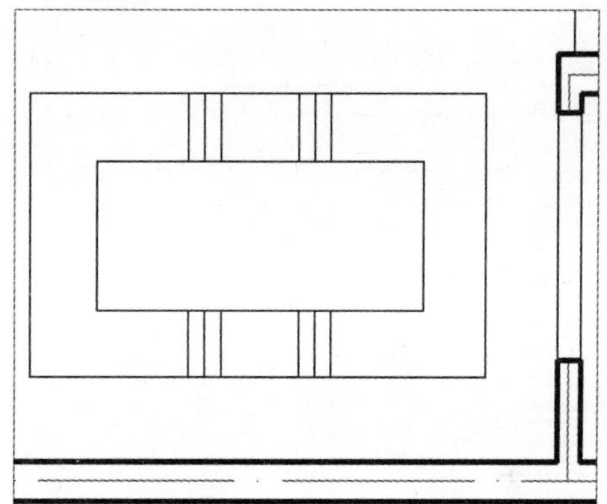

图15-60　偏移图形

Step 09 删除等分线，然后执行“直线”和“偏移”命令，绘制吊顶两侧造型线，如图15-61所示。

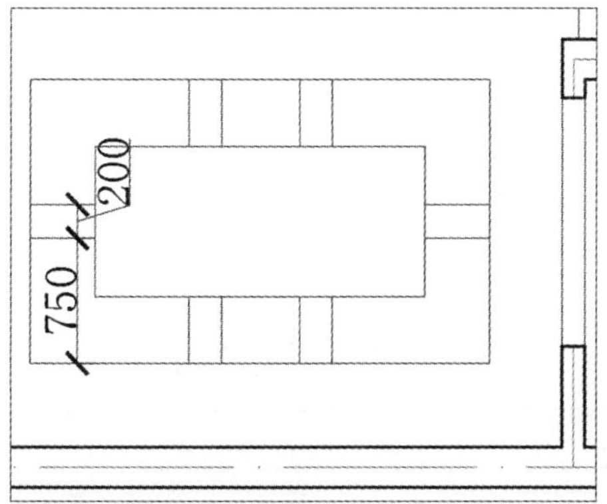

图15-61　绘制直线并偏移

Step 10 执行“偏移”、“特性匹配”命令，将外侧矩形向外偏移50mm，并进行特性匹配，绘制灯带线，如图15-62所示。

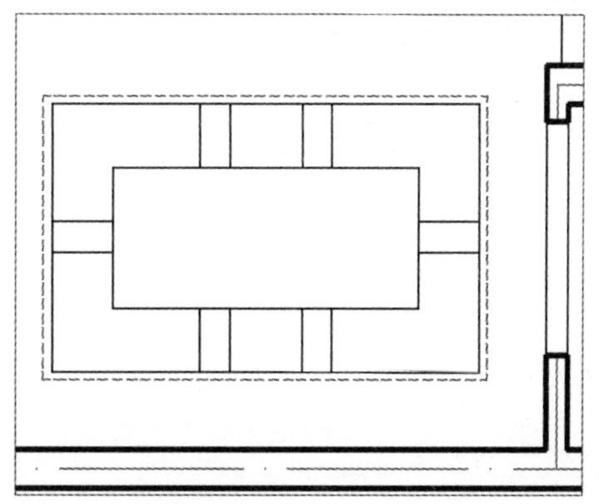

图15-62　绘制灯带

Step 11 执行“偏移”命令，绘制过道吊顶造型线，如图15-63所示。

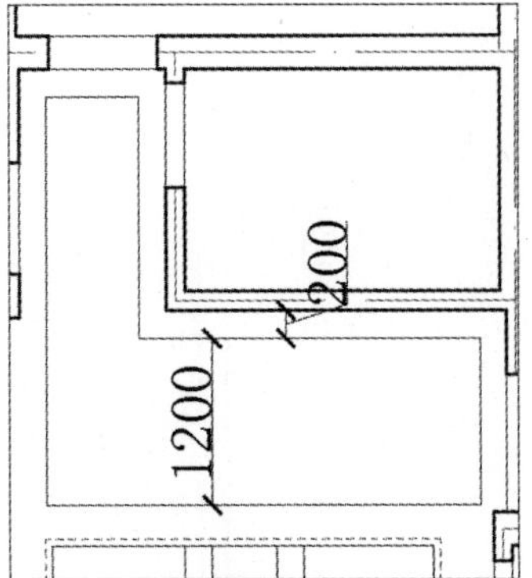

图15-63 偏移图形

Step 12 执行“偏移”、“特性匹配”命令，将矩形向外偏移50mm，绘制灯带，并更改其特性，如图15-64所示。

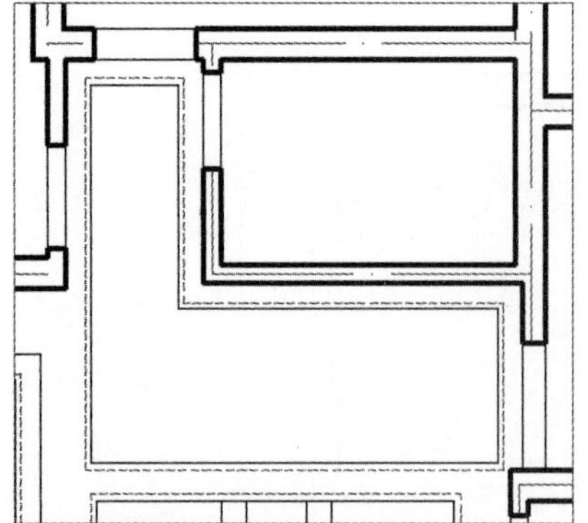
图15-64 偏移并更改特性

Step 13 执行“偏移”命令，将主卧室顶面吊顶线向内偏移50mm、100mm和50mm，执行“修剪”命令，对其进行修剪，并绘制对角线，如图15-65所示。

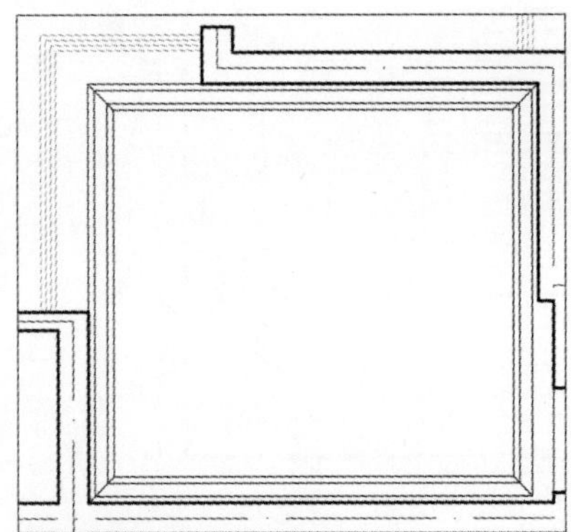
图15-65 绘制卧室吊顶

Step 14 按照同样的方法，绘制次卧室和卫生间吊顶线条线，如图15-66所示。

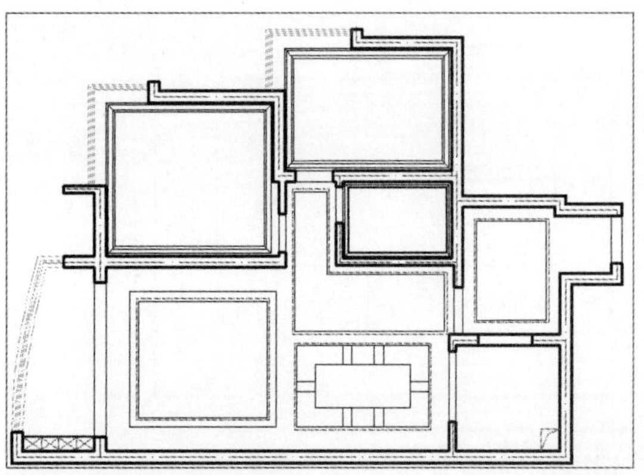
图15-66 绘制次卧室吊顶

Step 15 执行“插入>块”命令，将艺术吊灯图块调入客厅合适位置，如图15-67所示。

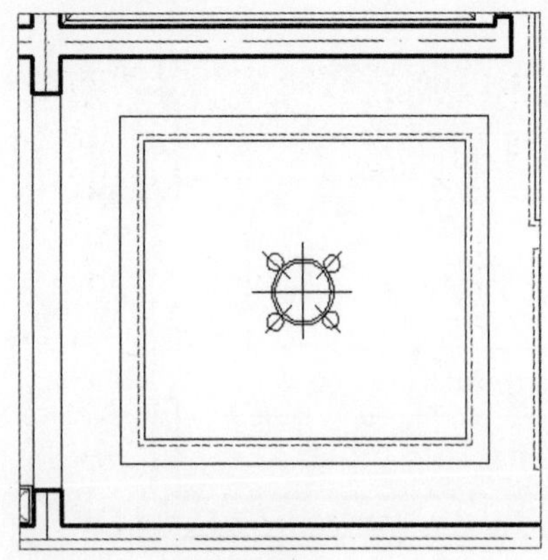
图15-67 插入吊灯图块

Step 16 继续执行当前命令，插入其余图块，如图15-68所示。

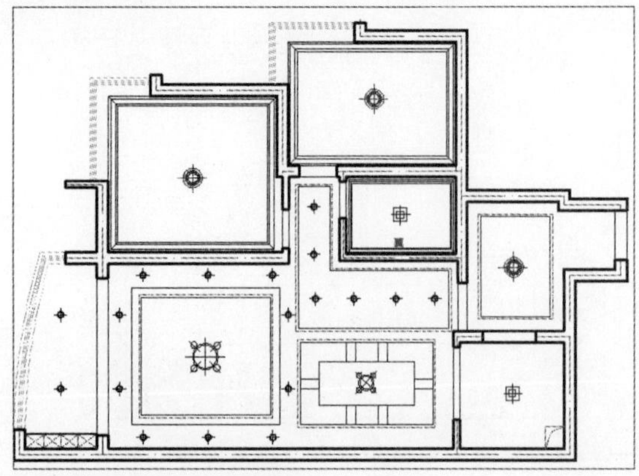
图15-68 插入其他灯具图块

Step 17 设置“图案填充”图层为当前层，执行“图案填充”命令，选择图案为GRASS，设置比例为3，填充玄关、客餐厅吊顶，如图15-69所示。

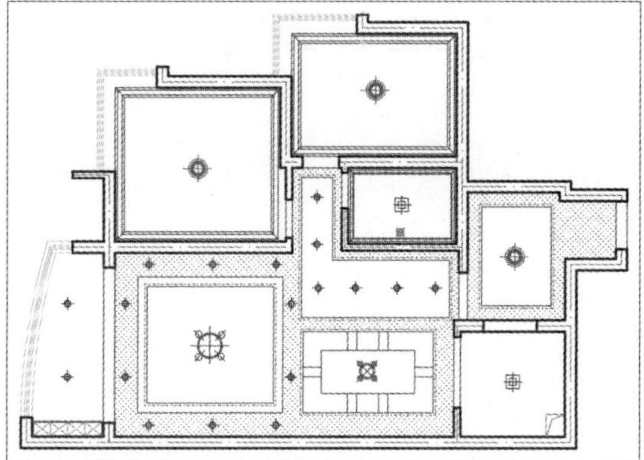

图15-69　填充玄关、客餐厅吊顶

Step 18 继续执行当前命令，选择图案为PLAST1，设置比例为40，填充厨房、卫生间吊顶，如图15-70所示。

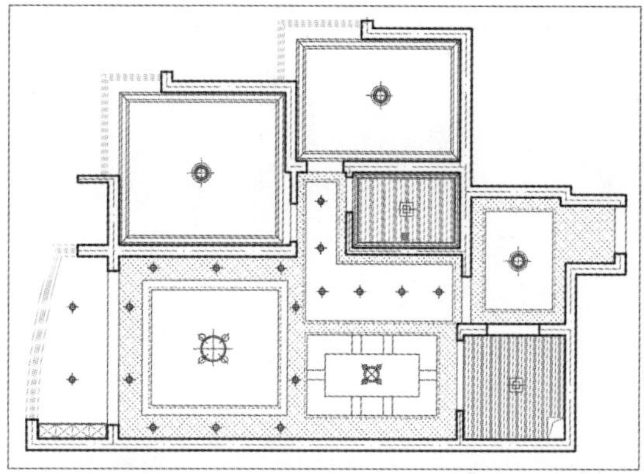

图15-70　填充厨房、卫生间吊顶

Step 19 继续执行当前命令，选择图案为CORK，设置比例为15，填充餐厅吊顶，如图15-71所示。

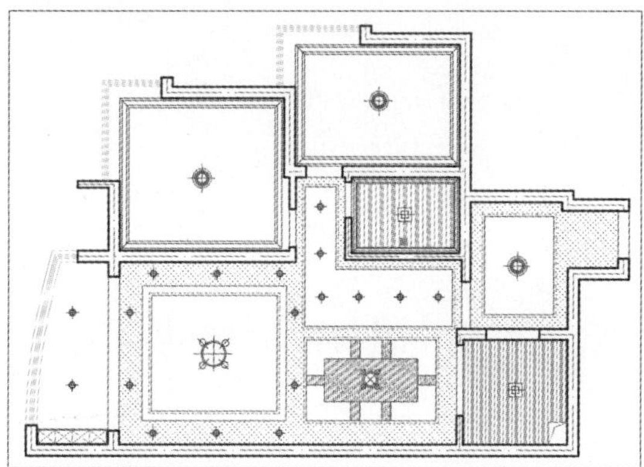

图15-71 填充餐厅吊顶

Step 20 执行“多段线”、“文字”、“图案填充”命令，绘制标高符号，并将其放在客厅合适位置，如图15-72所示。

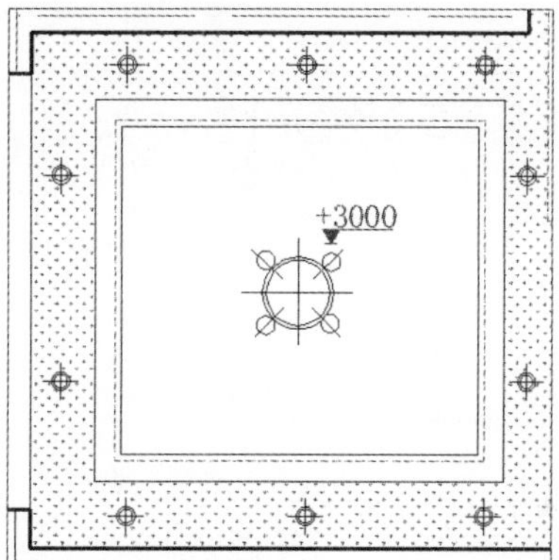

图15-72　绘制标高符号

Step 21 执行“复制”命令，复制标高符号，并修改其标高值，如图15-73所示。

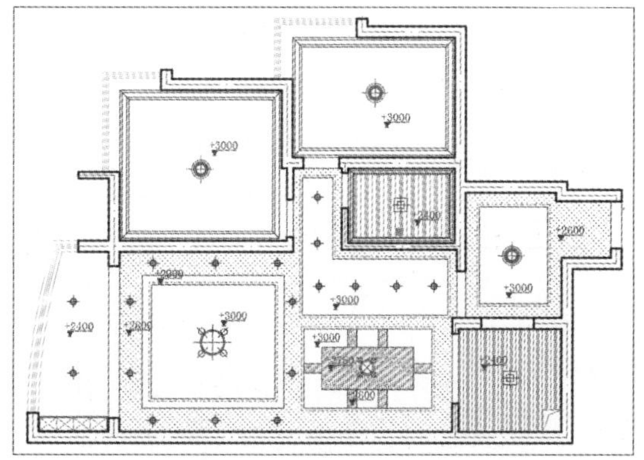

图15-73　复制标高符号

Step 22 执行“多重引线样式”命令，在打开的“多重引线样式管理器”对话框中，单击“修改”按钮，如图15-74所示。

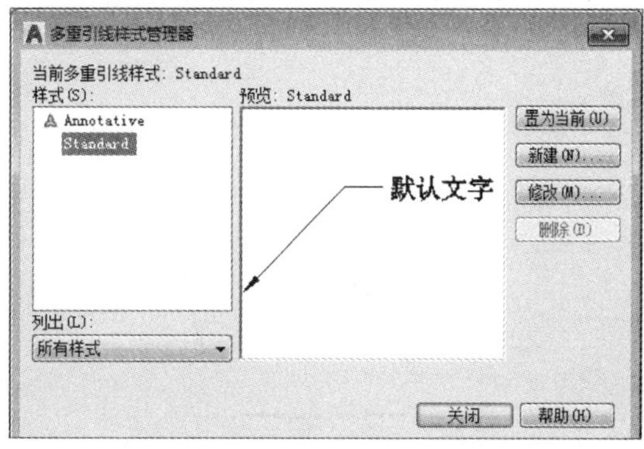

图15-74　单击“修改”按钮

Step 23 打开“修改多重引线样式”对话框，设置箭头样式与大小，如图15-75所示。

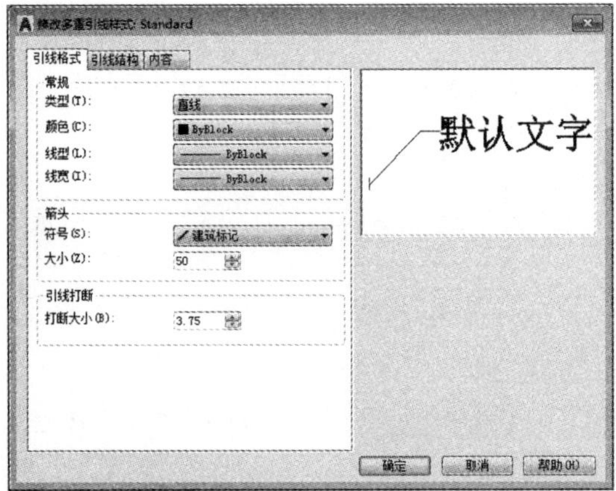

图15-75 设置箭头样式

Step 24 在“内容”选项组中设置“文字高度”，如图15-76所示。

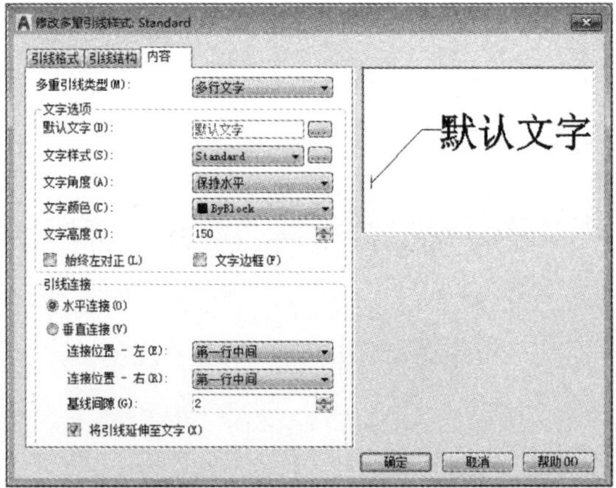

图15-76 设置文字高度

Step 25 依次单击“确定”、“置为当前”按钮，关闭对话框，执行“多重引线”命令，对图形添加引线标注，如图15-77所示。

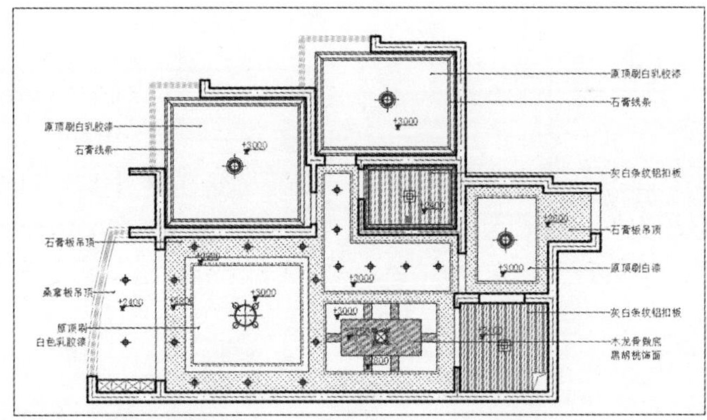

图15-77 添加引线标注

Step 26 执行“线性”、“连续”标注命令，对图形进行尺寸标注，完成居室顶棚布置图的绘制，如图15-78所示。

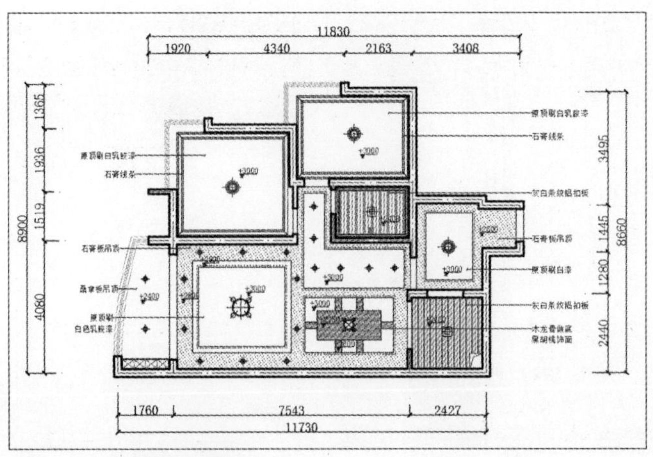

图15-78 完成顶棚图的绘制

15.2 绘制居室立面图

一套完整的室内施工图，不仅要有原始结构图、平面布置图、顶棚布置图等，还要有立面图，不同空间的立面图也是施工图中必不可少的一部分。下面介绍以两居室家装空间为代表的一般室内空间立面图的绘制方法与技巧。

15.2.1 绘制客餐厅立面图

在绘制客餐厅立面图时，要先对绘图环境进行设置，比如图形单位和图形界限等，然后根据平面布置图中客厅的布局结构进行立面图形的绘制。操作步骤介绍如下。

Step 01 从平面图中得知客餐厅的墙体轮廓线尺寸为9303mm×3000mm，执行“矩形”命令，绘制矩形图形，如图15-79所示。

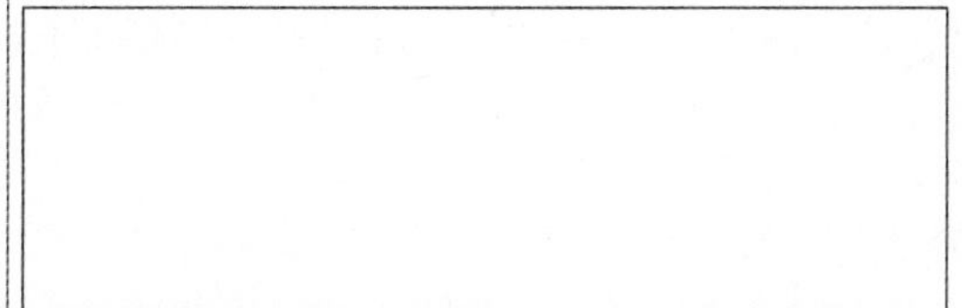

图15-79 绘制矩形

Step 02 分解矩形，执行“偏移”命令，将上边线向内偏移200mm作为吊顶轮廓线，下边线向内偏移80mm作为踢脚线，如图15-80所示。

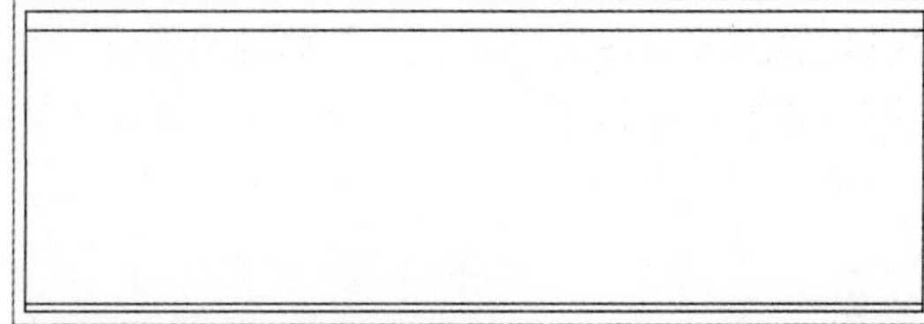

图15-80 分解矩形并偏移边线

Step 03 将左边线向右偏移70mm作为内墙柱轮廓线，将右边线向左偏移120mm、1520mm、240mm作为墙柱轮廓线，如图15-81所示。

图15-81 偏移边线

Step 04 将吊灯线向下偏移1610mm、1700mm作为墙面裙角线。执行“修剪”命令，对多余的直线进行修剪，如图15-82所示。

图15-82 修剪图形

Step 05 执行“矩形”命令，绘制两个尺寸分别为2000×300和50×50的矩形作为屏风的侧立面，如图15-83所示。

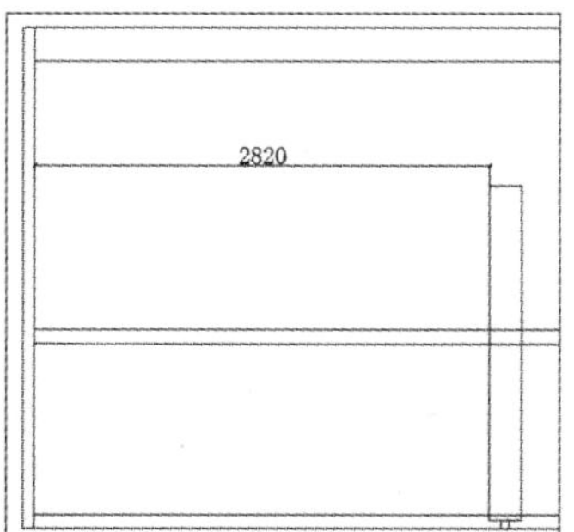

图15-83 绘制矩形

Step 06 执行“修剪”命令，将屏风中多余的部分修剪掉，再执行“圆角”命令，设置圆角尺寸为30mm，对图形进行圆角操作，如图15-84所示。

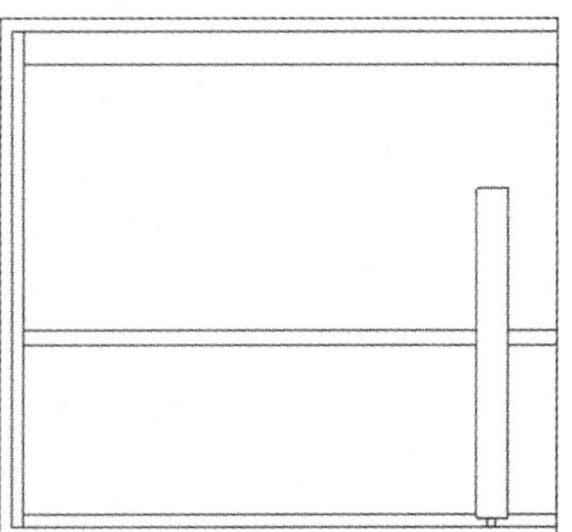

图15-84 修剪图形

Step 07 执行“插入>块”命令，插入组合沙发等图块，如图15-85所示。

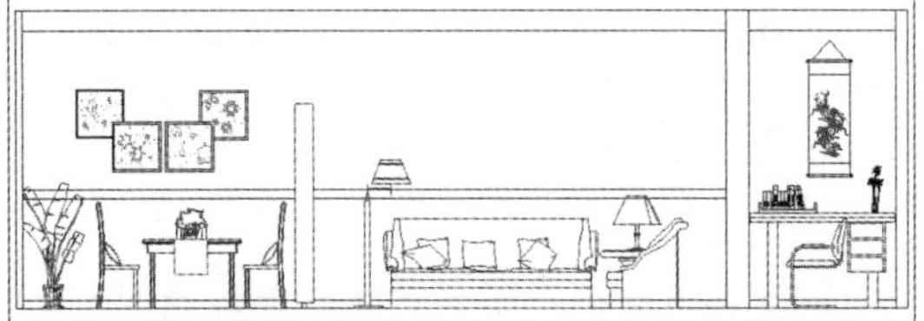

图15-85 插入其他图块

Step 08 执行“修剪”命令，修剪被家具等图形覆盖的区域，如图15-86所示。

图15-86 修剪图形

Step 09 执行“图案填充”命令，选择图案为ANSI31，设置比例为20，对墙体剖切的部分填充图案，如图15-87所示。

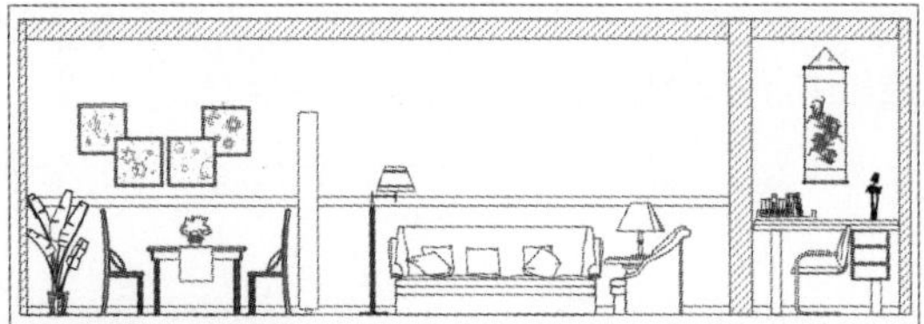

图15-87 填充墙体

Step 10 继续执行当前命令，选择图案为CROSS，设置比例为10，填充墙面区域，如图15-88所示。

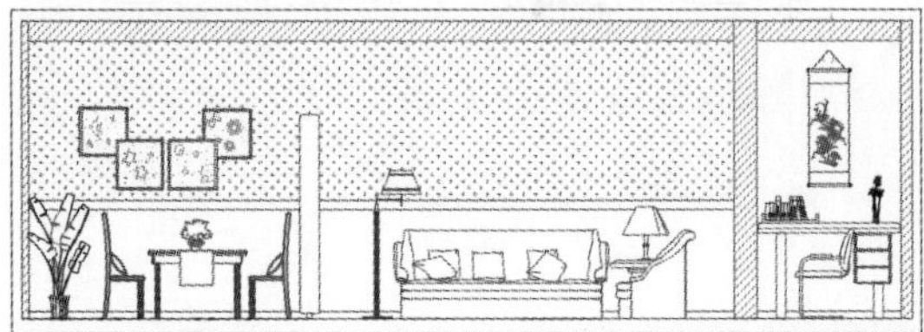

图15-88 填充墙面

Step 11 继续执行当前命令，选择图案为PLAST1，设置比例为20，对裙角线装饰部分和墙面底部进行填充，如图15-89所示。

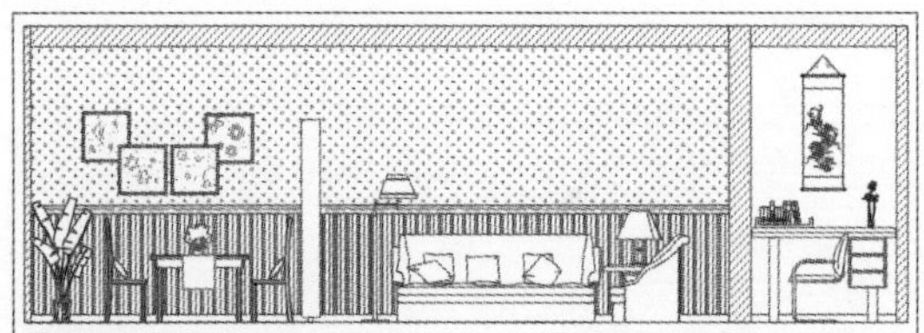

图15-89 填充裙角线

Step 12 继续执行当前命令，选择图案为GOST-GLASS，设置比例为15，填充另一处墙面，再选择图案AR-HBONE填充隔断，完成图案填充操作，如图15-90所示。

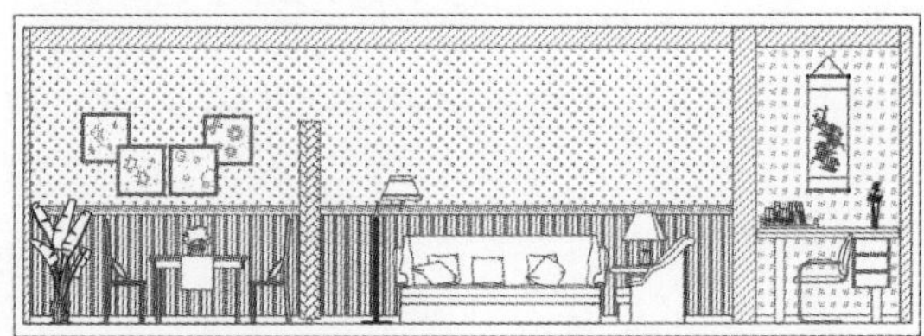

图15-90 填充墙面和隔断

Step 13 执行“多重引线”命令，对立面图进行引线标注，如图15-91所示。

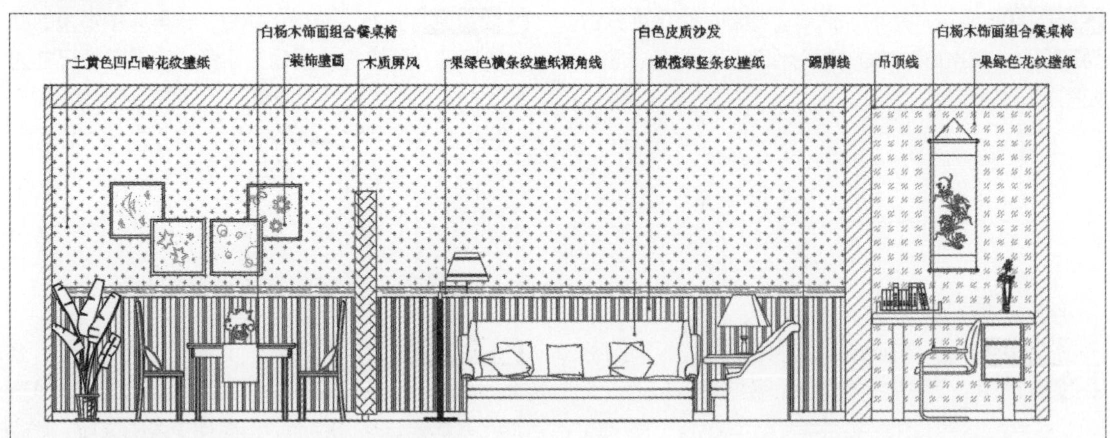

图15-91 标注引线立面图

Step 14 执行“线性”、“连续”标注命令，为图形添加尺寸标注，完成客餐厅立面图的绘制，如图15-92所示。

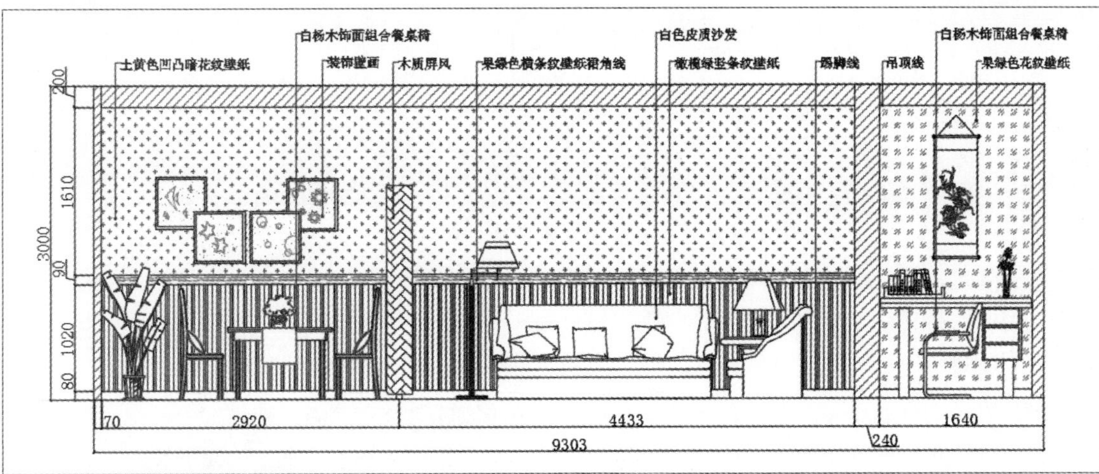

图15-92　完成客餐厅立面图的绘制

15.2.2 绘制卧室立面图

根据居室平面布置图和顶棚图等绘制出主卧室立面图的轮廓线，用矩形命令绘制衣柜，用直线、阵列、样条曲线等命令绘制百褶窗帘，然后插入床、壁画等装饰图块，最后使用图案填充命令进行填充图案，以完成立面图的绘制。具体操作步骤介绍如下。

Step 01 从平面图中得知卧室的墙体轮廓线为4195mm×3000mm，执行“矩形”、“偏移”命令，绘制4195×3000的矩形轮廓并分解，将上边线向内偏移50mm，左边线向内偏移375mm，右边线向内偏移240mm，如图15-93所示。

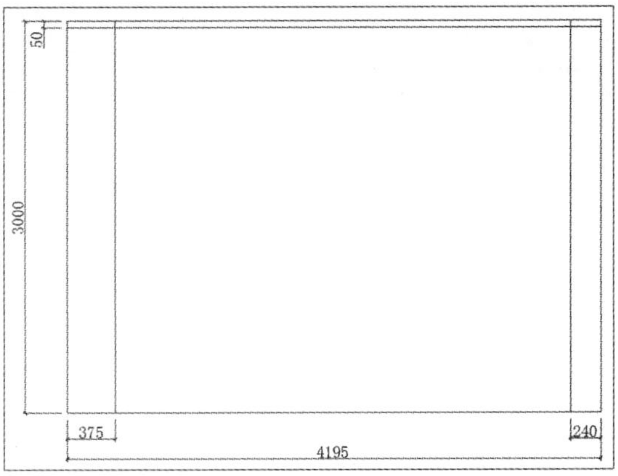

图15-93　绘制图形并偏移

Step 02 继续执行当前命令，偏移线段，如图15-94所示。

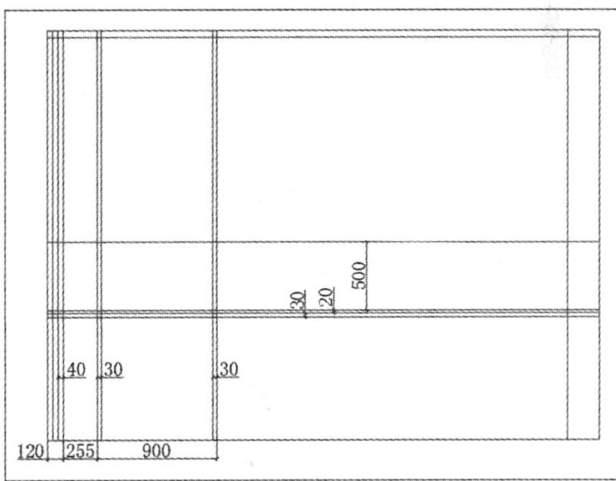

图15-94　偏移图形

Step 03 执行“矩形”和“修剪”命令，将多余的线段剪切掉，并补充完整，如图15-95所示。

Step 04 执行“多段线”、“偏移”、“修剪”命令，绘制长为552mm、宽为2000mm的多段线图形，并向内偏移30mm，修剪掉多余的线段，绘制出衣柜侧立面图，如图15-96所示。

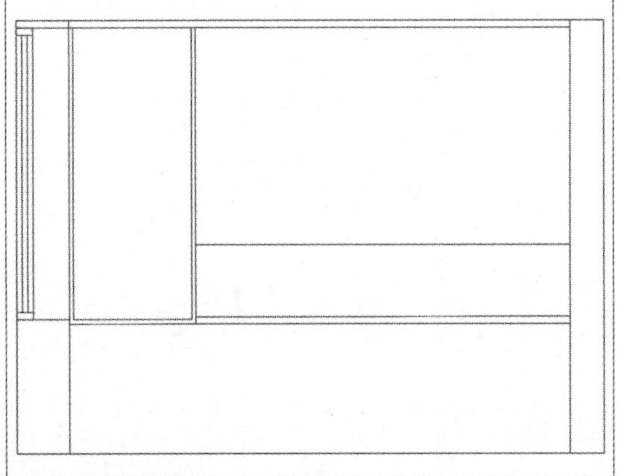
图15-95 修剪图形

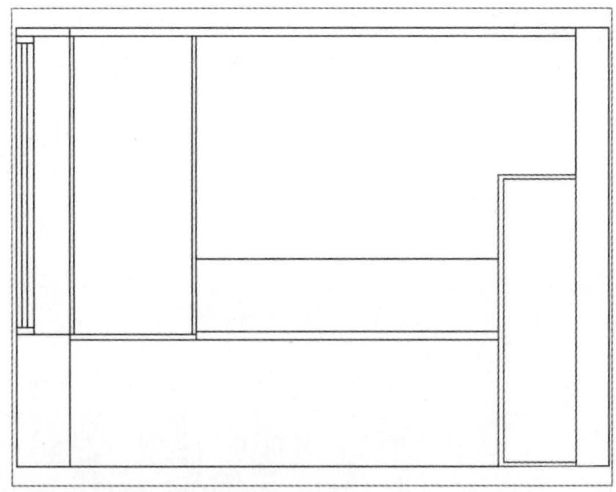
图15-96 绘制矩形并偏移和修剪

Step 05 执行“矩形”和“直线”命令，绘制长为60mm、宽为5mm的矩形图形，绘制壁槽里的射灯，如图15-97所示。

Step 06 执行“插入>块”命令，插入窗帘、双人床立面图等图块，如图15-98所示。

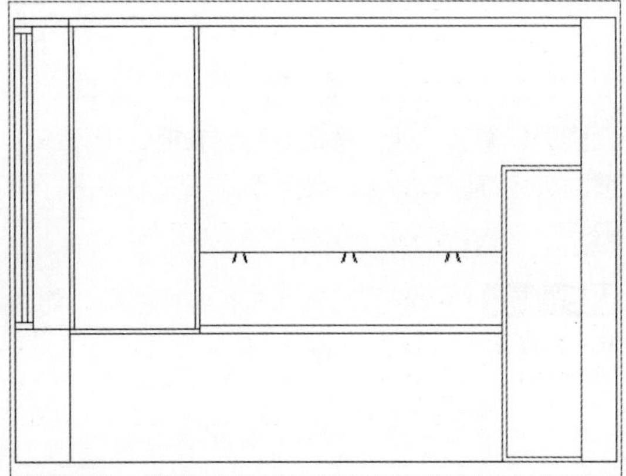
图15-97 绘制射灯图形

图15-98 插入其他图块

Step 07 执行“图案填充”命令，选择图案为ANSI31，设置比例为10，对墙体剖切的部分进行填充，如图15-99所示。

Step 08 继续执行当前命令，选择图案为AR-RROOF，比例为5，填充墙面区域，如图15-100所示。

图15-99 填充墙体

图15-100 填充墙面

Step 09 继续执行当前命令，选择图案为CORK，比例为30，填充衣柜立面区域，如图15-101所示。

图15-101 填充衣柜立面

Step 10 执行“多重引线”命令，对卧室立面图添加引线标注，如图15-102所示。

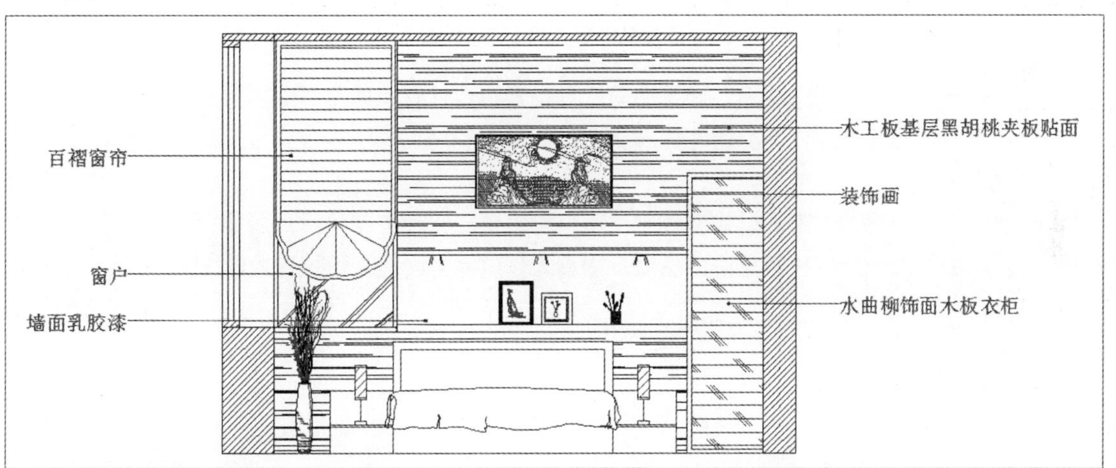

图15-102 创建其他引线标注

Step 11 执行“标注”、“连续”标注命令，对卧室立面图添加尺寸标注，完成卧室立面图的绘制，如图15-103所示。

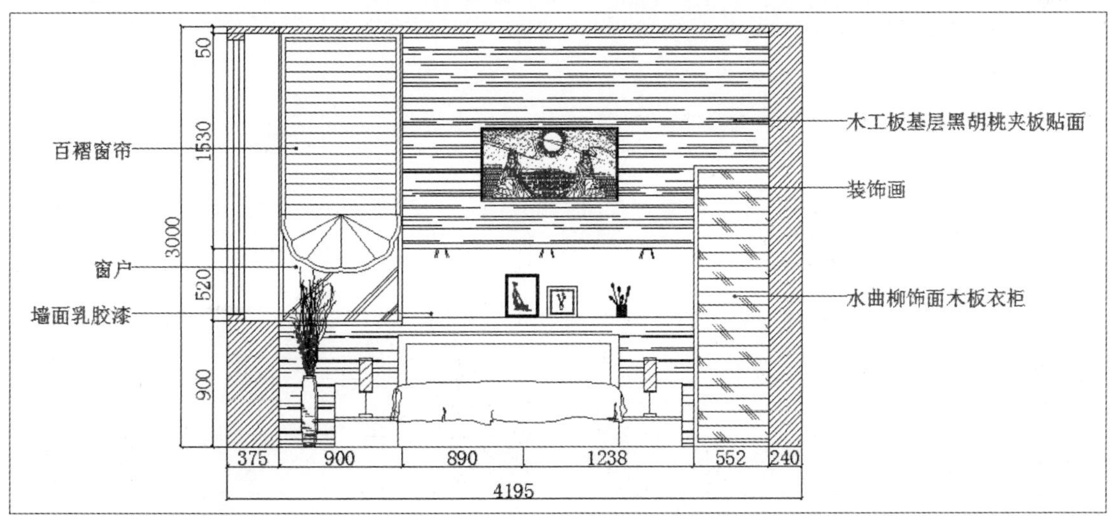

图15-103 完成卧室立面图的绘制

Chapter

16

机械零件图的绘制

在机械零件图的绘制过程中，施工图的绘制是表达设计者设计意图的重要手段之一，是设计者与各相关专业之间交流的标准化语言，是控制施工现场能否充分正确理解消化并实施设计理念的一个重要环节。

专业化、标准化的施工图操作流程规范不但可以帮助设计者深化设计内容，完善构思想法，还能帮助设计者在保持设计品质及提高工作效率方面起到积极有效的作用。

01 学完本章您可以掌握如下知识点

1. 法兰盘平面图、剖面图的绘制 ★
2. 阀门轴测图的制作 ★★

02 本章内容图解链接

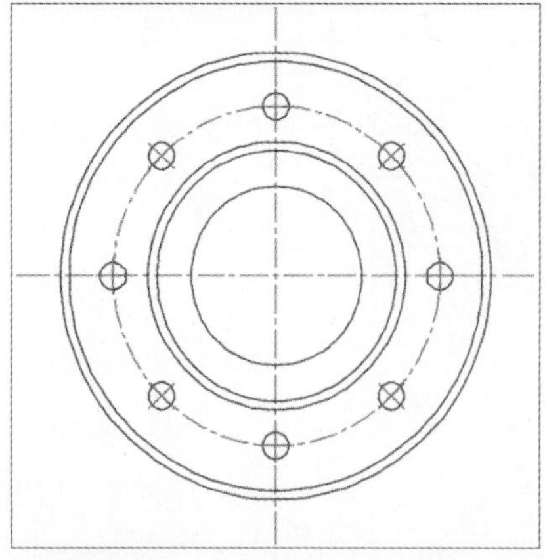

法兰盘平面图

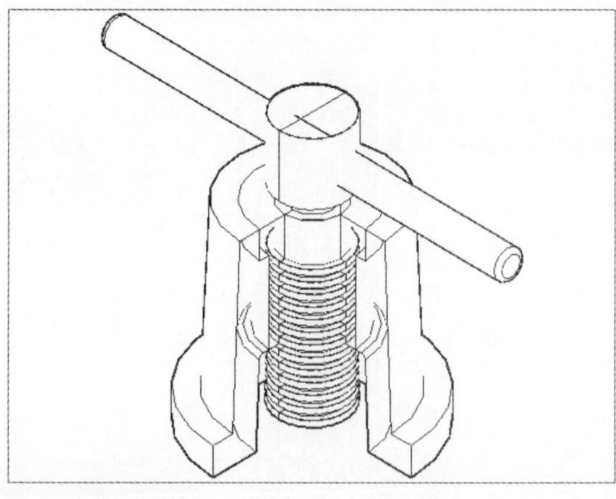

阀门剖切轴测图

16.1 绘制法兰盘零件图

法兰盘简称法兰，只是一个统称，通常是指在一个类似盘状的金属体的周边开几个固定用的孔用于连接其他东西。这类零件在机械上应用很广泛，所以样子也千奇百怪，只要像都可以叫法兰盘。

16.1.1 绘制法兰盘平面图

绘图前应先分析图形，设计好绘图顺序，以便于合理布置图形。在绘图过程中会运用偏移、阵列等命令，下面介绍其绘制步骤。

Step 01 执行“图层”命令，创建“辅助线”等图层并设置图层特性，如图16-1所示。

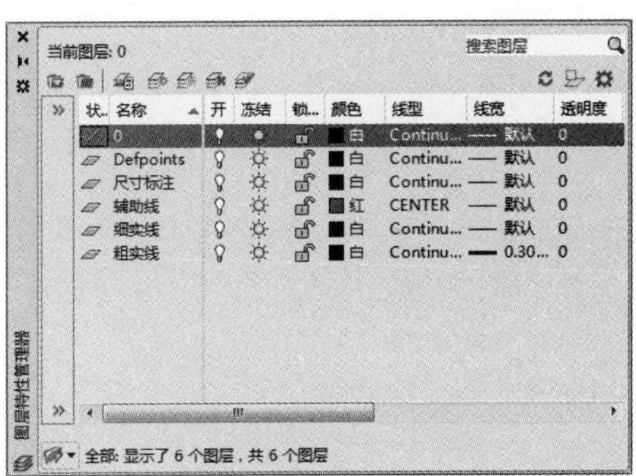

图16-1 创建图层并设置图层特性

Step 02 设置“辅助线”图层为当前图层，执行“直线”命令，绘制两条相互垂直长度为600mm的直线，如图16-2所示。

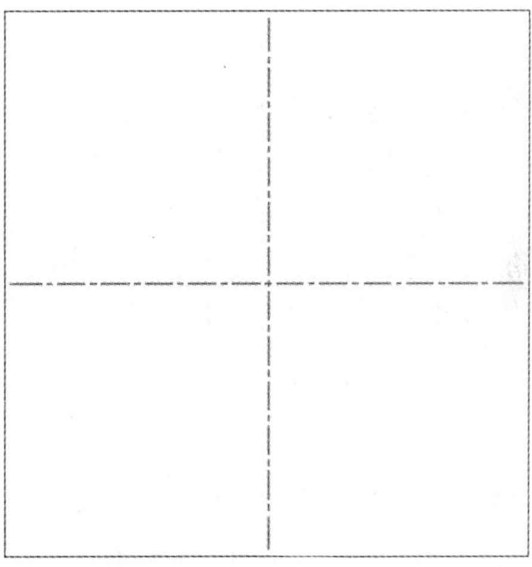

图16-2 绘制直线

Step 03 设置“细实线”图层为当前图层，执行“圆”命令，捕捉交点绘制半径为250mm的圆，如图16-3所示。

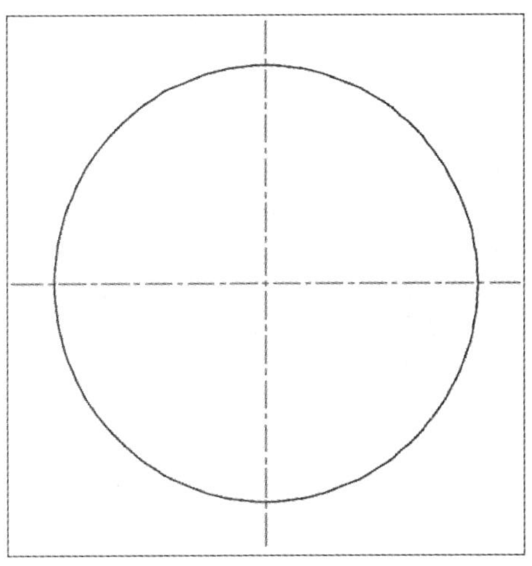

图16-3 绘制圆

Step 04 执行“偏移”命令，将圆向内依次偏移10mm、50mm、40mm、10mm、40mm，如图16-4所示。

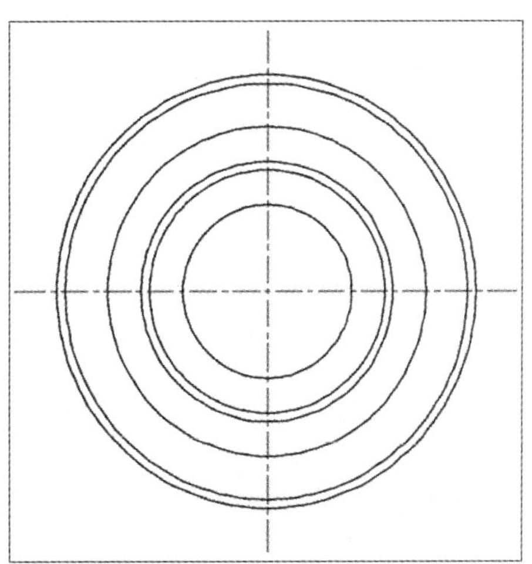

图16-4 偏移图形

Step 05 执行“特性匹配”命令，为其中的一个圆更改特性，如图16-5所示。

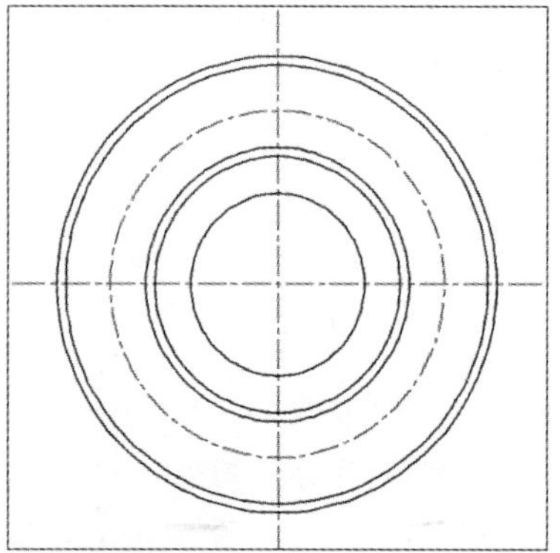

图16-5 特性匹配

Step 06 执行“圆”命令，绘制半径为15mm的圆，再在“辅助线”图层绘制两条相互垂直的长为40mm的直线，如图16-6所示。

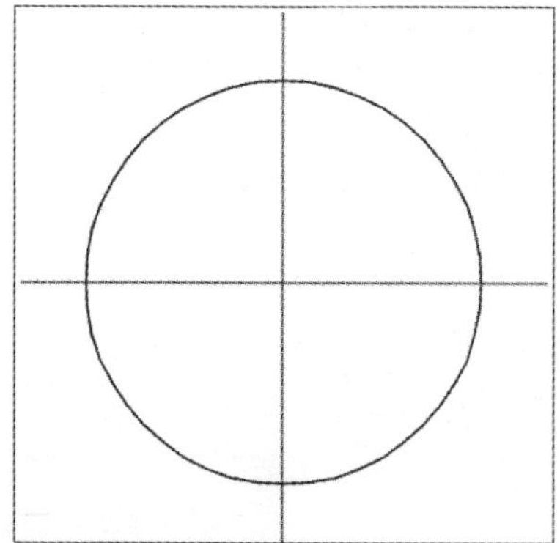

图16-6 绘制圆与直线

Step 07 调整图形位置，如图16-7所示。

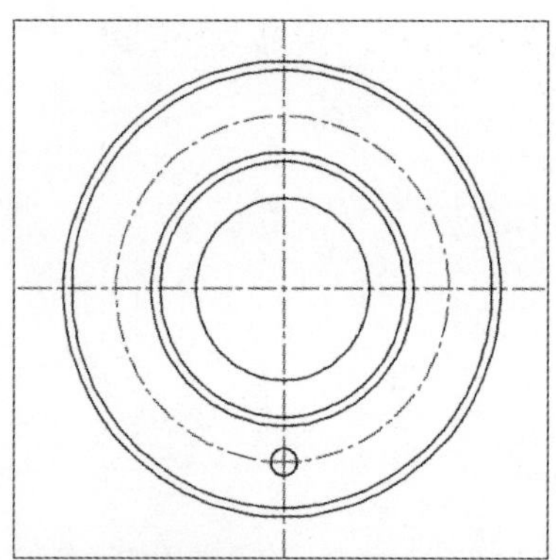

图16-7 调整图形位置

Step 08 执行“阵列”命令，设置阵列数目为8，指定阵列中心为圆心，为图形执行环形阵列操作，如图16-8所示。

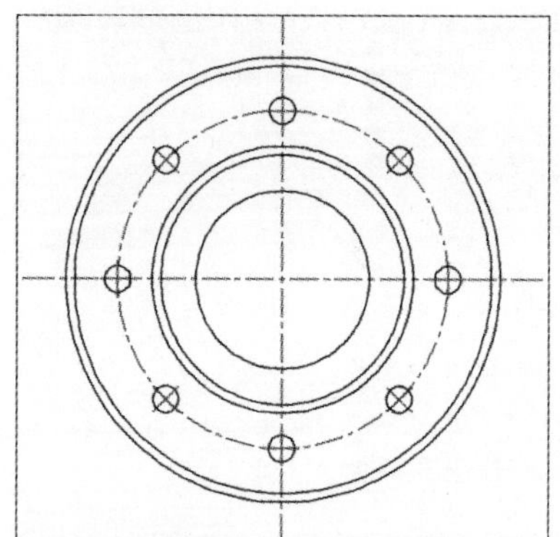

图16-8 环形阵列

Step 09 设置“尺寸标注”图层为当前层，执行“标注样式”命令，打开“标注样式管理器”对话框，如图16-9所示。

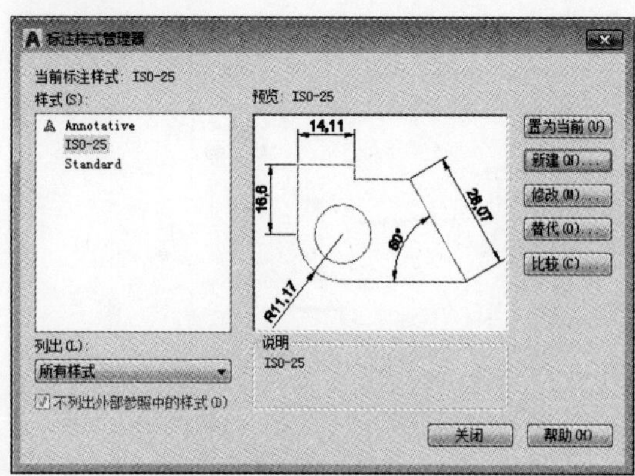

图16-9 “标注样式管理器”对话框

Step 10 单击“新建”按钮，打开“创建新标注样式”对话框，输入新样式名，如图16-10所示。

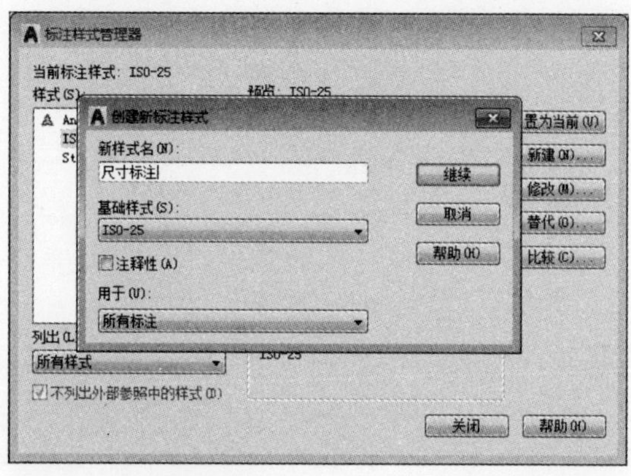

图16-10 输入新样式名

Step 11 单击“继续”按钮，打开“新建标注样式：尺寸标注”对话框，在“线”选项卡中设置“超出尺寸线”为10，如图16-11所示。

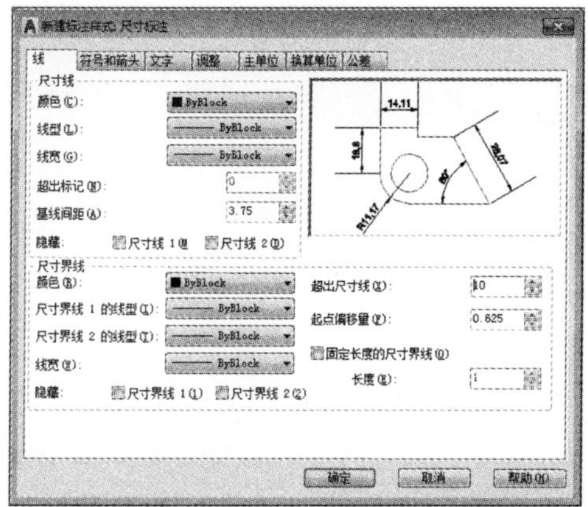

图16-11 设置超出尺寸线

Step 12 在“符号和箭头”选项卡中设置“箭头大小”为10，如图16-12所示。

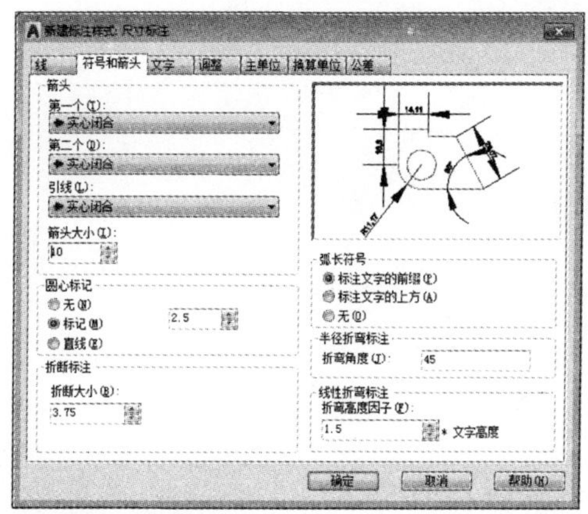

图16-12 设置箭头大小

Step 13 在“文字”选项卡中设置“文字高度”为20，如图16-13所示。

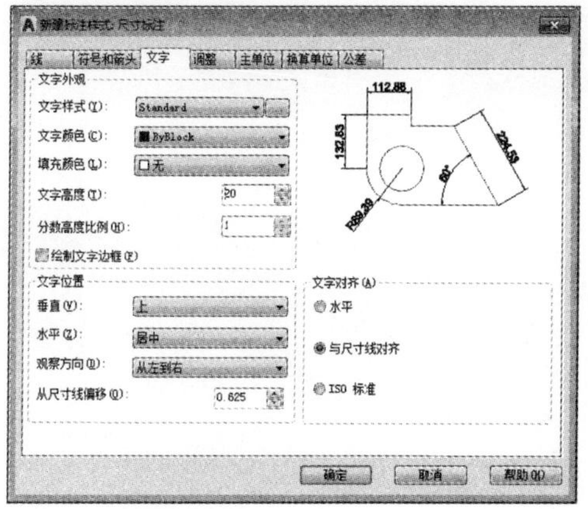

图16-13 设置文字高度

Step 14 在“主单位”选项卡中设置“精度”为0，如图16-14所示。

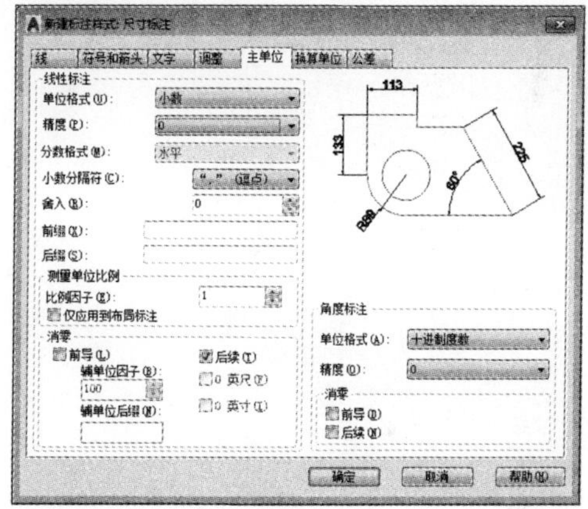

图16-14 设置主单位精度

Step 15 单击“确定”按钮，返回“标注样式管理器”对话框，依次单击“置为当前”、“关闭”按钮，关闭对话框，如图16-15所示。

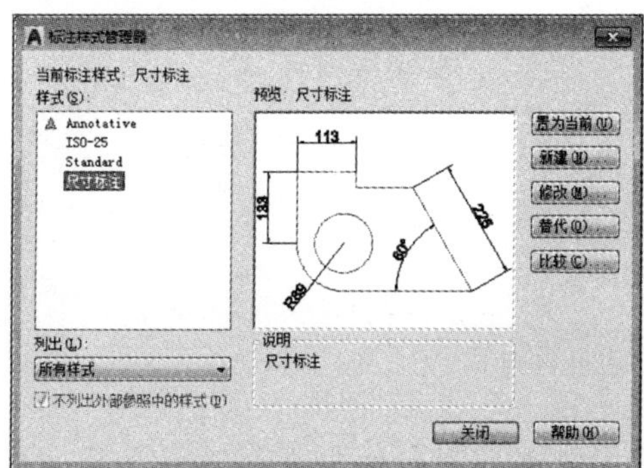

图16-15 置为当前

Step 16 执行“直径”标注命令，对图形进行尺寸标注，如图16-16所示。

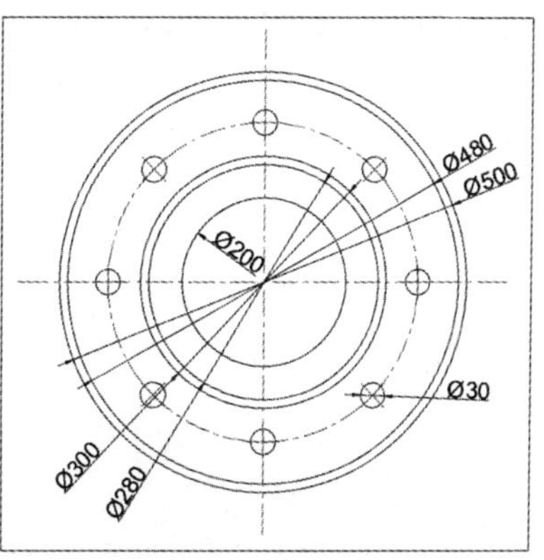

图16-16 对圆进行尺寸标注

Step 17 设置“粗实线”图层为当前层，将轮廓线放置在粗实线图层，如图16-17所示。

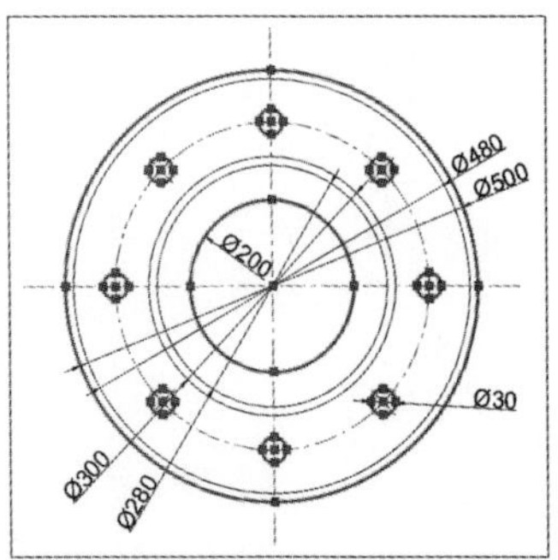

图16-17 设置图层

Step 18 在状态栏中单击“显示线宽”按钮，显示线宽，即可完成法兰盘平面图的绘制，如图16-18所示。

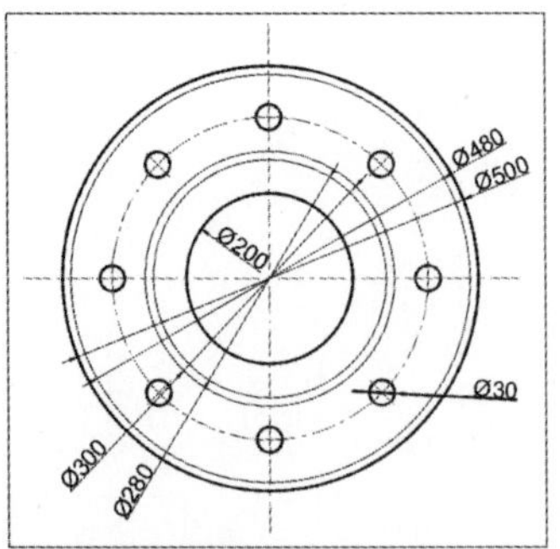

图16-18 完成绘制

16.1.2 绘制法兰盘剖面图

机械施工图的平面图、立面图以及剖面图的尺寸是相互对应的，这里我们可以根据法兰盘平面图来绘制其剖面图，下面介绍绘制步骤。

Step 01 设置“细实线”图层为当前层，复制法兰盘平面图，如图16-19所示。

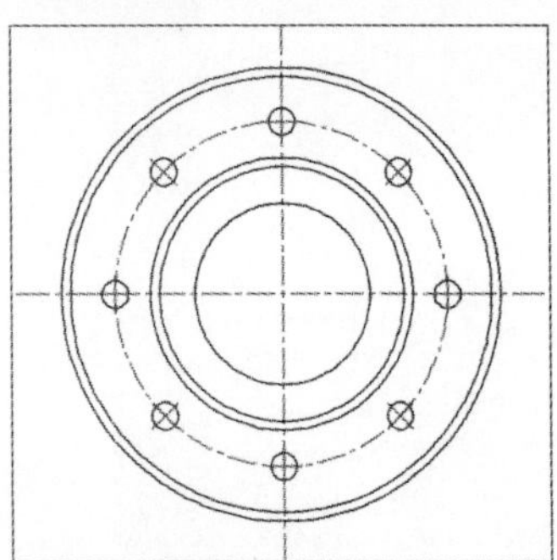

图16-19 复制图形

Step 02 执行“射线”命令，捕捉绘制辅助线，如图16-20所示。

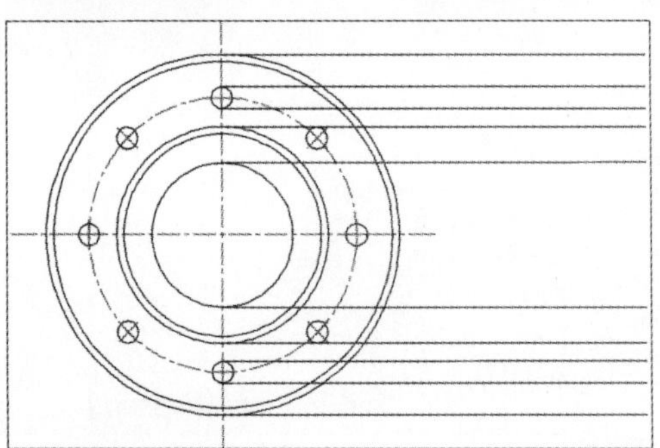

图16-20 绘制辅助线

Step 03 执行“直线”命令，绘制直线封闭辅助线，再执行“偏移”命令，将直线向左依次偏移50mm、35mm、40mm，如图16-21所示。

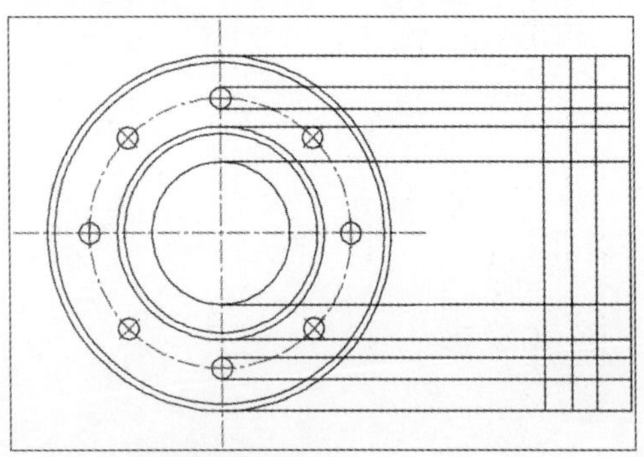

图16-21 绘制辅助线并偏移

Step 04 执行“修剪”命令，修剪多余的线段，如图16-22所示。

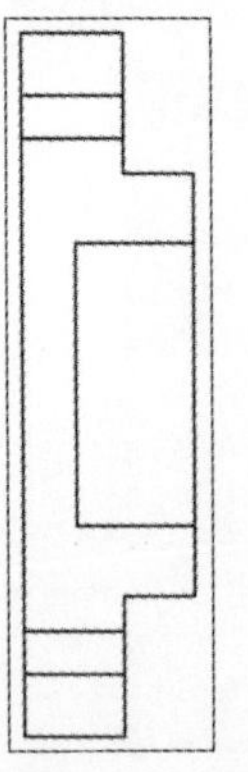

图16-22 修剪图形

Step 05 执行“倒角”命令，设置倒角距离为10mm，对图形进行倒角操作，如图16-23所示。

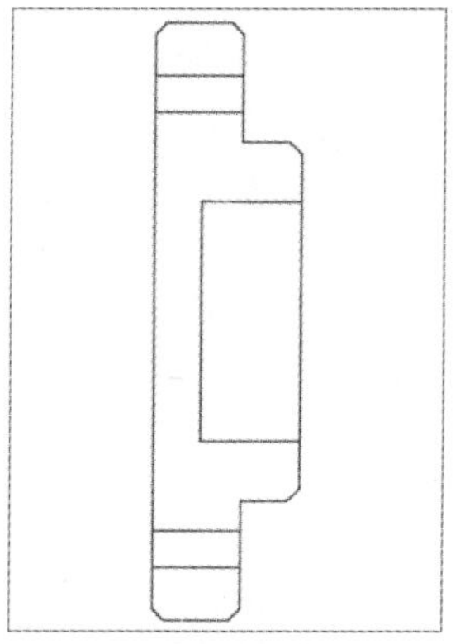

图16-23 倒角操作

Step 06 执行“圆角”命令，设置圆角尺寸为15mm，对图形进行圆角操作，如图16-24所示。

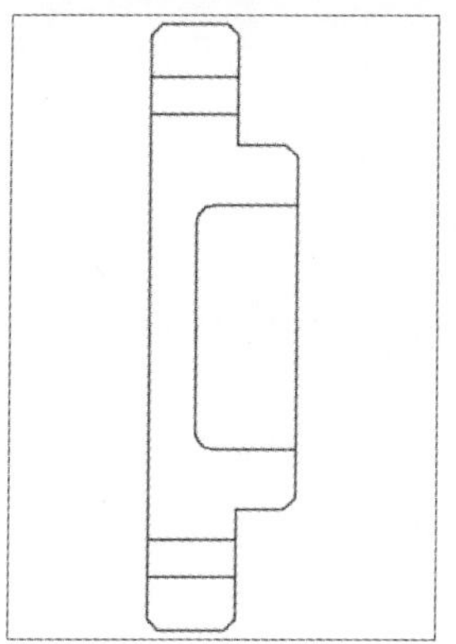

图16-24 圆角操作

Step 07 将“辅助线”图层设为当前层，执行“直线”命令，绘制一条长为250mm的直线和两条长为120mm的直线作为辅助线，如图16-25所示。

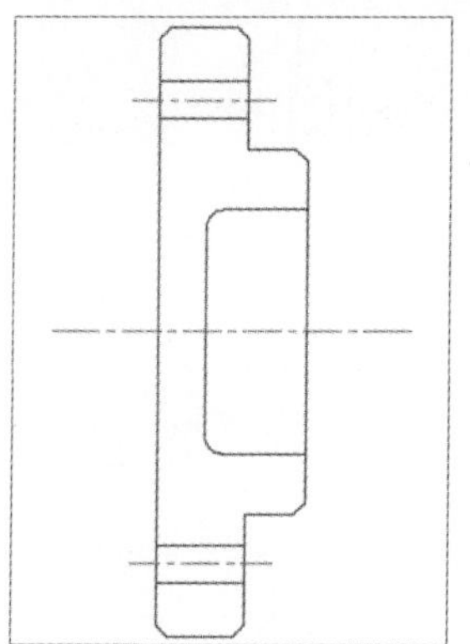

图16-25 绘制辅助线

Step 08 执行“图案填充”命令，设置图案为ANSI31，比例为3，选择实体区域进行填充，设置颜色为灰色，如图16-26所示。

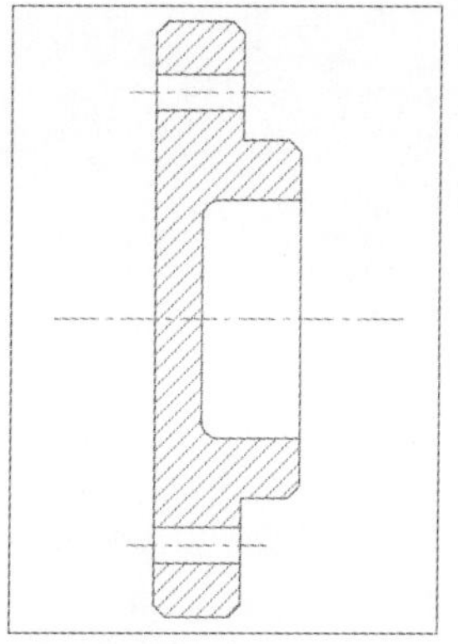

图16-26 填充图案

Step 09 执行“线性”、“直径”等标注命令，对图形进行尺寸标注，完成法兰盘剖面图的绘制，如图16-27所示。

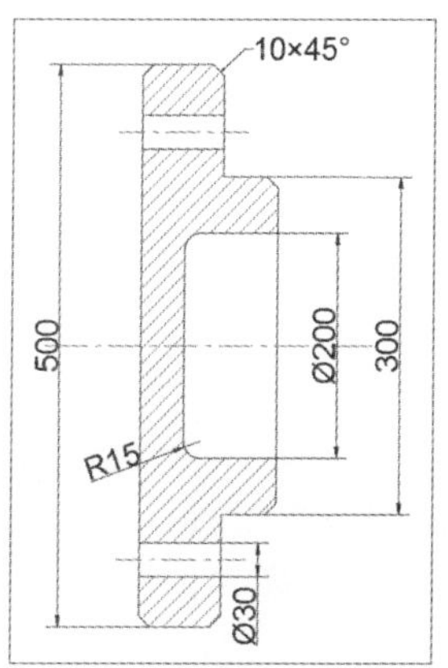

图16-27 尺寸标注

Step 10 将轮廓线放置在“粗实线”图层，在状态栏中单击“显示线宽”按钮，显示线宽，完成法兰盘剖面图的绘制，如图16-28所示。

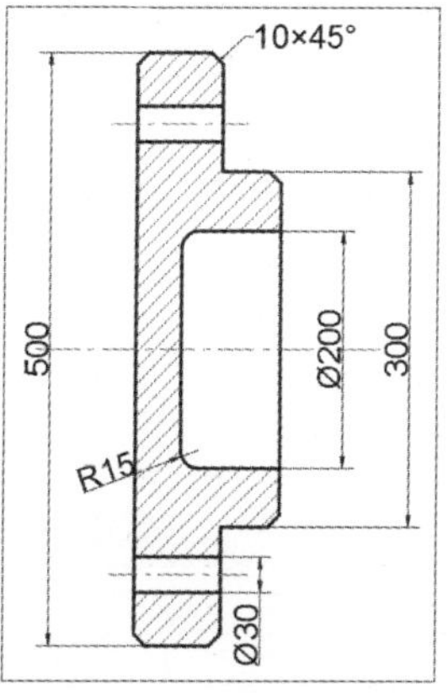

图16-28 完成剖面图绘制

16.2 绘制阀门零件图

阀门是流体输送系统中的控制部件，具有截止、调节、导流、防止逆流、稳压、分流或溢流泄压等功能。从最简单的截止阀到极为复杂的自控系统中所用的各种阀门，可用于控制空气、水、蒸汽、各种腐蚀性介质、泥浆、油品、液态金属和放射性介质等各种类型流体的流动。

16.2.1 绘制阀门俯视图及立面图

下面介绍阀门平面图的绘制过程。

Step 01 执行“图层”命令，新建“细实线”、“辅助线”等图层，并设置其图层特性，如图16-29所示。

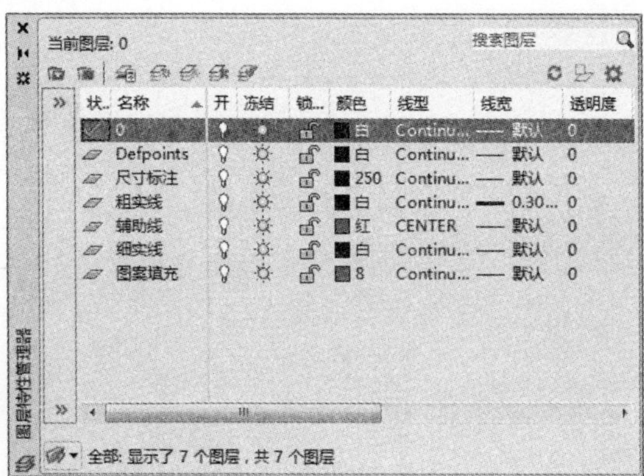

图16-29 新建图层

Step 03 执行“矩形”命令，绘制300mm×22mm的矩形，将其与同心圆居中对齐，如图16-31所示。

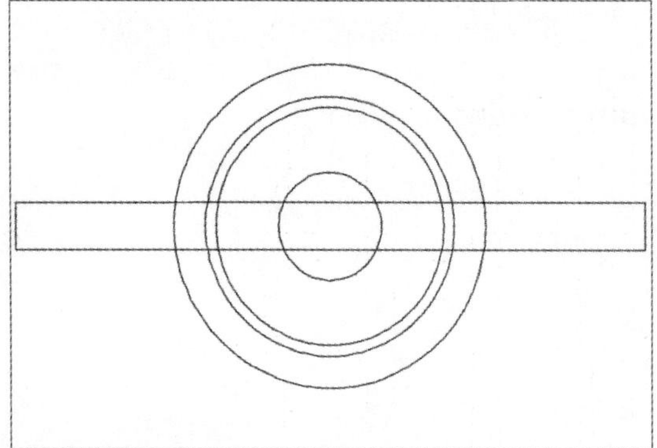

图16-31 绘制矩形

Step 05 执行“半径”、“线性”等标注命令，对图形进行标注，如图16-33所示。

Step 02 设置“细实线”图层为当前层，执行“圆”命令，绘制同心圆，半径分别为75mm、60mm、55mm、25mm，如图16-30所示。

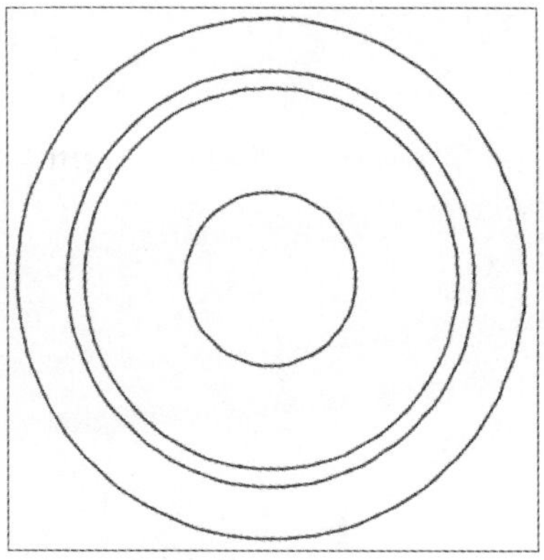

图16-30 绘制同心圆

Step 04 执行“修剪”命令，修剪掉多余的线段，如图16-32所示。

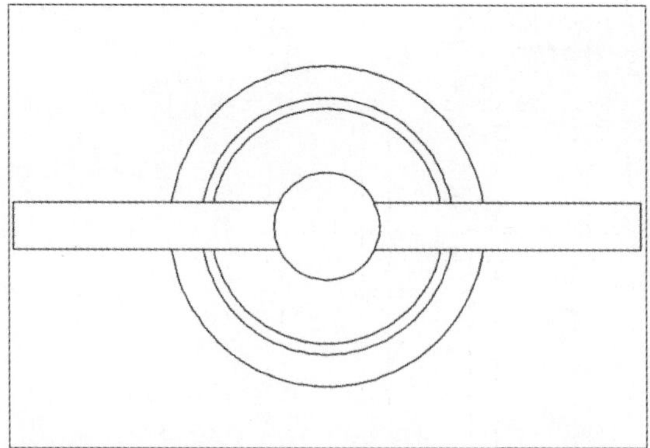

图16-32 修剪图形

Step 06 将轮廓线放在“粗实线”图层，在状态栏中单击“显示线宽”按钮，显示线宽，完成阀门平面图的绘制，如图16-34所示。

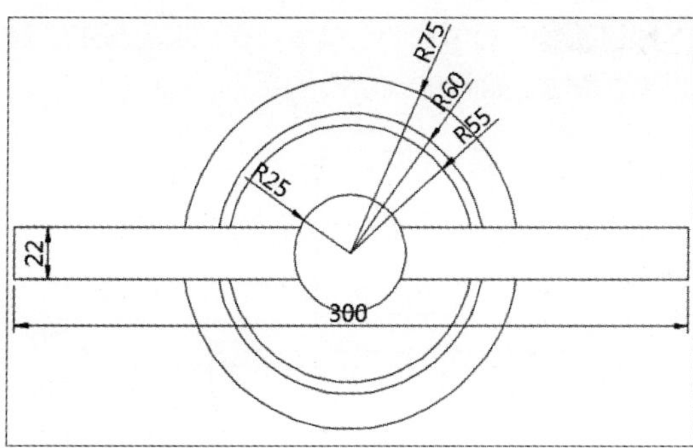

图16-33 尺寸标注

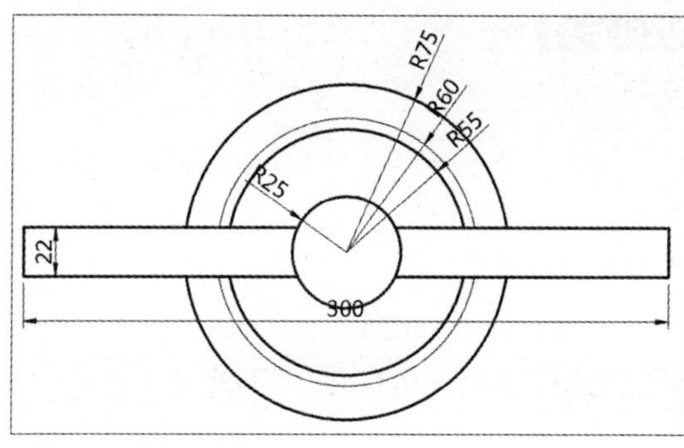

图16-34 阀门平面图

Step 07 下面绘制阀门立面图，设置“细实线”图层为当前层，执行“直线”命令，绘制150mm×195mm的矩形，如图16-35所示。

图16-35 绘制矩形

Step 08 执行“偏移”命令，将上方线条向下依次偏移45mm、10mm、120mm，效果如图16-36所示。

图16-36 偏移图形

Step 09 继续执行当前命令，将两侧直线各自向内依次偏移15mm、5mm、30mm、10mm，如图16-37所示。

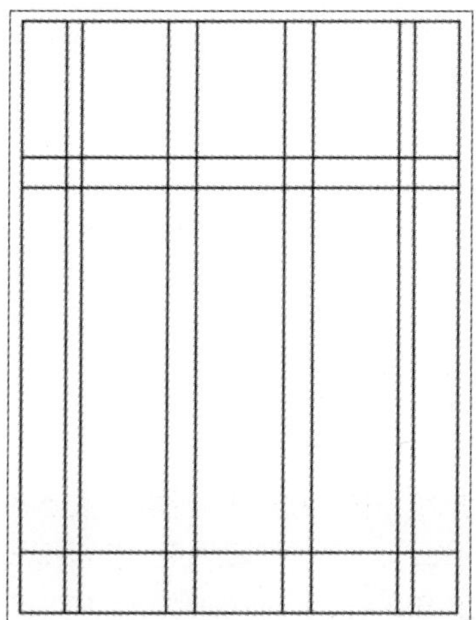
图16-37 偏移图形

Step 10 执行“直线”命令，捕捉交点绘制两条斜线，如图16-38所示。

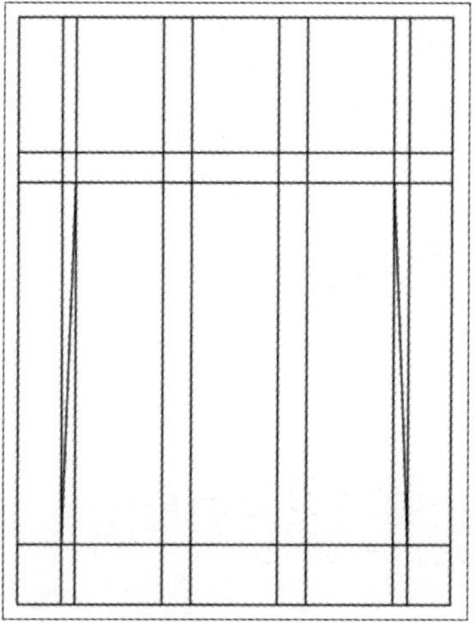
图16-38 绘制直线

Step 11 执行“修剪”命令，修剪掉多余的线段，如图16-39所示。

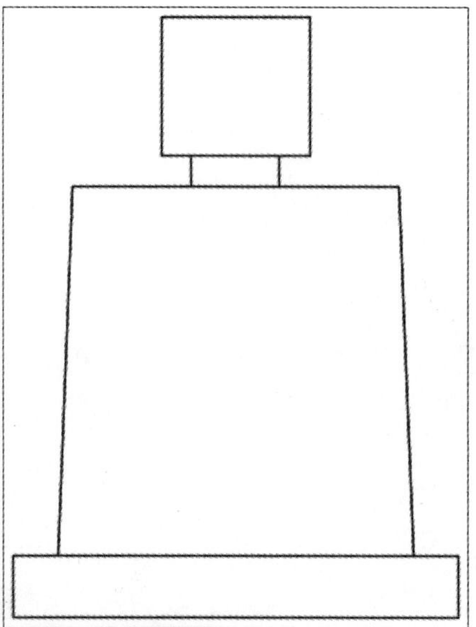

图16-39 修剪图形

Step 12 执行“直线”命令，在顶部矩形中绘制一条对角线，如图16-40所示。

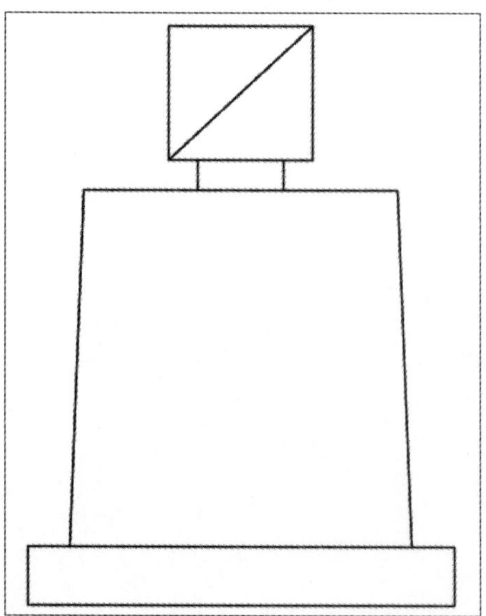

图16-40 绘制对角线

Step 13 执行“圆”命令，捕捉对角线中点绘制半径为11mm的圆，然后删除对角线，如图16-41所示。

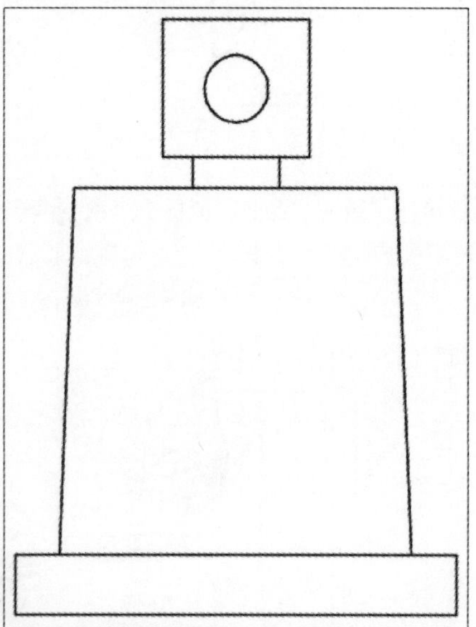

图16-41 绘制圆

Step 14 执行“线性”、“半径”标注命令，对图形进行尺寸标注，将轮廓线放在“粗实线”图层，并显示线宽，即可完成阀门正立面图的绘制，如图16-42所示。

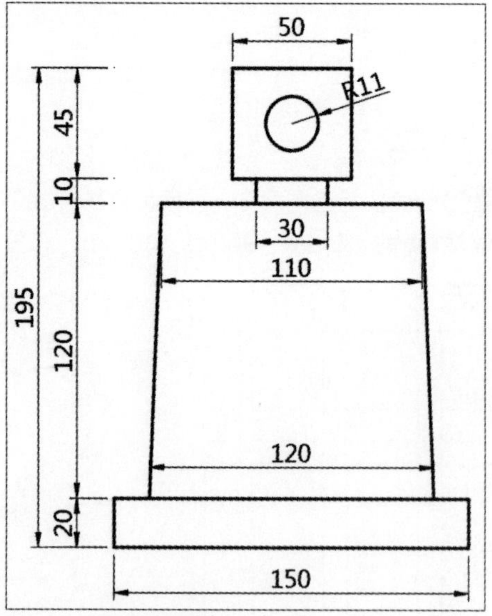

图16-42 阀门立面图

16.2.2 绘制阀门配件剖面图

阀门配件包括手轮、阀体、阀杆螺母、阀芯等，其造型和尺寸是严密契合的，在绘制过程中一定不能出现尺寸错误的情况。下面分别介绍其绘制步骤。

Step 01 首先绘制阀体剖面图，复制阀门立面图，删除尺寸标注及部分线条，如图16-43所示。

图16-43 复制图形

Step 02 执行"直线"命令，绘制一条160mm的直线作为中线，如图16-44所示。

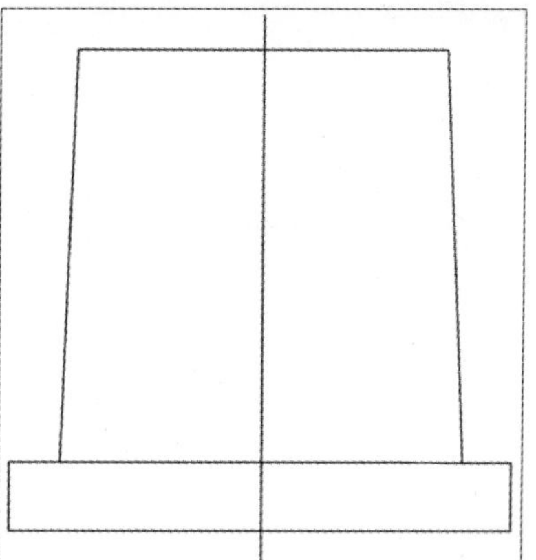

图16-44 绘制中线

Step 03 执行"偏移"命令，将中线向两侧依次偏移33mm、7mm、3mm，如图16-45所示。

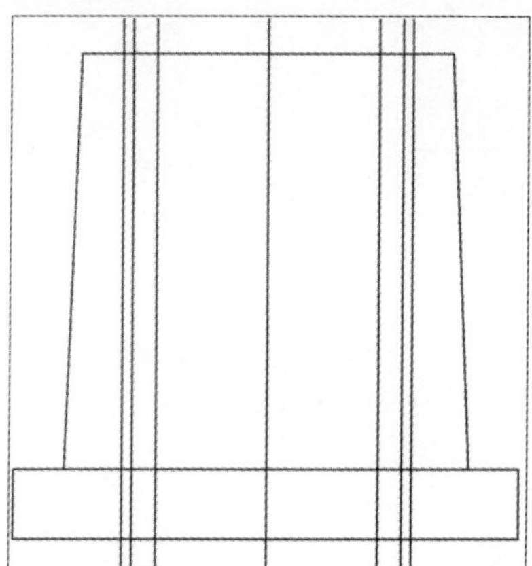

图16-45 偏移线段

Step 04 继续执行当前命令，将上方线段依次向下偏移20mm、60mm，如图16-46所示。

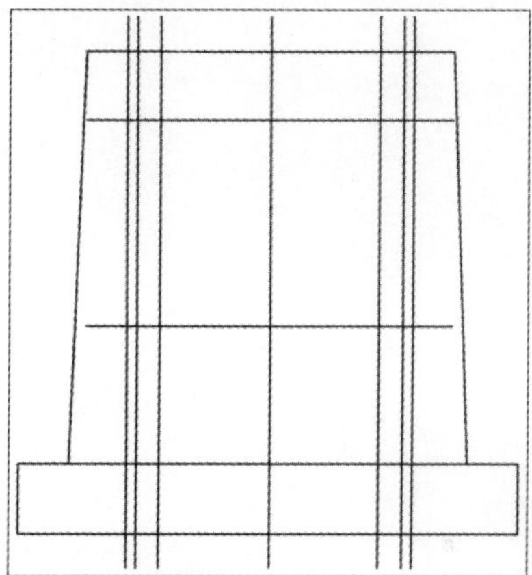

图16-46 偏移线段

Step 05 执行"直线"命令，捕捉绘制两条斜线，如图16-47所示。

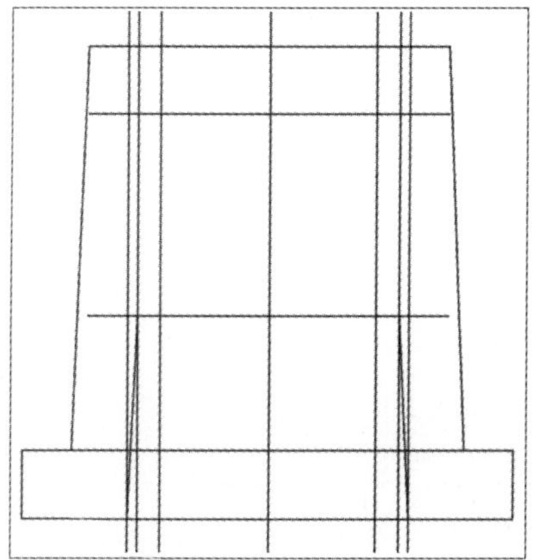

图16-47 绘制直线

Step 06 执行"修剪"命令，修剪掉多余的线段，如图16-48所示。

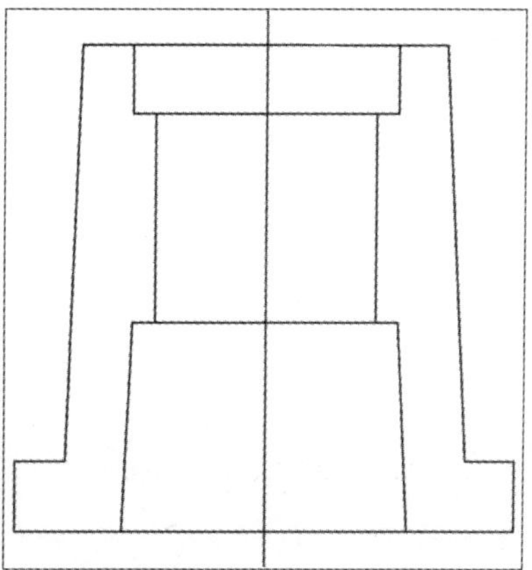

图16-48 修剪图形

Step 07 执行“圆角”命令，圆角尺寸为3mm，对图形进行圆角操作，并将“图案填充”层设为当前层，如图16-49所示。

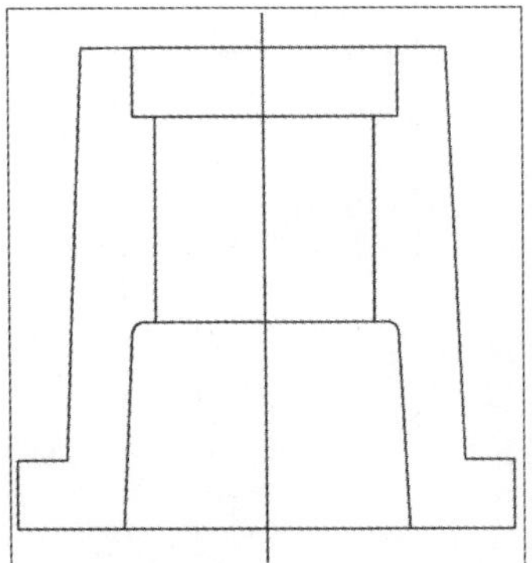
图16-49 圆角操作

Step 08 执行“图案填充”命令，选择图案ANSI31，设置比例为1，选择阀体实体区域进行填充，如图16-50所示。

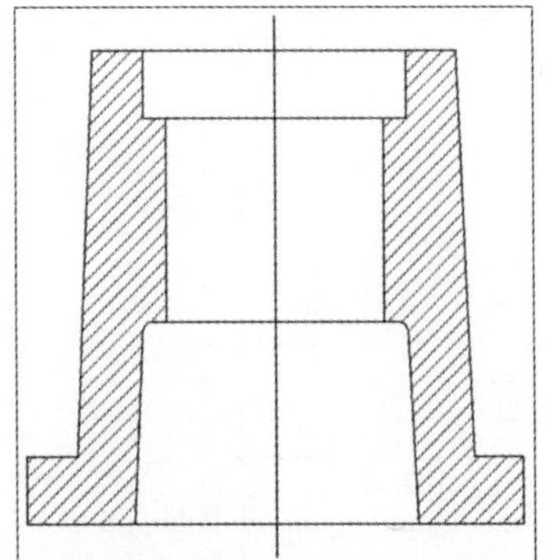
图16-50 填充图案

Step 09 将中线放置在“辅助线”图层，如图16-51所示。

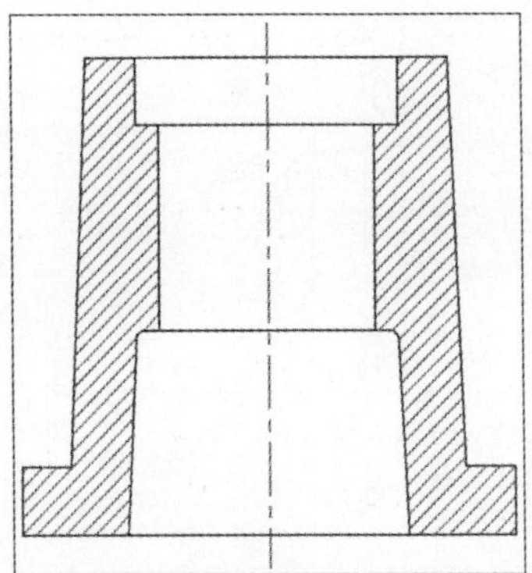
图16-51 修改中线特性

Step 10 执行“线性”及“半径”标注命令，为图形进行尺寸标注，并显示线宽，即可完成阀体剖面图的绘制，如图16-52所示。

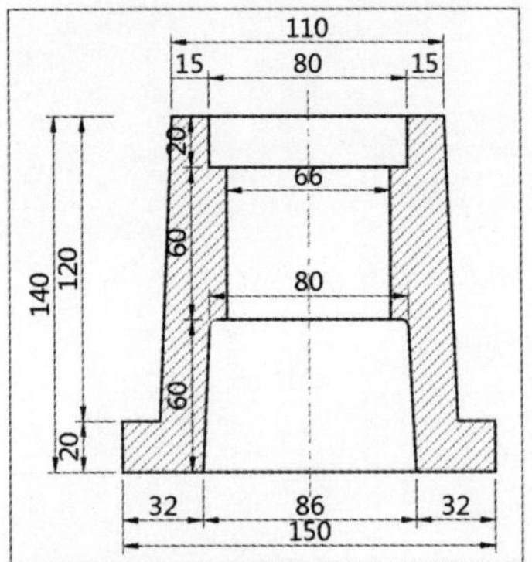

图16-52 阀体剖面图

Step 11 接下来绘制阀芯剖面图，复制阀体剖面图，修剪多余的图形，如图16-53所示。

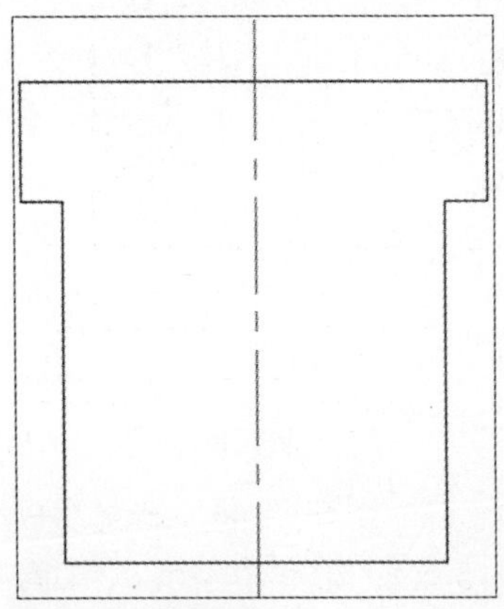
图16-53 修剪图形

Step 12 执行“偏移”命令，将中线向两侧分别偏移21mm、4mm，并修改线条的线型及颜色，如图16-54所示。

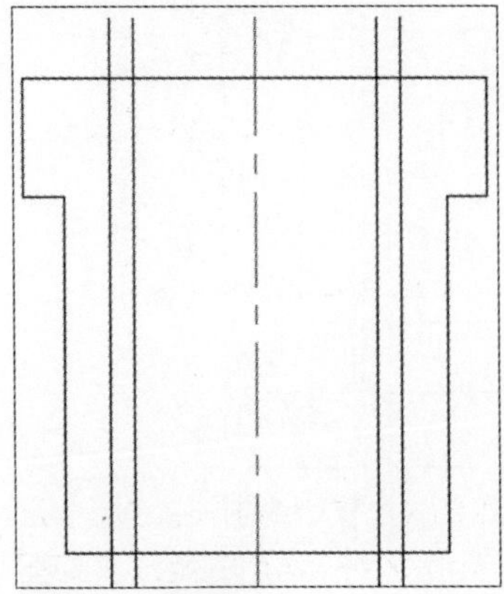
图16-54 偏移图形

Step 13 继续执行当前命令，将上方线条向下依次偏移28mm、4mm，如图16-55所示。

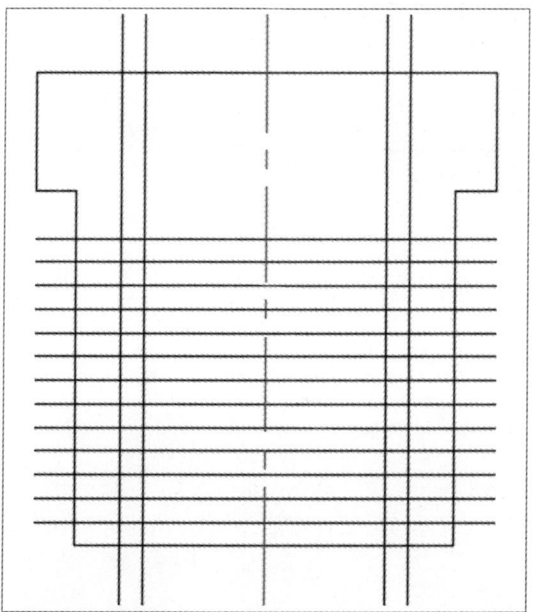

图16-55 偏移图形

Step 14 执行“修剪”命令，修剪多余的线段，如图16-56所示。

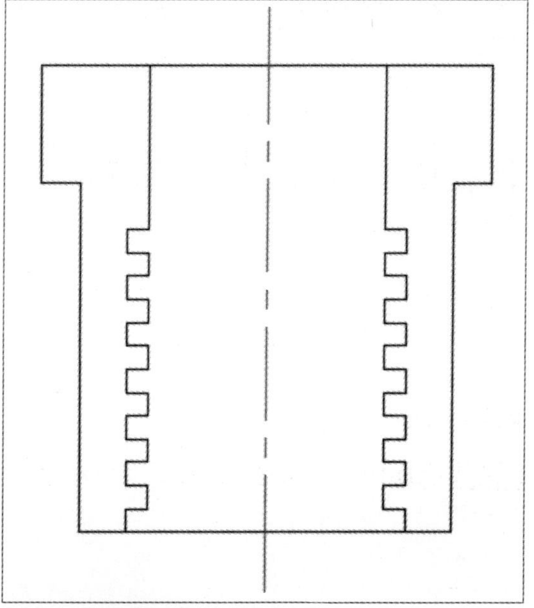

图16-56 修剪图形

Step 15 设置“图案填充”层为当前层，执行“图案填充”命令，选择图案ANSI31，设置比例为1，选择阀体实体区域进行填充，如图16-57所示。

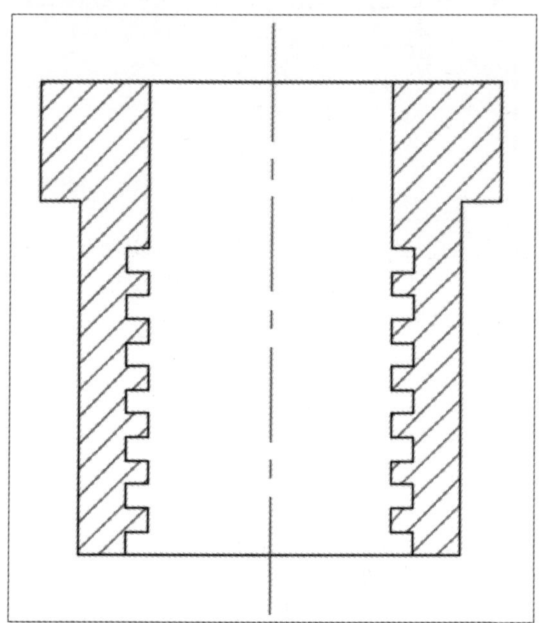

图16-57 填充图案

Step 16 执行“线性”标注命令，为图形进行尺寸标注，并显示线宽，即可完成阀芯剖面图的绘制，如图16-58所示。

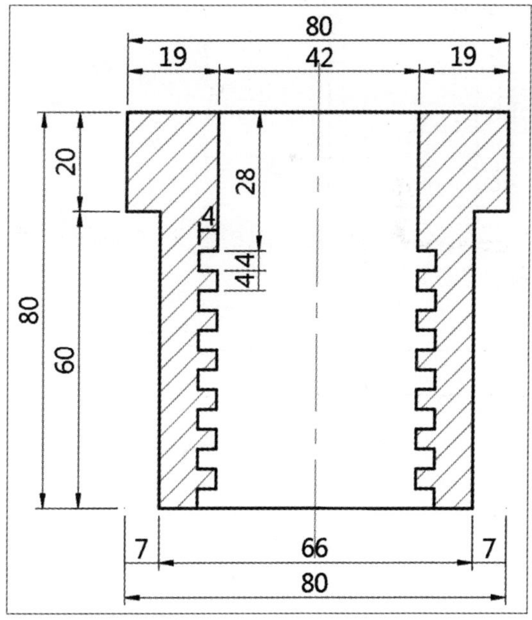

图16-58 阀芯剖面图

Step 17 接下来绘制阀杆螺母剖面图，执行“直线”命令，绘制50mm×183mm的矩形，如图16-59所示。

Step 18 执行“偏移”命令，将上方线段向下依次偏移45mm、10mm、28mm、4mm，如图16-60所示。

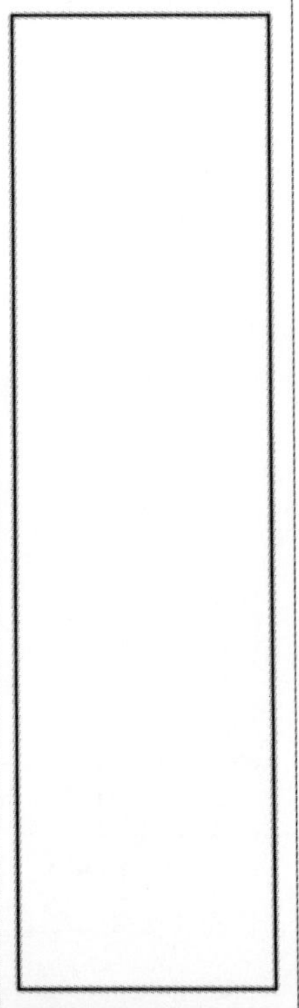
图16-59 绘制矩形

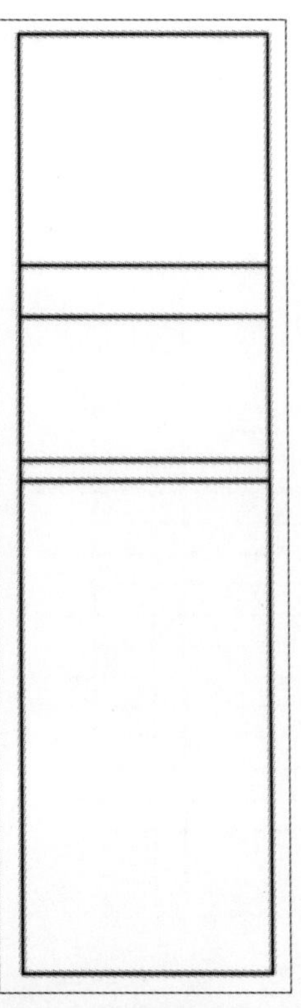
图16-60 偏移图形

Step 19 继续执行当前命令，再将两侧的线段向内依次偏移4mm、6mm，如图16-61所示。

Step 20 执行“修剪”命令，修剪掉多余的线段，如图16-62所示。

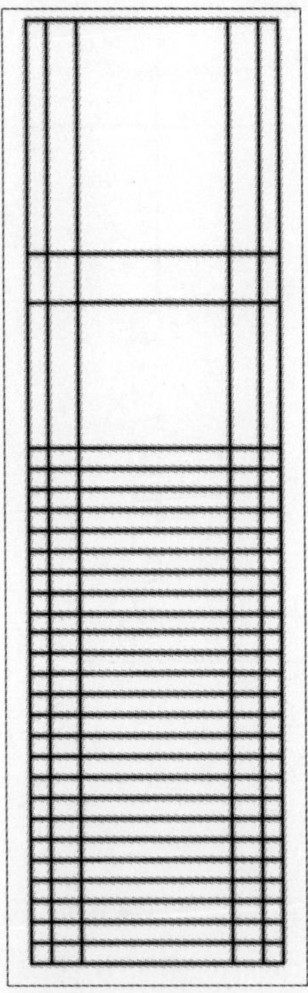
图16-61 偏移图形

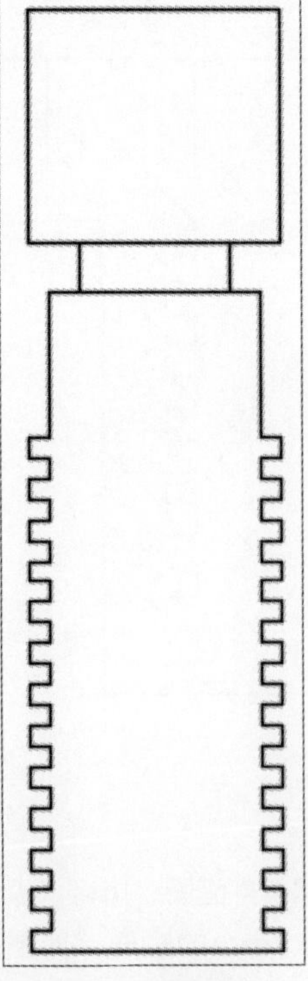
图16-62 修剪图形

Step 21 执行“直线”命令，在上方的方形中绘制一条对角线，再捕捉中点绘制半径为11mm的圆，如图16-63所示。

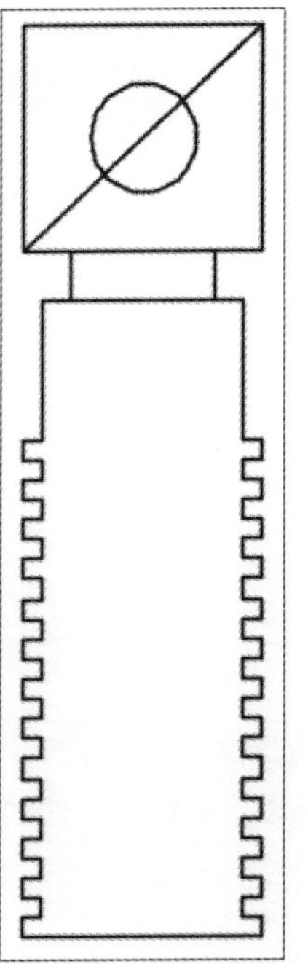

图16-63 绘制对角线与圆

Step 23 设置“图案填充”层为当前图层，执行“图案填充”命令，选择图案ANSI31，设置比例为1，选择实体区域进行填充，如图16-65所示。

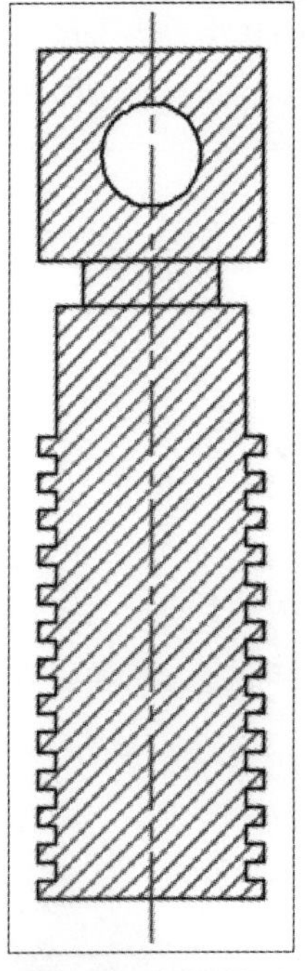

图16-65 填充图案

Step 22 删除对角线，执行“直线”命令，绘制一条长为200mm的中线，放置在“辅助线”图层，如图16-64所示。

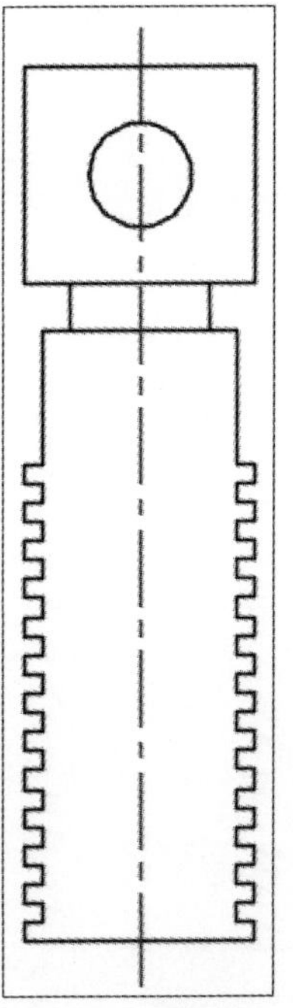

图16-64 绘制中线

Step 24 执行“线性”、“半径”标注命令，为图形进行尺寸标注，并显示线宽，即可完成阀杆螺母剖面图的绘制，如图16-66所示。

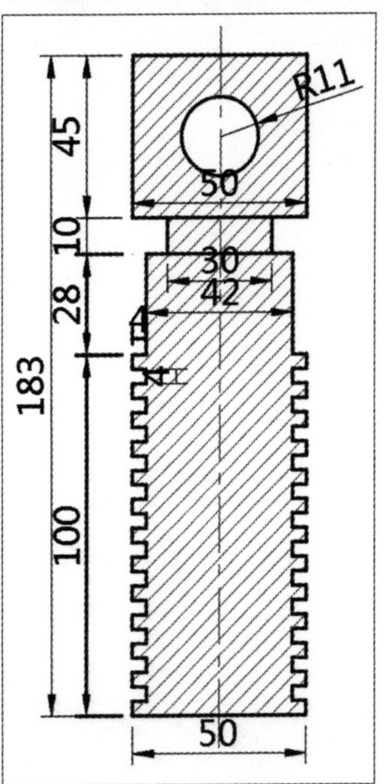

图16-66 阀杆螺母剖面图

Step 25 接下来进行阀门手杆剖面图的绘制，执行“矩形”命令，绘制150mm×20mm的矩形，如图16-67所示。

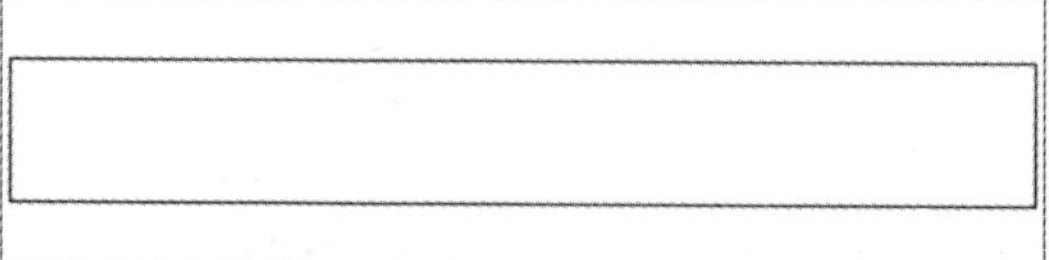

图16-67 绘制矩形

Step 26 执行“倒角”命令，设置倒角距离为3mm，对矩形进行倒角操作，如图16-68所示。

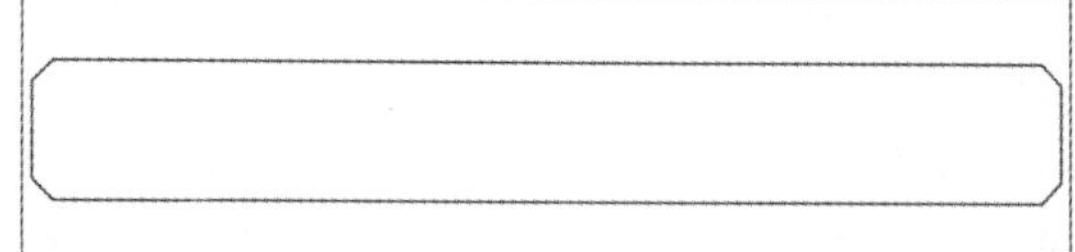

图16-68 倒角操作

Step 27 执行“样条曲线”命令，绘制曲线，如图16-69所示。

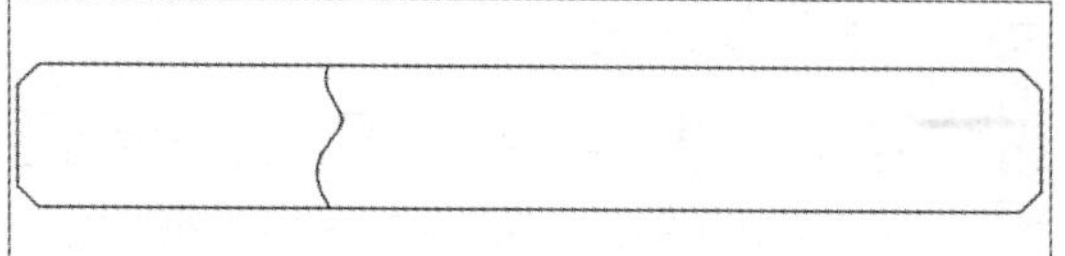

图16-69 绘制曲线

Step 28 再复制一条曲线，执行“修剪”命令，修剪掉多余的线段，如图16-70所示。

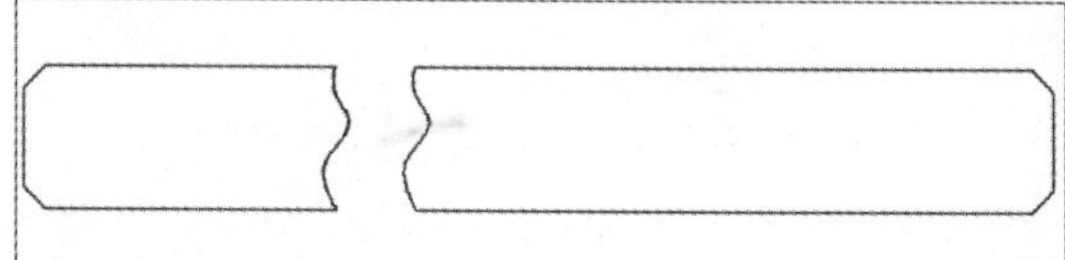

图16-70 修剪图形

Step 29 执行“直线”命令，绘制中线，如图16-71所示。

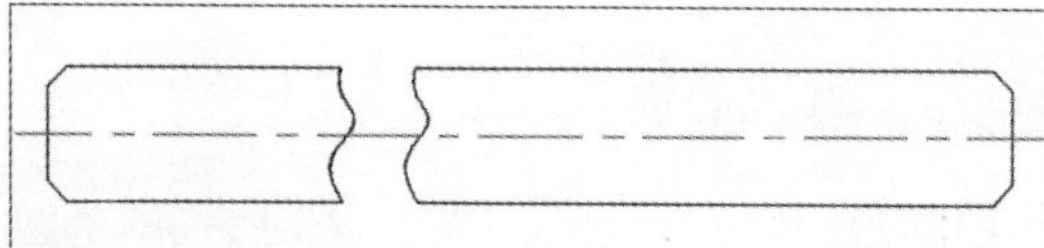

图16-71 绘制中线

Step 30 执行“图案填充”命令，选择图案ANSI31，设置比例为1，对图形进行填充，如图16-72所示。

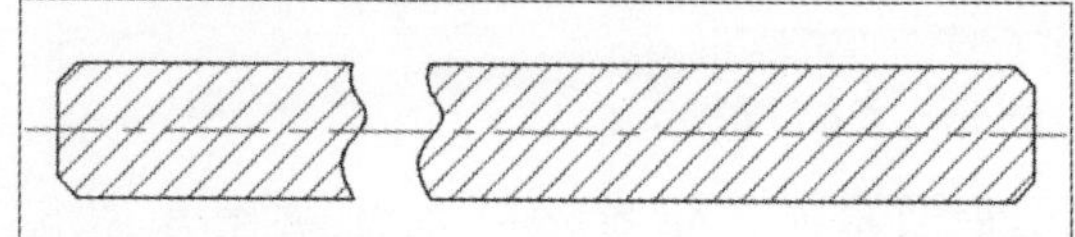

图16-72 填充图案

Step 31 执行“线性”标注命令，为图形进行尺寸标注，如图16-73所示。

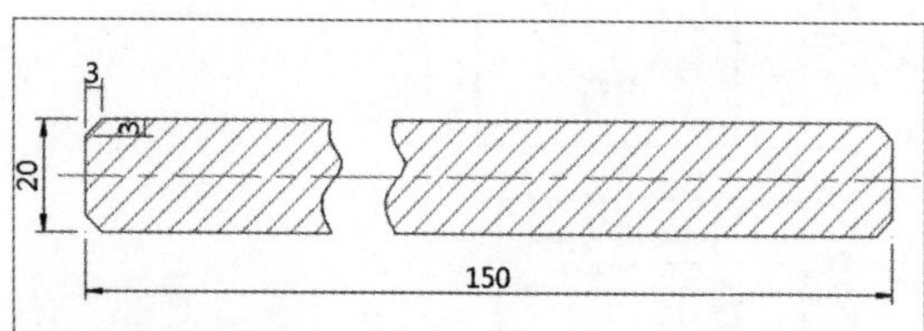

图16-73 尺寸标注

Step 32 在命令行中输入ed命令，修改尺寸标注数据，并显示线宽，即可完成阀门手杆剖面图的绘制，如图16-74所示。

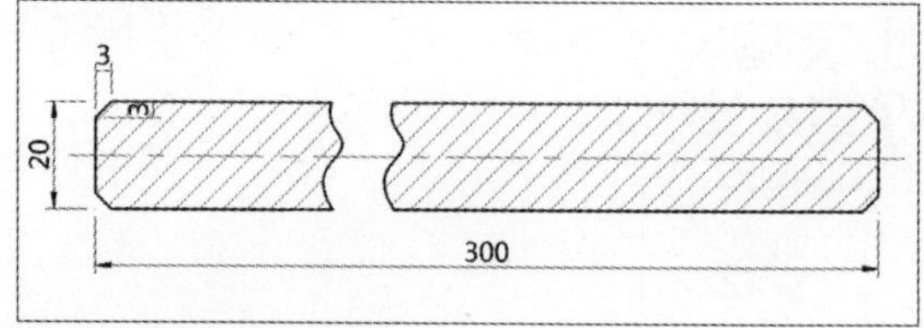

图16-74 阀门手杆剖面图

16.2.3 绘制阀门剖面轴测图

本轴测图是对模型进行四分之一的剖切，用户可以观察到机械内部的结构。在绘制时，需要将多个机械配件单独绘制，然后进行组装。下面介绍其绘制步骤。

Step 01 首先绘制阀体模型，打开程序后，切换到“三维建模”工作空间，复制一份阀体剖面图，删除多余图形，如图16-75所示。

Step 02 切换到左视图，将图形旋转90°，再切换到西南等轴测视图，如图16-76所示。

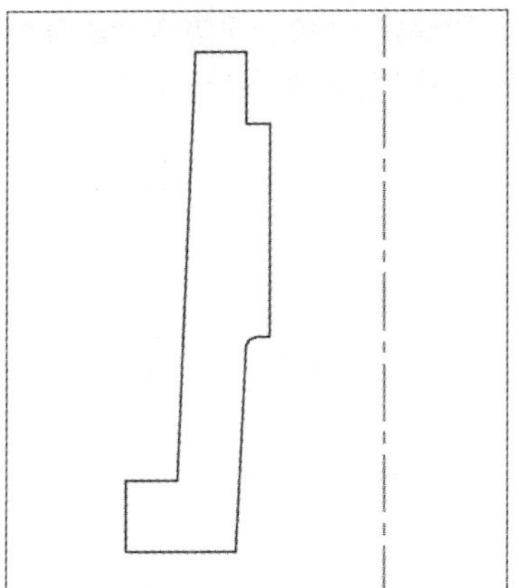

图16-75 阀体剖面图

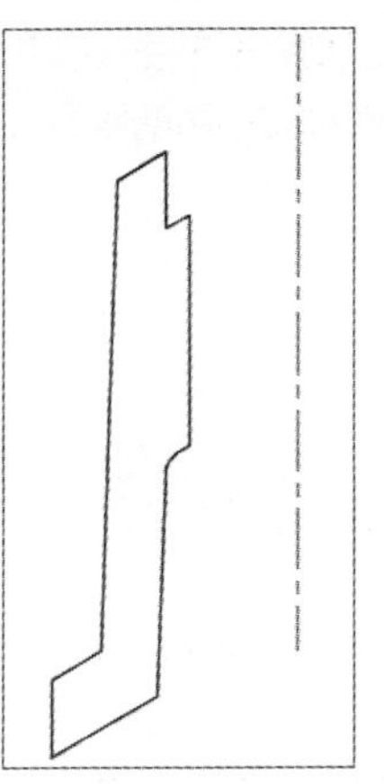

图16-76 西南等轴测视图

Step 03 执行“旋转”命令，以中线为旋转轴，设置角度为270°，创建出三维模型，切换到隐藏视觉样式，如图16-77所示。

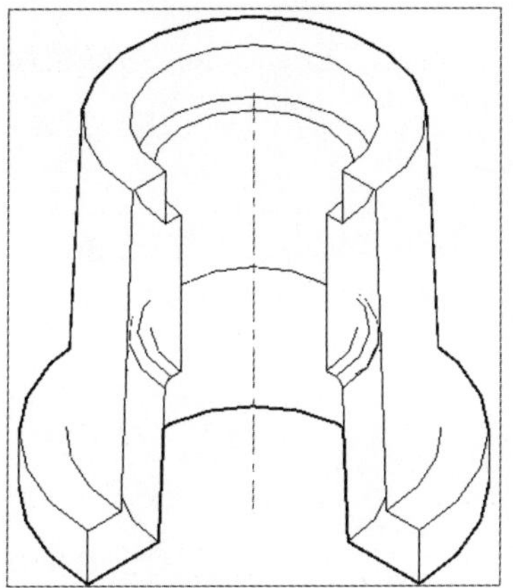

图16-77 旋转操作

Step 04 复制阀芯剖面图，删除多余图形并进行旋转，切换到西南等轴测视图，如图16-78所示。

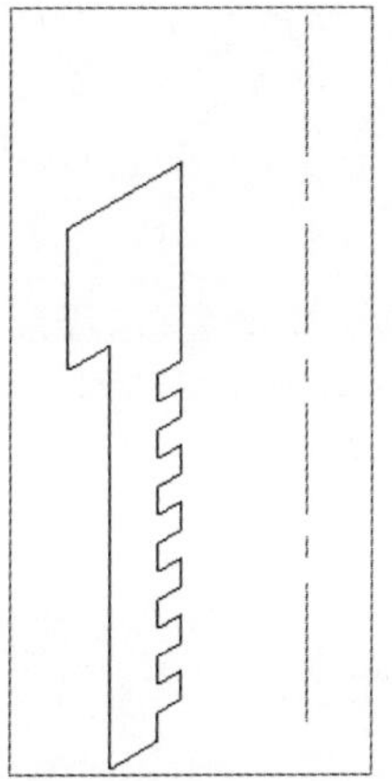

图16-78 阀芯剖面图

Step 05 执行“旋转”命令，以中线为旋转轴，设置旋转角度为270°，制作出阀芯三维模型，如图16-79所示。

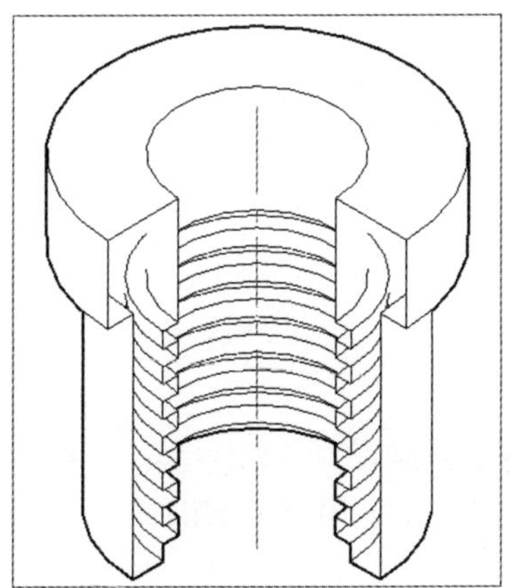

图16-79 旋转操作

Step 06 复制阀杆螺母的二维图形，如图16-80所示。

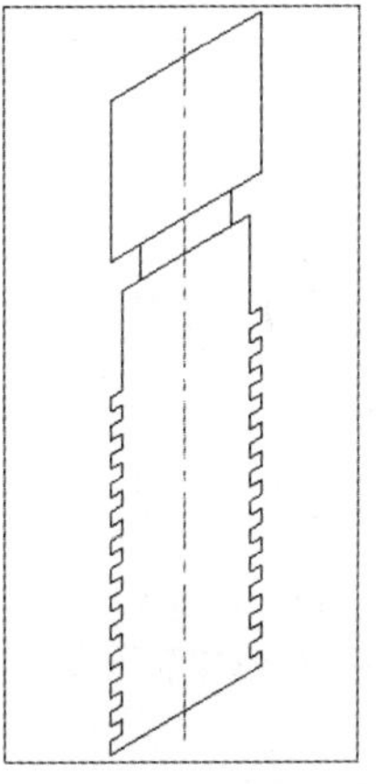

图16-80 阀杆螺母二维图形

Step 07 执行“旋转”命令，以中线为旋转轴，设置旋转角度为360°，制作出阀杆螺母三维模型，如图16-81所示。

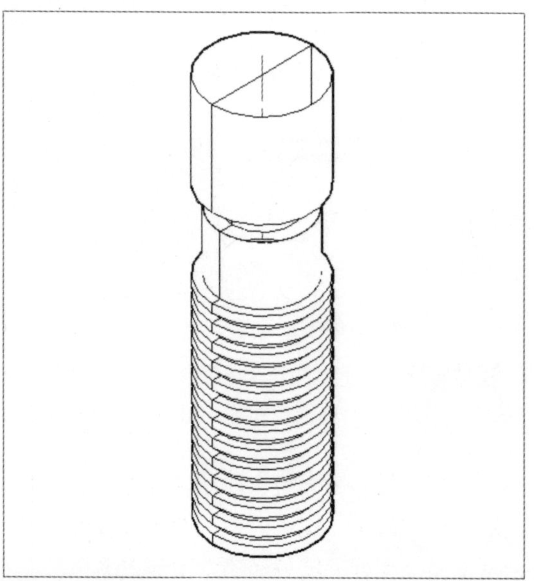

图16-81 旋转操作

Step 08 执行“圆柱体”命令，绘制半径为10mm、长度为300mm的圆柱体，效果如图16-82所示。

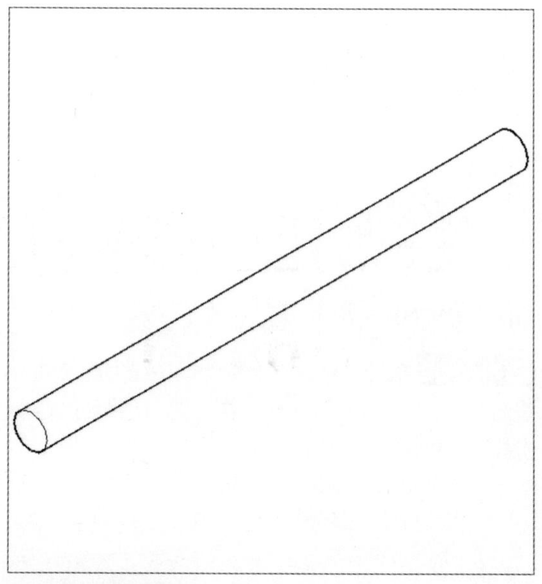

图16-82 绘制圆柱体

Step 09 执行“圆角边”命令，设置圆角半径为3mm，对圆柱体进行圆角边操作，效果如图16-83所示。

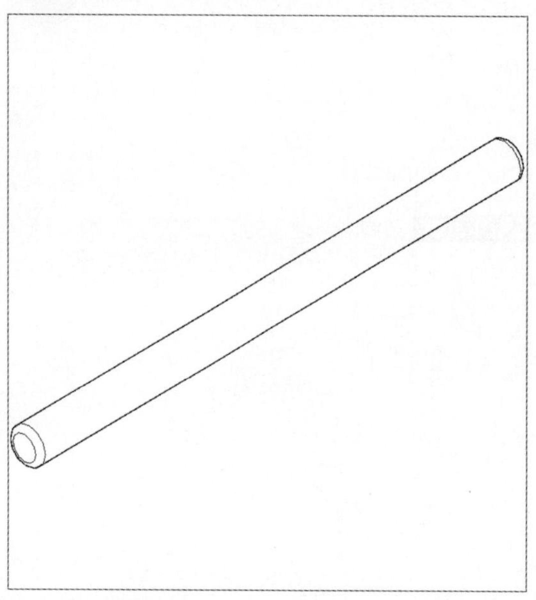

图16-83 圆角边操作

Step 10 将模型各自创建成块，再调整位置，将其一一组装起来，完成阀门剖切轴测图的制作，如图16-84所示。

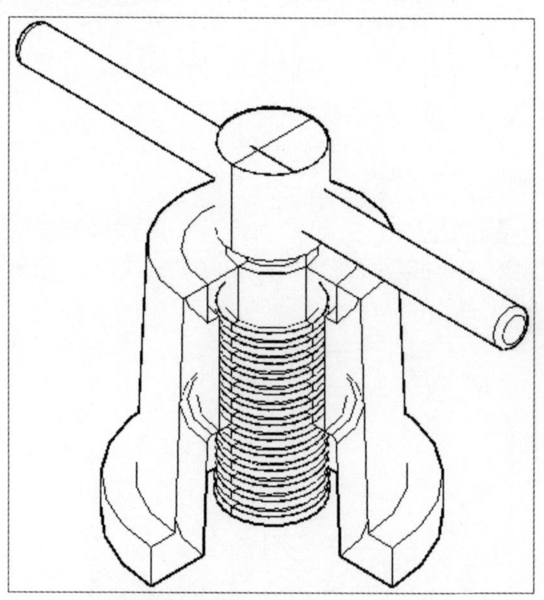

图16-84 阀门剖切轴测图

Chapter

17

绘制园林构筑物与小品图

园林景观设计是在一定的地域范围内，运用园林艺术和工程技术手段，通过改造地形、种植植物和布置园路等途径，创造美的自然环境和生活的过程。设计者在熟悉景观设计艺术与原理、相关工程技术和工程制图技能的基础上绘制图样，将设计理念和要求通过图样直观地表达出来。本章将以绘制景观亭和景观凳为例，介绍AutoCAD软件在景观园林领域的运用。

01 学完本章您可以掌握如下知识点

1. 了解园林小品的基本特点及原则 ★
2. 了解园林构筑物的作用及设计特点 ★★
3. 绘制景观凳的平面、立面及详图 ★★★
4. 绘制景观亭的平面、立面及详图 ★★★

02 本章内容图解链接

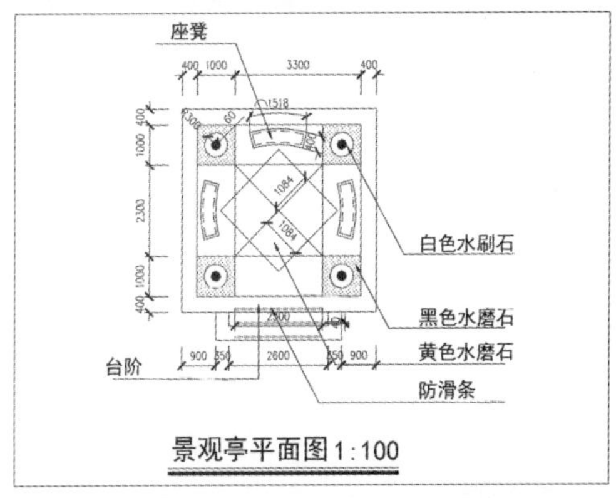

景观亭平面图

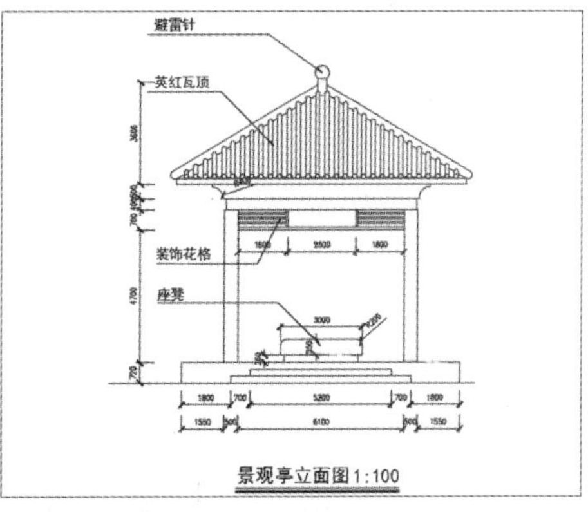

景观亭立面图

17.1 绘制景观亭

亭是我国传统园林建筑之一，在古典园林、现代公园、自然景区以及城市绿化中，都可以见到各种各样的亭子悠然伫立。在园林和绿地中，亭是不可缺少的组成部分，常起着画龙点睛的作用。

17.1.1 绘制景观亭平面图

下面介绍景观亭平面图的绘制方法。通常在绘图前需对图纸的图形界限进行设置。

Step 01 执行“图层”命令，新建“文字注释”等图层，设置“建筑物”图层为当前层，如图17-1所示。

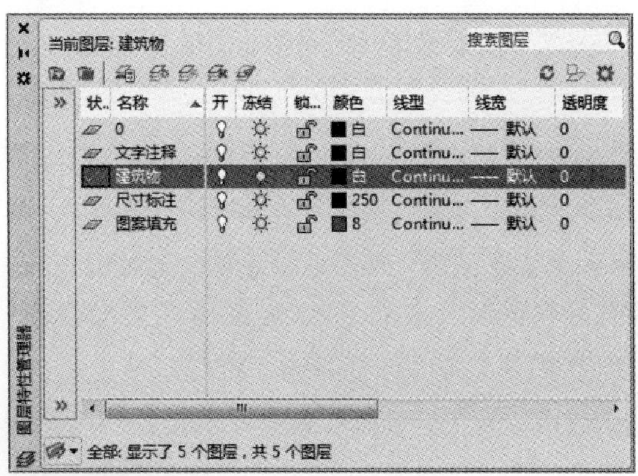
当前图层: 建筑物
搜索图层

状..	名称	开	冻结	锁...	颜色	线型	线宽	透明度
	0				白	Continu...	—— 默认	0
	文字注释				白	Continu...	—— 默认	0
	建筑物				白	Continu...	—— 默认	0
	尺寸标注				250	Continu...	—— 默认	0
	图案填充				8	Continu...	—— 默认	0

全部: 显示了 5 个图层，共 5 个图层
图层特性管理器

图17-1 创建新图层

Step 02 执行“矩形”命令，绘制5100×5100的景观亭平面，如图17-2所示。

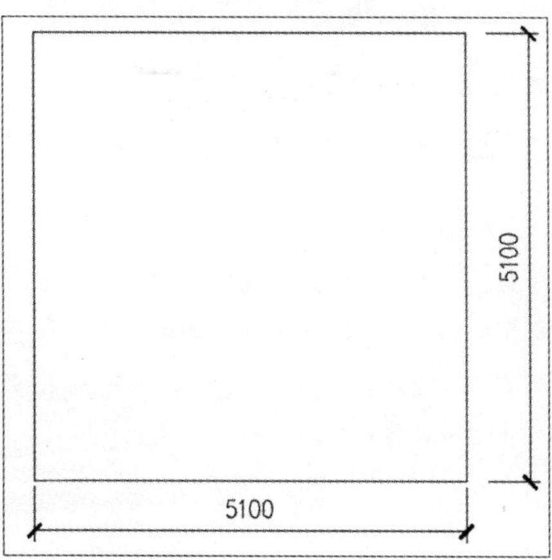

图17-2 绘制矩形

Step 03 执行“偏移”命令，设置偏移距离为400mm，将矩形向内偏移，如图17-3所示。

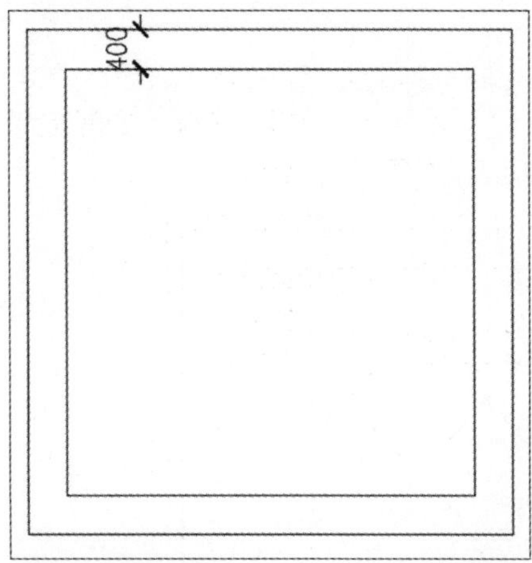

图17-3 偏移矩形

Step 04 执行“分解”命令，分解偏移后的矩形，执行“偏移”命令，将直线分别向内偏移1000mm，如图17-4所示。

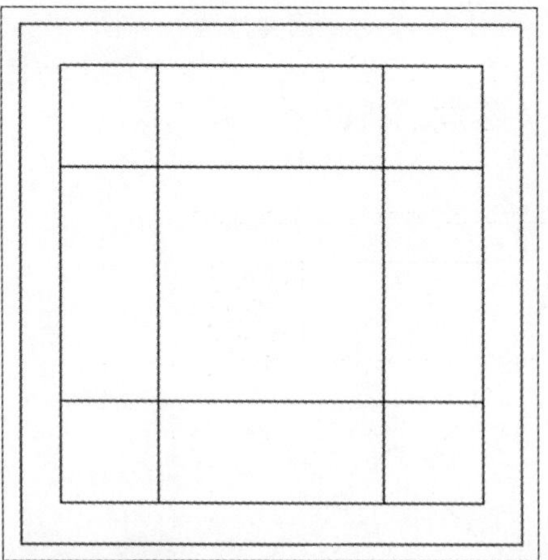

图17-4 偏移直线

Step 05 执行“圆”命令，绘制半径为60mm的圆形，执行“偏移”命令，将圆向外偏移240mm，如图17-5所示。

Step 06 执行“图案填充”命令，设置填充图案为SOLID，对图形进行填充，如图17-6所示。

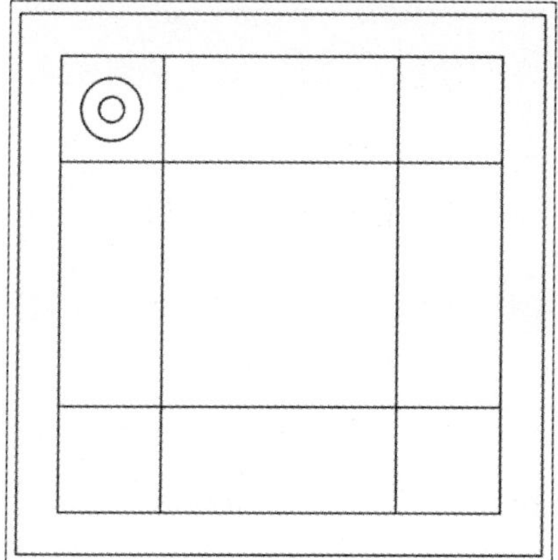

图17-5 绘制圆形并偏移

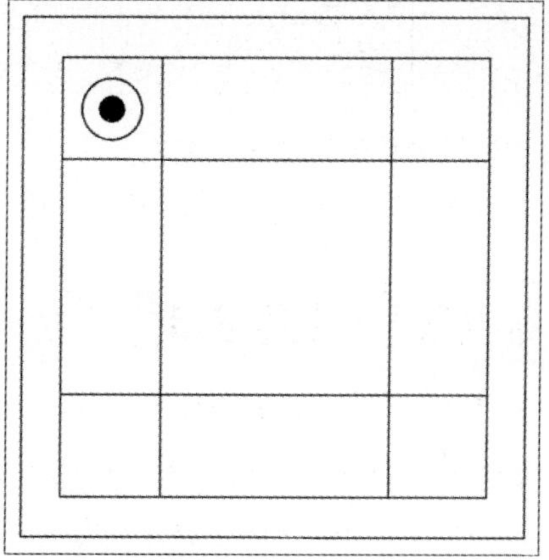

图17-6 填充圆形

Step 07 继续执行当前命令，设置填充图案为CROSS，设置比例为200，对图形进行填充，如图17-7所示。

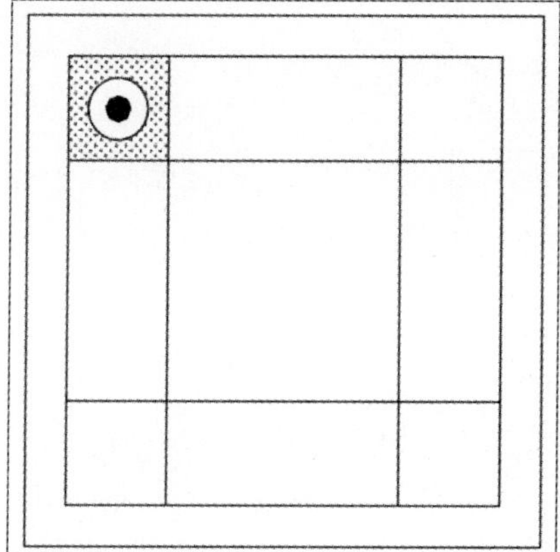

图17-7 填充图形

Step 08 执行“复制”命令，选择柱子造型左上角点，依次复制柱子造型平面，如图17-8所示。

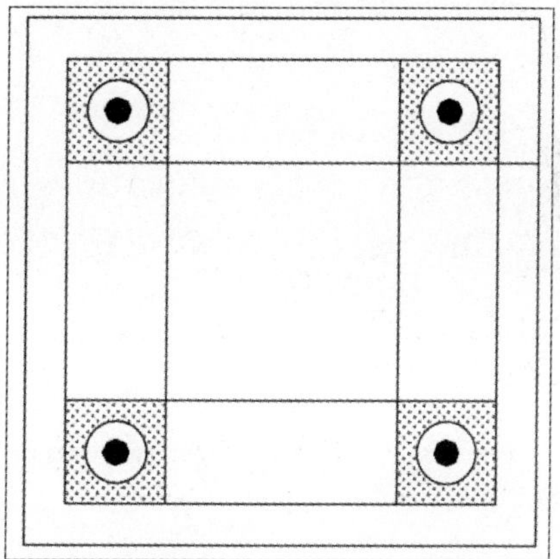

图17-8 复制造型

Step 09 执行“直线”命令，连接对角点绘制直线，如图17-9所示。

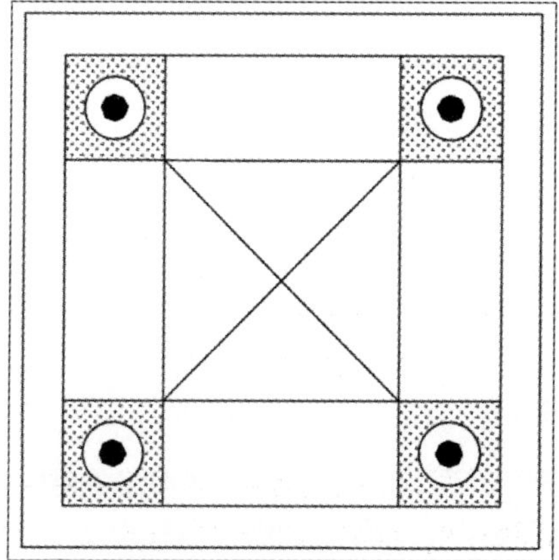

图17-9 连接角点绘制直线

Step 10 执行“矩形”、“旋转”命令，绘制2100mm×2100mm的矩形，设置旋转角度为45°，旋转矩形，如图17-10所示。

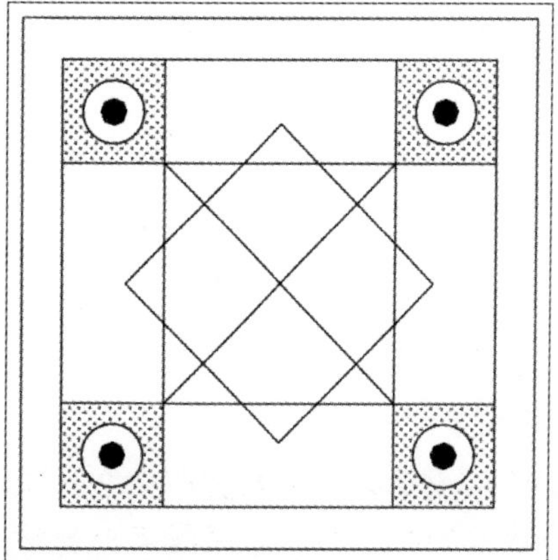

图17-10 绘制矩形并旋转

Step 11 执行“圆弧”、“偏移”命令绘制圆弧，执行“直线”、“修剪”命令修剪造型，如图17-11所示。

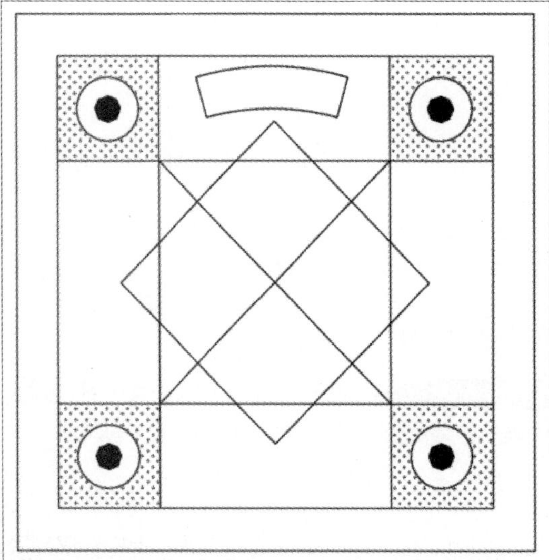

图17-11 绘制弧形景观凳

Step 12 执行“偏移”、“修剪”命令，将圆弧和直线向内偏移，执行“特性”命令，设置线型为DASHED，线型比例为0.5，如图17-12所示。

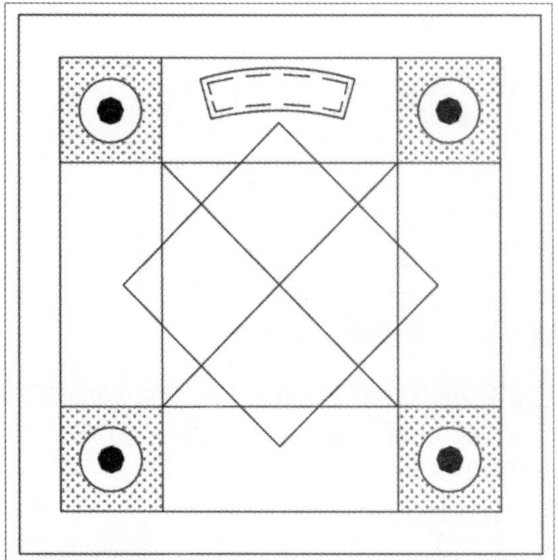

图17-12 偏移弧线

Step 13 执行“旋转”命令，指定矩形中心点为基点，选择“复制”选项，分别设置旋转角度为45°和-45°，如图17-13所示。

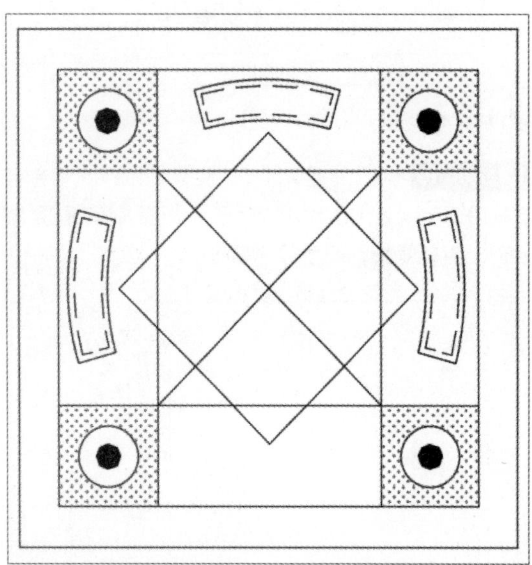

图17-13 旋转复制景观凳

Step 14 执行“直线”命令，沿着景观亭下边两侧绘制直线，执行“偏移”命令，分别偏移直线绘制台阶踏步，如图17-14所示。

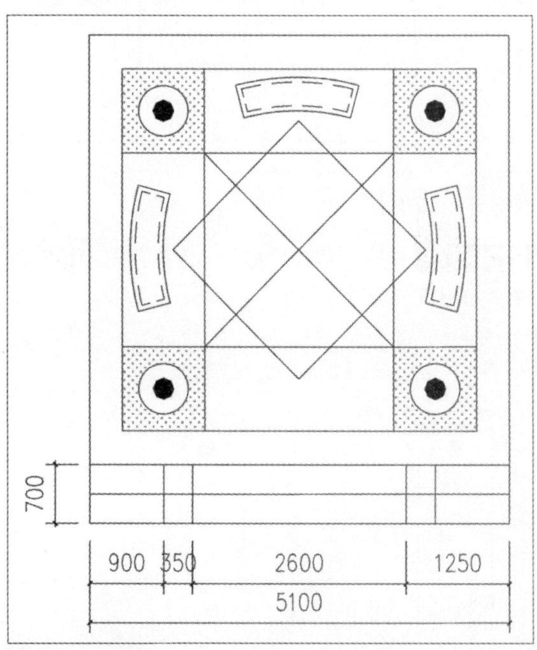

图17-14 偏移直线

Step 15 执行“修剪”命令，修剪台阶踏步，如图17-15所示。

Step 16 执行“矩形”命令，绘制2300mm×40mm的矩形防滑条，放在图中合适位置，如图17-16所示。

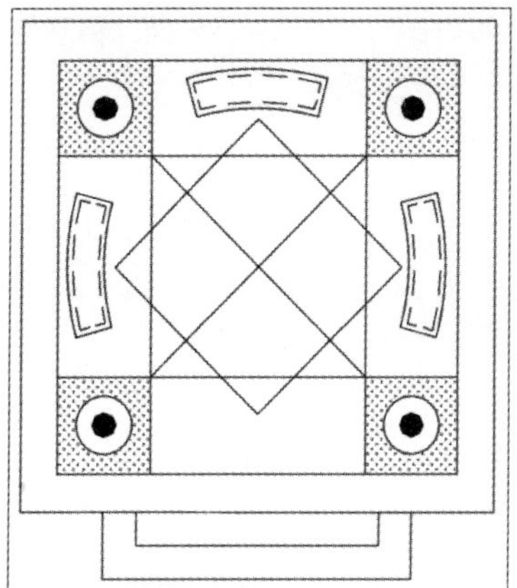

图17-15 修剪直线

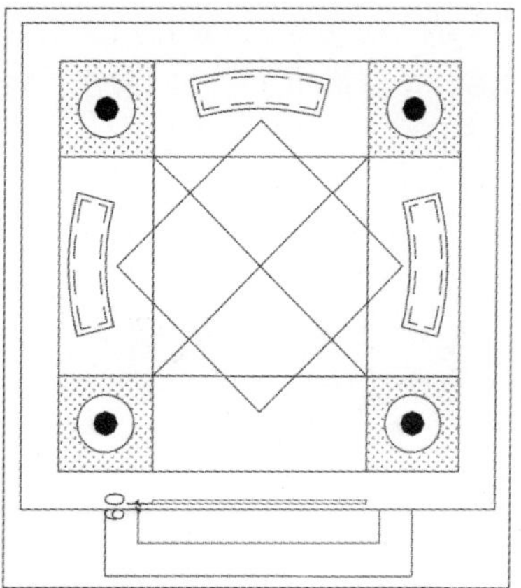

图17-16 绘制矩形

Step 17 执行“复制”命令，依次向下复制矩形防滑条，并设置“尺寸标注”图层为当前层，如图17-17所示。

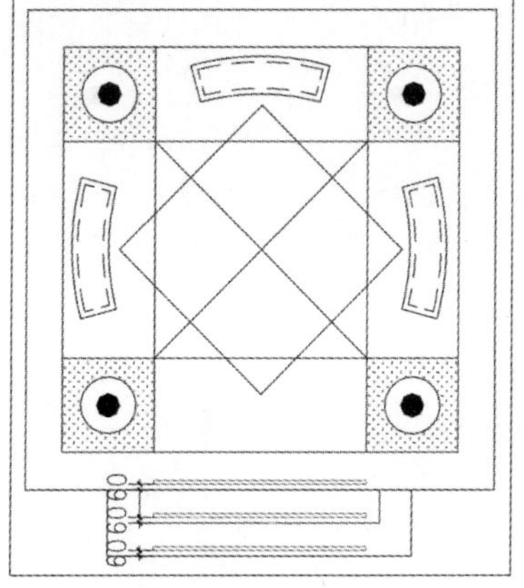

图17-17 复制矩形

Step 18 执行“标注样式”命令，新建样式“平面标注”，单击“继续”按钮，如图17-18所示。

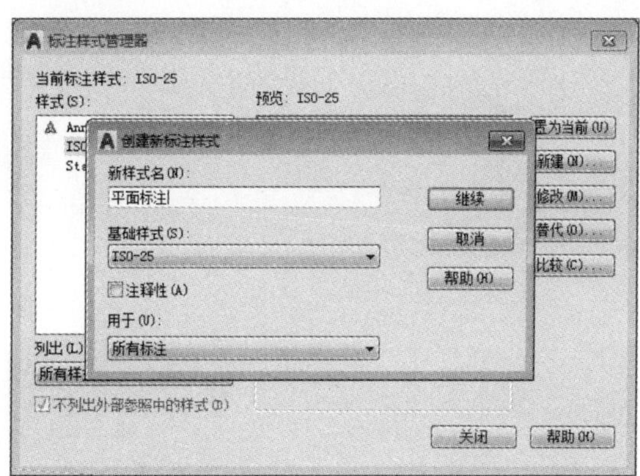

图17-18 新建标注样式

Step 19 在弹出的对话框中选择“线”选项卡，设置“超出尺寸线”等参数，如图17-19所示。

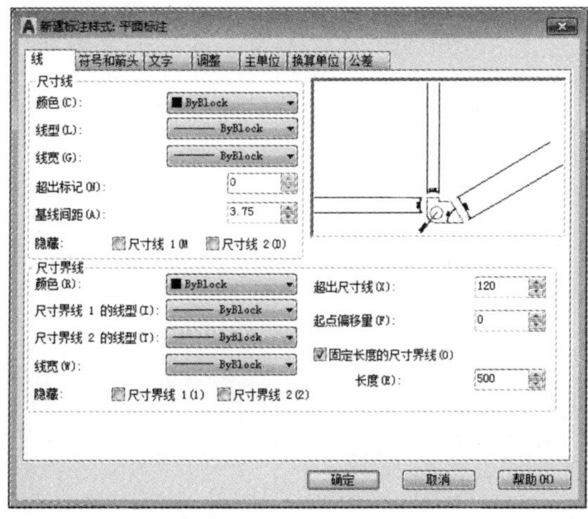

图17-19 “线”选项卡

Step 20 在“符号和箭头”选项卡中，设置箭头样式和箭头大小，如图17-20所示。

图17-20 调整符号和箭头

Step 21 在“文字”选项卡中，设置“文字高度”为200，设置文字位置“从尺寸线偏移”为150，如图17-21所示。

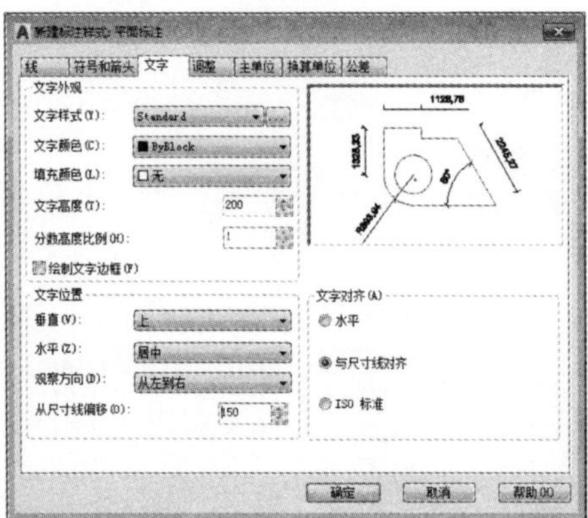

图17-21 调整文字

Step 22 在“主单位”选项卡中，设置“精度”为0，其他参数保持默认，如图17-22所示。

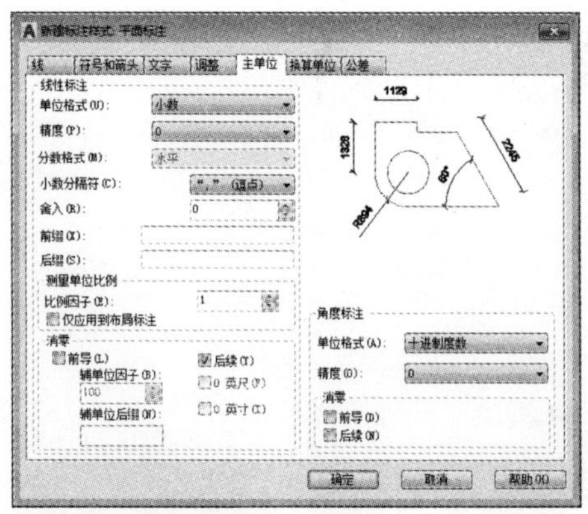

图17-22 调整主单位

Step 23 执行“线性”、“连续”标注命令，对图形进行尺寸标注，如图17-23所示。

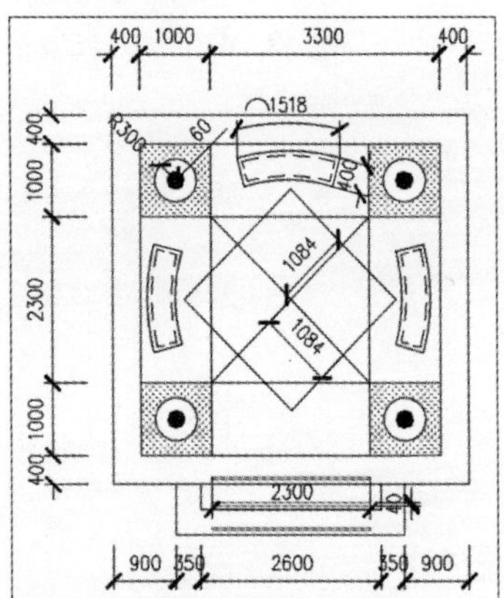

图17-23 标注尺寸

Step 24 在命令行中输入LE，绘制引线，执行“多行文字”命令，为图形添加文字注释，如图17-24所示。

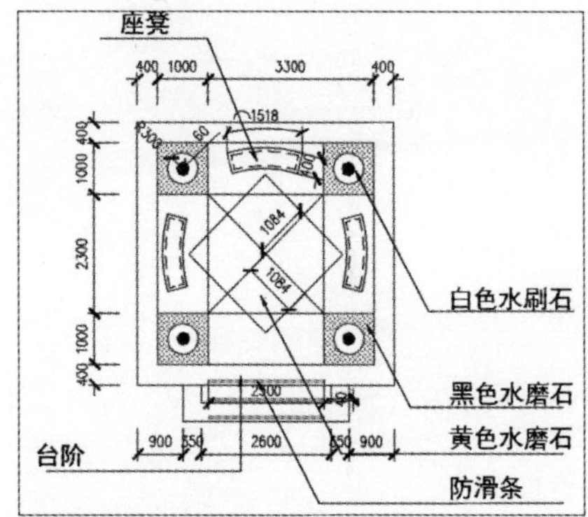

图17-24 绘制引线并添加文字注释

Step 25 执行“多段线”、“多行文字”命令，设置线宽为30mm，绘制长度为1500mm的粗线，执行“直线”命令，绘制长为1500mm的直线，并添加文字说明，如图17-25所示。

景观亭平面图 1:100

图17-25 绘制多段线并添加文字说明

Step 26 至此，完成景观亭平面图的绘制，如图17-26所示。

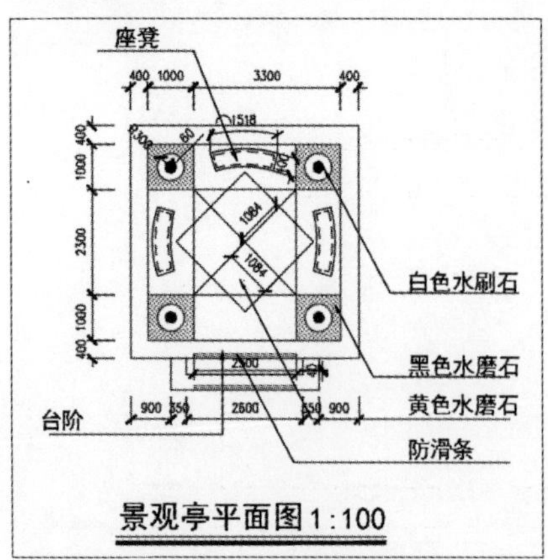

图17-26 完成景观亭平面图的绘制

17.1.2 绘制景观亭立面图

完成景观亭平面图绘制后，接下来可以根据平面图绘制其立面图纸。具体操作方法如下。

Step 01 执行“矩形”命令，绘制景观亭底座立面和柱子轮廓，如图17-27所示。

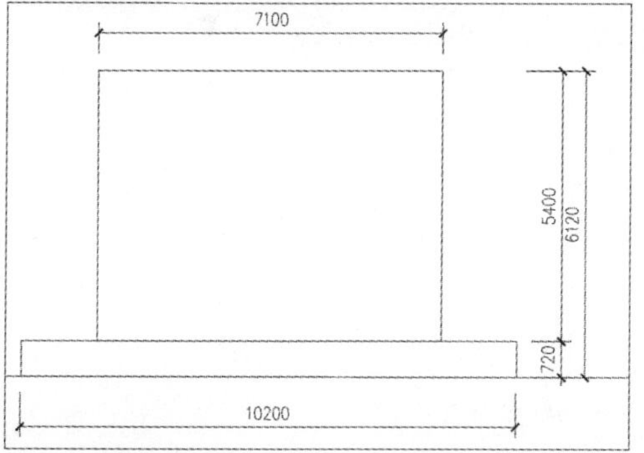

图17-27 绘制矩形

Step 02 分解矩形，执行“偏移”命令，设置偏移距离为500mm，将左右两边直线分别向内偏移，如图17-28所示。

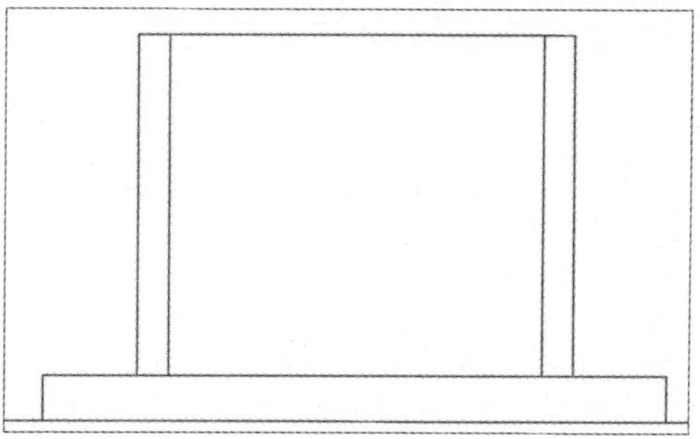

图17-28 偏移线段

Step 03 执行“矩形”命令，绘制7000mm×400mm、8000mm×500mm的景观亭横梁图形，如图17-29所示。

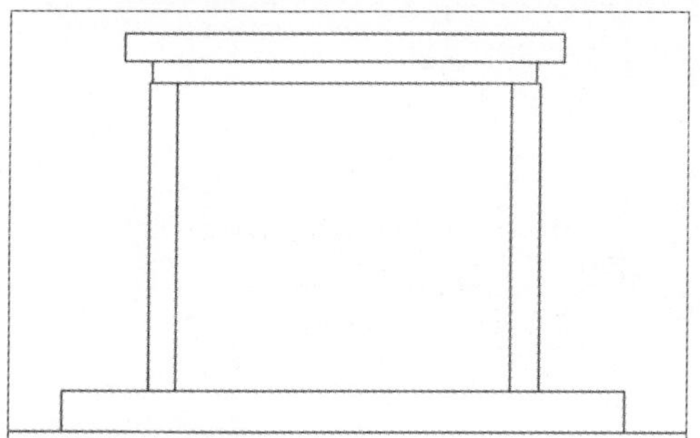

图17-29 绘制横梁

Step 04 执行“圆弧”命令，绘制半径为400mm的圆弧造型，执行“修剪”命令，修剪掉多余的线段，如图17-30所示。

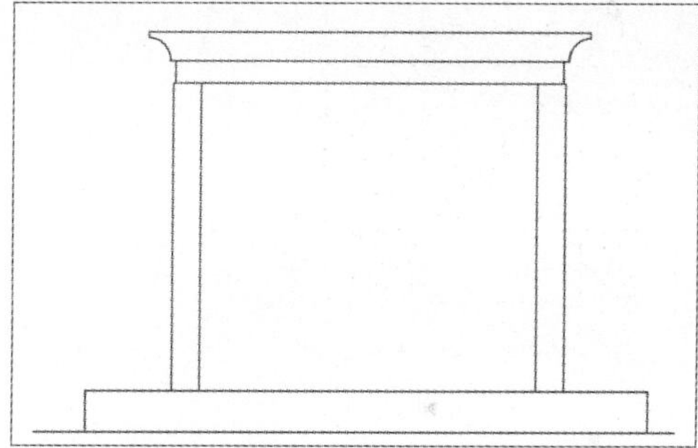

图17-30 修剪为圆角

Step 05 执行“矩形”命令，绘制10600mm×30mm的长方形，移动至亭子造型中心，如图17-31所示。

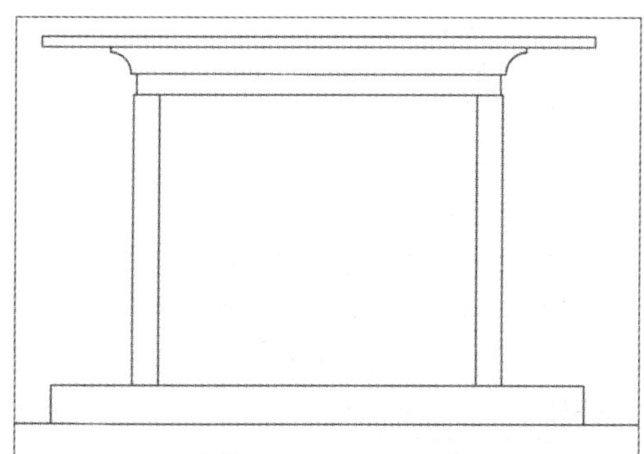

图17-31 绘制矩形

Step 06 执行“直线”命令，以矩形中心为基点，向上绘制3060mm的直线辅助线，继续绘制直线，连接直线绘制三角形造型，删除辅助线，如图17-32所示。

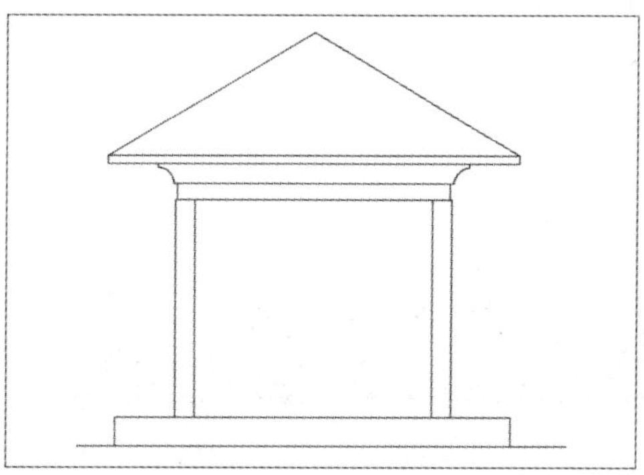

图17-32 绘制屋顶

Step 07 执行“偏移”命令，设置偏移距离为300mm，偏移三角形顶面，如图17-33所示。

图17-33 偏移屋顶

Step 08 执行“圆角”命令，设置圆角半径为0，对图形进行圆角操作，如图17-34所示。

图17-34 圆角操作

Step 09 执行“直线”、“圆弧”命令，绘制屋脊造型，执行“修剪”命令，修剪造型，如图17-35所示。

图17-35 绘制屋脊造型

Step 10 执行“圆”命令，绘制半径为248mm圆形，执行“修剪”命令，修剪圆形，如图17-36所示。

图17-36 完善屋脊造型

Step 11 执行“直线”、“圆”命令，绘制半径为78mm的圆图形，绘制出景观亭顶面的瓦片，执行“修剪”命令，修剪造型，如图17-37所示。

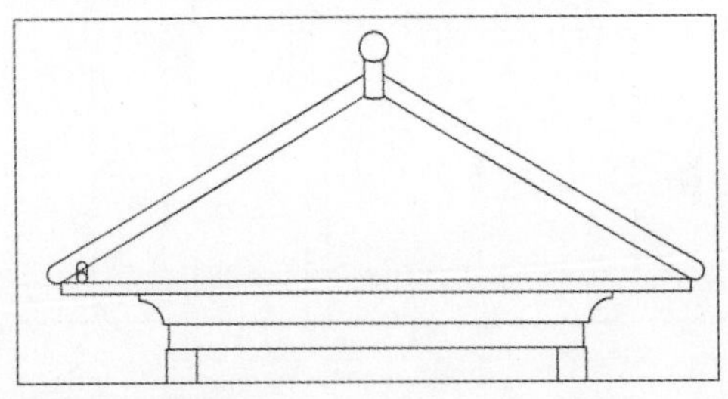

图17-37 绘制瓦片

Step 12 执行“复制”命令，复制瓦片造型，执行“圆弧”命令，绘制弧形，连接造型，如图17-38所示。

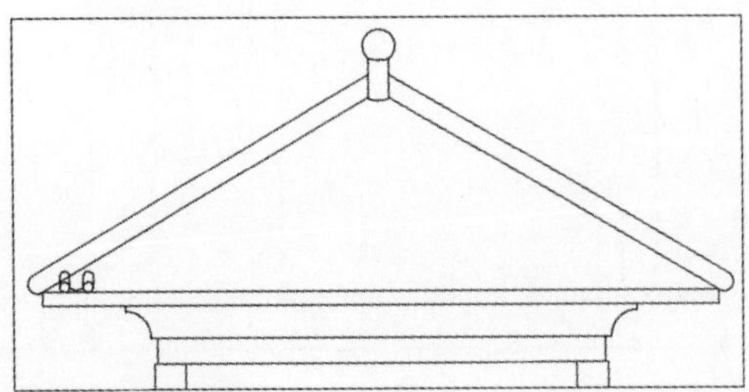

图17-38 复制瓦片

Step 13 执行“拉伸”命令，将景观亭顶面瓦片造型向上拉伸，如图17-39所示。

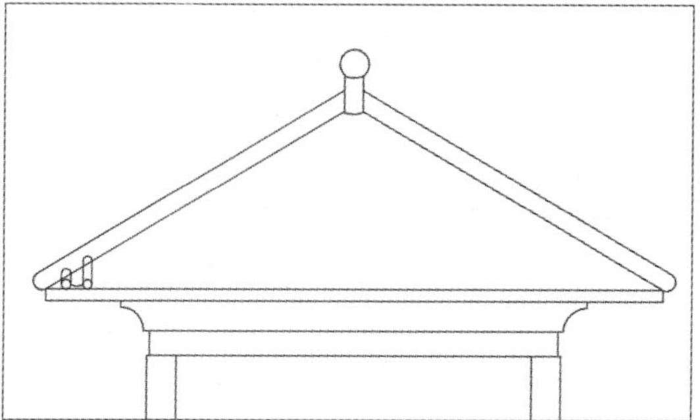

图17-39 拉伸瓦片

Step 14 执行“复制”、“拉伸”命令，绘制其他景观亭瓦片，如图17-40所示。

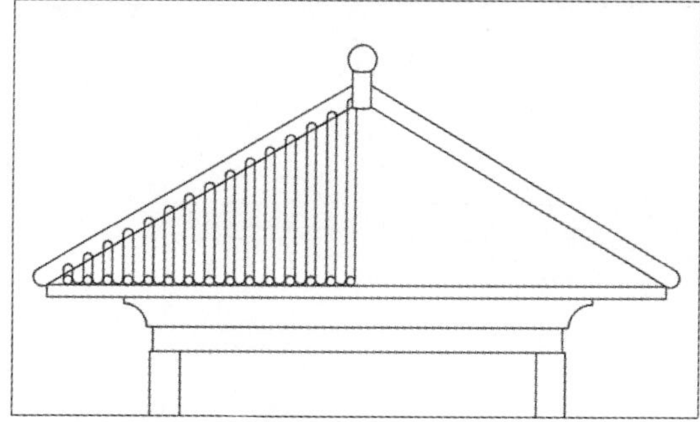

图17-40 复制并拉伸瓦片

Step 15 执行“镜像”命令，以三角形造型中心点为镜像点，镜像复制景观亭顶面瓦片造型，如图17-41所示。

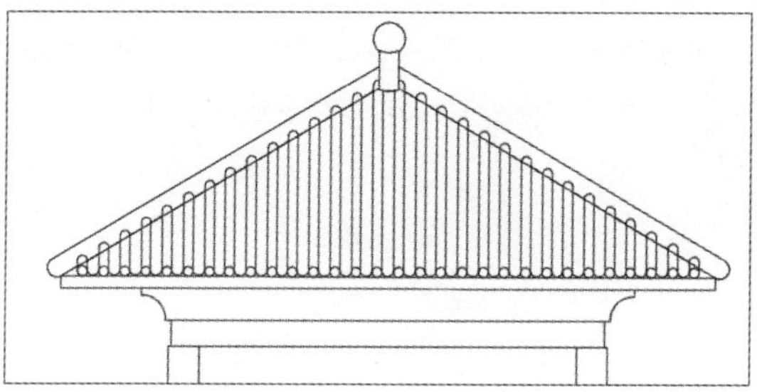

图17-41 镜像造型

Step 16 执行“修剪”命令，修剪景观亭顶面瓦片造型，如图17-42所示。

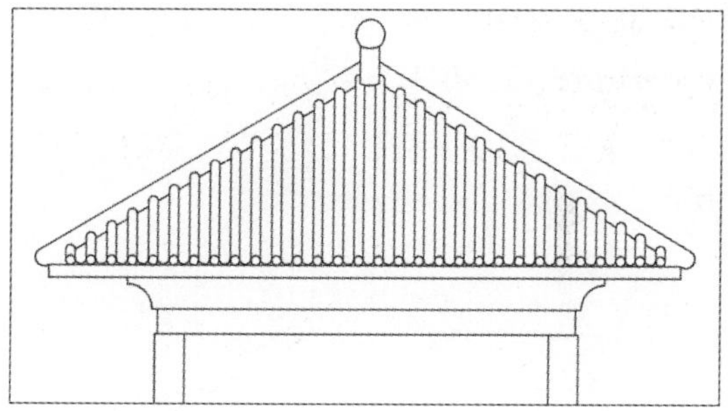

图17-42 修剪造型

Step 17 执行“偏移”命令，分别将横梁向下偏移600mm、20mm，绘制花格轮廓，执行“修剪”命令，修剪直线，如图17-43所示。

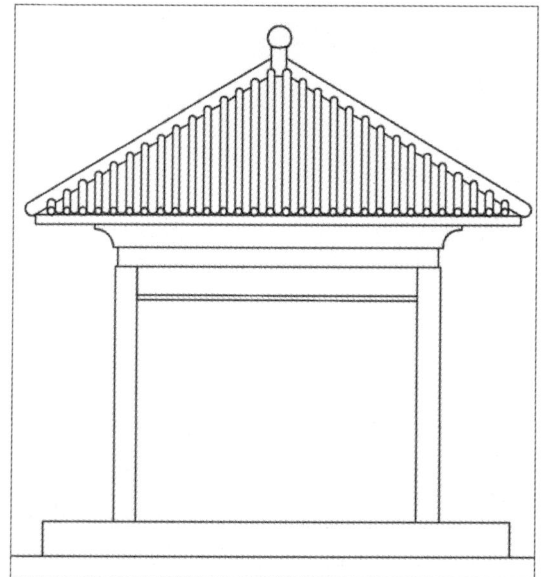

图17-43 偏移并修剪直线

Step 18 继续执行当前命令，偏移花格造型，然后执行“修剪”命令，修剪花格造型，如图17-44所示。

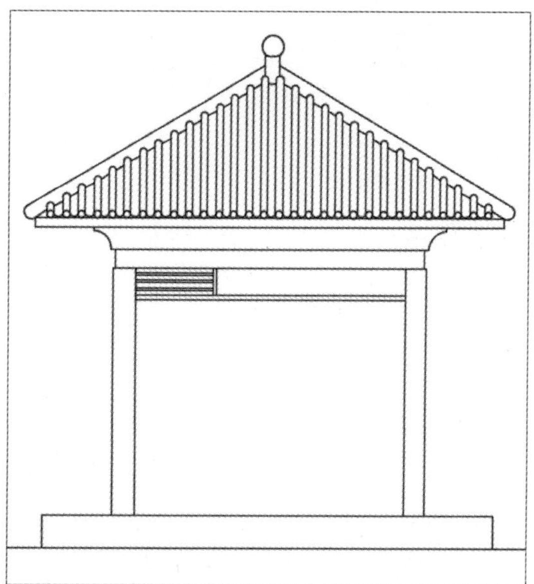

图17-44 偏移并修剪花格造型

Step 19 执行“镜像”命令，以景观亭中心点为镜像点，镜像复制景观亭花格造型，效果如图17-45所示。

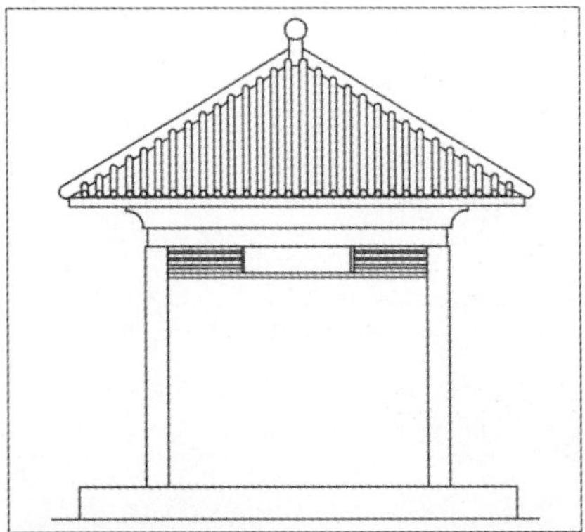

图17-45　镜像花格造型

Step 20 执行“直线”、“偏移”命令，绘制景观亭踏步，执行“修剪”命令，修剪踏步造型，如图17-46所示。

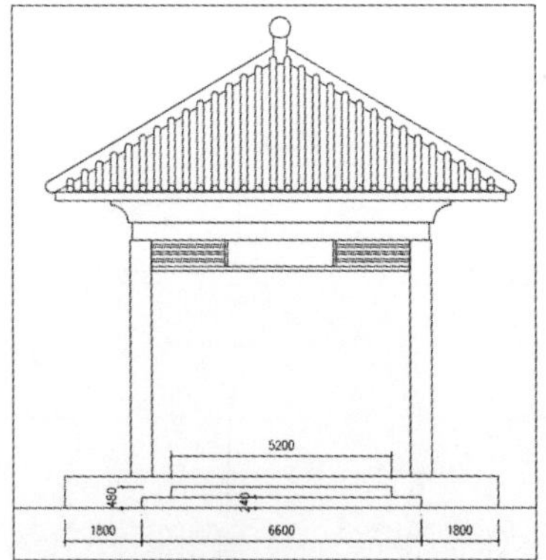

图17-46　绘制并修剪踏步

Step 21 执行“矩形”命令，绘制景观凳底座，绘制景观凳立面，如图17-47所示。

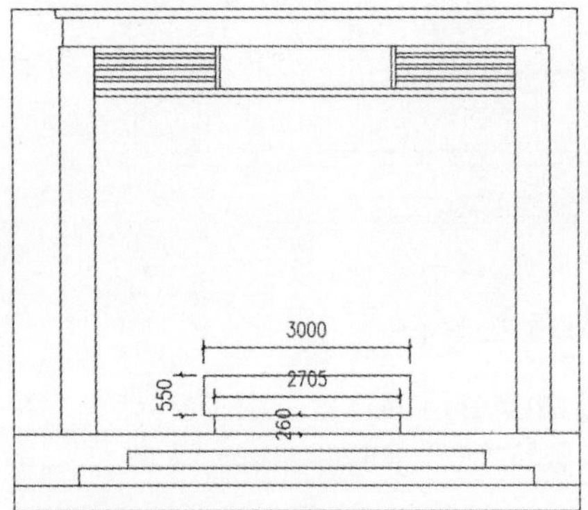

图17-47　绘制景观凳

Step 22 执行“圆角”命令，设置圆角半径为200mm，修剪景观凳，如图17-48所示。

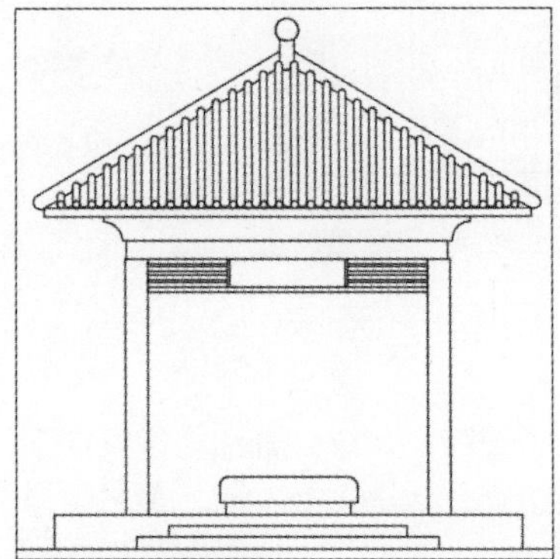

图17-48　圆角操作

Step 23 执行“线性”、“连续”标注命令，标注景观亭立面尺寸，如图17-49所示。

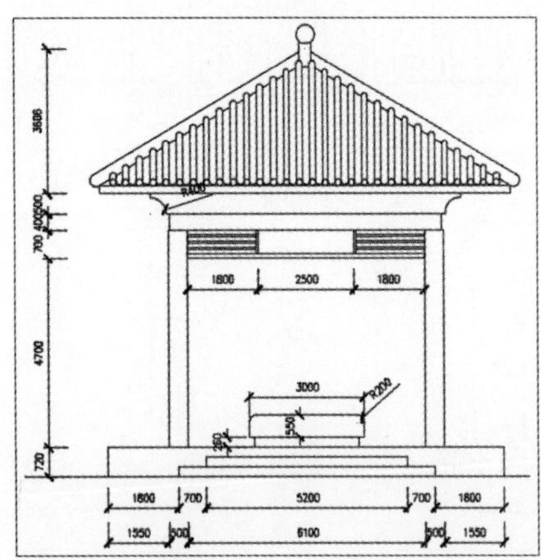

图17-49　标注尺寸

Step 24 执行“引线”命令，绘制引线，然后执行“多行文字”命令，标注材料名称，如图17-50所示。

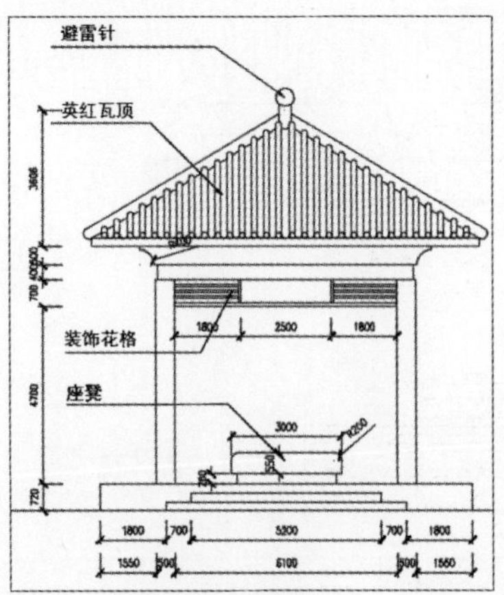

图17-50　绘制引线并标注

Step 25 执行“直线”、“多段线”命令，绘制直线，执行“多行文字”命令，绘制图例说明，如图17-51所示。

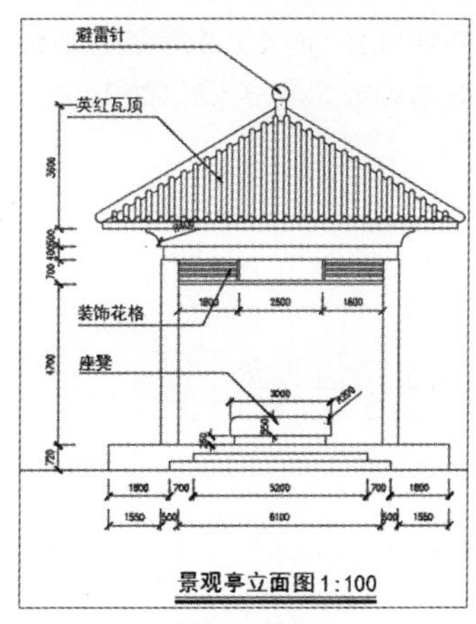

图17-51　景观亭立面图

17.1.3 绘制景观亭详图

详图主要是针对图纸的平面或立面图某些部位进行细化操作，从而方便施工人员按照图纸进行建造。具体方法如下。

Step 01 执行“圆”命令，绘制剖面符号，绘制半径为350mm的圆，执行“直线”命令，绘制剖切直线，如图17-52所示。

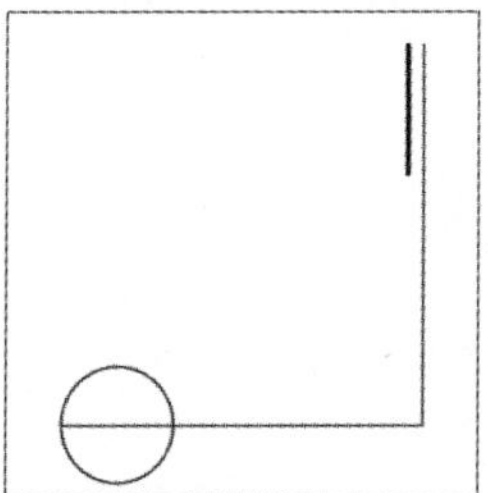

图17-52　绘制剖切符号

Step 02 执行“多行文字”命令，标注剖切符号名称，如图17-53所示。

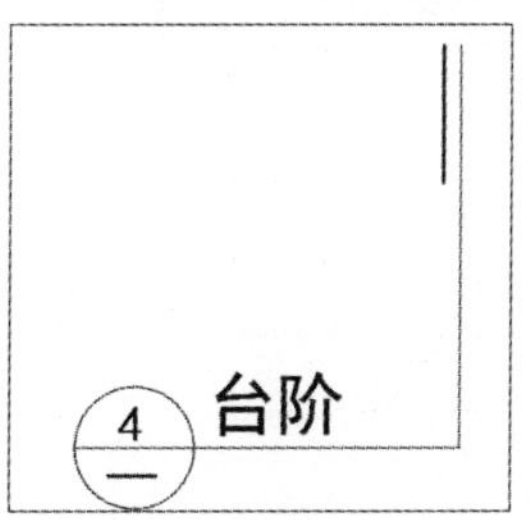

图17-53　标注剖切符号

Step 03 执行“移动”命令，将剖切符号移动到相应位置，如图17-54所示。

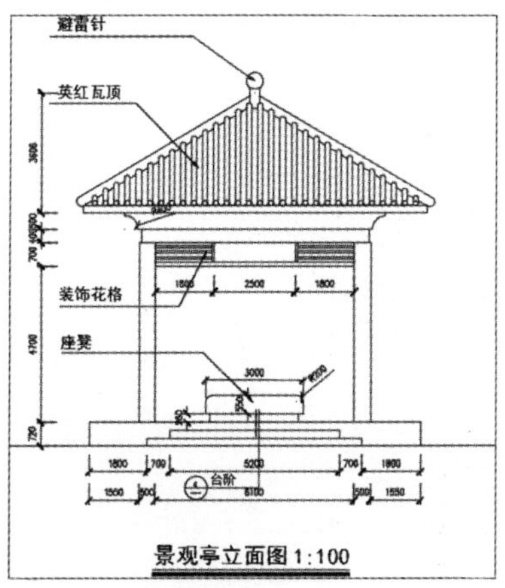

图17-54　放置剖切符号

Step 04 执行“直线”、“偏移”命令，绘制剖面轮廓，执行“修剪”命令，修剪直线，如图17-55所示。

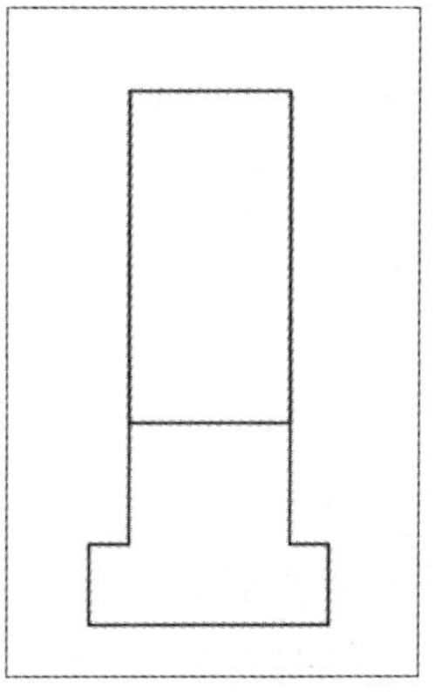

图17-55　绘制剖面轮廓并修剪

Step 05 执行“图案填充”命令，设置填充图案为ANSI31，设置比例为10，如图17-56所示。

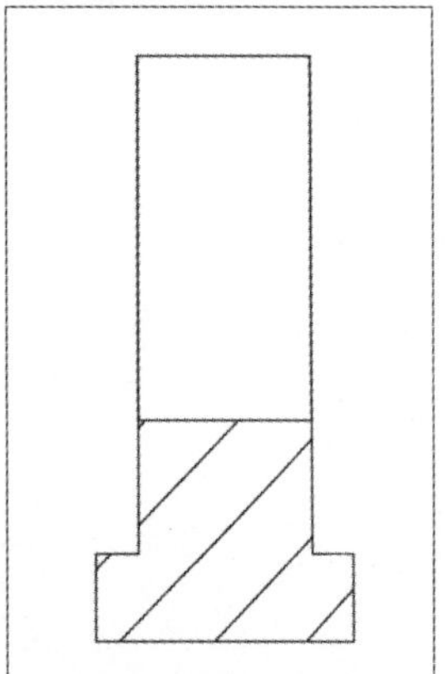

图17-56 填充剖面

Step 06 执行“直线”命令，绘制水平地面，如图17-57所示。

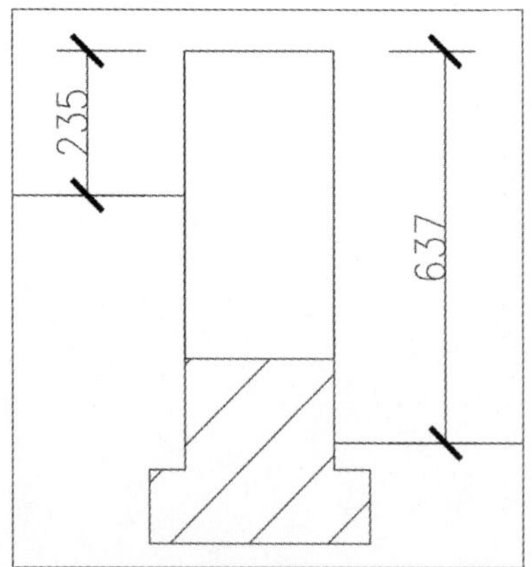

图17-57 绘制水平地面

Step 07 执行“偏移”命令，绘制景观亭地面剖切面，执行“倒角”命令，设置倒角值为0，修整直线，如图17-58所示。

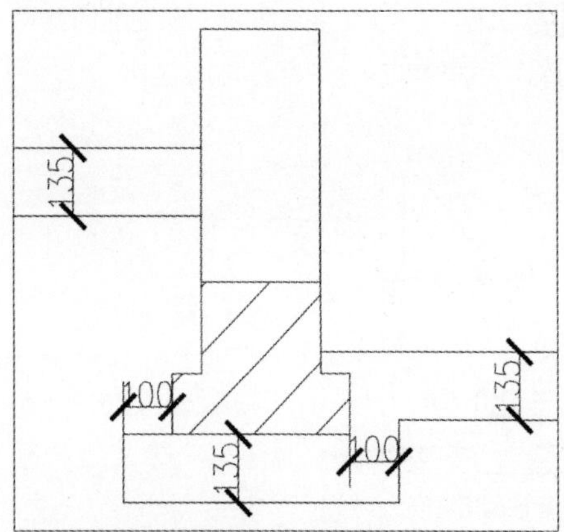

图17-58 偏移剖切面

Step 08 执行“直线”命令，绘制剖切符号，执行“复制”命令，复制剖切符号到如图17-59所示位置。

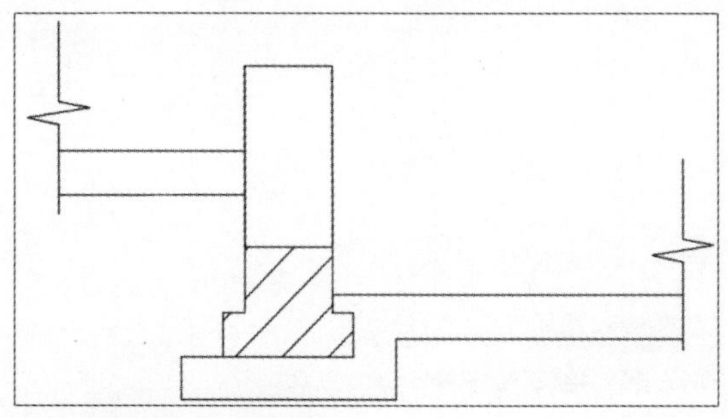

图17-59 绘制剖切符号

Step 09 执行“图案填充”命令，设置填充图案为EARTH，设置角度为45°，设置比例为20，填充剖切区域，执行“删除“命令，删除直线，如图17-60所示。

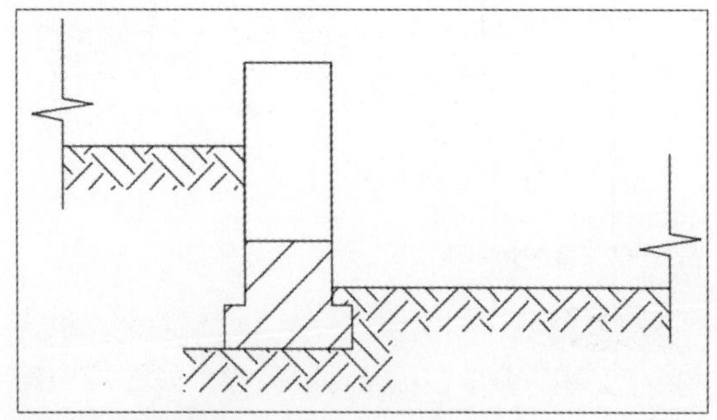

图17-60 填充图案

Step 10 执行“偏移”命令，设置偏移距离为200mm，向上偏移直线绘制砂土层，如图17-61所示。

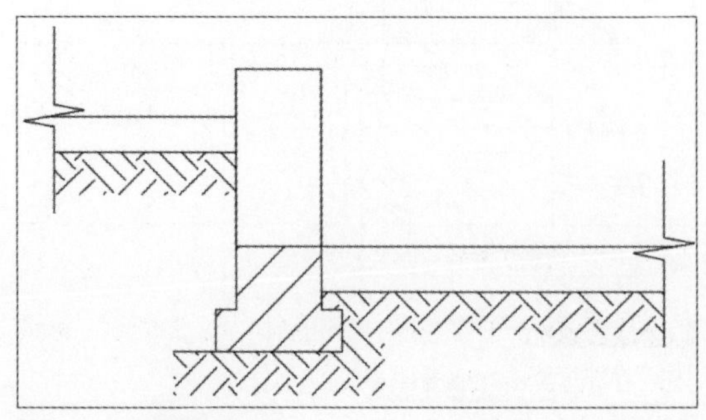

图17-61 偏移砂土层

Step 11 执行“图案填充”命令，设置填充图案为AR-SAND，设置填充图案比例为1，填充砂土层，如图17-62所示。

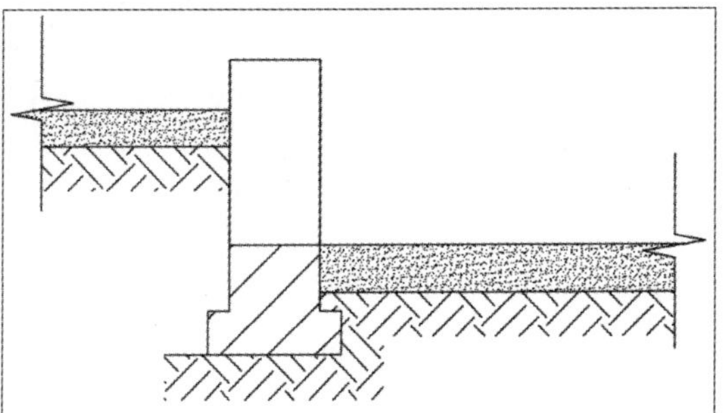

图17-62 填充图案

Step 12 执行“偏移”命令，偏移直线绘制混凝土层，执行“修剪”命令，修剪直线，如图17-63所示。

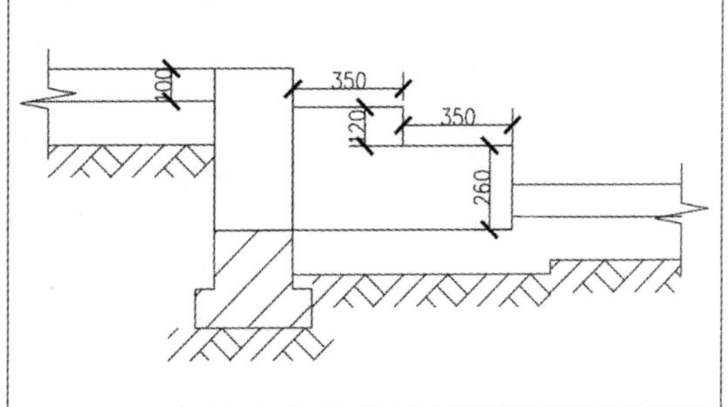

图17-63 偏移混凝土层

Step 13 执行“图案填充”命令，设置填充图案为AR-CONC，设置比例为1，填充混凝土层，如图17-64所示。

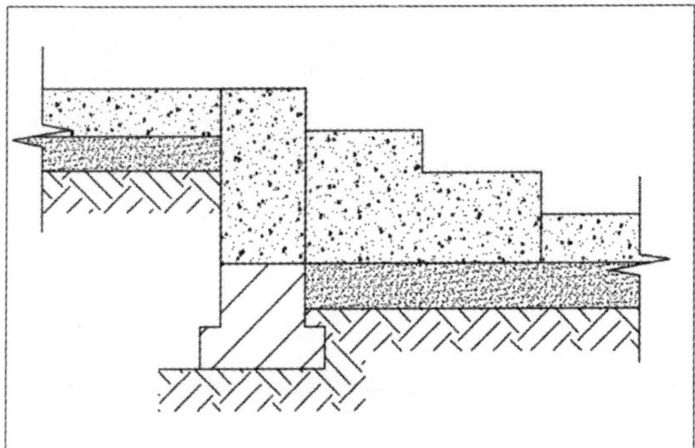

图17-64 填充图案

Step 14 执行“偏移”命令，将线段向外偏移15mm，绘制花岗岩铺贴层，执行“修剪”命令，修剪直线，如图17-65所示。

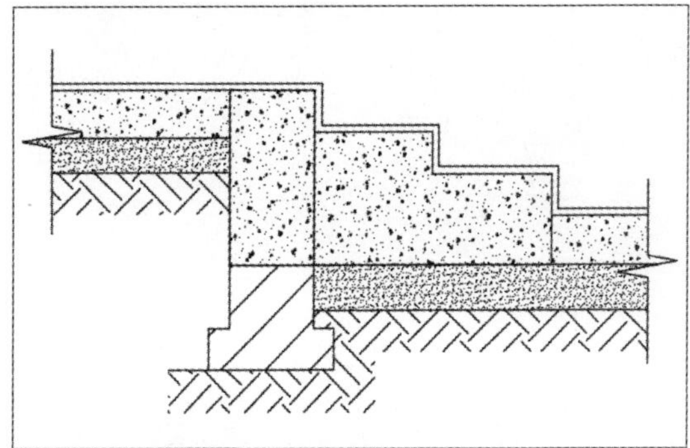

图17-65 偏移铺贴层

Step 15 执行“多段线”命令，绘制长为15mm、半径为15mm的防滑条图形，如图17-66所示。

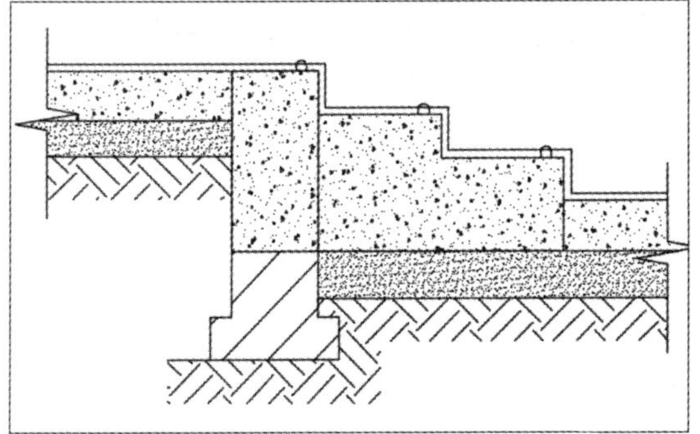

图17-66 绘制防滑条

Step 16 执行“图案填充”命令，设置填充图案为ANSI31，设置比例为0.5，添加防滑条，如图17-67所示。

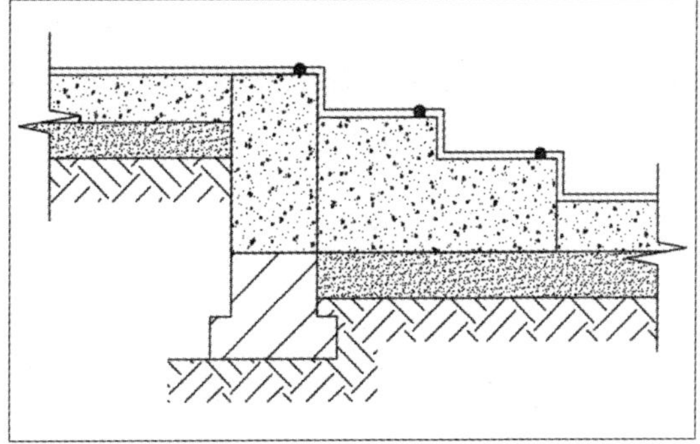

图17-67 填充图案

Step 17 执行“线性”、“连续”标注命令，标注景观亭剖面图，如图17-68所示。

Step 18 执行“引线”命令，绘制引线，执行“多行文字”命令，标注材料名称，如图17-69所示。

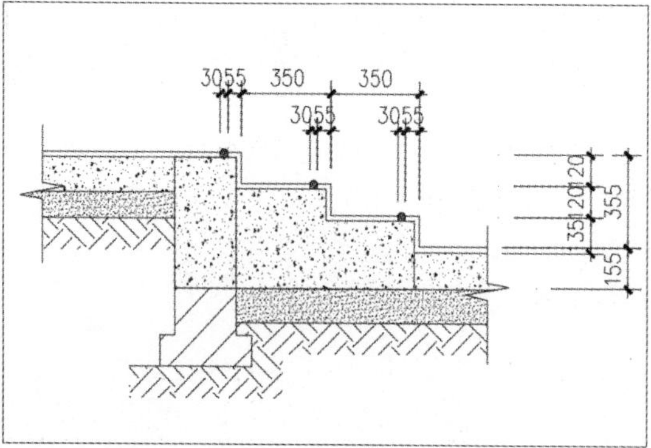

图17-68 标注尺寸

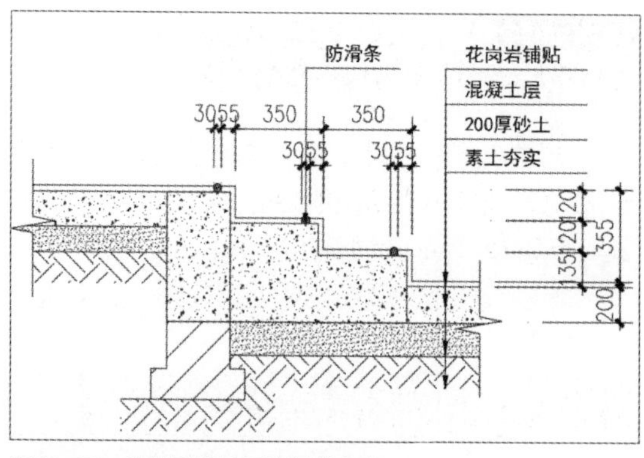

图17-69 绘制引线并标注材料名称

Step 19 执行“圆”、“偏移”命令，绘制半径为106mm的圆形并向内偏移96mm，执行“多行文字”命令，绘制图例文字，如图17-70所示。

Step 20 执行“直线”、“多段线”命令，绘制直线，执行“多行文字”命令，绘制图例说明，如图17-71所示。

图17-70 绘制圆形并添加图例文字

台阶大样 1:20

图17-71 绘制图例说明

Step 21 执行“移动”命令，将图例说明移动到相应位置，如图17-72所示。

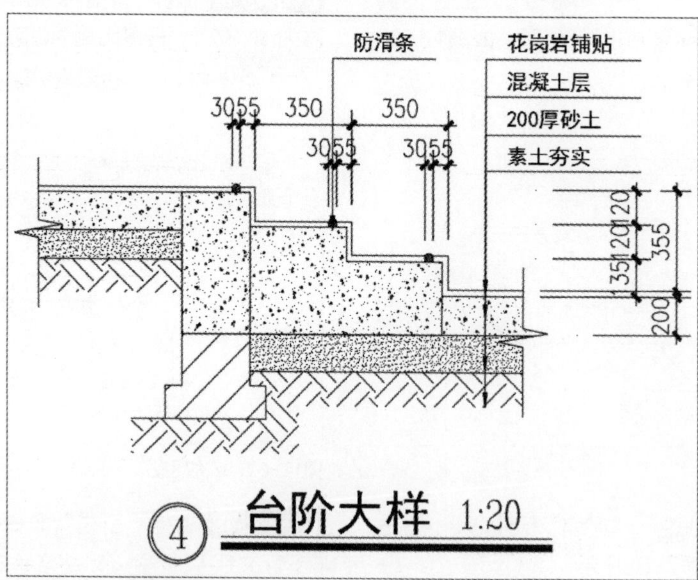

图17-72 剖面图最终效果

17.2 绘制景观凳

园林小品是园林景观中的点睛之笔，通常体量较小、色彩单纯，对空间起点缀作用。从某种意义上来说，园林小品所指的是公共艺术品，既具有实用功能，又具有审美功能。在公园或休闲广场中，某一组雕塑、几块景观石以及指示牌、展示栏，或者一组休闲桌椅都可以归类为园林小品。

本节介绍景观凳图纸的绘制操作，其中包括景观凳平面图、立面图以及详图。

17.2.1 绘制景观凳平面图

下面介绍绘制景观凳平面图的方法，具体步骤如下。

Step 01 执行“矩形”命令，设置矩形尺寸为800mm×800mm，绘制景观亭桌子平面，如图17-73所示。

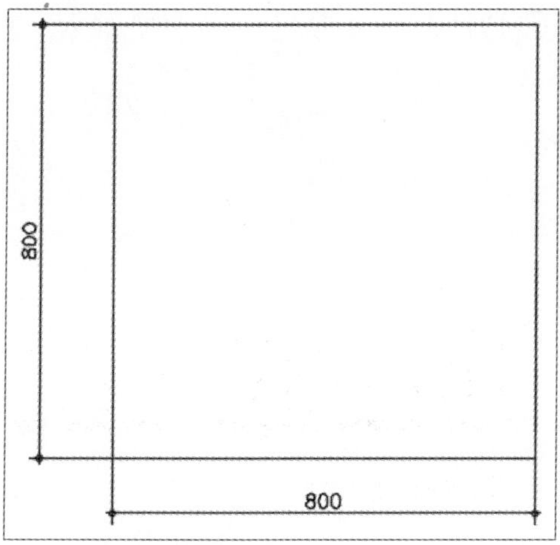

图17-73 绘制矩形桌面

Step 02 执行“圆角”命令，设置圆角半径为50mm，对图形进行圆角操作，如图17-74所示。

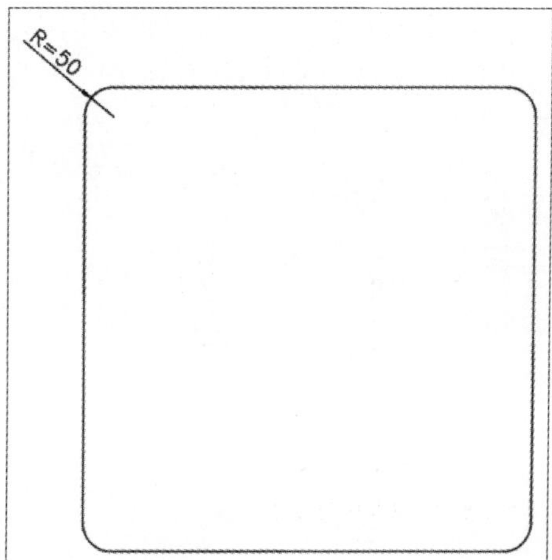

图17-74 圆角操作

Step 03 执行“偏移”命令，偏移景观亭桌子造型，执行“修剪”命令，修剪凹凸造型，如图17-75所示。

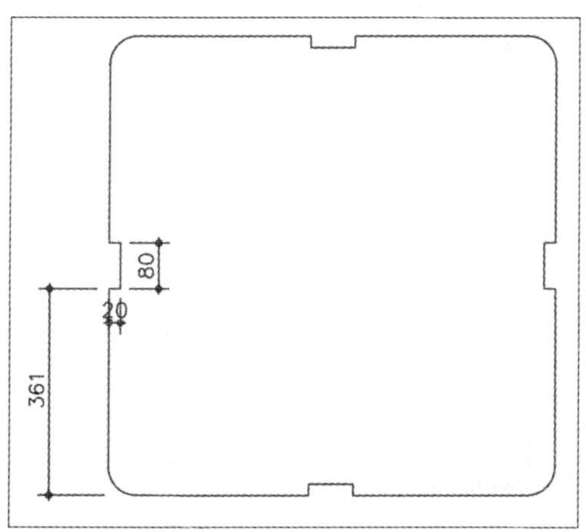

图17-75 修剪造型

Step 04 执行“缩放”命令，设置比例因子为0.5，缩放图形，如图17-76所示。

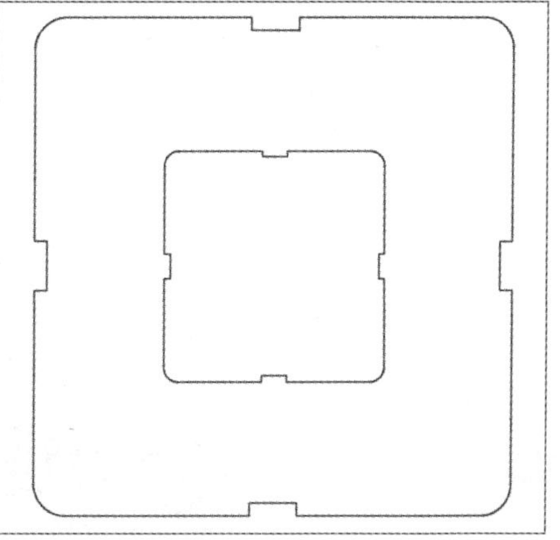

图17-76 缩放图形

Step 05 执行“圆”命令，设置半径为50mm，绘制圆形，执行“复制”命令，复制圆形，如图17-77所示。

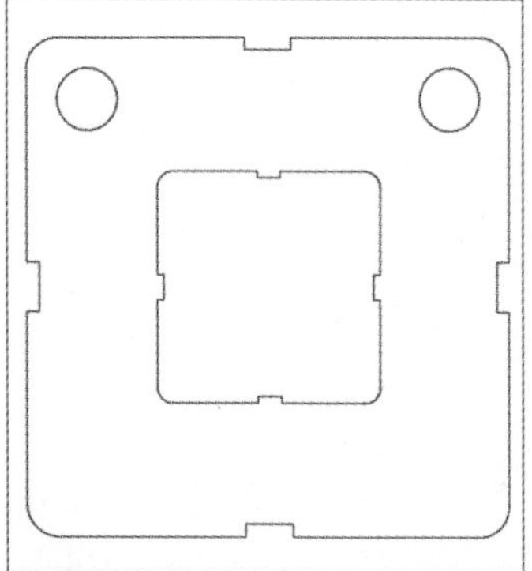

图17-77 绘制圆形并复制

Step 06 执行“矩形”命令，绘制320mm×580mm的矩形凳子，如图17-78所示。

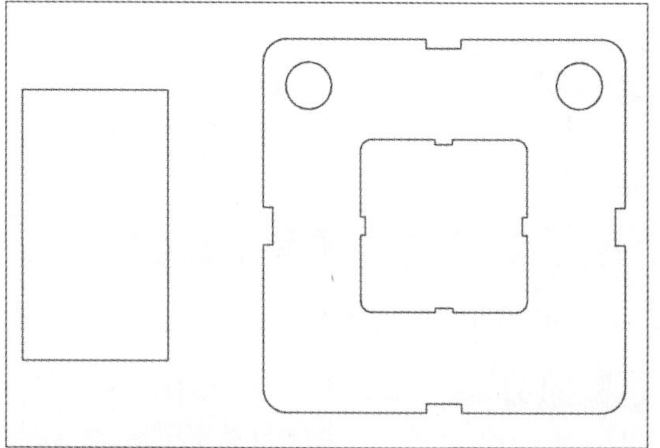

图17-78 绘制矩形凳子

Step 07 执行“偏移”命令，设置偏移距离为40mm，将矩形向内偏移，如图17-79所示。

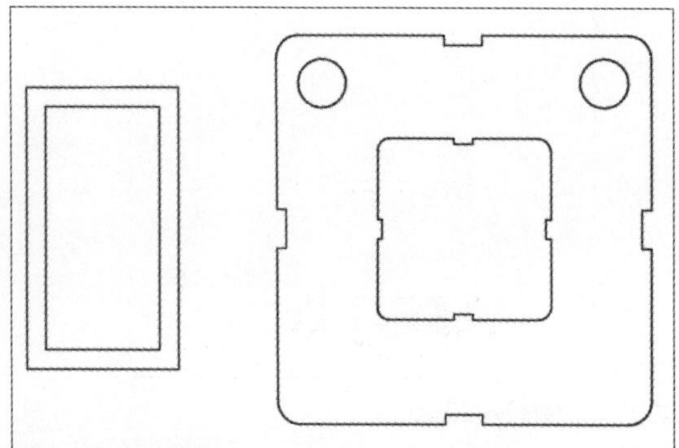

图17-79 偏移矩形

Step 08 选择内部矩形，执行“特性”命令，设置线型为“HIDDEN”，如图17-80所示。

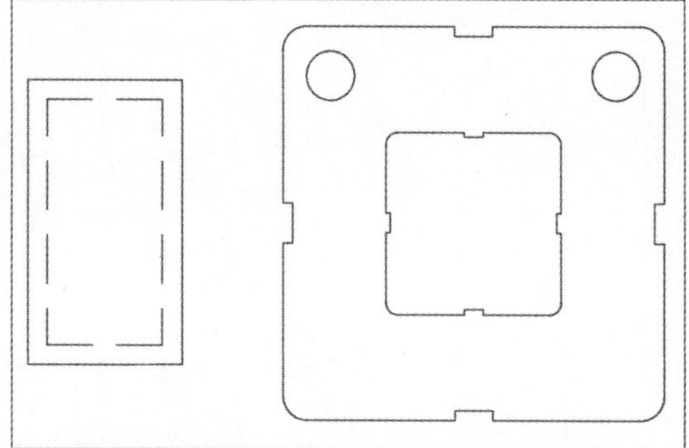

图17-80 更改线型

Step 09 执行“圆角”命令，设置圆角半径为50mm，修剪圆角，如图17-81所示。

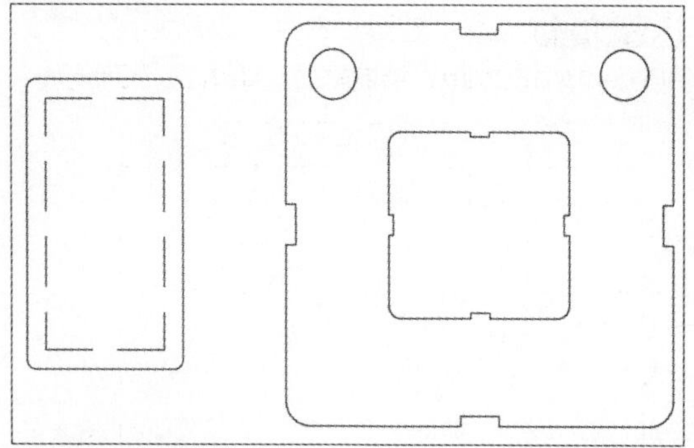

图17-81 圆角操作

Step 10 执行“镜像”命令，镜像复制图形，如图17-82所示。

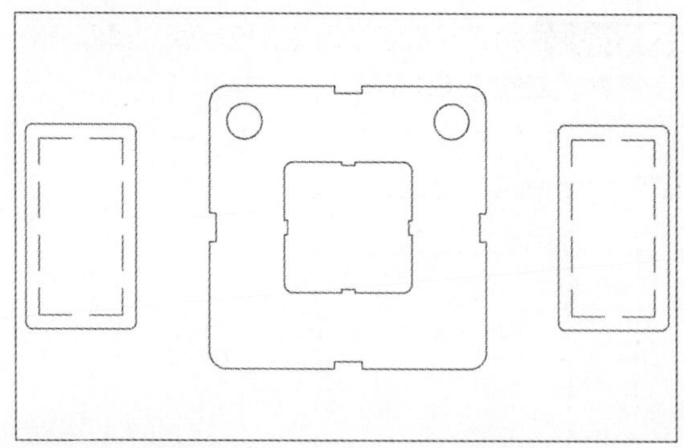

图17-82 镜像复制

Step 11 执行“旋转”命令，选择两边景观凳，指定景观桌中心点为基点，选择“复制”选项，设置旋转角度为90°，如图17-83所示。

Step 12 执行“线性标注”、“半径标注”命令，标注景观凳平面尺寸，如图17-84所示。

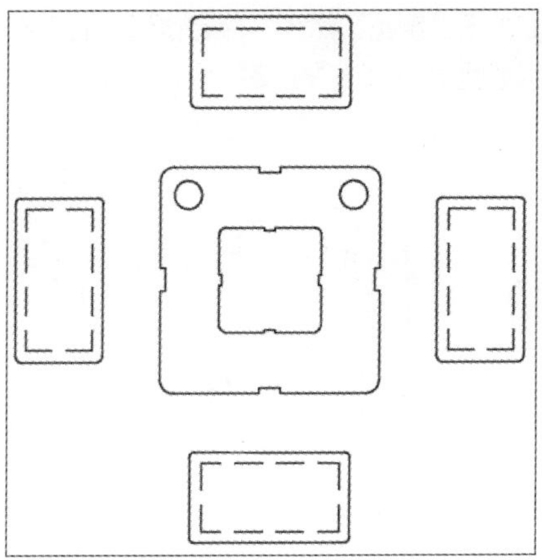
图17-83 旋转复制

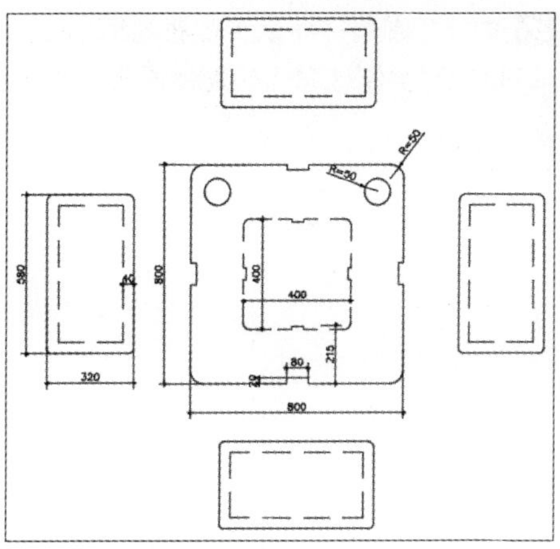

图17-84 标注尺寸

Step 13 执行“多段线”命令，设置线宽为20mm，绘制长度为1000mm的粗线，再绘制1000mm长的直线，然后执行“多行文字”命令，绘制图例说明文字，完成景观凳平面图的绘制，如图17-85所示。

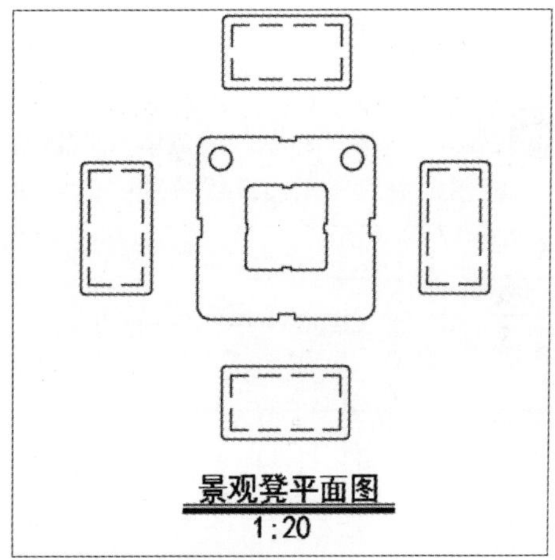

图17-85 景观凳平面图

17.2.2 绘制景观凳立面图

完成景观凳平面图后，接下来绘制其立面图，具体操作如下。

Step 01 执行“直线”命令，绘制景观桌底座立面轮廓，如图17-86所示。

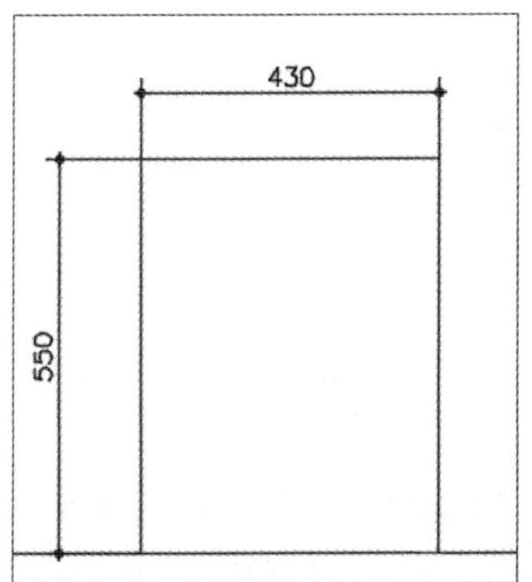

图17-86 绘制景观桌底座

Step 02 执行“矩形”命令，设置矩形尺寸为860mm×180mm，绘制桌面，如图17-87所示。

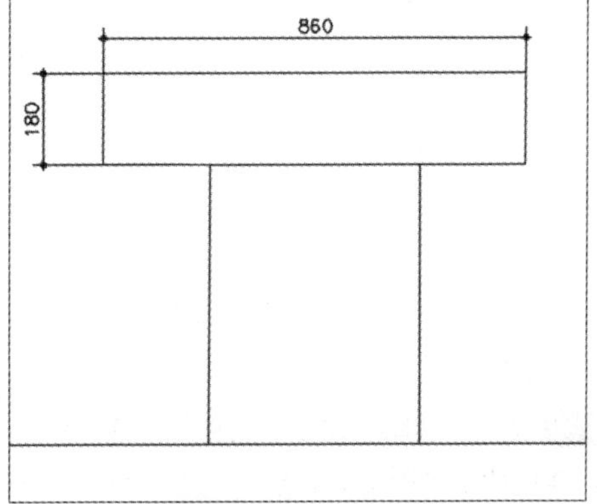

图17-87 绘制桌面

Step 03 执行“圆角”命令，设置圆角半径为40mm，绘制桌面圆角，如图17-88所示。

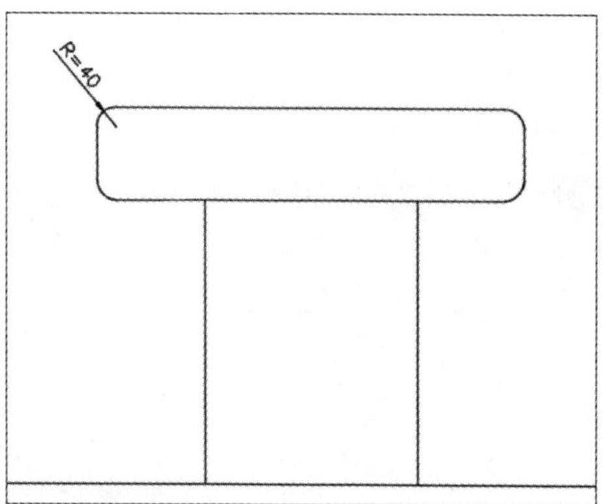

图17-88 修剪圆角

Step 04 执行“直线”命令，指定桌面中心点向下绘制直线辅助线，执行“偏移”命令，分别向两边偏移50mm，执行“删除”命令，删除辅助线，如图17-89所示。

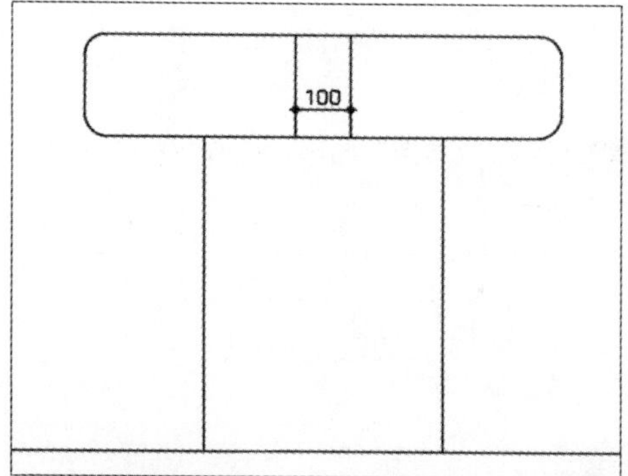

图17-89 偏移直线

Step 05 执行“偏移”命令，设置偏移距离为195mm，将景观桌底座两边直线分别向内偏移195mm，如图17-90所示。

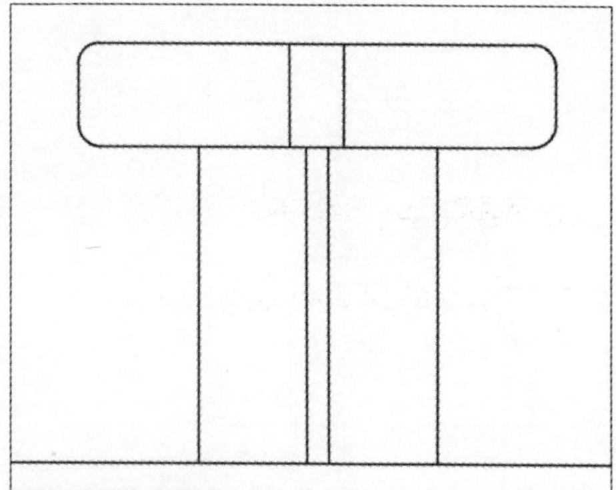
图17-90 偏移直线

Step 06 执行“图案填充”命令，设置填充图案为“DOTS”，设置填充比例为200，填充景观桌底座，如图17-91所示。

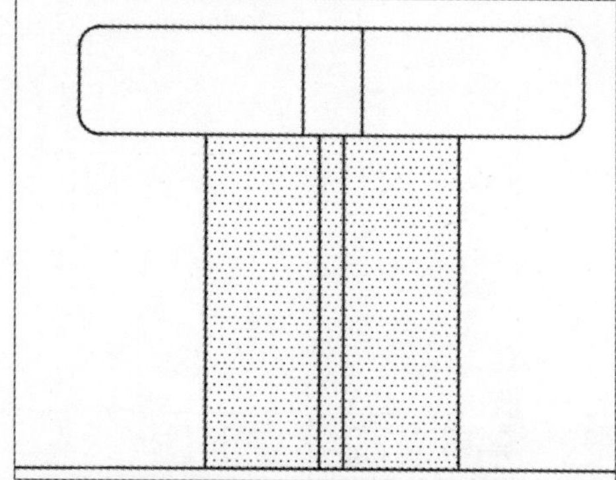
图17-91 填充图案

Step 07 执行“矩形”命令，绘制320mm×400mm的长方形景观凳，如图17-92所示。

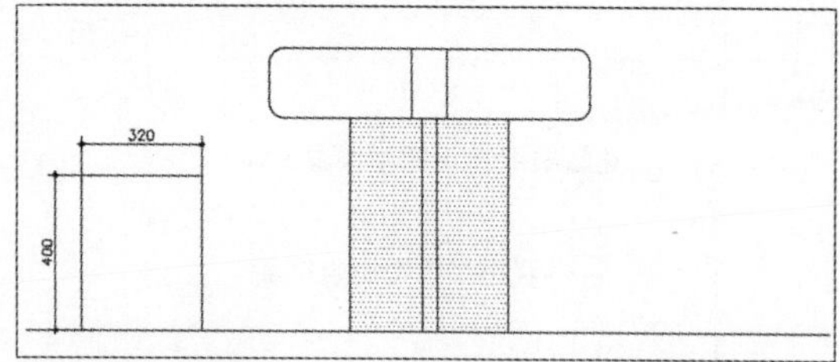

图17-92 绘制矩形

Step 08 执行“分解”命令，分解矩形凳子，执行“偏移”命令，将直线向下偏移150mm，如图17-93所示。

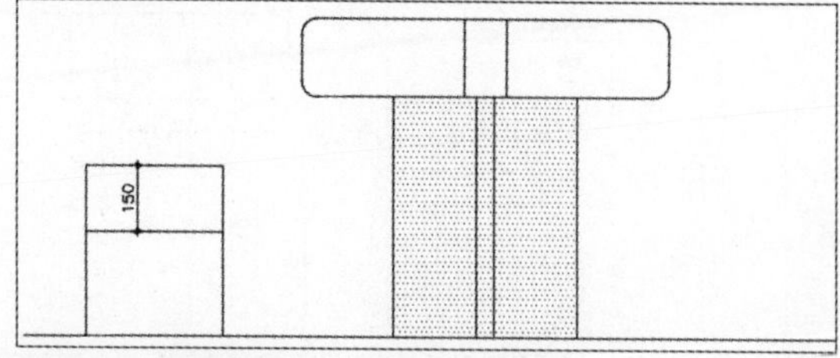

图17-93 偏移直线

Step 09 执行“圆角”命令，设置圆角半径为40mm，修剪景观凳圆角，如图17-94所示。

Step 10 执行“图案填充”命令，设置填充图案为DOTS，设置比例为200，填充景观凳，如图17-95所示。

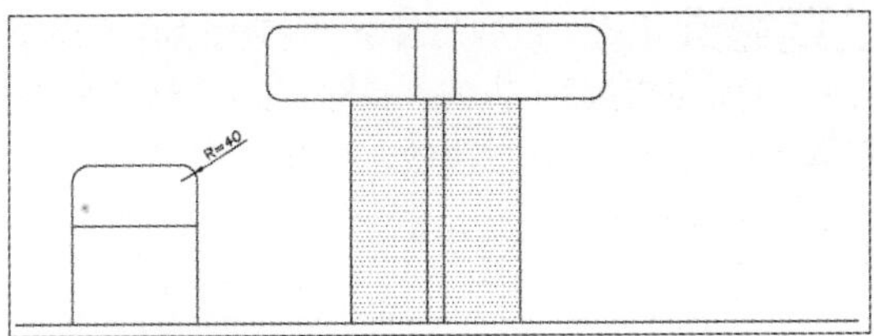

图17-94 圆角操作

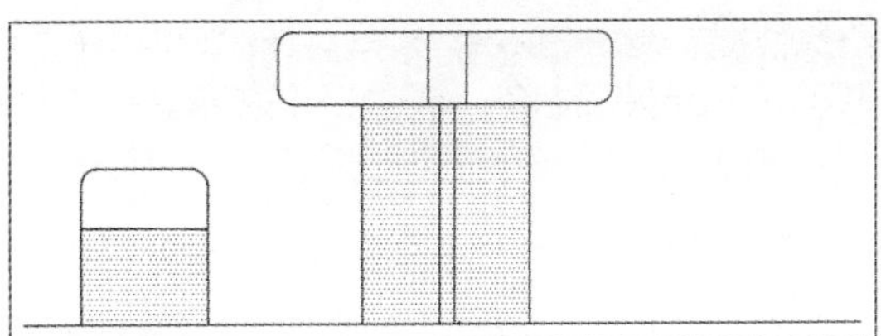

图17-95 填充图案

Step 11 执行“镜像”命令，镜像复制景观凳，如图17-96所示。

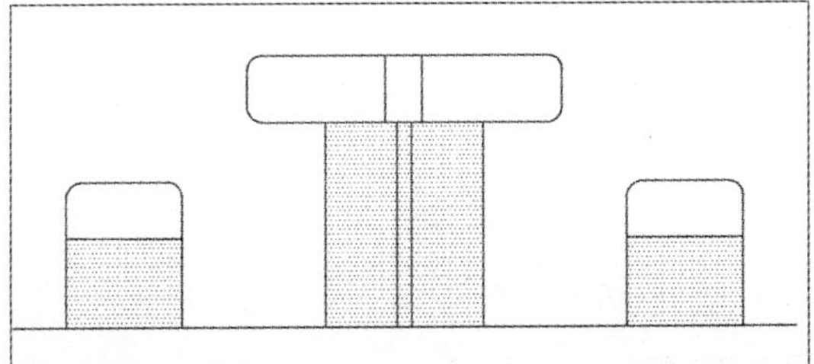

图17-96 镜像复制

Step 12 执行“线性”、“半径”标注命令，标注景观亭立面尺寸，如图17-97所示。

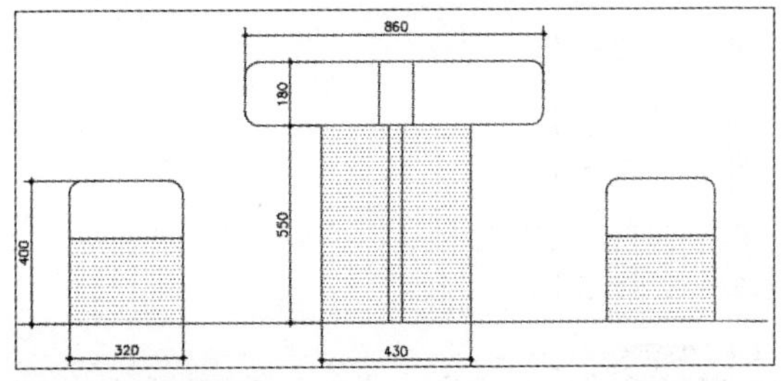

图17-97 标注尺寸

Step 13 执行“引线”命令，绘制引线，执行“多行文字”命令，标注材料名称，如图17-98所示。

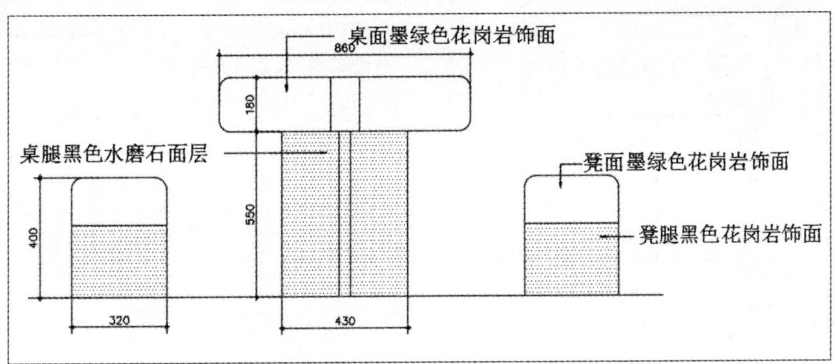

图17-98 绘制引线并标注材料名称

Step 14 执行“复制”命令，复制景观亭平面图例说明，双击文字更改名称，完成景观凳立面图的绘制，如图17-99所示。

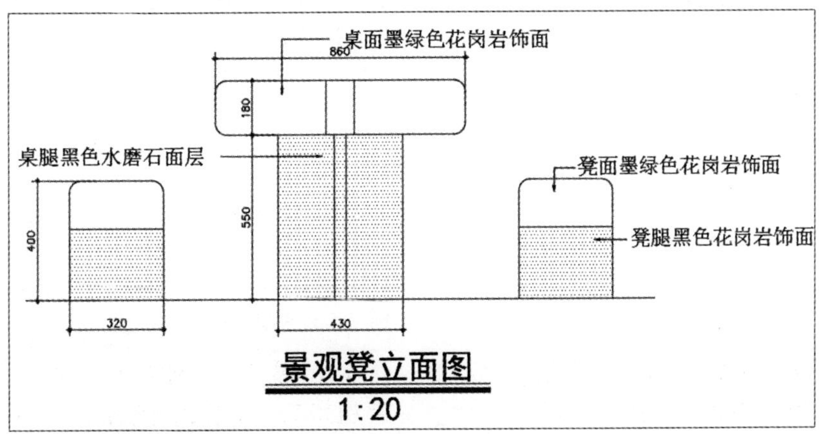

图17-99 景观凳立面图

17.2.3 绘制景观凳详图

下面介绍绘制景观凳详图的方法，具体操作介绍如下。

Step 01 执行“多段线”、“多行文字”命令，设置线宽为10mm，绘制剖切符号，如图17-100所示。

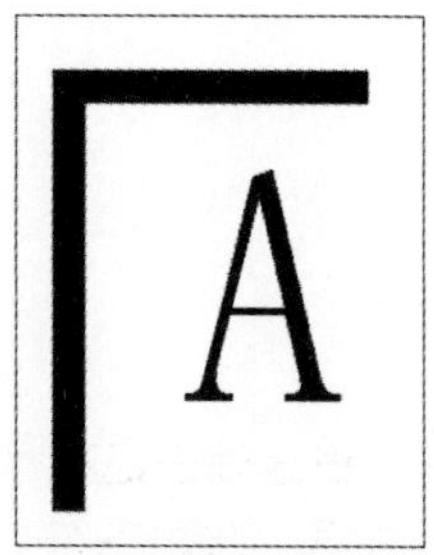

图17-100 绘制剖切符号

Step 02 执行“镜像”命令，复制剖切符号，如图17-101所示。

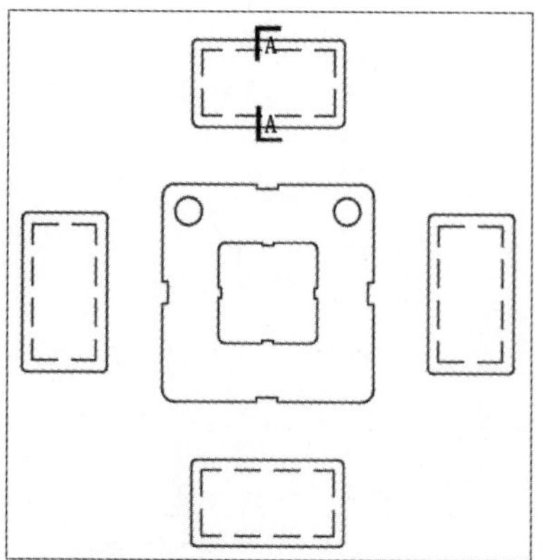

图17-101 镜像图形

Step 03 执行“矩形”命令，绘制700mm×30mm的夯实土壤层，执行“图案填充”命令，设置填充图案为AR-PARQI，设置角度为45°，设置比例为5，如图17-102所示。

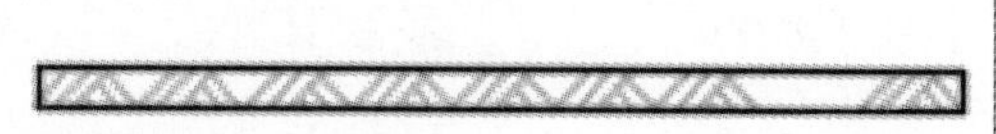

图17-102 绘制夯实土壤剖面

Step 04 执行“矩形”命令，绘制700mm×60mm的混凝土层，执行“图案填充”命令，设置填充图案为AR-CONC，设置比例为1，填充混凝土层，执行“删除”命令，删除夯实土壤矩形轮廓，如图17-103所示。

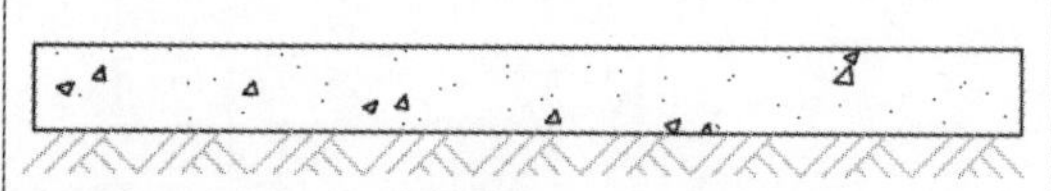

图17-103 绘制混凝土层剖面

Step 05 执行“矩形”命令，绘制500mm×480mm的景观凳结构轮廓，如图17-104所示。

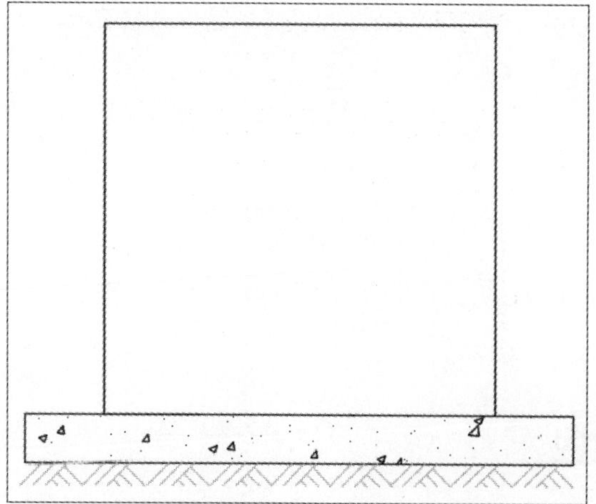

图17-104 绘制结构轮廓

Step 06 分解矩形，执行“偏移”命令，将直线分别向内偏移120mm，执行“修剪”命令，修剪直线，如图17-105所示。

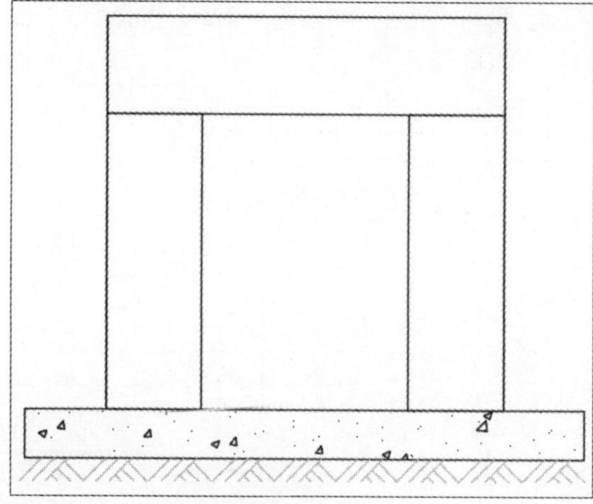

图17-105 偏移并修剪直线

Step 07 执行“图案填充”命令，设置填充图案为ANSI31，设置比例为10，填充砌筑层，如图17-106所示。

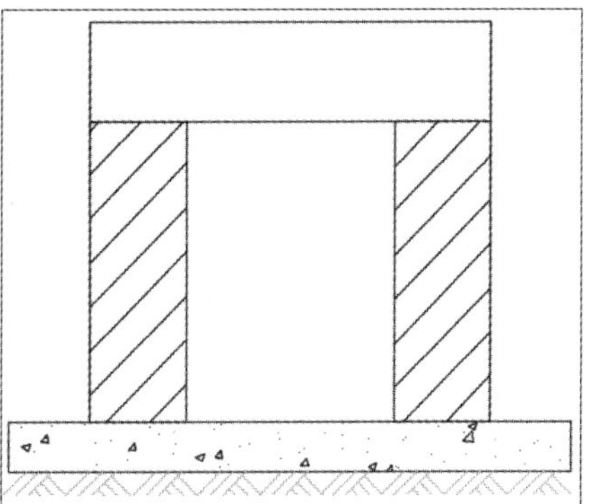

图17-106 填充图案

Step 08 执行“直线”命令，绘制钢筋剖面，如图17-107所示。

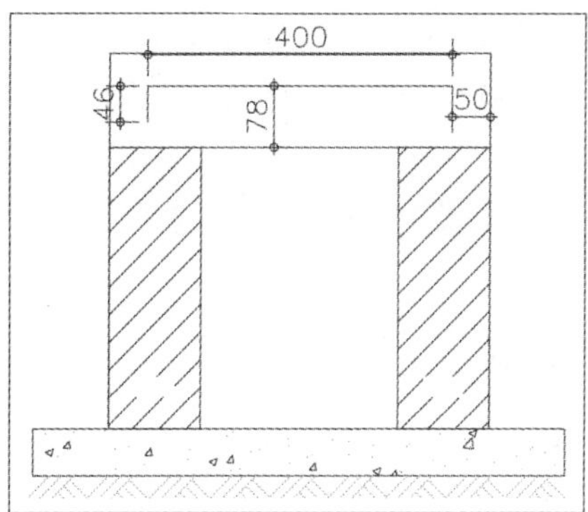

图17-107 绘制钢筋剖面

Step 09 执行“圆”命令，绘制半径为5mm的钢筋圆形截面，执行“图案填充”命令，设置填充图案为SOLID，填充截面，执行“复制”命令，复制圆形，如图17-108所示。

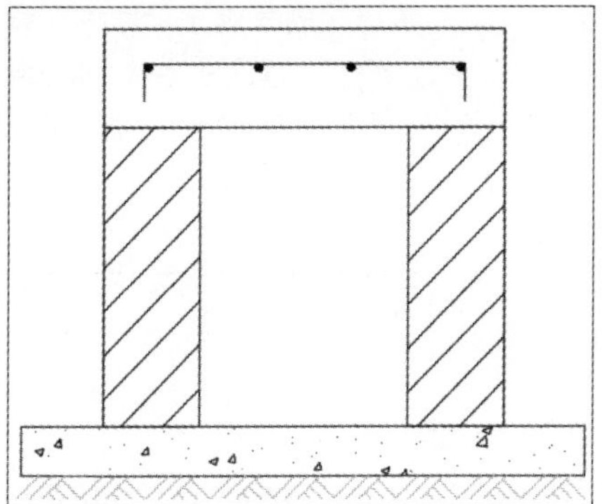

图17-108 绘制钢筋截面

Step 10 执行“偏移”命令，设置偏移距离为20mm，将直线向外偏移绘制砂浆层，如图17-109所示。

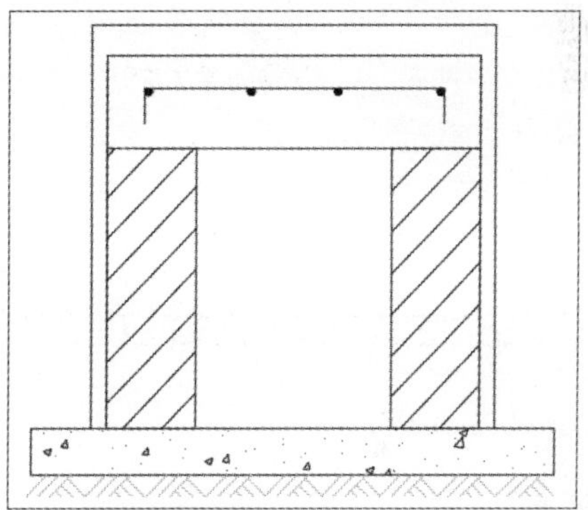

图17-109 绘制砂浆层

Step 11 执行“偏移”命令，偏移直线绘制花岗岩层，执行“直线”、“修剪”命令，修剪直线，如图17-110所示。

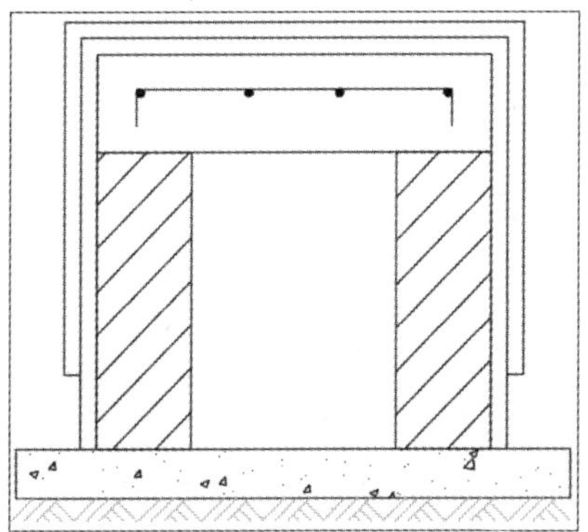

图17-110 绘制花岗岩层

Step 12 执行“圆角”命令，设置圆角半径为20 mm，修剪花岗岩圆角造型，如图17-111所示。

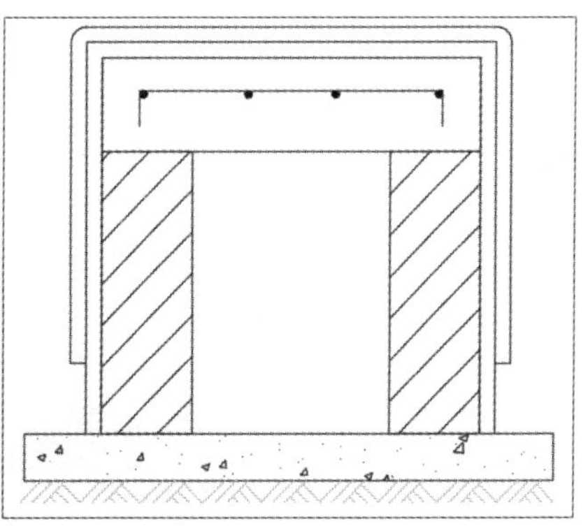

图17-111 修剪圆角

Step 13 执行“图案填充”命令，填充混凝土层，设置填充图案为ANSI33，设置比例为1，如图17-112所示。

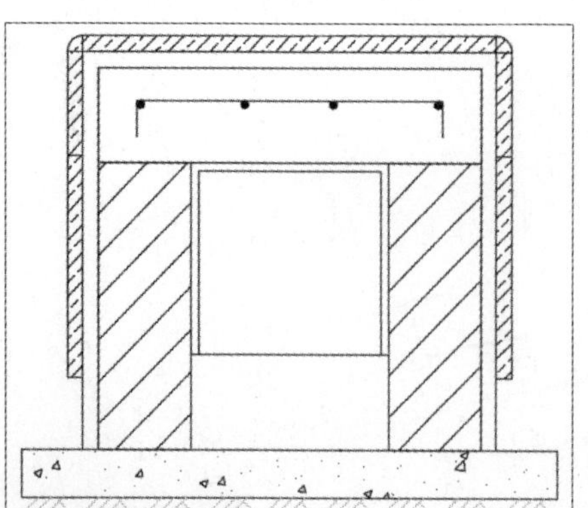

图17-112 填充图案

Step 14 执行“直线”、“圆”命令，绘制半径为25mm的吸顶灯，如图17-113所示。

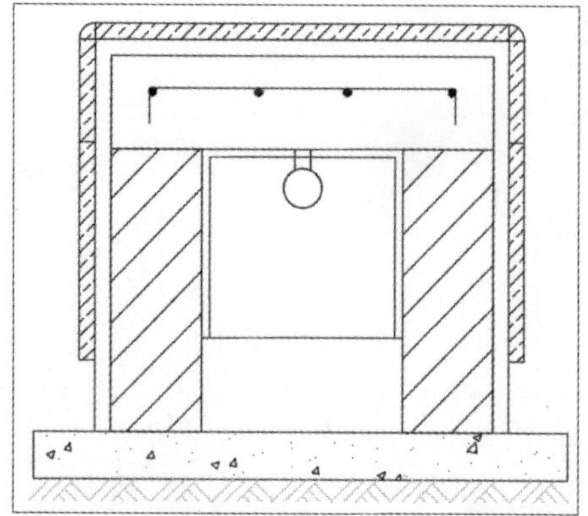

图17-113 绘制吸顶灯

Step 15 执行“线性”、“连续”标注命令，标注景观凳剖面尺寸，如图17-114所示。

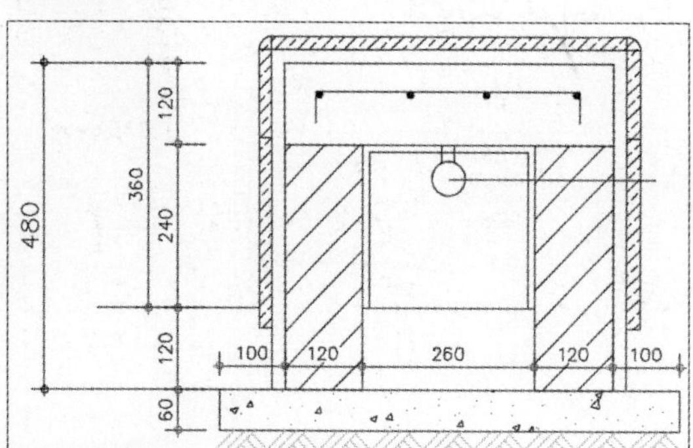

图17-114 标注尺寸

Step 16 执行“引线”、“多行文字”命令，标注引线说明，如图17-115所示。

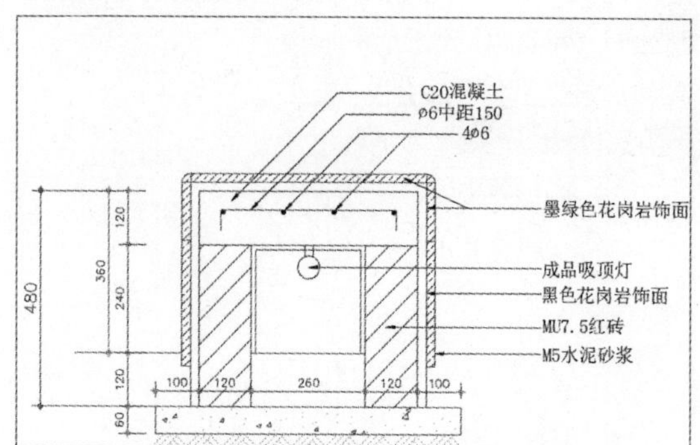

图17-115 绘制引线并标注说明

Step 17 执行“复制”命令，复制立面图图例说明，执行“缩放”命令，缩放图例，双击文字更改文字内容，如图17-116所示。

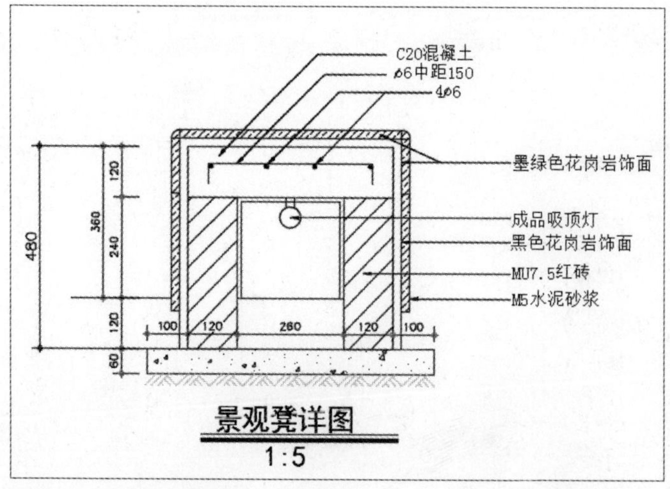

图17-116 剖面图最终效果